Restauração de Sistemas Fluviais

Restauração de Sistemas Fluviais

EDITORES
MÁRCIO BAPTISTA
VALTER LÚCIO DE PÁDUA

PROJETO GRÁFICO E CAPA
Nelson Mielnik e Sylvia Mielnik

FOTOS DA CAPA
Ana Maria da Silva Hosaka e
Opção Brasil Imagens

PRODUÇÃO EDITORIAL
Editor gestor: Walter Luiz Coutinho
Editora: Ana Maria da Silva Hosaka
Produção editorial: Marília Courbassier Paris
Editora de arte: Deborah Sayuri Takaishi

DIAGRAMAÇÃO
Zetastudio

TRADUÇÃO
Capítulos 1, 3, 5 e 11 – Carolina Caires Coelho
Capítulos 12 e 13 – José Vicente Guerra Junior e Gleice Regina Guerra
Capítulo 14 – Gleice Regina Guerra e Thais Rinaldi

REALIZAÇÃO
Universidade Federal de Minas Gerais

Dados Internacionais de Catalogação na Publicação (CIP)
(Câmara Brasileira do Livro, SP, Brasil)

Restauração de sistemas fluviais / editores
Márcio Benedito Baptista, Valter Lúcio de Pádua.
Barueri, SP : Manole, 2016. -- (Coleção ambiental ; 20)

Bibliografia.
ISBN 978-85-204-3683-7

1. Bacias hidrográficas 2. Ecossistemas 3. Hidráulica 4. Hidrologia
5. Mananciais - Proteção 6. Rios - Restauração
I. Baptista, Márcio Benedito. II. Pádua, Valter Lúcio de. III. Série.

13-08645 CDD-333.707

Índices para catálogo sistemático:
1. Restauração fluvial : Engenharia hidráulica 627

1ª edição – 2016

Editora Manole Ltda.
Avenida Ceci, 672 – Tamboré
06460-120 – Barueri – SP – Brasil
Fone: (11) 4196-6000 – Fax: (11) 4196-6021
www.manole.com.br
info@manole.com.br

Impresso no Brasil
Printed in Brazil

EDITORES

Márcio Baptista
Valter Lúcio de Pádua

AUTORES

Adriana Sales Cardoso
Consultora autônoma

Alexandra Fátima Saraiva Soares
Consultora autônoma

Antoni Ginebreda
Consejo Superior de Investigaciones Científicas

Arturo Elosegi
Universidad del País Vasco

Carla Maria Vasconcellos Couto Miranda
Prefeitura Municipal de Belo Horizonte

Claire Gregory
University of Auckland

Damià Barceló
Consejo Superior de Investigaciones Científicas

Erika Schneider
University of Boden-Württemberg

Fernanda Fonseca Pessoa Rossoni
Campus Florestal, UFV

Gary Brierley
University of Auckland

Hygor Aristides Victor Rossoni
Campus Florestal, UFV

Janaina de Andrade Evangelista
Departamento de Engenharia Hidráulica e Recursos Hídricos, UFMG

Juan P. Martin Vide
Universitat Politécnica de Catalunya

Jürg Bloesch
Danube News

Kirstie Fryirs
Macquaire University

Klaus Arzet
State Office of Water Management

Lenora Nunes Ludolf Gomes
Departamento de Engenharia Civil e Ambiental, Universidade de Brasília

Márcia Maria Lara Pinto Coelho
Departamento de Engenharia Hidráulica e Recursos Hídricos, UFMG

Márcio Baptista
Departamento de Engenharia Hidráulica e Recursos Hídricos, UFMG

Maria Rita Scotti Muzzi
Instituto de Ciências Biológicas, UFMG

Mauro Naghettini
Escola de Engenharia, UFMG

Miren López de Alda
Consejo Superior de Investigaciones Científicas

Priscilla Macedo Moura
Departamento de Engenharia Hidráulica e Recursos Hídricos, UFMG

Ricardo de Miranda Aroeira
Prefeitura Municipal de Belo Horizonte

Sergi Sabater
Institut d'Ecologia Aquàtica

Sérgio F. de Aquino
Departamento de Química, Ufop

Thomas Hein
Vienna Institute of Hydrobiology and Aquatic Ecosystem Management

Uwe Kleber-Lerchbaumer
Bavarian Agency of Environment

Valter Lúcio de Pádua
Departamento de Engenharia Sanitária e Ambiental, UFMG

Walter Binder
Bavarian Agency of Environment

Sumário

Apresentação XIII
Márcio Baptista e Valter Lúcio de Pádua

Introdução: Restauração Fluvial – Contexto, Objetivos e Terminologia XV
Márcio Baptista e Valter Lúcio de Pádua

PARTE I – FUNDAMENTOS

Capítulo 1
Ecossistema Fluvial 3
Sergi Sabater e Arturo Elosegi

Capítulo 2
Introdução à Hidrologia 29
Mauro Naghettini

Capítulo 3
Hidromorfologia Fluvial 71
Juan P. Martin Vide

Capítulo 4
Noções de Hidráulica Fluvial 115
Márcia Maria Lara Pinto Coelho e Márcio Baptista

Capítulo 5
Qualidade Química das Águas Superficiais 159
Antoni Ginebreda, Miren López de Alda, Damià Barceló e Sérgio F. de Aquino

Capítulo 6
Aspectos Legais e Institucionais da Restauração Fluvial 221
Hygor Aristides Victor Rossoni, Fernanda Fonseca Pessoa Rossoni e Alexandra Fátima Saraiva Soares

Capítulo 7
Técnicas para Intervenções em Cursos D'água 259
Márcio Baptista, Priscilla Macedo Moura, Janaina de Andrade Evangelista, Maria Rita Scotti Muzzi e Lenora Nunes Ludolf Gomes

Capítulo 8
Utilização de Técnicas Multicriteriais para Análise e Seleção de Alternativas de Intervenção em Sistemas Fluviais. 305
Priscilla Macedo Moura, Adriana Sales Cardoso, Janaina de Andrade Evangelista e Márcio Baptista

PARTE II – ESTUDOS DE CASO

Capítulo 9
Curso de Água Urbano em Belo Horizonte, Brasil 341
Carla Maria Vasconcellos Couto Miranda e Ricardo de Miranda Aroeira

Capítulo 10
Rio das Velhas, Brasil 373
Maria Rita Scotti Muzzi e Márcio Baptista

Capítulo 11
Rio Besòs, Barcelona, Espanha. 397
Juan P. Martín Vide

Capítulo 12
Rio Isar, Baviera, Alemanha 415
Klaus Arzet, Walter Binder, Uwe Kleber-Lerchbaumer

Capítulo 13
Danúbio, um Rio Transfronteiriço 451
Jürg Bloesch, Thomas Hein e Erika Schneider

Capítulo 14
Abordagens de Restauração Fluvial na Australásia 519
Gary Brierley, Kirstie Fryirs e Claire Gregory

Índice Remissivo 571

Anexo: dos Editores e Autores 575

Apresentação

Nos últimos anos diversas foram as iniciativas, em todo o mundo, no sentido de atuar nos sistemas fluviais tanto como resposta à necessidade de preservar recursos essenciais às atividades humanas como também à luz da crescente preocupação com as questões ambientais – em um contexto complexo e pleno de incertezas. Assim, ambientalistas, cientistas e tomadores de decisão vêm reunindo esforços no sentido de minorar o impacto de intervenções em sistemas fluviais e adotar medidas de restauração dos rios degradados.

As intervenções nas bacias hidrográficas, visando à restauração de mananciais, em geral contemplam técnicas de proteção de nascentes e de áreas de recarga de aquíferos; redução da carga poluidora de fontes pontuais e difusas; recuperação de áreas degradadas; reflorestamento e recuperação de mata ciliar; racionalização do uso da água; restauração hidromorfológica; conservação do solo e monitoramento da qualidade da água. Contudo, o conhecimento das técnicas por si só não garante o sucesso das ações de restauração fluvial; é importante saber adaptá-las à realidade da bacia hidrográfica e considerar os aspectos socioculturais, político-institucionais, legais, econômicos e ambientais relacionados ao tema.

Uma maneira produtiva de adquirir conhecimento é aprender com outras experiências, realizadas em condições diversificadas, com abordagens distintas e graus variáveis de sucesso. Dentro dessa perspectiva, os editores deste livro convidaram autores de diferentes países para relatar estudos de casos. São contempladas desde ações restritas a pequenas bacias hidrográficas em áreas urbanas, como o caso de programa municipal na cidade de Belo Horizonte, até intervenções transnacionais em grandes e complexos sistemas fluviais, como o Rio Danúbio, o qual passa por 19 países do continente europeu. O livro traz também estudos de caso da Alemanha, Austrália, Nova Zelândia, Espanha e do Brasil.

Antes dos estudos de caso, o leitor encontrará os capítulos que apresentam fundamentos considerados importantes para aqueles que se dedicam ou pretendem se dedicar à restauração fluvial, enfrentando seus desafios e buscando soluções adequadas, sabendo que elas precisam ser adaptadas a cada situação específica. Assim, para possibilitar ao leitor se apropriar de conhecimentos teóricos sobre os sistemas fluviais, nos capítulos iniciais deste livro são abordados os seguintes temas: ecossistema fluvial, hidrologia, hidromorfologia, hidráulica, qualidade química da água, aspectos legais e institucionais da restauração fluvial, técnicas para intervenções em cursos d'água e utilização de técnicas multicriteriais. Procurou-se redigir os capítulos de modo que qualquer profissional interessado no tema, independentemente de sua formação, pudesse ler e compreender os textos. A leitura não precisa ser linear, do primeiro ao último capítulo. Um biólogo, por exemplo, pode querer "saltar" o capítulo sobre ecossistema fluvial, enquanto algum engenheiro pode querer fazer o mesmo em relação ao capítulo que trata de hidrologia. O mais importante é que estes capítulos possam ser lidos por diferentes profissionais para facilitar o diálogo entre eles quando estiverem trabalhando juntos em um projeto de restauração fluvial.

Finalizando, os editores deste livro gostariam de agradecer aos autores, aos tradutores e àqueles que colaboraram com esta obra na etapa de revisão. Esperamos, ainda, a colaboração dos leitores por meio de críticas e sugestões para que este livro seja efetivamente útil aos técnicos e à sociedade brasileira.

Márcio Baptista
Valter Lúcio de Pádua

Introdução: Restauração Fluvial – Contexto, Objetivos e Terminologia

CONTEXTO DA RESTAURAÇÃO FLUVIAL

A relação da humanidade com os rios segue uma trajetória complexa ao longo da história, marcada por variadas formas de interação ao longo do tempo e do espaço, tanto pela dinâmica e sazonalidade naturais dos corpos de água como pelas diversas – e também dinâmicas – necessidades e expectativas humanas, no decorrer de distintos locais e épocas. Sucedem-se, assim, aproximações e antagonismos, materializados frequentemente por intervenções danosas aos sistemas fluviais.

Desde seus momentos iniciais, a civilização foi potencializada pelos rios, mas estes passaram a sofrer, inexoravelmente – e algumas vezes de forma dramática –, os impactos do desenvolvimento, em termos hidrológicos e ambientais, por meio da captação excessiva de água para diversos usos (consumo humano, agricultura, pecuária, atividades industriais), recebendo, em troca, o lançamento de esgotos e de resíduos, sofrendo intervenções nas suas calhas, com retificações, diques, barramentos. Com o crescimento das cidades, muitos rios perderam, gradativamente, seu papel como elemento da paisagem urbana, com a frequente ocupação de áreas de risco, a canalização sistemática e a profunda degradação da qualidade das suas águas.

As respostas dos sistemas fluviais não tardaram a surgir: perdas da capacidade de desempenhar as funções ambientais e danos socioeconômicos severos, na forma, por exemplo, de inundações em grandes metrópoles.

Agravando o quadro, as necessidades inerentes ao desenvolvimento persistem, com a crescente demanda por recursos hídricos; a pressão no sentido da ocupação e uso do solo de áreas adjacentes aos rios em áreas rurais e a intensa concentração da população em áreas urbanas, levando à perda do espaço dos sistemas fluviais naturais.

Nos últimos anos esse passivo tornou-se patente, à luz da crescente percepção e apropriação das implicações decorrentes das questões ambientais. Desastres ambientais relevam ainda mais a necessidade de maior consideração dos ambientes fluviais em nossa sociedade.

Ao contexto conflitante da pressão antrópica e da crescente conscientização ambiental, somam-se, ainda, incertezas decorrentes de mudanças climáticas, globais ou regionais, com seus reflexos no regime hidrológico e nas condições ambientais, de forma geral, sensibilizando, ainda mais, a sociedade e os tomadores de decisão no sentido de minorar o impacto de intervenções e adotar medidas de restauração de sistemas fluviais.

Alguns princípios parecem ser intuitivos e de fácil incorporação nos projetos, mas, na realidade, sua implementação efetiva reveste-se de dificuldade de cunho técnico, político e financeiro. Como exemplo, parece inquestionável que a preservação dos mananciais de água oferece melhores condições de proteção dos ecossistemas naturais, contribuindo para a necessária segurança hídrica; em zona urbana, as áreas protegidas proporcionam ainda espaços de lazer e recreação; a preservação das várzeas oferece vantagens na contenção dos problemas de inundação. Frequentemente, entretanto, restrições orçamentárias, a premência e o imediatismo de algumas políticas trazem mais complexidade à tomada de decisão, subestimando aspectos ambientais.

O que se vem observando na prática é o surgimento de problemas diversos, variáveis em função da realidade de cada local. Assim, por exemplo, a desigualdade no desenvolvimento dos países reflete-se na magnitude e na natureza das preocupações relacionadas à qualidade da água. Enquanto nas nações mais desenvolvidas a atenção da sociedade, pesquisadores, técnicos e autoridades sanitárias está voltada principalmente para os microcontaminantes químicos e microrganismos emergentes, os países menos desenvolvidos ainda não conseguem evitar milhares de mortes associadas à contaminação da água com patógenos que já não preocupam os países mais desenvolvidos. Estima-se que cerca de 2 milhões de pessoas morrem a cada ano por doenças relacionadas à água e a degradação dos recursos hídricos, especialmente nos países mais pobres, tem relação com este fato.

Além das implicações sanitárias, consequências econômicas relacionadas à contaminação dos mananciais devem ser consideradas, tais como o aumento do custo do tratamento da água destinada ao consumo humano, a redução da produtividade e do número de horas trabalhadas em razão de doenças associadas à água; aumento do gasto com a rede hospitalar; impactos sobre a indústria do turismo (pela degradação estética de locais com potencial turístico); redução da qualidade e produtividade agrícola pelo uso de água poluída ou salinizada na irrigação; influência em ecossistemas aquáticos, afetando a produção pesqueira comercial e de subsistência; limitação ao desenvolvimento de atividades industriais que necessitam de água de melhor qualidade e implicações sobre a navegabilidade de rios e a geração de energia elétrica, além dos prejuízos humanos e materiais decorrentes de inundações.

A implementação de programas de restauração deve ser precedida da criação de marcos regulatórios que definam claramente as metas, as atribuições dos diversos atores, as fontes dos recursos financeiros, as medidas a serem implementadas, o cronograma de ações e a forma de acompanhamento das atividades.

Os projetos de restauração bem-sucedidos destacam a participação da sociedade civil como sendo um dos princípios centrais que deve ser inserido em todo processo de tomada de decisão, planejamento, implementação e fiscalização. A gestão participativa, inclusive financeira, dá transparência, respeitabilidade e legitimidade ao processo ao permitir a participação dos diversos interessados (especialistas, representantes do governo, organizações não governamentais, empresas de saneamento, indústrias, agricultores, ambientalistas, usuários e população em geral). O marco regulatório deve estabelecer um cronograma rigoroso, mas realístico e implantado em etapas, para resultar no alcance das metas previamente definidas. Quanto maior a transparência na tomada de decisão e na definição das metas da restauração dos mananciais, maior a chance de se conseguir alcançá-las (Kraemer et al., 2001).

Contudo, deve-se considerar que a abordagem formal (legal e institucional) será sempre insuficiente para abarcar todo o espectro social, cultural e econômico dos problemas ambientais. Assim, por exemplo, observa-se que indústrias poluidoras que recebem ordem judicial de fechamento são reabertas por conta do desemprego gerado pelo seu fechamento, principalmente nos países em desenvolvimento. É necessário ter consciência da baixa eficácia dos instrumentos de fiscalização e aplicação de penalidades e, por outro lado, reconhecer que as intervenções fluviais estão presentes nas agendas governamentais e do setor privado; algumas destas são destinadas a superar os problemas concernentes ao passivo ambiental; a maior parte, no entanto, visa a simples expansão das atividades econômicas. É importante, no entanto, que mesmo essas últimas sejam imbuídas de conceitos associados ao planejamento ambientalmente sustentável da ocupação do espaço ribeirinho, à preservação de áreas necessárias à dinâmica fluvial natural e de ações de revitalização da fauna e da flora.

OBJETIVOS DA RESTAURAÇÃO FLUVIAL

A identificação do objetivo de uma intervenção visando à restauração de um sistema fluvial passa pela resposta a uma questão aparentemente simples: "para qual condição gostaríamos que o curso de água retornasse?". Entretanto, segundo Cardoso (2012), a questão implica identificar tanto os níveis atuais de degradação como aqueles para os quais o curso de água teria capacidade de se autorrestaurar. Evidencia-se, assim, a necessidade de reconhecimento da existência de diferentes níveis de restauração, fortemente relacionados às restrições impostas ao projeto, sejam elas decorrentes de alterações na bacia, no corredor fluvial ou da verba disponível para a sua execução, como ilustrado na Figura 1.

A linha superior na figura se refere à evolução natural do curso de água, em um cenário de pré-distúrbio, ao passo que a linha inferior concerne à tendência de degradação caso nenhuma medida visando a sua restauração seja tomada. A área sombreada representa a envoltória de cenários aceitáveis e factíveis diante das limitações sociais, políticas, econômicas e tecnológicas.

Assim, com base na resiliência do sistema e nas possibilidades de adoção de medidas favorecedoras da melhoria física e funcional dos cursos de água, podem ser definidos os princípios para estabelecer os objetivos de um programa de restauração fluvial, mas a definição destes objetivos constitui uma tarefa complexa na medida em que as questões envolvem uma ampla gama de disciplinas técnicas e científicas – geomorfologia, hidrologia, hidráulica, ecologia, biologia, dentre outras – implicando ainda a inclusão e a interação de múltiplos atores, com grande diversidade de interesses e de opiniões. Da mesma forma, usualmente distintas autoridades burocráticas e políticas são envolvidas com as decisões, envolvendo os aspectos de licenciamento, de financiamento e priorização das intervenções.

De forma esquemática, os objetivos das operações de restauração podem ser enquadrados em três tipos distintos: restauração ecológica, restau-

Figura 1 – Representação esquemática do cenário de restauração de uma determinada variável de um sistema fluvial.

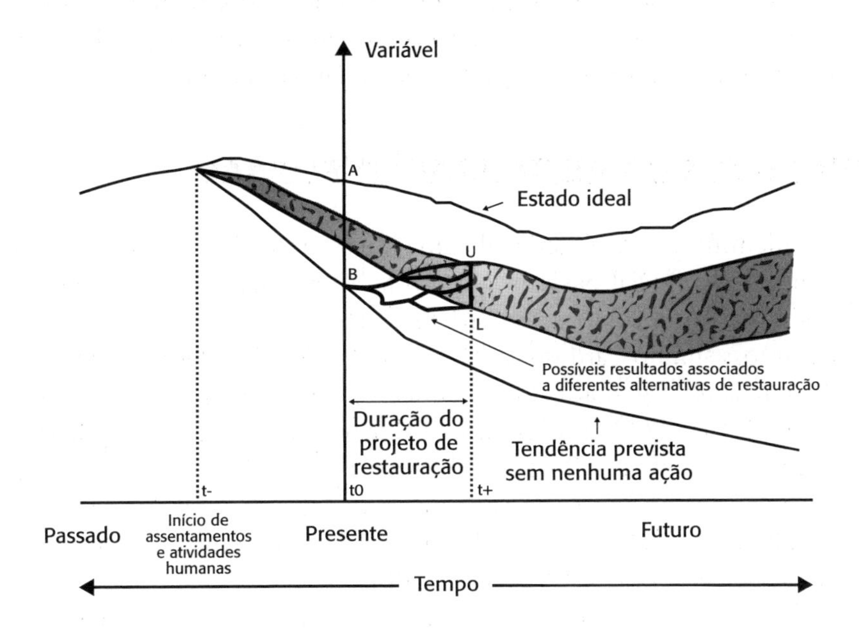

A = Valor ideal da variável sem atividade antrópica no tempo t_0; B = Valor atual da variável; U = Melhor valor da variável passível de ser alcançado ao final do processo de restauração, em ausência de restrições econômicas; L = Valor menos aceitável da variável ao final do processo de restauração.

Fonte: adaptado de NRC (1992).

ração geomorfológica e a emergente restauração baseada em uma visão "holística".

Como citado por Evangelista (2014), a restauração ecológica tem como foco principal a recuperação e a manutenção de processos ecológicos por meio da reintrodução e/ou preservação de espécies. Conforme Palmer (2009), os projetos de restauração ecológica tratam de questões relativas à evolução de população de comunidades e ecologia de ecossistemas, envolvendo também o conhecimento dos distúrbios naturais, influência do regime de vazões, ciclos de nutrientes etc. Trata-se, portanto, de temática bastante complexa, ainda com diversas lacunas, evidenciando a necessidade de estudos para garantir o embasamento teórico necessário.

Por outro lado, os processos geomorfológicos determinam a estrutura e a forma física dos rios, que constituem o substrato para a ampla gama de interação dos processos biofísicos que ocorrem nos sistemas fluviais. Assim, o comportamento natural desses sistemas compreende ajustes geomorfológicos e ecológicos que ocorrem de forma dinâmica, ao longo do tempo e do espaço; modificações nas condições ambientais e morfológicas dos sistemas fluviais, notadamente aquelas de origem antrópica, levam a significativas mudanças no regime de vazões e de transporte de sedimentos. A restauração geomorfológica, portanto, visa essencialmente, à implantação de conjunto de medidas de forma a permitir a recuperação do equilíbrio e, consequentemente, das funções dos ecossistemas fluviais (Espanha, 2008).

A restauração geomorfológica é frequentemente realizada tendo como referência a configuração natural do canal, recompondo-se as dimensões, o padrão e o perfil do sistema fluvial perturbado, buscando-se um rio natural "estável" (Rosgen, 1994). Entretanto, muitas vezes, principalmente em condições de risco, essas intervenções tendem a minimizar ou eliminar a dinâmica hidrológica e hidrossedimentológica temporal, afastando assim os sistemas fluviais de sua condição natural. Projetos de regularização de vazões, confinamento e fixação do leito dos cursos de água com uso de técnicas rígidas de engenharia são exemplos clássicos de ações contrárias ao comportamento natural dos rios.

Assim, diversos projetos de restauração fluvial apresentam abordagens com ações limitadas a objetivos que envolvem, isoladamente, a restauração de processos ecológicos ou processos geomorfológicos, ou aspectos ainda mais específicos, como a restauração de habitats para reintrodução de espécies. Entretanto, assim como os aspectos ecológicos e geomorfológicos, as questões socioeconômicas e filosóficas relacionadas à restauração também requerem atenção, possibilitando uma visão mais abrangente dos sistemas fluviais, configurando uma tendência para o que poderia ser denominado como restauração holística.

TERMINOLOGIA

Dentro da perspectiva de que todas as intervenções em cursos de água, independentemente de objetivos técnicos específicos, devem contemplar a melhoria ou preservação das condições ambientais, pode-se identificar conjuntos de ações com este viés que assumem diferentes terminologias, geralmente implicando divergências conceituais quanto ao seu efetivo significado e pertinência de aplicação. Assim, termos como restauração, reabilitação, renaturalização e revitalização são amplamente empregados por diversos autores, sem que haja, no entanto, uma convergência conceitual sobre seu escopo e abrangência, explicitando claramente o que se pretende alcançar com os distintos tipos de intervenção. Considerações mais detalhadas a respeito das distintas terminologias são encontradas em Cardoso (2012).

O termo mais amplamente empregado no meio técnico e científico internacional, e que foi escolhido para o título desta publicação, é restauração, que diz respeito à reparação de algo deteriorado. Nesse sentido, a restauração reporta à recuperação de um sistema degradado, buscando a melhoria das suas condições físicas e de funcionamento. Toma-se como referência, portanto, o estado que o sistema apresentava em tempos passados, associado a uma condição mais natural (Espanha, 2007).

Whol et al. (2005) definem restauração fluvial como sendo "auxílio ao restabelecimento de melhores condições para a ocorrência de processos hidrológicos, geomorfológicos e ecológicos em um ambiente degradado, bem como a reposição de componentes danificados do sistema natural". Assim, inicialmente focava-se a busca do retorno dos cursos de água às suas condições naturais (ou mais próximas a elas); mais recentemente estas passam a ser consideradas como "cenários de referência" para nortear as medidas de intervenção.

De acordo com Baptista e Cardoso (2014), esta postura mais realista e pragmática é adotada por FISRWG (2001) que salienta que os cursos de água são ambientes naturalmente dinâmicos, sendo impossível a sua recriação "original"; portanto, o processo de restauração deve visar ao restabelecimento da estrutura e do funcionamento fluviais em termos gerais. Ollero (2007) corrobora esta posição, considerando não ser possível a execução de réplicas da condição original de ecossistemas dinâmicos; os ambientes restaurados devem manter, de forma autossuficiente, suas funções hidrogeomorfológicas e bioquímicas. Dessa forma, o conceito de restauração incorpora uma série de variáveis e torna-se mais realista diante das transformações ocorridas na bacia e no sistema fluvial.

Outro termo muito difundido no meio técnico e científico corresponde à reabilitação, no qual o curso de água deixa de ser considerado um sistema e passa a ser visto por seus componentes. O foco consiste, portanto, no restabelecimento "parcial" da sua estrutura e/ou comportamento. Nesse caso, a condição de pré-distúrbio nem sempre é considerada como referência e, portanto, o sistema fluvial pode assumir novas feições e dinâmicas em relação a esse cenário.

Assim, os alcances da restauração e da reabilitação de um curso de água, como ilustrado pela Figura 2, diferem pela maior proximidade "global" do sistema fluvial diante do cenário "histórico", de pré-distúrbio, considerando o atual estado de degradação.

Figura 2 – Representação dos cenários de restauração e reabilitação de um curso de água.

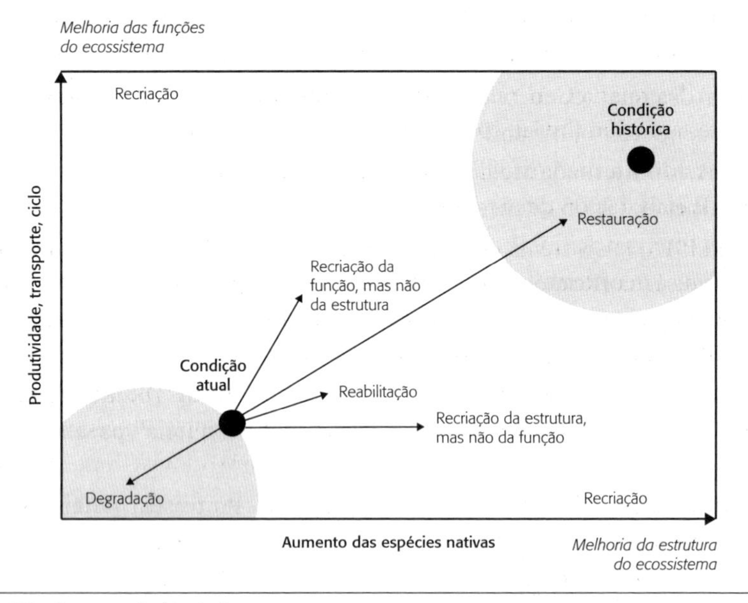

Fonte: Woolsey et al. (2005).

Os objetivos, limites e potencialidades que devem ser levados em conta para o enquadramento de uma dada intervenção em um sistema fluvial não são, portanto, evidentes. Ao longo deste livro considerou-se pertinente a adoção do termo preferencial restauração, relativizando-se seu conceito de forma a abarcar toda a terminologia em uso. A escolha do termo deve-se ao seu amplo emprego no meio técnico-científico e à abrangência da sua abordagem. Alguns autores dos diferentes capítulos deste livro utilizam, entretanto, termos distintos. Procurou-se, assim, uniformizar a terminologia, respeitando-se, no entanto, especificidades inerentes à intenção efetiva dos autores.

Márcio Baptista
Valter Lúcio de Pádua

REFERÊNCIAS

BAPTISTA, M.B.; CARDOSO, A.S. Rios e cidades: uma longa e sinuosa história... Revista UFMG, v. 21.2, 2014.

CARDOSO, A.S. Proposta de metodologia para orientação de processos decisórios relativos a intervenções em cursos de água em áreas urbanas. 2012. 331f. Tese (Doutorado em Saneamento, Meio Ambiente e Recursos Hídricos) – Escola de Engenharia, Universidade Federal de Minas Gerais, Belo Horizonte, 2012.

ESPANHA. Secretaría General Técnica do Ministerio de Fomento. Manual de técnicas de restauración fluvial. 2008. 300p.

ESPANHA. Ministerio de Medio Ambiente. Restauración de rios: Guía metodológica para la elaboración de proyetos. 2007. 318p.

EVANGELISTA, J.A. Sistema de auxílio à decisão para priorização de intervenções em cursos de água (Relatório de Qualificação do Programa de Pós-Graduação em Saneamento, Meio Ambiente e Recursos Hídricos) - Escola de Engenharia. Universidade Federal de Minas Gerais. Belo Horizonte. 2014. 189p.

[FISRWG] FEDERAL INTERAGENCY STREAM CORRIDOR RESTORATION WORKING GROUP. Stream Corridor Restoration: Principles, Processes, and Practices. Federal Interagency Stream Corridor Restoration Working Group, 2001. 637p.

KRAEMER, R.A.; CHOUDHURY, K.; KAMPA, E. Protecting water resources: pollution prevention (thematic background paper). In: International Conference on Freshwater. Bonn, 2001. 25p.

NRC (NATIONAL RESEARCH COUNCIL). Restoration of aquatic ecosystems – Science, Technology and Public Policy. Washington, D.C.: National Academy Press., 1992.

ROSGEN, D.L. A classification of natural rivers. *Catena*, v. 22, n. 3, p. 169-99, 1994.

OLLERO, A.B. Territorio Fluvial: diagnóstico y propuesta para la gestión ambiental y de riesgos en el Elbro y los cursos bajos de sus afluentes. Espanha: Fundación Nueva Cultura del Agua, 2007. 255p

PALMER, M.A. Reforming watershed restoration: science in need of application and application in need of science. Estuaries and Casts. v. 32, p. 1-17, 2009.

WHOL, E.; ANGEMEIER, P.L.; KONDOLF, G. et al. River restoration, Water Resources Research, v. 41, p. 1-12, 2005.

WOOLSEY, S.; WEBER, C.; GONSER, T. et al. Handbook for evaluating rehabilitation projects in rivers and streams. Rhone-Thur Project. Eawag. WSL. LCH-EPFL, VAW-ETHZ. 2005. 108p.

PARTE I

Fundamentos

Capítulo 1
Ecossistema Fluvial
Sergi Sabater e Arturo Elosegi

Capítulo 2
Introdução à Hidrologia
Mauro Naghettini

Capítulo 3
Hidromorfologia Fluvial
Juan P. Martin Vide

Capítulo 4
Noções de Hidráulica Fluvial
Márcia Maria Lara Pinto Coelho e Márcio Baptista

Capítulo 5
Qualidade Química das Águas Superficiais
Antoni Ginebreda, Miren López de Alda,
Damià Barceló e Sérgio F. de Aquino

Capítulo 6
Aspectos Legais e Institucionais da Restauração Fluvial
Hygor Aristides Victor Rossoni,
Fernanda Fonseca Pessoa Rossoni e
Alexandra Fátima Saraiva Soares

Capítulo 7
Técnicas para Intervenções em Cursos D'água
Márcio Baptista, Priscilla Macedo Moura,
Janaina de Andrade Evangelista, Maria Rita Scotti Muzzi e
Lenora Nunes Ludolf Gomes

Capítulo 8
Utilização de Técnicas Multicriteriais para Análise e Seleção de Alternativas de Intervenção em Sistemas Fluviais
Priscilla Macedo Moura, Adriana Sales Cardoso,
Janaina de Andrade Evangelista e Márcio Baptista

Ecossistema Fluvial 1

Sergi Sabater
Arturo Elosegi

INTRODUÇÃO

Na escala planetária, os rios são ecossistemas de dimensões reduzidas, tanto pela superfície que cobrem como pelo volume de água que englobam (Quadro 1.1), mas seu tamanho, contudo, não combina com o significado real que eles têm na dinâmica do fluxo hidrológico terrestre, já que os rios permitem o fluxo entre os compartimentos superficiais, e às vezes são as fontes de água mais fáceis de serem interceptadas pelo homem (Sabater, 2008).

Por sua vez, esses ecossistemas e suas áreas associadas englobam uma boa parte da biodiversidade global, desempenham um papel-chave nos ciclos biogeoquímicos, e proporcionam serviços essenciais à humanidade. Não é à toa que a maior parte das civilizações se desenvolveu nas imediações de grandes rios, que serviam como vias de comunicação e proporcionavam tanto a pesca como terrenos férteis para a prática agrícola em suas várzeas. Ainda hoje, os rios têm enorme importância estratégica e econômica, já que são usados para abastecimento, como vias de navegação, para obter energia hidroelétrica, como fonte de pesca comercial ou, em determinadas áreas, como atração turística em torno da qual se desenvolve boa parte da economia local (Moss, 1998).

Quadro 1.1 – Volume de água nos diferentes compartimentos nos quais ocorre o ciclo hidrológico global terrestre.

Fonte de água	Volume (milhões de km^3)
Oceanos	1338
Água sólida (calotas polares, glaciais)	24,1
Aquíferos e solo	8,1
Lagos de água doce	0,125
Lagos salgados	0,104
Rios	0,002 (2000 km^3)
Atmosfera	0,013

Apesar de sua importância, ou talvez por isso, nossa relação com os ecossistemas fluviais parece uma história de amor e ódio.

Desde o período neolítico, a humanidade tenta dominar os rios, esses sistemas obstinados a correr pelos fundos do vale, inundar os terrenos mais férteis e mudar caprichosamente de curso. Nesse afã, temos abatido ribeiras e canalizado leitos, explorado os recursos com exagero, promovido a propagação de espécies exóticas, contaminado tanto os rios como os aquíferos associados. Hoje em dia, muitos dos ecossistemas fluviais do mundo se encontram seriamente prejudicados, em algumas regiões, a níveis nos quais não é imaginável sua recuperação. Aos impactos mencionados, há sérias ameaças de futuro, como a mudança climática e o crescimento populacional. Poderíamos dizer que os rios se encontram entre os ecossistemas mais potencialmente afetados pela mudança global. No mundo, existem diversos tipos de rios, desde os córregos temporais mediterrâneos ou os rios que atravessam o deserto aos rios de montanhas andinas, passando pelos grandes rios tropicais, como o Amazonas, ou os rios de planície. Cada tipo de rio tem suas características próprias, mas também existe uma série de padrões comuns que determinam a distribuição e abundância das comunidades biológicas, e o funcionamento do ecossistema em relação a suas comunidades e aos fatores ambientais.

Todos esses sistemas podem proporcionar *bens e serviços ambientais* (Millenium Ecosystem Assessment, 2006), dos quais nos beneficiamos, às vezes inadvertida e vorazmente. Por serviços ambientais, entendem-se aquelas funções que desenvolvem os ecossistemas e que se traduzem em benefícios para a qualidade de vida das sociedades humanas. Os serviços podem se quantificar, tanto a sua eficiência em relação a um processo concreto, como seu custo econômico. Entre os serviços que proporcionam os ecossistemas fluviais (Quadro 1.2) e que mais repercussão têm sobre as sociedades humanas é possível citar a disponibilidade de água de qualidade e a produção de comida.

Quadro 1.2 – Funções dos ecossistemas fluviais que podem ser traduzidas em serviços.

•	Disponibilidade de água potável.
•	Disponibilidade de água para irrigação ou outras atividades.
•	Produção de comida e outros bens (pesca, madeira etc.).
•	Regulação do clima local e global.
•	Controle de gases do efeito estufa (CO_2, metano).
•	Regulação de enchentes.
•	Reciclagem de nutrientes (depuração da água).
•	Tratamento e depósito de materiais (sedimentos, orgânicos).
•	Turismo, lazer e cultura.

O conceito de serviços dos ecossistemas se contrapõe ao mau uso dos bens comuns. Em um texto fundamental para compreender a interação entre economia e ecologia, Hardin (1968) se referiu à tragédia dos bens comuns como derivada do mau uso daqueles bens cuja propriedade se divide entre todos (tais coma água, pastos, pesca etc.) e pelos quais ninguém se sente responsável. O problema que os bens comuns podem sofrer é seu uso irracional, motivado exatamente pela ausência de um proprietário claro e pela sua gratuidade, que promove seu uso intensivo sem preocupação com a sustentabilidade. A eficiência dos bens e serviços dos sistemas fluviais está diretamente relacionada aos seus níveis de conservação, e com a possibilidade de que o sistema mantenha seu dinamismo espacial e temporal.

Gerir os sistemas fluviais implica combinar essa informação com uma visão de futuro saudável, que permita à humanidade o desenvolvimento de uma maneira realmente sustentável. Para isso, é essencial conhecer as características fundamentais que controlam a estrutura e o funcionamento dos ecossistemas fluviais, e trabalhar na conservação daqueles rios que ainda se mantêm em bom estado, e na reabilitação ou restauração de outros mais degradados. Os rios têm características físicas e químicas diferentes, e desenvolvem comunidades biológicas e padrões de funcionamento díspares em diferentes regiões. No entanto, sob toda essa diversidade, existe uma série de princípios unificadores que será descrita a seguir.

ESTRUTURA E FUNCIONAMENTO DOS ECOSSISTEMAS FLUVIAIS

Os ecossistemas e os rios caracterizam-se por sua estrutura e funcionamento (Allan e Castillo, 2007). A estrutura dos ecossistemas é constituída pelas características do meio abiótico e pelas comunidades de organismos que se desenvolvem nele. Seu funcionamento compreende processos, como o transporte e retenção de sedimentos, as transformações dos nutrientes ou o metabolismo do ecossistema.

A estrutura e o funcionamento estão relacionados. Por exemplo, a forma do leito de um rio reflete o equilíbrio de erosão e sedimentação em médio prazo, e determina a qualidade do hábitat fluvial e, portanto, as comunidades que podem se desenvolver em um trecho. Essa interação entre estrutura e funcionamento, em um marco muito dinâmico caracterizado por variações de vazão, é muito característica dos rios. As grandes cheias, por exemplo, atuam como perturbações que afetam tanto as comunidades fluviais como as ribeirinhas, que posteriormente se recuperam graças a processos sucessivos. Conforme estas comunidades amadurecem, aumenta sua capacidade de controlar o ambiente: a mata ciliar vai adquirindo maior incidência sobre a forma do leito, modulando as mudanças de temperatura, ou exercendo maior influência sobre recursos importantes para as comunidades de algas, como a luz ou os nutrientes.

Os rios são ecossistemas extremadamente complexos. Têm vários componentes únicos, especialmente relacionados com a organização física no eixo horizontal. Diferentemente de outros ecossistemas, fisicamente organizados em torno do eixo vertical (Figura 1.1), a dimensão mais relevante nos ecossistemas fluviais é o transporte a jusante, a componente horizontal.

Figura 1.1 – Esquema do funcionamento ecológico de um bosque (esquerda), um lago (centro) e um rio (direita).

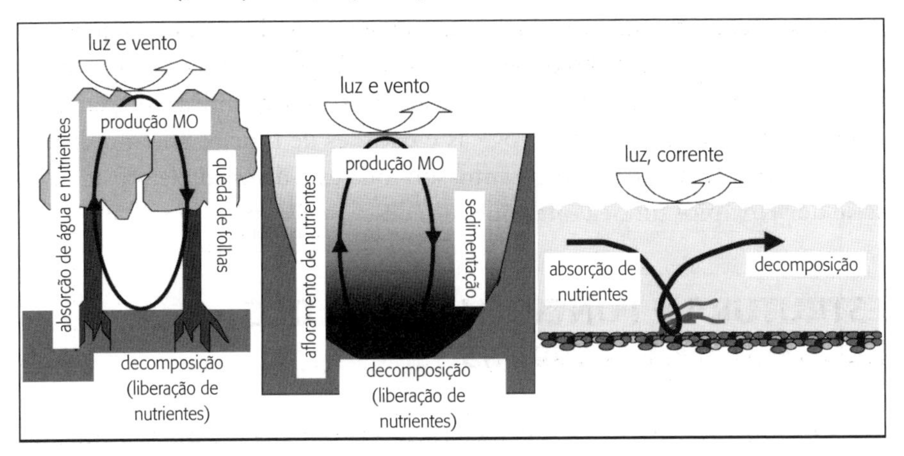

Nota: Os produtores primários utilizam nutrientes inorgânicos e luz para sintetizar matéria orgânica. Ela vai se acumulando no fundo até ser decomposta, liberando nutrientes inorgânicos. A energia do vento e das correntes remove esses nutrientes, colocando-os à disposição dos produtores. No caso do rio, tudo isso ocorre conforme a matéria vai sendo arrastada de montante para jusante.

As características geológicas e o clima são os fatores-chave que explicam as diferenças entre rios de diferentes latitudes e biomas. Densidade e tipo de vegetação, meteorização e desenvolvimento dos solos, declividade da bacia e vazão são parâmetros descritivos da bacia, os quais dependem da geologia e do clima (Figura 1.2). Em relação ao sistema fluvial em seu sentido mais estrito, o regime de vazões, as diferenças na química das águas e nas comunidades biológicas, assim como o funcionamento geral do ecossistema, só podem ser explicados a partir das características litológicas e do clima.

Além disso, os rios estão estruturados em uma rede hidrográfica hierárquica e, conforme os leitos seguem, eles se tornam mais amplos. Isso se chama ordem fluvial (Figura 1.3), parâmetro que engloba muitas características geomorfológicas, hidrológicas e inclusive biológicas. A ordem fluvial aumenta à medida que o sistema se torna maior e caudaloso. O meio fluvial é uma rede ramificada e isso faz com que haja um número distinto de cada tipo de hábitat fluvial.

Figura 1.2 – Fatores da bacia que determinam a morfologia e dinâmica do sistema fluvial.

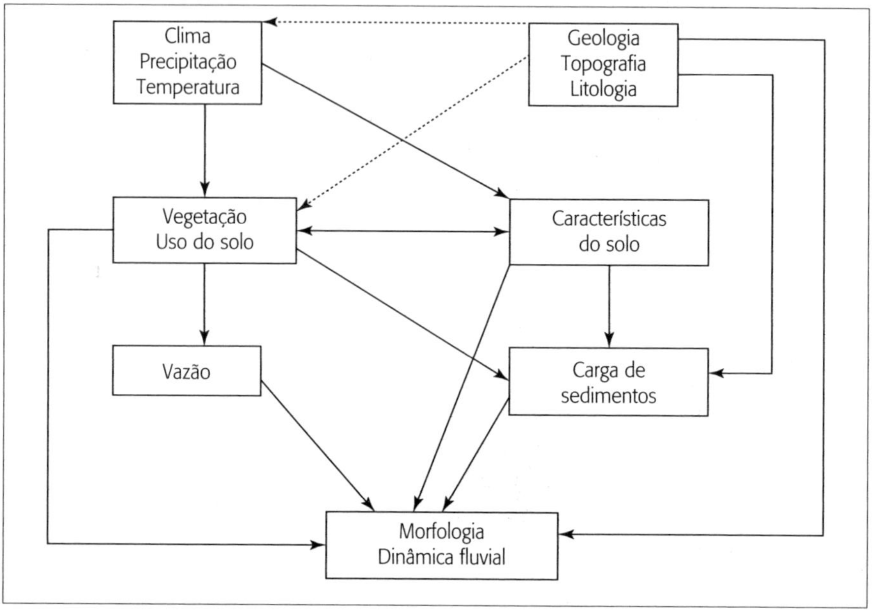

Clima
Precipitação
Temperatura

Geologia
Topografia
Litologia

Vegetação
Uso do solo

Características
do solo

Vazão

Carga de
sedimentos

Morfologia
Dinâmica fluvial

Fonte: adaptada de Morisawa (1985).

Figura 1.3 – Estrutura da rede de drenagem em rios, representação da ordem fluvial.

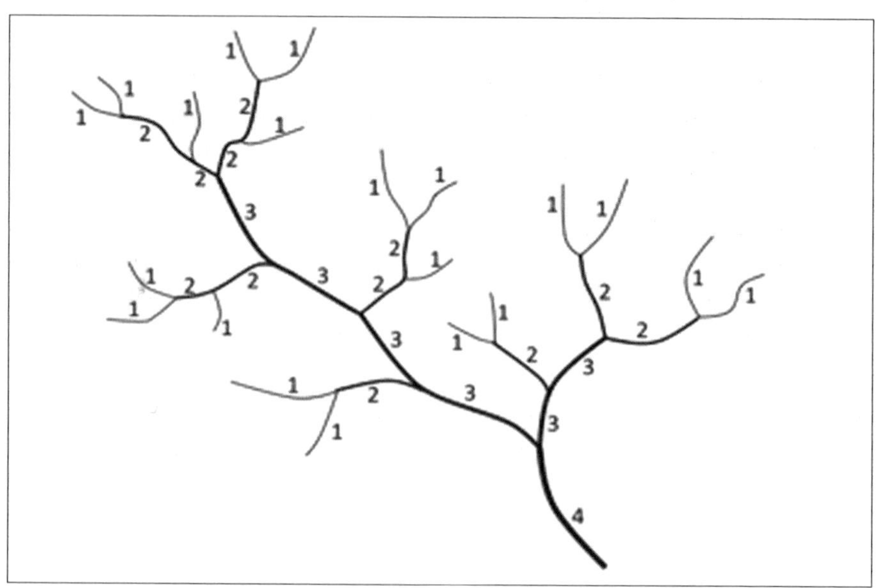

Obs.: Números indicam a ordem fluvial.

A aparente complexidade da estrutura fluvial aumenta se levarmos em conta que o rio não é apenas a parte do leito por onde a água vai circular, mas, sim, que o leito seco, as ribeiras, a planície de inundação e a zona hiporreica são elementos de grande importância para a estrutura e para o funcionamento desses ecossistemas. De fato, os rios se encontram entre os ecossistemas mais dinâmicos. Por exemplo, nos rios entrelaçados, é muito mais importante a migração lateral dos leitos, que dá lugar a paisagens muito complexas, com variedade de leitos abandonados e barras em diferentes estados sucessivos (Figura 1.4). Esses componentes mudam de tamanho e complexidade como resposta à hidrologia, o que é uma expressão evidente do dinamismo fluvial, que afeta e condiciona o desenvolvimento da vida e o funcionamento do ecossistema.

Figura 1.4 – Rio alpino mostrando a heterogeneidade de estruturas no leito e planície de inundação.

Condições abióticas nos ecossistemas fluviais

O fluxo unidirecional da água característico dos sistemas fluviais impõe fortes restrições aos organismos (Poff, 1997). Esse fluxo interage com o substrato, resultando em padrões hidráulicos que costumam ser muito complexos e que determinam a distribuição espacial da biota fluvial. Além disso, a vazão circulante é temporalmente variável, alternando grandes cheias com períodos de estiagem. Essas variações temporais dependem das características biomáticas, porque os rios podem apresentar regimes hidrológicos muito contrastados. Existem rios perenes que nunca secam, rios intermitentes que secam praticamente todos os anos e rios efêmeros que recebem água apenas de vez em quando. Além disso, a variabilidade temporal da vazão pode mudar muito em função do clima e da origem da água (Figura 1.5). Por exemplo, nos rios com regime nival, as vazões costumam ser baixas no inverno e máximas no período de degelo. Os rios mediterrâneos oferecem pouca água no verão, ao passo que os atlânticos oferecem água ao longo do ano.

As cheias ou enxurradas são fenômenos de grande importância ecológica (Figura 1.6). Por um lado, perturbam as comunidades existentes, arrastando organismos água abaixo, oferecem espaços para a colonização e reiniciam a sucessão. Por outro lado, no caso de vazões elevadas, aumentam a conectividade ao longo da rede hidrológica, assim como a conectividade entre o leito principal e a planície de inundação ou os leitos acessórios, de forma que muitas espécies, em especial os peixes, aproveitam esses momentos para suas migrações. Finalmente, o transporte e o depósito de sedimentos durante as cheias controlam a geometria hidráulica do leito e, portanto, o hábitat fluvial (Rosgen, 1996). O efeito tanto ecológico como econômico ou social de uma cheia está relacionado a sua magnitude. Para qualquer trecho do rio, as cheias pequenas são mais frequentes que as cheias médias, e as grandes inundações só ocorrem de vez em quando. Ainda que seja praticamente impossível prever com bastante antecedência quando uma cheia de determinado tamanho vai ocorrer, a relação entre magnitude e frequência se dá a estudos de probabilidade, de forma que costumamos nos referir ao período de retorno para quantificar o tamanho de uma cheia.

A forma do leito fluvial é o resultado de um equilíbrio dinâmico entre o transporte e o depósito de sedimentos, pois as dimensões do leito estão intimamente relacionadas ao sistema hidráulico. É comum falar de tipos de rio para nos referirmos a diferentes formas do leito. Os principais tipos são os rios retilíneos, entrelaçados, amastomosados e meandrantes, cada qual com uma série de condições muito específicas. No entanto, a lista de tipos pode ser muito longa (Rosgen, 1996). Em qualquer caso, a estrutura física dos leitos é uma das características que mais influem tanto na estrutura como no funcionamento do ecossistema fluvial, e é afetada por muitas atividades humanas, pois a morfologia fluvial é um ponto essencial a ser analisado em qualquer trabalho de restauração de rios.

Figura 1.5 – Dois exemplos contrastados de diferenças no regime hídrico. À esquerda, elevada vazão de verão como consequência do degelo de glaciais (Chamonix, Alpes Franceses). À direita, córrego de zona árida prestes a secar (Bardenas Reales, Espanha).

Figura 1.6 – Rio temporal em situação de enxurrada e grande transporte de materiais sólidos.

A forma do leito tem implicações biológicas em várias escalas (Figura 1.7). Em escala macroscópica, de quilômetros a centenas de quilômetros, a morfologia fluvial determina a distribuição e abundância de hábitats e refúgios, e as possibilidades de dispersão para as espécies que exigem maior espaço, como os peixes migratórios. A escala de trecho ou seção fluvial, ou seja, entre algumas dezenas de metros a 1 km de leito, a heterogeneidade de formas no leito, como a abundância de poços e corredeiras, determina a diversidade de hábitats e, em consequência, a diversidade de organismos. Em escala de alguns metros a centímetros, a distribuição de diferentes tipos de sedimento influi nas conexões entre a água superficial e hiporreica ou na estabilidade e crescimento do biofilme. Em cada uma destas escalas, a declividade, a rugosidade do leito, a vazão e a velocidade da corrente estabelecem condições de acordo com o nível fluvial, desde a cabeceira até a desembocadura.

Figura 1.7 – Escalas espaciais nas quais ocorrem os processos mais relevantes no sistema fluvial.

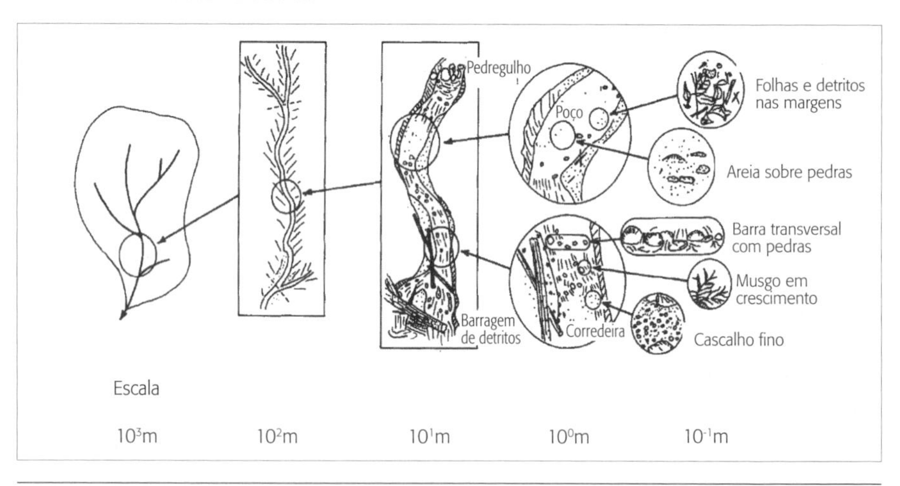

Fonte: Frissell et al. (1986).

Outro dos fatores mais importantes nos ecossistemas fluviais é a composição química da água, que reflete sua origem e vias de transporte, além de determinar a composição e abundância das comunidades e o funcionamento do ecossistema fluvial (Allan e Castillo, 2007). A química das águas tem sido um dos aspectos mais estudados na ecologia fluvial, como é de se esperar, dadas as suas implicações práticas, especialmente as relacionadas com o abastecimento. A água é um excelente solvente e, por isso, uma análise detalhada de qualquer rio mostra que a água circulante é uma dissolução complexa. Em condições naturais, as concentrações de nutrientes que o rio transporta dependem de sua vazão, assim como da natureza geológica e da vegetação da bacia. Assim, em um rio de cabeceira, as concentrações se encontram entre 5 e 15 μg/L de P e 50 e 300 μg/L de N, enquanto em rios agrícolas essas concentrações podem alcançar, com facilidade, 1.000 μg/L de P e 3.000 a 5.000 μg/L de N. Esse é um processo bem conhecido que se chama eutrofização. Nessas condições, o rio perde a eficiência na captação de nutrientes, satura-se e também perde grande parte de sua capacidade de autodepuração. Nesses sistemas, as algas e macrófitas respondem à entrada de nutrientes, aumentando sua biomassa. O impacto que causam os nutrientes também está relacionado a suas proporções relativas. Assim, o efeito de uma entrada de fósforo poderá ser muito mais relevante em um rio com elevada relação nitrogênio/fósforo (ou seja, limitado por fósforo). Valores de mais de 100 mg/m^2 de clorofila algal bentônica são indicativos de saturação ou eutrofia.

Recentemente, tem-se comprovado a importância de outros produtos, como metais pesados, hormônios, pesticidas ou outros contaminantes emergentes, que podem ter incidência biológica em concentrações extremamente baixas. Entre eles, estão substâncias sintéticas (a maioria dos pesticidas, solventes), outras derivadas da combustão incompleta de hidrocarbonetos. Além disso, é preciso considerar que os tóxicos chegam ao sistema aquático misturados, o que dificulta prever os efeitos tanto para o ecossistema como à saúde humana (Navarro-Ortega et al., 2010).

As comunidades fluviais

O regime de perturbações frequentes ao qual os rios são submetidos faz com que as comunidades fluviais sejam, às vezes, menos diversas do que as de outros ecossistemas. No entanto, frequentemente vemos exemplos de adaptações a condições locais, o que tem tornado possível o desenvolvimento de modelos que permitem prever tanto a composição como os principais traços biológicos das comunidades que podem ocorrer em determinadas circunstâncias. Essas características permitem que algas, invertebrados e peixes sejam usados como bioindicadores.

Entre os micro-organismos, destacam-se bactérias, algas, fungos e protozoários, que se encontram em comunidades complexas, especialmente formando o biofilme sobre o leito, ou em rios mais profundos ou lentos, como membros do plâncton. Como é habitual nos ecossistemas, as comunidades microbianas desempenham nos rios um papel determinante no funcionamento biogeoquímico, ou seja, nos processos de transporte, retenção e transformação de nutrientes.

As comunidades microbianas costumam mostrar um padrão de distribuição espacial muito complexo, em função do tipo de substrato, da velocidade da corrente ou das condições redox. Os fungos aquáticos (em especial os hifomicetos) crescem de preferência sobre os substratos orgânicos (folhas, ramos), mas também sobre substratos inorgânicos do leito do rio. Esses organismos formam filamentos e se reproduzem por meio da produção de esporos (Figura 1.8). Em rios com vegetação, os fungos proliferam especialmente quando as folhas se depositam no leito, normalmente no outono. As bactérias e os fungos realizam a crucial função da reciclagem e reutilização do material orgânico que entra no ecossistema, tanto o derivado dos produtores primários, como das folhas, ramos e madeira. Esses micro-organismos sintetizam enzimas que são capazes de decompor as moléculas orgânicas complexas e grandes, para assim incorporá-las em seu organismo como fonte de nutrientes. Em geral, os fungos têm maior capacidade para a decomposição de material vegetal complexo, como a celulose e a lignina, enquanto as bactérias mostram maior capacidade de decompor polissacarídeos e peptídeos.

As algas são micro-organismos capazes de realizar a fotossíntese, usando para isso os nutrientes inorgânicos disponíveis na água e a energia da luz solar. A maioria dos substratos submersos aos quais a luz chega (sedimentos, areias e até plantas aquáticas) acabam recobertos por uma camada de algas, geralmente de pouca espessura e coloração variável segundo a composição majoritária da comunidade (Figura 1.8).

As algas do biofilme, por causa de seu rápido crescimento e localização, são as principais responsáveis pela produção primária em rios rasos. Da mesma maneira, as comunidades de algas mostram grandes diferenças entre substratos de tamanho e estabilidade diferentes (Figura 1.9). Além das algas microscópicas já mencionadas, em alguns tipos de rio, as macrófitas ou produtores macroscópicos ganham importância, e entre eles encontram-se algumas algas grandes, musgos, samambaias ou angiospermas (Figura 1.9). As macrófitas podem ser diferenciadas em vários grupos de acordo com sua forma de crescimento: plantas submersas, enraizadas com folhas flutuantes, emergentes e plantas flutuantes não enraizadas, cada uma com requerimentos ecológicos muito distintos. Além de ter um papel-chave no funcionamento do ecossistema, as macrófitas estão entre os elementos mais importantes no hábitat fluvial, ao proporcionarem substrato, alimento, refúgio ou local de desova a grande número de organismos, desde algas epífitas até peixes.

Figura 1.8 – Biota microbiana fluvial. Esquerda: diatomáceas e bactérias sobre substrato sólido (pedra). Direita: filamentos fúngicos sobre fragmento de folha.

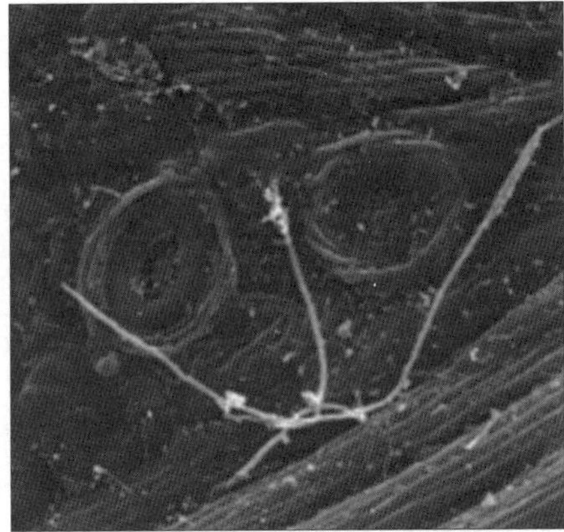

Os invertebrados fluviais são separados em duas categorias, de acordo com seu tamanho: meiofauna e macroinvertebrados. A meiofauna é o componente menor, pouco estudado, no qual existem alguns crustáceos, rotíferos e tardígrados, e estados menores de organismos superficiais. As comunidades de invertebrados, entre as quais estão os anelídeos, moluscos e insetos (Figura 1.10), mostram fortes variações tanto biogeográficas como em relação ao hábitat fluvial. Os macroinvertebrados mantêm uma relação de grande destaque no uso de matéria orgânica particulada. Os leitos cobertos de cascalhos, pedregulhos e pedras oferecem as melhores possibilidades aos macroinvertebrados e abrigam a maior variedade deles, enquanto as áreas de acúmulo de partículas menores (areias, limos) são pouco estáveis e a difusão de oxigênio é mais limitada, e nelas vivem organismos mais especializados. Outras espécies vivem e se alimentam da madeira em decomposição, especialmente nas cabeceiras de rios com vegetação. Os musgos e as macrófitas também podem ser um bom substrato no qual viver, tanto em sua superfície como em seu interior, escavando pequenas galerias. Os macroinvertebrados reagem a diferentes estratégias alimentares.

Podem se alimentar de detritos orgânicos como folhas, de biofilme que cresce sobre as pedras e também de outros animais. A disponibilidade de alimentos depende do tamanho do rio, do tipo de substrato ou da existência de mata ciliar. Nos rios bem iluminados, proliferam os produtores primários. Em rios com vegetação, a folhagem pode ser a principal fonte de alimento. As folhas colonizadas por bactérias e fungos aumentam seu valor nutritivo, e são consumidas pelos macroinvertebrados fragmentadores, como crustáceos ou insetos.

Figura 1.9 – Biota fluvial. Esquerda: leito de macrófitas. Direita: filamentos de algas verdes sobre canto liso.

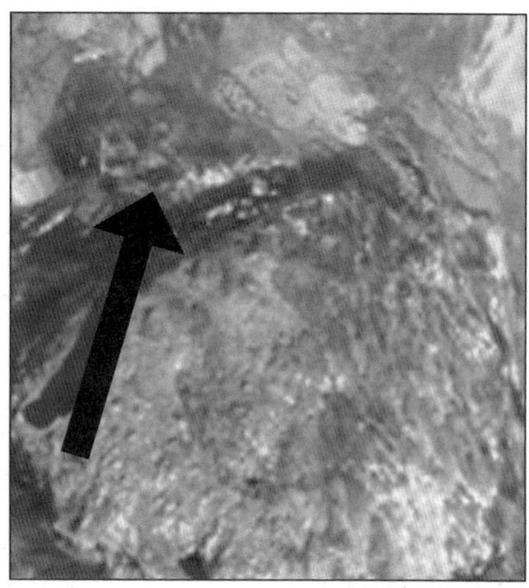

Finalmente, nos rios, encontramos vários vertebrados (Figura 1.11), dentre os quais se destacam os peixes, mas também os anfíbios, répteis, aves e mamíferos ligados total ou parcialmente ao hábitat fluvial. Das quase 40 mil espécies de peixes que existem no planeta, cerca de 40% estão nas águas continentais. Esse é um número extraordinariamente alto se levarmos em conta que as águas não marinhas cobrem apenas 1% da superfície da Terra. A que se deve tamanha diversidade nas águas continentais? Existe uma relação evidente com a grande variedade física (salinidade, temperatura) e química (composição geoquímica das águas) dos ambientes naturais aquáticos terrestres, bem como motivos históricos e biogeográficos de separação das massas de água entre elas. Ambas as características são distintivas dos sistemas aquáticos continentais; a homogeneidade é muito maior no meio marinho. No entanto, essa diversidade é mais comum a ecossistemas tropicais do que a ecossistemas temperados. Os peixes são organismos altamente diversificados quanto a sua dieta e forma de vida, o que permite que eles ocupem vários espaços. Existem espécies algívoras (consomem algas), detritívoras (consomem matéria orgânica, como folhas), insetívoras (consomem insetos), planctófagas (consomem plâncton) e piscívoras (consomem outros peixes), para citar algumas das estratégias tróficas mais comuns. Em grandes rios tropicais, inclusive, há espécies frugívoras, que exploram a mata ciliar em época de inundação.

Figura 1.10 – Exemplo de biota fluvial. Esquerda: *Lymnaea* (Molusco). Centro: *Hydropsyche* (Tricóptero). Direita: *Chironomus* (Díptero).

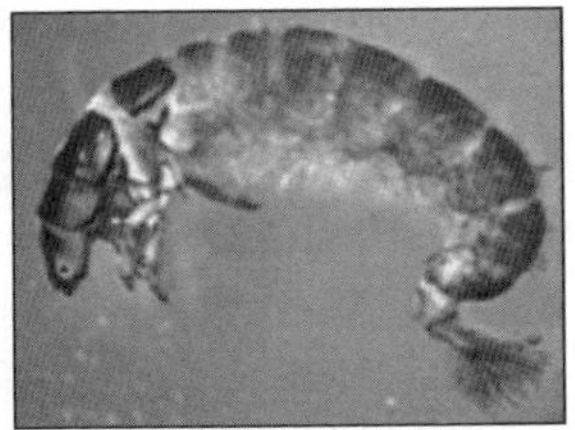
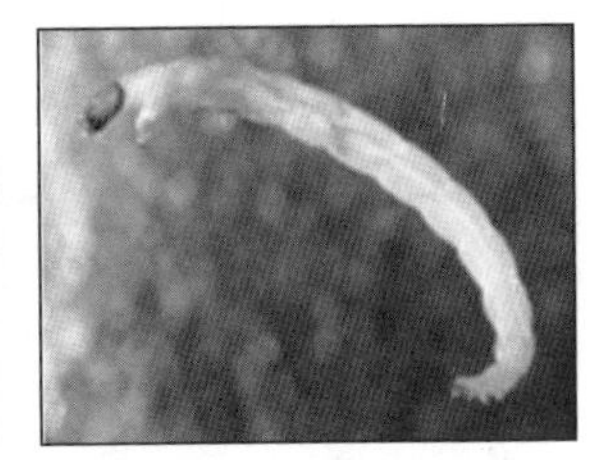

Figura 1.11 – Biota fluvial. Esquerda: Salmões desovando. Direita: *Euproctus* (anfíbio urodelo).

Os peixes ocupam hábitats distribuídos ao longo do rio. Essa grande diversidade, sua abundância relativa e até seu tamanho (o peixe maior consome mais e de modo mais ativo) podem causar efeitos importantes sobre outros níveis tróficos e, finalmente, sobre o funcionamento do ecossistema. Trata-se do que se chama cascata trófica, ou seja, o efeito que os níveis tróficos produzem sobre os outros. Nesse caso, o controle se exerce de cima para baixo, e os peixes são os que mais podem ter incidência nesse tipo de controle. Alguns efeitos são pouco conhecidos, ainda que tenham muita relevância. Em um recente experimento em um sistema tropical, descreveu-se que a retirada de peixes detritívoros causou a diminuição da matéria orgânica transportada rio abaixo, assim como o incremento da produção primária e da respiração.

Em relação a outros vertebrados, estes foram menos estudados do que os peixes, ainda que não restem dúvidas de que muitos deles, como os crocodilos ou os grandes mamíferos aquáticos, como os peixes-boi, têm um efeito muito importante sobre os ecossistemas aquáticos, tanto sobre o hábitat como por sua incidência a respeito de outros grupos de organismos.

Apesar de algas e macroinvertebrados serem sedentários e integrarem as mudanças que ocorrem ao longo de seu período de vida, que é mais ou menos curto (dias, semanas nos primeiros, meses nos segundos), os peixes são muito mais móveis. Todos esses são excelentes indicadores do nível de qualidade da água. O uso desses distintos grupos na avaliação do estado ecológico do sistema se baseia em suas respectivas sensibilidades à contaminação e à alteração do hábitat. As mudanças na composição da comunidade ou nas estruturas populacionais são facilmente interpretáveis para cada um dos grupos e, consideradas em seu conjunto, permitem uma avaliação eficaz.

Funcionamento dos ecossistemas fluviais

O funcionamento dos ecossistemas é determinado por um fluxo de energia que leva à reciclagem de matéria. No caso dos rios, essa reciclagem ocorre conforme a matéria vai sendo arrastada água abaixo pela corrente, pelo que se pode chamar espiral de nutrientes. A entrada de energia luminosa, utilizada pelos organismos fotossintéticos para sintetizar matéria orgânica, é um dos processos-chave no funcionamento da maior parte dos ecossistemas. A matéria orgânica sintetizada pelos produtores é utilizada como fonte de alimento, ou seja, fonte de matéria e energia, pelos heterótrofos: os animais consumidores e os micróbios decompositores. A energia fixada pelos produtores vai se canalizando ao longo de complexas redes tróficas, de plantas a herbívoros, de herbívoros a carnívoros, destes a supercarnívoros etc. Os livros de ecologia afirmam que a transferência de energia entre níveis tróficos raramente tem eficiência superior a 10%, mas, no caso dos rios, é de se esperar que essa eficiência seja ainda menor, já que boa parte do alimento pode ser arrastada água abaixo e jogada para fora do sistema.

A importância da energia que circula em forma de matéria orgânica através das redes tróficas é evidente (ver Figura 1.12). Além disso, existe outro fluxo de energia que tem grande importância: a energia auxiliar ou exossomática, que favorece uma elevada produção primária, ainda que a matéria orgânica não seja totalmente incorporada. No caso dos rios, a principal fonte de energia exossomática é a turbulência associada à corrente da água, que renova constantemente o entorno de cada organismo, trazendo novos nutrientes e alimentos, e afastando dejetos. Como resultado dessa turbulência, por exemplo, as algas dos rios são capazes de crescer com concentrações de nutrientes extremamente baixas. A corrente facilita a renovação de nutrientes, mas impõe fortes restrições aos organismos, pois acaba moldando muitos de seus traços vitais.

Figura 1.12 – Exemplo de rede trófica em um rio pampeano, na qual um compartimento de plânctons e outro bentônico interagem fortemente.

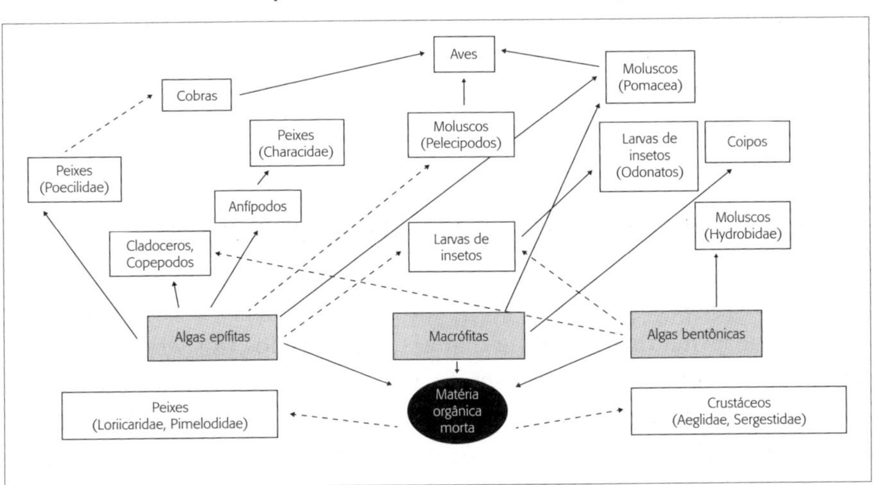

Fonte: adaptada de Giorgi et al. (2005).

Os recursos alimentícios disponíveis no rio mudam com o tipo fluvial, mas também ao longo do ano, e com eventos mais ou menos imprevisíveis, como as cheias. A comunidade biótica responde a essas mudanças, proliferando as espécies cujos recursos são mais abundantes em um determinado momento e, em consequência, reduzem a disponibilidade desses recursos. No entanto, as populações não podem mudar tão rápido como seus recursos, dadas as limitações impostas pelo ciclo de vida de muitos organismos, pois às vezes a comunidade reflete mais o passado recente do que as condições atuais de um rio. Por exemplo, os córregos sob vegetação caducifólia recebem uma grande quantidade de folhas no outono, o que favorece a comunidade biológica decompositora (bactérias, fungos) e detritívora (meiofauna e macrofauna), a não ser que o outono seja muito chuvoso e o rio arraste as folhas água abaixo. Além disso, nessa época, a ausência de folhas nas árvores permite um maior isolamento, o que favorece os produtores primários. Se a vazão continuar baixa, as interações entre espécies determinarão, de boa maneira, a composição da comunidade, ao passo que, se houver cheias frequentes, a comunidade estará dominada pelas espécies com maior capacidade de recolonização, importando menos suas preferências alimentares. Assim, então, trechos diferentes do rio, em épocas diferentes do ano, ou em anos diferentes, podem ter uma dinâmica muito distinta.

Uma das formas mais simples de avaliar, de forma integral, o funcionamento de um ecossistema é medir seu metabolismo. A expressão metabolismo fluvial se refere a termos de equilíbrio de oxigênio, de carbono ou de biomassa, de distintos compartimentos (biofilme, consumidores etc.) ou do conjunto do ecossistema. Entre esses processos metabólicos, inclui-se a produção primária, a respiração, o uso e dinâmica dos nutrientes. Aproximar-se de cada uma dessas descrições exige técnicas específicas (Elosegi e Sabater, 2009). Por exemplo, a avaliação da dinâmica de oxigênio pode ser estimada por meio de câmaras de incubação nas quais se mede a variação de oxigênio ou de carbono. Existem também métodos que permitem estimar o metabolismo em todo um trecho fluvial, ainda que exijam estudos e análises mais complexas.

A análise das interações tróficas é resultado da integração do metabolismo fluvial. Essa análise se baseia no estudo de tratos intestinais em animais e, mais recentemente, no uso dos isótopos estáveis como traçadores. Essas aproximações permitem estudar a dinâmica trófica do sistema e determinar as taxas de transferência entre os distintos componentes. Para tal fim, devem ser determinadas as variações isotópicas dos isótopos estáveis (por exemplo, 13C diante de 12C) nos distintos compartimentos da rede trófica (biofilme, meiofauna, macroinvertebrados) e nos materiais particulados (folhas, ramos, material fino) que caracterizam o trecho fluvial.

Os rios devem ser estudados levando-se em conta uma perspectiva de quatro dimensões, e na dimensão longitudinal (desde as cabeceiras até a desembocadura) devem ser somados os movimentos laterais e verticais da água, materiais, energia e organismos, e a dimensão temporal, resultante das mudanças ambientais, estacionais ou não (Ward, 1989). No eixo fluvial, ocorre uma sucessão contínua de mudanças desde a cabeceira até a desembocadura, como descrito anteriormente. A maior quantidade de matéria orgânica proveniente da ribeira em zonas de cabeceira favorece a presença de organismos fragmentadores e o predomínio de processos heterotróficos (Vannote et al., 1980). À medida que a ordem do rio aumenta, reduz-se o material reunido desde a ribeira e aumenta a disponibilidade de luz, o que possibilita maior quantidade de produtores e um predomínio dos animais herbívoros. Nesses trechos, os processos autotróficos podem ser tão ou mais intensos que os heterotróficos. A essas tendências encontradas no eixo fluvial é preciso somar aquelas que ocorrem no eixo horizontal (planície aluvial) e no vertical, especialmente em rios com planícies aluviais e uma zona hiporreica bem desenvolvidas. Em grandes rios de planícies aluviais, o ritmo de inundação determina que, em determinadas épocas, as espécies aquáticas explorem recursos acumulados durante meses nas planícies de inundação. Isso incide na dinâmica e na produtividade e na diversidade que suporta a zona de transição aquática-terrestre (Junk et al., 1989). Os rios de tamanho menor também são importantes no aporte de carbono à planície aluvial (Thorp e Delong, 1994).

CARACTERÍSTICAS IMPORTANTES DOS RIOS PARA SUA RESTAURAÇÃO

Restaurar um ecossistema implica devolver sua estrutura e funcionamento originais (Bradshaw, 1983). Essa definição apresenta diversos problemas, como o marco temporal de referência, ou até que ponto é possível, até desejável, restaurar as características originais de um ecossistema em um mundo submetido à mudança global (Newson e Large, 2006). No entanto, consideramos que é um bom marco conceitual, pelo menos porque ajuda a diferenciar aquelas práticas que podem ser marcadas dentro da restauração ecológica daquelas outras que são mero paisagismo, quando não promovem uma degradação ainda maior dos ecossistemas. Infelizmente, ainda são comuns os projetos que, com o pretexto de restauração, criam estruturas e padrões de funcionamento contrários aos que seriam de se esperar em condições naturais.

Assim, para restaurar ou reabilitar qualquer ecossistema, é preciso uma imagem de referência clara e de acordo com o funcionamento natural. Isso é, às vezes, impossível, já que o homem leva milênios para modificar de modo substancial regiões inteiras, nas quais não resta nenhum ecossistema não afetado pela atividade humana. Por isso, mais do que tentar recriar uma imagem estática, a restauração fluvial deve se concentrar em recuperar os processos e padrões de funcionamento, ou dar atenção a alguns aspectos-chave da ecologia fluvial, dentre os quais destacam-se cinco: a influência da bacia, o transporte e a retenção, a variabilidade temporal, o mosaicismo e a conectividade.

Influência da bacia

Os rios são um reflexo do que ocorre em sua bacia de drenagem (Hynes, 1975), pois muitas atividades humanas, ainda que ocorram longe do leito, podem ter impacto sobre os ecossistemas fluviais. É preciso prestar bastante atenção aos impactos que podem afetar o equilíbrio hídrico das bacias (mudanças na evapotranspiração, consequência de modificações na vegetação, mudanças na superfície de áreas impermeáveis, drenagens etc.), às possíveis entradas de contaminantes, tanto pontuais quanto difusas, e às mudanças no índice de erosão. Na maioria dos casos, não se pode querer restaurar toda a bacia para que voltem às condições originais, mas, às vezes, uma análise em nível de bacia permite detectar problemas que podem ser resolvidos por meio de uma adequada organização do território. Por exemplo, em bacias agrícolas, as entradas difusas de nutrientes, pesticidas ou sólidos finos costumam ser um problema que, em alguns casos, pode-se aliviar ou resolver por meio da proteção ou gestão adequada das zonas ribeirinhas, como, por exemplo, mantendo zonas-tampão (Vidon et al., 2010).

Transporte e retenção

Os rios são sistemas dominados pelo transporte e pela retenção de água, sedimentos, substâncias diluídas e organismos, pois são muito sensíveis a qualquer mudança na capacidade de transporte, na capacidade de retenção dos leitos ou nas entradas de materiais dissolvidos ou particulados. Em muitos casos, as atividades humanas tendem a promover a capacidade de deságue dos rios, e para isso são retificados e reorganizados os leitos, a madeira morta é eliminada e outros obstáculos ao transporte são retirados (Figura 1.13). Isso leva a uma menor capacidade do ecossistema de reter e processar as entradas, por exemplo, de nutrientes ou de matéria orgânica e, em consequência, um aumento nos aportes a jusante, em que podem ser causados efeitos nocivos. Por isso, é necessário restaurar os mecanismos de retenção naturais que os rios têm, como os restos de madeira morta, pelo menos onde não haja riscos de danos inaceitáveis para a propriedade. Essa visão mais funcional nos leva a apresentar objetivos específicos para a mata ciliar, que normalmente se desviam, como é a provisão de madeira morta ao leito, como elemento-chave de retenção.

Figura 1.13 – Dois exemplos de córregos afetados por impactos morfológicos derivados de mudanças no equilíbrio entre transporte e sedimentação. Esquerda, córrego basco repleto de sedimentos causados pela barreira de pinhais nas imediações. Direita, córrego australiano onde as práticas agrícolas têm causado severa incisão, que levou a desconectar o leito da planície de inundação.

Variabilidade temporal

A variabilidade temporal é uma característica essencial dos ecossistemas fluviais (Elosegi et al., 2010). Os rios se encontram entre os ecossistemas temporalmente mais variáveis, já que seu hábitat físico é determinado, em grande parte, pela vazão, que normalmente muda com as precipitações. Como já mencionado, os rios diferem em relação a seu regime de vazões, o que tem importantes consequências para os organismos, que devem adaptar seus ciclos vitais à alternância de períodos de águas altas e baixas (Townsend e Hildrew, 1994). Não são importantes apenas a estacionalidade, a magnitude e a frequência das cheias, mas também a variabilidade interanual do sistema de vazões tem consequências biológicas importantes. Além disso, as cheias moldam a forma do leito, pois qualquer afecção ao sistema de vazões costuma afetar o hábitat físico. Das muitas atividades humanas que afetam a variabilidade temporal nos ecossistemas fluviais, destaca-se por sua frequência o impacto das grandes represas. O efeito delas sobre o regime hidrológico depende de seu uso (hidroelétrico, de abastecimento etc.). Menos visível, mas também relevante para os ecossistemas fluviais, é o fato de as grandes represas reterem os sedimentos, pois no caso de se produzir água a jusante, as cheias apenas causam erosão do leito, sem formar novas estruturas morfológicas.

Mosaicismo

Os ecossistemas fluviais costumam ser mosaicos espacialmente complexos, como consequência de processos que ocorrem em diferentes escalas, desde a redistribuição de sedimentos como consequência de uma cheia até a migração lateral dos leitos e a formação da planície de inundação (Frissell et al., 1986). Essa complexidade espacial determina a diversidade de hábitats e, portanto, está relacionada à biodiversidade que se pode manter em um trecho fluvial. As cheias são um fator importante no momento de manter o mosaico fluvial, já que redistribuem sedimentos e modificam os leitos, criando hábitats que de outra forma desapareceriam (Figura 1.14). A complexidade física é, além disso, um atributo essencial, já que controla aspectos do funcionamento do ecossistema como o processamento de nutrientes (Elosegi et al., 2010).

Figura 1.14 – Talude formado pela erosão de um meandro. Aparentemente um problema de instabilidade das margens, é uma oportunidade para alguns organismos, como o martim pescador, que se esconde na cavidade marcada com uma flecha.

Conectividade

A conectividade é um atributo essencial dos ecossistemas fluviais (Amoros e Roux, 1988). Nos rios, é importante levar em consideração que a conectividade não apenas se refere aos movimentos dos organismos, mas também inclui os movimentos de água e materiais (Pringle, 2001), e que a conectividade funciona em três dimensões: longitudinal ao longo da rede de drenagem, lateral entre o leito e a planície de inundação, e vertical entre as águas livres e o hiporreios (Kondolf et al., 2006). Muitas atividades humanas diminuem a conectividade. Por exemplo, a conectividade longitudinal se vê afetada pelos represamentos ou açudes ou, simplesmente, pela presença de trechos muito modificados, por exemplo, com forte nível de contaminação. A conectividade lateral se vê modificada pela incisão dos leitos, por obras de engenheira como a retificação ou a estabilização de margens ou, simplesmente, por mudanças no regime de cheias. Finalmente, a conectividade vertical pode diminuir como consequência do acúmulo de sedimentos finos no leito ou pela eliminação de restos de madeira do leito. A natureza dendrítica e a frequência das perturbações nos ecossistemas fluviais faz com que uma limitação aparentemente pequena da conectividade possa ter fortes implicações para a sobrevivência de espécies de baixa densidade populacional ou de amplos movimentos no rio.

CONSIDERAÇÕES FINAIS

Os rios são ecossistemas essenciais para o bem-estar humano e, portanto, o desenvolvimento sustentável deve harmonizar nossas atividades com a conservação e restauração dos ecossistemas fluviais. Para isso é essencial partir de um conhecimento detalhado das características básicas desses ecossistemas e dos fatores que mais têm influência sobre sua estrutura, seu funcionamento e os serviços ecossistêmicos. Em um mundo submetido à mudança global, devemos ir além da visão do homem como dominador da natureza e buscar novos modos de vida que sejam capazes de reduzir nossa pegada ecológica a níveis sustentáveis. Infelizmente, a margem de manobra é cada vez menor, pois não podemos cometer muitos erros. Por outro lado, os rios são ecossistemas com uma resiliência extraordinária, que respondem rapidamente a qualquer melhora nas condições ambientais. Agora temos que ser capazes de integrar a melhor informação científica disponível com grandes doses de imaginação e coragem, para reconduzir a trajetória ambiental da humanidade. As próximas gerações nos julgarão por nossas atitudes.

REFERÊNCIAS

ALLAN, J.D.; CASTILLO, M.M. *Stream Ecology: structure and function of running waters*. Londres: Chapman and Hall, 2007.

AMOROS, C.; ROUX, A.L. *Interaction between water bodies within the floodplains of large rivers: Function and development of connectivity*. Münster: Münstersche Geographische Arbeiten, 1988.

BRADSHAW, A.D. The reconstruction of ecosystems. *Journal of Applied Ecology*, n. 20, p. 1-17, 1983.

CASTELLANOS, L.; DONATO, J. Biovolumen e sucesión de diatomeas em um rio andino. In: J. Donato (Ed). Ecología de um rio de montaña dos Andes colombianos. 2008, Colombia, Universidad Nacional de Colombia.

CONSTANZA, R.R.; D'ARGE, R.; DE GROOT, S. et al. The value of the world's ecosystem services and natural capital. *Nature*, v. 387, p. 253-260, 1997.

ELOSEGI, A.; SABATER, S. *Conceptos e técnicas em ecología fluvial*. Bilbao: Fundação BBVA, 2009.

ELOSEGI, A.; DÍEZ, J.R.; MUTZ, M. Effects of hydromorphological integrity on biodiversity and functioning of river ecosystems. *Hydrobiologia*, 2010. DOI: 10.1007/s10750-009-0083-4.

FEDERAL INTERAGENCY STREAM RESTORATION WORKING GROUP. *Stream corridor restoration. Principles, processes and practices*. USA: 1998.

FRISSELL, C.A.; LISS, C.E.; LISS, C.E. et al. A hierarchical framework for stream habitat classification. Viewing streams in a watershed context. *Environmental Management*, v. 10, p. 199-214, 1986.

GILLER, P.S.; MALMQVIST, B. *The biology of streams and rivers*. Oxford: Oxford University Press, 2003.

GIORGI, A.; FEIJOÓ, C.; TELL, H.G. Primary producers in a Pampean stream: Temporal variation and structuring role. *Biodiversity and Conservation*, n. 14, p. 1699--1718, 2005.

GORDON, N.D.; McMAHON, T.; FINLAYSON, B.L. et al. *Stream hydrology, an introduction for ecologists*. Chichester: Wiley, 2004.

HARDIN, G. The tragedy of the commons. *Science*, v. 162, p. 1243-1248, 1968.

HYNES, H.B.N. The stream and its valley. *Verhandlungen der Internationalen Vereingung für theoretische und angewandte Limnologie*, v. 19, p. 1-15, 1975.

JUNK, W.J.; BAYLEY, P.B.; SPARKS, R.E. The flood pulse concept in river – flood -plain systems. In: Dodge D.P. (ed), *Proceedings of the International Large River Symposium*. Canadian Special Publication in Fisheries and Aquatic Sciences. 1989.

KONDOLF, G.M.; BOULTON, A.J.; O'DANIEL, S. Process-based ecological river restoration: visualizing three-dimensional connectivity and dynamic vectors to recover lost linkages. *Ecology and Society*, n.11, 2006. Disponível em: URL: http://www.ecologyandsociety.org/vol11/iss2/art5/

MILLENIUM ECOSYSTEM ASSESSMENT. *Ecosystems and human well-being. Synthesis*. Cidade: 2006.

MORISAWA, M.E. *Rivers. Form and processes*. Longman: Londres, 1985.

MOSS, B. *Ecology of freshwaters. Man and medium, past to future*. Londres: Blackwell, 1998.

NAVARRO-ORTEGA, A.; TAULER, R.; LACORTE, S. et al. Occurrence and transport of pesticides and alkylphenols in water samples along the Ebro River Basin. *Journal of Hydrology*, v. 383, p. 18-29, 2010.

NEWSON, M.D.; LARGE, R.G. "Natural" rivers, "hydromorphological quality" and river restoration: a challenging new agenda for applied fluvial geomorphology. *Earth Surface Processes and Landforms*, v. 31, p. 1606-1624, 2006.

POFF, N.L. Landscape filters and species traits: toward mechanistic understanding and prediction in stream ecology. *Journal of the North American Benthological Society*, v. 16, p. 391-409, 1997.

PRINGLE, C.M. What is hydrologic connectivity and why is it ecologically important? *Hydrological Processes*, v. 17, p. 2685-2689, 2001.

ROSGEN, D.L. *Applied river morphology*. Colorado: Wildland Hydrology, 1996.

SABATER, S. Alterations of the global water cycle and their effects on river structure, function and services. *Freshwater Reviews*, n. 1, p. 75-88, 2008.

SABATER, S.; FEIO, M.J.; GRAÇA, M.A.S. et al. The Iberian rivers. In: *Rivers of Europe*. Filadélfia: Elsevier, 2008.

SCHLESINGER, W.H. *Biogeoquímica. un análisis do cambio global*. Barcelona: Editorial Ariel Ciencia, 2000.

THORP, J.H.; DELONG, M.D. The riverine productivity model. *Oikos*, v. 70, p. 305--306, 1994.

TOWSEND, C.R.; HILDREW, A.G. Species traits in relation to a habitat templet for river systems. *Freshwater Biology*, v. 31, p. 265-275, 1994.

VANNOTE, R.L.; MINSHALL, G.W.; CUMMINS, K.W. et al. The river continuum concept. *Canadian Journal of Fisheries and Aquatic Sciences*, v. 37, p. 130-137, 1980.

VIDON, P.; ALLAN, C.; BURNSM, D. Hot spots and hot moments in riparian zones: potential for improved water quality management. *Journal of the American Water Resources*, v. 46, p. 278-298, 2010.

WARD, J.V. The four-dimensional nature of lotic ecosystems. *J. N. Am. Benthol, Soc.*, v. 8, p. 2-8, 1989.

Introdução à Hidrologia | 2

Mauro Naghettini

A TERRA E OS RECURSOS HÍDRICOS

Como decorrência das extraordinárias peculiaridades de sua história planetária, bem como de sua posição e movimentos em relação ao Sol, a Terra parece ser o único corpo celeste do sistema solar em que existiram e continuam a existir condições apropriadas ao surgimento e à manutenção da vida, nas formas em que a conhecemos. De fato, sendo o terceiro planeta mais distante do Sol, a Terra exibe temperaturas e pressões atmosféricas adequadas para a presença concomitante de gelo e água líquida nos continentes e polos, e vapor de água na atmosfera, o que configura sua impressionante singularidade relativamente aos demais planetas e corpos celestes.

Kotwicki (2009) aponta que o volume de água armazenada nos oceanos da Terra já foi duas vezes maior do que o atual volume e que essa redução se deu em decorrência do incremento da atividade solar ao longo do tempo geológico, à razão de 1% a cada 100 milhões de anos. No entanto, para as finalidades práticas da hidrologia, supõe-se que o volume de água na Terra tem-se mantido constante na escala de tempo geológico mais recente, constituindo a chamada hidrosfera, dentro da qual a água circula continuamente, sob as ações da energia solar, das forças gravitacionais terrestre, solar e lunar, da pressão atmosférica, das forças intermoleculares e das reações físico-químicas intervenientes. A essa circulação contínua de água pelos vários reservatórios da hidrosfera dá-se o nome de ciclo hidrológico.

De forma sintética, o ciclo hidrológico é a sequência de processos pelos quais a água, após evaporar-se dos oceanos, lagos, rios e superfície terrestre, precipita-se como chuva, neve ou gelo, escoa por sobre o terreno e cursos de água, infiltra-se no subsolo, é absorvida pelas raízes das plantas, flui pelos aquíferos, retornando à atmosfera por transpiração vegetal ou por evaporação. Além de essencial à manutenção da vida na Terra, a água em circulação no ciclo hidrológico pode ser captada pelo homem e utilizada para diversas finalidades, as quais incluem desde o simples acionamento de rodas de água até atividades econômicas de vulto, como a agricultura irrigada e a geração de energia hidrelétrica. Esses fatos caracterizam a água como um recurso natural e renovável pelos processos do ciclo hidrológico.

Como resultado das diferentes condições geomorfológicas e climatológicas, a água distribui-se de forma irregular, tanto no tempo quanto no espaço. De fato, as variações sazonais e interanuais das vazões de um curso de água, por exemplo, podem ser suficientemente expressivas para colocar em risco o atendimento das demandas locais ou regionais por recursos hídricos, eventualmente com graves desdobramentos socioeconômicos. As variações espaciais e temporais das precipitações, das perdas por evaporação e infiltração, dos estados de armazenamento da umidade do solo, bem como a velocidade e a direção dominantes de deslocamento das tormentas sobre uma certa bacia, são exemplos do grande número de fatores interdependentes que podem influir na variabilidade das vazões de um curso de água. Essa variabilidade, sendo bastante complexa, faz com que as vazões de um curso de água, bem como outras variáveis hidrológicas, sejam consideradas variáveis aleatórias, passíveis de serem tratadas por métodos da teoria de probabilidades e estatística. Nesse contexto, pode-se afirmar que os recursos hídricos, embora finitos e renováveis, são móveis, pois escoam pelos rios e aquíferos, e são também de natureza aleatória (Barth et al., 1987).

O homem aprendeu a intervir no ciclo hidrológico por meio de estruturas de engenharia, de modo a captar água e transferí-la espacialmente, de um local para outro, ou temporalmente, de anos ou estações chuvosas para períodos secos, com o objetivo de conferir-lhe condições quantitativa e economicamente adequadas ao seu uso. Tais estruturas de engenharia consistem, principalmente, em sistemas de captação e distribuição de águas superficiais e subterrâneas, barragens e canais de irrigação, entre outras. Por outro lado, há também os chamados eventos extremos, cheias catastróficas e estiagens prolongadas, os quais produzem sérios prejuízos econômicos e sociais. Nesse quadro, as ações do homem devem presumir a coexistência inexorável da sociedade humana com os riscos de cheias e estiagens extremas, e concorrer para mitigar os efeitos danosos de sua ocorrência (Barth et al., 1987).

A intervenção humana no ciclo hidrológico se dá não apenas em termos da quantidade, como também de qualidade da água, além de ações decorrentes de práticas agrícolas e alterações do complexo geomorfológico fluvial. Os cursos e corpos de água têm capacidade limitada de diluir, assimilar e autodepurar poluentes e outros resíduos, sob o risco de sério comprometimento das reservas hídricas locais. Essa constatação reflete a forte interdependência entre os atributos de quantidade e qualidade dos recursos hídricos. Por seu lado, a erosão hídrica provoca a perda de solos férteis e a deposição de sedimentos em zonas de menor velocidade de escoamento, assoreando leitos fluviais, reservatórios e obstruindo sistemas de drenagem. A poluição dos cursos e corpos de água, assim como a erosão hídrica, são exemplos de fatores que conferem à água o atributo de um agente dinâmico capaz de afetar os meios físicos e ecológicos. A ocupação e o manejo adequado do solo, bem como o tratamento prévio de efluentes domésticos e industriais, são práticas fundamentais para a conservação dos recursos hídricos, dentro de uma perspectiva sustentável de desenvolvimento econômico, social e ambiental de uma região (Barth et al., 1987).

O monitoramento das variáveis intervenientes no ciclo hidrológico, sob os atributos de quantidade e qualidade, em conjunto com o entendimento, a análise e a modelação dos processos hidrológicos, são requisitos para a gestão racional dos recursos hídricos e constituem objetos de estudo da moderna ciência da hidrologia.

HIDROLOGIA E SUAS APLICAÇÕES

O ciclo hidrológico essencialmente integra os fluxos de água, de energia e de elementos químicos entre os diversos compartimentos da hidrosfera, interagindo ativa e passivamente com a litosfera, a atmosfera e a biosfera, condicionando, desse modo, o relevo, o clima e a vida sobre a Terra. De acordo com o Conselho Nacional de Pesquisas dos Estados Unidos (NRC, 1991), a Hidrologia é a geociência que estuda especificamente os seguintes aspectos da circulação da água:

- Os processos físicos e químicos relacionados à circulação das águas continentais, em seus estados sólido, líquido e gasoso, e em todas as escalas espaciais (desde os microprocessos da água retida no solo até os processos hidroclimatológicos globais), bem como os processos biológicos atuantes nas etapas de armazenamento e transporte do ciclo da água.
- O balanço hídrico global, ou seja, as características espaciais e temporais das transferências de água, em seus estados sólido, líquido e gasoso, entre os compartimentos da atmosfera, dos oceanos e dos continentes do sistema global, tendo-se em conta os respectivos volumes de armazenamento e tempos de residência.

A anterior definição de Hidrologia especifica o seu escopo voltado para as águas continentais e a distingue de outras geociências, como a meteorologia, a oceanografia e a glaciologia, cujos respectivos domínios principais são a atmosfera, os oceanos e as geleiras da Terra. No entanto, ao mesmo tempo em que especifica o domínio disciplinar, a definição procura estabelecer a Hidrologia como instrumento de integração das outras geociências, por meio do balanço hídrico global.

Dentro desse amplo escopo da geociência Hidrologia, as intervenções humanas, visando ao aproveitamento e à conservação dos recursos hídricos são estudadas em uma escala menor, geralmente tomada como a da bacia hidrográfica. Nesse contexto, os conhecimentos provenientes da geociência Hidrologia são agregados às teorias e aos métodos de análise desenvolvidos pela matemática, física e engenharia, para constituir a Hidrologia Aplicada à Engenharia. Esta conjuga os conhecimentos da mecânica dos fluidos, hidráulica, meteorologia, estatística, matemática e hidrologia, para estabelecer as relações que determinam as variabilidades espacial e temporal dos recursos hídricos, visando conceber, planejar, projetar, construir e operar meios para controle, utilização racional e conservação das águas.

CICLO HIDROLÓGICO

A circulação contínua e a distribuição da água sobre a superfície terrestre, subsolo, atmosfera e oceanos é conhecida como ciclo hidrológico. A radiação solar e a gravidade são os principais agentes que governam os fenômenos do ciclo hidrológico, os quais encontram-se ilustrados esquematicamente na Figura 2.1. Existem seis processos básicos no ciclo hidrológico: evaporação, precipitação, infiltração, transpiração, escoamentos superficial e subterrâneo. Os mecanismos que regem o ciclo hidrológico são concomitantes, portanto o ciclo não apresenta início nem fim.

Sob o efeito da radiação solar, a evaporação ocorre a partir das superfícies de água formando uma massa de ar úmido contígua à superfície evaporante. A ascensão dessa massa de ar úmido na atmosfera provoca seu resfriamento e, em consequência, a condensação do vapor e a formação de minúsculas gotas de água, as quais prendem-se a sais e partículas higroscópicas, presentes na atmosfera, dando origem a nuvens e outras formas de nebulosidade. A agregação de novas gotículas às já existentes e o choque entre elas provocam o crescimento das gotas de água em suspensão na atmosfera, tornando-as suficientemente pesadas para se precipitarem sob a forma de chuva, neve ou granizo.

As gotas de chuva iniciam então a segunda fase do ciclo hidrológico, a precipitação, a qual pode variar em volume e intensidade, de uma estação para outra, ou de uma região para outra, a depender das diferenças espaço-temporais das forças que governam os fenômenos meteorológicos. Parte da precipitação pode ser recolhida pela folhagem e troncos da vegetação e não atinge o solo. A esse armazenamento de água dá-se o nome de interceptação, grande parte do qual retorna à atmosfera sob a forma de vapor, mediante o fornecimento de calor latente de vaporização pela radiação solar, às moléculas de água presas às folhas e troncos. A parte da precipitação que atinge o solo pode acumular-se em depressões do terreno, infiltrar-se para o subsolo, escoar por sobre a superfície ou ser recolhida diretamente por cursos e corpos de água. As fases de infiltração e escoamento superficial são inter-relacionadas e muito influenciadas pelo volume e intensidade da chuva, pela extensão e porte da cobertura vegetal, pelo uso e manejo do solo, e pela capacidade deste em absorver e reter a água.

Parte da água que se infiltra fica retida em poros de pequenas dimensões, formados entre os grãos que constituem a camada superior do solo, por ação da tensão capilar. A umidade retida no solo pode ser absorvida pelas raízes da vegetação ou pode sofrer evaporação direta, caso esteja próxima à superfície. Outra parte do volume infiltrado pode formar o escoamento subsuperficial por meio das vertentes, macroporos e camadas mais superficiais do solo, em direção às menores elevações do terreno e às calhas fluviais. O restante da água de infiltração irá percolar as camadas mais profundas do subsolo até encontrar uma região na qual os espaços intergranulares estarão completamente preenchidos por água. Essas camadas de solo saturado com água são chamadas de aquíferos e repousam sobre substratos rochosos impermeáveis ou de baixa permeabilidade. O escoamento subterrâneo em um aquífero pode dar-se lateralmente e vir a emergir em um lago ou em baixios do terreno, ou mesmo sustentar o chamado escoamento de base de um rio perene, ao longo de prolongados períodos de estiagem.

Figura 2.1 – Representação do ciclo hidrológico.

P: precipitação; E: evaporação; I: infiltração; S: escoamento superficial; B: escoamento subterrâneo; T: transpiração.

Segundo as concepções atuais, o escoamento superficial, também denominado escoamento direto, pode ocorrer a partir de dois mecanismos distintos. O primeiro, comum em regiões áridas e semiáridas, bacias urbanas, perímetros irrigados ou, genericamente, durante precipitações muito intensas, é referido como escoamento hortoniano, em alusão à concepção de infiltração proposta em 1933 pelo hidrólogo Robert Horton. Segundo essa concepção, se a intensidade da chuva exceder a capacidade máxima de infiltração do solo, esse excesso irá formar o escoamento superficial direto, o qual dar-se-á por meio de trajetórias preferenciais, sulcos, ravinas, vales, em direção aos cursos de água. Nesse trajeto da água superficial, podem ocorrer mais uma vez perdas por infiltração e evaporação, conforme as características de relevo e variações da umidade presente no solo.

O outro mecanismo, conhecido por escoamento dunneano, em alusão à proposta introduzida por Thomas Dunne em 1970, é mais frequente em regiões úmidas e, genericamente, durante precipitações de intensidades moderadas. Segundo essa proposta, o escoamento superficial direto decorre da parcela de chuva que se abate sobre as áreas já completamente saturadas da bacia. Por essa razão, o escoamento dunneano também é conhecido como escoamento por excesso relativamente à saturação, em oposição ao escoamento hortoniano, por excesso relativamente à capacidade de infiltração. No caso do escoamento dunneano, a proporção de solos saturados, em relação à totalidade da bacia, ou seja, a fração da área total que contribui efetivamente para a formação do escoamento direto, varia ao longo de um episódio de chuva, e, em geral, concentra-se nas zonas próximas aos cursos de água, onde as áreas saturadas são mais superficiais. Em um ou noutro caso, o escoamento superficial direto agrega-se aos escoamentos subsuperficial e de base, determinando, assim, a ocorrência das vazões que escoam por uma dada seção fluvial, durante as enchentes.

O ciclo hidrológico completa-se pelo retorno à atmosfera da água armazenada pelas plantas, pelo solo e pelas superfícies líquidas, sob a forma de vapor de água. Quando essa mudança de fase tem origem em superfícies líquidas dá-se o nome de evaporação simplesmente. A planta, por sua vez, absorve a água retida nas camadas superiores do solo por meio de seu sistema radicular, utilizando-a em seu processo de crescimento. A transpiração é o processo pelo qual as plantas devolvem para a atmosfera a água que absorveram do solo, expondo-a à evaporação através de pequenas aberturas existentes em sua folhagem denominadas estômatos. O conjunto dos processos de evaporação da água das superfícies líquidas e do solo, e de transpiração é conhecido por evapotranspiração. Numa escala continental, cerca de 25% do volume de água que atinge o solo alcança os oceanos na forma de escoamento superficial e subterrâneo, ao passo que 75% volta à atmosfera por evapotranspiração (Linsley et al., 1975).

Outros ciclos naturais, de natureza biogeoquímica, desenvolvem-se em interação com o ciclo da água. De fato, a água, considerada solvente universal pelo seu grande poder de dissolução, desempenha o importante papel de vetor para o movimento de diversas substâncias, assim como constitui um substrato e meio propício para diferentes mecanismos presentes nas transformações biológicas e físico-químicas. Os principais ciclos, ditos associados ao ciclo da água, são os do carbono, do nitrogênio e do fósforo. Há também uma relação muito estreita entre o ciclo da água e o ciclo de energia, à escala planetária, cujo principal efeito é o de redistribuição do calor e de regulação térmica do planeta Terra (Musy e Higy, 2004). As interações do ciclo da água com os ciclos de outras substâncias e também de energia, tanto nos continentes quanto nos oceanos, são os principais elementos para a existência e manutenção da vida na Terra (Cockell et al., 2007).

O volume total de água na hidrosfera terrestre, limitada pelo fundo dos oceanos até os primeiros 10 km de altitude, é estimado em 1.390 milhões de quilômetros cúbicos e encontra-se distribuído de forma muito desequilibrada entre rios, lagos, aquíferos, geleiras e oceanos. A circulação da água entre os diversos reservatórios da hidrosfera dá-se pelos mecanismos do ciclo hidrológico. Segundo Kotwicki (2009), no interior da Terra, há um volume de água equivalente a cinco vezes o existente na hidrosfera; a água armazenada no interior da Terra é considerada inativa do ponto de vista hidrológico. A Tabela 2.1, adaptada de Kotwicki (2009), apresenta as estimativas do balanço global de água, sua distribuição e os respectivos tempos de residência, necessários para a renovação completa dos correspondentes armazenamentos. Observe-se que volume de água subterrânea, embora represente quase a totalidade da água doce não congelada existente no globo terrestre, pode demorar até alguns milhares de anos para ser completamente renovado.

Tabela 2.1 – Balanço global de água.

Forma da água	Volume (km^3)	% do volume total de água	% do volume de água doce	Tempo de residência*
Água salgada	**1.350.000.000**	**97,21**		
Oceanos	1.338.000.000	96,3		2.650 anos
Subterrânea	14.000.000	1,0		1 a 10.000 anos
Lagos salgados	85.000	0,006		100 anos
Gelo	**33.400.000**	**2,40**	**75,0**	**100 a 200.000 anos**
Geleiras	33.100.000	2,38	74,4	
Antártica	30.100.000	2,17	67,6	
Groenlândia	2.620.000	0,19	5,9	
Ilhas Árticas	83.000	0,006	0,2	
Montanhas	34.000	0,002	0,1	
Solo congelado (permafrost)	300.000	0,022	0,7	

(continua)

Tabela 2.1 – Balanço global de água. *(continuação)*

Forma da água	Volume (km^3)	% do volume total de água	% do volume de água doce	Tempo de residência*
Água doce	**11.100.000**	**0,80**	**24,9**	
Subterrânea	11.000.000	0,79	24,7	1 a 10.000 anos
Lagos	91.000	0,007	0,20	100 anos
Umidade no solo	16.000	0,001	0,04	2 a 3 meses
Pântanos	12.000	0,001	0,03	
Rios	2.100	0,0002	0,005	20 dias
Água biosférica	2.400	0,0002	0,005	
Reservatórios	7.000	0,0005	0,016	
Fazendas	600	0,00004	0,0013	
Água atmosférica	**13.000**	**0,00094**	**0,029**	**8 dias**
Hidrosfera	**1.390.000.000**	**100**	**100**	
Interior da Terra	**7.000.000.000**	**~ 5 oceanos**		

Fonte: adaptada de Kotwicki (2009) e (*) Thompson (1999).

BALANÇO HÍDRICO

A aplicação dos princípios de conservação de massa a um dado volume de controle, pelo qual há um fluxo de água por meio das superfícies de controle de entrada e saída, resulta na equação integral da continuidade, a qual é a base para a formulação do balanço hídrico. Em se tratando de um fluido de massa específica constante, a equação integral da continuidade para um certo volume de controle, contendo água, é dada por:

$$\frac{dV}{dT} = q_e(t) - q_s(t) \qquad \text{(Equação 2.1)}$$

Em que:

V: denota o volume de água armazenada no referido volume de controle.

q_e: representa o fluxo pela superfície de controle de entrada.
q_s: representa o fluxo pela superfície de saída.

Sob a consideração de um período de tempo finito, denotado por Δt, a equação diferencial (Equação 2.1) transforma-se na equação discreta da continuidade dada por:

$$\frac{\Delta V}{\Delta t} = \bar{q}_e - \bar{q}_s \qquad \text{(Equação 2.2)}$$

a qual define a relação entre os fluxos médios de água de entrada $\bar{q}_e$ e de saída $\bar{q}_s$, ambos em dimensões $[L^3/T]$, e o volume ΔV, em $[L^3]$, armazenado em um sistema definido no espaço, durante o intervalo Δt, em [T]. Particularizando os instantes de tempo inicial e final t_1 e t_2, respectivamente, a Equação 2.2 pode ser reescrita como:

$$\frac{V_2 - V_1}{\Delta t} = \frac{q_{e_1} + q_{e_2}}{2} - \frac{q_{s_1} + q_{s_2}}{2} \qquad \text{(Equação 2.3)}$$

As Equações 2.2 e 2.3 podem ser aplicadas a qualquer sistema, de fronteiras definidas, e constituem a base para a formulação do chamado balanço hídrico no referido sistema.

Conforme a sequência adaptada de Hingray et al. (2009), considere-se um volume de controle na interface solo-vegetação-atmosfera, de área horizontal unitária e fronteiras definidas, tal como esquematicamente ilustrado na Figura 2.2, juntamente com os distintos armazenamentos e fluxos de água, e suas respectivas variações temporais típicas ao longo de um episódio de chuva. É possível decompor o balanço hídrico em suas componentes superficial e subsuperficial. O balanço hídrico superficial pode ser expresso por:

$$\frac{\Delta Vs}{\Delta t} = p - i - e + q_{s,e} - q_{s,s} = p - i - e - q_s \qquad \text{(Equação 2.4)}$$

Em que:
ΔVs: denota a variação do volume de água armazenado entre a superfície do solo e o topo da cobertura vegetal.
p: representa a intensidade da chuva.
i e e: as respectivas perdas por infiltração e evaporação.
$q_{s,e}$ e $q_{s,s}$: são os respectivos fluxos superficiais de montante e jusante.

As unidades empregadas no esquema da Figura 2.2 são mm/h para os fluxos e mm para os volumes. Observe-se que um certo volume, ao ser expresso como uma altura (no presente caso em mm), corresponde à altura multiplicada pela área horizontal que aqui, por hipótese, é unitária.

Figura 2.2 – Representação do ciclo hidrológico.

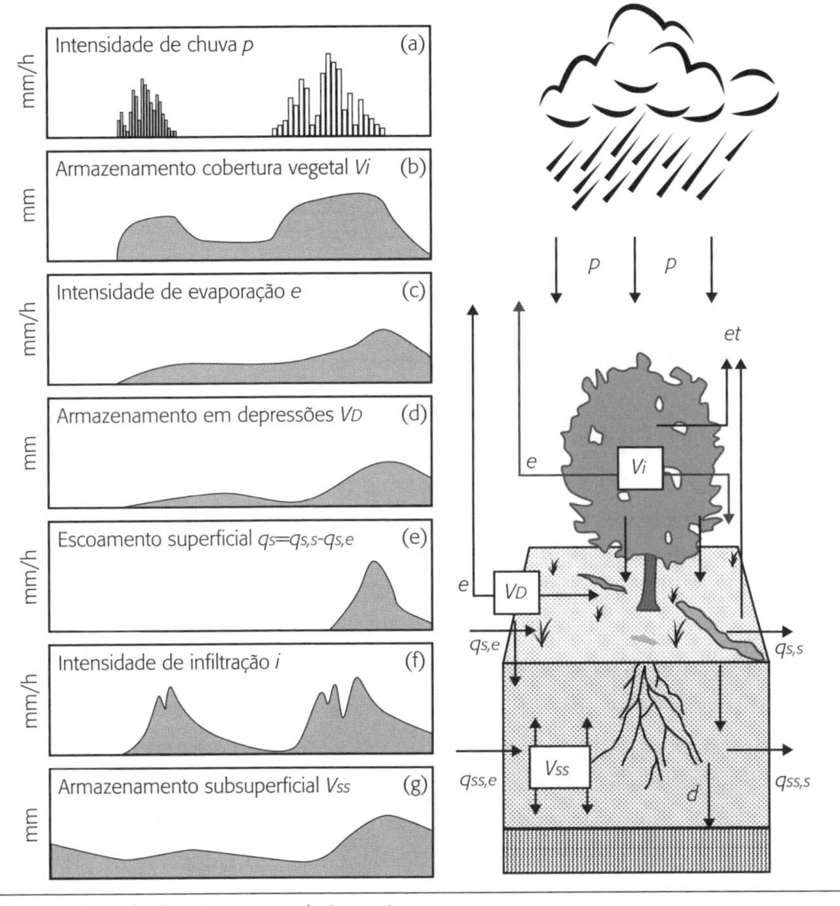

Fonte: adaptada de Hingray et al. (2009).

Na Figura 2.2, o volume armazenado entre a superfície do solo e o topo da cobertura vegetal pode ser decomposto do seguinte modo:

$$V_S = V_I + V_D \qquad \text{(Equação 2.5)}$$

Em que:

V_I: denota o volume retido pela folhagem, troncos e ramos da cobertura vegetal, por intercepção.

V_D: representa o volume armazenado em depressões da superfície do terreno.

A importância relativa dos diferentes termos do balanço hídrico de superfície pode variar com o tempo, tal como esquematicamente mostrado na Figura 2.2. Nesse aspecto, é instrutivo notar que, em geral:

- No início do episódio de chuva, os termos mais influentes no balanço hídrico são os volumes V_I e V_D. As intensidades dessas perdas por armazenamento decrescem ao longo do episódio de chuva. No início, o termo $\Delta V_S/\Delta t$ é positivo, pelo acúmulo de água sobre a superfície, tornando-se negativo, para tempos maiores, quando os processos dominantes passam a ser a evaporação, a infiltração e o escoamento superficial.
- A intensidade de evaporação *e* depende dos fluxos energéticos na interface entre a atmosfera e a superfície evaporante, e da taxa de renovação do ar atmosférico sobrejacente, podendo variar muito durante o tempo.
- A intensidade das perdas por infiltração *i* depende da capacidade máxima do solo em absorver água. Em geral, essa capacidade de infiltração decresce com o decorrer da chuva, à medida que o solo vai se aproximando da condição de saturação. Entre episódios de chuva, separados por períodos secos, a capacidade de infiltração pode se recuperar, tal como esquematicamente ilustrado na Figura 2.2.
- A diferença ($q_{s,s}$ - $q_{s,e}$) refere-se ao excesso de escoamento de superfície produzido por unidade de área. Essa diferença também pode ser designada como a intensidade de chuva efetiva por unidade de área. O coeficiente de escoamento superficial da área considerada pode ser obtido pela razão entre as intensidades da chuva efetiva e da chuva total. Em geral, a evolução temporal da intensidade de ($q_{s,s}$ - $q_{s,e}$) se dá consoante as variações dos outros termos da Equação 2.4, ao longo do tempo. Conforme menção anterior, o escoamento superficial é dito "hortoniano" se a intensidade dos aportes, principalmente da chuva que atinge o solo, superar a capacidade de infiltração, em dado instante no tempo. Por outro lado, diz-se que o escoamento superficial é "dunneano" se ele resultar da chuva que se abate sobre uma superfície completamente saturada e que já não mais permite a infiltração da água pluvial.

O balanço hídrico abaixo da superfície, ou subsuperficial, inicia-se com o fluxo de água que se infiltra e, em seguida, propaga-se através do interior do solo. Esse fluxo depende das características do meio poroso que constitui o solo, em particular de sua taxa de saturação, e, principalmente, de seu perfil de umidade, ou seja, a evolução temporal do teor de umidade presente no solo, em função da profundidade considerada. O perfil de umidade varia com a intensidade de infiltração, com os processos de redistribuição horizontal e vertical da umidade no solo, induzidos pelas ações das forças de gravidade e capilaridade, e, finalmente, da evaporação da água do solo e da evapotranspiração pelos vegetais. Formalmente, o balanço hídrico subsuperficial pode expresso por:

$$\frac{\Delta V_{SS}}{\Delta t} = i - et - d + q_{ss,e} - q_{ss,s} \qquad \text{(Equação 2.6)}$$

Em que:

$\Delta V_{SS}/\Delta t$: representa a variação do volume de água armazenada no horizonte do solo considerado.

i: representa a intensidade de infiltração.

et: é a taxa de evapotranspiração.

d: denota o fluxo de percolação pela base da parcela de solo.

$q_{ss,e}$ e $q_{ss,s}$: denotam, respectivamente, os escoamentos subsuperficiais de entrada e saída.

A variação típica de V_{SS}, no decorrer de dois episódios de chuva, separados por período seco, encontra-se ilustrada no painel (g) da Figura 2.2.

Na escala do volume de controle considerado, na interface solo-vegetação-atmosfera, a distribuição dos fluxos superficial e subsuperficial depende de distintos fatores, nomeadamente, a natureza da superfície do solo, o tipo e a densidade da cobertura vegetal, a declividade do terreno, as características hidráulicas do meio poroso que constitui o solo, as condições meteorológicas, os fluxos energéticos ali envolvidos e o perfil de umidade do solo. Em escalas maiores, além dos fatores nomeados, as heterogeneidades espaciais do meio e dos fenômenos meteorológicos também passam a exercer uma grande influência sobre os diferentes termos da equação do balanço hídrico.

Pode-se aplicar a equação do balanço hídrico em diversos sistemas, tais como, por exemplo, a superfície terrestre (ver Tabela 2.1), uma dada bacia hidrográfica, um trecho fluvial, um reservatório, uma cidade ou uma certa área florestal, desde que as fronteiras do sistema sejam completamente definidas e os termos pertinentes sejam levados em conta. De volta à Equação 2.3 e agora tomando-se, como exemplo, o sistema específico de uma bacia hidrográfica de dada área de drenagem, os componentes do armazenamento (V_2 e V_1) estarão referidos à soma dos volumes armazenados (i) à superfície, V_S, aqui incluídos os armazenamentos em rios, canais, lagos, reservatórios, depressões e vegetação, e (ii) no subsolo, V_{SS}, agregando-se aqui a umidade do solo e o volume armazenado em aquíferos.

Uma vez fixado um certo intervalo de tempo Δt, o fluxo de entrada (q_e) é representado exclusivamente pelo produto da altura de precipitação P, em dimensões [L], pela área de drenagem da bacia A, em [L^2], dividido pelo intervalo de tempo t, em [T]. Ter a precipitação como o único ingresso de água no volume de controle é a principal vantagem de se aplicar a equação do balanço hídrico na escala da bacia hidrográfica. De forma análoga, o fluxo de saída (q_S) resulta da soma dos volumes correspondentes ao escoamento superficial S, e aos escoamentos subsuperficial e subterrâneo B, em [L^3], às alturas de evapotranspiração ET e de infiltração I, ambas em [L], multiplicadas pela área da bacia A, em [L^2],todos divididos pelo intervalo de tempo Δt, em [T].Considerando-se um intervalo de tempo Δt, de longa duração e igual a 1 unidade de tempo, por simplicidade, pode-se expressar a Equação 2.3, apenas em unidades volumétricas, do seguinte modo:

$$\Delta V_S + \Delta V_B = V_S(t_2) - V_S(t_1) + V_B(t_2) - V_B(t_1) \qquad \text{(Equação 2.7)}$$

$$\Delta V_S + \Delta V_B = P \times A - S - B - ET \times A - I \times A + I \times A$$

$$\Delta V_S + \Delta V_B = \Delta V = P \times A - S - B - ET \times A$$

A Equação 2.7 indica que, em um intervalo de tempo unitário suficientemente longo para que os escoamentos ocorram completamente, o volume de infiltração IA será cancelado pois corresponde tanto a um e fluxo superficial, quanto a um afluxo subsuperficial. Nesse contexto, a Equação 2.7 poderá ser desmembrada para representar o balanço hídrico acima e abaixo da superfície. Designando a parcela acima da superfície pelo subscrito S, a equação correspondente passa a ser:

$$\Delta V_S = P \times A - S - ET_S A - I \times A \qquad \text{(Equação 2.8)}$$

Analogamente, indicando a parcela abaixo da superfície pelo subscrito B, tem-se:

$$\Delta V_B = I \times A - B - ET_B A \qquad \text{(Equação 2.9)}$$

As Equações 2.7 a 2.9 foram escritas de modo a acomodar as unidades volumétricas em alturas equivalentes, em dimensões [L], sobre uma certa área A, em [L^2]. Por exemplo, se, em um dado intervalo de tempo, a altura de precipitação corresponder a P mm, sobre uma área de drenagem de A km^2, é fácil verificar que o volume implícito equivale ao produto $P \times A$, transformado em unidades apropriadas (m^3, por exemplo). Contrariamente, se o volume de água armazenado na bacia for designado por V, em m^3, é possível transformá-lo em altura equivalente, expressa em m (ou mm), dividindo-se V pela área A, esta expressa em m^2. De modo análogo, se, durante o intervalo de tempo Δt, a vazão média à saída de uma bacia de área A, for $\overline{Q}$, é possível expressar essa vazão em altura equivalente, multiplicando-a pelo número de segundos contidos no intervalo Δt, e, em seguida, dividindo o resultado pela área A, expressa em m^2. Nesse caso, a unidade é dada na forma de altura equivalente, ou seja, a altura de água (em m, cm ou mm) uniformemente distribuída sobre a área da bacia hidrográfica. O fluxo médio $\overline{Q}$ que escoa à saída da bacia, durante certo intervalo de tempo, quando expresso como uma altura equivalente, por exemplo em mm, distribuída por sobre a área de drenagem, é denominado deflúvio. O Exemplo 2.1 ilustra o cálculo do deflúvio.

Ainda com referência à Equação 2.7, constata-se, na prática, que, em geral, a variação do volume de água armazenada acima e abaixo da superfície de uma bacia hidrográfica, denotado por ΔV, é de difícil quantificação. Entretanto, se o intervalo de tempo Δt, sobre o qual se está aplicando a equação do balanço hídrico, é suficientemente longo, o efeito da variação de volume ΔV passa a ser menos importante porque, enquanto os termos da precipitação e evapotranspiração se acumulam do início ao fim do intervalo de tempo, a variação do volume se dá em uma faixa estreita de valores. Esse fato é particularmente verdadeiro quando se considera o intervalo de um ano hidrológico, ou seja, o período de 12 meses a contar do início da estação chuvosa, prevalecente em uma dada zona climática, até o fim da estação seca e início do ano hidrológico seguinte.

Para exemplificar o benefício de se empregar o ano hidrológico em algumas análises, considere-se o gráfico entre as descargas médias diárias e as respectivas datas de ocorrência, observadas na estação fluviométrica do rio Paraopeba em Ponte Nova do Paraopeba, aqui referido como fluviograma anual, tal como ilustrado na Figura 2.3. Essa estação fluviométrica é uma instalação apropriada ao registro sistemático das descargas que escoam por aquela seção transversal específica do rio Paraopeba, e que drena uma área de 5.680 km². O rio Paraopeba é um afluente pela margem direita do alto rio São Francisco, em Minas Gerais. Nessa região do Brasil, assim como em grande parte do sudeste brasileiro, o período das chuvas, em geral, inicia-se em 01/10 e vai até 31/03 do ano seguinte, seguido pela estação seca, de 01/04 até 30/09. O ano hidrológico característico dessa região do Brasil compreende, portanto, o período de 01/10 de um certo ano a 30/09 do ano seguinte, sendo muito apropriado a diversas análises hidrológicas, incluindo o exame do fluviograma anual e o cálculo do balanço hídrico.

Exemplo 2.1

Considere uma vazão média anual de 1,5 m³/s à saída de uma dada bacia hidrográfica, de área de drenagem igual a 100 km². Calcule o deflúvio correspondente.

Solução

Conforme descrito anteriormente, o deflúvio é a altura equivalente, em mm, correspondente à vazão média de 1,5 m³/s durante o intervalo $\Delta t = 365 \times 86400$ s. Logo:

$$V = \frac{Q\left(\mathrm{m^3/s}\right)}{A(\mathrm{m^2})} \times 86400 \times 365(\mathrm{s}) = \frac{1{,}5}{100 \times 10^6} \times 86400 \times 365$$

$$V = 0{,}473\mathrm{m} = 473\mathrm{mm}$$

Nota-se na Figura 2.3 que, no início do ano hidrológico 2002/03, as descargas médias diárias têm os seus menores valores, mantidas pelo fluxo de água subterrânea que aflora no leito fluvial, em sua lenta recessão a partir de um demorado período sem chuvas, iniciado no ano anterior. Esse fluxo corresponde ao chamado escoamento de base. Com o início das chuvas, ocorre a infiltração de parte do volume precipitado, com a consequente recarga dos aquíferos e do escoamento de base, e, às vezes, com a formação do escoamento superficial. A intensidade e a cronologia com que esses processos ocorrem determinam a formação e a severidade das enchentes na bacia em questão. Ainda com referência à Figura 2.3, com o fim das chuvas de maior volume e intensidade, a partir de abril, as descargas voltam a ser mantidas pelo escoamento de base, que sofreu recarga durante a estação chuvosa, e iniciam um longo período de recessão até o fim da estação seca, quando voltam a ter valores semelhantes aos do início do ano hidrológico em foco. Nesse quadro, é plausível supor que é nula a variação do volume total armazenado na bacia, entre o início e o fim do ano hidrológico. Ora, com $\Delta V = 0$, a Equação 2.7 permite estimar a evapotranspiração anual de uma bacia, a partir das estimativas da precipitação média anual sobre a correspondente área de drenagem e o deflúvio anual. O Exemplo 2.2 ilustra esta possibilidade para a bacia do rio Paraopeba em Ponte Nova do Paraopeba.

Figura 2.3 – Fluviograma do rio Paraopeba em Ponte Nova do Paraopeba para o ano hidrológico de 01/10/2002 a 30/09/2003.

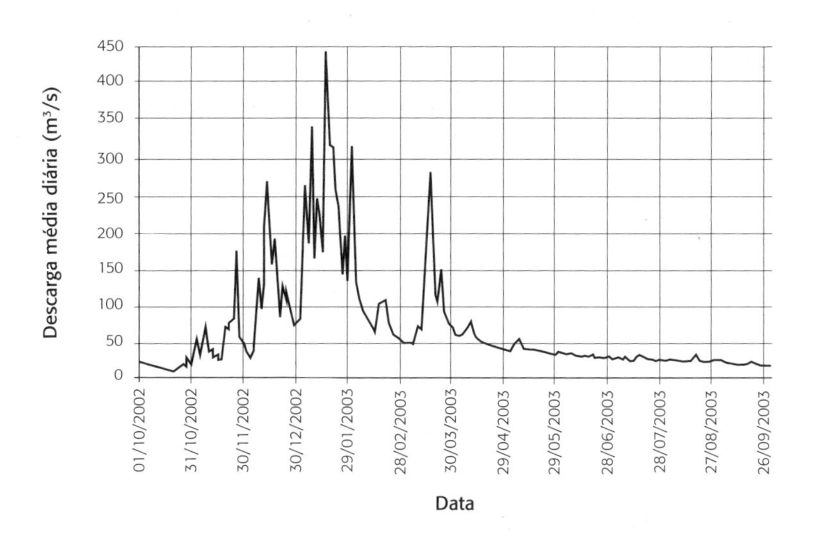

A depender da questão em foco, o ciclo hidrológico e seus componentes podem ser tratados em diferentes escalas de tempo ou espaço. O globo é a maior escala espacial, enquanto a bacia hidrográfica figura entre as menores. A bacia hidrográfica é o complexo geomorfológico que concentra a precipitação, que sobre ele se abate e nele é submetida aos distintos processos do ciclo hidrológico, em uma única seção fluvial específica, esta denominada de exutório. Entre a do globo terrestre e a da bacia, estão as escalas continental, regional e outras, a depender da conveniência para a análise hidrológica em questão. Em geral, a maioria dos problemas relacionados à hidrologia aplicada pode ser resolvida na escala da bacia hidrográfica. Uma bacia pode drenar desde uma pequena área de poucos hectares até uma área de alguns milhões de quilômetros quadrados. As escalas de tempo usadas em estudos hidrológicos podem variar desde a fração da hora até um ou vários anos. As mais usuais são a hora, o dia, o mês e o ano. O intervalo de tempo utilizado para a coleta dos dados básicos muitas vezes determina a escala de tempo a ser usada na análise hidrológica.

Exemplo 2.2

A vazão média anual do rio Paraopeba em Ponte Nova do Paraopeba, durante o ano hidrológico de 2002/03 foi de 75,28 m^3/s. Nesse mesmo período, a altura total de precipitação média sobre a área da bacia foi estimada em 1.480 mm. Calcule a evapotranspiração anual correspondente.

Solução

Calcula-se inicialmente o deflúvio equivalente à vazão média anual:

$$V = \frac{Q\left(\text{m}^3/\text{s}\right)}{A(\text{m}^2)} \times 86400 \times 365(\text{s}) = \frac{75{,}28}{5680 \times 10^6} \times 86400 \times 365$$

$$V = 0{,}42\text{m} = 420\text{mm}$$

A aplicação da Equação 2.7, com $V = 0$ e em unidades de alturas equivalentes, resulta em $0 = P - V - ET = 1480 - 420 - ET$. Logo, a estimativa pedida é $ET = 1060$ mm.

BACIA HIDROGRÁFICA

A bacia hidrográfica, associada a uma dada seção fluvial ou exutório, é individualizada pelos seus divisores de água e pela rede fluvial de drenagem. Essa individualização pode ser feita mediante o emprego de mapas topográficos. Os divisores de água de uma bacia formam uma linha fechada, a qual deve ser ortogonal às curvas de nível do mapa e desenhada a partir da seção fluvial do exutório, em direção às maiores cotas ou elevações do terreno, tal como ilustrado pelo exemplo hipotético da Figura 2.4. A rede de drenagem de uma bacia hidrográfica é formada pelo rio principal e pelos seus tributários, constituindo-se em um sistema de transporte de água e sedimentos que vai se tornando cada vez mais complexo à medida que se caminha de montante para jusante. Por sua vez, a área de drenagem de uma bacia hidrográfica é dada pela superfície da projeção vertical da linha fechada dos divisores de água sobre um plano horizontal, sendo geralmente expressa em hectares (ha) ou em quilômetros quadrados (km^2). Por exemplo, a bacia do rio Paraopeba, definida a partir da seção fluvial da estação fluviométrica de Ponte Nova do Paraopeba, cujas vazões médias diárias ao longo do ano hidrológico de 2002/03 estão ilustradas no fluviograma da Figura 2.3, drena uma área de 5.680 km^2.

Figura 2.4 – Individualização de uma bacia hidrográfica (exemplo hipotético).

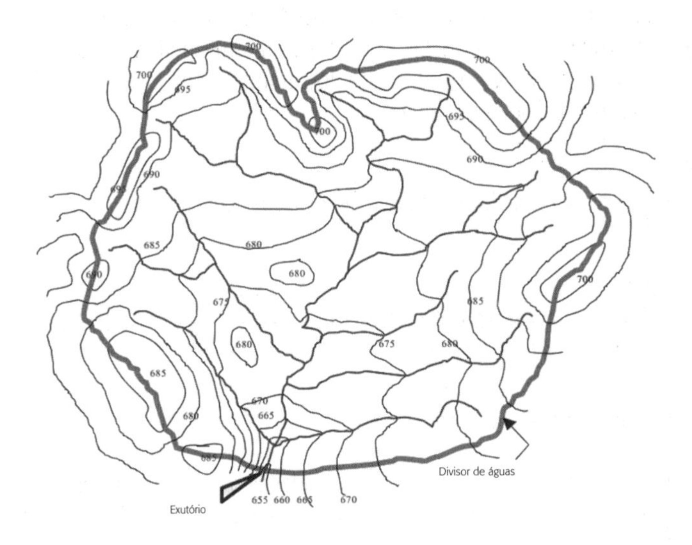

Uma bacia hidrográfica é um sistema que integra as conformações de relevo e drenagem. A parcela da chuva que se abate sobre a área da bacia e que irá se transformar em escoamento direto, geralmente chamada de precipitação efetiva, escoa a partir das maiores elevações do terreno, formando enxurradas em direção aos vales. Estes, por sua vez, concentram os escoamentos superficial direto, subsuperficial e de base em córregos, riachos e ribeirões, os quais confluem e formam o rio principal da bacia. O volume total de água, resultante da concentração dos escoamentos na seção do exutório, por unidade de tempo, é a vazão ou descarga da bacia. Em sequência a um evento chuvoso significativo, a vazão *Q* varia com o tempo, de uma forma característica para cada bacia. O gráfico de $Q(t)$ em ordenadas *versus* t em abscissas, ao longo de uma ocorrência chuvosa isolada, é chamado de hidrograma e encontra-se esquematicamente ilustrado na Figura 2.5. As áreas que contribuem para a formação da vazão *Q* vão se estendendo desde aquelas mais adjacentes aos cursos d'água até as mais distantes, delineando as características da parte ascendente A-B do hidrograma. Se a extensão espacial e a duração da chuva forem suficientemente grandes, todos os pontos da bacia irão contribuir, concentrando a totalidade do escoamento no exutório e culminando na vazão *Q* em seu ponto máximo – a vazão de pico Q_{max}. Com o fim da chuva efetiva, as áreas de contribuição irão diminuir gradativamente, iniciando a fase descendente B-C do hidrograma.

Figura 2.5 – Individualização de uma bacia hidrográfica (exemplo hipotético).

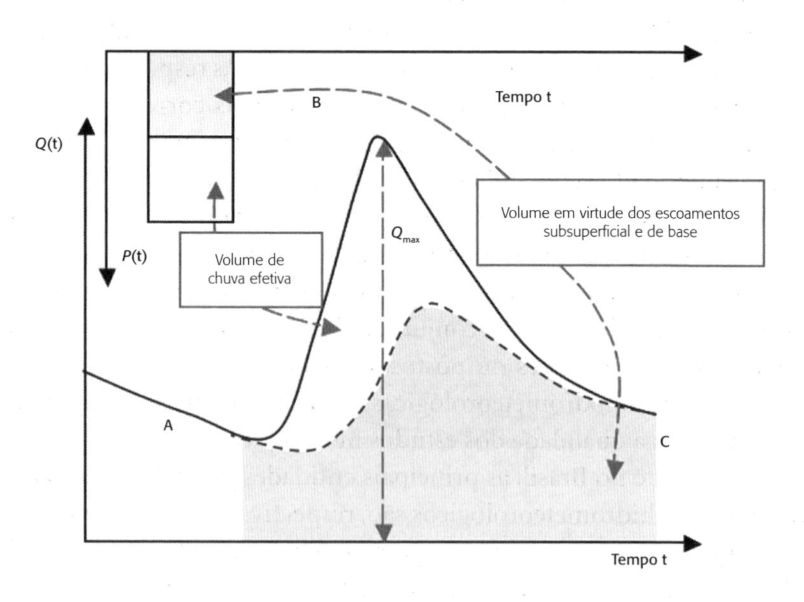

A forma do hidrograma de uma bacia depende de fatores climáticos e geomorfológicos. A intensidade, a duração, a distribuição espaço-temporal da precipitação sobre uma bacia e, em muito menor grau, a evapotranspiração estão entre os principais fatores climáticos. Por outro lado, a cobertura vegetal e as características dos solos da bacia exercem forte influência nas perdas por intercepção e por infiltração que ocorrem, respectivamente, no início e ao longo do episódio de chuva. Menciona-se também o armazenamento em depressões do terreno, o qual muito depende do relevo mais ou menos acentuado da bacia. Além desses fatores, verifica-se que um hidrograma sintetiza a forma pela qual uma bacia hidrográfica atua analogamente a um reservatório, distribuindo a precipitação efetiva ao longo do tempo. Um hidrograma possui vazões e tempos típicos, os quais são atributos que também dependem de certas características geomorfológicas da bacia em questão. Dentre estas, as principais são a área de drenagem da bacia, a forma da linha fechada que estabelece seus divisores de água, a distribuição de seu relevo, sua declividade média, o comprimento e a declividade de seu rio principal, e a extensão total dos álveos que compõem seu sistema de drenagem, entre outras.

DADOS HIDROLÓGICOS

A quantificação das diversas fases do ciclo hidrológico, das suas respectivas variabilidades e inter-relações, requer a coleta sistemática de dados básicos que se desenvolvem no tempo e no espaço. As respostas aos diversos problemas de hidrologia aplicada serão tanto mais correta, quanto mais longos e precisos forem os registros de dados hidrológicos. Estes podem compreender dados climatológicos (radiação solar, temperaturas, umidade, insolação, velocidade e direção do vento), pluviométricos, fluviométricos, evaporimétricos, sedimentométricos e outros, obtidos em instalações próprias, localizadas em pontos específicos de uma região, em intervalos de tempo pré-estabelecidos. Os conjuntos dessas instalações, genericamente designadas como estações ou postos, constituem as redes climatológicas, hidrométricas ou hidrometeorológicas, cujas manutenção e densidade são essenciais para a qualidade dos estudos hidrológicos.

Atualmente no Brasil, as principais entidades produtoras de dados hidrométricos e hidrometeorológicos são, respectivamente, a Agência Nacional de Águas (ANA), cuja rede é operada pelo Serviço Geológico do Brasil (CPRM), e o Instituto Nacional de Meteorologia (Inmet). Outras redes acessórias, de menor extensão, são mantidas por empresas de saneamento, energéticas ou de mineração. Alguns processos e respectivas variáveis hidrológicas, mais comumente medidas, encontram-se listados na Tabela 2.2, juntamente com suas unidades usuais.

Tabela 2.2 – Processos, variáveis hidrológicas e respectivas unidades.

Processo	Variável	Unidade
Precipitação	Altura	mm, cm
	Intensidade	mm/h
	Duração	h, min
Evaporação/ETP	Intensidade	mm/dia, mm/mês
	Altura	mm, cm
Escoamento total/superficial	Nível de água ou cota	m
	Vazão ou descarga	l/s, m^3/s
	Volume	m^3, 10^6 m^3, hm^3, (m^3/s).mês
	Deflúvio	mm ou cm sobre uma área
Escoamento subterrâneo	Vazão	l/min, l/h, m^3/dia
	Volume	m^3, 10^6 m^3, hm^3

Os dados hidrológicos mais comumente medidos em campo são as alturas de precipitação em um local especificado da bacia hidrográfica e as descargas líquidas em uma seção transversal de um dado trecho fluvial. As medições das alturas de evaporação, das descargas sólidas e de outras variáveis do ciclo hidrológico não são feitas com as mesmas frequências e/ou densidades espaciais, relativamente àquelas empregadas na obtenção das séries pluviométricas e fluviométricas. Tendo em consideração o foco deste capítulo na formação e análise das vazões dos cursos d'água, serão aqui descritos apenas os processos de medição e obtenção de séries fluviométricas. Ao leitor interessado em detalhes sobre os processos de medição de outras variáveis hidrológicas, recomenda-se a consulta a Tucci (2007) e a Carvalho (2008).

As vazões de um curso d'água resultam da complexa integração dos diversos processos de armazenamento e transporte do ciclo hidrológico. Admite-se, em geral, que as vazões de um curso d'água compõem-se dos escoamentos superficial direto, subsuperficial e de base, cada qual processando-se com seus tempos característicos. O escoamento superficial direto é o de maior velocidade de transporte, pois se dá por sobre a superfície da bacia em direção às menores elevações do terreno. Os escoamentos subsuperficial e o de base têm resposta relativamente mais lenta, pois se dão através do meio poroso, o qual oferece maior resistência hidráulica ao fluxo da água. O escoamento de base, correspondente à lenta descarga do armazenamento subterrâneo no leito fluvial, apresenta as menores velocidades dos três componentes. Em geral, o escoamento através de um aquífero processa-se em regime laminar, demorando semanas ou até meses para contribuir para a vazão de um rio ou afluir a um lago. Em regiões com sazonalidade muito marcada, como o sudeste brasileiro, o escoamento de base é, de fato, o componente que mantém as vazões de um curso d'água perene durante as prolongadas estiagens. Os escoamentos superficial, subsuperficial e de base, cada qual com seu volume e cronologia típicos, combinam-se dinamicamente nas áreas de descarga, formando as vazões de um curso d'água. O conjunto das vazões médias observadas em um grande número de intervalos de tempo discretos e regulares, em uma certa seção fluvial, constitui as séries de vazões da estação fluviométrica correspondente, a exemplo das ilustradas na Figura 2.3.

As vazões dos cursos d'água são medidas de modo indireto em uma estação fluviométrica, ou seja, medem-se os níveis d'água, os quais são depois transformados em vazões por meio da curva cota-descarga, ou curva-chave, característica daquele local. A estação fluviométrica é uma instalação, localizada às margens de uma seção fluvial, que dispõe de equipamentos para observar a evolução dos níveis d'água ao longo do dia, seja de forma discreta por meio de duas leituras diárias (às 7 e 17 horas) das réguas linimétricas, seja de forma contínua por meio de sensores de nível ou aparelhos registradores, estes denominados linígrafos. A Figura 2.6 ilustra o princípio da medição de níveis d'água por meio de um esboço de uma instalação típica.

A curva-chave refere-se à relação entre os níveis d'água (ou cotas), medidos nas réguas linimétricas, e as descargas (ou vazões) de uma estação fluviométrica. A curva-chave é necessária para a conversão das observações de níveis d'água em vazões, sendo definida com base em um número mínimo de 10 a 12 medições simultâneas de cotas e descargas, razoavelmente espaçadas ao longo da variação dos níveis d'água, em um certo período de tempo. As medições de descarga podem ser executadas por diversos métodos, sendo o mais empregado o método área-velocidade, cujo princípio acha-se ilustrado na Figura 2.7. Na prática, são fixadas algumas verticais ao longo da largura da seção, nas quais são efetuadas medições das velocidades, por meio de molinetes, em pontos específicos das profundidades correspondentes. A seguir, calcula-se a velocidade média em cada vertical. Uma vez calculada a velocidade média de cada vertical da seção transversal, a descarga do setor representativo desta vertical é obtida pelo produto da velocidade média pela área do setor. Esta é aproximada por um retângulo de base igual à soma das metades das distâncias entre verticais sucessivas e de altura igual à profundidade da vertical. Finalmente, determina-se a descarga da seção transversal somando-se todas as descargas setoriais. Ao leitor interessado em maiores detalhes sobre as técnicas empregadas na obtenção de séries fluviométricas, recomenda-se a leitura de Santos et al. (2001) e de USGS (1982; disponível em http://pubs.usgs.gov/wsp/wsp2175/).

Em outras datas, fazem-se outras medições de descarga para diferentes níveis d'água, até que se tenha um número suficiente delas para a definição da curva-chave local, a qual se faz por meio de análise gráfica ou por regressão não linear. Uma vez definida a curva-chave de uma estação fluviométrica, procede-se à transformação dos níveis d'água diários em descargas médias diárias, estabelecendo as séries fluviométricas necessárias para os estudos hidrológicos. Observe-se a necessidade de permanente aferição da curva-chave de uma estação, tendo-se em conta as constantes alterações temporais das características hidráulicas locais que a caracterizam. A Figura 2.8 ilustra a sequência das etapas necessárias à obtenção das séries fluviométricas.

Figura 2.6 – Esboço da seção de medições de níveis d'água de uma estação fluviométrica.

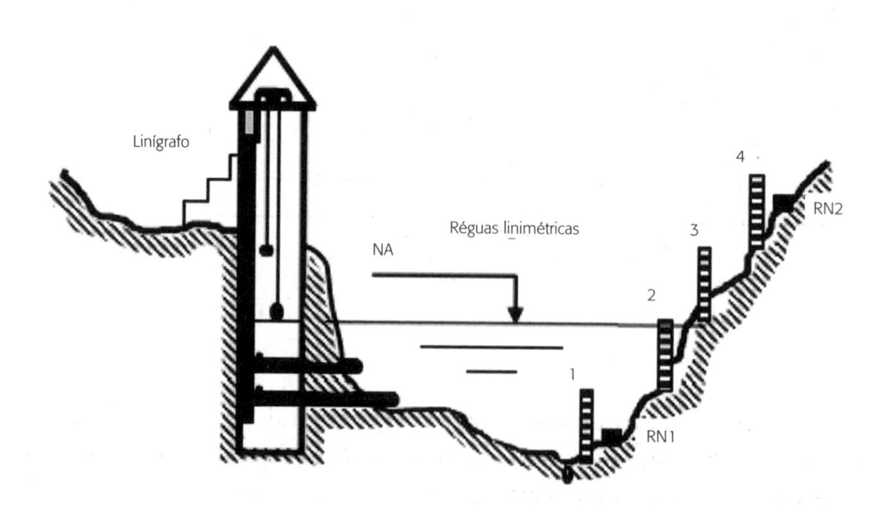

Figura 2.7 – Princípio da medição de descarga pelo método área-velocidade.

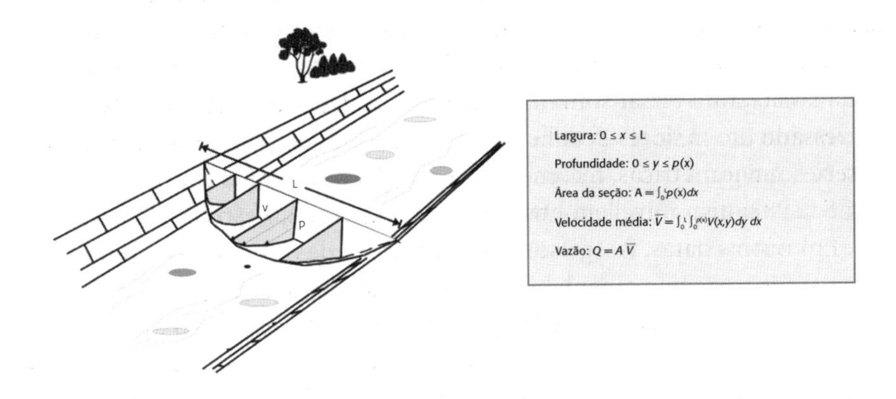

Figura 2.8 – Etapas sequenciais para obtenção das séries fluviométricas.

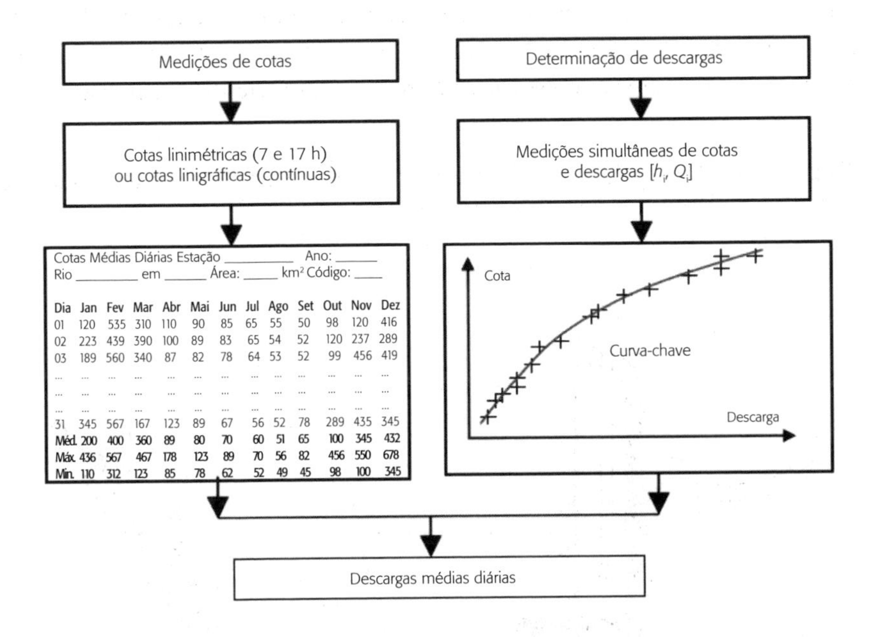

Dia	Jan	Fev	Mar	Abr	Mai	Jun	Jul	Ago	Set	Out	Nov	Dez
01	120	535	310	110	90	85	65	55	50	98	120	416
02	223	439	390	100	89	83	65	54	52	120	237	289
03	189	560	340	87	82	78	64	53	52	99	456	419
...	...	...	...	...	...	...	...	...	...	...	...	...
...	...	...	...	...	...	...	...	...	...	...	...	...
...	...	...	...	...	...	...	...	...	...	...	...	...
31	345	567	167	123	89	67	56	52	78	289	435	345
Méd.	**200**	**400**	**360**	**89**	**80**	**70**	**60**	**51**	**65**	**100**	**345**	**432**
Máx.	**436**	**567**	**467**	**178**	**123**	**89**	**70**	**56**	**82**	**456**	**550**	**678**
Mín.	**110**	**312**	**123**	**85**	**78**	**62**	**52**	**49**	**45**	**98**	**100**	**345**

A organização e a publicação das séries temporais de variáveis hidrológicas devem ser precedidas por cuidadosa análise de consistência, na qual verifica-se a eventual existência de erros sistemáticos e/ou acidentais. Os primeiros referem-se a observações cujos valores encontram-se sistematicamente enviesados para maior ou para menor. Podem estar relacionados a instalações mal executadas ou fora dos padrões recomendados, a instrumentos de medição mal calibrados ou a leituras realizadas de modo sistematicamente incorreto pelo observador daquela estação. Os erros acidentais são aqueles resultantes de observações ocasionais incorretas. Podem estar associados a eventuais leituras incorretas pelo observador ou ao mau funcionamento de um aparelho registrador durante um certo período de tempo. Em alguns casos, a consistência dos dados pode ter prosseguimento com análises mais completas, tais como a detecção de heterogeneidades em séries pluviométricas. A Agência Nacional de Águas (ANA) disponibiliza o software Hidro, cuja principal função é auxiliar a difusão e a manipulação de séries históricas de dados pluviométricos e fluviométricos observados em estações dispersas pelo território brasileiro. Esse software e o acesso ao banco de dados hidrometeorológicos da ANA podem ser obtidos mediante ingresso ao portal Hidroweb (http://hidroweb.ana.gov.br).

Os dados hidrológicos, em geral, formam as chamadas séries temporais. Estas são um conjunto de dados observados de uma variável hidrológica, por exemplo descargas médias diárias, que encontram-se organizadas no tempo, consoante a cronologia de suas ocorrências, a exemplo das observações usadas na Figura 2.3. As séries temporais organizadas em intervalos de tempo relativamente curtos, como as vazões médias horárias ou diárias, apresentam dependência estatística entre observações sucessivas, ou seja, há uma forte correlação entre o dado observado em um certo intervalo de tempo e o(s) observado(s) em intervalo(s) anterior(es). Estas são as chamadas séries temporais totais. Há também as séries temporais reduzidas, tais como as vazões médias anuais ou ainda as vazões médias diárias máximas ou mínimas anuais, para as quais há apenas um valor para cada ano e a dependência estatística entre valores sucessivos é muito pequena ou inexistente. As séries reduzidas são muito importantes para caracterizar a variabilidade interanual de uma variável hidrológica, assim como para associar seus valores característicos a probabilidades de ocorrência.

ANÁLISE HIDROLÓGICA

A restauração da estrutura e função de um trecho fluvial requer o conhecimento da variabilidade das vazões que por ele escoam, tendo como perspectiva as considerações de naturezas ecológicas e físicas que se sucederão. A análise hidrológica, nesse contexto, compreende o estudo dos dados históricos para a estimação das vazões características dos períodos de cheia e de estiagem, suas respectivas frequências relativas e por quanto tempo permanecem escoando naquele trecho fluvial. As vazões extremas, características dos períodos de cheia e de estiagem, e suas respectivas frequências, em geral, podem ser obtidas com o procedimento usual de análise de frequência de variáveis aleatórias hidrológicas. Por outro lado, a chamada curva de permanência estabelece por quanto tempo (ou fração do tempo) um valor característico de vazão será igualado ou superado pelas descargas afluentes ao trecho fluvial.

A análise hidrológica, aqui contextualizada como o conjunto de procedimentos visando à estimação das vazões características extremas e da curva de permanência, pode ser efetuada mediante o estudo da variabilidade das séries temporais históricas de descargas observadas no trecho fluvial em foco, ou em local próximo. As séries temporais totais são fundamentais para a estimação da curva de permanência, enquanto as séries reduzidas de máximos e mínimos anuais o são para a estimação das vazões características extremas. Esses referidos procedimentos serão aqui explicados, nas seções que se seguem, e ilustrados mediante a apresentação de exemplos numéricos válidos para a série histórica de vazões médias diárias observadas no rio Paraopeba na estação fluviométrica de Ponte Nova do Paraopeba, em Minas Gerais.

Observe-se, no entanto, que muitas iniciativas de restauração de rios dão-se em trechos fluviais desprovidos de estações fluviométricas. Nesses casos, a estimação das vazões características extremas e da curva de permanência deve basear-se em métodos indiretos. Estes, em geral, fazem uso das técnicas de regionalização hidrológica, cuja ideia fundamental é a de transferir, de modo plausível e verossímil, a informação fluviométrica de onde ela existe para locais ainda não monitorados. A descrição e a aplicação das técnicas de regionalização hidrológica extrapolam, contudo, o escopo deste capítulo. Recomenda-se ao leitor, interessado na aplicação das técnicas de regionalização hidrológica, a consulta ao Capítulo 10 de Naghettini e Pinto (2007). Outras referências úteis ao detalhamento de procedimentos mais específicos da regionalização hidrológica serão oportunamente indicadas, ao longo do texto que se segue.

Outra observação prévia que se faz necessária à correta aplicação de métodos estatísticos na análise hidrológica refere-se às alterações naturais e/ou antrópicas que tiveram lugar ao longo do período de observações históricas. Eventos como a urbanização ou o desenvolvimento agrícola de grandes áreas de uma bacia, e a construção de diques, barragens e grandes reservatórios a montante afetam os atributos de homogeneidade e estacionariedade das séries históricas existentes, os quais são imprescindíveis à correta aplicação dos métodos da hidrologia estatística (Naghettini e Pinto, 2007). Nesses casos, a análise hidrológica deve ser efetuada com maior cuidado e, quando aplicada de modo convencional, deve se restringir apenas às partes da série histórica disponível em que os atributos de homogeneidade e estacionariedade puderem ser verificados.

Curva de permanência de vazões

A curva de permanência é uma variação do diagrama de frequências relativas acumuladas, na qual a frequência de não superação é substituída pela porcentagem de um intervalo de tempo específico em que o valor da variável foi igualado ou superado. Em hidrologia, a curva de permanência é empregada para ilustrar o padrão de variação das vazões, podendo também ser usada em associação a indicadores de qualidade da água e concentrações de sedimento em suspensão, entre outros. Também é frequente o emprego da curva de permanência de vazões para o planejamento e projeto de sistemas de recursos hídricos e, também, como instrumento de outorga de direito de uso da água em alguns estados brasileiros.

Em geral, a curva de permanência é elaborada com base na série temporal total, ou seja, no conjunto de todas as descargas médias diárias observadas em uma estação fluviométrica, sem se importar com a sequência cronológica em que ocorreram. A curva assim elaborada é referida como a curva de permanência de longo período, ou simplesmente curva de permanência, em oposição à curva anual de permanência, na qual apenas as vazões médias diárias ocorridas em um certo ano, dentre aqueles do período histórico, são tomadas em consideração. Esse ano, em particular, pode referir-se a um período excepcionalmente chuvoso ou seco, a depender dos objetivos em foco. Restringir-se-á aqui à curva de permanência de longo período, de maior aplicação à análise hidrológica, no âmbito da restauração de rios.

Genericamente, a curva de permanência de vazões médias diárias de uma certa seção fluvial, para a qual encontram-se disponíveis N dias de registros fluviométricos sistemáticos, pode ser construída do seguinte modo:

a. Ordenar as vazões Q em ordem decrescente.
b. Atribuir a cada vazão ordenada Q_m a sua respectiva ordem de classificação m.
c. Associar a cada vazão ordenada Q_m a sua respectiva frequência ou probabilidade empírica de ser igualada ou superada $P(Q \geq Q_m)$, a qual pode ser estimada pela razão (m/N).
d. Elaborar um gráfico entre as vazões ordenadas e suas respectivas permanências $100(m/N)$, com as primeiras em ordenadas e as segundas em abscissas.

A Figura 2.9 ilustra a curva de permanência construída para N=26380 vazões médias diárias observadas entre 1938 e 2015 na estação fluviométrica do rio Paraopeba em Ponte Nova do Paraopeba, obtidas mediante acesso ao portal Hidroweb.

Figura 2.9 – Curva de permanência do Rio Paraopeba em Ponte Nova do Paraopeba.

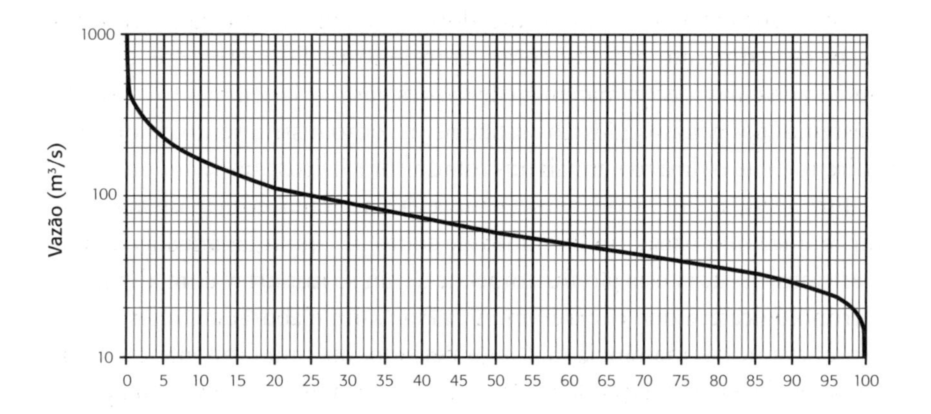

Na figura, observa-se que para a permanência de 10%, a vazão 166,2 m³/s é igualada ou superada em apenas 10% do tempo, indicando ser uma descarga representativa do período de cheias. Por outro lado, a vazão para a permanência de 90%, muitas vezes denotada por Q_{90}, é Q_{90} = 29,2 m³/s, sendo uma descarga representativa do período de estiagem. A vazão média de longo período é Q_{MLT} = 83,2 m³/s, para a qual a curva de permanência indica que foi igualada ou ultrapassada em 31,3% do tempo.

Há procedimentos específicos para a construção de curvas de permanência de vazões em seções fluviais não monitoradas, por recurso aos métodos indiretos de regionalização hidrológica. Ao leitor interessado nesses procedimentos específicos de regionalização de curvas de permanência, recomenda-se consultar os trabalhos de Pinheiro e Naghettini (2010) e Costa et al. (2012).

Análise de frequência de vazões de cheias

Em decorrência das inúmeras incertezas associadas à quantificação e à complexa interdependência dos processos físicos causais de um evento de cheia, é prática comum tratarem-se as variáveis hidrológicas, a exemplo das vazões médias diárias máximas anuais de uma bacia, como aleatórias e, portanto, suscetíveis de serem analisadas pela teoria de probabilidades e estatística. Destacando-se como o método estatístico mais empregado em hidrologia, a análise de frequência de vazões máximas anuais busca, em síntese, extrair inferências quanto à probabilidade com que a referida variável irá igualar ou superar um certo valor (ou quantil), a partir de um conjunto amostral de ocorrências daquela variável.

As características da variabilidade apresentada pela série temporal reduzida de vazões médias diárias máximas anuais (ou simplesmente vazões máximas anuais) de uma bacia permitem a elas associar funções assimétricas de distribuição de probabilidades, dentre as quais as mais frequentemente empregadas são a de Gumbel, a Generalizada de Valores Extremos (GEV), a Exponencial, a Log-Normal, a Pearson e a Log-Pearson, ambas do tipo III da família de distribuições de Pearson. Esses são modelos matemáticos descritos por 2 ou 3 parâmetros, os quais podem ser expressos como funções da média μ_X, da variância σ^2_X e do coeficiente de assimetria γ_X. A Tabela 2.3 apresenta as relações entre os parâmetros e as medidas populacionais de variabilidade, assim como as expressões das funções densidade e acumulada de probabilidades, a amplitude (A) da variável aleatória e a equação de quantis para cada modelo distributivo. Para as distribuições de Gumbel e Exponencial, os coeficientes de assimetria são positivos e constantes, ao passo que, para a Log-Normal, γ_X é dependente das medidas populacionais de posição e dispersão. Por outro lado, as distribuições de três parâmetros apresentam assimetria variável e necessitam da especificação de uma medida adicional de forma de variabilidade.

Dada uma série temporal reduzida, ou seja, uma amostra $\{X_1, X_2, ..., X_n\}$ de vazões máximas anuais observadas ao longo dos N anos de registros de uma estação fluviométrica, o ajuste dos modelos distributivos da Tabela 2.3 aos dados amostrais faz-se pelos métodos tradicionais de inferência estatística, entre os quais o mais simples é o chamado método dos momentos. Este consiste em encontrar as estimativas dos valores numéricos dos parâmetros da função de distribuição a partir da solução simultânea de um sistema de igual número de equações e incógnitas, obtido ao substituir as medidas populacionais de tendência central, de dispersão e de assimetria, tal como expressas na Tabela 2.3 em função dos parâmetros, pelas respectivas estatísticas descritivas amostrais.

As estatísticas descritivas amostrais são dadas pelas seguintes expressões:

$$\hat{\mu}_X = \overline{x} = \frac{\sum_{i=1}^{N} x_i}{N} \quad \text{(Equação 2.10)}$$

$$\hat{\sigma}^2 = s^2 = \frac{\sum_{i=1}^{N} (X_i - \overline{x})^2}{N-1} \quad \text{(Equação 2.11)}$$

$$\hat{\gamma} = g = \frac{N}{(N-1)(N-2)} \frac{\sum_{i=1}^{N} (X_i - \overline{x})^3}{s^3} \quad \text{(Equação 2.12)}$$

Para as distribuições de dois parâmetros, são necessárias somente as estimativas $\hat{\mu}_X$ e $\hat{\sigma}^2$, resultando em um sistema de duas equações e duas incógnitas. Para as distribuições de três parâmetros, o sistema passa a ter uma equação adicional, com a prescrição da assimetria amostral dada pela Equação 2.12.

Uma vez obtidas as estimativas dos parâmetros dos modelos distributivos, prossegue-se com o cálculo dos quantis $x(F)$, ou $x(T)$, correspondentes a probabilidades F ou a períodos de retorno T de interesse. O período de retorno T é definido como o intervalo médio de tempo, em anos, necessário para que um certo quantil $x(T)$ seja igualado ou superado uma vez, em um ano qualquer. O período de retorno T está associado à probabilidade F, por meio da expressão $T = 1/(1 - F)$. Por sua vez, a especificação de T está relacionada ao risco hidrológico de ocorrência de pelo menos uma cheia anual

Tabela 2.3 – Principais distribuições de probabilidade usadas na análise de frequência de vazões máximas anuais.

Distribuição	Função densidade $f_X(x)$	Função acumulada $F_X(x) = P(X \le x) = \int_{-\infty}^{x} f_X(x)\,dx$	A	μ_X	σ^2_X	γ_X	Quantis $x(F)$ ou $F^{-1}(x)$	Obs.
Log Normal	$\frac{1}{x\sigma_Y\sqrt{2\pi}} exp\left[-\frac{1}{2}\left(\frac{lnx-\mu_Y}{\sigma_Y}\right)^2\right]$	$\Phi\left(\frac{ln\,x-\mu_Y}{\sigma_Y}\right)$	$x > 0$	$exp\left(\mu_Y+\frac{\sigma^2_Y}{2}\right)$	$\mu^2_X(exp\,\sigma^2_Y-1)$	$3CV_X + CV^3_X$	$exp[\Phi^{-1}(ln\,x)]$	$Y = ln\,X$ $CV = \sigma/\mu$ $\Phi = N(0,1)$
Pearson 3	$\lvert\beta\rvert[\beta(x-\varepsilon)^{\alpha-1}]\, exp\,\frac{[-\beta(x-\varepsilon)]}{\Gamma(\alpha)}$ Γ = função Gama	$\int_{-\infty}^{x} f_X(x)\,dx$	$x > \varepsilon$ ($\beta>0$) $x < \varepsilon$ ($\beta<0$)	$\varepsilon+\frac{\alpha}{\beta}$	α/β^2	$\frac{2}{\sqrt{\alpha}}$ $-\frac{2}{\sqrt{\alpha}}$	Ver Rao e Hamed (2000)	
Log Pearson 3	*Idêntica à P3 com $Y = ln(X)$ (ver Rao e Hamed, 2000)	*	*	*	*	*	*	
Exponencial	$\beta exp[-\beta(x-\varepsilon)]$	$1 - exp[-\beta(x-\varepsilon)]$	$x > \varepsilon$	$\varepsilon+\frac{1}{\beta}$	$1/\beta^2$	2	$\varepsilon-\frac{ln(1-F)}{\beta}$	
Gumbel	$\frac{1}{\alpha} exp\left[-\frac{x-\varepsilon}{\alpha}-exp\left(-\frac{x-\varepsilon}{\alpha}\right)\right]$	$exp\left[-exp\left(-\frac{x-\varepsilon}{\alpha}\right)\right]$	$-\infty$ a $+\infty$	$\varepsilon + 0{,}5772\alpha$	$1{,}645\alpha^2$	$\approx 1{,}14$	$\varepsilon - \alpha\, ln(-ln\,F)$	
GEV	$dF(x)/dx$	$exp\left\{-\left[1-\frac{\kappa(x-\varepsilon)}{\alpha}\right]^{1/k}\right\}$	$x < T$ ($\kappa>0$) $x > T$ ($\kappa<0$)	$\varepsilon + M\frac{\alpha}{\kappa}$ $M=1-\Gamma(1+\kappa)$	$(\alpha/\kappa)^2 N - M^2$ $N=1-\Gamma(1+2\kappa)$	Rao e Hamed (2000)	$\varepsilon+\frac{\alpha}{\kappa}P$ $P=[1-(-ln\,F)^{\kappa}]$	$T=\varepsilon+\frac{\alpha}{\kappa}$

maior do que o quantil de referência, ao longo da vida útil operacional da estrutura ou empreendimento em questão. O Exemplo 2.3 apresenta um exemplo de cálculo para a distribuição de Gumbel.

O assunto de análise de frequência de cheias é vasto pois há diversas distribuições, distintos métodos de estimação de parâmetros, testes estatísticos de aderência e cálculo dos intervalos de confiança para os quantis. Sugere-se ao leitor interessado nesses tópicos consultar Naghettini e Pinto (2007). O Departamento de Engenharia Hidráulica e Recursos Hídricos da UFMG desenvolveu o pacote computacional Alea (versão 2012) que permite realizar a análise de frequência completa de uma amostra de eventos máximos anuais, incluindo a estimação de parâmetros por diversos métodos e dos intervalos de confiança correspondentes. O programa Alea é gratuito e encontra-se disponível para download a partir da URL http://www.ehr.ufmg.br/downloads/. A Figura 2.10 apresenta o gráfico dos quantis empíricos e teóricos, estes segundo o modelo GEV, ambos em função do período de retorno, para as vazões médias diárias máximas anuais, reduzidas por ano hidrológico, observadas na estação do rio Paraopeba em Ponte Nova do Paraopeba, entre 1939 e 2015, conforme cálculos efetuados pelo programa Alea. A figura 10 também apresenta os intervalos de confiança a 95% para os quantis estimados, cuja função é a de quantificar as incertezas presentes na análise de frequência de cheias; observe-se que as incertezas se tornam cada vez maiores à medida que os períodos de retorno crescem.

Há procedimentos específicos para a construção de curvas regionais de frequência de vazões de cheias, para a obtenção de estimativas de quantis dessas vazões em seções fluviais não monitoradas, por recurso aos métodos indiretos de regionalização hidrológica. Ao leitor interessado nos procedimentos de regionalização hidrológica recomenda-se consultar o Capítulo 10 de Naghettini e Pinto (2007).

Exemplo 2.3

Em alguns casos, a vazão de calha cheia pode ser usada como descarga de referência para projetos de restauração de rios (NRCS, 2007). Apesar de ter havido tentativas de associar a vazão de calha cheia a um quantil com período de retorno fixo, diversos trabalhos, entre os quais o de Pickup e Warner (1976), demonstraram que os períodos de retorno associados à mencionada vazão de referência são variáveis e dependem de características geomorfológicas e sedimentológicas locais. Suponha que as descargas médias diárias de uma certa seção fluvial sejam monitoradas por uma estação fluviométrica. Os 35 anos de registros de vazões médias diárias máximas anuais forneceram as seguintes estatísticas descritivas: média m^3/s, variância $s^2 = 22\ (m^3/s)^2$ e coeficiente de assimetria $g = 1{,}12$. A curva-chave da estação fluviométrica é dada por $Q = 2h^2 + 10h\text{-}5$, com Q em m^3/s e h em m, e a seção de calha cheia corresponde à cota 3,10 m. Calcular o período de retorno associado à vazão de calha cheia.

Solução

A seção de calha cheia corresponde à cota $h = 3{,}10$ m, a qual na equação da curva-chave resulta na vazão $Q = 45{,}22\ m^3/s$. É preciso estimar o período de retorno associado a essa vazão. Esse é um problema que pode ser resolvido com a análise de frequência de vazões máximas anuais. Primeiramente, é necessário prescrever um modelo distributivo adequado à amostra. No presente caso, e com base somente nas informações disponíveis, o modelo Gumbel de dois parâmetros, cujo coeficiente de assimetria populacional é fixo e igual a 1,1396 (ver Tabela 2.3), parece estar adequado a uma amostra de assimetria 1,12. Em um estudo mais aprofundado, a adequação do modelo deve ser verificada por meio de aderência visual e os testes estatísticos do Qui-Quadrado, de Kolmogorov-Smirnov, de Filliben ou de Anderson-Darling (Naghettini e Pinto, 2007).

Estimativa do parâmetro de escala α:

$$\text{Tabela 2.3} \rightarrow \sigma^2 = 1{,}645\alpha^2$$

E método dos momentos:

$$\hat{\sigma}^2 = s^2 = 1{,}645\alpha^2 = 484 \rightarrow \hat{\alpha} = 17{,}15\ m^3/s$$

Estimativa do parâmetro ε:

$$\text{Tabela 2.3} \rightarrow E(X) = \varepsilon + 0{,}57721\alpha \rightarrow \hat{\varepsilon} = \bar{X} - 0{,}57721\hat{\alpha} = 40 - 0{,}57721 \times 17{,}15 = 30{,}10\ m^3/s$$

A curva de quantis de Gumbel da Tabela 2.3 é:

$$x(F) = \hat{\varepsilon} - \hat{\alpha}\ \ln(-\ln F) \Rightarrow 45{,}22 = 30{,}10 - 17{,}15 \times \ln[-\ln(F)]$$

A solução para F é:

$$F = 0{,}6609$$

Relação entre T e F:

$$T = = 1/1 - F(x) \Rightarrow T = 1/1 - 0{,}6609 = 2{,}95 \text{ anos}$$

Figura 2.10 – Análise de frequência de cheias máximas anuais do Rio Paraopeba em Ponte Nova do Paraopeba.

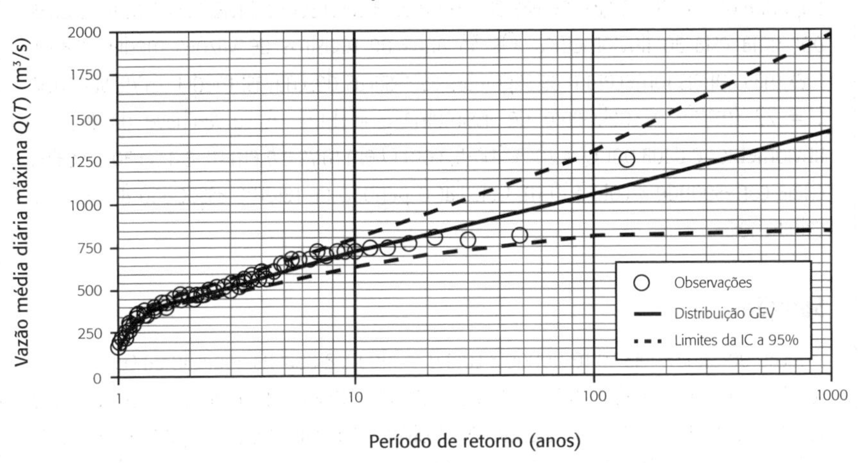

Análise de Frequência de Vazões de Estiagem

A análise de frequência de vazões de estiagem tem princípios semelhantes à análise de frequência de cheias, embora com algumas diferenças. Uma delas refere-se à variável empregada para caracterizar a vazão de estiagem. É usual empregar-se a vazão característica Q_7, correspondente à menor média de sete vazões consecutivas, dentre todas ocorridas naquele ano. Em outras palavras, a vazão Q_7 de um dado ano é o valor mínimo anual das médias móveis de 7 dias de duração. Outra diferença, em relação à análise de cheias, é a redução de cada valor de Q_7 em um intervalo de 1 ano que contenha todo o período de estiagem. Por exemplo, na região sudeste do Brasil, é usual reduzirem-se os valores de Q_7 por ano civil, de modo que o período típico de estiagem, entre Abril e Setembro, esteja totalmente compreendido entre as datas inicial e final que definem o ano. A Figura 2.11 ilustra a redução de Q_7 por ano civil.

Alguns estados brasileiros adotam como vazão de referência, para estudos de estiagens e outorga de direito de uso de recursos hídricos estaduais a vazão média mínima anual de 7 dias de duração e de tempo de retorno 10 anos, geralmente denotada por $Q_{7,10}$. Para um dado ano de vazões médias diárias observadas em uma estação fluviométrica, o valor Q_7 anual corresponde à média móvel mínima anual de 7 dias de duração. Para um conjunto de vários anos de registros fluviométricos, é necessário proceder-se à

Figura 2.11 – Diagrama esquemático ilustrativo da redução de Q_7 por ano civil.

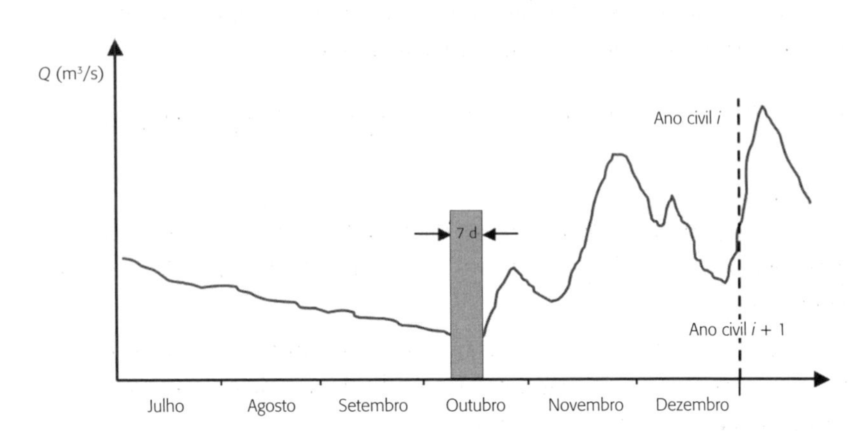

análise de frequência dos respectivos valores anuais de Q_7, para que possa ter a estimativa da vazão de referência $Q_{7,10}$.

No caso de vazões mínimas anuais, tais como as vazões Q_7, o conceito de tempo de retorno também é aplicável, embora tenha que ser redefinido como o tempo médio, em anos, necessário para que um evento menor ou igual a X_T ocorra uma vez, em um ano qualquer. Assim definido e contrariamente ao conceito válido para enchentes, a relação entre o período de retorno T, em anos, e a probabilidade anual $F = P(X \leq x)$ agora é $T = 1/F$.

Sabe-se que as vazões médias mínimas, tais como a Q_7, são valores limitados inferiormente. Nesse contexto, a menor vazão possível é a vazão nula. Apesar de que qualquer distribuição de probabilidade, cuja variável aleatória tenha limite inferior, possa ser usada para modelar eventos mínimos, é muito frequente a utilização da distribuição de Weibull para esse fim. Embora essa distribuição possa ser prescrita com dois ou três parâmetros, limita-se a descrição que se segue ao modelo distributivo de dois parâmetros. Nesse caso, as funções densidade de probabilidade e de probabilidades acumuladas de Weibull são dadas respectivamente por:

$$f_X(x) = ax^{\alpha-1}\beta^{-\alpha}\exp\left[-\left(\frac{x}{\beta}\right)^a\right], \text{ para } x \geq 0 \ \alpha, \beta > 0 \qquad \text{(Equação 2.13)}$$

$$F_X(x) = 1 - \exp\left[-\left(\frac{x}{\beta}\right)^a\right] \qquad \text{(Equação 2.14)}$$

Nessas equações, α e β são, pela ordem, os parâmetros de forma e escala. Esses parâmetros são relacionados às medidas populacionais de posição e dispersão por meio das seguintes relações:

$$E(X) = \beta\Gamma\left(1 + \frac{1}{\alpha}\right), \text{Var}(X) = \beta^2\left[\Gamma\left(1 + \frac{2}{\alpha}\right) - \Gamma^2\left(1 + \frac{1}{\alpha}\right)\right] \quad \text{(Equação 2.15)}$$

Em que:

$\Gamma(\alpha)$: representa a função gama, dada pela integral $\Gamma(\alpha) = \int_0^\infty t^{\alpha-1}\exp(-t)dt$, cujas soluções numéricas encontram-se tabeladas em alguns livros-texto de matemática.

Dada uma amostra de vazões médias Q_7 mínimas anuais, pode-se estimar os parâmetros da distribuição de Weibull, por meio da substituição do valor esperado e a variância populacionais, na Equação 2.15, pelas respectivas estimativas amostrais. As soluções simultâneas do sistema podem ser mais facilmente obtidas, por meio do coeficiente de variação amostral CV. Formalmente,

$$\frac{1}{CV} = \frac{\hat{E}(X)}{\sqrt{\hat{\text{Var}}(X)}} = \frac{X}{S_X} = \frac{\Gamma(1+1/\alpha)}{\sqrt{\Gamma(1+2/\alpha) - \Gamma^2(1+/\alpha)}} \quad \text{(Equação 2.16)}$$

$$\frac{1}{CV} = \frac{A(\alpha)}{\sqrt{B(\alpha) - A^2(\alpha)}}$$

Arbitrando-se um conjunto de valores possíveis de α, pode-se calcular e tabelar o numerador e o denominador da Equação 2.16, para diversos valores de CV. Em seguida, as análises de dependência estatística, primeiramente entre α e CV, e, em seguida, entre $A(\alpha)$ e CV, conduzem às Equações 2.17 e 2.18. Estas são expressões que aproximam adequadamente os valores de α e $A(\alpha)$, para coeficientes de variação compreendidos entre 0,08 e 2. Acredita-se que essa amplitude de valores de CV seja adequada para a maioria das séries de vazões mínimas anuais.

$$\alpha = 1{,}0079(CV)^{-1.084}, \text{ para } 0{,}08 \leq CV \leq 2 \quad \text{(Equação 2.17)}$$

$$A(\alpha) = -0{,}0607(CV)^3 + 0{,}5502(CV)^2 - 0{,}4937(CV) + 1{,}003,$$
$$\text{para } 0{,}08 \leq CV \leq 2 \quad \text{(Equação 2.18)}$$

Na sequência, o parâmetro β pode ser estimado por:

$$\hat{\beta} = \frac{\overline{X}}{A(\alpha)} \quad \text{(Equação 2.19)}$$

Uma vez estimados os parâmetros da distribuição de Weibull, pode-se calcular o quantil x correspondente a uma dada probabilidade F, ou a um período de retorno T, por meio da função inversa de $F_X(x)$ na Equação 2.14, ou seja,

$$x_F = \beta[-\ln(1-F)]^{1/\alpha} \quad \text{ou} \quad x_T = \beta\left[-\ln\left(1-\frac{1}{T}\right)\right]^{1/\alpha} \qquad \text{(Equação 2.20)}$$

O Exemplo 2.4, a seguir, ilustra a estimação da vazão de referência $Q_{7,10}$ para a estação fluviométrica de Ponte Nova do Paraopeba, no rio Paraopeba, em Minas Gerais.

Exemplo 2.4

De acordo com a legislação mineira, a máxima vazão outorgável em uma dada seção fluvial corresponde a 30% da $Q_{7,10}$. Considerem-se aqui as vazões médias diárias observadas na estação fluviométrica de Ponte Nova do Paraopeba, um rio cujas nascente e foz estão contidas no território estadual. A redução por ano civil dos valores de Q_7 mínimos anuais foi efetuada a partir de 76 anos de registros completos entre 01/01/1938 e 31/12/2014. As estatísticas amostrais pertinentes ao cálculo são $\bar{X} = 28{,}0$ e $S_X = 9{,}4049$. Use o procedimento de cálculo descrito para a distribuição de Weibull, para estimar a vazão de referência $Q_{7,10}$.

Solução

Inicialmente é preciso calcular o coeficiente de variação amostral, ou seja, $CV = \bar{X} / S_X$, o que resulta no valor $CV = 0{,}335854$. As Equações 2.17, 2.18 e 2.19, em função de CV, produzem as seguintes estimativas: $\hat{\alpha} = 3{,}289048$, $A(\alpha) = 0{,}896951$ e $\hat{\beta} = 31{,}22014$. Os quantis x_T (ou $Q_{7,T}$) podem ser estimados pela equação (20), a partir das estimativas anteriores. Assim procedendo, com $T = 10$ anos, verifica-se que a estimativa de referência é $Q_{7,10} = 16{,}26$ m³/s.

Ainda com referência ao Exemplo 2.4 e com o fim de verificar a qualidade do ajustamento, é recomendável elaborar um gráfico entre as Q_7 observadas e os quantis produzidos pelo modelo distributivo de Weibull, tal como se mostra na Figura 2.12. Esse gráfico foi elaborado de acordo com as seguintes etapas:

- Classificar as Q_7 observadas em ordem crescente.
- Atribuir o número de ordem m aos valores classificados, sendo $m = 1$ para o menor e $m = N$ para o maior.

- Associar às vazões ordenadas os períodos de retorno empíricos estimados por $(n+1)/m$.
- Proceder ao ajustamento de parâmetros da distribuição de Weibull, conforme anteriormente descrito no Exemplo 2.4.
- Estimar os quantis teóricos de Weibull para diferentes tempos de retorno, por meio da Equação 2.20.
- Verificar visualmente a qualidade do ajustamento, lançando em um mesmo gráfico as vazões observadas com seus respectivos períodos de retorno empíricos, bem como as vazões estimadas pelo modelo Weibull para diferentes períodos de retorno, com T em abcissas e Q_7 em ordenadas.

Figura 2.12 - Análise de frequência das vazões de estiagem Q_7; máximas anuais do Rio Paraopeba em Ponte Nova do Paraopeba.

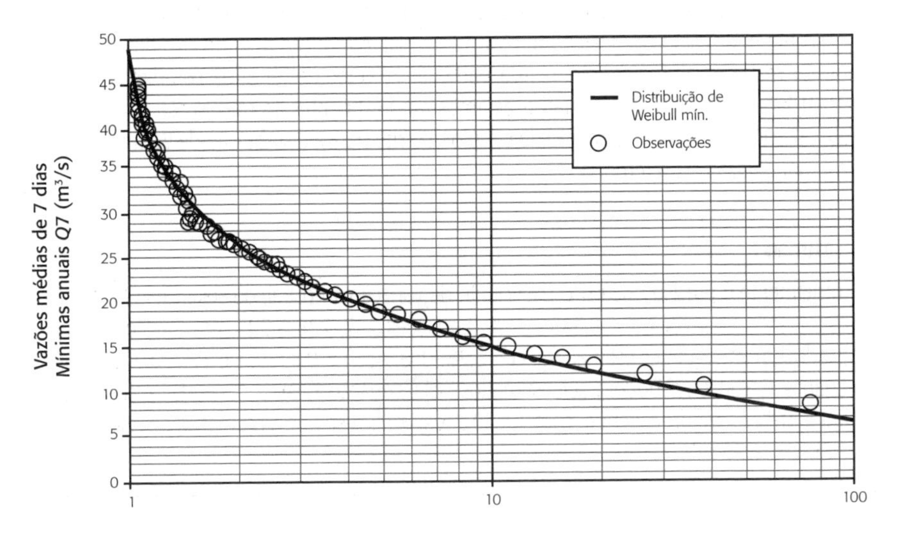

Há procedimentos específicos para a construção de curvas regionais de frequência de vazões de estiagens, para a obtenção de estimativas de quantis dessas vazões em seções fluviais não monitoradas, por recurso aos métodos indiretos de regionalização hidrológica. Ao leitor interessado nos procedimentos de regionalização hidrológica recomenda-se consultar o capítulo 10 de Naghettini e Pinto (2007).

REFERÊNCIAS

BARTH, F.T.; POMPEU, C.T.; FILL H D, TUCCI C.E.M.; KELMAN, J.; BRAGA, B.P.F. Modelos para Gerenciamento de Recursos Hídricos. São Paulo, Nobel/ ABRH, 1987.

CARVALHO, N.O. Hidrossedimentologia Prática. 2.ed. Rio de Janeiro: Interciência, 2008.

COCKELL, C., CORFIELD. R.; EDWARDS, N.; HARRIS, N. An Introduction to the Earth-Life System. Cambridge: Cambridge University Press, 2007.

COSTA, V.A.F.; FERNANDES, W. NAGHETTINI. M. Modelos regionais para curvas de permanência de vazões de rios perenes, intermitentes e efêmeros, com emprego da distribuição Burr XII estendida, Revista Brasileira de Recursos Hídricos, v. 17, p. 171-180, 2012.

HINGRAY, B., PICOUET, C. MUSY, A. Hydrologie – Une Science de l'Ingénieur. Lausanne, Presses Polytechniques et Universitaires Romandes, 2009.

KOTWICKI, V. Water balance of Earth. Hydrological Sciences Journal 54 (5), 829--840, 2009.

LINSLEY, R.K.; KOHLER, M.A.; PAULHUS, J.L.H. Hydrology for Engineers. New York: McGraw-Hill, 1975.

MUSY, A.; HIGY. C. Hydrologie – Une Science de la Nature. Lausanne: Presses Polytechniques et Universitaires Romandes, 2004.

NAGHETTINI, M.; PINTO, E.J.A. Hidrologia Estatística. Belo Horizonte: CPRM, 2007.

NRC (1991) Opportunities in the Hydrologic Sciences. Water Science and Technology Board, National Research Council, National Academy Press, Washington, EUA.

NRCS (2007) Stream Restoration Design – National Engineering Handbook, Part 654. National Resources Conservation Service, United States Department of Agriculture, Washington, EUA.

PICKUP, G. WARNER, R.F. Effects of hydrologic regime on magnitude and frequency of dominant discharge, Journal of Hydrology, v. 29, p. 51-75, 1976.

PINHEIRO, V.B.; NAGHETTINI, M. Calibração de um modelo chuva-vazão em bacias sem monitoramento fluviométrico a partir de curvas de permanência sintéticas, Revista Brasileira de Recursos Hídricos, v. 15, p. 143-156, 2010.

SANTOS, I.; FILL, H.D.A.; SUGAI, M.R.B.; BUBA, H.; KISHI, R.T.; MARONE, E.; LAUTERT, L.F.C. Hidrometria Aplicada. Curitiba: LACTEC, 2001.

THOMPSON, S.A. Hydrology for Water Management. Rotterdam: A A Balkema, 1999.

TUCCI, C.E.M. (org) Hidrologia – Ciência e Aplicação. 4ª ed. Porto Alegre: ABRH, 2007.

USGS (1982) Measurement and Computation of Streamflow, Vols. 1 e 2. United States Geological Survey, Water Supply Paper 2175, USGPO, Washington, EUA.

Hidromorfologia Fluvial

3

Juan P. Martin Vide

INTRODUÇÃO

Este capítulo trata do aspecto físico do rio, cujo principal elemento é a água. A água corrente do rio chama a atenção pelo movimento constante, a ponto de nos esquecermos de outro elemento que forma o rio: seu leito, por onde ele corre. Damos o nome de hidrodinâmica a tudo o que se relaciona ao movimento ou fluxo da água em seu leito (e também fora dele, quando o rio transborda). Esse nome precisa do adjetivo "fluvial", pois também existe a hidrodinâmica marinha, por exemplo, que trata do marulho, das marés e das correntes do mar. No entanto, o que mais se esquece acerca do rio é de que o leito também se move e se transforma, ainda que lentamente. À disciplina que explica como esse movimento ocorre dá-se o nome, ainda provisório, de morfodinâmica. Outro nome da morfodinâmica fluvial é hidromorfologia.

Este capítulo trata, principalmente, da morfodinâmica de rios, mas recorre à hidrodinâmica para dar várias explicações. Apesar de não tratar de biologia, também precisa da esfera biológica, em grande parte, porque a vegetação é um elemento importante na morfodinâmica dos rios. A dinâmica fluvial (morfodinâmica) é uma ciência imperfeita, se é que pode-se chamá-la de ciência. Não trata de objetos ou processos criados pelo homem, mas, sim, dos elementos da natureza, os rios, que são diferentes uns dos outros, como as pessoas. Existe um conhecimento antigo, empírico e pontual. As pessoas se sentem capazes de explicar um problema ocorrido em um rio, porque a dinâmica fluvial desperta a intuição. Por outro lado, a ciência da mecânica de fluidos tem se esforçado para separar o movimento da água e o do leito, mas simplificando ou idealizando as perguntas para poder usar a experiência e a matemática, afastando-se, assim, da complexidade real. Diante dos rios, com o empirismo em uma mão e a mecânica de fluidos na outra, é como conhecer alguns remédios caseiros e também a genética molecular, mas faltasse uma medicina racional para tratar as pessoas.

O RIO E A BACIA HIDROGRÁFICA

O ciclo hidrológico é o objeto de estudo da hidrologia como ciência. Envolve a evaporação da água do mar, a precipitação, o escoamento da água sobre o terreno e a infiltração, sua circulação no sistema hidrográfico formado pelos rios e pela corrente subterrânea, até desaguar novamente no mar. Esse ciclo se mantém em atividade constante graças à energia do sol.

Todos os rios reúnem as águas que se depositam sobre uma região geográfica chamada bacia hidrográfica. O relevo, levando a água pela gravidade de uma vertente a outra, determina qual território pertence a cada bacia (a essas fronteiras dá-se o nome de divisor de águas), ainda que, às vezes, o fluxo subterrâneo possa levar águas de uma bacia a outra. A transformação da chuva e a neve em vazão no rio se chama escoamento da bacia. Vários fatores influenciam o escoamento: a litologia, o relevo, o tipo de solo, os usos do solo, a vegetação etc. O sistema hidrográfico, ou seja, o conjunto de cursos de água que formam o rio, é outro fator importante no escoamento. Sua forma mais ou menos ramificada, o número de cursos e sua hierarquia topológica (primeira ordem, segunda, terceira etc.), a densidade de drenagem (medida em km de rio por km^2 de bacia) e outros parâmetros servem para descrever esse sistema e, assim, como a água chegará ao rio principal. É conhecido como morfometria o estudo da bacia e do sistema hidrográfico sob esse ponto de vista.

No entanto, a bacia também é importante para o rio como provedora de partículas sólidas, além de água. A litologia, sua mineralogia e o intemperismo da rocha, o relevo e o tipo de solo determinam como são essas partículas. É lógico que uma bacia de composição granítica produzirá areia de sílica em abundância no fundo dos rios que reúnem suas águas ou que em uma bacia com argila ocorrerão cheias de água muito turva (com grande concentração de partículas de argila). Da mesma maneira, é evidente que no escoamento, em uma bacia maior e com poucos cursos de água, ocorram cheias lentas ou, ao contrário, que em uma bacia arredondada, na qual os afluentes se concentrem como galhos de uma árvore, ocorram cheias repentinas (Figura 3.1).

Figura 3.1 – Comparação de bacias hidrográficas na concentração do escoamento à saída.

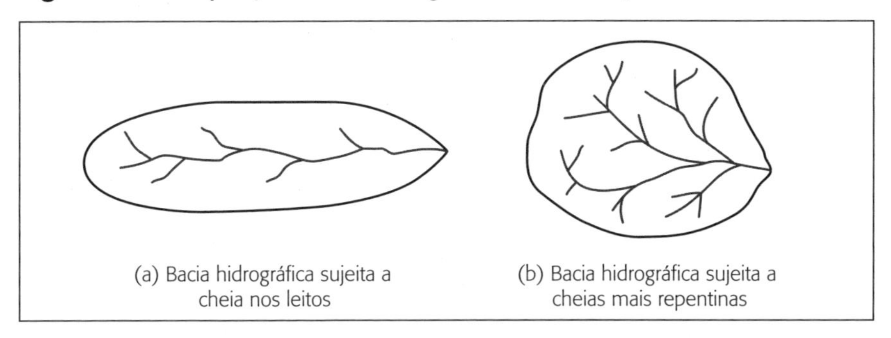

Ainda que a hidrologia ou as bacias hidrográficas não sejam o assunto principal deste capítulo, é importante frisar que o rio, como centro da água e das partículas sólidas, é fruto de sua bacia, de sua constituição geológica, topográfica, edafológica, florestal e do uso e ocupação do solo. Isto é particularmente importante quando se planeja a restauração fluvial.

O CICLO DO SEDIMENTO

As mudanças nos leitos que interessam à dinâmica fluvial ocorrem em períodos comparáveis à vida humana (não em períodos geológicos de milhões de anos), e ocorrem nos rios aluviais. Os rios se chamam aluviais porque seus leitos são formados por grãos soltos, trazidos pela água recentemente (o período quaternário como prazo maior). Pelos rios, como já comentado anteriormente, não corre apenas a água, mas, também, partículas que se soltam das rochas da bacia hidrográfica, a princípio de qualquer tamanho, desde muito finas até muito grossas. Assim, a água do rio move ou transporta algo muito menos visível que a água, de uma matéria muito menos interessante como recurso, mas decisiva para a formação do rio. Parte desse material forma depósitos aluviais em seu leito. O próprio contorno do leito em contato com a água também é aluvial. Por isso, qualquer mudança fluvial de interesse tem a ver com os sólidos soltos que a água pode transportar.

O ciclo hidrológico mantido pela energia solar faz com que a água nos rios seja um recurso "renovável", porque espera-se, racionalmente, contar com ele. Além disso, sabe-se, por experiência, que o curso de um rio se repete mais ou menos em ritmo constante, de modo que a expectativa de ter água se renova e se confirma com regularidade.

Por sua vez, o material sólido que os rios transportam só poderia ser parte de um ciclo em um sentido geológico estendendo a milhões de anos, que não tem interesse prático. Por não serem, na prática, uma matéria renovável, os sólidos sofrem, necessariamente, um minguar no volume total da bacia e do leito do rio, mas extremamente lento. Para efeitos práticos, os sólidos que o rio transporta seguem apenas em um sentido, o da gravidade, e não voltam nunca às cabeceiras das bacias ou das partes superiores dos leitos. É um movimento menos intenso, mas tão incessante como o da água e, além disso, em um sentido apenas. Esse transporte de sólidos é o que tem formado, ao longo de milhões de anos, os vales fluviais, as planícies, as praias fluviais, os deltas e se manifesta no presente pela atividade dos depósitos em margens, meandros, ilhas e outras formas aluviais.

A chave da morfodinâmica fluvial se encontra aí: nessa matéria que se move pela ação da água em direção à gravidade, incessantemente e em pequenas quantidades, quase sempre. Para essa matéria, usa-se a palavra "sedimento". É um substantivo de sentido coletivo, ou seja, não é muito correto dizer "os sedimentos". A ciência que se ocupa de tudo isso, a sedimentologia é, assim, um ramo da geologia.

A ANALOGIA DA ESTEIRA

A respeito dos sólidos, em algumas ocasiões, tem sido usada a analogia entre um rio e uma esteira (Figura 3.2). Imaginando uma esteira que leve partículas entre dois pontos, de montante a jusante, a lona da esteira é como o leito do rio e a velocidade da esteira é como o escoamento da água do rio. A esteira não para nunca, está sempre em movimento, como o ciclo hidrológico. Incessantemente, leva, em seu movimento, os sólidos que carrega de cima para baixo. É uma esteira sem retorno de sólidos, ou seja, volta vazia até sua origem, como o transporte de sólidos do rio que segue sozinho em direção ao mar. Basta que no ponto de cima entrem partículas para que a esteira as leve ao ponto de baixo. Se partículas demais se acumularem e não couberem na esteira, elas cairão ao redor, sendo transportadas apenas aquelas que consegue (isso se chama transporte segundo a capacidade), a menos que aumente a velocidade da esteira e, assim, transporte-se mais. Se houver menos partículas do que essa capacidade, ela as levará e se não houver nenhuma partícula disponível, não transportará nada (isso se chama transporte segundo a disponibilidade). O transporte sólido de um rio vigora por esses princípios e, assim, diz-se que um rio pode ter seu transporte controlado (determinado) pela capacidade ou pela disponibilidade.

Figura 3.2 – A esteira como analogia de um rio.

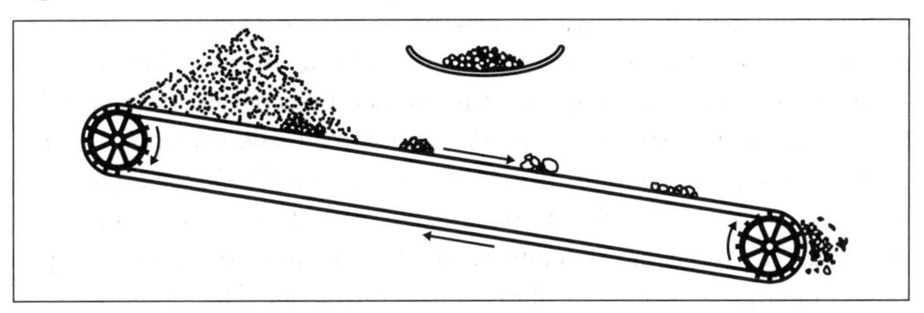

Contudo, é preciso entender as limitações dessa analogia. Em uma esteira, o material entra pela ponta de cima e sai pela ponta de baixo; a esteira não ajuda em nada, apenas transporta. Um rio é mais complexo do que uma esteira. As entradas de sólidos dependem de onde estejam as fontes de material sólido, tanto os finos, geralmente distribuídos em toda a bacia hidrográfica do rio, como grossos, que se encontram mais localizados ou concentrados (no leito, por exemplo). A entrada de sólidos no leito do rio, diferentemente da esteira, pode ocorrer em muitos pontos.

Mas a diferença maior com uma esteira é que o próprio leito emite ou gera matéria como outra fonte de sólidos ou, em vez disso, a capta como se algumas partículas tivessem interrompido seu trajeto sem sair pelo extremo inferior da esteira. O mais notável, finalmente, é que, emitindo e captando partículas, o leito muda de propriedades, já que, desse modo, sua seção pode alargar-se ou estreitar-se, tornar-se mais profunda ou mais rasa; seu caminho pode se tornar mais reto ou mais serpenteante e seu perfil longitudinal mais ou menos inclinado. É como se a lona da esteira se estirasse ou encolhesse, se alargasse ou estreitasse.

OS GRAUS DE LIBERDADE DE UM RIO ALUVIAL

Como citado anteriormente, os rios aluviais passam por mudanças em seus leitos. O curso do rio visto de cima não é fixo, como o de um canal traçado pelo homem, mas pode mudar, de forma aguda, em enxurradas, ou de maneira lenta e gradual ao longo do tempo. Nessas mudanças, o rio usa um primeiro grau de liberdade relativo ao curso, buscando certo acomodamento (ou equilíbrio) que se concretiza sempre em figuras sinuosas (com curvas) no lugar de linhas retas, como são projetados e construídos pelo homem os canais (Figura 3.3).

Figura 3.3 – Graus de liberdade de um rio em comparação a um canal.

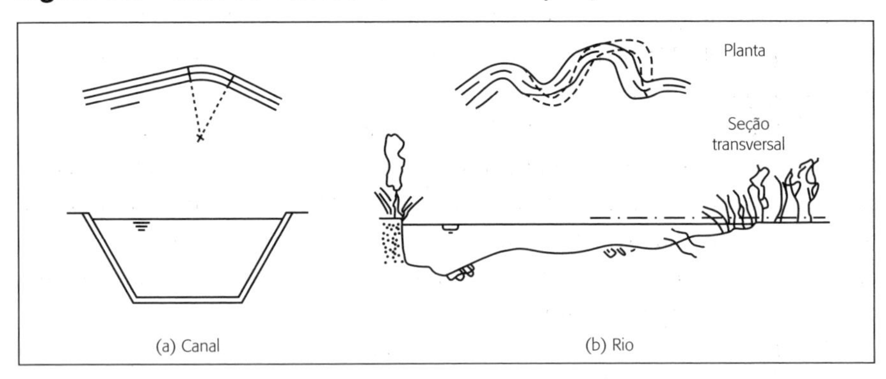

Em segundo lugar, a seção transversal de um rio aluvial também muda, aguda ou gradualmente, acomodando-se ao fluxo de água e de sólidos (e, como será abordado, também à vegetação). Como exposto, o mecanismo atuante das mudanças são os sólidos, emitidos ou captados pelo leito. As seções que se formam em um rio aluvial costumam ser mais cheias ou rasas do que as projetadas pelo homem para os canais (Figura 3.3). Essa capacidade de adaptação às circunstâncias, provavelmente causando erosão em uma margem ou, ao contrário, enchendo-a, é conhecida como segundo grau de liberdade. Um canal não tem nenhum desses graus de liberdade, mas, sim, um terceiro, comum aos rios: a posição da superfície livre da água, a lâmina de água, que é livre para mover-se verticalmente em ambos os casos.

O contorno de um rio pelo fundo é sempre irregular, com inclinações frequentes. O lugar geométrico dos pontos mais profundos de um rio é chamado de talvegue (do alemão *tálweg*: caminho – *weg;* pelo vale – *tál*). As irregularidades do talvegue não são constantes, já que o fundo é mais profundo nas curvas do rio e nas partes estreitas, e vice-versa, mais raso em áreas de pouca curvatura e partes largas. Esse vínculo entre o perfil (talvegue) e a planta (curvatura), que será discutido mais adiante, permite concluir que a posição do fundo não é um novo grau de liberdade aluvial.

COMPARAÇÃO ENTRE UM RIO E UM CANAL

É conveniente a comparação entre um rio e um canal para ressaltar o contorno de um rio. Um canal é uma infraestrutura de transporte de água (com fins como a irrigação, o abastecimento ou a geração de energia hidrelétrica) projetada para certa vazão. Por sua vez, a hidrologia nos ensina que a vazão depende do escoamento de um rio, que é sempre variável, com casos extremos de cheia ou seca.

O rio tem três graus de liberdade, enquanto o canal possui apenas um, como visto anteriormente. O percurso de um canal se chama traçado, mas o percurso de um rio deve se chamar curso. Os canais são traçados com linhas retas e, para mudar de trajeto, usam-se curvas circulares (Figura 3.3). Os cursos dos rios, por sua vez, descrevem linhas curvas que não são arcos circulares. São retas apenas nos pontos de inflexão (pontos de curvatura nula), ou seja, a partir de onde a curva muda para a direita ou para a esquerda ou para trás.

Quando descreve-se um canal basta que explicite-se uma seção (às vezes chamada seção tipo) e uma declividade. É como dizer que um canal é um objeto prismático (formado por uma seção repetida perpendicularmente a um eixo reto, ou circular), mas um rio nunca é prismático. A seção muda de largura e profundidade de um lugar a outro e, assim, em todas as partes. Não é adequado falar da "seção tipo" de um rio. Por não ser prismática, a superfície livre nunca tem a forma suave das curvas de remanso do fluxo nos canais (Figura 3.4). Em um rio, só é correto mencionar a declividade do seu fundo em trechos amplos o bastante para que a queda total da cota do fundo torne desprezível a irregularidade local (o sobe e desce) do talvegue. Um trecho é amplo o bastante não em termos absolutos (em km), mas, sim, em relação a uma dimensão do rio como a largura, de modo que, por exemplo, uma distância de cem vezes a largura é considerada ampla.

Figura 3.4 – Comparação de uma curva de remanso em um canal (prismático) e um rio (partes variadas).

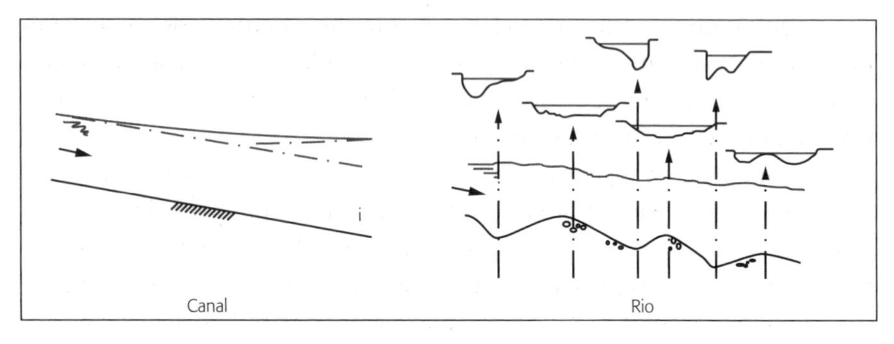

Em hidráulica, a seção ideal de um canal se determina com a condição de que a igualdade de área de fluxo tenha o mínimo perímetro molhado, porque esse perímetro é o contorno onde ocorre o atrito/roçamento, que é a força que freia o movimento. Esse ideal dá a máxima capacidade de transporte de água. Isso leva a canais com seção semicircular ou em forma de um semi-hexágono regular (Figura 3.3), nos quais a largura vem a ser duas vezes a profundidade.

Por sua vez, tem-se tentado determinar como os rios aluviais acomodam sua seção transversal à vazão de água e aos sólidos, mas nenhuma das várias teorias existente tem explicado, de modo satisfatório, os dados de largura e profundidade dos leitos. Em rios muito pequenos, o quociente largura/profundidade pode ser 10 e, em rios muito grandes, pode chegar a 1.000. Isso contrasta com um quociente da ordem de dois ou pouco mais em canais.

Essas condições de grande largura em relação à profundidade, de profundidade variada de lugar a lugar, de geometria não prismática, mas, sim, irregular, de curso que se desenvolve nas curvas e da vazão sempre variável têm criado os hábitats para a flora e a fauna do rio, adaptadas a esse meio fluvial durante milhões de anos.

A TRÍADE DE ÁGUA, SEDIMENTO E VEGETAÇÃO

Além de água e material aluvial transportado, existe um terceiro fator na dinâmica fluvial: a vegetação. À diferença dos outros dois, que são assunto de estudo de ciências físicas, a presença da vegetação estende a dinâmica fluvial à esfera dos seres vivos. Uma grande diferença entre física e biologia, a propósito da dinâmica fluvial, é que existem rios de todos os tamanhos, desde muito pequenos a muito grandes, mas as espécies vegetais adultas têm um só tamanho médio, independentemente do rio. Por isso, a vegetação tem uma influência relativa muito díspar entre rios de determinado tamanho (pequena em rios grandes e grande em rios pequenos). Outra diferença importante entre física e biologia é o tempo; os ciclos vegetativos são influenciados pelas estações.

A influência da vegetação na morfodinâmica fluvial pode ser explicada, em sua maior parte, por conceitos de mecânica. Em primeiro lugar, as raízes da planta prendem ou travam o material aluvial do rio. Nessa função, atuam como o esqueleto ou estrutura das partículas soltas e dificultam sua movimentação. A segunda noção, referente às folhas, talos, caules e tudo o que a água molha, é hidrodinâmica. Se compararmos o movimento da água sobre uma superfície vazia e uma com plantas, em igualdade de condições, a água circula mais lentamente quando existem plantas: a vegetação freia o fluxo da água. Com isso, as partículas levadas em suspensão pela água podem sedimentar-se com mais facilidade entre a vegetação. Assim, é normal que a profundidade de um meio aluvial colonizado pela vegetação tenda a diminuir pela sedimentação de material transportado pelo rio, o que pode influir na forma, no tamanho e até nos movimentos dos leitos fluviais.

Ao circular entre a vegetação, a água aplica uma força chamada de arraste às plantas: empurra-as se forem cheias de galhos ou se estende por elas se forem flexíveis. Pelo princípio da ação e da reação (terceira lei de Newton), existe uma força igual e contrária das plantas sobre a água em movimento. Essa força, que chamamos de resistência ao fluxo, não é nada além daquela que freia o movimento. A primeira força pode chegar a arrancar as plantas, apesar da travação das raízes. Então, com elas, seguem também partes de solo ao seu redor, ou seja, repentinamente pode inverter-se um grande processo de travamento e sedimentação. A probabilidade de arranque é maior conforme a força aumenta, ou seja, é mais provável em enxurradas. A frequência com que ocorrem as enxurradas dos rios regula o crescimento da vegetação. Como em um jogo de tirar e pôr, cada cheia do rio arranca e leva a vegetação jovem que progrediu no meio aluvial desde a cheia anterior. Sua recuperação é, no entanto, muito rápida (a isso chama-se resiliência).

Como a vegetação é viva, não é de estranhar que outros fatores hídricos, assim como fatores físicos e químicos da água, influenciem sua presença e, desse modo, indiretamente, intervenham na dinâmica fluvial.

Um fator de química da água serve para entender essa influência indireta. Em princípio, a qualidade da água de um rio não tem relação com a dinâmica fluvial no sentido deste capítulo, mas as espécies de ribeira autóctones não toleram águas contaminadas e, por sua vez, as espécies oportunistas se veem favorecidas. A mudança de espécies implica mudanças mecânicas (profundidade e resistência das raízes, superfície de folhagem) que podem ter repercussão na dinâmica fluvial. Algo parecido pode ser dito a respeito da salinidade ou da temperatura da água.

Como fatores "hídricos", destaca-se o nível freático que determina a umidade na região de raízes, pois um nível anormalmente baixo causa o estresse hídrico e, finalmente, o murchar das plantas. Ocorreram casos em que um rio se alargou porque aproveitou a extração de água de poço: o que liga uma coisa a outra é a perda de vegetação por estresse hídrico. Também ocorre incompatibilidade com níveis freáticos anormalmente altos. Para compreender esses feitos, vale a pena recordar o uso da água na agricultura de irrigação, em que é preciso evitar por igual a dessecação e o encharcamento do solo.

OS ERROS DA CANALIZAÇÃO

A forma com que o homem tem tratado os rios tem sido muito soberba, em alguns momentos. A palavra canalização sintetiza bem a ação de transformar um rio em um canal, prismático e como uma parte normalmente mais estreita e mais funda do que o normal em um rio. Mas a canalização tem causado outros dois erros muito sérios.

Um canal cruza o território com uma interação escassa com o meio. A água que ele transporta não tem relação com o nível freático se o canal é revestido, a não ser incidentalmente por infiltração. Nos canais, o homem luta contra as infiltrações e a vegetação porque elas prejudicam a função de transporte de água. Se a água infiltra, o canal fracassa totalmente. O canal também não pretende captar água do terreno para nutrir sua vazão. Para um canal, o meio é apenas um meio geotécnico, do qual é exigido que não haja desmoronamento das suas paredes laterais e do fundo.

A comunicação entre a água do aquífero e aquela que corre pelo rio é uma relação fundamental do meio fluvial. Essa comunicação nos dois sentidos serve de recarga de aquíferos durante as cheias do rio e, ao contrário, de manutenção do fluxo do rio durante sua estiagem, graças à contribuição do aquífero. Além dessa função hidrológica, existem outros aspectos importantes à vida do rio moldados por essa comunicação: a temperatura e a química da água, as substâncias soltas, a matéria fina em suspensão, a matéria orgânica, os microrganismos. Essa comunicação entre a água do leito de um rio e de um aquífero tem essencialmente uma direção transversal à seção do rio.

O ecossistema fluvial, complexo e singular, tem vegetação aquática, outra ocasionalmente submersa e vegetação de margem, com um estrato arbóreo mais ou menos próximas do leito segundo sua necessidade de água, um estrato de vegetação nas clareiras e um estrato herbáceo. O bosque de margem controla com sua sombra e com detritos vegetais a energia que chega ao sistema aquático. Como filtro, capta nutrientes das águas subterrâneas, com o que limpa a água do rio. Já comentou-se anteriormente sobre as propriedades mecânicas da vegetação em relação à erosão e ao aumento da sedimentação. O bosque cresce na planície do rio, um espaço que, de modo natural, se enche com certa frequência recebendo água, sedimentos e nutrientes. Essas águas de pouca profundidade, oxigenadas e onde penetra a luz, são biologicamente muito produtivas. Esses transbordamentos que ocupam a planície são como impulsos anuais à vida de todo o rio, que compreende o leito e também a superfície.

Portanto, impor uma geometria prismática a um rio é um erro. Outro erro lamentável é impermeabilizar o leito, já que se interrompe um fluxo fundamental do sistema. Além disso, nos rios intermitentes, geralmente muito largos e permeáveis, a infiltração reduz as vazões máximas à medida que parte da água se infiltra, de modo que a impermeabilização é também contraproducente no que diz respeito às inundações. O outro erro da canalização é a eliminação da vegetação autóctone em um rio, buscando a todo custo o aumento da capacidade hidráulica.

MORFOLOGIA FLUVIAL

Na natureza, é muito raro encontrar leitos retos, mas existem duas formas de planta fluvial típicas. A primeira é o leito trançado: é um leito composto por vários braços menores entrelaçados ou trançados, que deixam ilhas submergíveis ao se unirem e se separarem (Figura 3.5), pelo qual são rios muito largos. Isso ocorre, por exemplo, em rios de montanha de declividade alta e solo grosso. Nas áreas de base de montanha, onde os rios deixam seus cursos de montanha perdendo declividade e depositando sua carga sólida, às vezes criando um leque aluvial, é comum encontrar rios trançados. De modo geral, uma corrente muito carregada de sedimentos costuma formar um leito trançado.

Figura 3.5 - Rio trançado (Cabezón de la Sal - Cantabria, Espanha).

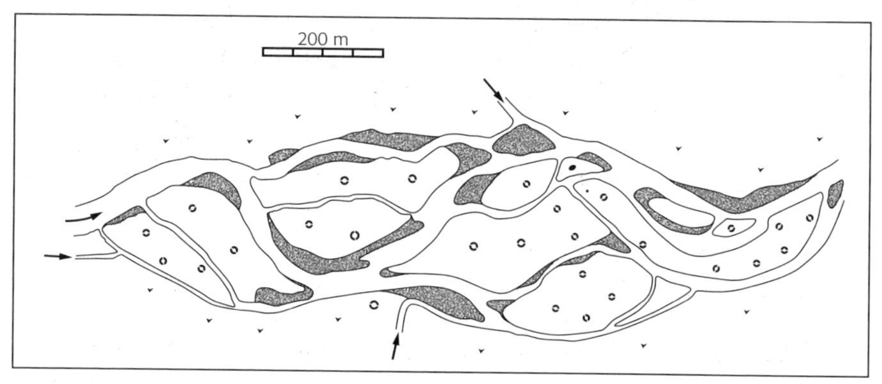

Os leitos trançados são instáveis, ou seja, as cheias podem mudar muito a configuração de braços e ilhas. Onde havia uma ilha, logo haverá um braço e vice-versa. Um braço pode se mover, aumentar de tamanho ou minguar à causa de uma enxurrada. Em períodos de menos vazão, a água corre apenas por um braço, diferentemente de épocas de maior vazão, de modo que o rio parece divagante. A vegetação das ilhas pode parecer, à primeira vista, consolidada, porque as espécies de ribeira alcançam alturas elevadas em poucos anos, mas a realidade é que as cheias podem deixar tudo raso. O resto do espaço de lado a lado dos limites do leito são as planícies de inundação do rio.

A segunda forma típica é a de um leito único de curso sinuoso, ou seja, com curvas ou meandros (Figura 3.6). A ondulação na planta vem acompanhada de uma assimetria nas seções transversais, já que o fundo é maior perto da margem côncava ou exterior por onde passa o talvegue, e menor perto da margem convexa ou interior, onde aparecem praias fluviais nos períodos de menor vazão. Essas praias de leve declividade são depósitos de areia ou cascalho chamadas barras ou bancos. As curvas ocorrem à esquerda e à direita, passando por alguns pontos de inflexão, os únicos onde o eixo do rio é reto, onde a seção pode ser mais simétrica e menos profunda. O resto do espaço são, de novo, as planícies de inundação.

Figura 3.6 – Rio meandriforme: planta, seções transversais vistas no sentido da corrente (esquerda) e a evolução idealizada do eixo (direita).

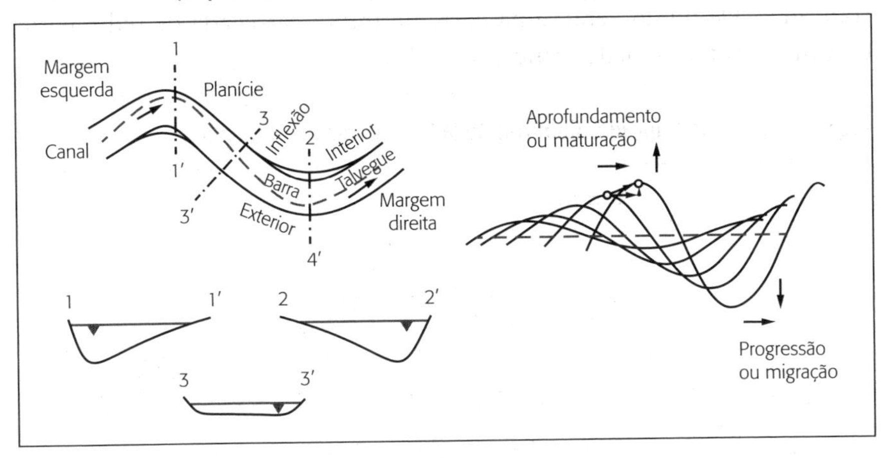

Sabemos que os leitos meandriformes se movem e que às vezes esse movimento deixa meandros abandonados, que se distinguem bem. Esse movimento é uma evolução cujo ritmo depende, acima de tudo, da resistência à erosão dos materiais das margens. Todos os meandros são potencialmente móveis, mas os que se movem apenas ao fim de eras geológicas são, na prática, estáveis (imóveis) para a dinâmica fluvial. Por sua vez, se os materiais forem propensos à erosão, um meandro pode deslocar-se por grandes distâncias em pouco tempo. Esse movimento não é imprevisível como nos rios trançados, mas também não é perfeitamente previsível. Por isso, há dúvida em associar, nesse caso, movimento com instabilidade.

Podem ser distinguidos no movimento dois componentes: o que leva a direção de jusante do vale fluvial (progressão ou migração) e o que leva à direção perpendicular à anterior (aprofundamento através da planície ou amadurecimento, seguindo uma analogia com as idades do homem, falando-se, assim, de meandros jovens, pouco sinuosos, e maduros, muito sinuosos). Esses dois componentes convidam a conceber o movimento por meio de vetores de posição entre pontos homólogos do eixo do leito (Figura 3.6). Não obstante, também ocorrem movimentos para cima (regressão) e todos os tipos de irregularidades e deformações, em decorrência da heterogeneidade das resistências das margens e de outros fatores (Figura 3.7). O movimento dos meandros em uma superfície permite definir uma franja que abrange todos os leitos anteriores do rio, uma envolvente chamada cinturão de meandros. É um ponto de partida dos conceitos de corredor fluvial e território fluvial para os rios que apresentam uma dinâmica fluvial.

Figura 3.7 – Mudanças do rio Tumbes, em Tumbes (Peru), após seis meses de cheia do El Niño de 1998. O vão da ponte, parte obrigatória do leito, deforma o curso existente desde 1984.

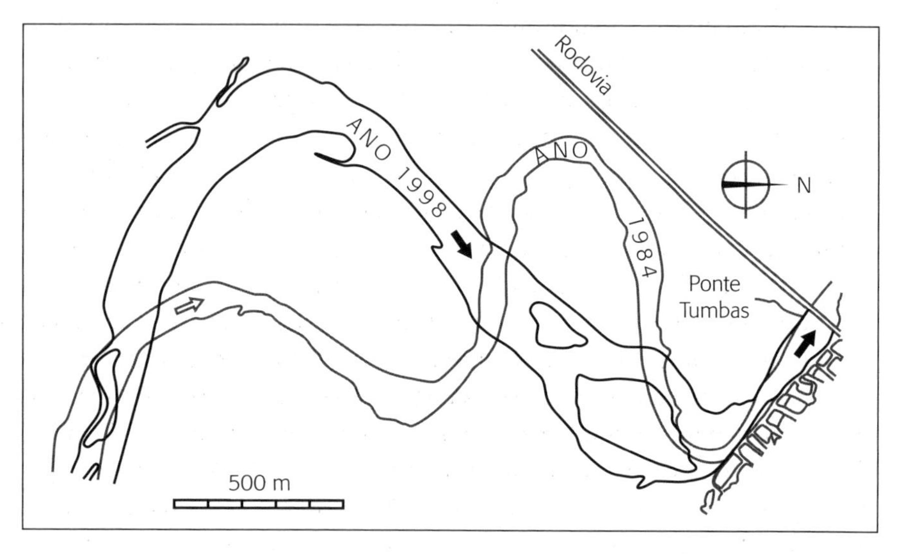

Existem rios de leito múltiplo (trançados) que recebem o nome específico de rios anastomosados (do termo anastomose, que usa a anatomia para a interconexão de vasos ou nervos). Diferentes das ilhas móveis que separam os braços de um rio trançado, entre os braços de um rio anastomosado se estendem porções de planície de inundação, de modo que cada braço vem a ser um rio com características próprias de sinuosidade ou até de trancamento. São típicos de regiões de pouca declividade e planícies aluviais próximas à desembocadura.

GEOMETRIA HIDRÁULICA E TEORIA DO REGIME

A quantificação das formas fluviais (quase unicamente as meandriformes) com base na medição das dimensões dos leitos forma um conjunto de conhecimentos empíricos de geometria hidráulica. As fórmulas matemáticas empíricas ou semiempíricas elaboradas com esses dados são conhecidas como teoria do regime. Teoria não é a palavra mais adequada para alguns conhecimentos empíricos e regime vale como sinônimo de equilíbrio (ou como citado anteriormente, acomodação).

Entre os critérios descritivos das formas fluviais, é interessante um que diferencia os leitos trançados dos meandriformes. É o mais simples dos critérios, o qual afirma que se o produto $I \times Q^{0,44}$, em que I é a declividade e Q é a vazão do rio, é maior que 0,012, o leito é trançado e, caso contrário, é meandriforme. Uma fronteira assim nítida não é real porque de fato muitos rios são, em algumas partes, trançados e em parte, meândricos. Uma característica ou outra (trançada e meândrica) pode ser vista como dois ingredientes presentes em proporções distintas em um rio real (Figura 3.8). De todo modo, o critério anterior continua sendo útil em uma realidade complexa. A vazão do rio Q é uma simplificação, a ser vista mais adiante.

Apesar da dispersão dos dados, há algumas relações aceitas nos rios de meandros. O comprimento de onda λ da forma é de 7 a 11 vezes a largura do rio B (o mais comum é $\lambda = 10$ B, mas em geral, $\lambda \alpha$ B, que significa proporção). A amplitude da forma a é cerca de três vezes a largura ($a \alpha$ B), mas essa proporção tem menos fundamento porque muda com a maturação do meandro, enquanto o comprimento da onda não (Figura 3.6). Por sua vez, a largura B é proporcional à raiz quadrada da vazão (B α $Q^{0,5}$). Um rio quatro vezes mais caudaloso que o outro terá uma largura de aproximadamente o dobro.

Há outras duas grandezas que devem ser relacionadas à vazão do rio: a profundidade (y) e a velocidade (V), mas, para isso, não há necessidade de recorrer ao empirismo, mas, sim, a duas noções de hidráulica: o princípio de continuidade ou conservação da massa de água que, salvo fatores de forma da seção, é possível escrever $Q = V \times y \times B$; e a hipótese de regime uniforme, que estabelece a existência de uma função $V = f(y)$ unívoca entre a velocidade e a profundidade. Ainda que o fluxo uniforme seja, a rigor, impossível em rios, porque não são prismáticos, a hipótese é boa e não muito errada, de modo geral. A expressão mais utilizada do regime uniforme, chamada fórmula de *Manning*, conduz à proporção $V \alpha y^{2/3}$. Da combinação das expressões são deduzidas as proporções $y \alpha Q^{0,3}$, $v \alpha Q^{0,2}$, parecidas com a anterior B α $Q^{0,5}$. Em consequência, em um rio grande e caudaloso, tudo é maior: a largura, a profundidade e a velocidade, mas, precisamente, essas grandezas aumentam mais ou menos segundo a ordem em que estão nomeadas, porque seus expoentes são 0,5, 0,3 e 0,2 respectivamente. Assim, quanto maior for um rio, maior será o quociente largura/profundidade, que é B/$y \alpha Q^{0,2}$.

Figura 3.8 – Rio cuja planta é uma combinação de leito trançado e sinuoso.

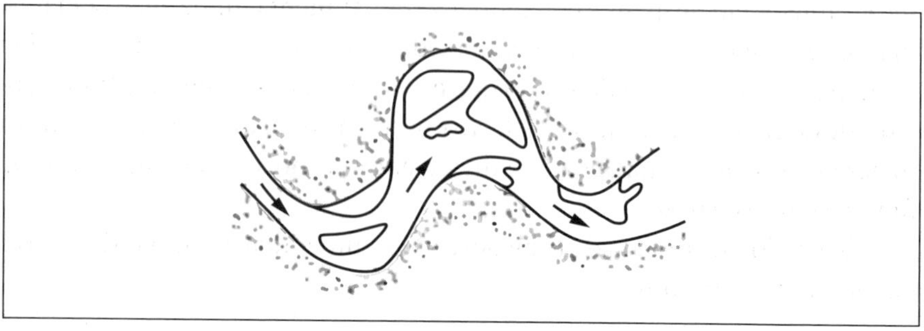

Isso prova que a vazão *Q* determina a largura B por um lado (e a profundidade) e, por outro, o comprimento de onda (e a amplitude), de tal modo que existe uma semelhança geométrica entre os cursos dos rios de meandros, independentemente de seu tamanho. Todos, grandes e pequenos, acabam sendo representados pela mesma figura em planta se as escalas dos desenhos forem bem escolhidas. Por sua vez, as seções transversais não têm semelhança geométrica entre rios grandes e pequenos. Apenas com um exagero (distorção) da escala vertical um rio grande poderia ser representado com a mesma figura de um pequeno. Isso tem importância na técnica dos modelos reduzidos (experimentos de laboratório em tamanho reduzido).

O fator esquecido na explicação anterior (que a teoria do regime leva em conta) é o tamanho do grão do material aluvial e o transporte de sedimento. O que se sabe é que, com material mais grosso ou transporte de maior quantidade, a relação B/y é maior, ou seja, o leito tende a ser mais largo para uma mesma profundidade, e também a sinuosidade tende a diminuir, ou seja, o leito tende a se tornar mais reto. Mantendo essa lógica, se for aumentado cada vez mais o tamanho ou o transporte de sedimentos, a seção poderia se tornar tão larga e de pouca profundidade, e o curso tão pouco curvo, que o leito estaria prestes a se trançar.

TIPOS DE TRANSPORTE SÓLIDO

O transporte de sedimento por um rio pode ser classificado segundo dois critérios: o modo de transporte e a origem do material (Figura 3.9). De acordo com o primeiro, o sedimento pode ser transportado em suspensão, mantido pela turbulência do fluxo, ou também pelo fundo, rodando ou, sobretudo, saltando. Uma partícula do fundo inicialmente em repouso pode ser transportada aos saltos quando a vazão do rio aumenta, mas logo pode ser levantada em suspensão quando a vazão aumenta ainda mais. Quanto mais intensa seja a ação da água (a velocidade média e a turbulência), maior é o tamanho do material do fundo que é colocado em suspensão e transportado desse modo. Essa ideia nos leva a observar que, quando a origem do material é o leito, o transporte se divide entre os dois modos possíveis: de fundo e em suspensão.

O estudo dos modos de transporte de sedimento é o reino indiscutível da mecânica de fluidos.

Figura 3.9 – Classificação do transporte de sedimento.

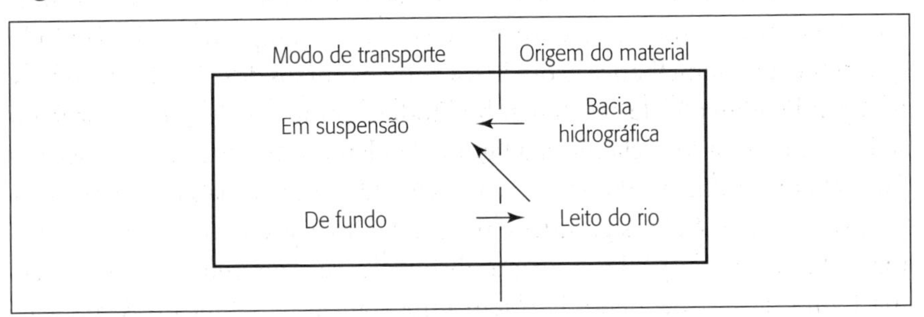

A outra origem possível do material é a bacia hidrográfica do rio. Para diferenciar esta da origem no leito, é preciso considerar o tempo. É claro que, a longo prazo, a única origem é a bacia hidrográfica. Mas o tempo de interesse na dinâmica fluvial é o de um acontecimento, não o tempo geológico. Um acontecimento pode ser uma longa temporada em rios grandes ou estacionais (por exemplo, as monções na Ásia ou meses de um fenômeno como o *El Niño*, na América), até algumas horas em rios pequenos (como uma tempestade de verão no Mediterrâneo). Durante um acontecimento, o material do leito percorre certa distância, limitada: materiais de grande dimensão por alguns metros, apenas, e cascalhos por alguns quilômetros. Mas, ao mesmo tempo, a corrente leva material muito fino com uma origem remota e extensa (qualquer lugar da bacia), que foi arrancado do solo e conduzido pelo leito como a água da correnteza. São partículas muito finas, sempre transportadas em suspensão e que possuem a mesma velocidade da água. Por isso, têm tempo de contribuir com o transporte total de sólidos do rio enquanto dura o acontecimento. A origem no leito não é extensa, mas concentrada, e não é distante, mas, sim, próxima, mais próxima conforme aumenta o tamanho da partícula. As partículas afastadas ou grandes não têm tempo de contribuir para o transporte total no decorrer do acontecimento.

O transporte com origem na bacia se chama carga de lavagem. O modo de transporte em suspensão junto a esta carga é chamado de lavagem de material com origem no leito. Para diferenciá-las, decidiu-se usar como critério o tamanho 0,062 mm, tendo origem na bacia as partículas menores (argila e limo) e origem no leito as maiores (de areia em diante). O estudo da carga de lavagem é o reino da geografia física, a geomorfologia, a edafologia e a agronomia. De fato, a perda de solo de uma bacia (e, a partir daí, os estudos de desertificação) pode ser quantificada mediante a carga de lavagem do rio.

O transporte sólido total é a soma dos dois modos e, ao mesmo tempo, a soma das duas origens. A carga de lavagem pode representar uma parte maior do total, principalmente em rios grandes. O rio serve apenas de corredor ou vetor: essa carga transita pelo leito sem modificá-lo, encaminhada ao mesmo destino que a água. O destino pode ser chegar ao mar e formar um delta, chegar a um açude e assorea-lo. Outro destino é depositar-se nas planícies de inundação quando o rio transborda de seu leito principal: limos e argilas são abundantes nas planícies (e, por sua vez, ausentes dos leitos). Esses limos e argilas fazem crescer verticalmente as planícies e dão coesão a seu material aluvial. Pelo contrário, o transporte com origem no leito, ainda que por vezes seja minoritário, é aquele que tem repercussão morfológica sobre o próprio leito, aquele que causa as mudanças.

MEDIDA E CÁLCULO DO TRANSPORTE

Não existe esperança sensata de se averiguar o transporte em suspensão de um rio por meio de fórmulas, porque os fatores que influenciam a carga em suspensão originada na bacia são inúmeros e distribuídos geograficamente. Para conhecê-lo, é imprescindível realizar medições de campo. O que se mede é a concentração de sedimento em suspensão, por exemplo, em mg/L, pegando amostras de água turva com garrafas (Figura 3.10). É medida em várias profundidades porque a concentração é maior quando mais perto do fundo. O transporte de sedimento em suspensão é avaliado como uma carga de sólidos, que é o produto da velocidade da água e a concentração de sedimento através de uma seção transversal do rio. O sentido desse produto velocidade *versus* concentração pode ser entendido por meio de seus dois casos extremos: se o rio levasse água cristalina (concentração nula), sua carga de sólidos seria zero, mas também seria zero se estivesse parada (velocidade nula), ainda que tivesse muito sedimento em suspensão.

Figura 3.10 – Medida de concentração de sedimento em suspensão com garrafa (esquerda) e de transporte de fundo com rede (direita).

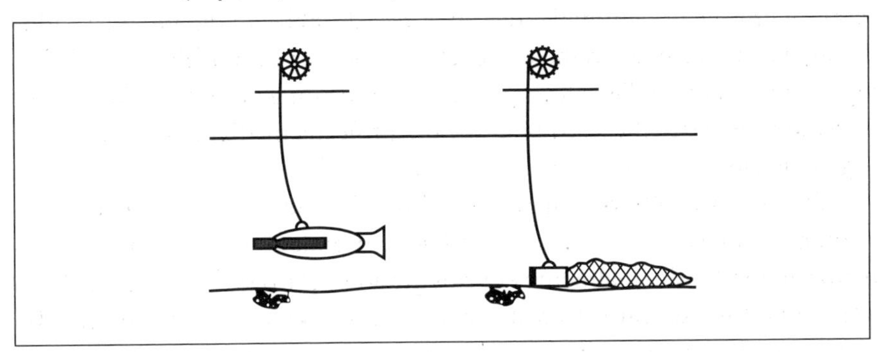

Sobre o transporte de fundo e com origem no leito, haveria a esperança de averiguá-lo por meio de fórmulas, já que se trata de um problema de mecânica de fluidos e sólidos. No entanto, não foi possível descrever ainda uma verdadeira equação dinâmica (baseada em força = massa × aceleração) para esse transporte. A razão está na combinação da turbulência do fluxo e a interação (por exemplo, o choque) da quantidade de partículas. Essa mecânica é muito complexa. Por isso, a única coisa que tem surgido são fórmulas empíricas, semiempíricas ou, no máximo, com base em teorias distintas. Com os mesmos dados, algumas têm diferenças de uma ou mais ordens de grandeza. Isso justifica que chamemos a dinâmica fluvial de ciência imperfeita. Assim, também no transporte de fundo, as medidas são importantes: para substituir as fórmulas, confirmá-las, descartá-las, alterá-las ou corrigi-las. O que se mede é o peso das partículas presas em uma rede colocada no fundo, com um material adequado ao tamanho do grão em movimento (a imagem de uma peneira poupa mais explicações – Figura 3.11).

A capacidade de transporte em suspensão parece não ter limite ou ser quase ilimitada, dentro de uma ordem. Isso quer dizer que o rio transporta qualquer concentração de sedimento fino em suspensão, de acordo com a atividade das fontes de material fino na bacia (carga de lavagem). A essa propriedade encontrou-se o limite dos fluxos chamados hiperconcentrados, que podemos imaginar como chocolates que descem pelos rios e são propícios à sedimentação, deixando parte de sua carga. Quando a concentração é muito elevada, altera-se o transporte de fundo. Enquanto isso, a capacidade de transporte tem um limite: o rio só consegue transportar o que dita sua capacidade, como ilustrado na analogia da esteira transportadora. Ao mesmo tempo, a esteira faz lembrar que o transporte real pode ser menor que a capacidade determinada com fórmulas se não houver sedimento suficiente disponível. Por isso, as fórmulas podem dar resultados muito equivocados por falta de sedimento.

Muitas fórmulas de capacidade de transporte de fundo utilizam a tensão tangencial τ (de cisalhamento) como grandeza para expressar a ação da água sobre o fundo. Essa tensão é igual, por unidade de superfície, ao componente de peso da água sobre a declividade do leito e se equilibra perfeitamente, de modo uniforme, com a força de fricção da água ao longo do leito. Então, $\tau \approx \gamma \times y \times I$, onde γ é o peso específico da água, y a profundidade e I a declividade do fundo. A carga de sólido de fundo (q_s, por unidade de largura) costuma ser uma função monótona crescente $q_s = f(\tau - \tau_c)$, na qual τ_c é um valor da tensão sob o qual o fundo não se move (chama-se tensão crítica, de soleira ou de início do movimento). A função f costuma ser potencial de expoente maior que um, por exemplo, entre 1,5 e 3.

VAZÃO DOMINANTE

A vazão de um rio Q utilizado em geometria hidráulica não é a vazão média. Deve ser aquela que se acomoda ou que se equilibra com as formas fluviais do rio (sinuosidade na planta, largura, profundidade), aquela que as modela, molda-as, esculpe-as. As formas são fruto das vazões circulantes, sempre variáveis, mas o que se defende é que apenas uma, chamada vazão dominante, substitua-os a efeitos de morfologia. O dominante é, portanto, o equivalente no sentido morfodinâmico. Esse conceito, muito difuso e debatido, pode se materializar de várias maneiras. O que se explica a seguir se baseia na hidrodinâmica e, principalmente, no transporte de fundo, porque é o agente de mudanças fluviais.

Uma vazão (Q) ocupa um leito fluvial com um fundo, tirante ou profundidade (y). Essa relação é única em regime uniforme, ou seja, há uma função $Q = f(y)$ simples e monótona crescente, como antes a função $V = f(y)$. Com a profundidade y, calcula-se a área de fluxo A, a largura da superfície livre B, o perímetro molhado P e, a partir daí, o raio hidráulico $Rh = A/P$, a velocidade média $V = Q/A$, a tensão $\tau = \gamma \times Rh \times I$ e o parâmetro sem dimensões chamado número de Froude $Fr = V/\sqrt{(gA/B)}$, em que g é a aceleração da gravidade. Como os rios são amplos, $P \approx B$ e, portanto, $Rh \approx y$, propriedade já utilizada na expressão aproximada de τ. O regime se chama lento, fluvial ou subcrítico se $Fr < 1$; e rápido, torrencial ou supercrítico se $Fr > 1$. O primeiro é mais frequente em rios. Apesar do uso comum da palavra laminar, o fluxo em rios nunca é laminar, mas, sim, turbulento. Não importa que o fluxo de um rio seja visivelmente muito agitado para que seja turbulento.

Trata-se agora de ver como muda o transporte de profundidade (q_s) em um rio em função da vazão. Como $Q(y)$ é uma função monótona crescente e a tensão τ é proporcional à profundidade y, acontece que τ é função crescente da vazão (Figura 3.11). Essa função tem, no entanto, uma mudança forte de nível quando o rio transborda. Ao transbordar, é preciso que a vazão aumente muito para que a profundidade e a tensão aumentem apenas um pouco, já que, repentinamente, a largura B sofre um aumento brusco. Como $q_s = f(\tau - \tau_c)$ é monótona crescente, o mesmo pode ser dito da carga de sólido, com duas diferenças importantes. A primeira é que o transporte de sólido será nulo para vazões pequenas, quando $\tau < \tau_c$. Em rios de areia, isso só acontece com vazões muito pequenas porque é muito fácil para eles que a água leve a areia (a tensão crítica ou de início do movimento é proporcional ao tamanho do grão: $\tau_c \sim D$), mas em rios de cascalho, pode circular uma vazão importante e ainda não mover o fundo.

Figura 3.11 – Efeito da incisão sobre as tensões no fundo.

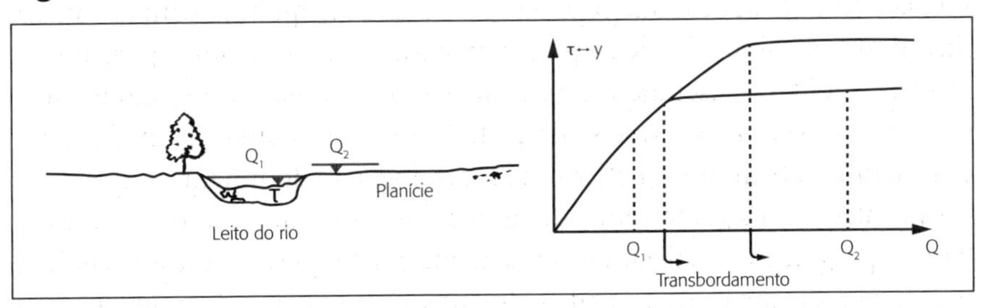

Q = vazão; τ = tensão tangencial.

A segunda é que o transporte de profundidade, o agente das mudanças, que ocorre no leito (não nas planícies onde há transporte em suspensão) se acentua ou aumenta em relação à tensão, já que a função $q_s - (\tau - \tau_c)$ tem um expoente > 1. Em resumo, é preciso aumentar muito a vazão do rio transbordado para remexer apenas um pouco com o agente das mudanças.

O que resta para concretizar a vazão dominante é fazer com que a duração e a frequência intervenham. Não basta transporte do sólido elevado; ele deve atuar por tempo suficiente para que possa trabalhar, moldar o leito. Com o fluxo de sólido e o tempo de atuação é possível pensar, agora, da seguinte maneira. As grandes vazões, sem dúvida, aplicam ao fundo uma tensão maior e mobilizam um transporte sólido maior, ainda que apenas um pouco maiores que a vazão que enche o leito, uma característica única nele que muda fortemente o nível da curva $\tau \times Q$. Mas, ainda mais importante é que as grandes enxurradas se apresentam com frequência muito baixa (por exemplo, a probabilidade de 1/100 em um ano se o período de retorno é de 100 anos) diante da frequência alta da vazão que enche o leito (que ocorre todos os anos, talvez com permanência de um ou dois dias inteiros). Em resumo, as enxurradas são raras e apenas carregam um pouco mais o agente das mudanças que a vazão que enche o leito. No outro extremo, as vazões menores do que aquela que enche o leito, ainda que durem mais a cada ano, não lhe conferem uma tensão tão grande e, acima de tudo, não mobilizam um transporte sólido tão elevado, levando em conta o expoente > 1. Portanto, pela combinação da duração e da magnitude do agente (q_s), essas vazões são menos determinantes que a vazão que enche o leito.

Essa relação hídrica e morfodinâmica leva, por fim, a associar a vazão dominante à vazão que enche o leito (ou de leito cheio). Avaliando a vazão que enche um leito não alterado, tem-se uma boa ideia da vazão dominante, ou seja, do equivalente para efeitos morfodinâmicos. Essa conclusão não é totalmente satisfatória porque cria um círculo vicioso: buscava-se a vazão dominante para saber que sinuosidade, largura, profundidade pode-se esperar segundo a teoria do regime, mais exatamente a largura, profundidade etc. que terão de ser usadas para determinar a vazão de leito cheio, identificado com o dominante. No entanto, não existe círculo vicioso quando se usa informação do passado (rio original) para um rio presente (alterado), ou informação de um trecho de montante (não alterado) para um trecho de jusante (alterado) ou informação de um rio próximo semelhante. Tudo isso é útil na restauração fluvial.

A ANALOGIA DA BALANÇA

Além da planta e das seções de um rio, o perfil de fundo e a declividade (entendida em grandes distâncias) são traços dinâmicos de sua morfologia.

Um rio está em equilíbrio se seu perfil longitudinal não sofre variação com o passar do tempo, ainda que o fundo não esteja em repouso, mas, sim, com transporte de sólidos. Está em desequilíbrio, por outro lado, se com o passar do tempo sobe (usa-se o termo acréscimo) ou abaixa (incisão) ou se, ao mesmo tempo, muda de declividade.

O engenheiro norte-americano E. W. Lane propôs, em 1955, a analogia da balança para compreendermos o equilíbrio fluvial (Figura 3.12). Uma analogia é a comparação entre dois sistemas físicos diferentes cujo comportamento tem semelhanças. Assim, um rio é como uma balança na qual as variáveis que intervêm no equilíbrio podem ser quatro: no lado direito, a vazão de água (q, unitário, usando a vazão dominante), cujo efeito depende da declividade; no esquerdo, o fluxo de sólido (q_s, de profundidade e unitário) nivelado de acordo com o tamanho do grão aluvial (braço). O deslocamento do fiel da balança pelas mudanças dessas variáveis indica sobre o limbo uma erosão ou deposição, dependendo do sentido.

Figura 3.12 - Analogia da balança de Lane.

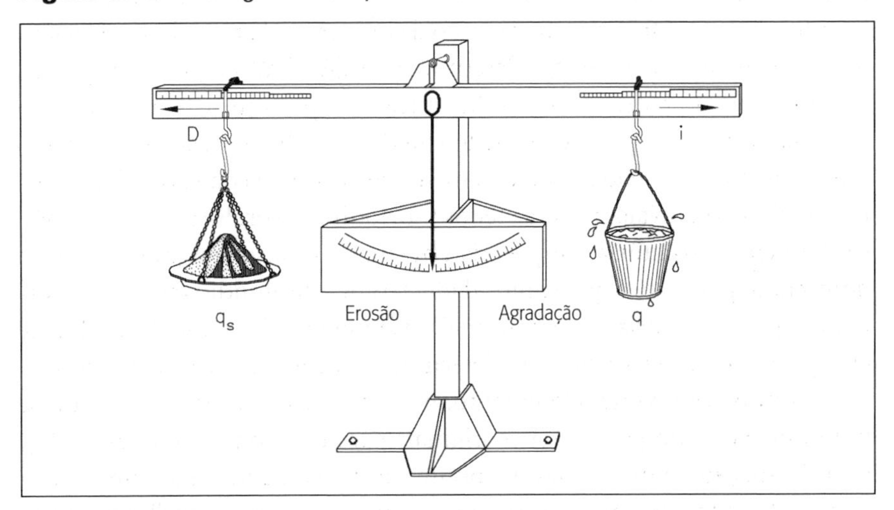

D = tamanho dos sólidos; q_s = fluxo de sólido; i = declividade; q = vazão.

A analogia pode ser retirada na relação $q_s \times D \alpha q \times I$, em que o termo direito é a potência fluvial (por unidade de peso, comprimento e largura), assim como, explicitando a declividade, na forma $I \sim D \times (q_s/q)$, que apresenta a noção de declividade de equilíbrio, ou seja, aquela em que se equilibram a vazão da água e o fluxo de sólidos. Por exemplo, muitos sólidos e pouca água se equilibram em uma grande declividade e vice-versa; as mesmas vazões em material aluvial mais fino se equilibram em uma declividade menor. Por outro lado, se for mantido um ponto fixo do fundo como condição de contorno, a incisão determinará uma perda de declividade e o deposição, um ganho (Figura 3.13). Assim, podemos ver a declividade na analogia da balança como a variável que consegue restabelecer um equilíbrio perdido; às vezes, como a declividade a qual tende um rio a longo prazo após sofrer um desequilíbrio causado por uma ação humana. Outra observação: o quociente *I*/D é a sensibilidade fluvial. Um rio de declividade forte e com sólidos pequenos é muito sensível, no sentido de que os efeitos do desequilíbrio são fortes (é potencialmente mais instável) e, da mesma forma, um rio de declividade suave e sólidos grandes é menos sensível.

Figura 3.13 – Mudanças de declividade em relação a um ponto fixo, condição de contorno de descida de um rio aluvial.

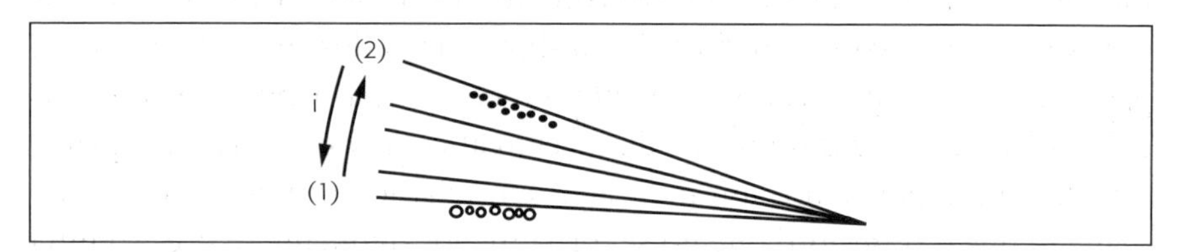

i = declividade.

Usando uma fórmula de regime uniforme e uma de transporte de fundo, as que melhor representam o fluxo e o transporte sólido de fundo de um rio, é possível obter uma versão quantitativa da analogia, na qual cada variável exibe um expoente que expressa sua influência no equilíbrio. Nessa expressão, convém substituir as vazões unitárias pelas totais, dividindo as totais pela largura B. Em rios com todos os graus de liberdade (ou seja, rios não canalizados), é possível acrescentar a relação B ~ $Q^{0,5}$ (teoria do regime). Assim, por exemplo, com a fórmula de Manning e uma função f em $q_s = f(\tau - \tau_c)$ potencial de exponente 3, com resultado: $Q_s \times D^{1,5} \alpha\, Q^{1,4} \times I^{2,1}$ para $\tau >> \tau_c$, ou também: $q_s \times D^{1,5} \alpha\, q^{1,8} \times I^{2,1}$ usando vazões unitários. Com boas medidas de fluxo e transporte de fundo, os expoentes podem ser específicos de um rio. O coeficiente da proporcionalidade também pode ser deduzido das mesmas fórmulas, de modo que finalmente essas expressões sejam fórmulas de transporte de sólido (e, por sua vez, de declividade de equilíbrio). A analogia da balança, assim, não apresenta novos princípios que não estiveram nas fórmulas de transporte de sólido, mas se distingue como síntese clara e útil do equilíbrio fluvial.

A INCISÃO OU EROSÃO EVOLUTIVA

A incisão é o desequilíbrio consistente na descida de rebaixamento do fundo do rio, com o passar do tempo, que pode se prognosticar com a analogia da balança. Erosão é um termo polissêmico, pois, por um lado, ele se aplica aos solos e aos campos de cultivo da bacia (denudação) e, por outro lado, aos mecanismos hidráulicos (abrasão), além de ser aplicado aos leitos aluviais. Para os leitos, contamos com a incisão para denotar a erosão ao longo do tempo, chamada também de a longo prazo ou evolutiva, para destacar que avança lentamente, e socavação para a erosão por baixo de obras, que chamamos de erosão local. Por outro lado, chamamos de geral a erosão que não é local.

As consequências da incisão são graves para o meio fluvial. O rebaixamento do fundo a longo prazo traz consigo uma diminuição parecida dos níveis de água e, com isso, também, a diminuição dos níveis freáticos na planície. Como exposto anteriormente, a vegetação paga, pouco a pouco, as consequências dessa diminuição do nível freático. Por outro lado, as planícies de inundação se tornam mais altas em relação ao fundo do leito, de maneira que o transbordamento se torna menos frequente (é preciso uma vazão maior). Isso empobrece o ecossistema por falta de impulsos de inundação, até o ponto em que a grande incisão pode chegar a deixar desconectada a planície do leito, como se o rio perdesse seu espaço vital. Além dessa consequência ambiental, a incisão se mostra insidiosa quando se retroalimenta e se torna irreversível, em tempos de vida humana. Isso explica por que no leito inciso cabe uma vazão maior, com uma profundidade maior que aplica no fundo uma tensão maior (Figura 3.12), até então desconhecida (ou apenas conhecida em enxurradas infrequentes, enquanto agora essas tensões altas são frequentes). Esse aumento da ação traz como consequência mais incisão, ou seja, a incisão é uma consequência do desequilíbrio segundo a analogia de uma balança, mas, uma vez começada, é também uma causa de desequilíbrio, uma causa de si mesma.

As causas externas da incisão são várias: o estreitamento de um leito, a reunião de braços de um rio trançado, os diques ou barragens que limitam o alcance da inundação quando o rio transborda, o rebaixamento do fundo ou do nível de água de uma desembocadura, a redução do curso de um rio sinuoso (estrangulamento natural ou corte artificial de um meandro), a construção de uma represa que interrompe o transporte de fundo de um rio;

todas estas são causas de um desequilíbrio de incisão. Todas podem ser explicadas com a analogia da balança: a represa como uma perda de transporte de sólido q_s, a redução do curso e diminuição do nível da água na desembocadura como aumento da declividade I e as três primeiras causas como tipos diferentes de estreitamento, já que, ao reunir os braços, reduz-se a largura total do leito e, ao limitar o alcance da inundação, a água tem que passar por uma seção menor.

Outras duas causas merecem menção especial: a extração de material granular e a urbanização. Um rio não tem material granular, apenas material aluvial. Os materiais granulares são o componente inerte do cimento e das misturas asfálticas. A extração desse recurso tem sido uma atividade econômica básica do setor da construção. Calcula-se que a média mundial de gasto de materiais granulares é, pelo menos, de sete toneladas por pessoa ao ano. As jazidas de materiais granulares mais atraentes são os leitos fluviais. Além disso, são depósitos de fácil acesso e, às vezes, ficam próximos das regiões de consumo. Os depósitos aluviais de muitos rios têm sido, assim, esgotados.

A extração do material aluvial causa uma incisão do leito. Essa incisão chega, pouco a pouco, a regiões mais distantes da área de extração por um processo de difusão. Em física, a difusão é a transmissão da perturbação de uma propriedade no espaço (x) e no tempo (t), seguindo a lei $\partial/\partial t \sim \partial^2/\partial x^2$. Essa é a forma de uma equação diferencial de difusão, como a equação do calor. Assim como o calor aplicado por uma chama no centro de uma barra metálica se difunde esquentando-a por inteiro e progressivamente (a temperatura é a variável da equação), a mesma coisa acontece com a diminuição do fundo que se espalha pelo rio, amortecendo-se se interrompe a ação (a cota do fundo é a variável da equação). Então, é errado pensar que o efeito da extração se limita à área da operação. A mesma coisa acontece com qualquer outra perturbação.

A urbanização é uma causa indireta de incisão. Em regiões com grande população, constata-se que a incisão dos leitos é geral, como uma praga. A explicação é o aumento das vazões pela maior impermeabilidade das superfícies, ao mesmo tempo da perda de áreas que são fonte de sedimento para os leitos.

O INÍCIO DO MOVIMENTO

Um leito granular terá, em algum momento, uma partícula deslocada pela força da água à medida que aumenta a velocidade. Saber em que condições isso ocorre é o problema do início, ou condição crítica do movimento de fundo, problema de hidráulica fluvial com grande implicação prática sobre o início da erosão de um fundo. O conhecimento que se tem provém, principalmente, de experiências em laboratório com areias uniformes. Ainda que não haja um acordo completo, parece criar-se um consenso em torno de um resultado conhecido como ábaco de Shields. Nele, exclui-se a turbulência de grande intensidade que seria causada por circunstâncias especiais (quedas d'água, ressaltos etc.).

A ação da água sobre o fundo pode ser caracterizada pela tensão de cisalhamento ou arraste τ. A resistência da partícula a ser movida pode se relacionar com seu peso submerso, que é função de (γ-γ_s), peso específico submerso, e do tamanho D que caracteriza o volume. Com essas três variáveis, pode-se formar o parâmetro de Shields $\overline{\tau} = \tau / (\gamma_S - \gamma) \times D$ ou tensão de arraste adimensional, que compara como quociente a força causadora do movimento (ação de arraste proporcional à superfície enfrentada à corrente, ou seja, $\tau \times D^2$) com a força estabilizadora (peso, proporcional a $(\gamma_s\text{-}\gamma) \times D^3$). A ação da água sobre o fundo pode ser representada também por uma velocidade característica chamada velocidade de arraste V^*. Essa velocidade se define a partir da tensão τ como $\tau = \rho \times V^{*2}$. Também pode se definir a partir do perfil de velocidades e então, como primeira aproximação, pode ser usado $V/V^* = 8.0\ (y/D)^{1/6}$ onde V é a velocidade média e y é a profundidade. De todo modo, o mais interessante de V^* é que, como velocidade significativa para o fundo, é a mais indicada para constituir um número de Reynolds de arraste, definido como $Re^* = V^*D/\nu$, com ν viscosidade cinemática.

No ábaco de Shields (Figura 3.14) propõe-se uma curva de princípio do movimento em eixos $\tau / (\gamma_S - \gamma) D$ e Re*. Abaixo da curva, não há movimento. A tensão adimensional deve alcançar o valor da ordenada, para cada abscissa, para começar o movimento. O número de Reynolds de arraste reflete como quociente o valor relativo das forças de inércia e as viscosas ao redor de um grão, ou seja, o nível de turbulência. Em Re*, o movimento é mais turbulento ao redor da partícula e a curva de Shields tende a ser horizontal. Assim, quando Re* > 400 no chamado movimento turbulento rugoso ou desenvolvido, a tensão necessária para iniciar o movimento ou tensão crítica já não depende do número de Reynolds. Seu valor no ábaco é $\tau/(\gamma_S-\gamma)D=0{,}056$. É o caso mais frequente em rios (o movimento é turbulento desenvolvido), no qual esta última expressão tão simples pode substituir o ábaco. Nesse caso, $\tau_c \sim D$.

Figura 3.14 - Ábaco de Shields.

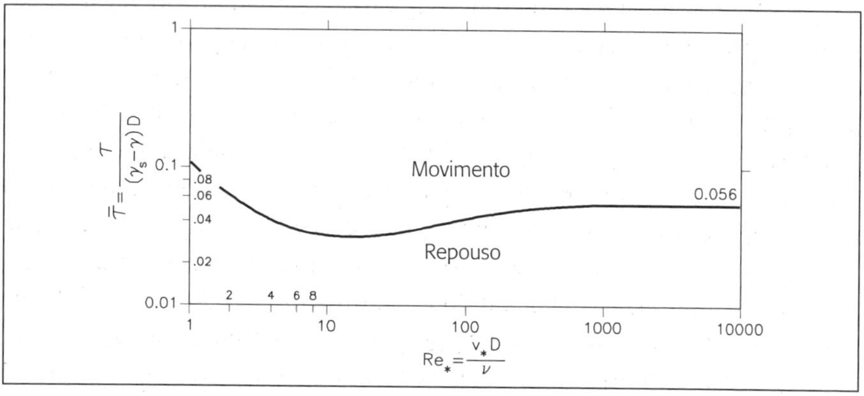

O CONTÍNUO NA DINÂMICA FLUVIAL

Existe uma distinção básica da física que é necessária na dinâmica fluvial: a que existe entre um fluxo e um volume. O transporte de sólido q_s é um fluxo, ou seja, uma quantidade que atravessa a seção transversal de um rio. Com duas seções transversais e uma superfície abaixo do leito (por exemplo, a base da rocha) fica determinado um volume de controle. Esse volume é de água por cima do contorno do leito e de material aluvial por baixo (Figura 3.16). Se o fluxo de sólido que entra pela seção de montante é igual ao que sai pela seção de jusante, o volume aluvial não pode mudar pelo princípio de conservação da massa, também chamado de continuidade. Se entrar mais do que sair, ocorrerá um volume excedente; se sair mais do que entrar, faltará volume de material aluvial.

A confusão entre fluxo e volume é, no entanto, frequente. Um exemplo é quando um valor de transporte sólido (medido ou calculado) se transforma em um volume de depósito aluvial em uma área. Ou quando estima-se um fluxo do sólido pelo volume do material aluvial, como se estivesse a ponto de ser movido em uma cheia, ideia ligada ao que seria o pior dos casos ou ficaria a favor da segurança. Além da arbitrariedade sobre a área no primeiro caso e sobre o tempo no segundo, esquece-se por completo a diferença entre fluxo e volume. Outro exemplo parecido é quando comparamos um volume de extração de material granular com o fluxo sólido do rio ($q_s \times$ tempo), para justificar que não é um grande volume, como se o transporte sólido estivesse programado para encher a escavação realizada: de novo, um fluxo se transforma em volume, ignorando que haja diferença entre o que entra e o que sai do volume de controle.

A vazão de água q e o de sólidos q_s varia ao longo do rio, ou seja, são funções $q(x)$ e $q_s(x)$ em que x é a distância. Isso é próprio dos fluxos como magnitudes contínuas. Essa característica nos leva a reconsiderar a dinâmica fluvial em termos diferenciais em lugar de quantidades finitas. A conservação da massa mostra, então, que $\partial q_s/\partial x = -\partial z/\partial t$, ou seja, a diferença entre fluxo de entrada e o de saída (derivada do fluxo de sólido na direção do leito x) é a variação de volume aluvial, que, expresso por unidade de área e em um comprimento dx, resulta no ritmo de subida ou descida do fundo (derivada temporal da cota de fundo z, Figura 3.15). Se o fluxo de sólido for constante com x, o fundo permanece quieto; se aumenta com x, o fundo baixa porque o transporte toma partículas do fundo aluvial; se diminui com x, o fundo aumenta porque deixa partículas no fundo. O uso de termos diferenciais permite a elaboração de modelos matemáticos baseados em equações diferenciais em derivadas parciais.

A analogia da esteira transportadora pode ser traduzida a um trecho de rio de comprimento diferencial da seguinte forma: a esteira é capaz de transportar tudo o que recebe ($\partial q_s/\partial x = 0$), deixa material restante no caminho porque não consegue levar tudo ($\partial q_s/\partial x < 0$) ou tira material do caminho porque consegue arrastar mais do que recebe ($\partial q_s/\partial x > 0$). Observe que, se o que a esteira recebe aumenta mais do que a esteira pode transportar, ocorre uma elevação; mas, ao contrário, se o que a esteira é capaz de levar aumenta mais do que a esteira recebe; ocorre uma erosão (incisão). Essa lógica nos mostra como adaptar a analogia da balança, criada para grandes trechos de rio, ao contínuo e, além disso, mostra uma ambiguidade dessa analogia que passou desapercebida. O fluxo de sólido q_s do braço esquerdo da balança deve ser entendido como a disponibilidade, não como a capacidade. Apenas desse modo um aumento de q_s indica deposição, ao passo que, se q_s significasse capacidade de transporte sólido, seu aumento deveria implicar incisão. Um exemplo de aumento de disponibilidade que causa o aumento de um rio é o desmatamento da bacia. Um exemplo de aumento de capacidade que causa, por sua vez, a incisão de um rio é o próprio começo da incisão. A disponibilidade também pode ser chamada de fornecimento, no sentido de vir de montante. Como regra mnemotécnica, disponibilidade/capacidade é como comida/fome.

Figura 3.15 - Fluxo e volume aluvial em um volume de controle.

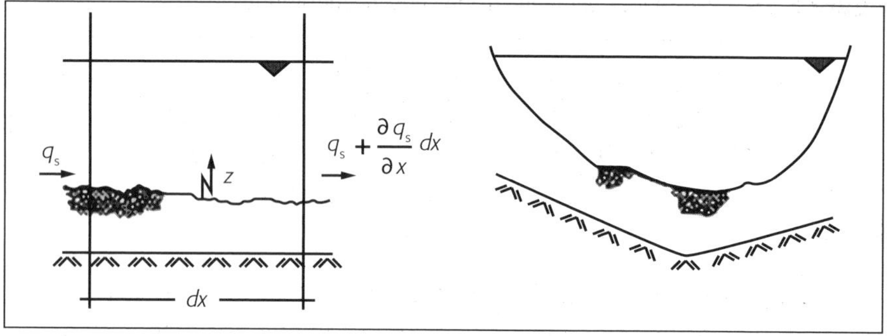

MORFOLOGIA DOS RIOS MEANDRIFORMES

Para entender um pouco mais a morfodinâmica dos rios de meandros é preciso utilizar noções de geometria diferencial. O eixo é a linha formada pelos pontos médios de segmento traçados perpendicularmente às margens. Como linha no plano cartesiano, pode-se escrever sua equação Y(x), cuja segunda derivada Y''(x) vem a ser aproximadamente a curvatura *c*. O inverso da curvatura é o raio da curvatura *r*, cuja tradução gráfica é o raio do círculo tangente ao eixo em cada ponto (Figura 3.16). Esse círculo é muito pequeno nas partes mais curvas (coloquialmente, mais fechadas) e, ao contrário, aumenta, levando o raio ao infinito, nos pontos de inflexão.

Duas curvas sucessivas de sentido variado formam a unidade mínima meandriforme (Figura 3.16). Pelo eixo, estabelece-se uma coordenada de arco *s*, diferente da coordenada cartesiana x, mas vinculadas com números reais por uma aplicação bijetora. Pode-se dizer que essa unidade morfológica se repete periodicamente. Assim, ao fim de um comprimento de onda λ na coordenada *x* (*y* correlativamente um comprimento *l* na coordenada *s*), a figura da planta do rio se repete. Assim, uma equação como $Y(x) = A \times \text{sen}(2\pi x/\lambda)$, em que *A* é a amplitude, vale como eixo. Em $x = \lambda/4$ *y* $3\lambda/4$ temos as curvaturas máximas pelo eixo, de valor absoluto $c = Y''(x)/_{x=\lambda/4} = A(2\pi/\lambda)^2$. Nos pontos $x = \lambda/2$ y λ há curvatura zero (pontos de inflexão).

Por isso, a função curvatura em valor absoluto é também periódica de comprimento de onda $\lambda/2$. A equação que mais exatamente reproduz a geometria de um meandro é $\theta = \theta_0 \times \cos(2\pi s/l)$, em que θ é o ângulo do eixo com a direção do vale (Figura 3.16). Com ela, é possível desenhar meandros tão maduros a ponto de se cruzarem ou deixar braços abandonados.

Figura 3.16 – Parâmetros geométricos dos rios meandriformes.

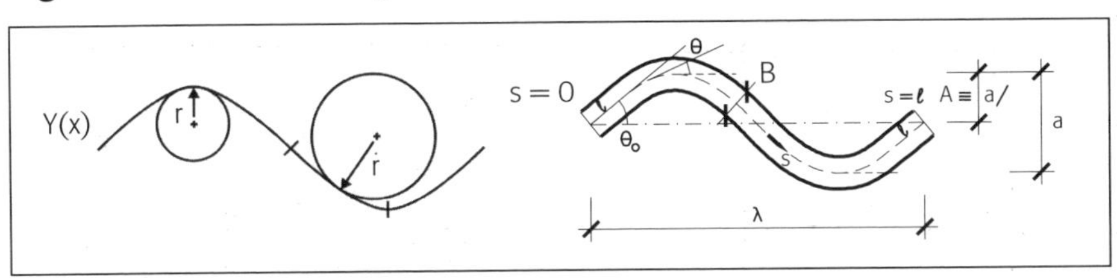

O engenheiro francês O. Fargue (1827-1910) realizou importantes observações no Garona, rio aluvial, de dinâmica livre e de vazão abundante (nasce no Pirineus e desemboca no estuário de Bordeaux). A observação básica de Fargue foi que existe uma correspondência entre o valor absoluto da curvatura *c* e a profundidade da água no *talvegue y*. Isso quer dizer que as duas funções $c(x)$ e $y(s)$ são paralelas, ou que $y(s)$ repete a forma de $c(x)$. Na verdade, a correspondência não é de cada x com seu *s*, mas que $y(s)$ está defasada em relação a c(x) em uma quantidade que vale $\lambda/8$ como máximo (Figura 3.17). As curvas paralelas (prescindindo da defasagem) significam que $dy/ds = k \times dc/dx$, com k = constante, o que pode ser descrito assim: a declividade local do *talvegue* é proporcional à variação da curvatura do eixo. Em resumo, existe uma relação entre a curvatura em planta de um leito e a declividade do fundo, que vai descrevendo poços e soleiras no ritmo das evoluções da planta. A liberdade vertical de um rio aluvial está ligada ao grau de liberdade na planta.

A Figura 3.17 ilustra a construção gráfica para obter o perfil do fundo pelo talvegue a partir da planta do rio, tendo como recurso intermediário a função de curvatura em valor absoluto $c(x)$ e a função de profundidade $y(s)$. São consequências dessa observação de Fargue que o talvegue também segue uma função periódica de comprimento de onda $\lambda/2$, que as curvas muito fechadas (*r* pequeno) dão lugar a poços muito profundos nos lados exteriores das curvas e que as mudanças bruscas de curvatura causam mudanças bruscas de profundidade e, da mesma forma, as mudanças suaves. Essas e outras consequências são conhecidas como leis de Fargue, de 1908.

Figura 3.17 – Ilustração das leis de Fargue. Acima: planta; centro: perfil do talvegue; abaixo: função de curvatura (valor absoluto) e da profundidade.

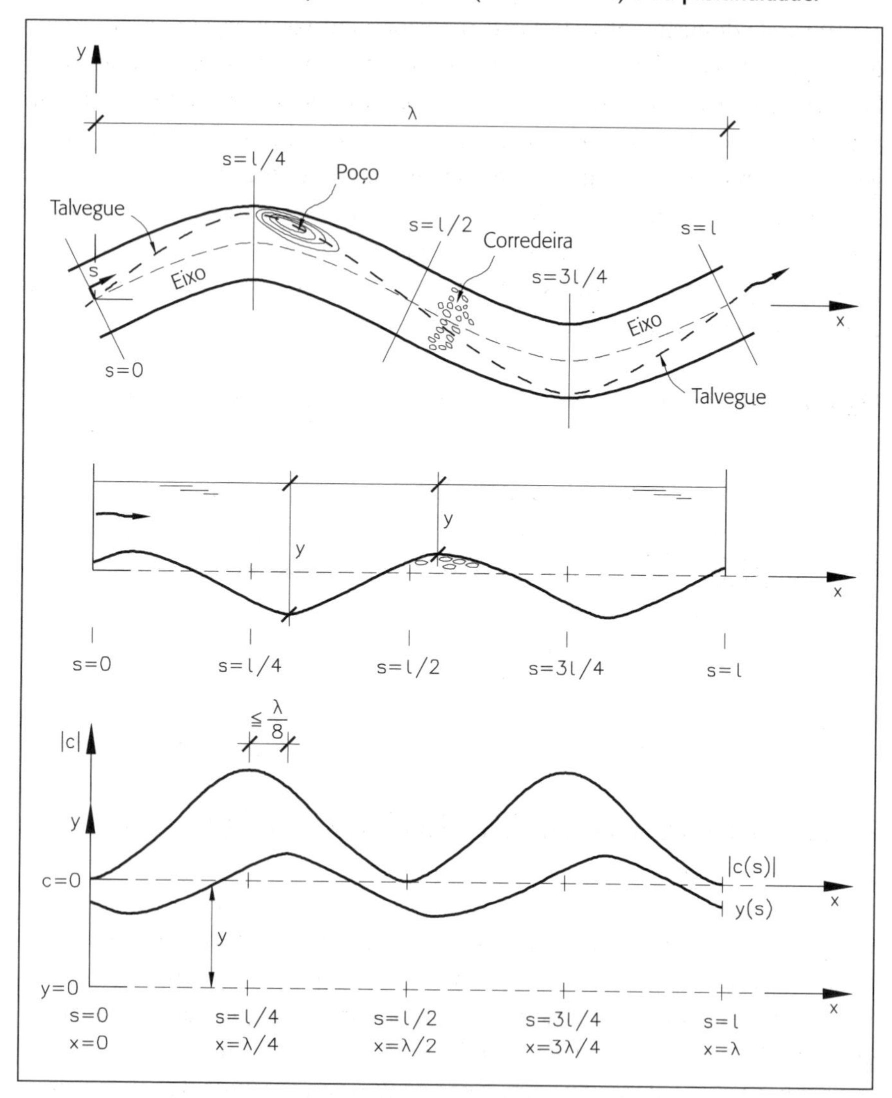

Nos lugares mais profundos do leito, o risco de rompimento e desabamento da margem é alto, porque o talude é o mais alto e muito vertical, pois o talvegue está mais perto da margem (Figura 3.18). O solo deve resistir ao deslizamento de uma massa, por exemplo, segundo um plano inclinado. O que propicia o deslizamento é o peso do solo e o empurrar da água intersticial que o toma (chamado subpressão); o que resiste ao deslizamento é o roçar interno do solo e a coesão, mais escassa em materiais aluviais (nula em materiais soltos). O empurrar da água do rio sobre a massa seria, por sua vez, favorável (ao contrário do deslizamento). Por isso, o desabamento da margem ocorre quando as águas descem depois de uma enxurrada, deixando de empurrar de modo favorável a massa, e, ao mesmo tempo, o solo foi ensopado recentemente pela água transbordada da enxurrada, o que é desfavorável à estabilidade das margens. É assim que a mecânica do solo explica a erosão fluvial. Assim, às vezes, as margens caem quando o pior da enxurrada passa. Como os poços mais profundos se encontram, ligeiramente águas a jusante dos pontos de máxima curvatura, por causa da defasagem, a direção de evolução dos meandros é exatamente a que chamamos de progressão e maturação.

Figura 3.18 – Esquema de forças (peso e subpressão) na erosão da margem.

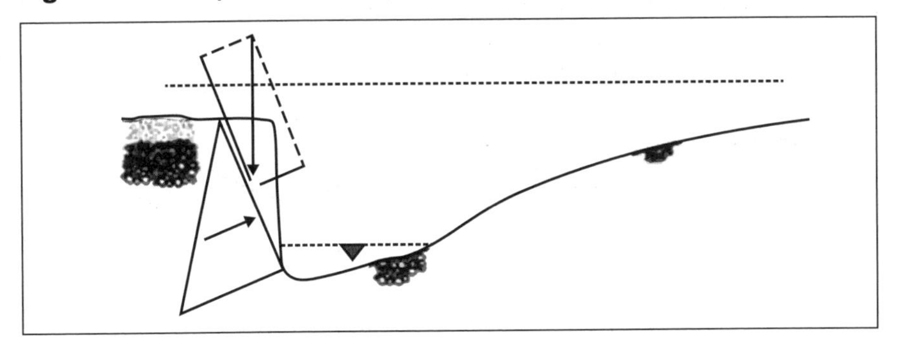

A CORRENTE EM MEANDROS E CURVAS

A direção predominante da água em um meandro depende da vazão, como pode ser deduzido da assimetria das seções transversais (Figura 3.19). Uma vazão pequena, menor que o dominante, ocupará o leito em curva criando uma corrente de curvatura maior, convergente até o ápice da curva e divergente desde o ápice até o ponto de inflexão de jusante. A convergência implica uma concentração de vazão e um vetor de velocidade incidente sobre a margem; a divergência é uma dispersão da vazão e uma velocidade que se separa da margem, ou seja, é defletida.

Quando a vazão aumenta até encher o leito, as barras ficam submersas e se tornam ativas (emitem e recebem partículas, deslocam-se por baixo, sofrem erosão e depois, sedimentação), os poços sofrem erosão e, nos vaus, ao contrário, acumulam-se partículas. Mas, acima de tudo, a corrente se corrige, ou seja, torna-se menos sinuosa. Existe uma analogia entre esse comportamento e uma corda que delineie o talvegue e se submeta por dois extremos, na qual a vazão do rio é como a força de tração aplicada a seus extremos. Essas mudanças muito complexas podem não se compensar perfeitamente na descida da vazão de leito cheio a princípio. Uma erosão da margem exterior na descida virá acompanhada de uma progressão e aprofundamento do talvegue e de um crescimento das praias para dentro e para baixo (Figura 3.20), mas poderíamos permutar os três fatores (margem, talvegue e praia) porque pode-se discutir qual dos fatores é a causa e, entre os outros, quais seriam os efeitos. Uma razão para a falta de compensação entre subida e descida é que a fase de descida de um hidrograma é mais duradoura que a de subida. Outra razão é que um desabamento da margem é irreversível.

Figura 3.19 – Características da corrente fluvial em uma curva.

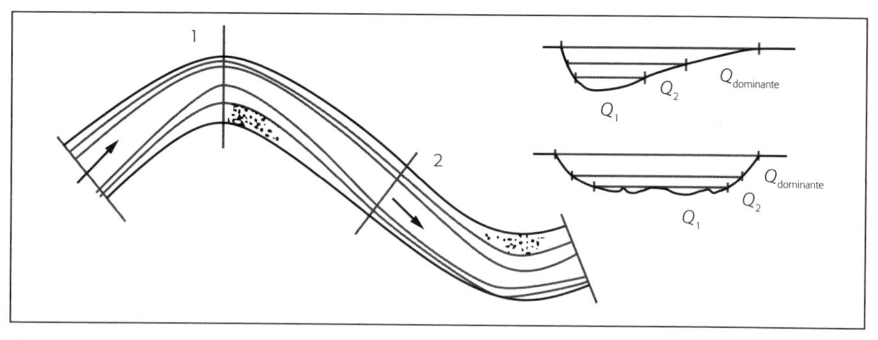

Q = vazão.

Quando a cheia faz o leito transbordar, a água segue na direção do vale independentemente do leito principal. No entanto, a presença de uma corrente mais funda e veloz, chamada "braço vivo" sobre o leito transbordado, condiciona toda a sua hidrodinâmica (Figura 3.21). As mudanças no leito podem ser mais intensas, até bruscas, quando o rio está transbordado, mas podem ocorrer também quando as águas voltam ao leito.

O engenheiro russo S. Leliavsky (1963) demonstrou, em medições no rio Dniéper, que a direção da velocidade da água não é paralela às margens. Assim, a força centrífuga é responsável para que o vetor tenha um componente até a margem exterior na parte superior da coluna de água e inversamente, um componente até o interior do rio em uma parte inferior da coluna. O campo de velocidades delineado em uma seção transversal mostra apenas esses componentes formando uma circulação chamada secundária (Figura 3.22). As verdadeiras linhas de corrente e trajetórias, como combinação do fluxo principal e a corrente secundária, são helicoidais. À circulação secundária se atribui a forma assimétrica da seção em curva, porque o lado exterior recebe uma corrente vertical contra o fundo.

Figura 3.20 - Mudanças em uma seção em curva quando a vazão aumenta e diminui (sequência 1-2-3).

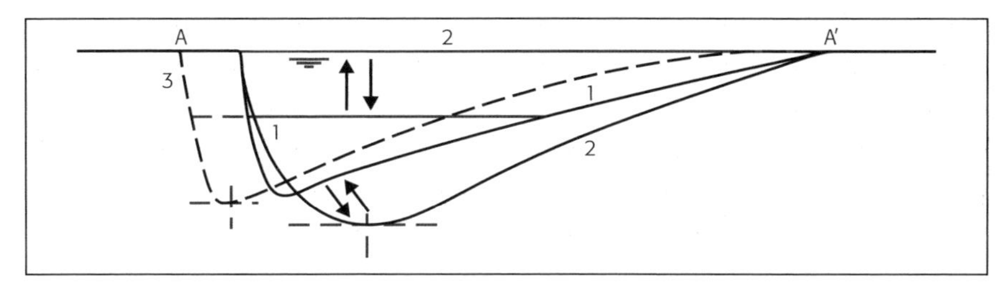

Figura 3.21 - Corrente em um rio de meandros transbordado.

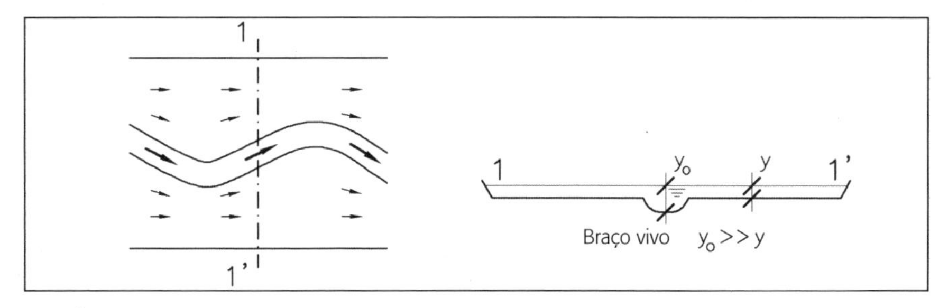

y = altura.

Figura 3.22 - Corrente secundária em uma curva.

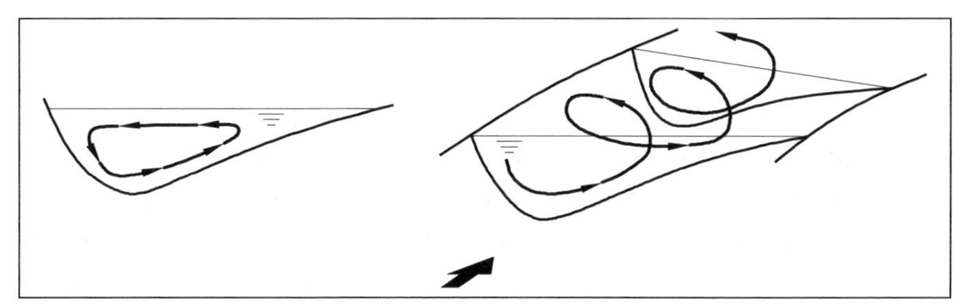

A EROSÃO TRANSITÓRIA

Um dos fenômenos mais interessantes (e intrigantes) da dinâmica fluvial é a flutuação do fundo durante as enxurradas. O fundo costuma baixar durante a fase em que a enxurrada está aumentando. Quando a vazão aumenta e a superfície livre sobe, o fundo aluvial, por sua vez, desce. Mais tarde, quando a vazão diminui e a superfície desce, o fundo sobe, enchendo transitoriamente a área que sofreu com a erosão (Figura 3.23). Uma inspeção após a enxurrada pode relacionar o fundo a uma cota média parecida com a anterior, mas durante a enxurrada, não é assim. A magnitude dessa descida se chama erosão geral transitória. É transitória no sentido de passageira; no sentido de erosão temporal, não há como confundir com a erosão evolutiva que ocorre lentamente e se manifesta a longo prazo. A transitória é geral, não local, porque afeta trechos do rio. É muito perigosa para qualquer infraestrutura enterrada no leito aluvial. Mas, por outro lado, a área com erosão contribui para o deságue da enxurrada de modo significativo.

Figura 3.23 – Erosão transitória no rio Pilcomayo, em Missão a Paz (Argentina-Paraguai).

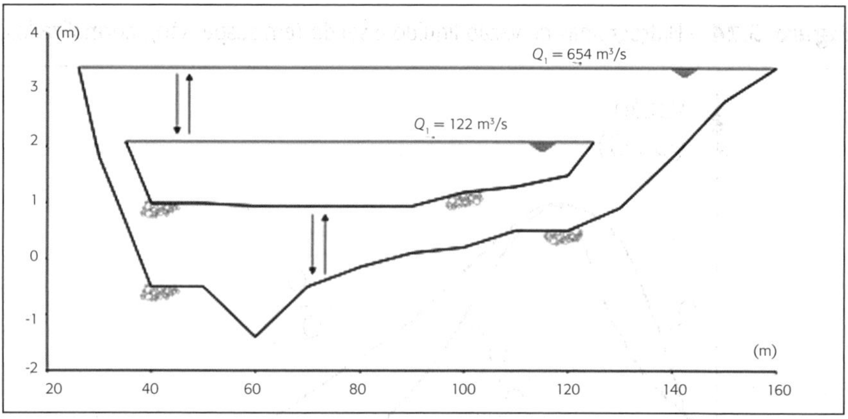

Q = vazão.

Para descrever esse fenômeno, às vezes dizemos que o leito respira. Faz-se a comparação com uma sanfona (colocada na posição vertical): com uma mão, esticamos a superfície livre para cima e, com a outra, empurramos o fundo para baixo, para aspirar o ar (fase de aumento), e o contrário para expelir o ar (fase de diminuição). Parece que, no entanto, o fenômeno não é universal, mas, sim, vinculado à morfologia. Ou seja, ocorre nas seções fluviais relativamente estreitas (mais estreitas que a média), mas não nas relativamente amplas. Da mesma forma, ocorre nas seções relativamente curvas (e, nesse caso, nas partes exteriores), mas não nas relativamente retas. Finalmente, ocorre nos rios de baixa declividade e provavelmente não nos de grande declividade e grande transporte de sólido. É necessário também que a largura não seja muito diferente entre os vários estados do processo.

A causa da erosão transitória precisa ser justificada na disponibilidade (fornecimento) e não na capacidade do transporte sólido, ainda que possa haver, além disso, um efeito de fluxo não permanente. As medidas da vazão Q e do fluxo de sólido em suspensão Q_s durante cheias de grandes rios indicam que, no começo da cheia, a proporção de sólidos é muito elevada (porque há muito sedimento disponível depois de um período sem cheias), mas logo vai diminuindo. A comparação dos respectivos hidrogramas, da água e do sedimento, normalizados por meio de seu valor máximo (Figura 3.24), permite marcar uma fase inicial na qual o fundo sobe (fase 1-2), seguida da descida transitória (fase 2-3) que começa quando a diferença entre os níveis de um ou outro hidrograma, ou seja, $dQ_s/dt - dQ/dt$, muda de sinal (como ocorre no ponto 2).

Figura 3.24 – Hidrogramas de vazão líquido e sólido (em suspensão), normalizados.

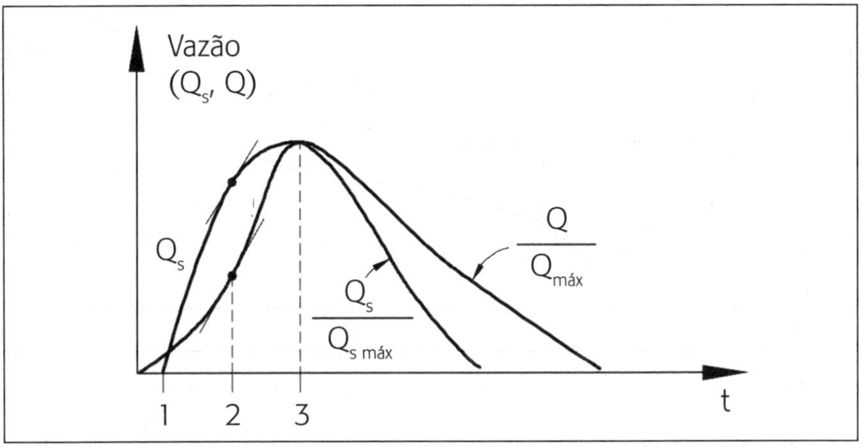

Q = vazão de água; Q_s = fluxo de sólido; t = tempo.

A INDETERMINAÇÃO EM DINÂMICA FLUVIAL

O prognóstico da evolução de um leito, com critérios globais como a analogia da balança, com modelos matemáticos em equações diferenciais ou com experimentos de laboratório é o *desiderátum* da dinâmica fluvial. O obstáculo que se opõe a esse desejo é muito sério: pode se resumir na natureza inalterável do fornecimento (disponibilidade), que determina o sentido do desequilíbrio na balança ou o sinal de $\partial z/\partial t$ no elemento diferencial.

A balança autoriza a pensar que, em um sistema fluvial, a variável independente é a declividade I e as dependentes q_s, q e D, de maneira que $I = f(D \times q_s/q)$, em que f deveria ser uma função única. Mas com igual razão, é possível afirmar que é q_s a variável independente e, assim, $q_s = f(q \times I/D)$. Essas duas ideias: que um rio alcança determinada declividade pelo fluxo de sólido que lhe é fornecido ou, por outro lado, que um rio transporta uma vazão de sólidos determinado por sua declividade, não se combinam facilmente. É como perguntar o que nasceu primeiro: o ovo ou a galinha. A variável I representa não apenas a declividade, mas as outras variáveis do leito suscetíveis à dinâmica fluvial.

Imaginemos um experimento no qual se reproduz a morfologia de um trecho de rio (incluindo a declividade) e o grão D, com o objetivo de estudar a dinâmica fluvial causada por um fluxo q, por exemplo, uma enxurrada, sem conhecer os fluxos de sólidos q_s que circularam (como ocorre quase sempre). A falta desses dados torna indeterminado o problema em relação a $I = f(D \times q_s/q)$. Além disso, o que realmente falta pode ser apenas o q_s como fornecimento, ou seja, o fluxo de sólido que entra no campo de estudo (no interior ocorrerão processos associados ao experimento; para isso é feita a experiência). Nada muda se, no lugar de um experimento, houver um modelo matemático do trecho com os mesmos dados e dúvidas.

Aparentemente, uma maneira criativa (mas dispendiosa) de combater a indeterminação é relacionar outro trecho auxiliar montante do trecho de estudo, tanto ao experimento como ao modelo. O fornecimento que faltava não é nada além do fluxo de sólido de saída desse trecho auxiliar, já que nele o $q_s = f(q \times I/D)$. Isso é, na verdade, um absurdo, porque não conhecemos a dinâmica fluvial (I) do trecho durante a passagem de uma enxurrada. Seria preciso estudar sua dinâmica como a do trecho principal, mas faltaria para isso seu próprio fornecimento de entrada. Portanto, o artifício do trecho auxiliar tem servido apenas para deslocar o problema mais para cima, não para resolvê-lo. A tentação é deslocá-lo ainda mais para cima com a esperança de que o desconhecimento sobre o fornecimento a princípio da série de trechos sucessivos auxiliares não tenha muita influência no que se quer estudar. A tentação, além de ser pouco prática e dispendiosa, é insatisfatória e dá vertigem, já que, a rigor, seria preciso voltar ao rio e à rede hidrográfica inteira, incluindo a bacia. Por isso, diz-se que o fornecimento de sedimento tem uma natureza inalterável. Também pode ser visto da seguinte maneira: um rio é um sistema que não se deixa isolar em trechos. Quando, de todos os modos, separa-se uma seção, o trecho montante não pode ser substituído por valores conhecidos das variáveis, especialmente q_s (fornecimento).

Outra maneira criativa (e de baixo custo) de abordar a indeterminação é fornecer para cima precisamente o fluxo de sólido que sai pelo contorno de baixo do trecho, ou que se chama recirculação, tanto em um experimento como em um modelo matemático. Isso obrigaria as águas ou o rio a serem iguais ao trecho estudado, a montante. Essa imposição equivale a ver o rio como controlado por sua capacidade, o que pode disfarçar a realidade. Naturalmente, a indeterminação é combatida com medidas de transporte sólido.

RIOS DE AREIA E DE CASCALHO: FORMAS E PROTEÇÃO

Para uma visão completa da dinâmica fluvial é preciso prestar atenção às formas pequenas que ocorrem dentro do leito de um rio, separadamente, e não como consequência das grandes formas que moldam a paisagem. Para as formas pequenas, é preciso começar distinguindo entre rios de areia e de cascalho. Nos primeiros, não há material de tamanho do cascalho (> 2 mm) pelo que a dispersão das medidas de grão é relativamente pequena. Nos rios de cascalho há tanto areia (0,062 mm $< D <$ 2 mm) como cascalho e, por isso, maior dispersão. A distribuição de tamanhos de um rio de cascalho costuma ser bimodal e a de um rio de areia, log-normal (Figura 3.25).

Figura 3.25 – Função de densidade dos rios de areia e cascalho (esquerda) e de proteção (direita).

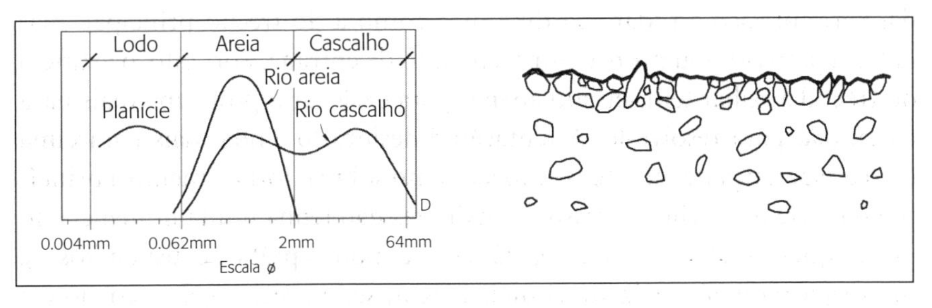

A dispersão de tamanhos nos rios de cascalho propicia o fenômeno chamado proteção ou couraça (formação de uma couraça, Figura 3.25, à direita). Nesses rios, pode-se observar que o fundo do leito está formado por partículas mais grossas que a média do material aluvial do leito. Uma explicação do fenômeno é o arrastar das partículas finas pelos leitos normais do rio, que não são, por sua vez, capazes de arrastar as grossas, porque a tensão do início do movimento é proporcional ao tamanho do grão ($\tau_c \sim D$). Se o fundo estiver protegido e a vazão continuar sendo normal, o transporte de sólido pode chegar a ser nulo. No entanto, uma cheia romperá a proteção, misturará o material e causará, repentinamente, um transporte de sólido abundante. A proteção pode ser usada como exemplo de uma situação na qual o fornecimento (disponibilidade), não a capacidade, determina o transporte de fundo ou com origem no leito. A presença ou ausência de proteção, segundo o tempo transcorrido desde a última cheia capaz de rompê-la, oferece um fato novo: no que diz respeito ao transporte de sólidos, os rios de cascalho têm memória (transportam muito se a couraça tiver se rompido, transportam pouco a pouco se ela se rompeu há muito tempo).

Por sua parte, o diferencial dos rios de areia é a formação de ondulações no leito chamadas formas de fundo. À medida que a velocidade aumenta (ou a vazão), formam-se primeiro pregas (também chamadas marcos ondulares), e dunas, leito plano, antidunas e, finalmente, rápidos e poços (Figura 3.26). As pregas são pequenas ondulações simétricas em areia fina. As dunas são ondulações assimétricas, com uma elevação suave seguida de um precipício, têm uma altura de 1/3 aproximadamente de profundidade e se formam em regime hidráulico lento (subcrítico). Com mais velocidade, quando o regime hidráulico é mais ou menos crítico ($Fr \approx 1$), as dunas são aplanadas ou varridas até formarem um leito plano sem ondulações. Mas, com mais velocidade ainda (para isso é preciso uma declividade alta) e já em regime supercrítico, formam-se antidunas, formas simétricas que produzem uma ondulação da superfície livre maior que a do fundo e, em consonância com ele, a diferença das dunas. As antidunas são instáveis, no sentido de que uma pequena perturbação faz com que o fluxo se rompa em ressaltos hidráulicos com espuma nas cristas e o fundo forme poços e corredeiras, que é a última das formas de fundo.

Essa instabilidade e a última forma de fundo às vezes são interpretadas como a renúncia da natureza ao regime supercrítico ($Fr > 1$). Em canais retos, prismáticos, de declividade alta e de fundo rígido, a água flui em regime rápido, com grande velocidade e pouca profundidade. Mas, sobre a mesma declividade na natureza e com um fundo aluvial, nunca se alcançam números de Froude altos (velocidades altas e profundidades baixas).

Pelo contrário, o fundo se deforma em poços e corredeiras de maneira que o fluxo seja uma mudança incessante de regime: de supercrítico a subcrítico com ressalto hidráulico e de subcrítico a supercrítico, em vez de um regime supercrítico de longa extensão, dando, em média, um número de Froude de cerca de 1.

Figura 3.26 – Formas de fundo: prega, duna, antiduna e corredeiras e remansos.

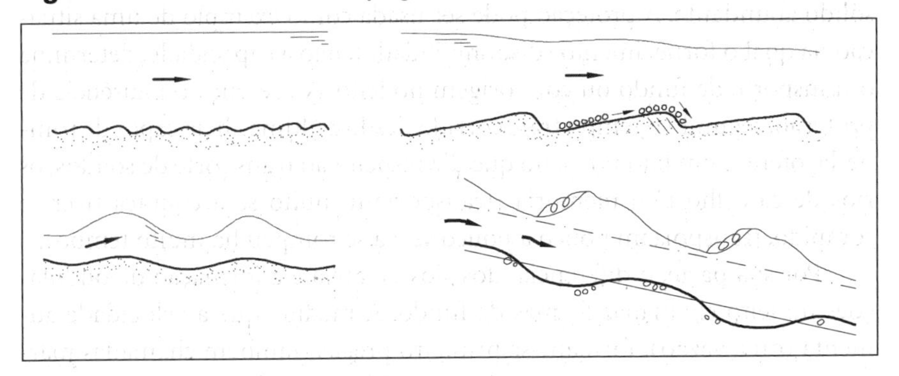

GEOMORFOLOGIA FLUVIAL

Das grandes formas aluviais destacam-se, em primeiro lugar, as planícies de inundação. São terrenos muito planos onde não faltam formações peculiares. Uma delas são os cordões naturais, à margem do leito, porém elevados em relação à planície, formados durante os transbordamentos de rio. Os cordões acompanham também os rios ligados, cujo leito está mais alto do que as planícies. Outras peculiaridades são as depressões na planície, os leitos e os meandros abandonados, os paleoleitos (leitos da era geológica), os leitos ativos em fluxo transbordado etc.

Geneticamente, as planícies são formações sedimentares recentes nas quais cabe distinguir dois tipos de depósito (Figura 3.27). O primeiro é o depósito muito fino, de carga de lavagem, sedimentado em ambientes de velocidade muito baixa e que faz crescer a planície verticalmente (chama-se depósito de aumento vertical). O segundo é o de aumento lateral, que ocorre pelo crescimento das barras (de areia ou cascalho) nas partes interiores das curvas do leito. Esses depósitos ocupam tanta extensão como o cinturão de meandros de um rio e repetem sua história de sobreposições.

Figura 3.27 – Depósitos de aumento vertical e lateral em planície de inundação.

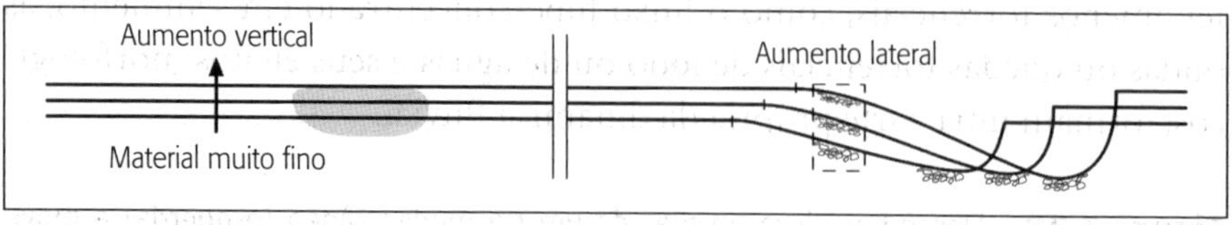

Na desembocadura de um rio no mar, ocorrem duas morfologias características: o delta e o estuário. O delta é uma formação sedimentária mar adentro, às vezes ativa porque o ritmo de avanço é significativo. Os deltas também crescem verticalmente graças à carga de lavagem distribuída nas inundações. O leito do rio no delta é meandriforme e muito dinâmico, dada a escassa resistência à erosão dos materiais aluviais novos. Mais ainda, nos deltas, os rios se bifurcam em braços, formando sistemas anastomosados, às vezes complexos e instáveis. São instáveis no sentido de que a divisão de vazões entre eles pode mudar muito em pouco tempo, condenando um braço à extinção e aumentando perigosamente a vazão de outro. O braço que ganha vantagem é o que leva mais diretamente ao mar. Pode-se dizer que um estuário, ao contrário de um delta, é uma desembocadura terra adentro, também com domínio da atividade sedimentar. Além da vazão do rio, a maré determina o movimento da água no estuário, sua direção e até seu sentido.

Nos rios mediterrâneos, por exemplo, forma-se uma barra transversal ao rio na desembocadura, que é contígua e ligada às praias do litoral (Figura 3.28). Não é uma obstrução real, porque as vazões normais do rio encontram sua saída até o mar através da barra, ainda que seja de modo tortuoso, e porque as vazões de cheia a destroem. Na primeira situação o mar é condição de contorno para o fluxo normal do rio, mas, em situação de vazão de cheia, a água do rio, muito mais alta que o nível do mar, cai ou se precipita até ele, esparramando-se na praia e passando em algum ponto por um regime crítico ($Fr \approx 1$).

Os cones de dejeções ou leques aluviais constituem a geoforma final de um rio torrencial, em que domina a sedimentação, às vezes em ritmo muito rápido. Os rios que sulcam os cones de dejeção são especialmente instáveis, porque o relevo dos leques é tão insignificante que qualquer geratriz do cone é um leito possível (Figura 3.30). O mecanismo de mudança de leito no cone ocorre por colmatação com sedimento do leito existente durante um episódio de cheia (avulsão), de modo que a água tem que transbordar, flui sobre o cone e vai abrindo nele, por erosão, um novo leito. Os fenômenos torrenciais, como o fluxo hiperconcentrado em sedimento, as ondas ou quedas torrenciais de iodo ou de águas e seus efeitos morfológicos, formam uma parte própria da dinâmica fluvial.

Figura 3.28 – Desembocadura no mar de um rio mediterrâneo (esquerda) e movimentos do leito no cone do rio Kosi (Tíbete, Nepal e Índia) à direita.

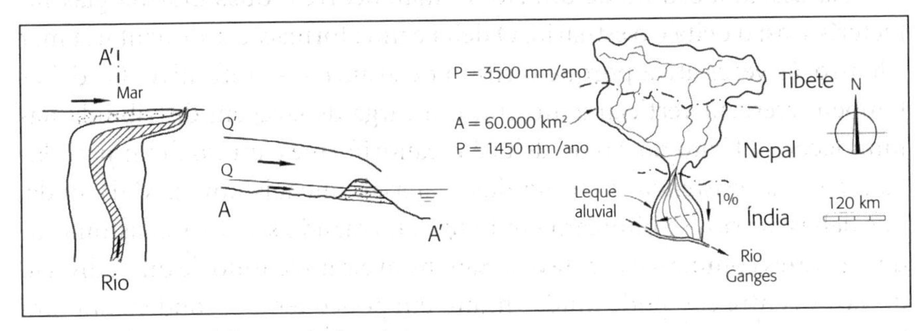

A = área; P = precipitação pluviométrica.

Os rios efêmeros, ou seja, com fluxo muito esporádico e passageiro, considerando-se todos os graus de liberdade, possuem leitos amplos, com os maiores quocientes de largura/profundidade. Eles têm limites difusos, são muito retos, instáveis e tendem ao entrelaçamento. Os leitos são muito permeáveis e seu perfil longitudinal é reto, e não côncavo. Às vezes, formam-se sobre cones de dejeção com declividade forte e transporte sólido muito intenso.

AGRADECIMENTOS

Agradecimentos aos colaboradores Carles Ferrer i Boix, Francisco Núñez González, Pedro Martín Moreta, Eduard Rodríguez Máñez e Sergi Capapé Mirallesc.

REFERÊNCIAS

AGUIRRE, P.J. *Hidráulica de sedimentos*. Mérida: Universidad de los Andes, 1980.

BRIDGE, J.S. *River and floodplains. Forms, processes and sedimentary record*. Oxford: Blackwell, 2003.

CARDOSO, A.H. *Hidráulica fluvial*. Lisboa: Fundação Gulbenkian, 1998.

CHANG, H.H. *Fluvial processes in river engineering*. New York: John Wiley, 1988.

GARCÍA, M.H. *Sedimentation engineering, processes, measurements, modeling and practice*. Reston: ASCE, 2008.

GARDE; R.J.; RANGA RAJU, K.G. *Mechanics of sediment transportation and alluvial stream problems*. New York: John Wiley & Sons, 1977.

JANSEN, P.P.; van BENDEGOM, L.; van den BERG, J. et al. *Principles of River Engineering. The non-tidal alluvial river*. Londres: Pitman, 1979.

JULIEN, P.Y. *River Mechanics*. Cambridge University Press, 2002.

LARRAS, J. *Hydraulique et Granulats*. Paris: Eyrolles, 1972.

LEOPOLD, L.; WOLMAN, M.; MILLER, J. *Fluvial Processes in Geomorphology*. New York: Dover, 1964.

MARTÍN VIDE, J.P. *Ingeniería de Ríos*. Barcelona/Mexico: Edicions UPC/Alfaomega, 2002.

MAZA ÁLVAREZ, J.A. *Manual de Ingeniería de Ríos*. Instituto de Ingeniería UNAM. Várias datas.

MORISAWA, M. *Rivers. Form and process*. London: Longman, 1985.

PARKER, G. *1D Sediment Transport Morphodynamics*. Disponível em: http://cee.uiuc.edu/people/parkerg/.

ROCHA, A. *Introducão a la hidráulica fluvial*. Lima: Universidad Nacional de Ingeniería, 1998.

Noções de Hidráulica Fluvial

4

Márcia Maria Lara Pinto Coelho
Márcio Baptista

INTRODUÇÃO

O presente capítulo discorre sobre os fundamentos e a aplicação da hidráulica para o caso do escoamento da água em rios. Este tópico é de grande importância para a restauração fluvial, uma vez que o comportamento do rio e os fenômenos de transporte dos constituintes são essencialmente dependentes de algumas variáveis hidráulicas e geométricas discutidas no capítulo.

Como características principais que ditam o comportamento do rio têm-se a velocidade de escoamento da água e a morfometria do curso d'água, representada pelo comprimento, largura, profundidade e declividade.

Os rios, assim como os canais, são sistemas de transporte nos quais a água escoa, tendo a superfície livre em contato com o ar, sujeito à pressão atmosférica. A diferença básica entre eles diz respeito, principalmente, à forma geométrica variada e ao material do qual são constituídos os rios. Assim, os rios podem ser considerados canais naturais, conforme ilustrado na Figura 4.1.

Quando a vazão transportada pelo rio não é capaz de movimentar as partículas de sedimentos presentes na água ou na calha do rio, o comportamento hidráulico corresponde ao escoamento livre em canal de contorno rígido. Essa é a situação abordada neste capítulo para avaliação das condições hidráulicas, adotando, por vezes, simplificações inerentes aos canais típicos com uma geometria definida. No entanto, sempre que necessário, são feitas considerações pelo fato de os rios serem canais naturais, com toda a diversidade característica dos sistemas fluviais.

Os rios podem também transportar partículas de sedimento sob a ação do escoamento, conforme discutido no capítulo anterior. Nesse caso, existe uma interdependência entre o escoamento e a forma do contorno, por isso são considerados rios de contorno móvel. Os rios com leitos de areia e cascalho estão nessa categoria (Ranga Raju, 1981). Se as partículas de sedimento transportadas são do mesmo material que compreende os limites do curso d'água, este é designado como aluvial.

A caracterização de contorno rígido ou móvel para um trecho do rio depende das condições sedimentológicas e hidráulicas do momento. Assim, um determinado curso d'água pode ser considerado de contorno móvel e, em outro instante, devido a alterações de vazão, declividade etc., pode ser analisado como de contorno rígido.

Neste capítulo, serão classificados os diferentes tipos de escoamento, especificando-se aqueles mais importantes no comportamento de rios. Serão apresentadas também algumas características peculiares dos escoamentos livres. Posteriormente, discorre-se sobre os fundamentos dos escoamentos livres, tais como as equações fundamentais da continuidade e de Bernoulli, culminando na apresentação dos conceitos de regimes de escoamento e controle hidráulico, muito úteis na compreensão do comportamento dos escoamentos livres. O último tópico do capítulo dedica-se ao escoamento uniforme, entrando em detalhes de determinação dos coeficientes de rugosidade e cálculos com o uso da fórmula de Manning.

Uma importante parte deste capítulo foi adaptada de Baptista e Coelho (2010). Essa referência deve ser consultada no caso de se desejarem informações adicionais.

Figura 4.1 – Tipos de canais.

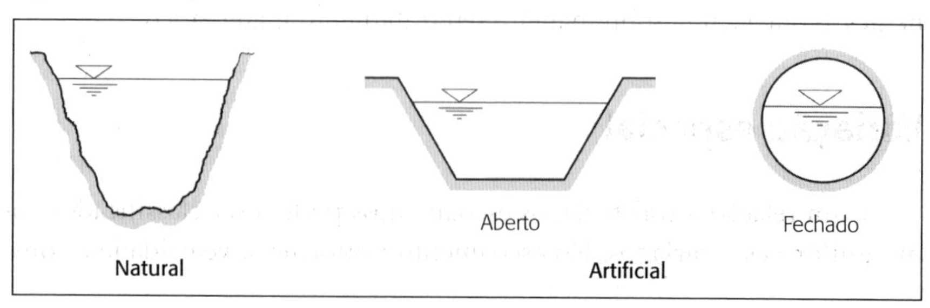

CLASSIFICAÇÃO DOS ESCOAMENTOS

O conjunto dos aspectos topográficos, geológicos, pedológicos, climáticos e hidrológicos inerentes à bacia hidrográfica, em combinação com os processos modeladores da calha fluvial, associados às características do escoamento, atribui um caráter extremamente dinâmico à configuração do canal fluvial, ao longo do tempo e do espaço, como discutido a seguir.

Variação temporal

Quanto à variação no tempo, os escoamentos se classificam em permanentes e transitórios (ver Figura 4.2). No regime permanente, não há variação das características de escoamento com o tempo, assim a vazão, e também outras propriedades, como velocidade, profundidade etc., em uma dada seção, são constantes.

Figura 4.2 - Escoamento permanente e transitório.

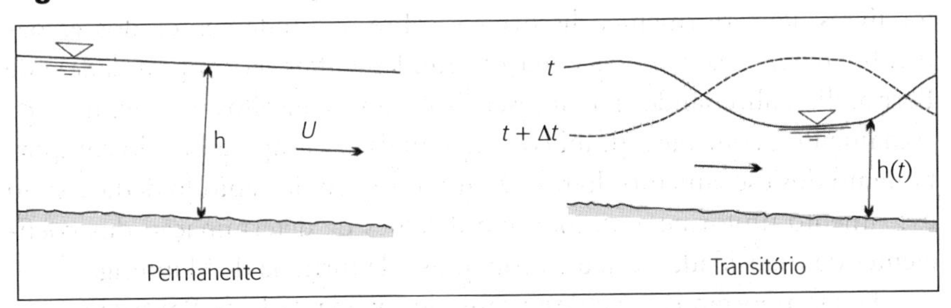

Os escoamentos, de uma maneira geral na natureza, são transitórios. Frequentemente, no entanto, as variações das características do escoamento são lentas. Nesses casos, considerando-se intervalos de tempo relativamente pequenos, os escoamentos podem ser considerados como permanentes, o que facilita sobremaneira seu tratamento matemático.

Variação espacial

Com relação à trajetória, os escoamentos podem ser classificados como uniformes e variados. No escoamento uniforme, a velocidade é constante em módulo, direção e sentido, em todos os pontos, para qualquer instante. Quando os canais têm seção transversal e declividade longitudinal constantes, são denominados prismáticos. Essa é a única situação que permite obter um escoamento uniforme, ou seja, com profundidades constantes ao longo do escoamento, para uma dada vazão.

No escoamento variado, a profundidade, assim como os outros parâmetros, muda de uma seção para outra. Variações nas seções transversais e nas declividades longitudinais dos canais provocam esse tipo de escoamento na vizinhança da região modificada, conforme se ilustra na Figura 4.3.

Figura 4.3 – Escoamento variado e uniforme.

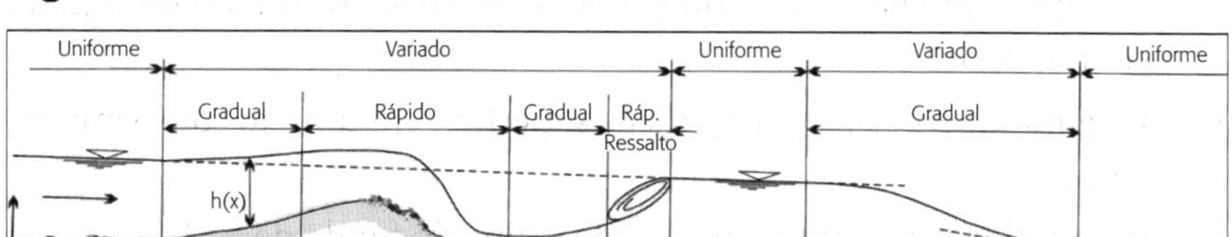

O escoamento variado pode se dar de forma gradual ou rápida. No escoamento gradualmente variado, a profundidade, assim como os outros parâmetros, muda muito lentamente de uma seção para outra; se a profundidade do escoamento muda rapidamente, o escoamento é denominado bruscamente variado.

Outra classificação utilizada na hidráulica diz respeito à direção na trajetória das partículas, podendo ser laminar ou turbulenta. No fluxo laminar, as várias parcelas do líquido se movem sem perturbação, em trajetórias paralelas; já no escoamento turbulento, as partículas do líquido têm trajetórias irregulares, erráticas. Para a hidráulica fluvial, somente os escoamentos turbulentos têm importância, pois é assim que eles acontecem na natureza.

Em suma, nos trabalhos relativos aos cursos d'água naturais, em estudos preliminares, assume-se, usualmente, a condição de escoamento permanente, turbulento e uniforme.

CARACTERÍSTICAS DO ESCOAMENTO

Parâmetros geométricos e hidráulicos

Em função da geometria da seção e da profundidade de escoamento, podem ser definidos alguns parâmetros, que têm grande importância e são largamente utilizados nos cálculos hidráulicos. Esses parâmetros, definidos a seguir, são ilustrados na Figura 4.4.

- Seção ou área molhada (A): parte da seção transversal que é ocupada pelo líquido.
- Perímetro molhado (P): comprimento relativo ao contato do líquido com o conduto.
- Largura superficial (B): largura da superfície em contato com a atmosfera.
- Profundidade (y): altura do líquido acima do fundo do canal.
- Profundidade hidráulica (y_h): razão entre a área molhada e largura superficial: $y_h = A/B$.
- Raio hidráulico (R_h): razão entre a área molhada e o perímetro molhado: $R_h = A/P$.

Figura 4.4 – Parâmetros hidráulicos fundamentais das seções transversais.

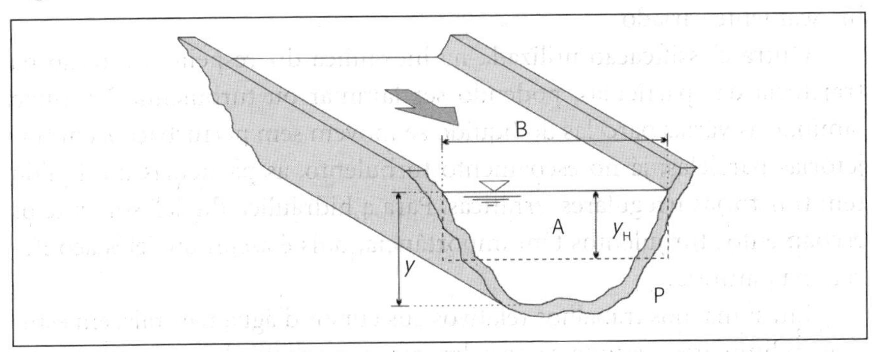

A profundidade y, nas condições usuais de declividades reduzidas, pode ser assimilada a uma altura de escoamento perpendicular ao fundo do canal, designada por "h".

Exemplo 4.1

Calcular o raio hidráulico e a profundidade hidráulica do canal retangular da figura, sabendo que a profundidade do fluxo é de 0,50 m.

Seção esquemática do canal do Exemplo 4.1.

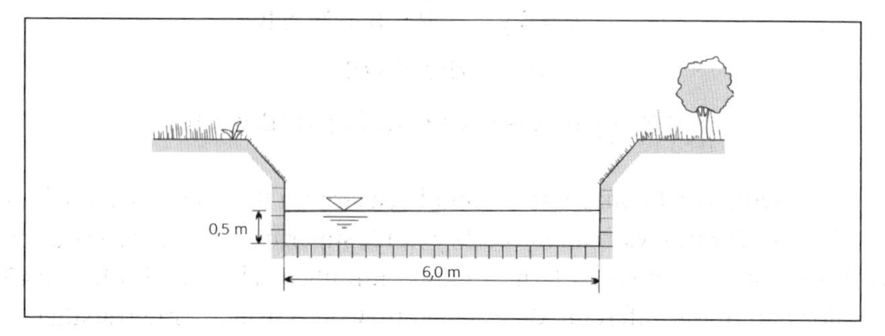

Solução

Sendo a largura do canal b = 6,00 m e a profundidade y = 0,50 m, tem-se:

Área: $A = b.y = 6{,}00\ m \times 0{,}50\ m = 3{,}00\ m^2$

Perímetro molhado: $P = b + 2\ y = 6{,}00\ m + 2 \times 0{,}50\ m = 7{,}00\ m$

Raio hidráulico: $R_h = A/P = 3{,}00\ m^2/7{,}00\ m = 0{,}43\ m$

Profundidade hidráulica: $y_h = A/B = 3{,}00\ m^2/6{,}00\ m = 0{,}50\ m$ (igual à profundidade de fluxo, em canais retangulares)

Ao contrário dos canais artificiais, para as seções irregulares, típicas dos cursos d'água naturais, o estabelecimento de relações analíticas entre esses parâmetros hidráulicos não pode, usualmente, ser efetuado. Procura-se, quando possível, uma analogia com geometrias regulares, com vistas a facilitar a definição dos parâmetros hidráulicos (por exemplo, seções trapezoidais).

Ainda como alternativas para trabalhar com cursos d'água encaixados de pequenas dimensões, pode-se tentar ajustar parábolas. Por outro lado, para rios de grandes larguras e pequenas profundidades ($B/y \geq 10$), consideram-se as chamadas seções retangulares largas, admitindo-se que a profundidade é desprezível em relação à largura, ou seja, o perímetro molhado é bem próximo à largura (y, e também 2y, são pequenos comparados com B), o que conduz a:

$$A = B.y \qquad P = B + 2y \cong B$$

$$R_h = A/P \cong B.y/B \cong y$$

$$\text{Þ } R_h \cong y \text{ no caso de seções largas } (B/y \geq 10)$$

No Exemplo 4.1 com seção retangular, a largura B = 6,00 m e a profundidade y = 0,50 m levam à relação B/y = 12, superior a 10, caracterizando assim uma seção retangular larga. O raio hidráulico calculado foi $R_h = 0{,}43$ m, valor não muito diferente de y = 0,50 m. Como usualmente trabalha-se com R_h elevado a 2/3, a diferença entre R_h e y no cômputo da velocidade é de apenas 10%. Quanto maior a relação B/y, menor o erro em se considerar o raio hidráulico R_h como sendo igual a y.

Tendo em vista que o escoamento se processa exclusivamente em função da gravidade, os desníveis desempenham um papel primordial, sendo a declividade o parâmetro característico. As declividades são adimensionais, expressas em "metro por metro" [m/m], correspondendo à razão entre o desnível e a distância horizontal. É bastante usual, também, a notação das declividades em "porcentagem".

Ainda com relação à declividade, é importante salientar que usualmente trabalha-se com o conceito de declividades reduzidas, definidas como aquelas inferiores a 10%. Nessas condições, observa-se a validade de algumas hipóteses que permitem o tratamento matemático adequado dos escoamentos.

Exemplo 4.2

Calcular as declividades longitudinais predominantes no curso d'água cujo perfil é mostrado na figura e os parâmetros hidráulicos no trecho em que a profundidade de fluxo é de 0,50 m.

Perfil esquemático do Exemplo 4.2.

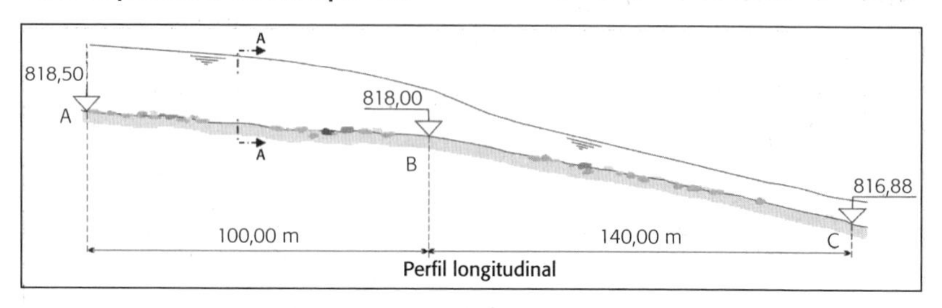

Seção esquemática do Exemplo 4.2.

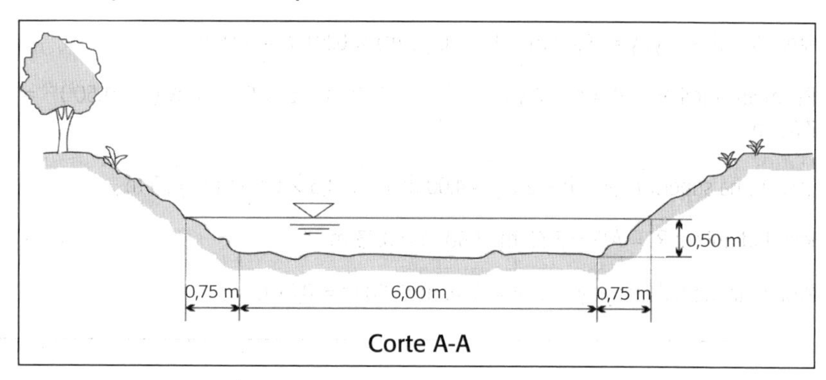

Solução

Cálculo das declividades:

O perfil longitudinal do terreno apresenta duas declividades distintas no trecho AC, calculadas a seguir:

Trecho AB

$$I = \frac{818,50 - 818,00}{100} = 0,0050\ m/m \quad \text{ou} \quad 0,50\%$$

Trecho BC

$$I = \frac{818,0 - 818,8}{140} = 0,0080\ m/m \quad \text{ou} \quad 0,80\%$$

Parâmetros hidráulicos em A-A:

Admitindo-se que a seção transversal pode ser assimilada a uma forma trapezoidal, sendo o parâmetro z, que caracteriza a declividade da margem, igual a 1,5, a largura da base b = 6,00 m e a profundidade y = 0,50 m, tem-se:

Seção transversal do Exemplo 4.1.

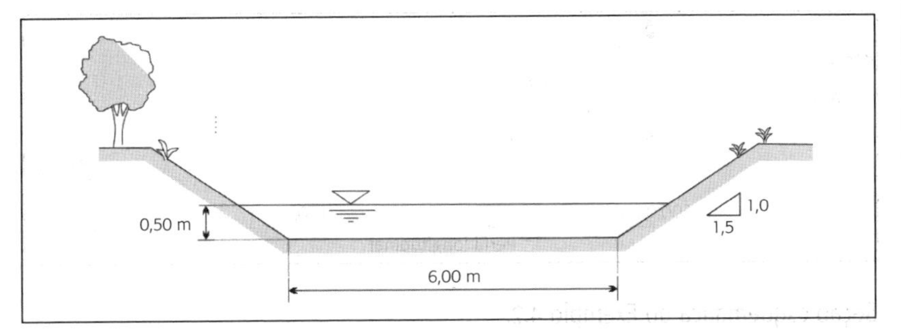

Área: $A = (b + z\,y)\,y = (6{,}00\text{ m} + 1{,}5 \times 0{,}50\text{ m}) \times 0{,}50\text{ m} = 3{,}38\text{ m}^2$

Perímetro molhado: $P = b + 2\,y\,(1 + z^2)^{1/2} = 6{,}00\text{ m} + 2 \times 0{,}50\text{ m} \times (1 + 1{,}50^2)^{1/2} = 7{,}80\text{ m}$

Largura na superfície: $B = b + 2\,z\,y = 4{,}00\text{ m} + 2 \times 1{,}5 \times 0{,}50\text{ m} = 5{,}50\text{ m}$

Raio hidráulico: $R_h = A/P = 3{,}38\text{ m}^2/7{,}80\text{ m} = 0{,}43\text{ m}$

Profundidade hidráulica: $y_h = A/B = 3{,}38\text{ m}^2/5{,}50\text{ m} = 0{,}61\text{ m}$

Distribuição das velocidades do escoamento

A conformação dos sistemas fluviais, em termos de seção transversal e perfil longitudinal, e a ocorrência de formas topográficas específicas estão profundamente ligadas aos processos de degradação e agradação, concernentes, portanto, ao transporte e deposição de sedimentos. Por sua vez, o conjunto dos processos relativos ao transporte e deposição de sedimentos está ligado à distribuição das velocidades dos cursos d'água.

A presença de superfícies de atrito distintas, correspondentes às interfaces água-parede e água-ar, acarreta uma distribuição não uniforme da velocidade nos diversos pontos da seção transversal. O esquema apresentado na Figura 4.5 ilustra a distribuição das velocidades em uma seção de curso d'água, podendo-se observar o aumento da velocidade das margens para o centro e do fundo para a superfície, em função do aumento da distância em relação à superfície de atrito.

Figura 4.5 – Esquema da distribuição das velocidades em um curso d'água.

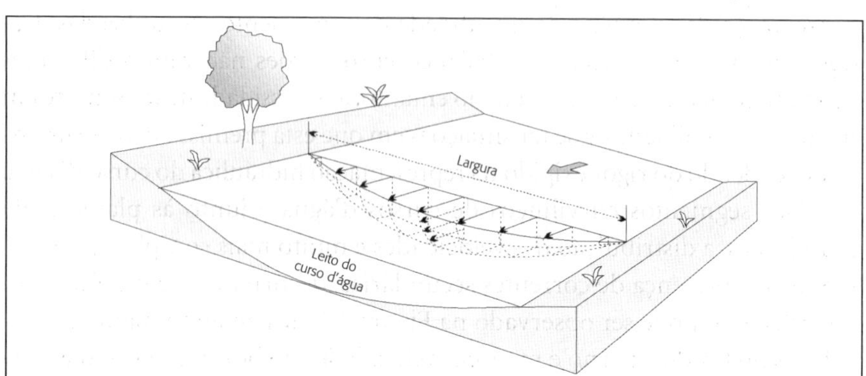

A distribuição de velocidades nas seções transversais pode ser representada por meio das isótacas, ou seja, das curvas de igual velocidade. Naturalmente, em canais naturais, como os rios, a distribuição das velocidades ao longo da seção é bem mais complexa.

De forma geral, no sentido vertical, o perfil das velocidades é aproximadamente logarítmico, conforme ilustrado na Figura 4.6, passando de um valor nulo, junto ao fundo, até um valor máximo logo abaixo da superfície, entre 5% e 25% da profundidade. A velocidade média, designada por U, corresponde, aproximadamente, à média aritmética das velocidades medidas a 20% e 80% da profundidade, sendo também aproximadamente igual à velocidade observada a 60% da profundidade.

Nos cálculos hidráulicos em que se considera o escoamento unidirecional, adota-se a postura prática de se considerar uma velocidade média U constante em toda a seção. Essa suposição, a rigor incorreta, pode ser consi-

Figura 4.6 – Perfil das velocidades em uma vertical de um canal.

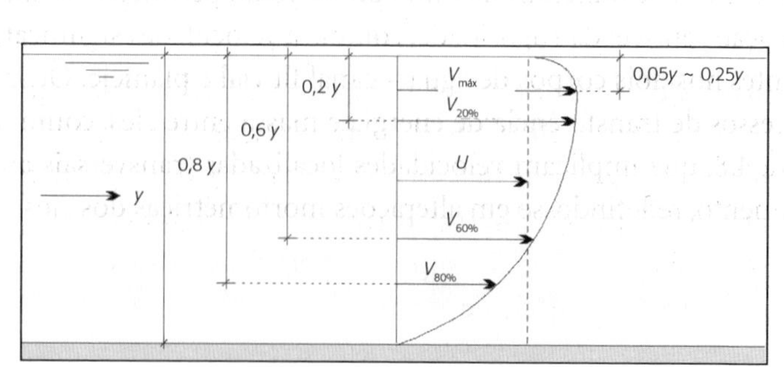

derada válida como uma aproximação, tendo em vista que as equações de conservação da energia e da quantidade de movimento são utilizadas, frequentemente, para efetuar um balanço entre seções não muito diferentes geometricamente. Cabe ressaltar, no entanto, a necessidade de ter sempre em mente a possibilidade de se ter situações em que esta premissa não se sustente, dependendo do rigor exigido na representação hidráulica do curso d'água.

Nos segmentos curvilíneos de cursos d'água e junto às planícies de inundações, a distribuição das velocidades é muito mais complexa, constatando-se a presença de correntes secundárias, decorrentes de um fluxo em espiral, como pode ser observado na Figura 4.7, acarretando maiores velocidades no bordo externo e menores velocidades no bordo interno das curvas. Ocorrem, portanto, zonas de erosão e de deposição de sedimentos, que desempenham importante papel na conformação dos rios.

Figura 4.7 - Escoamento em curvas.

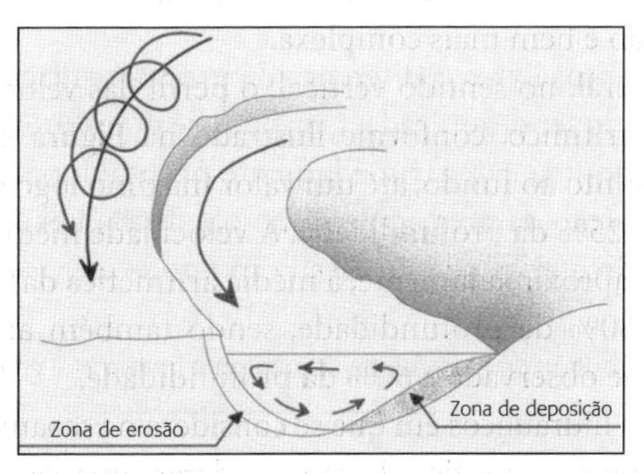

Fonte: adaptada de Leopold (1997).

No caso de transbordamento do curso d'água para a planície de inundação, a ocorrência de materiais distintos ao longo do perímetro molhado, com uma variação sensível da rugosidade, conduz a velocidades significativamente diferentes nos dois corpos de água – canal fluvial e planície. Ocorrem, então, processos de transferência de energia e massa entre eles, como ilustrado na Figura 4.8, que implicam velocidades localizadas transversais ao sentido de escoamento, refletindo-se em alterações morfométricas dos rios.

Figura 4.8 – Escoamento na interface canal fluvial e planície de inundação.

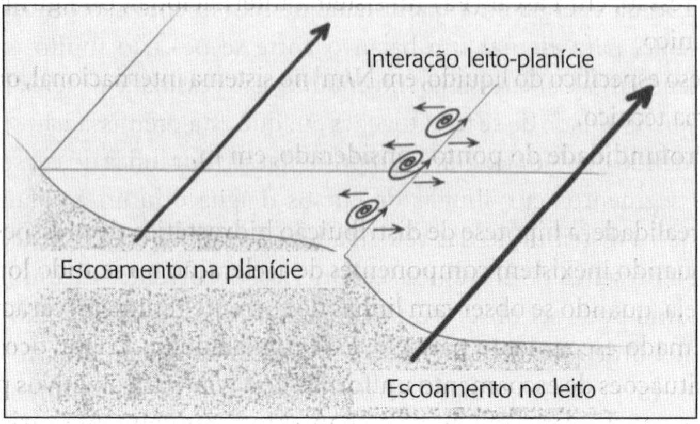

Variação da pressão

Nos escoamentos livres, a diferença de pressões entre a superfície livre e o fundo não pode ser desprezada. Constata-se que a pressão em qualquer ponto da massa líquida é aproximadamente proporcional à profundidade, ou seja, a distribuição da pressão na seção obedece à Lei de Stevin, relativa à distribuição hidrostática de pressões, como pode ser visto na Figura 4.9.

Figura 4.9 – Distribuição de pressões no escoamento uniforme e gradualmente variado.

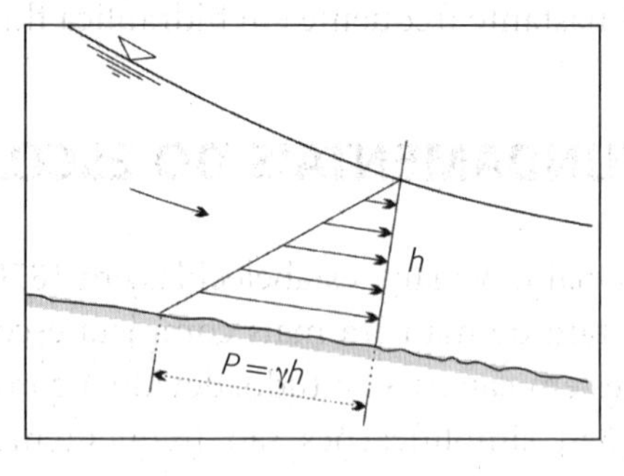

Nestas condições, pode-se assumir que:

$$P = \gamma h \qquad \text{(Equação 4.1)}$$

Em que:

P: Pressão, em Pascal (Pa) no sistema internacional, ou kgf/m^2 no sistema técnico.

γ: Peso específico do líquido, em N/m^3 no sistema internacional, ou kgf/m^3 no sistema técnico.

h: Profundidade do ponto considerado, em m.

Na realidade, a hipótese de distribuição hidrostática de pressões ocorre apenas quando inexistem componentes de aceleração no sentido longitudinal, ou seja, quando se observam linhas de corrente retilíneas, caracterizando o chamado escoamento paralelo. Esse tipo de fluxo, a rigor, ocorre apenas em situações de escoamento uniforme. Todavia, para objetivos práticos, podem-se considerar também os escoamentos gradualmente variados como sendo paralelos, ou seja, assume-se também para estes uma distribuição hidrostática das pressões.

Outro aspecto que deve ser considerado aqui diz respeito ao efeito da declividade na distribuição das pressões. Em cursos d'água com declividades reduzidas, já discutidas anteriormente, a diferença entre a pressão hidrostática e a real seria menor do que 1%, tornando, portanto, realista considerar a hipótese de distribuição hidrostática nos cálculos práticos em hidráulica.

Em síntese, pode-se dizer que usualmente trabalha-se com a hipótese de distribuição hidrostática de pressões. As considerações desenvolvidas ao longo deste texto referem-se, sobretudo, aos cursos de água nessas condições, de ocorrência bastante frequente em hidráulica fluvial.

EQUAÇÕES FUNDAMENTAIS DO ESCOAMENTO

As equações de Saint-Venant, estabelecidas em 1870, são equações diferenciais que retratam de maneira mais completa escoamentos transitórios ou permanentes em canais. Contudo, devido à complexidade para resolver essas equações, simplificações são frequentemente adotadas nos cálculos hidráulicos, utilizando as equações da continuidade, de Bernoulli (Figura 4.10) e da quantidade de movimento, adiante apresentadas, limitadas aos escoamentos permanentes e unidimensionais. Para aplicação destas equações ao caso dos escoamentos livres, as hipóteses de incompressibilidade da água, distribuição hidrostática das pressões e velocidade uniforme devem ser admitidas:

- Equação da continuidade, traduzindo a conservação da Massa:

$$Q = A_1 U_1 = A_2 U_2 \quad \text{(Equação 4.2)}$$

- Equação correspondente ao teorema de Euler, traduzindo a conservação da quantidade de movimento:

$$R = \rho Q\left(\beta_2 U_2 - \beta_1 U_1\right) \quad \text{(Equação 4.3)}$$

- Equação de Bernoulli, traduzindo a conservação da energia:

$$z_1 + y_1 + \alpha_1 \frac{U_1^2}{2g} = z_2 + y_2 + \alpha_2 \frac{U_2^2}{2g} + \Delta h \quad \text{(Equação 4.4)}$$

Nessas equações, tem-se:
Q: vazão, em m^3/s.
A: área, em m^2.
U: velocidade média, em m/s.
r: força resultante, em N.
ρ: massa específica, em kg/m^3.
β: coeficiente de Boussinesq.
z: cota do fundo, em m.
y: profundidade, em m.
α: coeficiente de Coriolis.
g: aceleração da gravidade, em m/s^2.
Δh: perda de carga, em m.

A parcela Δh corresponde à energia despendida em forma de calor, por causa das resistências ao escoamento (viscosidade, turbulências, atrito etc.). Uma vez despendida essa energia, ela não mais contribui para o escoamento, surgindo daí a denominação de perda de carga. Contudo, ela exerce grande efeito nas velocidades e profundidades da lâmina d'água.

A utilização dos coeficientes de Coriolis (α) e de Boussinesq (β) nas equações de Bernoulli e da quantidade de movimento, respectivamente, permite trabalhar com as velocidades médias levando em conta as irregularidades da distribuição das velocidades nas seções sem, no entanto, adotar uma abordagem tridimensional complexa. Esses adimensionais são sempre superiores ou iguais à unidade, e o valor unitário corresponde à situação de velocidade constante em toda a seção. Para cursos de água prismáticos, os valores de β obtidos experimentalmente são compreendidos entre 1,02 e 1,12, e os valores de α situam-se, frequentemente, entre 1,03 e 1,36, segundo Chow (1959), podendo eventualmente atingir valores superiores a 2.

Figura 4.10 – Representação gráfica da equação de Bernoulli em escoamento livre.

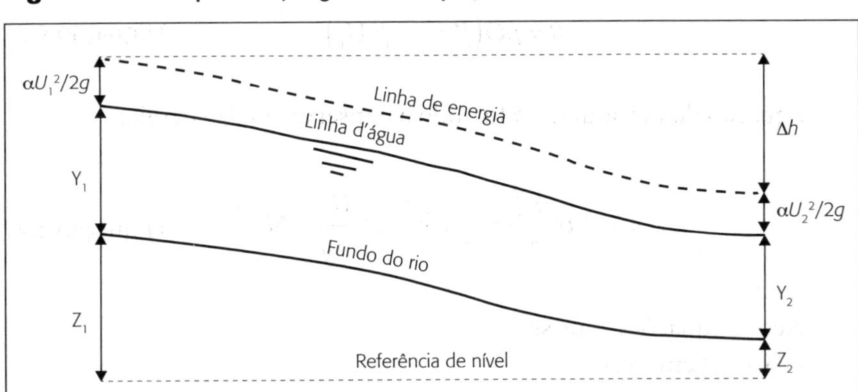

Exemplo 4.3

O curso de água assimilado a uma seção retangular, com 6,0 m de largura, transporta uma vazão de 1,25 m³/s numa extensão de 10 km e desnível do fundo de 10 m. Sabendo que a profundidade a montante é de 0,40 m e a velocidade a jusante é igual a 1,37 m/s, pode-se calcular a perda de carga total entre o início e o término do canal.

Solução

Aplicando a equação de Bernoulli (Equação 4.4) entre o início e o final do canal, adotando o *datum* passando pelo ponto 2 e assumindo os coeficientes de Coriolis α_1 e $\alpha_2 = 1{,}00$, pode-se escrever:

$$\left(z_1 + y_1 + U_1^2/2g\right) - \left(z_2 + y_2 + U_2^2/2g\right) = \Delta h$$

$$\left(10{,}00 + 0{,}40 + U_1^2/2g\right) - \left(0{,}00 + y_2 + (1{,}37)^2/2g\right) = \Delta h$$

Para determinar U_1 e y_2, pode-se aplicar a equação da continuidade (Equação 4.2), sabendo-se que a área A é dada pelo produto da profundidade com a largura do canal:

$$U_1 = Q/A_1 = (1{,}25\ m^3/s)/(6{,}0\ m \cdot 0{,}40\ m) = 0{,}52\ m/s$$

$$A_2 = Q/U_2$$

$$U_2 = Q/A_2 \Rightarrow y_2 \cdot 6{,}0\ m = (1{,}25\ m^3/s)/1{,}37\ m/s \quad y_2 = 0{,}15\ m$$

Portanto:

$$\Delta h = \left(10{,}00 + 0{,}40 + (0{,}52)^2/2g\right) - \left(0{,}00 - 0{,}15 + (1{,}37)^2/2g\right) =$$
$$10{,}41 - 0{,}25 = 10{,}16\ m$$

REGIMES DE ESCOAMENTO E CONTROLE HIDRÁULICO

A equação de Bernoulli,vista anteriormente, representa a soma de três cargas: altimétrica, piezométrica e cinética. Quando essa carga é medida a partir do fundo da calha fluvial, obtém-se, para uma dada seção do curso d'água, a expressão (Equação 4.5) da energia específica (E), que corresponde apenas à soma das cargas piezométrica e cinética:

$$E = y + \alpha \frac{U^2}{2g} \qquad \text{(Equação 4.5)}$$

Para $\alpha = 1$, $Q = AU$ e $A = f(y)^2$, obtém-se

$$E = y + \frac{Q^2}{2gf(y)^2} \qquad \text{(Equação 4.6)}$$

A relação entre E e y, proveniente da equação 4.6, representada num gráfico, para uma dada vazão e seção transversal do curso d'água, tem o aspecto mostrado na Figura 4.11, permitindo discernir:

- Existe um valor mínimo de energia, que corresponde a uma certa profundidade, denominada profundidade crítica (y_C); a energia correspondente a y_C é chamada de energia crítica (E_C).

- Para um dado valor de energia, superior à E_C, existem dois valores de profundidade, y_f e y_t, correspondentes aos regimes de escoamento denominados regimes recíprocos.
- O escoamento que ocorre com y_f denomina-se escoamento superior, tranquilo, fluvial ou ainda subcrítico.
- O escoamento correspondente a y_t é denominado inferior, rápido, torrencial ou supercrítico.

Figura 4.11 - Curva de energia específica.

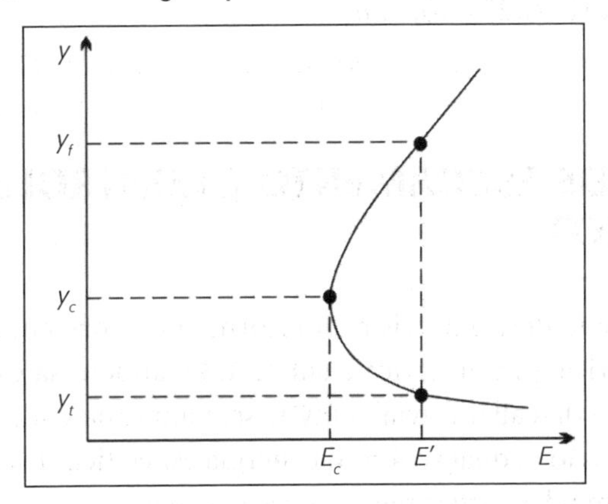

Da mesma forma, pode-se também introduzir o conceito de declividade crítica. Com efeito, pode-se supor, inicialmente, uma vazão constante escoando em um curso d'água com uma profundidade superior à crítica. Ao aumentar a declividade longitudinal, constata-se um aumento da velocidade de escoamento. De fato, pela equação da continuidade, a esse aumento de velocidade corresponde uma redução da seção molhada, ou seja, uma redução da profundidade de escoamento, podendo-se chegar a um ponto em que a profundidade atinge o valor crítico. Tem-se então, nessa situação, a declividade crítica (I_C). A declividade crítica, portanto, é aquela que conduz à profundidade crítica. Declividades superiores a essa serão declividades supercríticas, pois conduzem a profundidades de escoamento inferiores à crítica, $y < y_C$. O mesmo raciocínio leva à conclusão que declividades inferiores à crítica, conduzindo a profundidades elevadas, serão subcríticas.

Número de Froude

A caracterização dos regimes de escoamento quanto à energia é feita por intermédio do número de Froude, que pode ser obtido a partir da equação de energia específica, resultando na Equação 4.7.

$$Fr = \frac{U}{\sqrt{gy_h}} \qquad \text{(Equação 4.7)}$$

Uma interpretação energética para o número de Froude pode ser feita assimilando-se o termo U à energia cinética e o termo $\sqrt{gy_h}$ à energia potencial. Quando ocorre uma preponderância da energia cinética sobre a potencial, ou seja, quando houver um escoamento rápido, tem-se Fr > 1. Se, por outro lado, a preponderância for da energia potencial sobre a cinética, tem-se Fr < 1. O regime crítico (Fr = 1) corresponde a uma condição de equilíbrio entre essas duas formas de energia.

Bastante ilustrativa é a interpretação "cinética" do número de Froude, que pode ser efetuada pela comparação da velocidade de escoamento com a velocidade de propagação das ondas gravitacionais (perturbações superficiais). Com efeito, a velocidade de propagação dessas ondas, denominada *celeridade*, é dada pela seguinte expressão:

$$c = \sqrt{gy_h} \qquad \text{(Equação 4.8)}$$

Assim, pode-se escrever:

$$Fr = \frac{U}{c} \qquad \text{(Equação 4.9)}$$

Essa relação permite identificar as seguintes situações:

- Velocidade de escoamento superior à celeridade:

$$\Rightarrow U > c \Rightarrow Fr > 1 \Rightarrow \text{escoamento supercrítico}$$

- Velocidade de escoamento inferior à celeridade:

$$\Rightarrow U < c \Rightarrow Fr < 1 \Rightarrow \text{escoamento subcrítico}$$

- Velocidade de escoamento igual à celeridade:

$$\Rightarrow U < c \Rightarrow Fr = 1 \Rightarrow \text{escoamento crítico}$$

Essas diferentes situações são ilustradas na Figura 4.12, na qual pode ser vista a propagação das ondas superficiais em diferentes regimes de escoamento.

Percebe-se, pela figura, que as perturbações do fluxo propagam-se de forma diferente conforme o regime de escoamento. De fato, no escoamento subcrítico, as perturbações propagam-se para jusante e montante; já no escoamento supercrítico, as perturbações propagam-se apenas para jusante.

Figura 4.12 – Propagação das ondas superficiais (celeridade) *versus* regimes de escoamento.

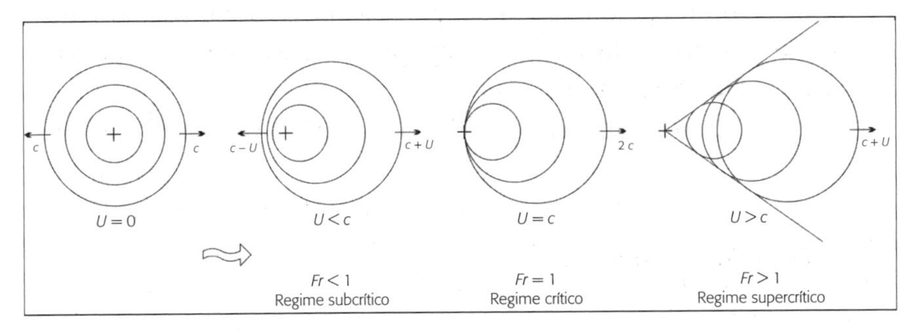

Pode-se, desse modo, chegar a uma primeira noção, intuitiva, do controle hidráulico. Assim, como no escoamento subcrítico uma perturbação de jusante afeta o escoamento a montante, define-se que o controle do escoamento seria, então, "de jusante". Já no escoamento supercrítico, como o escoamento seria afetado apenas a jusante da perturbação, o controle seria, então, "de montante". Essas condições de controle afetam de forma significativa o escoamento, dando origem a fenômenos hidráulicos determinantes, como o ressalto e o remanso, que serão citados nos tópicos seguintes.

Exemplo 4.4

Determinar o regime de escoamento quanto à energia específica nas seções inicial e final do Exemplo 4.3.

Solução

Utilizando a Equação 4.7, tem-se:

- Seção de montante

$$Fr = \frac{0,52}{\sqrt{(9,81 \times 0,40)}} = 0,26 \qquad \text{regime fluvial ou subcrítico}$$

- Seção de jusante

$$Fr = \frac{1,37}{\sqrt{(9,81 \times 0,15)}} = 1,13 \qquad \text{regime torrencial ou supercrítico}$$

Ocorrência do regime crítico – controle hidráulico

Conforme visto anteriormente, a condição crítica de escoamento corresponde ao limite entre os regimes fluvial e torrencial. Assim, quando ocorre a mudança do regime de escoamento, a profundidade deve passar pelo valor crítico. Entretanto, essa passagem pela condição crítica se dá de forma distinta de acordo com o regime inicial observado – fluvial ou torrencial –, como será descrito a seguir.

As situações práticas em que são observadas essas mudanças de regime são diversas, podendo-se citar as seguintes, correspondentes à passagem do escoamento subcrítico ao supercrítico:

- Passagem de uma declividade subcrítica para uma declividade supercrítica.
- Queda livre, a partir de uma declividade subcrítica a montante.
- Escoamento junto à crista de vertedores.

A passagem do regime supercrítico ao subcrítico em rios é verificada, normalmente, em mudanças de declividades. Geralmente, essa passagem não é feita de modo gradual. Com efeito, observa-se uma situação de ocorrência de um fenômeno bastante importante em engenharia hidráulica, o ressalto hidráulico, que corresponde a um escoamento bruscamente variado, caracterizado por uma grande turbulência e uma acentuada dissipação da energia.

A condição de profundidade crítica implica uma relação unívoca entre os níveis energéticos, a profundidade, a velocidade e a vazão, criando assim uma seção de controle, na qual são válidas as equações vistas no item anterior.

Em termos gerais, o termo seção de controle é aplicado a toda seção para a qual é conhecida a profundidade de escoamento, condicionada pela ocorrência do regime crítico, por uma estrutura hidráulica ou uma determinada condição natural ou artificial qualquer, que de alguma forma controla o escoamento. Assim, as seções do controle podem ser divididas em três tipos distintos: controle crítico, controle artificial e controle de canal.

O *controle crítico* é aquele associado à ocorrência da profundidade crítica, separando, portanto, um trecho de escoamento supercrítico de outro de escoamento subcrítico. Em geral, ocorre na passagem do escoamento subcrítico ao supercrítico, como nas proximidades de uma cachoeira. A passagem do escoamento supercrítico para o escoamento subcrítico ocorre através do ressalto, não sendo possível definir a seção de ocorrência do regime crítico, ou seja, a seção de controle.

A Figura 4.13, mostrando um trecho fluvial em corredeira, ilustra duas situações de ocorrência de seção de controle crítico, devido à passagem do escoamento subcrítico ao supercrítico.

Figura 4.13 – Ocorrência de seção de controle crítico.

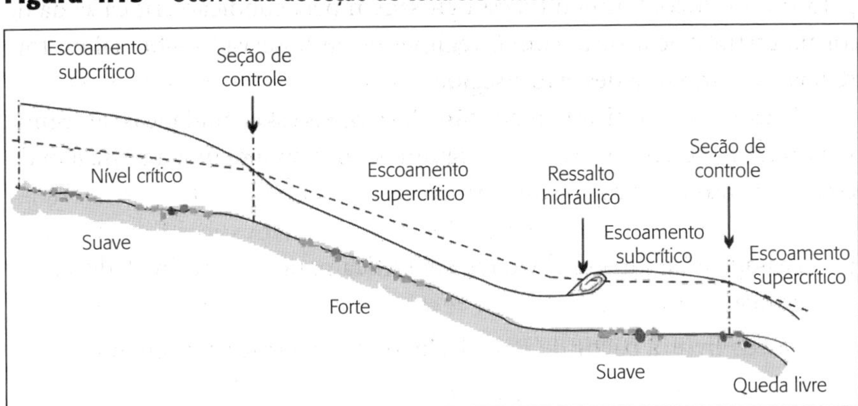

O *controle artificial* ocorre sempre associado a uma situação na qual a profundidade do fluxo é condicionada por uma situação distinta da ocorrência do regime crítico, seja por meio de um dispositivo artificial de controle de vazão ou pelo nível d'água de um corpo de água. Assim, a ocorrência de um controle artificial pode ser associada ao nível de um reservatório, um curso d'água ou uma estrutura hidráulica, como uma comporta, por exemplo. Um exemplo importante diz respeito ao remanso, que corresponde ao escoamento gradualmente variado com profundidades crescentes de montante para jusante decorrente de um controle hidráulico artificial em escoamento subcrítico. A Figura 4.14 ilustra um exemplo típico dessa situação, correspondente ao caso de uma confluência de dois rios, cuja profundidade normal do curso d'água afluente é inferior ao do curso d'água principal, ocasionando o remanso.

Figura 4.14 – Remanso em uma confluência.

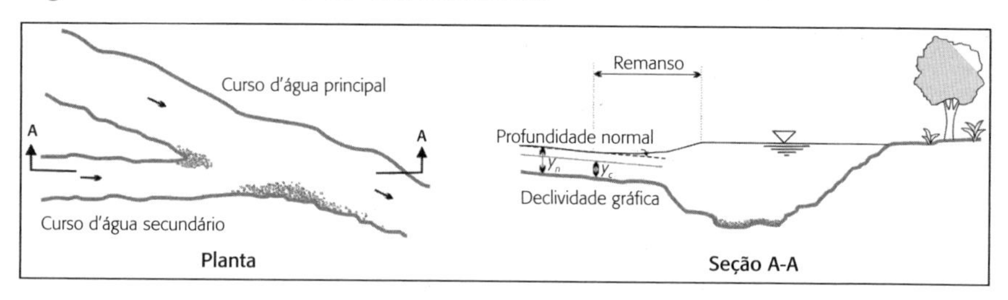

O *controle de canal* ocorre quando a profundidade de escoamento é determinada pelas características de atrito ao longo do canal, ou seja, quando houver a ocorrência do escoamento uniforme. O estudo dessa condição, extremamente importante em hidráulica fluvial, será visto no próximo item.

Reafirmado o conceito de controle hidráulico visto anteriormente, identificam-se duas possibilidades distintas, associadas aos regimes de escoamento nos trechos em análise. Com efeito, nos trechos de escoamento supercrítico, quando a influência de obstáculos a jusante não pode afetar o escoamento a montante, pois apenas o nível d'água a montante controla o escoamento, pode-se definir o controle como sendo de montante. Por outro lado, o controle é dito de jusante com referência ao escoamento subcrítico, ou seja, a profundidade jusante pode afetar, controlar, o escoamento a montante.

Pode-se, assim, perceber que as seções de controle desempenham papel extremamente importante na análise e nos cálculos hidráulicos para determinação do perfil do nível d'água. Essa importância é devida tanto ao fato de conhecermos a profundidade de escoamento na seção como também pela sua relação com o regime de escoamento, condicionando as características do fluxo.

De um ponto de vista prático, pode ser citado que os conceitos relativos às seções de controle permitem a adequada definição da relação "nível d'água – vazão". Assim, para efetuar medidas de vazões em cursos d'água, busca-se identificar seções de controle e, a partir das equações do regime crítico, pode-se avaliar a vazão diretamente a partir da geometria, prescindindo da determinação da velocidade de escoamento.

CÁLCULO DO ESCOAMENTO UNIFORME

Caracterização do escoamento uniforme

Como visto anteriormente, para que ocorra o escoamento uniforme nos escoamentos livres, a profundidade da água, a área molhada da seção transversal e a velocidade deverão ser constantes ao longo do curso d'água. Nessas condições, a linha energética total, a superfície do líquido e o fundo do canal possuem a mesma declividade, ou seja, $J = I$.

Esta condição de escoamento pressupõe que o líquido não sofra nenhuma aceleração ou desaceleração, ou seja, a velocidade é a mesma em todas as seções, correspondendo a uma situação de equilíbrio das forças atuantes no volume de controle. A profundidade associada ao escoamento, constante em todas as seções, é denominada profundidade normal, sendo designada por y_n. Pode-se visualizar a situação pela Figura 4.15.

Os escoamentos verdadeiramente uniformes são muito raros, principalmente nos canais naturais. Em canais artificiais, eles podem ocorrer em trechos prismáticos longos e distantes das extremidades de montante e jusante. Apesar de ser pouco frequente na natureza, o escoamento uniforme é um importante referencial para os outros tipos de escoamento, servindo como uma aproximação satisfatória para efeitos práticos. Assim, os itens apresentados na sequência referem-se essencialmente ao escoamento uniforme em trechos prismáticos de contornos rígidos.

Figura 4.15 – Forças atuantes no escoamento uniforme.

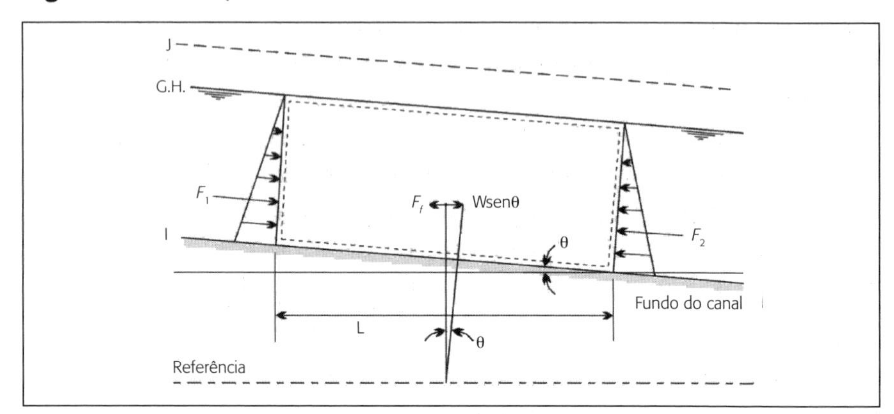

J: linha energética total; G.H.: gradiente hidráulico (linha d'água); I: declividade do fundo do canal; F_1: força por causa da pressão em 1; F_2: força por causa da pressão em 2; F_f: força resistente ao escoamento, decorrente do atrito; W: peso da água; L: comprimento.

Fórmula de Manning

A descrição matemática do escoamento uniforme é feita, usualmente, pela fórmula de Manning, bastante difundida no meio técnico brasileiro:

$$Q = \frac{1}{n} A R_h^{2/3} I^{1/2} \quad \text{(Equação 4.10)}$$

Em que:
Q: vazão (m^3/s).
A: área da seção transversal (m^2).
R_h: raio hidráulico (m).
I: declividade (m/m).
n: coeficiente de rugosidade de Manning.

A obtenção do valor do coeficiente de rugosidade de Manning será discutida no item *Definição dos coeficientes de rugosidade de Manning*.

A profundidade associada ao escoamento uniforme, constante em todas as seções e designada por y_n, é denominada profundidade normal. As demais variáveis podem ser classificadas segundo sua natureza:

- *Variáveis geométricas*: a área da seção transversal e o raio hidráulico, que são funções da profundidade de escoamento.
- *Variáveis hidráulicas*: a vazão, a rugosidade e a declividade.

Em hidráulica fluvial, a utilização da fórmula de Manning prende-se tanto ao dimensionamento de novas canalizações (determinação da seção transversal) quanto à verificação da capacidade de vazão em sistemas existentes.

Utilização da fórmula de Manning

Solução da equação de Manning para seções regulares

No caso de seções trapezoidais, usualmente assimiladas a cursos d'água naturais, tem-se:

Área: $A=(b+z\cdot y)\cdot y$ (Equação 4.11)

Perímetro molhado: $p=b+2y(1+z^2)^{1/2}$ (Equação 4.12)

Raio hidráulico: $R_h=\dfrac{A}{P}=\dfrac{(b+yz)\cdot y}{b+2y(1+z^2)^2}$ (Equação 4.13)

A seção retangular é um caso particular da seção trapezoidal, em que z = 0.

Inserindo-se A e R_h na fórmula de Manning, obtém-se, após rearranjos (Chapra, 1997):

$$Q=\frac{1}{n}\cdot\frac{\left[(b+z\cdot y)\cdot y\right]^{5/3}}{\left[b+2y\sqrt{(z^2+1)}\right]^{2/3}}\cdot I^{1/2} \quad \text{(Equação 4.14)}$$

Caso se conheça a vazão Q, tem-se que a Equação 4.14 é não linear, com uma incógnita (y). A equação pode ser rearranjada, para se calcular o valor da profundidade y, para o qual a equação rearranjada seja igual a zero:

$$0 = \frac{1}{n} \cdot \frac{\left[(b + z \cdot y) \cdot y\right]^{5/3}}{\left[b + 2y\sqrt{(z^2 + 1)}\right]^{2/3}} \cdot I^{2/3} - Q \qquad \text{(Equação 4.15)}$$

O cálculo de y é feito por processos numéricos de iteração.

O programa para cálculos hidráulicos denominado SisCCOH, de livre acesso no site http://www.ehr.ufmg.br, permite, dentre outras possibilidades, o cálculo do escoamento uniforme em seções regulares dos tipos retangular, trapezoidal, triangular e circular.

Exemplo 4.5

Determinar a profundidade de um rio que tenha as características listadas abaixo. Posteriormente, determinar a seção transversal e a velocidade.

Seção transversal do Exemplo 4.5.

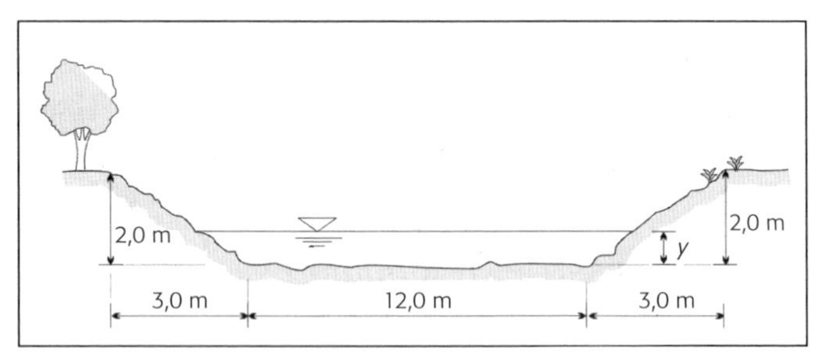

Dados:
Vazão: $Q = 0{,}760$ m³/s
Declividade do canal: $I = 0{,}001$ m/m
Coeficiente de rugosidade: $n = 0{,}05$

Solução

Profundidade

Por meio da Equação 4.20 tem-se:

$$0=\frac{1}{n}\cdot\frac{\left[\left(b+z\cdot y\right)\cdot y\right]^{5/3}}{\left[b+2y\sqrt{\left(z^2+1\right)}\right]^{2/3}}\cdot I^{1/2}-Q=$$

$$\frac{1}{0,05}\times\frac{\left[\left(12,00+1,5y\right)\cdot y\right]^{5/3}}{\left[12,00+2y\sqrt{\left(1,5^2+1\right)}^{2/3}\right]}\times 0,001^{1/2}-0,760$$

O valor de y que soluciona a equação é $y = 0{,}25$ m.

Área da seção transversal (seção molhada)

A área da seção de um canal trapezoidal é dada por:

$$A=\left(b+z\cdot y\right)\cdot y=\left(12,00+1,5\times 25\right)\times 0,25=3,09\ m^2$$

Velocidade de escoamento

Pela equação da continuidade, tem-se:

$$U=Q/A=\left(0,760\ m^3/s\right)/\left(3,09\ m^2\right)=0,25\ m/s$$

Aproximação para seções retangulares largas

Foi visto no item *Características do escoamento* que, nos canais em que a largura é bem maior que a profundidade ($B/y > 10$), o raio hidráulico R_h se aproxima da profundidade y. A título de ilustração, a Tabela 4.1 apresenta valores calculados da velocidade de escoamento utilizando-se a fórmula de Manning (Equação 4.10), para diferentes valores de y, I e n, com a simplificação de se ter $R_h = y$. As declividades estão expressas em m/km, mas na equação de Manning deve-se entrar com m/m. O quadro permite uma estimativa expedita da velocidade, na frequente situação de cursos d'água largos. Observa-se que, na maior parte dos casos, a velocidade é inferior a 1,0 m/s.

Tabela 4.1 – Velocidades de escoamento (m/s) obtidas segundo a fórmula de Manning para diferentes valores de profundidade, declividade e coeficiente de rugosidade.

Coef. rugosidade *n*	Profundidade y (m)	Declividade (m/km)					
		0,05	**0,10**	**0,25**	**0,50**	**1,00**	**5,00**
0,030	0,4	0,13	0,18	0,29	0,40	0,57	1,28
	0,8	0,20	0,29	0,45	0,64	0,91	2,03
	1,2	0,27	0,38	0,60	0,84	1,19	2,66
	1,6	0,32	0,46	0,72	1,02	1,44	3,22
	2,0	0,37	0,53	0,84	1,18	1,67	3,74
0,050	0,4	0,08	0,11	0,17	0,24	0,34	0,77
	0,8	0,12	0,17	0,27	0,39	0,54	1,22
	1,2	0,16	0,23	0,36	0,51	0,71	1,60
	1,6	0,19	0,27	0,43	0,61	0,87	1,93
	2,0	0,22	0,32	0,50	0,71	1,00	2,25
0,100	0,4	0,04	0,05	0,09	0,12	0,17	0,38
	0,8	0,06	0,09	0,14	0,19	0,27	0,61
	1,2	0,08	0,11	0,18	0,25	0,36	0,80
	1,6	0,10	0,14	0,22	0,31	0,43	0,97
	2,0	0,11	0,16	0,25	0,36	0,50	1,12

Solução da fórmula de Manning para seções complexas

Para seções complexas, não parametrizadas, torna-se necessário construir gráficos ou tabelas relacionando $AR_h^{2/3}$ em função da profundidade y. Essa situação é ilustrada no Exemplo 4.6.

Exemplo 4.6

Determinar a curva auxiliar de cálculo $\left(y \times AR_h^{2/3}\right)$ para uma seção do canal do ribeirão Arrudas, em Belo Horizonte, Brasil, sabendo-se que a declividade média nesse trecho é de 0,0026 m/m, sendo sua rugosidade avaliada em cerca de 0,022. Calcular a capacidade máxima e a profundidade de escoamento para uma vazão de 600 m³/s.

Seção do canal do ribeirão Arrudas.

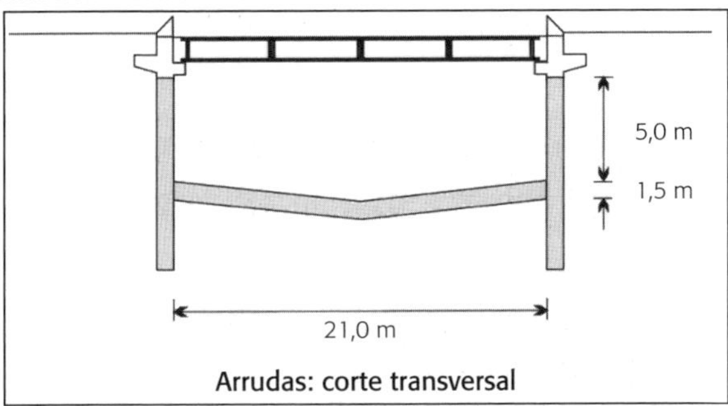

Arrudas: corte transversal

Solução

- Para y entre 0 e 1,5 m

$$y = 1{,}0\ m \Rightarrow A = 10{,}50\ m^2;\ P = 21{,}10\ m;\ R_h =$$

$$A / P = 10{,}50 / 21{,}10 = 0{,}50\ m;\ AR_h^{2/3} = 10{,}50 \times 0{,}50^{2/3} = 6{,}60$$

$$y = 1{,}5\ m \Rightarrow A = 15{,}75\ m^2;\ P = 21{,}21\ m;\ AR_h^{2/3} = 12{,}92$$

- Para y entre 1,5 e 5,0 m

$$y = 2\ m \Rightarrow A = 10{,}50 + 15{,}75 = 26{,}25\ m^2;$$
$$P = 21{,}21 + 1{,}00 = 22{,}21\ m;\ AR_h^{2/3} = 29{,}34$$

$$y = 3\ m \Rightarrow A = 31{,}50 + 15{,}75 = 47{,}25\ m^2;$$
$$P = 21{,}21 + 3{,}00 = 24{,}21\ m;\ AR_h^{2/3} = 73{,}79$$

$$y = 4\ m \Rightarrow A = 52{,}50 + 15{,}75 = 68{,}25\ m^2;$$
$$P = 21{,}21 + 5{,}00 = 26{,}21\ m;\ AR_h^{2/3} = 129{,}17$$

$$y = 5\ m \Rightarrow A = 73{,}50 + 15{,}75 = 89{,}25\ m^2;$$
$$P = 21{,}21 + 7{,}00 = 28{,}21\ m;\ AR_h^{2/3} = 129{,}33$$

$$y = 6\ m \Rightarrow A = 94{,}50 + 15{,}75 = 110{,}25\ m^2;$$
$$P = 21{,}21 + 9{,}00 = 30{,}21\ m;\ AR_h^{2/3} = 261{,}31$$

$$y = 6{,}5\ m \Rightarrow A = 105{,}00 + 15{,}75 = 120{,}75\ m^2;$$
$$P = 21{,}21 + 10{,}00 = 31{,}21\ m;\ AR_h^{2/3} = 297{,}56$$

Pela Equação 4.10, sabe-se que $Qn/I^{0,5} = AR_h^{2/3}$. A segunda coluna da tabela auxiliar mostrada a seguir é, portanto, também igual a $Qn/I^{0,5}$. Caso sejam divididos os valores da segunda coluna por ($n/I^{0,5}$), ter-se-ão os valores de Q mostrados na terceira coluna. No presente exemplo, $n = 0{,}022$ e $I = 0{,}0026$. Portanto, $n/I^{0,5} = 0{,}022/0{,}0026^{0,5} = 0{,}4315$. Dessa forma, se os valores da segunda coluna da tabela auxiliar forem divididos por 0,4315, ter-se-ão as vazões, em função de y, constituintes do gráfico mostrado a seguir.

Construção de curva auxiliar.

y	$AR_h^{2/3}$	Q (m³/s)
0	0	0
1,0	6,60	15,30
1,5	12,92	15,30
2,0	29,34	68,00
3,0	73,79	171,03
4,0	129,17	299,38
5,0	192,33	445,77
6,0	261,31	605,65
6,5	297,36	689,20

(continua)

Construção de curva auxiliar. *(continuação)*

y	$AR_h^{2/3}$	Q (m³/s)
0	0	0
1,0	6,60	15,30
1,5	12,92	29,95
2,0	29,34	68,00
3,0	73,79	171,03
4,0	129,17	299,38
5,0	192,33	445,77
6,0	261,31	605,65
6,5	297,36	689,20

Curva auxiliar.

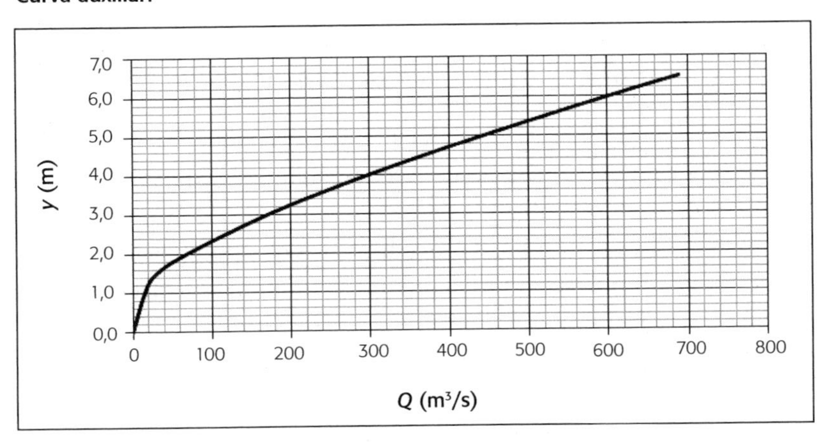

Assim, a capacidade de vazão máxima do canal é de cerca de 689 m³/s.

O gráfico de y em função de Q mostrado anteriormente permite concluir que o nível de água no canal para a vazão de 600 m³/s é de, aproximadamente, 5,9 m. Nesse caso, ter-se-á uma borda livre de 0,60 m.

Definição dos coeficientes de rugosidade de Manning

No cálculo do escoamento uniforme, uma grande dificuldade que se apresenta diz respeito à avaliação dos fatores de atrito, que traduzem a perda de carga. Assim, na utilização da fórmula de Manning, o maior problema a ser resolvido consiste na determinação do coeficiente de rugosidade (n).

O procedimento ideal para a determinação do coeficiente de rugosidade consiste na sua medição em campo. Na impossibilidade de se determinar n diretamente, como frequentemente ocorre em hidráulica fluvial, torna-se necessário efetuar uma estimativa de seu valor, que pode ser obtida por meio de diversos processos. Essas diferentes metodologias são descritas a seguir, cabendo ressaltar, no entanto, que todos esses procedimentos revestem-se de certa dose de subjetividade, dependendo da experiência prática do profissional e exigindo bastante critério para sua utilização.

Determinação direta do coeficiente de rugosidade

A determinação direta do coeficiente de rugosidade, baseada na medição de vazões e de características das seções, quando exequível, é raramente efetuada, pois envolve trabalhos de campo, implicando prazos e recursos relativamente elevados. Um dos procedimentos que pode ser adotado, fundamentado nas hipóteses do escoamento gradualmente variado, é essencialmente o seguinte:

- Determinação das cotas de fundo e das características hidráulicas em duas seções (1 e 2) distintas, separadas pela distância ΔX.
- Determinação das velocidades médias de escoamento nas duas seções.
- Aplicação da equação de Bernoulli entre as duas seções, permitindo a determinação da declividade da linha de energia:

$$J = \frac{\left(z_1 + y_1 + \frac{U_1^2}{2g}\right) - \left(z_2 + y_2 + \frac{U_2^2}{2g}\right)}{\Delta X} \qquad \text{(Equação 4.16)}$$

- Cálculo de n "médio" pela aplicação da fórmula de Manning utilizando as características médias entre as duas seções:

$$n = \frac{\bar{R}_h^{2/3} J^{1/2}}{\bar{U}}$$ (Equação 4.17)

Estimativa do coeficiente de rugosidade a partir da granulometria

Para a avaliação do coeficiente de rugosidade a partir da granulometria da superfície de contato podem ser utilizadas diversas expressões, de natureza empírica. Destaca-se a expressão de Meyer-Peter e Muller (French, 1986), aplicável em leitos com proporção significativa de material graúdo:

$$n = 0{,}038 D_{90}^{1/6}$$ (Equação 4.18)

Onde D_{90} é a o diâmetro da peneira, em metros, correspondente à passagem de 90% do material, em peso.

Estimativa do coeficiente de rugosidade por incrementação – método Cowan

O segundo método, a incrementação do coeficiente de rugosidade, é bastante interessante por permitir a análise dos diversos fatores intervenientes e uma melhor compreensão dos processos físicos envolvidos com a resistência ao escoamento. Para a adoção do procedimento, Chow (1959) propõe a seguinte expressão básica:

$$n = (n_0 + n_1 + n_2 + n_3 + n_4) m_5$$ (Equação 4.19)

Em que:

n_0: valor básico do coeficiente de rugosidade para um canal retilíneo, uniforme e com superfícies planas, de acordo com o material associado à superfície de contato.

n_1: valor adicional correspondente às irregularidades presentes no curso d'água, tais como erosões, assoreamentos, saliências, depressões na superfície etc.

n_2: valor correspondente à frequência de ocorrência de variações de forma no curso d'água, analisada segundo as possibilidades de causar perturbações no fluxo.

n_3: valor baseado na presença de obstruções no curso d'água, tais como deposição de matações, raízes, troncos etc., avaliadas segundo sua extensão no sentido da redução da seção e sua possibilidade de causar turbulência no escoamento.

n_4: valor baseado na influência da vegetação no escoamento, devendo ser avaliado segundo o tipo, densidade e altura da vegetação nas margens, bem como a obstrução acarretada na seção de vazão.

m_5: valor baseado no grau de meandrização do curso d'água, avaliado como sendo a razão entre o comprimento efetivo do trecho e a distância retilínea percorrida.

Os valores desses diversos fatores podem ser avaliados de acordo com a Tabela 4.2.

Tabela 4.2 – Valores para cálculo do coeficiente de rugosidade – método Cowan.

Condições do canal		Valores de n
n_0 Material envolvido	Solo Rocha Pedregulho fino Pedregulho graúdo	0,020 0,025 0,024 0,028
n_1 Grau de irregularidade	Liso Pequeno Moderado Severo	0,000 0,005 0,010 0,020
n_2 Variações da seção transversal	Gradual Alternâncias ocasionais Alternâncias frequentes	0,000 0,005 0,010 – 0,015
n_3 Efeito de obstruções	Desprezível Pequeno Apreciável Severo	0,000 0,010 – 0,015 0,020 – 0,030 0,040 – 0,060

(continua)

Tabela 4.2 – Valores para cálculo do coeficiente de rugosidade – método Cowan. *(continuação)*

Condições do canal		Valores de n
n_4 Vegetação	Baixa Média Alta Muito alta	0,005 – 0,010 0,010 – 0,025 0,025 – 0,050 0,050 – 0,100
m_5 Grau de meandrização	Pequeno Apreciável Severo	1,000 1,150 1,300

Fonte: adaptada de Chow (1959).

Estimativa do coeficiente de rugosidade por meio de tabelas

Para efetuar a estimativa do coeficiente de rugosidade por intermédio desse processo, encontra-se na literatura um grande número de tabelas, obtidas a partir de ensaios e medições de campo. Devem ser destacados os elementos apresentados na obra *Open Channel Hydraulics*, de Ven Te Chow (1959), na qual consta uma extensa lista de coeficientes de rugosidade associados a diversos materiais e situações de utilização.

Apresentam-se, nas Tabelas 4.3 e 4.4, alguns valores de coeficientes de rugosidade, compilados de diversas publicações sobre o assunto.

Tabela 4.3 – Coeficientes de rugosidade para canais artificiais.

Revestimento	Rugosidade		
	mínima	usual	máxima
Concreto	0,013	0,015	0,020
Gabiões	0,022	0,030	0,035
Espécies vegetais	0,025	0,035	0,070
Solo sem revestimento	0,016	0,023	0,028
Rocha sem revestimento	0,025	0,035	0,040

Tabela 4.4 – Coeficientes de rugosidade para cursos de água naturais.

Tipo	Características	Rugosidade		
		mínima	normal	máxima
Canais de pequeno porte em planície (B < 30 m)	Limpos	0,025	0,033	0,045
	Trechos lentos	0,050	0,070	0,080
Canais de pequeno porte em montanhas (B < 30 m)	Leito desobstruído	0,030	0,040	0,050
	Leito com matacões	0,040	0,050	0,070
Canais de grande porte (B > 30 m)	Seções regulares	0,025	-	0,060
	Seções irregulares	0,035	-	0,100
Planícies de inundação	Pastagens	0,025	0,030	0,035
	Culturas	0,020	0,040	0,050
	Vegetação densa	0,045	0,070	0,160

Tem-se ainda as seguintes faixas de valores mais usuais para cursos d'água naturais, citados em referências específicas sobre modelagem da qualidade de rios (Thomann e Mueller, 1987):

- Leitos limpos, suaves e retilíneos: n = 0,025 a 0,033.
- Leitos rugosos, sinuosos e com zonas mortas: n = 0,045 a 0,060.
- Rios com muita vegetação e sinuosos: n = 0,075 a 0,150.

Estimativa do coeficiente de rugosidade por meio de analogia com canais existentes

Essa metodologia está centrada na associação do curso d'água em estudo com um canal existente, para o qual o coeficiente de rugosidade foi determinado. Assim, para a aplicação da metodologia, recorre-se a publicações que apresentam coletâneas de fotos de canais existentes e os correspondentes coeficientes de rugosidade medidos.

Na internet encontram-se sites que apresentam coletânea de fotos, ilustrando e descrevendo diversos cursos d'água típicos, permitindo subsidiar a adequada definição do coeficiente de rugosidade.

Composição do coeficiente de rugosidade de Manning

Em sistemas fluviais naturais, frequentemente ocorre grande variabilidade do coeficiente de rugosidade de Manning ao longo da seção transversal, tornando necessária a estimativa de valores representativos. As abordagens normalmente adotadas são descritas a seguir.

Estimativa do coeficiente de rugosidade para seções simples com rugosidade variável

Em canais e cursos d'água com seções simples, apresentam-se frequentemente situações em que a rugosidade varia ao longo do perímetro do canal e conforme o nível d'água atingido na seção. A velocidade média, entretanto, pode ainda ser calculada levando-se em conta a seção como um todo, sem a necessidade de efetuar sua subdivisão. Nesses casos, torna-se necessária a utilização de uma sistemática de ponderação da rugosidade, permitindo levar em conta as diferenças existentes e se chegar a um coeficiente de rugosidade global.

Pode-se adotar a seguinte ponderação pelo perímetro molhado associado a cada superfície de atrito distinto, conforme recomendações de Horton e Einstein, segundo Chow (1959):

$$n = \left[\frac{\sum_{i=1}^{m} \left(P_1 n_i^{3/2} \right)}{P} \right]^{2/3} \qquad \text{(Equação 4.20)}$$

Em que:
n: coeficiente de rugosidade global.
P: perímetro molhado total (m).
P_i: perímetro molhado associado à superfície "i" (m).
n_i: coeficiente de rugosidade associado à superfície "i".

Com a aplicação dessa expressão obtém-se um coeficiente de rugosidade global, válido para a seção como um todo.

Exemplo 4.7

Calcular o coeficiente de rugosidade global para o córrego Ressaca, em Belo Horizonte, Brasil, conforme figura, considerando que sua seção transversal é constituída parcialmente com gabiões (n = 0,030) e solo com revestimento vegetal (n = 0,040).

Seção transversal do Exemplo 4.7.

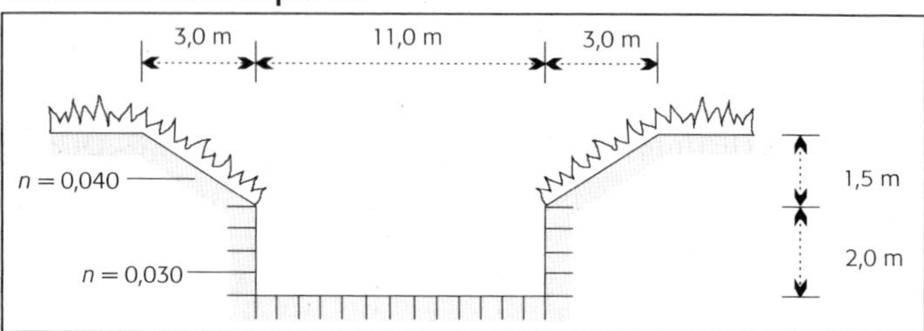

Solução:

Associada à rugosidade com n = 0,030, tem-se a área retangular central, com 11,00 m de largura e 2,00 m de altura. Assim, o perímetro molhado associado é:

$$P_1 = 2{,}00\ m + 11{,}00\ m + 2{,}00\ m = 15{,}00\ m$$

Associadas à rugosidade com n = 0,040, tem-se as duas áreas triangulares laterais, com 3,00 m de largura e 1,50 m de altura. Assim, o perímetro molhado é:

$$P_2 = 2 \times \left(3{,}00^2 + 1{,}50^2\right)^{1/2} = 6{,}71\ m$$

Resolvendo por meio da Equação 4.20, o coeficiente de rugosidade global n é:

$$n = \left[\left(0{,}030^{3/2} \times 15{,}00 + 0{,}040^{3/2} \times 6{,}71\right) / \left(15{,}00 + 6{,}71\right)\right]^{2/3} = 0{,}033$$

Estimativa do coeficiente de rugosidade para seções compostas

Em cursos d'água naturais, frequentemente apresentam-se situações de seções compostas, em que a ponderação pelo perímetro molhado pode levar a resultados falaciosos. Para ilustrar essa situação, tome-se o exemplo de um curso d'água natural em que ocorre o transbordamento do leito menor para a planície de inundação. A ocorrência de materiais distintos ao longo do perímetro molhado, com uma variação sensível da rugosidade (valores elevados de n na planície de inundação) e as pequenas lâminas d'água – em grandes larguras (correspondente à planície), mas com pequena área – associadas, levam a uma superavaliação de *n*.

O tratamento dessa situação pode ser efetuado essencialmente de duas maneiras distintas: pelo cálculo de um coeficiente de rugosidade equivalente à seção como um todo ou pela decomposição desta em diversas subseções, com características distintas, efetuando, em seguida, a composição do fluxo.

Para o primeiro caso, efetua-se uma ponderação da rugosidade pelas áreas associadas a cada uma das rugosidades existentes, chegando-se a um coeficiente de rugosidade equivalente, válido para toda a seção. A metodologia mais utilizada, que será aqui exposta, foi proposta pelo U.S. Corps of Engineers (French, 1986):

$$n_e = \frac{\sum_{i=1}^{m} {}_1 n_i A_i}{A} \qquad \text{(Equação 4.21)}$$

Em que:

n_e: coeficiente de rugosidade equivalente.
A: área total (m^2).
A_i: área associada à superfície "i" (m^2).
n_i: coeficiente de rugosidade associado à superfície "i".

A delimitação das áreas associadas aos diferentes coeficientes de rugosidade é efetuada de forma arbitrária, por meio de verticais, conforme ilustrado na Figura 4.16.

A segunda abordagem que pode ser adotada para tratar a questão que consiste na divisão da seção composta nas diversas subseções com características distintas. Para cada subseção pode ser calculado um parâmetro denominado *fator de condução*, que pode ser definido como a vazão que potencialmente pode ser transportada por ela:

$$K = \frac{A^{5/3}}{nP^{2/3}} \qquad \text{(Equação 4.22)}$$

Figura 4.16 – Exemplo de delimitação de áreas em uma seção composta.

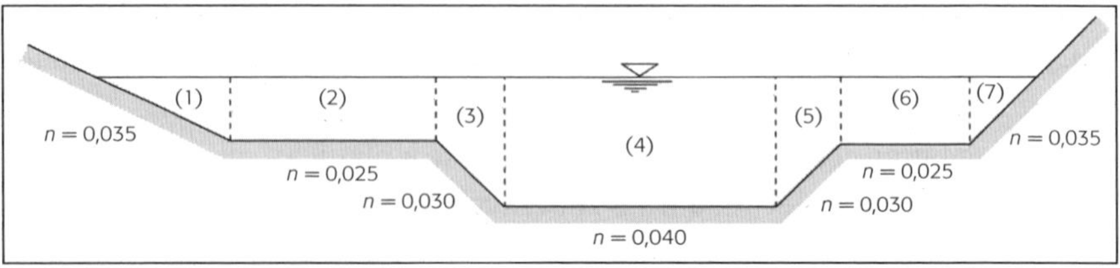

Exemplo 4.8

Calcular o coeficiente de rugosidade equivalente para o córrego Ressaca, em Belo Horizonte, Brasil (figura constante do Exemplo 4.7), utilizando a Equação 4.21.

Solução

Com base na Equação 4.21, tem-se:

$$n = \frac{(0,030 \times 11,0 \times 3,5) + 2 \times (0,040 \times 3,0 \times 1,5)/2}{11 \times 3,5 + 2 \times 3,0 \times 1,5/2}$$

$$n = 0,031$$

Assim, a vazão efetivamente associada a cada subseção é obtida simplesmente pela multiplicação do fator de condução pela raiz quadrada da declividade:

$$Q = KI^{1/2} \quad \text{(Equação 4.23)}$$

A vazão total é obtida pela soma das vazões de cada subseção. A velocidade média pode ser calculada por simples aplicação da equação da continuidade.

Exemplo 4.9

Sabendo-se que o canal fluvial descrito esquematicamente na figura apresenta uma declividade de 0,002 m/m, pede-se calcular a vazão transportada, estimando-se o valor da rugosidade equivalente pelo processo do U. S. Corps of Engineers.

Seção transversal do Exemplo 4.9.

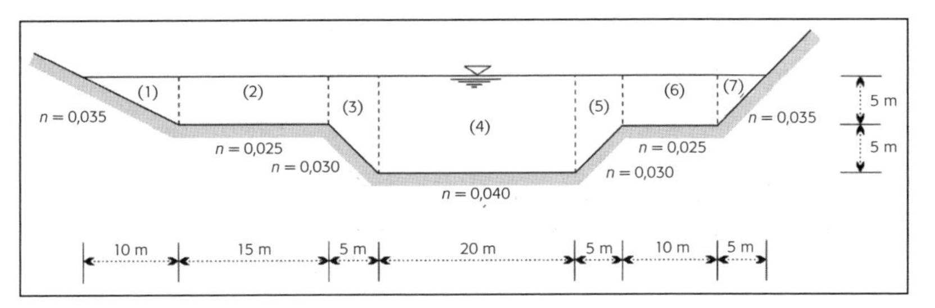

Solução

Com base na Equação 4.22, tem-se:

$A_1 = (10 \times 5)/2 = 25\ m^2$ $\qquad$ $A_2 = 15 \times 5 = 75\ m^2$

$A_3 = (5+10) \times 5/2 = 37{,}5\ m^2$ $\qquad$ $A_4 = 20 \times 10 = 200{,}0\ m^2$

$A_5 = A_3 = 37{,}5\ m^2$ $\qquad$ $A_6 = 10 \times 5 = 50\ m^2$

$A_7 = (5 \times 5)/2 = 12{,}5\ m^2$

$P_1 = \sqrt{10^2 + 5^2} = 11{,}18\ m$ $\qquad$ $P_2 = 15\ m$

$P_3 = \sqrt{5^2 + 5^2} = 7{,}07\ m$ $\qquad$ $P_4 = 20{,}0\ m$

$P_5 = P_3 = 7{,}07\ m$ $\qquad$ $P_6 = 10\ m$

$P_7 = P_3 = \sqrt{5^2 + 5^2} = 7{,}07\ m$

$K_1 = \dfrac{25^{5/3}}{0{,}035 \times 11{,}18^{2/3}} = 1219{,}0$ $\qquad$ $K_2 = \dfrac{75^{5/3}}{0{,}025 \times 15^{2/3}} = 8762{,}6$

$$K_3 = \frac{37,5^{5/3}}{0,030 \times 7,07^{2/3}} = 3797,5 \qquad K_4 = \frac{200,0^{5/3}}{0,040 \times 20,0^{2/3}} = 23172,3$$

$$K_5 = \frac{37,5^{5/3}}{0,030 \times 7,07^{2/3}} = 3797,5 \qquad K_6 = \frac{50^{5/3}}{0,025 \times 10^{2/3}} = 5841,8$$

$$K_7 = \frac{12,5^{5/3}}{0,035 \cdot 7,07^{2/3}} = 522,0$$

$$\sum K = 1219,0 + 8762,6 + 3797,5 + 23172,3 + 3797,5 + 5841,8 + 522,0 = 47112,7$$

Utilizando a Equação 4.23 obtém-se a vazão transportada:

$$Q = 47112,7 \times (0,002)^{1/2} = 2106,9 \ m^3/s$$

CONSIDERAÇÕES FINAIS

Os fundamentos de hidráulica vistos no presente capítulo permitem a descrição quantitativa de grande parte das situações de escoamento da água em rios, responsável pelo comportamento morfológico, ligado, por sua vez, aos processos de transporte de sedimentos, com impactos significativos em termos ecológicos, qualidade de água e estabilidade estrutural das intervenções.

É importante ressaltar, no entanto, que algumas situações hidráulicas mais complexas, mas ainda assim frequentes em casos práticos de hidráulica fluvial, não são aqui tratadas, devendo, para tanto, ser consultada a ampla bibliografia disponível sobre o assunto. Destaca-se, como exemplo, a ocorrência de escoamento transitório, que apresenta reflexos importantes nas interações ecológicas nos cursos de água.

Finalmente, deve ser salientado o importante papel que a modelagem hidráulica pode desempenhar na operacionalização, tanto dos conceitos vistos no presente capítulo como nos processos mais complexos citados. De fato, a adequada utilização dos modelos hidráulicos, abundantes na literatura, inclusive disponíveis para uso livre, pode constituir-se em ferramenta importante nos estudos relativos à recuperação de rios.

REFERÊNCIAS

BAPTISTA, M.B.; COELHO, M.M.L.P. *Fundamentos de engenharia hidráulica*. Belo Horizonte: UFMG, 2014.

CHANSON, H. *The hydraulics of open channel flow*. Oxford: John Wiley & Sons Inc., 1999.

CHAPRA, S.C. *Surface water quality modeling*. USA: WCB/McGraw-Hill, 1997.

CHOW, V.T. *Open channel Hydraulics*. Tokyo: McGraw-Hill, 1959.

FRENCH, R.H. *Open channel hydraulics*. Singapura: McGraw-Hill, 1986.

LEOPOLD, L.B. *Water, rivers and creeks*. Sausalito: University Sciences Books, 1997.

RANGA RAJU, K.G. *Flow though open channels*. New Delhi: McGraw-Hill, 1981.

THOMANN, R.V., MUELLER, J.A. *Principles of surface water quality modeling and control*. New York: Harper International Edition, 1987.

Qualidade Química das Águas Superficiais

5

Antoni Ginebreda
Miren López de Alda
Damià Barceló
Sérgio F. de Aquino

INTRODUÇÃO

O dano progressivo causado pelo homem tanto na qualidade como na quantidade causa um impacto – às vezes irreversível –, não apenas nos ecossistemas aquáticos, mas também na disponibilidade de água para o próprio ser humano em condições seguras para seu consumo e demais usos. Desse ponto de vista, o meio aquático deve ser algo mais do que um simples local de um recurso a explorar, imprescindível para o desenvolvimento humano (o que também é): trata-se de um sistema natural complexo que dá suporte a ecossistemas, cuja conservação deve ser feita de modo a garantir seu funcionamento sustentável. Assim, a gestão do meio aquático requer uma compreensão profunda das relações entre suas propriedades e a maneira com que as atividades humanas podem influir nos processos físicos, químicos e biológicos que são a base de seu funcionamento.

Neste capítulo, serão analisados brevemente os aspectos relacionados à qualidade química do meio aquático, ainda que convenha sempre se lembrar de que qualidade e quantidade, química e ecologia, são aspectos intimamente relacionados entre si, por mais que classicamente sua gestão tenha seguido caminhos separados. Hoje em dia, felizmente, esta visão compartimentada do meio aquático tem sido substituída por uma concepção muito mais holística.

A qualidade química do meio aquático se deve, em boa parte, às propriedades físico-químicas da molécula de água, como o momento dipolar, pressão de vapor, ponto de fusão e ebulição, densidade, entre outros, que lhes confere características muito particulares. Ainda que este capítulo não tenha o propósito de abordar com detalhes a singularidade de algumas propriedades físicas e químicas da água, pode-se comentar, brevemente, algumas delas, tendo em conta, principalmente, sua importância ambiental.

Assim, por exemplo, a água apresenta sua máxima densidade a 4°C, circunstância que faz com que o gelo flutue sobre a água líquida, o que, associado ao fato de ela não conduzir muito calor, impede o congelamento das camadas profundas em corpos d'água submetidos a temperaturas inferiores a seu ponto de congelamento. Além disso, a água tem calor específico, de fusão e de evaporação muito elevados, o que lhe confere um poder termorregulador e termostático de grande influência sobre o clima terrestre.

A molécula de água (H_2O) tem uma estrutura angular (em forma de V), em que os átomos de oxigênio e hidrogênio formam um ângulo de 104,5° entre si. Em virtude da diferença de eletronegatividade entre oxigênio e hidrogênio, as ligações O-H da molécula de água apresentam grande polaridade, o que dá lugar a um elevado momento dipolar e constante dielétrica. Isso, por sua vez, explica a facilidade com que se desfazem na água muitos compostos iônicos (justificando sua alta solubilidade nesse meio), assim como fenômenos como a solvatação e a formação de ligações de hidrogênio, que contribuem para a solubilização de vários compostos não iônicos. De fato, a capacidade da água em solubilizar uma miríade de compostos concorre para que ela seja chamada de solvente universal e isso tem relação com a extensão da sua poluição.

À pressão e temperatura normais, a água é o líquido de maior tensão superficial conhecido, que é de grande importância à vida de muitos seres vivos, seja porque é responsável pelo fenômeno de capilaridade ou por permitir que objetos mais densos, como insetos, flutuem na água. Além disso, a tensão superficial é responsável pela formação de gotas e bolhas (de particular importância em processo de aeração) e responde pela imiscibilidade entre líquidos polares e apolares, tal como na separação água-óleo. Outro aspecto importante é o fato de a água ser mais transparente à luz visível de comprimento de onda mais curto (azul) que à de comprimento de onda mais longo (vermelha e infravermelha), o que tem influência na estratificação térmica do meio aquático e na distribuição da flora.

A qualidade química de uma massa de água superficial ou subterrânea é o resultado das influências naturais provenientes de sua interação com a litosfera e atmosfera, bem como do efeito antrópico. Sem o efeito antrópico a qualidade das águas seria ditada pelos fenômenos naturais, tais quais o intemperismo de rochas por agentes atmosféricos (exemplo: água e oxigênio); a precipitação de água da chuva acompanhada da dissolução e arraste de poluentes atmosféricos (exemplo: gases e poeiras); a deposição direta na água de material particulado (exemplo: fuligem, pós); a lixiviação de matéria orgânica e nutrientes do solo pelo escoamento superficial; e a ação microbiana que metaboliza o material particulado ou dissolvido na água para produzir diversos subprodutos. Como resultado, a água em seu estado natural contém uma série de componentes, dissolvidos ou em suspensão, alguns inclusive podem ter efeitos nocivos para os seres vivos, aos quais devem se somar aqueles introduzidos pela ação do homem.

Contaminação do meio aquático

Na Figura 5.1, representa-se resumidamente o ciclo antropogênico da água. De maneira geral, pode-se definir contaminação como a introdução no meio ambiente, pela ação direta ou indireta do homem, de qualquer forma de matéria ou energia, de maneira que, em dado momento, supere o nível natural de referência (*background*) e possa causar efeitos nocivos sobre os seres vivos ou alterar os ecossistemas. Essa definição requer as seguintes explicações e esclarecimentos adicionais:

- Deve-se entender o conceito de contaminação em seu sentido mais amplo, para então ater-se às alterações decorrentes de perturbações de tipo físico, químico ou biológico. Do ponto de vista prático, é importante considerar ainda, para efeitos normativos e de legislação, a ideia de que a contaminação aquática deve manter-se dentro do marco dos usos da água: consumo humano, vida aquática, irrigação, lazer, entre outros. Nesse contexto, contaminação será, então, a alteração da qualidade de maneira que fique prejudicado determinado uso que se faz desse recurso. Essa diferenciação é crucial, tendo em vista que apresenta uma dimensão de relatividade no conceito de contaminação, já que, como é obvio, nem todos os usos exigem o mesmo nível de qualidade.
- Sob a denominação de contaminantes estão os primários, introduzidos pelo homem no ambiente como tais; e os secundários, originados a partir de um precursor ou poluente primário. Este seria o caso, por

exemplo, dos compostos DDE e DDD resultantes da degradação do pesticida DDT; e dos sulfetos formados por redução microbiológica de sulfatos em ambientes aquáticos anóxicos. Além disso, define-se contaminação pontual, quando sua origem no tempo e no espaço está bem localizada (exemplo: lançamento de esgoto sanitário ou efluente industrial), em contraposição à contaminação difusa, quando esta ocorre de uma maneira pouco definida e dispersa no espaço e no tempo (exemplo: drenagens urbanas e agrícolas).

- Ao que a escala de tempo se refere, deve-se igualmente entender de maneira geral, junto aos efeitos de contaminação agudos produzidos por emissões de certa intensidade em períodos curtos, a contaminação crônica procedente, com frequência, de fontes pouco determinadas ou difusas, cujos efeitos somente são perceptíveis em períodos mais longos de observação.

Figura 5.1 - Ciclo antropogênico da água.

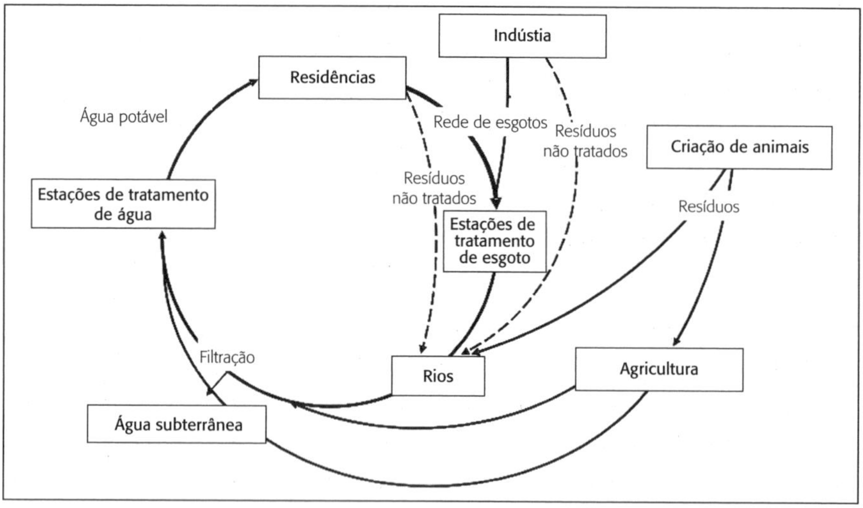

A qualidade química do meio aquático

Do que foi dito, percebe-se que o conceito de qualidade química do meio aquático não deve ser interpretado de uma maneira estática e absoluta, e apresentará variações no espaço e no tempo. Por isso, sua medida e interpretação, em muitos casos, só ganha sentido quando se examina séries longas, no espaço e no tempo, de qualidade da água.

Por outro lado, a qualidade dependerá, em primeiro lugar, do contexto analisado. O uso dado à água será o ponto fundamental dos requisitos exigidos. Assim, por exemplo, define-se a qualidade da água destinada à potabilização, irrigação, lazer, manutenção da biota aquática, dentre outros. É evidente que os padrões e requisitos de qualidade a aplicar em cada caso serão diferentes e, para cada um deles, haverá um conjunto de normas regulamentadoras.

Da mesma maneira e para efeitos de qualidade, é importante distinguir entre a qualidade emitida ou emissão (correspondente a um lançamento ou descarga no meio) em contraste com a qualidade do próprio meio receptor ou imissão. Nesse sentido, no Brasil, a legislação federal estabelece padrões de lançamento de efluentes (Conama 430/11) e de classificação de corpos d'água (Conama 357/05) em função dos seus usos pretendidos.

A qualidade química da água é determinada a partir da medida experimental de determinados parâmetros, que servirão para estabelecer tanto suas características naturais, como aquelas provenientes da contaminação. Não obstante, antes de descrever possíveis parâmetros utilizados na caracterização da água, é conveniente distinguir uma série de conceitos relacionados ao termo genérico de contaminação, que às vezes se confundem, são eles: agente contaminante, medida experimental da contaminação e efeito causado. Em relação aos efeitos, cabe destacar que os contaminantes podem afetar adversamente os seres vivos (exemplo: toxicidade) ou o meio (exemplo: eutrofização); e que os efeitos sobre o meio podem também, por sua vez, ser objeto de medida experimental. Um exemplo que ilustra tal distinção é a contaminação do meio aquático por compostos orgânicos, que pode ser medida pela determinação da demanda química de oxigênio (DQO), parâmetro de uso comum na caracterização de águas residuárias. Está claro que a DQO não é o agente contaminante em si, mas sim o resultado de um ensaio químico, no qual se mede o consumo de certo reagente oxidante na presença de matéria orgânica ou de outras substâncias redutoras. Ou seja, a DQO é um indicador analítico da contaminação, do mesmo modo que a febre, determinada por meio de uma medida da temperatura corporal, não é em si nenhuma doença, mas sim um de seus sintomas.

Por último, é preciso enfatizar o fato de que os evidentes progressos conseguidos na valorização da qualidade química da água devem muito aos correspondentes avanços em química analítica alcançados nos últimos anos. Hoje em dia, existe um elenco de técnicas analíticas disponíveis por meio das quais é possível determinar de maneira rotineira muitos contaminantes a níveis de partes por bilhão (ppb ou µg/L) ou partes por trilhão (ppt ou ng/L). Sua exposição detalhada, própria de um texto especializado de química analítica, extrapola o escopo deste capítulo.

A seguir, apresentam-se os principais parâmetros utilizados na determinação da qualidade da água. É possível encontrar mais informações de caráter geral relativas aos tópicos aqui descritos em Connell (1997) e também no United Nations Environment Programme (Unep-Gems, 2007).

PARÂMETROS FÍSICO-QUÍMICOS GERAIS

Temperatura

A temperatura aumenta a velocidade das reações químicas e bioquímicas, afetando assim os processos biológicos (fotossíntese, metabolismo, crescimento bacteriano etc.). A temperatura nos sistemas aquáticos também é importante porque influi diretamente na solubilidade do oxigênio e de outros componentes da coluna de água, tais como a amônia e o CO_2. A temperatura da água passa por variações diárias e temporais, em relação às correspondentes variações da temperatura do ar, e os organismos aquáticos, incluindo bactérias, algas, invertebrados e peixes, costumam ter margens de adaptação de temperatura muito restritas, distribuindo-se ao longo da coluna de água de modo correspondente.

Por último, a temperatura influi diretamente na viscosidade e densidade da água e é responsável pela geração de gradientes verticais e fenômenos de estratificação em massas de água de certa profundidade (lagos, represas etc.), de grande importância ecológica (Connell, 1997). Essa estratificação consiste na formação, em virtude da incidência direta da radiação solar, de uma primeira camada mais quente na superfície, conhecida como epilímnio, que costuma se desenvolver na estação quente nas regiões temperadas e tropicais. Na parte profunda (hipolímnio), tem-se uma camada fria mais densa. Os perfis verticais de temperatura são bastante característicos, apresentando uma zona de diminuição abrupta conhecida como termoclinas. Nas regiões temperadas e tropicais, o esfriamento do ar invernal provoca o correspondente esfriamento da água superficial e a mistura da coluna de água conhecida como ruptura da termoclina, fenômeno importante para a qualidade da água. A homogeneização da massa d'água provocada pela ruptura da termoclina leva à ascendência de compostos dissolvidos, alguns dos quais tóxicos, formados nas regiões anaeróbias (hipolímnio).

A temperatura do meio aquático pode ser alterada por causa dos escoamentos de origem antrópico, efeito conhecido como poluição térmica, tal como ocorre em usinas nucleares que utilizam grandes volumes de água para resfriamento.

Condutividade

A condutividade mede o grau de condução elétrica de uma solução aquosa. A passagem da corrente só é possível se existirem íons dissolvidos capazes de realizar o transporte de cargas elétricas. Portanto, a condutividade é uma medida indireta dos compostos iônicos presentes na água, e é característica que afeta diretamente processos de corrosão.

Os principais íons responsáveis pela salinidade da água são os cátions sódio (Na^+), potássio (K^+), cálcio (Ca^{2+}) e magnésio (Mg^{2+}) e os ânions bicarbonato (HCO_3^-), carbonato (CO_3^{2-}), cloreto (Cl^-), sulfato (SO_4^{2-}) e às vezes, também nitrato (NO_3^-) e fosfato (HPO_4^{2-}, $H_2PO_4^-$, PO_4^{3-}, a depender do pH da água). Vale ressaltar que os íons monovalentes (exemplo: Na^+, K^+, Cl^-) são de difícil remoção nos processos ditos convencionais de tratamento de água e efluentes, sendo, por isso, poluentes importantes quando se considera o reúso de água.

O nível de salinidade é importante para os organismos vivos, que normalmente são adaptados a determinadas condições osmóticas, ainda que existam espécies ditas halófilas, especialmente resistentes a ambientes salinos. A salinidade do meio aquático pode ser natural ou provocada direta (exemplo: lançamento de efluentes) ou indiretamente (exemplo: intrusão de sal marinho em águas subterrâneas pela sua exploração) pelo homem. Ainda que a maior parte dos sais naturais dissolvidos na água seja, de forma majoritária, de baixa toxicidade, o excesso deles pode impedir determinados usos, como o consumo humano, a irrigação de determinadas culturas e algumas aplicações industriais.

pH, acidez e alcalinidade

O potencial hidrogeniônico, ou pH, é a medida da concentração de prótons (H^+) na água, expressa em escala logarítmica negativa ($pH = - \log [H^+]$). A acidez refere-se à concentração de prótons na água nos casos em que ela apresenta valores de pH inferiores a 7, sendo determinada pelo consumo de uma base forte durante sua determinação titulométrica ou potenciométrica, e normalmente expressa em $mgCaCO_3/L$. A medida da acidez da água, e o nível em que esta difere da água pura (pH=7), é importante para estabelecer sua qualidade, tanto do ponto de vista ecológico (a maioria dos organismos vivos estão adaptados a faixas estreitas de valores de pH) como dos usos da água pelo homem.

A alcalinidade, por sua vez, indica a capacidade do sistema de amortecer (tamponar) uma mudança de pH e relaciona-se à presença de bases (exemplo: íons hidroxila, carbonato e bicarbonato) na água. A alcalinidade é medida pelo consumo de um ácido forte durante sua determinação titulométrica ou potenciométrica, e normalmente expresso como $mgCaCO_3/L$.

O pH das águas naturais costuma ser de 6,5 a 8,5, decorrentes da dissolução do CO_2 atmosférico e da interação da água com os componentes (exemplo: silicatos, carbonatos) do solo e das rochas que ela permeia. A ação humana pode alterar pH, acidez e alcalinidade das águas pelo lançamento de despejos industriais contendo ácidos e bases.

Potencial redox

O denominado potencial redox ou potencial de redução (pE, E_H, ε ou ORP) é uma medida da tendência de uma espécie química de adquirir elétrons e, portanto, reduzir-se. Uma espécie com elevado potencial redox (exemplo: O_2) tem maior tendência de se reduzir (Equação 5.1), ao passo que espécies que possuem pequenos valores de potencial redox (exemplo: HS^-) têm maior tendência de se oxidar (Equação 5.2). Dessa forma, ao se considerar duas espécies em solução, aquela que tiver maior potencial de redução será reduzida, ou seja, oxidará a outra espécie, tal como ocorre na oxidação de íons sulfeto pelo oxigênio dissolvido (Equação 5.3).

$\frac{1}{4} O_2 + H^+ + e^- \rightarrow \frac{1}{2} H_2O$ $\quad \varepsilon^0 = + 1{,}22\ V$ (Equação 5.1)
(semirreação de redução)

$1/8\ HS^- + 1/2\ H_2O \rightarrow 1/8\ SO_4^{-2} + 9/8\ H^+ + e$ $\quad \varepsilon^0 = -0{,}25\ V$ (Equação 5.2)
(semirreação de oxidação)

$1/8\ HS^- + 1/4\ O_2 \rightarrow 1/8\ SO_4^{-2} + 1/8\ H^+$ $\quad \varepsilon^0 = +0{,}97\ V$ (Equação 5.3)
(reação global ou redox)

Sendo assim, em uma solução aquosa com potencial redox maior (mais positivo) predominam espécies oxidadas e passíveis de serem reduzidas por espécies que tenham E_h menor. Por outro lado, quanto mais negativo for o potencial redox de uma solução, maior é a concentração de espécies reduzidas, ou seja, passíveis de serem oxidadas por espécies que possuam maior E_h.

Da mesma maneira que a transferência de prótons (H^+) determina o pH de uma solução aquosa, a transferência de elétrons entre espécies químicas determina seu potencial redox. Assim como o pH, o potencial redox é uma propriedade de caráter relativo: não determina a capacidade irrestrita do sistema de oxidar-se ou reduzir-se, assim como o pH não dá uma medida absoluta da acidez. Os dois são medidas relativas cujo valor só tem sentido comparado a valores de referência. Assim, os potenciais redox se definem de acordo com um eletrodo de referência.

Os potenciais redox de uma solução aquosa são determinados medindo-se a diferença de potencial entre um eletrodo inerte em contato com a solução e um eletrodo estável de referência (de potencial conhecido) conectado à solução por meio de uma ponte salina. O eletrodo padrão de hidrogênio (*Standard Hydrogen Electrode*, SHE) é a referência com a qual costumam ser medidos todos os potenciais redox, sendo o seu valor arbitrado em zero. De maneira genérica, pode-se descrever um processo redox como um conjunto de duas semirreações acopladas, uma de oxidação e outra de redução, na qual ocorrem, respectivamente, a cessão e a captura de elétrons. Para uma semirreação determinada (Equação 5.4), denominamos {Ox} à espécie oxidada, {Red} à espécie reduzida e n o número de elétrons envolvidos, podendo o potencial E_H (expresso em V ou mV) ser calculado pela equação de Nernst (Equação 5.5):

$$\{Ox\} + ne^- \rightarrow \{Red\} \qquad \text{(Equação 5.4)}$$

$$E_H = E^0_H + \frac{R \times T}{n \times F} \times \ln \frac{\{Ox\}}{\{Red\}} \qquad \text{(Equação 5.5)}$$

Em que:
{Ox} = atividade da espécie química oxidada
{Re*d*} = atividade da espécie química reduzida
T = Temperatura absoluta (°K)
R = constante dos gases (8,31 J/mol·°K)
F = número de Faraday (96500 Coulombs/eq)
E^0_H = potencial normal padrão (V ou mV). Corresponde ao valor de E_H quando {Ox}= {Re*d*}

Por sua vez, o potencial de semirreação tem correspondência direta com a variação de energia livre da reação G^0_H, conforme a Equação 5.6. Na Tabela 5.1 apresentam-se, a título de exemplo, os potenciais de redução padrão de alguns pares redox de importância em processos naturais que ocorrem no meio aquático.

$$\Delta G^0_H = -n \times F \times E^0_H \qquad \text{(Equação 5.6)}$$

Tabela 5.1 - Potenciais de redução padrão a 25°C (E^0_H) de alguns pares redox importantes no meio natural aquático (são indicados também os potenciais redox corrigidos $E^0_H(W)$ correspondentes a pH = 7 ou $[H^+] = 10^{-7}$).

Semirreação de redução	E^0_H (V)	$E^0_H(W)$ (V)	$\Delta G^0_H(W)/n^o$ (kJ mol^{-1})
(1) $O_2 + 4H^+ + 4e^- = 2H_2O$	+1,22	+0,81	-78,3
(2) $2NO_3^- + 12H^+ + 10e^- = N_2 + 6H_2O$	+1,24	+0,74	-71,4
(3) $MnO_2 + HCO_3^- + 3H^+ + 2e^- = MnCO_3 + 2H_2O$		+0,52[a]	-50,2[a]
(4) $NO_3^- + 2H^+ + 2e^- = NO_2^- + H_2O$	+0,83	+0,42	-40,5
(5) $NO_3^- + 10H^+ + 8e^- = NH_4^+ + 3H_2O$	+0,88	+0,36	-34,7
(6) $FeOOH + HCO_3^- + 2H^+ + e^- = FeCO_3 + 2H_2O$		-0,05[a]	+4,6[a]
(7) Piruvato + $2H^+ + 2e^-$ = lactato		-0,19	+18,3
(8) $SO_4^{-2} + 9H^+ + 8e^- = HS^- + 4H_2O$	+0,25	-0,22	+21,3
(9) $S + 2H^+ + 2e^- = H_2S$	+0,17	-0,24	+23,5
(10) $CO_2 + 8H^+ + 8e^- = CH_4 + 2H_2O$	+0,17	-0,25	+23,5
(11) $2H^+ + 2e^- = H_2$	0,00	-0,41	+39,6
(12) $6CO_2 + 24H^+ + 24e^- = C_6H_{12}O_6 + 6H_2O$	-0,01	-0,43	+41,0

[a]Os valores correspondem a uma concentração de HCO_3^- de 10^{-3} M.

Ainda que a medida do potencial redox de uma solução aquosa seja relativamente simples de ser realizada, sua interpretação não é trivial, já que está influenciada por muitos fatores, como temperatura, pH, irreversibilidade da reação, cinética do eletrodo, processos em desequilíbrio, presença de diversos pares redox, envenenamento do eletrodo, pares redox inertes, entre outros. Consequentemente, as medidas reais de potencial redox raramente coincidem com os valores calculados. Contudo, as medidas de potencial redox, mais do que seu significado numérico absoluto, são uma ferramenta analítica de campo muito útil para monitorar mudanças no sistema e fornecer uma ideia geral sobre os processos redox dominantes.

Conforme pode ser visto na Equação 5.5, o potencial de redução de uma determinada substância química depende da concentração das suas formas oxidadas e reduzidas, variando ainda, no caso de sistemas aquosos, em função da atividade de prótons do meio. Dessa forma, é comum expressar na forma de diagrama a variação do E_H em função do pH, conforme será discutido posteriormente no item "Metais pesados e metaloides".

Sólidos em suspensão e turbidez

A turbidez da água depende da quantidade de material em suspensão presente. O instrumento utilizado para sua medida é o nefelômetro ou o turbidímetro, que mede a intensidade da luz dispersada a 90 graus quando um raio de luz incide sobre uma amostra de água. Costuma-se expressar a turbidez em unidades nefelométricas de turbidez (NTU, do inglês *Nephelometric Turbidity Units*) ou apenas unidades de turbidez (uT). Os sólidos em suspensão causadores da turbidez podem, por sua vez, ser medidos por gravimetria filtrando-se diretamente determinada quantidade de água por uma membrana de peso conhecido. Vale ressaltar que a filtração de amostras de água por membranas de fibra de vidro, que tem diâmetro nominal de poro de 1,2 μm, não retém de forma significativa material coloidal causador de turbidez, o que só seria possível usando-se membranas com diâmetro de poro inferior a 0,2 μm. Ainda que a medida direta de sólidos em suspensão seja mais exata, a determinação de turbidez é mais rápida, pode ser feita *in loco* e é facilmente mensurável continuamente e em tempo real.

Os sólidos em suspensão e/ou turbidez podem se originar de material orgânico e inorgânico nas formas particulada e coloidal, tipicamente resultantes do transporte ou ressuspensão de sedimentos ou do lançamento de despejos domésticos e industriais nos corpos d'água. Além disso, alguns organismos aquáticos (exemplo: fitoplâncton) também causam turbidez e contribuem para os sólidos suspensos da água, principalmente aquela decorrente de ambientes eutrofizados. Em qualquer caso a turbidez e os sólidos suspensos são parâmetros determinantes da qualidade da água.

Oxigênio dissolvido

A quantidade de oxigênio dissolvido na coluna de água é um parâmetro-chave em relação à qualidade do meio aquático. Sua presença torna possível a respiração dos organismos aeróbios e influi, além disso, em muitas outras reações abióticas. A incorporação de oxigênio no meio aquático ocorre por difusão, diretamente a partir do oxigênio atmosférico, cuja solubilidade em água é diretamente proporcional à sua pressão parcial e inversamente proporcional à temperatura, conforme preconizado pela Lei de Henry, sendo influenciada ainda pela salinidade do meio. A agitação e a turbulência do meio aquático natural são determinantes para permitir sua aeração e a solubilização de oxigênio a partir do ar.

A presença de vegetação aquática provoca oscilações diárias no conteúdo de oxigênio dissolvido, já que durante o dia a fotossíntese é um processo fortemente produtor de oxigênio, enquanto à noite, ocorre apenas a respiração, que é um processo consumidor de oxigênio. Em razão desse fenômeno, o excesso de produção primária (eutrofização) pode chegar a provocar situações de anoxia no meio aquático em períodos noturnos, a despeito de se observar, durante o dia, concentrações de oxigênio dissolvido superiores àquelas preditas pela Lei de Henry a partir da solubilização de oxigênio do ar.

A estratificação da água em massas profundas, já comentada anteriormente, concorre também para a formação de gradientes verticais de oxigênio dissolvido, de maneira que as camadas profundas, nas quais se acumulam detritos orgânicos consumidores de oxigênio, acabam dando lugar a situações de anoxia. Assim, a ruptura invernal da termoclina, com a consequente mistura de águas, se torna essencial para uma boa oxigenação de represas e lagos. Igualmente, a presença de contaminantes biodegradáveis dá lugar ao consumo do oxigênio dissolvido que pode levar a seu esgotamento, com o consequente efeito nocivo sobre a biota, o que justifica sua consideração como parâmetro-chave de qualidade do meio aquático.

PARÂMETROS INORGÂNICOS

Ânions e cátions majoritários

A composição iônica dos sais dissolvidos nas águas superficiais e subterrâneas é governada pela sua interação com a geologia da bacia de drenagem e pela deposição atmosférica, além das eventuais perturbações ocasionadas pelo homem, principalmente em relação ao sistema natural de transporte de material particulado.

Como já foi mostrada, a composição iônica da água costuma ser dominada pelos cátions sódio, potássio, cálcio e magnésio, e pelos ânions bicarbonato, carbonato, cloro e sulfato. Tal composição, ainda que apresente uma variabilidade geográfica considerável à escala global, em geral, costuma ser relativamente estável em âmbito local e pouco sensível aos processos biológicos que ocorrem no meio aquático. Isso é mais confiável no caso do magnésio, potássio e sódio, enquanto o carbono inorgânico (carbonato – bicarbonato) e os sulfatos são mais suscetíveis à influência do metabolismo da biota aquática. À margem das alterações antrópicas, sua variação parece estar guiada, sobretudo em longo prazo, pelos eventos climáticos.

A distribuição relativa de ânions e cátions majoritários é, assim, especialmente relevante para determinar o perfil hidroquímico de determinada água. Para sua melhor visualização, costuma-se empregar (principalmente em hidrogeologia) diagramas normalizados como os de Stiff ou de Pipper (Figura 5.2) (Vázquez-Suñé, 2009). O diagrama de Stiff (Figura 5.2a) é formado essencialmente por quatro retas paralelas e equidistantes, por sua vez divididas em dois segmentos por uma reta perpendicular. Os segmentos da esquerda se atribuem aos cátions predominantes (Na^+, K^+, Ca^{2+}, Mg^{2+}) e os da direita, aos ânions (Cl^-, HCO_3^-, SO_4^{2-}, NO_3^-). O comprimento de cada um dos segmentos é proporcional à concentração (expressa em miliequivalentes por litro, meq/L[1]) do correspondente ânion ou cátion. Unindo os extremos dos segmentos obtém-se um polígono, cuja forma é característica

[1] Embora o uso de equivalente grama (Eq) em Química tenha sido amplamente substituído pela massa molar (MM), o termo ainda é usual em algumas áreas da ciência. Um equivalente grama corresponde à relação entre a massa molar e a carga (x) que a espécie química exibe quando ionizada, ou seja, Eq = MM/x. Para íons de carga unitária, os termos Eq e MM se equivalem e a concentração Normal ou Normalidade (N = eq/L) se iguala à concentração Molar ou Molaridade (M = mol/L).

para cada composição ou tipo de água. Por sua vez, os diagramas de Piper (Figura 5.2b) são de tipo triangular e formados por dois triângulos e um losango situado entre ambos. Em cada um dos lados dos triângulos estão representados os principais ânions (Cl^-, HCO_3^-, SO_4^{2-}) e cátions (Na^+, K^+, Ca^{2+}, Mg^{2+}) em escalas percentuais, de maneira que cada um dos vértices corresponde a 100% de cada íon. A cada ponto situado no interior dos respectivos triângulos há uma composição percentual de ânions e outra de cátions, que definem o ponto de corte no losango central, de forma a se obter a classificação da água. Nos diagramas de Piper, as águas de características químicas similares ficam agrupadas em zonas ou setores. Portanto, são muito úteis para representar e comparar simultaneamente um conjunto de amostras (por exemplo, de um mesmo aquífero), colocando em evidência tanto suas semelhanças (em geral, correspondentes à característica hidroquímica do aquífero) como suas alterações.

A título de orientação, e levando sempre em conta que existem grandes variações no espaço e no tempo, inclusive em uma mesma bacia fluvial, a Tabela 5.2 compila dados de monitoramento de rios representativos de todos os continentes.

Nutrientes

São denominados nutrientes todos aqueles componentes essenciais para o desenvolvimento e a manutenção de vida nos ecossistemas aquáticos. A respeito deles, interessa os chamados nutrientes principais ou macronutrientes, necessários ao crescimento e desenvolvimento dos organismos vivos, entre os quais estão incluídos os elementos nitrogênio, fósforo, potássio, enxofre, magnésio e cálcio. Além desses, há os chamados micronutrientes, por serem demandados em concentrações menores, dos quais fazem parte ferro, manganês, cobalto, boro, entre outros.

Nos sistemas aquáticos, os nutrientes que normalmente limitam a produção primária de biomassa são o nitrogênio e o fósforo. As concentrações de nitrogênio e fósforo inorgânico em situação normal dependem da vazão de água circulante, da geologia e da vegetação da bacia hidrográfica. Não obstante, essa situação natural pode ser alterada em virtude da ação do homem, que contribui para o excesso de nutrientes, resultante principalmente da atividade agrícola e pecuária que gera lançamentos difusos na bacia, e também dos escoamentos urbanos pontuais.

Figura 5.2 - Exemplos de diagramas de Stiff (A) e de Piper (B).

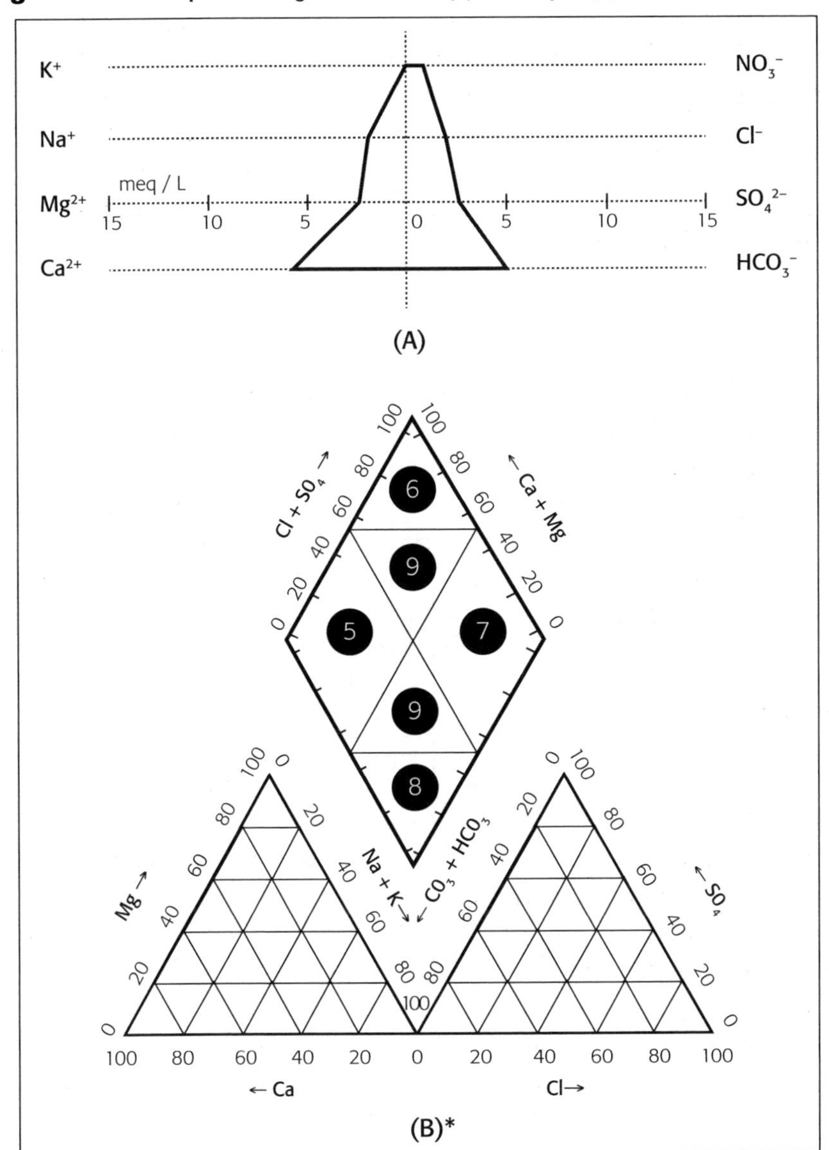

*Explicação, segundo Piper (1944): Zona 5 – dureza carbonato > 50% (predomínio de alcalino-terrosos e ácidos fracos); Zona 6 – dureza não carbonato > 50%; Zona 7 – alcalinidade não carbonato > 50% (predomínio de álcalis e ácidos fortes); Zona 8 – alcalinidade carbonato > 50% (águas subterrâneas brandas em relação ao teor de sólidos totais dissolvidos – STD); Zona 9 – nenhum par ânion-cátion > 50%.

Tabela 5.2 - Valores médios de alguns parâmetros físico-químicos para algumas bacias fluviais representativas de todos os continentes.

Continente	Bacia fluvial	Na^+ (mg/L)	K^+ (mg/L)	Ca^{2+} (mg/L)	Mg^{2+} (mg/L)	Cl^- (mg/L)	SO_4^{2-} (mg/L)	HCO_3^- (mg/L)	$SiO_2(OH)_2^{2-}$ (mg/L)	PO_4^{3-}-P (mg/L)	NO_3^--N (mg/L)
América do Norte	Balsas	33,3	7,6	218	20,7	21,9	62,8	317,8	-	0,2	0,19
	Churchill	3	1,1	14,1	5	1,3	2,9	61,7	3	-	-
	Colombia	7,3	1,5	20,7	5,4	3,6	16,5	81	10,5	0,03	0,11
	Colorado	95	5	83	24	82	270	135	9,3	0,1	0,3
	Fraser	1,6	0,8	16	2,5	0,1	7,6	60	4,9	0,05	0,09
	Hudson	-	-	22	4	12	-	61,6	-	-	0,59
	Mackenzie	7,6	1	35,6	8,2	7,9	35,4	110	3	0,04	0,14
	Mississippi	21,5	3,1	40,7	11,3	25,1	54,1	124	7,6	0,2	1,06
	Nelson	24	2,4	32,6	13,6	30,2	31,4	144	2,6	0,05	0,03
	Rio Grande	-	-	-	-	-	-	-	-	-	0,29
	St. Lawrence	11	1,8	31	4	22	24	87	2,4	0,02	0,22
	Thelon/ Kazan	0,7	0,4	4,5	1	3,3	1,9	13	0,5	-	-
	Yukon	2,6	1,2	31,8	7,2	1,1	22,4	109	7,7	0,01	0,12

(continua)

Tabela 5.2 - Valores médios de alguns parâmetros físico-químicos para algumas bacias fluviais representativas de todos os continentes.
(continuação)

Continente	Bacia fluvial	Na^+ (mg/L)	K^+ (mg/L)	Ca^{2+} (mg/L)	Mg^{2+} (mg/L)	Cl^- (mg/L)	SO_4^{2-} (mg/L)	HCO_3^- (mg/L)	$SiO_2(OH)_2^{2-}$ (mg/L)	PO_4^{3-}-P (mg/L)	NO_3^--N (mg/L)
América do Sul	Amazonas	1,9	0,8	5,4	0,9	2,2	4,5	21	6,9	0,02	0,17
	Magdalena	8,3	1,9	15	3,3	13,4	14,4	49,3	12,6	0,12	0,25
	Orinoco	1,5	0,7	2,6	0,7	0,9	2,3	10	6,3	0,01	0,08
	Paraná	10,4	2,5	5,4	3,4	14,3	4,1	35,4	23	0,07	0,3
	São Francisco	-	-	8	-	2,5	2,5	50,6	2,2	-	-
	Tocantins	-	-	-	-	-	-	-	-	0,003	0,015
	Uruguai	5	2	7	2	3	5	36,2	15	0,02	0,3
Europa	Dalalven	1,4	0,6	3,8	0,7	1,1	8	8,2	4,8	0,004	0,113
	Danúbio	9	1	49	9	19,5	24	190	5	0,1	-
	Dnepr	8	3	22,5	7,5	15,2	35,8	78,6	3,4	0,01	0,2
	Dniestr	70	6	108	35	82,6	139	368	4,1	0,1	1
	Don	-	-	-	-	-	-	-	-	-	-
	Ebro	75,5	2	75	15,7	72,5	133,5	131,7	10,6	0,037	1,5
	Elbe	85,5	26,1	107	16,1	174	153	132	4	0,38	3
	Garonne	8	1,5	43,8	6	12,1	18,6	133	4	0,1	1,5
	Glãma	1,2	0,8	4,7	0,7	1,4	5,1	15,1	-	0,008	0,42

(continua)

Tabela 5.2 - Valores médios de alguns parâmetros físico-químicos para algumas bacias fluviais representativas de todos os continentes. *(continuação)*

Continente	Bacia fluvial	Na^+ (mg/L)	K^+ (mg/L)	Ca^{2+} (mg/L)	Mg^{2+} (mg/L)	Cl^- (mg/L)	SO_4^{2-} (mg/L)	HCO_3^- (mg/L)	$SiO_2(OH)_2^{2-}$ (mg/L)	PO_4^{3-}-P (mg/L)	NO_3^--N (mg/L)
Europa	Guadalquivir	105	7	100	33	160	163	233	15	-	-
	Kemijoki	1,9	0,8	4,4	1,1	2,1	3,8	19,5	-	-	-
	Loire	13,1	3,6	39	6	20	23	120	8	0,1	1,7
	Neva	3	1,5	9,8	2,5	6,8	9,6	29,4	0,2	-	0,29
	Pechora	5,6	0,9	15,6	3,8	5,6	9,5	60	2,9	0,003	0,007
	Po	16,8	3	62,1	11,9	18,1	60,1	178	4	0,084	1,4
	Rhine	91,9	6,4	80,5	11,4	173	74	158	5,2	0,4	3,88
	Rhone	11,3	2,1	70,8	6,5	22,4	46	176	4	0,01	0,01
	Seine	21,2	4,9	105	9,2	38,5	55,7	252	-	0,4	4,3
	Tagus	28,3	2,7	45,4	15,4	41,8	97	95	10,4	1,31	0,66
	Thames	28,7	5,9	-	5,4	39	61,2	4,8	12,2	1,07	-
	Vistula	-	-	-	-	-	-	-	-	-	-
	Volga	17,9	1,6	50,2	9,9	18,9	62,1	134	4	0,02	0,62
	Weser	574	42	56	151	1233	235	168	4	0,57	4,95

(continua)

Tabela 5.2 - Valores médios de alguns parâmetros físico-químicos para algumas bacias fluviais representativas de todos os continentes.
(continuação)

Continente	Bacia fluvial	Na^+ (mg/L)	K^+ (mg/L)	Ca^{2+} (mg/L)	Mg^{2+} (mg/L)	Cl^- (mg/L)	SO_4^{2-} (mg/L)	HCO_3^- (mg/L)	$SiO_2(OH)_2^{2-}$ (mg/L)	PO_4^{3-}-P (mg/L)	NO_3^--N (mg/L)
Ásia	Amu Daria	10	1,4	89,5	3,2	45,4	78,4	140,4	-	-	-
	Amur	2,9	1	10,1	2,6	2,3	5	42,7	6	0,035	0,12
	Brahmaputra	2,1	1,9	14	3,8	1,1	10	58	7,8	0,06	0,82
	Cauveri	60	5,5	28	24	50	32	177	19	-	0,03
	Chang Jiang	5,1	1,4	38,9	7,1	5,3	15,7	141	6,5	0,014	0,77
	Chao Phrya	1,3	0,9	38,4	4,6	1,2	7,7	131	6,6	-	0,65
	Ganges	6,4	2,5	22	4,9	3,1	5,6	104	7,7	0,075	0,86
	Godavari	18	2,5	21,2	8,6	12,7	7	131	13,1	-	0,19
	Hong He	11,1	1,5	16,5	8,1	8,3	11,4	81	10	-	-
	Huang He	54,5	4,1	47	20,6	54,7	66,8	205	7,7	0,016	0,17
	Indigirka	4,3	1	5,5	1,6	2,5	9,3	18,8	5,9	-	-
	Indus	32	6,9	35	16	32	40	65	14	0,13	0,4
	Irrawady	30	2	10	6	18	5	120	10	-	-
	Kolyma	0,2	0,1	11,6	2,4	0,3	4,8	54	4	-	0,05
	Krishna	54	2	25	11	39	21	168	5	-	0,16
	Lena	4,5	0,7	17,1	5,1	12	13,5	53,1	5,8	0,01	0,09

(continua)

Tabela 5.2 - Valores médios de alguns parâmetros físico-químicos para algumas bacias fluviais representativas de todos os continentes. *(continuação)*

Continente	Bacia fluvial	Na^+ (mg/L)	K^+ (mg/L)	Ca^{2+} (mg/L)	Mg^{2+} (mg/L)	Cl^- (mg/L)	SO_4^{2-} (mg/L)	HCO_3^- (mg/L)	$SiO_2(OH)_2^{2-}$ (mg/L)	PO_4^{3-}-P (mg/L)	NO_3^--N (mg/L)
Ásia	Mahanadi	10,2	1,5	10,4	9,5	30,9	15	60,9	9	-	-
	Mekong	3,6	2	14,2	3,2	5,3	3,8	57,9	8,9	-	-
	Narmada	27	2	14	20	25	5	225	9	0,02	0,12
	Ob	4	3	21	5	10	9	79	9	0,06	0,09
	Salween	-	-	-	-	-	-	-	-	-	-
	Shatt El Arab	31	3	52	22	32	73	180	6,9	0,01	-
	Syr Daria	31,2	3,7	93,5	20	32,6	161,4	202,8	-	-	-
	Tapti	65	2	32	23,5	59,7	5	285	16	-	0,6
	Xi Jiang	1,3	0,9	38,4	4,5	1,2	7,7	132	6,5	0,004	0,6
	Yennissei	1,5	0,8	21	4,1	9	8,6	74	8,3	0,01	0,1
África	Chari	2,8	1,6	3,9	1,6	2	2	29,8	24	-	-
	Niger	1,8	1,1	5,5	1,9	0,9	0,5	39,5	14	-	-
	Nile	8,1	3,2	22	5,3	5,7	12	135	12,8	0,03	0,8
	Orange	13,4	2,3	18,1	7,8	10,6	7,2	107	16,9	-	0,72
	Senegal	2,2	1,2	3,9	2,9	1	2,4	29,5	11,9	-	-
	Zaire	2,17	1,55	2,67	2,07	3,32	1,5	17,1	11,2	-	-
	Zambezi	5,4	1,9	12,9	4,1	6,5	5	89	15,5	-	0,13

(continua)

Tabela 5.2 - Valores médios de alguns parâmetros físico-químicos para algumas bacias fluviais representativas de todos os continentes.

(continuação)

Continente	Bacia fluvial	Na^+ (mg/L)	K^+ (mg/L)	Ca^{2+} (mg/L)	Mg^{2+} (mg/L)	Cl^- (mg/L)	SO_4^{2-} (mg/L)	HCO_3^- (mg/L)	$SiO_2(OH)_2^{2-}$ (mg/L)	PO_4^{3-}-P (mg/L)	NO_3^--N (mg/L)
Oceania	Burdekin	32,5	3,2	23	12,8	34	1,1	155	18,5	-	-
	Flinders	13	4	14	4,9	10,5	4,3	81	14,8	-	-
	Fly	2,3	0,4	21,3	1,8	0,1	2,7	78,3	9	-	-
	Murray Darling	101	6	21	17	171	38	94	5	0,1	0,03
	Sepik	3	0,4	15	4	0,5	5	71	13	-	-
	Waikato	18,6	3,2	7	2,3	19,2	7,2	42	28,4	0,1	0,3
Análise estatística	**Máximo**	**574**	**42**	**108**	**151**	**1233**	**235**	**368**	**28,4**	**1,31**	**4,95**
	Mínimo	**0,20**	**0,10**	**2,60**	**0,70**	**0,10**	**0,50**	**4,80**	**0,20**	**0,00**	**0,01**
	Mediana	**9,50**	**2,00**	**21,00**	**5,35**	**12,10**	**9,50**	**89,00**	**8,15**	**0,04**	**0,30**

Fonte: Unep-Gems/Water Programme. Disponível em: http://www.gemswater.org/atlas-gwq/wqtable-e.html.

O fósforo está presente como fosfato inorgânico (ortofosfatos, principalmente $H_2PO_4^-$ e HPO_4^{2-}) e orgânico (exemplo: fosfolipídios, ácidos nucleicos e ésteres-fosfato), e sua entrada no meio aquático – além do aporte natural – deve-se, acima de tudo, a seu uso nos adubos agrícolas e nos detergentes, que contêm polifosfatos (exemplo: $Na_4P_2O_7$) para aumentar a formação de espuma pela sua capacidade de complexar com íons causadores de dureza (Ca e Mg). Dada a capacidade de algumas algas em fixar nitrogênio do ar, o fósforo normalmente é o nutriente limitante do meio aquático. Do ponto de vista analítico, o fósforo se mede como fósforo total, fósforo total solúvel e como ortofosfatos.

Por sua vez, o nitrogênio manifesta-se nas formas inorgânica (nitrato, NO_3^-; nitrito, NO_2^-; íon amônio, NH_4^+) e orgânica (proteínas, bases nitrogenadas, amidas, aminas), sendo a degradação de proteínas a principal responsável pela liberação de íons amônio no ambiente aquático. No ciclo natural do nitrogênio, as formas orgânicas se transformam em amônia que pode ser oxidada por ação de bactérias aeróbias a nitrito e nitrato, que é a forma final e estável do nitrogênio em um sistema aquoso com elevado potencial redox. Em situação anaeróbia, a ação de bactérias desnitrificantes (exemplo: *Nitrosomonas* e *Nitrobacter*) transformam, de forma sequencial, o NO_3^- em nitrogênio molecular N_2, que se desprende da fase aquosa. Os produtores primários, por sua vez, assimilam o nitrogênio em forma de amônia ou de nitrato, fechando, assim, o ciclo.

Como no caso do fósforo, o aporte antropogênico de nitrogênio provém dos adubos agrícolas e resíduos pecuaristas, assim como das águas residuárias urbanas. O nitrogênio na água costuma ser medido nas formas inorgânicas (nitrato, nitrito, amônia) e como nitrogênio Kjeldahl (nitrogênio orgânico + amônia).

Na Tabela 5.2 apresentam-se, para referência, valores médios dos nutrientes em vários rios representativos de todo o planeta. Como no caso dos ânions e cátions majoritários, são apenas valores orientativos, suscetíveis a grandes variações locais e temporais.

O fenômeno causado pelo excesso de nutrientes no meio aquático é denominado eutrofização e seu efeito mais imediato costuma ser a proliferação excessiva de fitoplâncton, algas e macrófitas. Como já dito anteriormente, a primeira consequência extrema desse fenômeno pode ser o esgotamento do oxigênio durante a noite e em situações de alta temperatura, por causa da respiração, que pode dar lugar a situações de anoxia nocivas para muitos organismos aquáticos. Em segundo lugar, as espécies que costumam proliferar durante o fenômeno de eutrofização são as menos sensíveis, com consequente perda de qualidade ecológica, dado que o fenômeno se estende ao longo de toda a cadeia trófica.

No que diz respeito aos usos da água por parte do homem, a eutrofização representa em perda de qualidade. Assim, por exemplo, considera-se que uma concentração de nitrato acima de 50 mg/L torna a água inviável para o consumo. Por outro lado, o excesso de nutrientes pode favorecer proliferações súbitas e descontroladas de determinadas microalgas (cianobactérias ou algas verde-azuladas) que podem causar a liberação de toxinas com efeitos nocivos sobre a biota e também, direta ou indiretamente, sobre o homem.

Além das determinações analíticas das diferentes espécies de nitrogênio e fósforo, um parâmetro indicativo da quantidade de produtores primários presentes no meio e, portanto, de seu estado trófico, é a medida da clorofila algal bentônica, sendo valores acima de 100 mg/m^3, normalmente associados à eutrofia.

Metais pesados e metaloides

Os metais são elementos que formam a crosta terrestre, e sua interação com a água faz parte de seu ciclo natural. Assim, eles normalmente estão na água, ainda que em concentrações normalmente baixas (Tabela 5.3). No entanto, por causa da atividade humana, essas concentrações podem ser incrementadas, em alguns casos, ao ponto de causar toxicidade aquática e colocar em risco a saúde humana. Além dos metais propriamente ditos (Al, Fe, Mn, Cr, Zn, Cu, Pb, Ni, Cd, Hg, Ag etc.), deve-se considerar ainda alguns elementos semimetálicos ou metaloides, como As, Se e Sb, cujo ciclo natural é similar. Ainda que muitos dos elementos citados formem oligocompostos essenciais para os organismos vivos, a maioria pode ser tóxica se as doses ultrapassarem determinados níveis. Sua presença condiciona, assim, muitos dos usos da água por parte do homem, assim como dos ecossistemas.

Do ponto de vista químico, os metais podem ser considerados bons aceptores de elétrons (também chamados ácidos de Lewis), de forma que na natureza normalmente os encontramos combinados com elementos doadores, entre os quais, os mais importantes são oxigênio e enxofre. Por isso, não é de estranhar que os compostos metálicos mais abundantes na natureza sejam óxidos (formados em ambientes oxidantes) e sulfetos (formados em ambientes de baixo potencial redox) (Ayora e Nieto, 2008).

Tabela 5.3 - Valores de referência de metais e metaloides em água e sedimentos.

Compartimento	Água	Sedimento
Elemento	Concentração (µg/L)	Concentração (mg/kg)
As	5,00	9,80
Cd	0,25	0,99
Cr	85,00	43,40
Hg	0,03	0,18
Mn	120,00	460,00
Ni	52,00	22,70
Pb	2,50	35,80
V	20,00	-
Zn	120,00	121,00

Fonte: Usepa.

A mobilidade dos metais e sua incorporação ao ciclo natural da água são determinadas, principalmente, por processos de dissolução/precipitação de minerais que, por sua vez, são comandados por uma série de fenômenos, os quais se destacam a formação de complexos com a matéria orgânica natural (exemplo: ácidos húmicos e fúlvicos) e a adsorção superficial sobre minerais. Em todo o caso, o pH e o potencial redox são as principais variáveis que controlam a especiação química desses elementos. Ainda que a termodinâmica clássica permita calcular facilmente a composição de uma água em relação às espécies em equilíbrio, essa situação normalmente não ocorre nas águas naturais, que são consideradas sistemas longe do equilíbrio. Nesse caso, a composição inorgânica da água é ditada pelas cinéticas de dissolução, complexação e precipitação de minerais; e pelas velocidades de transporte dos seus constituintes (Ayora e Nieto, 2008).

Na Figura 5.3 apresenta-se a solubilidade de distintos metais em função do pH, observando-se tipicamente um perfil em "V", caracterizado por um aumento da dissolução metálica à medida em que se reduz ou aumenta o pH. Dessa forma, percebe-se que as águas ácidas favorecerão a dissolução e a mobilidade dos metais. Embora a água da chuva seja ligeiramente ácida (normalmente de 6,0 a 6,8) em virtude da dissolução de CO_2 atmosférico, o seu pH pode ser reduzido para valores inferiores a 5,65 (limiar para a caracterização de chuva ácida) em função da presença, na atmosfera, de

Figura 5.3 - Solubilidade em água dos distintos metais em função do pH.

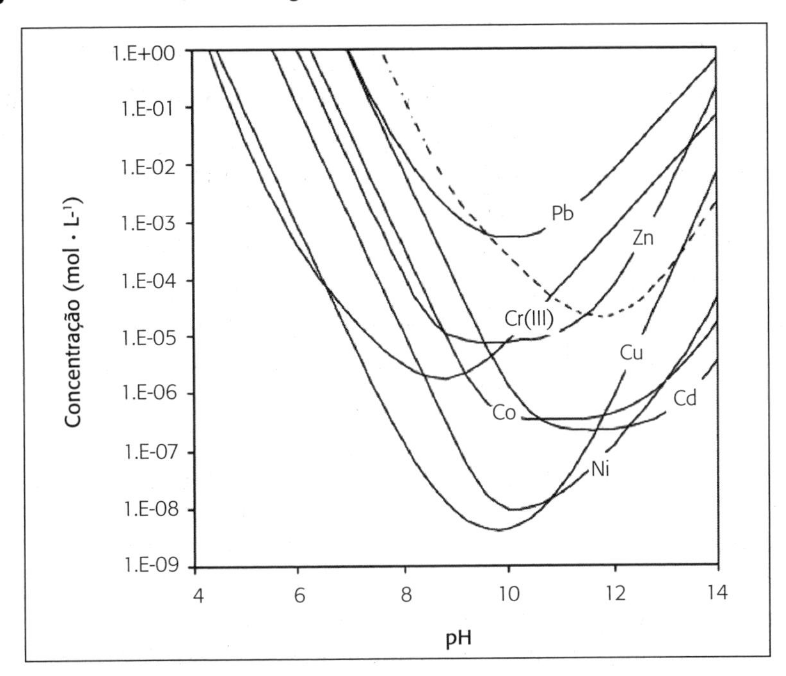

óxidos de N (NO_x) e S (SO_x). Uma vez depositada sobre o terreno, a água interage com minerais, como carbonatos e silicatos, que tenderão a neutralizar a acidez até um intervalo de pH compreendido entre 6 e 8, no qual, normalmente, a presença de metais em águas naturais será limitada.

Por outro lado, o afloramento de sulfetos por causas naturais ou, principalmente, por causa de atividades de extração de minérios pode causar situações de solubilização de metais, via oxidação dos sulfetos a sulfatos por meio do oxigênio do ar, seguido da liberação de H^+, com o que se produz, simultaneamente, uma situação de acidificação e mobilização (contaminação) de metais. Esses tipos de drenagens ácidas ocorrem nos depósitos de piritas explorados ao longo da história em diversos locais do mundo. Como exemplo cita-se o caso da Faixa Pirítica Ibérica, onde os rios Tinto e Odiel são exemplos notáveis de águas ácidas, alcançando valores de pH compreendidos entre 2 e 5 (Nieto et al., 2007).

No que diz respeito ao potencial redox, virá determinado pelo caráter mais ou menos oxidante ou redutor das espécies dissolvidas e seu efeito só se manifesta naqueles metais que podem apresentar diferentes estados de oxidação (Ex. Fe^{2+} / Fe^{3+}, Mn^{2+} / Mn^{4+}). Em geral, pode-se dizer que os valores menores corresponderão a ambientes redutores, enquanto os maiores serão próprios de meios oxidantes.

Em águas superficiais, a capacidade oxidante está dominada pelo oxigênio dissolvido. Quando ele desaparece (por exemplo, pelo consumo na oxidação de matéria orgânica), outras espécies aceptoras de elétrons podem ser utilizadas na bio-oxidação de matéria orgânica (doadora de elétrons), dando lugar a processos redox de eficiência energética decrescente tais quais a redução de NO_3^- a N_2 (desnitrificação); a redução e dissolução de óxidos de Fe^{3+} e Mn^{4+} a Fe^{2+} e Mn^{2+}, respectivamente; a conversão de SO_4^{2-} a H_2S (sulfatorredução) e de CO_2 a CH_4 (metanogênese hidrogenotrófica). Essas reações são aproveitadas por micro-organismos específicos que as utilizam em seus processos de respiração (oxidação de matéria orgânica) correspondentes. Vale a pena destacar o caso da sulfatorredução produzido nas zonas anóxicas do fundo de lagos, represas ou estuários nas quais a produção de gás sulfídrico dá lugar à precipitação de sulfetos metálicos muito insolúveis.

Do ponto de vista prático, são úteis os diagramas de pH *versus* potencial redox, também conhecidos como diagramas de Pourbaix ou de E_h-pH (Figura 5.4), que permitem predeterminar as zonas de predominância de cada uma das espécies químicas em função das condições de pH e redox do meio. Assim, enquanto as espécies iônicas, como Fe^{2+} e Fe^{3+}, são solúveis em água e, portanto, móveis, as espécies sólidas (insolúveis), como o ferro metálico Fe^0 o os óxidos (exemplo: Fe_2O_3) permanecerão fixas.

CONTAMINANTES ORGÂNICOS

Medidas agregadas de matéria orgânica

A matéria orgânica é importante nos sistemas aquáticos porque contribui para a disponibilização de carbono, nutrientes e energia necessários para os organismos aquáticos. De modo complementar, essa matéria orgânica natural afeta também a disponibilidade de minerais e elementos, e contribui para proteger o meio, limitando a entrada de radiação solar. Dessa forma, a matéria orgânica de origem natural pode ser considerada necessária e benéfica para os sistemas aquáticos.

No entanto, às vezes, esses níveis naturais são substancialmente incrementados pela ação pontual ou difusa resultante da atividade antrópica. Ainda quando esta disponibilização seja constituída por matéria orgânica

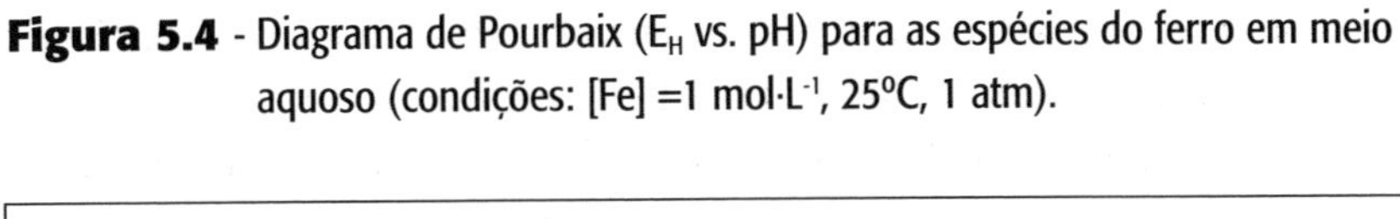

Figura 5.4 - Diagrama de Pourbaix (E_H vs. pH) para as espécies do ferro em meio aquoso (condições: [Fe] =1 mol·L^{-1}, 25°C, 1 atm).

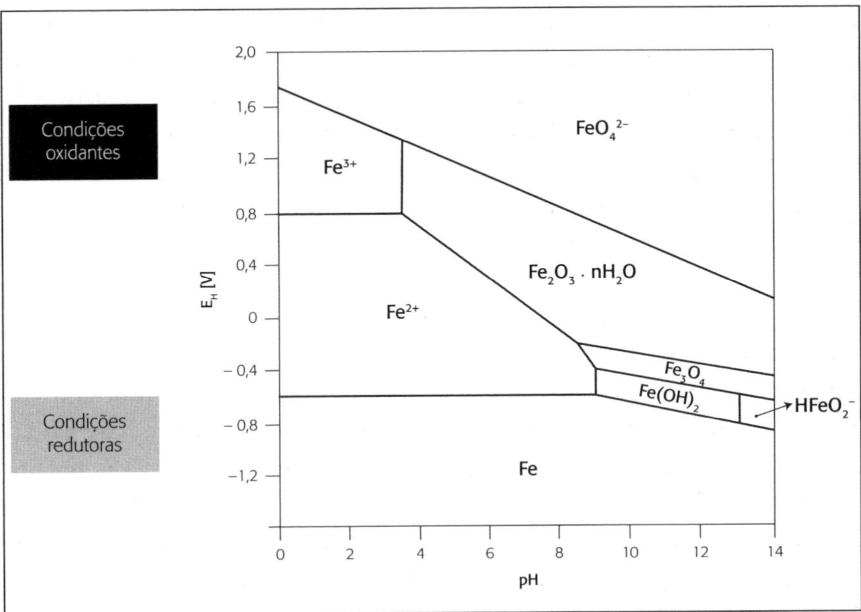

de procedência natural não tóxica, como podem ser os restos de carboidratos, proteínas ou lipídios presentes nos esgotos domésticos, seu excesso se torna prejudicial porque são biodegradados por bactérias aeróbias à custa do consumo do oxigênio dissolvido presente, o que pode levar a situações de anoxia desfavoráveis para muitos organismos aquáticos. A esta matéria orgânica biodegradável deve-se acrescer aqueles contaminantes produzidos artificialmente pelo homem (xenobióticos) e normalmente lançados no meio aquático via descarte de efluentes industriais, que por suas propriedades de toxicidade, persistência e de bioacumulação, são nocivos mesmo em pequenas quantidades, o que lhes faz serem denominados por *microcontaminantes* orgânicos.

A matéria orgânica presente na água pode ser medida de maneira agregada ou conjunta na forma de Carbono Orgânico Total (COT ou TOC – *Total Organic Carbon*) ou Carbono Orgânico Dissolvido (COD ou DOC – *Dissolved Organic Carbon*), dependendo se a determinação ocorre em uma amostra filtrada ou, do contrário, se inclui também a fração particulada. Em qualquer caso, a análise ocorre pela medição do CO_2 produzido decorrente da oxidação da amostra após prévia eliminação do carbono inorgânico presente na forma de carbonatos e bicarbonatos. O resultado é normalmente expresso em miligramas de carbono por litro (mgC/L).

Outra medida global da matéria orgânica dissolvida faz uso da sua capacidade de absorver radiação eletromagnética na região do ultravioleta, e é realizada medindo-se a absorvância específica no comprimento de onda (λ) de 254 nm, também conhecida como Suva, do acrônimo inglês. Não obstante, a medida é aproximada dado que nem todos os compostos orgânicos absorvem igualmente a radiação nesse, que varia em função de sua estrutura molecular (exemplo: presença de grupos cromóforos como ligações duplas conjugadas, anéis aromáticos etc.). Apesar desse inconveniente, tal medição apresenta a vantagem de usar instrumentação simples e robusta, o que a torna adequada para medições de campo em modos de funcionamento online (em tempo real) e contínuo.

Os ensaios de determinação de matéria orgânica mais utilizados na análise de águas e efluentes se baseiam na capacidade daquela em ser oxidada, via consumo de oxigênio dissolvido por bactérias aeróbias, ou por um oxidante forte como o dicromato de potássio. No primeiro caso, tem-se o teste de Demanda Bioquímica de Oxigênio (DBO) e, no segundo, o de Demanda Química de Oxigênio (DQO), sendo os resultados, em ambos os casos, expressos em mgO_2/L. Enquanto a DBO, que envolve a medida direta do oxigênio dissolvido no início e após determinado tempo de ensaio (normalmente 5 dias, distinguindo o termo DBO_5), permite inferir sobre a matéria orgânica biodegradável; a DQO proporciona uma medida de toda a matéria orgânica presente, de forma que esta sempre supera aquela. O inconveniente de ambas as determinações é que contabilizam também qualquer outra espécie presente que consuma oxigênio dissolvido, no caso da DBO, ou o reagente oxidante, no caso da DQO. Assim, por exemplo, a nitrificação bacteriana consome oxigênio dissolvido e, portanto, pode interferir na determinação da DBO carbonácea; ao passo que a presença de qualquer espécie inorgânica (exemplo: Fe^{2+}) com potencial redox menor que o agente oxidante usado no teste seria contabilizada na DQO. Em função dessas limitações, hoje em dia, costuma-se preferir a já descrita determinação direta de carbono orgânico, total (COT) ou dissolvido (COD), como medida global de matéria orgânica.

Outra determinação de matéria orgânica pouco usada em Engenharia Sanitária e Ambiental se baseia na sua extração de uma amostra de água com um solvente orgânico específico, sendo a quantificação da matéria orgânica extraível feita gravimetricamente após a evaporação do solvente. A pouca precisão, o elevado consumo de solvente e a complexidade de realização, relegam esse tipo de análise ao segundo plano.

Por último, pode-se mencionar que, além das medidas globais de matéria orgânica, existem determinações agregadas de determinadas famílias de contaminantes orgânicos, normalmente baseadas em determinações colorimétricas, como o índice de fenóis (método da aminoantipirina), tensoativos aniônicos do tipo alquilarilsulfonados (método do azul de metileno), dentre outros. No entanto, é preciso salientar que esses métodos têm sido substituídos por métodos cromatográficos (cromatografia de fase gasosa ou líquida, acoplada a espectrometria de massas), cada vez mais acessíveis, precisos e rápidos, que permitem identificar e quantificar contaminantes específicos e seus subprodutos.

Contaminantes orgânicos específicos

A ocorrência de contaminantes orgânicos no meio aquático pode ser explicada pelo ciclo da água (ver Figura 5.1). Em alguma parte desse ciclo, no que confluem diferentes compartimentos ambientais e atividades humanas, ocorre o aporte de matéria e a alteração da qualidade da água. De acordo com esse ciclo, as principais vias de entrada dos contaminantes orgânicos no meio aquático são as águas residuárias in natura ou tratadas, sejam elas urbanas, industriais ou agropecuárias, que vertem nas bacias naturais, tendo em vista que os processos e operações usualmente aplicados nas estações de tratamento dessas águas não removem de forma significativa muitos compostos orgânicos.

Os contaminantes orgânicos incluem uma enorme variedade de compostos que podem ser classificados em diferentes grupos em função de:

- Sua natureza química (organoclorados, organofosforados, hidrocarbonetos etc.).
- Sua utilização e aplicação (solventes, pesticidas, plastificantes, produtos farmacêuticos etc.).
- Seus efeitos (mutagenicidade, carcinogenicidade, interferência endócrina etc.).
- Sua normatização (contaminantes orgânicos prioritários) ou ausência dela (contaminantes orgânicos emergentes).

As próximas seções tratam das principais classes de contaminantes orgânicos pertencentes a cada uma dessas duas últimas categorias.

Contaminantes orgânicos prioritários

Os contaminantes orgânicos prioritários da água são substâncias que se consideram perigosas porque trazem um risco significativo para o ambiente aquático. Essas substâncias estão sujeitas às medidas de controle e normas de qualidade que têm por objetivo reduzir ou suprimi-las. As listas de substâncias prioritárias são dinâmicas e variam entre países (ou regiões), sendo revisadas e atualizadas periodicamente à medida que se dispõe de novos dados e evidências de sua ocorrência, toxicidade e persistência. Algumas classes de compostos orgânicos prioritários, como os hidrocarbonetos policíclicos aromáticos (HPAs) e os pesticidas, têm sido objeto de regulamentação na água durante décadas. Outras, ao contrário, têm sido recentemente incluídas nas listas de substâncias prioritárias. Esse é o caso dos alquilfenóis (APs), que são produtos de degradação dos tensoativos à base de alquilfenol etoxilado (APEO); e dos difeniléteres bromados, utilizados essencialmente como retardantes de chama, e que até pouco tempo eram considerados contaminantes orgânicos emergentes.

Embora o rol de substâncias prioritárias varie de país a país, as listas da Agência de Proteção Ambiental (EPA – Environmental Protection Agency) dos Estados Unidos e da União Europeia (UE), costumam, com frequência, ser utilizadas como referência. A lista de substâncias prioritárias da Usepa inclui um total de 120 compostos (ver Tabela 5.4) bem como critérios de qualidade da água recomendados para alguns deles (EPA, 2009a). Esses critérios, distintos para água doce e salgada, fazem referência, por um lado, à concentração máxima de substância na água superficial a qual se estima que uma comunidade aquática possa ser brevemente exposta sem causar efeitos adversos (CMC – Criteria Maximum Concentration) e, por outro, à concentração máxima de substância na água superficial a qual uma comunidade aquática pode ser exposta indefinidamente sem trazer quaisquer efeitos adversos (CCC – Criterion Continuous Concentration). O fato de não existirem, para muitas das substâncias relacionadas, valores concretos de CMC e CCC, não significa que elas não exerçam efeitos negativos agudos e/ou crônicos sobre o meio e os ecossistemas aquáticos. A lista da Usepa inclui, além de alguns metais, compostos orgânicos halogenados, voláteis (solventes) ou persistentes, HPAs, pesticidas, fenóis, ftalatos, entre outros.

A lista da UE inclui, por sua parte, um total de 33 substâncias prioritárias, sendo a maioria orgânica (Council of the European Communities, 2008). De modo muito parecido ao que foi descrito para o caso da Usepa, todas essas substâncias estão sujeitas a normas de qualidade ambiental (NQA), que incluem médias anuais (MA) e concentrações máximas admissíveis (CMA), em águas superficiais continentais e em outras águas superficiais. Tais substâncias, sua classificação e os seus valores de NQA são apresentados na Tabela 5.5.

Como se vê, algumas categorias de compostos, como os pesticidas, os HPAs e os ftalatos, encontram-se presentes em ambas as listas (ainda que os compostos individuais não sejam necessariamente os mesmos), enquanto outras classes, como as dioxinas e as bifenilas policloradas (PCBs), só constam na lista da EPA. Por sua vez, os cloroalcanos, difeniléteres bromados, alquilfenóis e os compostos de tributil estanho só constam no rol da UE.

Algumas dessas classes de substâncias orgânicas prioritárias serão brevemente discutidas nas próximas seções.

Tabela 5.4 - Lista de contaminantes prioritários da EPA e critérios de qualidade da água recomendados.

Contaminante prioritário		Nº CAS	Água doce		Água salgada	
			CMC (aguda) (µg/L)	CCC (crônica) (µg/L)	CMC (aguda) (µg/L)	CCC (crônica) (µg/L)
1	Antimônio	7440360				
2	Arsênio	7440382	340	150	69	36
3	Berílio	7440417				
4	Cádmio	7440439	2,0	0,25	40	8,8
5a	Cromo (III)	16065831	570	74		
5b	Cromo (VI)	18540299	16	11	1.100	50
6	Cobre	7440508			4,8	3,1
7	Chumbo	7439921	65	2,5	210	8,1
8a	Mercúrio	7439976	1,4	0,77	1,8	0,94
8b	Metilmercúrio	22967926	1,4	0,77	1,8	0,94

(continua)

Tabela 5.4 - Lista de contaminantes prioritários da EPA e critérios de qualidade da água recomendados. *(continuação)*

Contaminante prioritário		Nº CAS	Água doce		Água salgada	
			CMC (aguda) (μg/L)	CCC (crônica) (μg/L)	CMC (aguda) (μg/L)	CCC (crônica) (μg/L)
9	Níquel	7440020	470	52	74	8,2
10	Selênio	7782492		5,0	290	71
11	Prata	7440224	3,2		1,9	
12	Tálio	7440280				
13	Zinco	7440666	120	120	90	81
14	Cianeto	57125	22	5,2	1	1
15	Asbestos	1332214				
16	2,3,7,8-TCDD (Dioxina)	1746016				
17	Acroleína	107028	3	3		
18	Acrilonitrila	107131				
19	Benzeno	71432				
20	Bromofórmio	75252				
21	Tetracloreto de carbono	56235				
22	Clorobenzeno	108907				
23	Dibromoclorometano	124481				
24	Cloroetano	75003				
25	Éter 2-Cloroetilvinílico	110758				
26	Clorofórmio	67663				
27	Bromodiclorometano	75274				
28	1,1-Dicloroetano	75343				
29	1,2-Dicloroetano	107062				
30	1,1-Dicloroeteno	75354				
31	1,2-Dicloropropano	78875				
32	1,3-Dicloropropeno	542756				
33	Etilbenzeno	100414				
34	Brometo de metila	74839				
35	Cloreto de metila	74873				
36	Cloreto de metileno	75092				

(continua)

Tabela 5.4 - Lista de contaminantes prioritários da EPA e critérios de qualidade da água recomendados. *(continuação)*

Contaminante prioritário		Nº CAS	Água doce		Água salgada	
			CMC (aguda) (µg/L)	CCC (crônica) (µg/L)	CMC (aguda) (µg/L)	CCC (crônica) (µg/L)
37	1,1,2,2-Tetracloroetano	79345				
38	Tetracloroetileno	127184				
39	Tolueno	108883				
40	1,2-trans-Dicloroetileno	156605				
41	1,1,1-Tricloroetano	71556				
42	1,1,2-Tricloroetano	79005				
43	Tricloroetileno	79016				
44	Cloreto de vinila	75014				
45	*o*-Clorofenol	95578				
46	2,4-Diclorofenol	120832				
47	2,4-Dimetilfenol	105679				
48	2-Metil-4,6-Dinitrofenol	534521				
49	2,4-Dinitrofenol	51285				
50	*o*-Nitrofenol	88755				
51	*p*-Nitrofenol	100027				
52	4-Cloro-3-Metilfenol	59507				
53	Pentaclorofenol	87865	19	15	13	7,9
54	Fenol	108952				
55	2,4,6-Triclorofenol	88062				
56	Acenafteno	83329				
57	Acenaftileno	208968				
58	Antraceno	120127				
59	Difenilamina	92875				
60	Benzo(a) Antraceno	56553				
61	Benzo(a) Pireno	50328				
62	Benzo(b) Fluoranteno	205992				
63	Benzo(ghi) Perileno	191242				

(continua)

Tabela 5.4 - Lista de contaminantes prioritários da EPA e critérios de qualidade da água recomendados. *(continuação)*

Contaminante prioritário		Nº CAS	Água doce		Água salgada	
			CMC (aguda) (µg/L)	CCC (crônica) (µg/L)	CMC (aguda) (µg/L)	CCC (crônica) (µg/L)
64	Benzo(k) Fluoranteno	207089				
65	Bis(2-Cloroetoxi) Metano	111911				
66	Éter Bis(2-Cloroetil)	111444				
67	Éter Bis(2-Cloroisopropil)	108601				
68	Bis(2-Etilhexil) Ftalato	117817				
69	Éter 4-Bromofenil Fenil	101553				
70	Butilbenzilftalato	85687				
71	2-Cloronaftaleno	91587				
72	Éter 4-Clorofenil Fenílico	7005723				
73	Criseno	218019				
74	Dibenzo(a,h)Antraceno	53703				
75	1,2-Diclorobenzeno	95501				
76	1,3-Diclorobenzeno	541731				
77	1,4-Diclorobenzeno	106467				
78	3,3'-Diclorobencidina	91941				
79	Dietilftalato	84662				
80	Dimetilftalato	131113				
81	Dibutilftalato	84742				
82	2,4-Dinitrotolueno	121142				
83	2,6-Dinitrotolueno	606202				
84	Dioctilftalato	117840				
85	1,2-Difenilhidrazina	122667				
86	Fluoranteno	206440				
87	Fluoreno	86737				
88	Hexaclorobenzeno	118741				

(continua)

Tabela 5.4 - Lista de contaminantes prioritários da EPA e critérios de qualidade da água recomendados. *(continuação)*

Contaminante prioritário		Nº CAS	Água doce		Água salgada	
			CMC (aguda) (µg/L)	CCC (crônica) (µg/L)	CMC (aguda) (µg/L)	CCC (crônica) (µg/L)
89	Hexaclorobutadieno	87683				
90	Hexaclorociclopentadieno	77474				
91	Hexacloroetano	67721				
92	Indeno(1,2,3-cd)Pireno	193395				
93	Isoforona	78591				
94	Naftaleno	91203				
95	Nitrobenzeno	98953				
96	N-Nitrosodimetilamina	62759				
97	N-Nitrosodipropilamina	621647				
98	N-Nitrosodifenilamina	86306				
99	Fenantreno	85018				
100	Pireno	129000				
101	1,2,4-Triclorobenzeno	120821				
102	Aldrin	309002	3,0		1,3	
103	alfa-HCH (hexaclorociclohexano)	319846				
104	beta-HCH	319857				
105	gamma-HCH (Lindano)	58899	0,95		0,16	
106	delta-HCH	319868				
107	Clordano	57749	2,4	0,0043	0,09	0,004
108	4,4'-DDT	50293	1,1	0,001	0,13	0,001
109	4,4'-DDE	72559				
110	4,4'-DDD	72548				
111	Dieldrin	60571	0,24	0,056	0,71	0,0019
112	alfa-Endosulfan	959988	0,22	0,056	0,034	0,0087
113	beta-Endosulfan	33213659	0,22	0,056	0,034	0,0087
114	Endosulfan Sulfato	1031078				

(continua)

Tabela 5.4 - Lista de contaminantes prioritários da EPA e critérios de qualidade da água recomendados. *(continuação)*

Contaminante prioritário		Nº CAS	Água doce		Água salgada	
			CMC (aguda) (µg/L)	CCC (crônica) (µg/L)	CMC (aguda) (µg/L)	CCC (crônica) (µg/L)
115	Endrin	72208	0,086	0,036	0,037	0,0023
116	Endrin Aldeído	7421934				
117	Heptacloro	76448	0,52	0,0038	0,053	0,0036
118	Heptacloroepóxido	1024573	0,52	0,0038	0,053	0,0036
119	Bifenilas Policloradas (PCBs)			0,014		0,03
120	Toxafeno	8001352	0,73	0,0002	0,21	0,0002

Tabela 5.5 - Normas de qualidade ambiental da UE para substâncias prioritárias e outros contaminantes

Nº	Nome da substância	Nº CAS (1)	NQA-MA (2) Águas superficiais continentais (3)	NQA-MA (2) Outras águas superficiais	NQA-CMA (4) Águas superficiais continentais (3)	NQA-CMA (4) Outras águas superficiais	Identificada como substância perigosa prioritária
(1)	Alacloro	15972-60-8	0,3	0,3	0,7	0.7	
(2)	Antraceno	120-12-7	0,1	0,1	0,4	0.4	X
(3)	Atrazina	1912-24-9	0,6	0,6	2,0	2.0	
(4)	Benzeno	71-43-2	10	8	50	50	
(5)	Difeniléteres bromados (DEB) (5)	32534-81-9	0,0005	0,0002	Não aplicável	Não aplicável	X (apenas pentabromodifeniléter)
(6)	Cádmio e seus compostos (em função das classes de dureza da água) (6)	7440-43-9	≤ 0,08 (classe 1) 0,08 (classe 2) 0,09 (classe 3) 0,15 (classe 4) 0,25 (classe 5)	0,2	≤ 0,45 (classe 1) 0,45 (classe 2) 0,6 (classe 3) 0,9 (classe 4) 1,5 (classe 5)		X
(6 bis)	Tetracloreto de carbono (7)	56-23-5	12	12	não aplicável	não aplicável	
(7)	Cloroalcanos C_{10-13}	85535-84-8	0,4	0,4	1,4	1,4	X
(8)	Clorfenvinfós	470-90-6	0,1	0,1	0,3	0,3	
(9)	Chlorpirifós (Clorpririfós etil)	2921-88-2	0,03	0,03	0,1	0,1	

(continua)

Tabela 5.5 - Normas de qualidade ambiental da UE para substâncias prioritárias e outros contaminantes. *(continuação)*

Nº	Nome da substância	Nº CAS [1]	NQA-MA [2] Águas superficiais continentais [3]	NQA-MA [2] Outras águas superficiais	NQA-CMA [4] Águas superficiais continentais [3]	NQA-CMA [4] Outras águas superficiais	Identificada como substância perigosa prioritária
(9 bis)	Pesticidas do tipo ciclodieno Aldrin [7] Dieldrin [7] Endrin [7] Isodrin [7]	 309-00-2 60-57-1 72-20-8 465-73-6	= 0,01	= 0,005	não aplicável	não aplicável	
(9 ter)	DDT total [7] [8]	não aplicável	0,025	0,025	não aplicável	não aplicável	
	p,p-DDT [7]	50-29-3	0,01	0,01	não aplicável	não aplicável	
(10)	1,2 dicloroetano	107-06-2	10	10	não aplicável	não aplicável	
(11)	Diclorometano	75-09-2	20	20	não aplicável	não aplicável	
(12)	Di(2-etilhexil)ftalato (DEHP)	117-81-7	1,3	1,3	não aplicável	não aplicável	
(13)	Diuron	330-54-1	0,2	0,2	1,8	1,8	
(14)	Endosulfan	115-29-7	0,005	0,0005	0,01	0,004	X
(15)	Fluoranteno	206-44-0	0,1	0,1	1	1	
(16)	Hexaclorobenzeno	118-74-1	0,01 [9]	0,01 [9]	0,05	0,05	X
(17)	Hexaclorobutadieno	87-68-3	0,1 [9]	0,1 [9]	0,6	0,6	X

(continua)

Tabela 5.5 - Normas de qualidade ambiental da UE para substâncias prioritárias e outros contaminantes. *(continuação)*

Nº	Nome da substância	Nº CAS [1]	NQA-MA [2] Águas superficiais continentais [3]	NQA-MA [2] Outras águas superficiais	NQA-CMA [4] Águas superficiais continentais [3]	NQA-CMA [4] Outras águas superficiais	Identificada como substância perigosa prioritária
(18)	Hexaclorociclohexano	608-73-1	0,02	0,002	0,04	0,02	X
(19)	Isoproturon	34123-59-6	0,3	0,3	1,0	1,0	
(20)	Chumbo e seus compostos	7439-92-1	7,2	7,2	não aplicável	não aplicável	
(21)	Mercúrio e seus compostos	7439-97-6	0,05 [9]	0,05 [9]	0,07	0,07	X
(22)	Naftaleno	91-20-3	2,4	1,2	não aplicável	não aplicável	
(23)	Níquel e seus compostos	7440-02-0	20	20	não aplicável	não aplicável	
(24)	Nonilfenol (4-Nonilfenol)	104-40-5	0,3	0,3	2,0	2,0	X
(25)	Octilfenol ((4-(1,1,3,3-tetrametil-butil)fenol))	140-66-9	0,1	0,01	não aplicável	não aplicável	
(26)	Pentaclorobenzeno	608-93-5	0,007	0,0007	não aplicável	não aplicável	X
(27)	Pentaclorofenol	87-86-5	0,4	0,4	1	1	

(continua)

Tabela 5.5 - Normas de qualidade ambiental da UE para substâncias prioritárias e outros contaminantes. *(continuação)*

Nº	Nome da substância	Nº CAS [1]	NQA-MA [2] Águas superficiais continentais [3]	NQA-MA [2] Outras águas superficiais	NQA-CMA [4] Águas superficiais continentais [3]	NQA-CMA [4] Outras águas superficiais	Identificada como substância perigosa prioritária
(28)	Hidrocarbonetos policíclicos aromáticos (HPA) [10]	não aplicável	não aplicável	não aplicável	não aplicável	não aplicável	X
	Benzo(a)pireno	50-32-8	0,05	0,05	0,1	0,1	X
	Benzo(b)fluoranteno	205-99-2	Σ=0,03	Σ=0,03	não aplicável	não aplicável	X
	Benzo(k)fluoranteno	207-08-9					X
	Benzo(g,h,i)perileno	191-24-2	Σ=0,002	Σ=0,002	não aplicável	não aplicável	X
	Indeno(1,2,3-cd) pireno	193-39-5					X
(29)	Simazina	122-34-9	1	1	4	4	
(29 bis)	Tetracloroetileno [7]	127-18-4	10	10	não aplicável	não aplicável	
(29 ter)	Tricloroetileno [7]	79-01-6	10	10	não aplicável	não aplicável	
(30)	Compostos de tributilestanho (Cátion de tributilestanho)	688-73-3	0,0002	0,0002	0,0015	0,0015	X
(31)	Triclorobenzeno	12002-48-1	0,4	0,4	não aplicável	não aplicável	

(continua)

Tabela 5.5 - Normas de qualidade ambiental da UE para substâncias prioritárias e outros contaminantes. *(continuação)*

Nº	Nome da substância	Nº CAS (1)	NQA-MA (2) Águas superficiais continentais (3)	NQA-MA (2) Outras águas superficiais	NQA-CMA (4) Águas superficiais continentais (3)	NQA-CMA (4) Outras águas superficiais	Identificada como substância perigosa prioritária
(32)	Triclorometano	67-66-3	2,5	2,5	não aplicável	não aplicável	
(33)	Trifluralina	1582-09-8	0,03	0,03	não aplicável	não aplicável	

(1) CAS: *Chemical Abstracts Service*; (2) Este parâmetro é a norma de qualidade ambiental expressa como valor médio anual (NQA--MA). Salvo outra especificação, aplica-se à concentração total de todos os isômeros; (3) As águas superficiais continentais, incluindo rios e lagos, e as massas de água artificiais (ou muito modificadas) conexas; (4) Este parâmetro é a norma de qualidade ambiental expressa como concentração máxima admissível (NQA-CMA). Quando a NQA-CMA indica 'não aplicável', considera-se que os valores de NQA-MA protegem contra os picos de contaminação à curto prazo, no caso dos escoamentos contínuos, já que são significativamente inferiores aos valores de toxicidade aguda calculados; (5) Para o grupo de substâncias prioritárias incluídas nos difeniléteres bromados (número 5), que figuram na Decisão 2455/2001/CE, estabelece-se apenas uma NQA para os números 28, 47, 99, 100, 153 e 154; (6) A respeito do Cádmio e seus compostos (número 6), os valores da NQA variam em função da dureza da água em cinco categorias (classe 1: < 40 mg $CaCO_3$/L, Classe 2: de 40 a < 50 mg $CaCO_3$/L, classe 3: de 50 a < 100 mg $CaCO_3$/L, classe 4: de 100 a < 200 mg $CaCO_3$/L e classe 5: ≥ 200 mg $CaCO_3$/L); (7) Esta substância não é prioritária, e sim um dos contaminantes para os quais os valores de NQA são idênticos aos estabelecidas na legislação aplicável antes de 13 de janeiro de 2009; (8) O DDT total inclui a soma dos isômeros 1,1,1-tricloro-2,2-bis-(p-clorofenil)-etano (CAS 50-29-3; UE 200-024-3); 1,1,1-tricloro-2-(o--clorofenil)-2-(p-clorofenil)-etano (CAS 789-02-6; UE 212-332-5); 1,1-dicloro-2,2-bis-(p-clorofenil)-etileno (CAS 72-55-9; UE 200--784-6); e 1,1-dicloro-2,2-bis-(p-clorofenil)-etano (CAS 72-54-8; UE 200-783-0); (9) Se os Estados membros não aplicam a NQA para a biota, devem adotar um valor de NQA mais estrito para as águas a fim de alcançar os mesmos níveis de proteção da biota que figuram no artigo 3, anexo 2, da norma da União Europeia; (10) No grupo de substâncias prioritárias incluídas nos HPAs (número 28) são aplicáveis todas e cada um dos valores de NQA, ou seja, é preciso cumprir a NQA para o benzo(a)pireno, para a soma de benzo(b)fluoranteno e benzo(k)fluoranteno, assim como para a soma de benzo(g,h,i)perileno e de indeno(1,2,3 cd)pireno.

Fonte: Council of the European Communities (2008).

Pesticidas

Os pesticidas são qualquer substância ou mistura de substâncias de origem natural ou sintética, que se destina a impedir, controlar ou destruir seres vivos considerados pragas. Em função do tipo de organismo sobre os quais atuam, podem ser classificados em inseticidas, herbicidas, fungicidas e nematicidas, e em função do grupo químico do princípio ativo, classificam-se em famílias muito diversas (exemplo: cloroacetanilidas, oximas, dinitroanilinas, organofosforados, fenoxiácidos, tiocarbamatos, triazinas, benzimidazoles, dentre outros). Os campos de aplicação são igualmente variados sendo utilizados em tratamentos fitossanitários (agricultura e indústria), setor terciário (turismo, portos, infraestruturas, cemitérios etc.), pecuária, aquicultura e higiene pessoal.

Ao longo dos anos, os pesticidas têm sido substituídos, passando de compostos bioacumulativos e de difícil degradação, como os organoclorados (exemplo: DDT, lindano, ciclodienos do tipo aldrin, endrin, dieldrin), a compostos mais polares e degradáveis, tais como os N-metilcarbamatos e piretroides. No entanto, a variedade de compostos não para de crescer.

A contaminação do meio aquático por pesticidas é, de modo geral, de origem difusa, já que ocorre fundamentalmente pelo seu transporte por escoamento após aplicação na agricultura. A essa contaminação de origem difusa cabe acrescentar a contaminação pontual de origem industrial por causa de eventuais emissões durante sua produção.

Os pesticidas têm sido objeto de regulação e estudo na água durante décadas. A atual lista de substâncias prioritárias da água da UE inclui vários compostos pertencentes a diferentes classes químicas de pesticidas. Os valores de NQA estabelecidos para essas substâncias variam, podendo ser muito restritivos, como no caso do endosulfan (CMA de 0,01 μg/L em águas superficiais continentais e 0,004 μg/L em outras águas superficiais) ou maiores, como nos casos da atrazina (2 μg/L) e simazina (4 μg/L). Por sua vez, a lista da Usepa contém, principalmente, pesticidas organoclorados persistentes como o aldrin, dieldrin e endrin, que embora não sejam consideradas substâncias prioritárias na UE – em virtude de seu uso decrescente – ainda compõem parte das listas de substâncias consideradas perigosas em vários países.

Todos os compostos mencionados anteriormente são ingredientes ativos das formulações fitossanitárias e seus níveis no meio aquático, que às vezes se medem em μg/L, são preocupantes. No entanto, a maior inquietação acerca dos pesticidas se concentra atualmente em seus produtos de degradação, que em muitos casos são mais ubíquos e tóxicos que os compostos originais. Essa constatação fez com que alguns produtos de transformação de pesticidas, como o AMPA (produto de degradação do herbicida glifosato), tenham sido incluídos na lista de compostos revisados para sua possível classificação como substâncias prioritárias perigosas da UE (Council of the European Communities, 2008) ou inclusão na lista de contaminantes candidatos (CCL – *Contaminants Candidate List*) da Usepa (EPA, 2009b).

A respeito de sua análise, a maior parte dos pesticidas utilizados no passado é classificada como compostos orgânicos persistentes (COPs), de natureza apolar e elevada capacidade para bioacumulação e biomagnificação ao longo da cadeia trófica, e cuja análise se dá por cromatografia gasosa (GC) acoplada a diferentes detectores (exemplo: ionização de chama – FID; captura eletrônica – ECD; nitrogênio-fósforo – NPD; espectrometria de massas – MS). Porém, os pesticidas modernos, assim como a maioria de seus produtos de degradação, são moderadamente polares, o que inviabilizou, até pouco tempo, a sua análise com as técnicas disponíveis. Atualmente tais contaminantes podem ser determinados na água em concentrações muito pequenas, de ng/L (nanogramas por litro, 10^{-9} g/L) a pg/L (picogramas por litro, 10^{-12} g/L), por meio de cromatografia líquida (LC-MS) ou gasosa (GC-MS) acopladas à espectrometria de massas, que têm se tornado técnicas cada vez mais robustas e sensíveis.

Hidrocarbonetos policíclicos aromáticos (HPAs)

Os HPAs formam um numeroso grupo de compostos orgânicos, amplamente distribuídos no meio ambiente, e cuja reconhecida carcinogenicidade os coloca em todas as listas de substâncias prioritárias. Os HPAs são formados por dois ou mais anéis aromáticos condensados, contendo, em alguns casos, um anel de cinco carbonos, com ou sem grupos substituintes.

Embora pequenas quantidades sejam de origem geoquímica e biossintética (são sintetizadas por algumas algas, bactérias e plantas superiores), majoritariamente os HPAs têm origem antropogênica. Calefações, geradores, processos industriais, incineração de lixo, incêndios florestais, atividade vulcânica, emissões de veículos, asfalto e, em geral, todos os processos de combustão e pirólise de combustíveis orgânicos fósseis (petróleo, carbono) são fontes de HPAs.

Os HPAs passam a fazer parte do ciclo da água por meio de diversos mecanismos, como a deposição atmosférica ou lançamento de efluentes industriais. Uma vez na água, por sua solubilidade relativamente baixa, costumam formar micelas com agentes tensoativos e a se adsorver nas partículas em suspensão, sedimentos ou biota. De fato, estima-se que 2/3 dos HPAs sejam casualmente removidos nas estações de tratamento de água (ETAs) na etapa de clarificação (coagulação, sedimentação, filtração) via adsorção às partículas que se sedimentam; sendo o terço restante de remoção atribuído à oxidação com cloro.

Embora as concentrações de HPAs nas águas superficiais não sejam muito elevadas (ng/L), a periculosidade dessas substâncias, que além de carcinogênicas são interferentes (ou desreguladores) endócrinos, tem induzido a diferentes instituições de saúde pública e do meio ambiente a normatizá-las. Na UE, as normas de qualidade contemplam oito HPAs (antraceno, fluoranteno, naftaleno, bezo(a)pireno, benzo(b)fluoranteno, benzo(k)fluoranteno, benzo(g,h,i)perileno e indeno(1,2,3cd)pireno), ao passo que nos Estados Unidos a lista de HPAs prioritários inclui 16 compostos, apesar de não haver critérios de qualidade definidos para todos.

A análise de HPAs em água é geralmente feita por cromatografia gasosa acoplada à espectrometria de massas (GC-MS) ou por cromatografia líquida com detecção por fluorescência (LC-FL) (López de Alda, 2000), que são capazes de detectar tais compostos em concentrações inferiores aos padrões ambientais estabelecidos.

Ftalatos

A produção mundial de ftalatos supera 2,5 milhões de toneladas/ano, sendo o dietilhexil ftalato (DEHP) o composto mais abundante, o que se explica por sua produção comparativamente maior, cerca de 90% dos ftalatos comercializados.

Tais compostos são muito utilizados como aditivos na fabricação de plásticos, resinas epóxi, colas, entre outros materiais poliméricos, para torná-los mais flexíveis; sendo, por isso, chamados de plastificantes. Além disso, em menor escala, eles têm sido usados em cosméticos, produtos médicos e inseticidas. Sua aplicação nessa ampla variedade de produtos os torna contaminantes ubíquos do meio aquático, onde podem alcançar concentrações de dezenas a centenas de μg/L, apesar de sua vida média em águas superficiais ser relativamente curta (estimada entre um dia e duas semanas).

De fato, a biodegradação parece ser o principal mecanismo de eliminação dos ftalatos tanto nas estações de tratamento de esgoto (ETEs) como em águas superficiais, onde uma ampla variedade de bactérias e fungos (actinomicetos) pode degradá-los em condições tanto aeróbias como anaeróbias. A velocidade de degradação diminui com o comprimento da cadeia alquílica, sendo o DEHP um dos mais recalcitrantes.

Tais substâncias interferem no funcionamento normal do sistema endócrino, sendo por isso denominadas interferentes ou desreguladores endócrinos (EDC – *endocrine disrupting chemicals*). Os EDCs são substâncias exógenas que causam efeitos adversos na saúde dos organismos, ou de sua prole, em decorrência de alterações no seu sistema endócrino. Nesse sentido, os ftalatos se caracterizam por apresentar atividade estrogênica, que se traduz principalmente em feminização de espécies aquáticas a eles expostos. Esse tipo de efeito tem sido observado para os ftalatos DBP, o DEHP, BBP, DEP e DHP (ver Figura 5.5). Tais compostos apresentam potência estrogênica de 4 a 7 vezes inferior ao do estradiol, considerado o estrógeno mais potente que se conhece e capaz de induzir efeitos estrogênicos a concentrações em água de 0,1 a 1 ng/L. Isso implica que concentrações aquosas de ftalatos de algumas centenas de ng/L já seriam suficientes para induzir efeitos adversos na vida aquática.

Figura 5.5 - Estrutura química dos ftalatos.

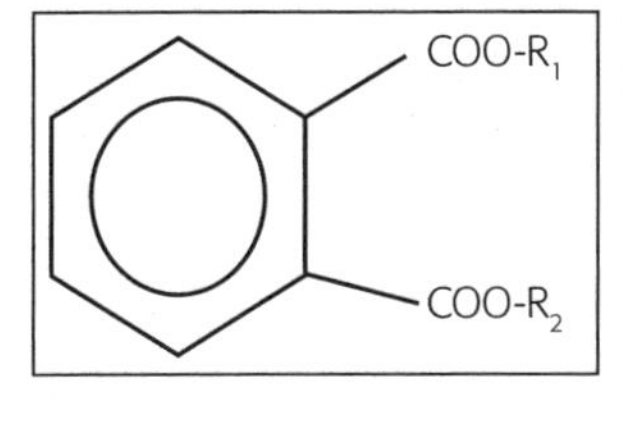

R_1	R_2	Nome	Acrônimo
CH_3		Dimetil ftalato	DMP
CH_2CH_3		Dietil ftalato	DEP
$(CH_2)_3CH_3$		Dibutil ftalato	DBP
$(CH_2)_3CH_3$	$CH_2C_6H_5$	Butilbenzil ftalato	BBP
$CH_2CH(CH_2CH_3)(CH_2)_3CH_3$		Bis(2-etilhexil) ftalato	DEHP
C_8H_{17}		Di-*n*-octil ftalato	DnOP

A lista de contaminantes prioritários da EPA inclui os seis compostos indicados na Figura 5.5, ainda que sem os padrões de qualidade para águas superficiais; ao passo que a lista de substâncias prioritárias da UE inclui apenas o DEHP, para o qual se estabelece uma concentração média anual de 1,3 μg/L, sem prever um valor de CMA.

A técnica mais utilizada para a análise de ftalatos é a cromatografia gasosa acoplada à espectrometria de massa (GC-MS), muito embora o uso de cromatografia líquida com o mesmo sistema de detecção (LC-MS) tenha ganhado popularidade nos últimos anos. A principal dificuldade na análise de ftalatos está em evitar contaminação procedente do material ou instrumentação analítica utilizada (exemplo: ponteiras de pipetas, cartuchos de extração em fase sólida, septos, solventes etc.), o que pode aumentar a concentração de ftalatos presente.

Cloroalcanos (parafinas cloradas)

As parafinas cloradas são formulações industriais constituídas por alcanos de cadeia linear (10 a 30 átomos de carbono) policloradas (teor de cloro de 30 a 70%). As misturas comerciais se dividem, segundo o comprimento da cadeia, em parafinas cloradas de cadeia curta, com 10 a 13 átomos de C; de cadeia média, com 14 a 17 átomos de C; e de cadeia longa, com 18 a 30 átomos de C. Essas formulações industriais, que são formadas por misturas complexas de um grande número de isômeros, se caracterizam por apresentar baixa pressão de vapor (10^{-5} a 10^{-6} mmHg) e elevada viscosidade, sendo por isso utilizados como retardantes de chama e estabilizantes químicos, fluidos de corte e lubrificantes em carpintaria metálica e indústria automobilística, bem como plastificantes de PVC, tintas, adesivos, entre outros materiais poliméricos.

A produção mundial das cerca de 200 formulações comerciais existentes é estimada em 300 mil toneladas por ano, sendo as parafinas de cadeia curta as mais utilizadas e também as mais tóxicas (United Nations Environmental Programme, 1996). Tais substâncias têm sido consideradas muito tóxicas para os organismos aquáticos, além de serem persistentes e terem capacidade de se bioacumular em algumas espécies. As parafinas cloradas têm sido encontradas em material biológico procedente do Ártico, o que indica que podem ser transportadas a grandes distâncias, e apresentam degradação, tanto química como biológica, assaz lenta.

Diante dos relatórios científicos sobre seus riscos, os cloroalcanos de cadeia curta (C10-13) foram incluídos na lista de substâncias prioritárias em água da UE, que fixou em 0,4 µg/L a concentração média anual e em 1,4 µg/L a concentração máxima admissível. Por outro lado, nos Estados Unidos não se fixaram limites para esses compostos, apesar de algumas parafinas cloradas (média de 12 C e 60% cloração) terem sido catalogadas pela

Agência Internacional para Pesquisa em Câncer (Iarc) como possíveis carcinogênicos em humanos.

As parafinas cloradas não têm origem natural conhecida e, portanto, as concentrações ambientais são resultado de sua produção e descarte inadequado de produtos e resíduos. Em virtude de sua baixa volatilidade e solubilidade em água, e a seu caráter lipofílico, apresentam forte tendência a se adsorver em sedimentos (compartimento no qual são observadas as maiores concentrações de cloroalcanos, principalmente em áreas próximas aos locais de produção), e a se bioacumular, tendo sido encontrado em aves, peixes, mamíferos em concentrações de até 12 mg/kg. Em humanos, sua presença também já foi detectada em diferentes órgãos com concentrações de até 190 µg/kg em tecido adiposo, enquanto em águas (onde podem estar presentes adsorvidos ao material particulado) as concentrações são muito menores, de poucos µg/L.

A análise das parafinas cloradas não é trivial por causa da complexidade das misturas, que têm milhares de congêneres com grande variedade de propriedades físico-químicas, e à escassez de padrões individuais (Eljarrat e Barceló, 2006). Isso exige que a análise empregue procedimentos de purificação exaustivos e técnicas analíticas seletivas, entre as quais a mais utilizada é a GC-MS em modo de ionização negativa. Não obstante, para a caracterização dos compostos individuais, a cromatografia de gases bidimensional tem sido a principal técnica utilizada.

Difeniléteres bromados

Os difeniléteres bromados (DEBs) são outra classe de contaminantes que até pouco tempo eram considerados emergentes, mas que recentemente passaram a fazer parte do rol de substâncias prioritárias em água da UE. A família de DEBs tem 209 congêneres que, em função do nível de bromação, são classificados em dibromodifenil éteres, tribromodifenil éteres, tetrabromodifenil éteres, e assim por diante, até decabromodifenil éteres (ver Figura 5.6).

Os DEBs são utilizados como retardantes de chama em uma grande variedade de produtos comerciais, como móveis, plásticos, tecidos, pinturas e aparatos eletrônicos. A produção mundial de retardantes de chama é estimada em 200 mil toneladas por ano, das quais cerca de ¼ correspondem a DEBs (Birnbaum e Staskal, 2004).

Figura 5.6 - Estrutura química dos difeniléteres bromados.

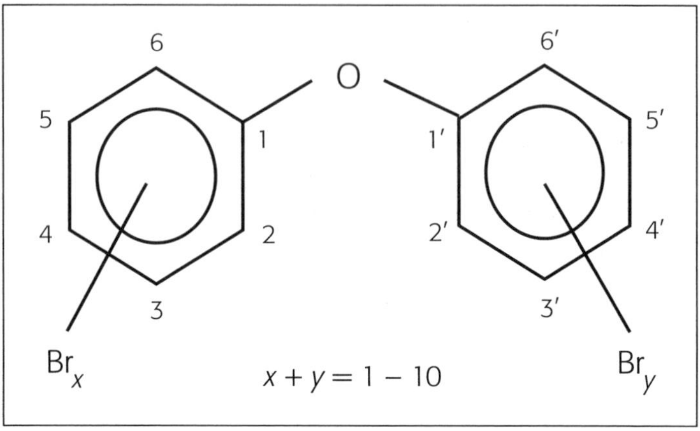

A persistência, biodisponibilidade e indícios de efeitos adversos (exemplo: neurotoxicidade, interferência endócrina, carcinogenicidade) causados pelos DEBs têm induzido algumas instituições, calcadas no princípio de precaução, a normatizar tais substâncias nas águas. Assim, enquanto nos Estados Unidos esses compostos não são considerados poluentes prioritários, na UE proibiu-se, em 2003, a produção de penta-DEB e fixou-se, em 2008, concentrações médias anuais de 0,0005 μg/L em águas superficiais continentais e 0,0002 μg/L em outras águas superficiais para os congêneres de DEBs de número 28, 47, 99, 100, 153 e 154 (Council of the European Communities, 2008).

Diversos métodos de GC-MS (seja por impacto eletrônico ou ionização química negativa) têm sido desenvolvidos para a análise de DEBs em águas, dos quais o procedimento que emprega diluição isotópica em equipamento de alta resolução tenha sido o indicado (Alaee, 2003; Covaci et al., 2003). A dificuldade da análise de DEBs relaciona-se ao fato de existir um grande número de congêneres com diferentes estruturas e propriedades.

Alquilfenóis

Os alquilfenóis (APs), dentre os quais se destacam o nonilfenol (NP) e o octilfenol (OP), são produtos de degradação dos surfactantes do tipo alquifenoletoxilado (APEOs). Com produção global anual estimada em 500 mil toneladas, esse tipo de surfactante é utilizado como detergente em domicílios e indústrias, principalmente de tecido, couro e papelaria; além de ser ingrediente de pesticidas, tintas, agentes umectantes, dentre outros.

A preocupação por esses compostos tem origem no fato de que aproximadamente 60% dos Apeos que entram nas ETEs são lançados no ambiente aquático, dos quais 85% na forma de produtos de degradação. Em condições tanto aeróbias como anaeróbias, os Apeos se degradam para formar alquifenoletoxilados de cadeia mais curta e alquilfenóis (APs) pela perda sucessiva de grupos etoxi, assim como derivados carboxilados e dicarboxilados (Apec e Capec) (ver Figura 5.7). Tais compostos apresentam caráter estrogênico e toxicidade aguda mais acentuada que a dos próprios Apeos precursores. Além disso, estima-se que a etapa de cloração empregada nas ETAs leve à formação de APs e Apecs halogenados, que além de mais tóxicos que os compostos precursores são potencialmente mutagênicos.

As concentrações ambientais de alquilfenóis variam de centenas de ng/L a dezenas de µg/L em água, de modo a se aproximar ou superar os valores considerados suficientes para produzir efeitos estrogênicos em organismos aquáticos, que se situam entre 1 e 20 µg/L no caso do NP e seu respectivo monoetoxilado. Os efeitos mais alarmantes e mais bem estudados são os que relacionam a exposição a esses compostos no meio aquático aos fenômenos de feminização e intersex (presença simultânea de órgãos reprodutores masculinos e femininos) em peixes (Sole et al., 2000; Petrovic et al., 2002).

A classificação dos alquilfenóis em desreguladores endócrinos tem restringido seu uso em diversos países, tendo inclusive levado à recente inclusão do NP e do OP na lista de substâncias prioritárias da UE. A concentração média anual de NP em águas superficiais não deve superar 0,3 µg/L e a máxima não deve superar 2 µg/L. No caso do OP, não foram estabelecidas concentrações máximas admissíveis, mas a concentração média anual não deve ultrapassar 0,1 µg/L em águas superficiais continentais e 0,01 µg/L em outras águas superficiais. Nos Estados Unidos, por sua vez, só existem critérios de qualidade da água recomendados para o NP (composto incluído na lista de substâncias não prioritárias), segundo os quais tanto a CMC como a CCC é 28 µg/L em água doce e 7 µg/L em água salgada.

A técnica analítica mais utilizada para a determinação dos alquilfenóis e derivados é a cromatografia líquida acoplada à espectrometria de massas sequencial ou *tandem* (LC-MS/MS), que permite a detecção de tais compostos em concentrações compatíveis com a legislação. A GC-MS também pode ser utilizada, mas requer um passo adicional de derivatização dos compostos de interesse antes da análise da amostra.

Figura 5.7 - Estrutura química dos surfactantes de tipo alquilfenol etoxilado e seus principais produtos de degradação.

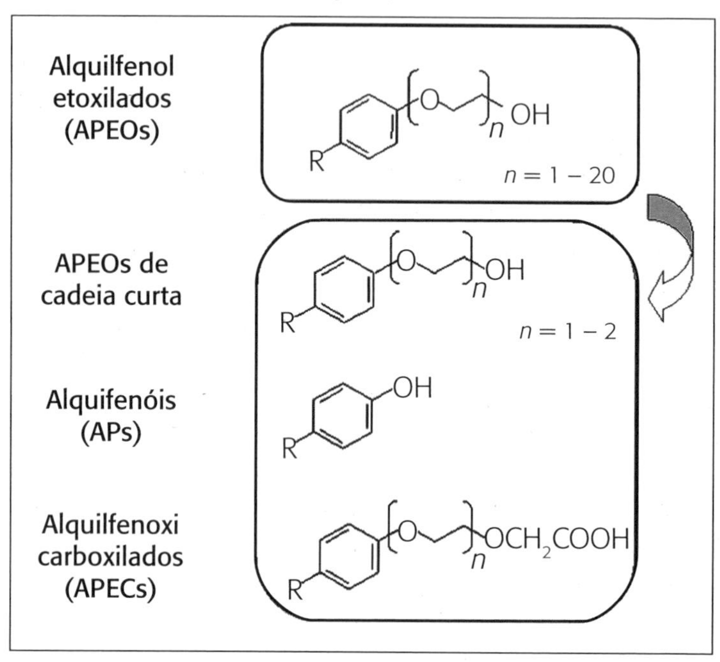

Contaminantes orgânicos emergentes

Os contaminantes orgânicos emergentes são definidos como aqueles previamente desconhecidos ou não reconhecidos como tais, cuja presença no meio ambiente não é necessariamente nova, mas, sim, a preocupação decorrente dela. Nesses casos, a denominação mais correta deveria ser contaminantes de preocupação emergente. De todo o modo, o leque desses compostos tem sido ampliado continuamente ao longo dos anos, em parte graças ao desenvolvimento de novos métodos de análise mais sensíveis, tais quais os baseados na espectrometria de massas sequencial (exemplo: LC--MS/MS).

A lista de contaminantes emergentes inclui uma ampla variedade de produtos de uso diário com aplicações tanto industriais quanto domésticas. Como já visto nas seções anteriores, alguns deles, à luz das intensas investigações realizadas nos últimos anos, têm sido incluídos nas listas de substâncias prioritárias de monitoramento na água. É o caso dos retardantes de chama DEBs, dos detergentes de tipo Apeo e seus derivados, e das parafinas cloradas. Outros compostos, como os pesticidas, já estavam sujeitos à legislação na água, mas a possibilidade de levarem à formação de produtos de degradação tóxicos os coloca novamente no rol de prioridades. Por último, em outros casos, como no dos compostos perfluorados ou dos fármacos, a conscientização sobre o risco que eles apresentam ao meio ambiente é relativamente recente, e não há ainda dados suficientes para uma avaliação apropriada de seu impacto.

Nesse aspecto, a Usepa tem centrado a maior parte de seus esforços de investigação nos perfluorados (PFCs) e nos denominados fármacos e produtos para o cuidado e a higiene pessoal (PPCPs). Por sua vez, na UE existe uma lista de candidatos a substâncias prioritárias ou substâncias perigosas prioritárias que inclui, entre outros, o perfluorado denominado ácido de perfluorooctansulfônico (PFOS) (ver Tabela 5.6). Essas duas classes de contaminantes orgânicos emergentes, PFCs e PPCPs, serão brevemente comentadas nas próximas seções.

Tabela 5.6 - Compostos submetidos à revisão para possível classificação como substâncias prioritárias ou substâncias perigosas prioritárias na UE.

Número CAS	Número UE	Nome do composto
1066-51-9	-	AMPA
25057-89-0	246-585-8	Bentazona
80-05-7	-	Bisfenol A
115-32-2	204-082-0	Dicofol
60-00-4	200-449-4	EDTA
57-12-5	-	Cianeto livre
1071-83-6	213-997-4	Glifosato
7085-19-0	230-386-8	Mecoprop (MCPP)
81-15-2	201-329-4	Almizcle xileno
1763-23-1	-	Ácido de perfluorooctanosulfônico (PFOS)

Fonte: Council of the European Communities (2008).

Compostos perfluorados (PFCs)

Os PFCs são um claro exemplo de compostos de uso industrial que têm sido utilizados durante décadas em um amplo número de setores, e que agora são tidos como contaminantes muito perigosos e amplamente distribuídos no meio ambiente. No centro das investigações e da polêmica que cerca esses compostos, está o perfluoroctano sulfonato ou PFOS (CF_3-$(CF_2)_7$-SO_3^-) e o ácido perfluoroctanóico ou PFOA (CF_3-$(CF_2)_6$-COOH).

O PFOS tem sido usado como agente refrigerante, surfactante e polímero, em preparados farmacêuticos, retardantes de chama, lubrificantes, adesivos, cosméticos e inseticidas. O PFOA, por sua vez, é utilizado na fabricação de fluoropolímeros (PTFE) e fluoroelastômeros (PVDF) empregados em uma grande variedade de produtos comerciais, como tecidos, tapetes, recipientes de alimentos e automóveis, além de espumas anti-incêndios. Ambos compostos são tóxicos e persistentes, sendo o PFOA classificado como carcinogênico e o PFOS como hidrófobo com forte tendência à bioacumulação (Schultz et al., 2003).

Tanto os Estados Unidos como a UE exibem tais compostos nas listas de contaminantes emergentes que requerem uma investigação urgente e intensiva para possível regulação futura da sua presença na água. Os aspectos que ainda estão obscuros referem-se às fontes de entrada no meio ambiente e vias de exposição humana; os níveis de tais contaminantes na água, ar, solo, sedimentos e biota e a sua dinâmica ambiental (Villagrasa et al., 2006).

Para a análise de tais compostos distintas técnicas analíticas têm sido empregadas, tais como a ressonância magnética nuclear (NMR), GC-MS e LC-MS, das quais a LC-MS/MS com ionização por *electrospray* é considerada a mais adequada.

Fármacos

De todos os contaminantes emergentes, os que têm suscitado maior preocupação e estudo nos últimos anos são os fármacos, em especial os antibióticos. As primeiras evidências da presença de fármacos no meio aquático ocorreram nos anos de 1970 com a identificação em águas residuárias, nos Estados Unidos, do ácido clofíbrico, que é o metabolito ativo de vários reguladores de lipídios (clofibrato, etofilin clofibrato e etofibrato) no sangue. No entanto, foi no início dos anos de 1990 que o tema "fármacos no meio ambiente" ganhou momentum, como demonstra a evolução do número de artigos publicados desde então.

Entre os fármacos mais prescritos na medicina humana, destacam-se analgésicos/anti-inflamatórios, como o ibuprofeno e o diclofenaco; antiepilépticos como a carbamazepina; antibióticos como a amoxicilina e o sulfametoxazol, e β-bloqueadores como o metoprolol. A esta lista deve-se acrescer alguns compostos de uso veterinário, que têm sido amplamente consumidos na aquicultura, avicultura e pecuária. Os fármacos que têm sido detectados no meio ambiente aquático, diretamente ou via seus metabólitos, incluem analgésicos/anti-inflamatórios, antibióticos, antiepilépticos, β-bloqueadores, reguladores de lipídios, meios de contraste de raios X, anticonceptivos orais, esteroides, broncodilatadores e tranquilizantes (Hernando et al., 2006).

A depender das propriedades físico-químicas dos fármacos, seus metabólitos e produtos de degradação, bem como das características dos solos, estas substâncias podem atingir águas subterrâneas e contaminar aquíferos ou ficarem retidas no solo e acumular-se, podendo afetar o ecossistema e os humanos por meio da cadeia trófica.

As concentrações de tais compostos que têm sido encontradas em águas superficiais (como consequência da remoção incompleta nas ETEs) ou em águas subterrâneas (em virtude de sua pequena atenuação durante a filtração no solo) se localizam normalmente na classe de ng/L ou μg/L. Por outro lado, em solos e sedimentos, nos quais tais compostos podem persistir por longos períodos (a vida média do ácido clofíbrico, por exemplo, é estimada em 21 anos), alcançam concentrações de até dezenas de g/kg (Hernando et al., 2006; Díaz-Cruz e Barceló, 2005). Contudo, o que tem causado maior preocupação é a ocorrência de alguns deles (exemplo: ibuprofeno, diclofenaco, carbamazepina, ácido clofíbrico) em águas potáveis de diferentes países (Bedner e Maccrehan, 2006).

Em muitos casos, as consequências da presença de fármacos no meio ambiente ainda não são bem estabelecidas, mas em outros, o risco parece evidente. Como exemplo, o diclofenaco, além de afetar os rins nos mamíferos, tem sido associado (como consequência de seu uso veterinário) ao desaparecimento dos abutres brancos na Índia e no Paquistão, o que significa, segundo o autor do estudo (Fent et al., 2006), um desastre ecológico comparável ao acontecido no passado com o DDT. Outro exemplo é o do propanolol, que tem efeitos sobre o zooplâncton e organismos bentônicos (Fent et al., 2006; Muñoz et al., 2009; Ginebreda et al., 2010).

Como resultado das investigações científicas realizadas até agora, alguns fármacos são considerados, pela Usepa, candidatos a contaminantes orgânicos prioritários da água. É o caso dos estrógenos 17α-estradiol, 17β-estradiol, estriol, estrona, etinilestradiol, mestranol, equilenin e equilin, e do antibiótico eritromicina. Na UE, alguns fármacos, como os meios de contraste amidotrizoato e iopamidol, o antiepiléptico carbamazepina, o fungicida clotrimazol e o analgésico/anti-inflamatório diclofenaco, assim como a fragrância tonalid, estiveram na lista de compostos submetidos à revisão para sua inclusão na lista das substâncias prioritárias ou substâncias perigosas prioritárias, muito embora a Directiva 2008/105/EC aprovada não os tenha classificado como tais (Council of the European Communities, 2008).

Atualmente, na Europa, há mais de três mil ingredientes ativos permitidos para seu uso no cuidado da saúde. No entanto, desde que se detectou o primeiro resíduo de ácido clofíbrico na água, até o momento apenas algumas dezenas deles já foram analisadas em algum compartimento ambiental. A necessidade de seguir trabalhando nessa linha de pesquisa, na qual se deve incluir o estudo dos metabólitos e os produtos de transformação, bem como seus possíveis efeitos ambientais é, portanto, evidente.

Os grupos de fármacos que são considerados mais perigosos e exigem mais pesquisas são:

- Os antibióticos, pelo elevado consumo (ocupam o terceiro lugar em volume de uso de todos os fármacos empregados na medicina humana, representando ainda 70% daqueles usados em medicina veterinária) e pela possibilidade de que sejam desenvolvidas cepas bacterianas resistentes que façam com que esses compostos sejam ineficazes para o fim ao qual foram fabricados.
- Os meios de contraste usados em exames de raios-X, pela persistência ambiental, elevada mobilidade no meio aquático, dificuldade de remoção durante o tratamento de água e moderada toxicidade.
- Os citostáticos, em virtude das conhecidas propriedades carcinogênicas, mutagênicas ou embriogênicas, e dificuldade de remoção durante o tratamento de água.
- Os estrógenos, utilizados fundamentalmente como anticonceptivos e no tratamento de desordens hormonais, cuja capacidade de interferência endócrina lhes arroga a responsabilidade pelos recorrentes fenômenos de feminização, hermafroditismo e diminuição da fertilidade de diversas espécies.

Para a análise de fármacos em amostras de água, tem sido empregadas, fundamentalmente, técnicas de cromatografia gasosa (GC) e líquida (LC) acopladas à espectrometria de massas (MS), com tendência de se empregar, tanto em uma como na outra, espectrômetro de massa sequencial (MS/MS), o que permitiria a identificação de eventuais subprodutos e a diferenciação de isômeros (Díaz-Cruz e Barceló, 2005).

ÍNDICES DE QUALIDADE DA ÁGUA

A qualidade do meio fluvial, diferentemente da sua quantidade, é essencialmente um atributo multiparamétrico, que requer, por um lado, a participação de especialistas para uma correta interpretação e, por outro, torna muito complicada a manipulação da informação, o que é um sério inconveniente do ponto de vista da gestão. É nesse contexto que se baseia a utilidade dos denominados Índices de Qualidade da Água (IQA ou WQI – *Water Quality Indexes*), cujo propósito é agregar a informação, integrando em apenas um número, parâmetros, lugares e períodos distintos. Como tal combinação pode ocorrer de muitas formas e com finalidades diversas, não surpreende que, desde sua primeira utilização rudimentar na Alemanha, no século XIX, tenham aparecido muitos desses índices, concebidos com propósitos concretos muito diferentes. Esse aspecto constitui também sua principal limitação, já que os distintos índices não são equivalentes entre si, sendo sua maior utilidade a comparação e classificação relativa da qualidade da água em diferentes pontos de monitoramento sob a mesma ótica.

De acordo com o que foi dito, e levando em conta que a qualidade do meio fluvial depende de variáveis hidromorfológicas, biológicas e físico-químicas, os diferentes índices de qualidade podem ser separados em várias classes, dependendo do tipo de variáveis utilizadas. Assim, têm-se índices de qualidade biológicos, hidromorfológicos e físico-químicos.

No âmbito deste capítulo, serão descritos nessa seção unicamente os índices de tipo físico-químico, que constituem os mais numerosos. O leitor interessado no tema pode consultar o trabalho de Terrado et al. (2010) no qual encontrará uma relação extensa e atualizada sobre o tema. Na Tabela 5.7 são relacionados os principais tipos de índices de qualidade físico-química, classificados em função de seu propósito ou finalidade.

Tabela 5.7 - Principais índices físico-químicos de qualidade da água existentes classificados segundo sua finalidade.

Classe	Comentário
Índices gerais de qualidade	-
Índices para usos específicos da água	Águas de bebida, banho, piscicultura, eutrofização etc.
Índices empregados no planejamento hidrológico	-
Índices do tipo estatístico	Baseados em análises multivariadas (exemplo: análise de componentes principais), classificação não paramétrica, lógica *Fuzzy* etc.
Índices de qualidade para redes automáticas de controle	Séries muito extensas de parâmetros registrados continuamente ou em curtos períodos

Fonte: Terrado et al. (2010)

Apesar da grande variedade de índices existente, os procedimentos de elaboração seguidos na maior parte deles seguem uma série de etapas comuns, a saber:

- Seleção das variáveis (parâmetros) a utilizar.
- Identificação (se houver) dos critérios legais de regulação (exemplo: níveis de referência) contra os quais se comparam e qualificam os valores obtidos.
- Transformação das variáveis (exemplo: normalização), de maneira que sejam mensuráveis entre si.
- Atribuição de pesos relativos às distintas variáveis em função de sua relevância (se for necessário), a fim de destacar sua contribuição no índice final.
- Definição do cálculo do índice de qualidade (algoritmo de agregação).
- Estabelecimento de medidas de qualidade que permitam sua interpretação.

Dado o grande número de índices físico-químicos publicados, não é possível descrever em detalhes cada um deles. Não obstante, com o objetivo de ilustrar seu funcionamento, explica-se a seguir o procedimento de cálculo e interpretação de um dos mais populares, o índice de qualidade de água canadense (CQWI – Canadian Water Quality Index), conforme Terrado et al. (2010) e Unep-Gems/Water Programme (2007).

O CWQI compara os valores observados a valores de referência, que podem ser baseados na legislação, ou objetivos de qualidade estabelecidos para cada ponto em questão. O CWQI é, assim, um índice flexível, no qual tanto os parâmetros selecionados como os valores de referência dependerão da qualidade almejada (exemplo: água potável, proteção da vida aquática etc.).

O CWQI integra os valores obtidos para uma estação de controle durante um determinado período (normalmente um ano) e avalia o número de vezes que cada parâmetro excede o valor de referência em relação ao número total de medidas, indicando ainda a magnitude da violação. O procedimento de cálculo do CWQI é realizado de acordo com a Equação 5.7, na qual três fatores (F_1, F_2 e F_3) intervém.

$$\text{CWQI} = 100 - \left(\frac{\sqrt{F_1^2 + F_2^2 + F_3^2}}{1{,}732} \right) \qquad \text{(Equação 5.7)}$$

O número 1,732 é usado para normalizar a expressão entre 0 e 100, ao passo que o fator F_1 representa o Scope do índice, ou seja, a porcentagem de parâmetros que excedem o valor de referência, conforme a Equação 5.8.

$$F_1 = \left(\frac{\text{Quantidade de parâmetros que excederam o valor de referência}}{\text{Número total de parâmetros}} \right) \times 100 \qquad \text{(Equação 5.8)}$$

O fator F_2 representa a frequência de violação, ou seja, a porcentagem de medidas individuais de cada parâmetro que excedem o valor de referência, conforme a Equação 5.9. Por sua vez, o fator F_3 representa a amplitude da violação, ou seja, medem a intensidade com que os valores de um determinado parâmetro superam os valores de referência.

$$F_2 = \left(\frac{\text{Número de vezes em que o parâmetro excedeu o valor de referência}}{\text{Número total de análises do parâmetro}} \right) \times 100 \qquad \text{(Equação 5.9)}$$

O CWQI é calculado em três etapas. Inicialmente calcula-se a digressão (*excursion*), conforme a Equação 5.10 e, em seguida, a sua soma normalizada para todos os parâmetros (Equação 5.11).

$$Digressão = \left(\frac{\text{Valor do teste que excedeu a referência}}{\text{Valor de referência}} \right) - 1 \quad \text{(Equação 5.10)}$$

$$SND = \left(\frac{\sum \text{Digressão}}{\text{Número total de testes}} \right) \quad \text{(Equação 5.11)}$$

Em que:
SND: Soma normalizada da digressão.

Na terceira etapa calcula-se F_3 usando uma expressão que escala a SND a uma variação de 1 a 100, conforme a equação 5.12.

$$F_3 = \left(\frac{SND}{0{,}01SND + 0{,}01} \right) \quad \text{(Equação 5.12)}$$

Finalmente, o índice CWQI obtido (entre 100 e 0) é relacionado a uma das classes de qualidade segundo a seguinte classificação:

0 a 44 ⇒ Péssima
45 a 64 ⇒ Ruim
65 a 79 ⇒ Média
80 a 94 ⇒ Boa
95 a 100 ⇒ Excelente

CONSIDERAÇÕES FINAIS

Ao longo dos itens anteriores, foram analisados aspectos relacionados à qualidade físico-química da água fluvial, tanto no que se refere a seus componentes naturais como às alterações causadas pela ação do homem. Dentro de uma visão holística, deve-se analisar o papel duplo exercido pela qualidade físico-química. Por um lado, é fundamental para a manutenção dos ecossistemas aquáticos, e por outro, não menos importante, é um condicionante imperativo diante dos possíveis usos dos recursos hídricos por parte do homem.

Assim, deve se estabelecer o conceito de qualidade físico-química não em um sentido absoluto, mas sim relativo aos usos da água, entendendo como tais, tanto os ecossistêmicos (ou seja, preservação da biodiversidade dos ecossistemas aquáticos) como os relacionados à segurança da água utilizada pelo homem; usos que, na maioria das vezes, não são antagônicos, mas, sim, complementares (Vörösmarty et al., 2010). Nesse contexto, convém destacar mais uma vez a importância do monitoramento e controle da qualidade da água dentro da gestão dos recursos hídricos, formando, provavelmente, uma das ações que mais benefício traz em relação a seu custo de implementação.

É importante salientar que o estado final do meio aquático é o resultado interativo de fatores ecológicos, hidromorfológicos e físico-químicos, que se retroalimentam e, às vezes, são difíceis de precisar. Essa complexa relação se torna especialmente relevante em cenários de mudança global (climático, econômico, usos do território) como os que são previsíveis em um futuro que se avizinha, e formam não apenas um campo aberto de investigação científica, mas também um desafio ao plano e à gestão integrados do meio fluvial. Nesse contexto, são cada vez mais necessários programas institucionais de monitoramento da qualidade da água como subsídios às decisões de gestores sobre possíveis intervenções nos sistemas fluviais.

REFERÊNCIAS

ALAEE, M. Recommendations for monitoring of polybrominated diphenyl ethers in the Canadian environment. *Environ. Monit. Assess.* v. 88, p. 327-341, 2003.

AYORA, C.; NIETO, J.M. Los metales em o ciclo da água. In: *Águas Continentales. Gestión de recursos hídricos, tratamiento e qualidade de água*, D. Barceló (Coord.). Madrid: Consejo Superior de Investigações Científicas, 2008.

BEDNER, M.; MARCCREHAN, W.A. Transformation of acetaminophen by chlorination produces the toxicants 1,4-benzoquinone and N-acetyl-p-benzoquinone imine *Environ. Sci.Technol.* v. 40, p. 516-522, 2006.

BIRNBAUM, L.S.; STASKAL, D.F. Brominated flame retardants: Cause for concern? *Environ. Health Perspect.* v. 112, p. 9-17, 2004.

CONNELL, D.W. *Basic Concepts of Environmental Chemistry*. Flórida: CRC Press LLC, Boca Ratón, 1997.

COUNCIL OF THE EUROPEAN COMMUNITIES. Directiva 2008/105/EC on environmental quality standards in the field of water policy. *Official Journal of European Community*. L 348, 84, 2008.

COVACI, A.; VOORSPOELS, S.; DE BOER, J. Determination of brominated flame retardants, with emphasis on polybrominated diphenyl ethers (PBDEs). In: Environmental and human samples – a review. *Environ. Int.* v. 29, p. 735-756, 2003.

DIAZ-CRUZ, M.S.; BARCELO, D. LC-MS2 trace analysis of antimicrobials in water, sediment and soil. *TRAC-Trend. Anal. Chem.* v. 24, p. 645-657, 2005.

ELJARRAT, E.; BARCELO, D. Quantitative analysis of polychlorinated n-alkanes in environmental samples. *TRAC-Trends Anal. Chem.* v. 25, p. 421, 2006.

ENVIRONMENTAL PROTECTION AGENCY. *National Recommended Water Quality Criteria*. 2009a. Disponível em: https://ramumine.files.wordpress.com/2011/02/wq-epa-criteria-2009.pdf. Acessado em: 05 fev. 2016.

_______. *Drinking Water Contaminant Candidate List 3 – Final*. Federal Register, 2009b. v. 74, n. 194.

FENT, K.; WESTON, A.A.; CAMINADA, D. Ecotoxicology of human pharmaceuticals. *Aquatic Toxicol.* v. 76, 2006.

GINEBREDA, A.; MUÑOZ, I.; LÓPEZ DE ALDA, M. et al. Environmental risk assessment of pharmaceuticals. In: Rivers: Relationships between hazard indexes and aquatic macroinvertebrate diversity indexes in the Llobregat River (NE Spain). *Environ. Int.* v. 36, p. 153–162, 2010.

HERNANDO, M.D.; MEZCUA, M.; FERNANDEZ-ALBA, A.R. et al. Environmental risk assessment of pharmaceutical residues in wastewater effluents, surface waters and sediments. *Talanta*. v. 69, p. 334-342, 2006.

LÓPEZ DE ALDA, M. J. Polycyclic Aromatic Hydrocarbons. In: *Handbook of Water Analysis*. New York: Marcel Dekker, 2000.

MUÑOZ, I.; BARCELÓ, D.; BRIX, R. et al. Bridging levels of pharmaceuticals in River Water with Biological Community Structure in the Llobregat River Basin (NE Spain). *Environ. Toxicol. Chem.* v. 28, p. 2706-2714, 2009.

NIETO, J.M.; SARMIENTO, A.M.; OLÍAS, M. et al. Acid mine drainage pollution in the Tinto and Odiel rivers (Iberian Pyrite Belt, SW Spain) and bioavailability of the transported metals to the Huelva Estuary. *Environ. Int.* v. 33, p. 445-55, 2007.

PETROVIC; M., SOLE; M., DE ALDA; M.J.L. et al. Endocrine disruptors in sewage treatment plants, receiving river waters, and sediments: Integration of chemical analysis and biological effects on feral carp *Environ. Toxicol. Chem.* v. 21, p. 2146--56, 2002.

PIPER, A.M. A graphic procedure in the geochemical interpretation of water-analyses. Eos Trans. *AGU*, v. 25, n. 6, p. 914-928, 1944.

SCHULTZ; M.M., BAROFSKY; D.F., FIELD; J.A. Fluorinated alkyl surfactants. *Environ Eng Sci.* v. 20, p. 487-501, 2003.

SOLE, M.; DE ALDA, M.J.L.; CASTILLO, M. et al. Estrogenicity determination in sewage treatment plants and surface waters from the Catalonian area (NE Spain). *Environ. Sci. Technol.* v. 34, p. 5076, 2000.

TERRADO, M.; BORRELL, E.; DE CAMPOS, S. et al. Surface-water-quality indices for the analysis of data generated by automated sampling networks. *TRAC-Trends Anal. Chem.*, v. 29, n. 1, p. 40-52, 2010.

UNITED NATIONS ENVIRONMENTAL PROGRAMME. *Environmental Health Criteria 181*. Disponível em: http://www.inchem.org/documents/ehc/ehc/ehc181.htm. Acessado em: 05 fev. 2016.

[UNEP/GEMS] UNITED NATIONS ENVIRONMENT PROGRAMME. *Global Environment Monitoring System/Water Programme. Global Drinking Water Quality Index. Development and Sensitivity Analysis*. Canada: Burlington, 2007.

_______. Global Environment Monitoring System (UNEP-GEMS/Water Programme). *Water Quality for Ecosystems and Human Health*. 2.ed. Canada: Burlington, 2007.

VÁZQUEZ-SUÑÉ, E. Hidroquímica. In: *Hidrogeología. Conceptos básicos de hidrología subterrânea*. Barcelona: Comisão Docente Curso Internacional de Hidrología Subterrânea Eds. FCIHS, 2009.

VILLAGRASA, M.; LÓPEZ DE ALDA, M.; BARCELÓ, D. Environmental analysis of fluorinated alkyl substances by liquid chromatography-(tandem) mass spectrometry: a review *Anal. Bioanal. Chem.* v. 386, p. 953-972, 2006.

VOROSMARTY, C.J.; MCINTYRE, P.B.; GESSNER, M.O. et al. Global threats to human water security and river biodiversity. *Nature*, v. 467, p. 555-561, 2010.

Aspectos Legais e Institucionais da Restauração Fluvial

6

Hygor Aristides Victor Rossoni
Fernanda Fonseca Pessoa Rossoni
Alexandra Fátima Saraiva Soares

INTRODUÇÃO

As percepções sistêmicas e ecossistêmicas das bacias hidrográficas representam uma nova forma de organização territorial que substitui a visão fragmentada sobre a gestão de recursos hídricos (D'Isep, 2010). Neste sentido, as bacias hidrográficas ultrapassam conceitualmente as barreiras e divisões políticas e geográficas, constituindo a unidade física de planejamento e desenvolvimento de políticas públicas visando à proteção das massas de água e de restauração de rios.

Entretanto, com o intuito de promover alteração do atual paradigma em que se encontram as discussões sobre a restauração de sistemas fluviais, torna-se necessária a adoção de marcos legais e institucionais que visem estabelecer um conjunto de técnicas de gestão, regras e instrumentos jurídicos estruturados para assegurar o perfeito equilíbrio entre a proteção ambiental e os diversos usos dos recursos hídricos.

Nesta perspectiva, e tendo como base a conjectura de que os mecanismos de gestão constituem um tema central na forma como cada sociedade se organiza para fazer face às suas necessidades quantitativas e qualitativas de água, no curto e no longo prazo, o principal objetivo do presente capítulo é o de apresentar e discutir noções gerais sobre conceitos referentes aos aspectos legais e institucionais visando à proteção dos sistemas fluviais.

Para tanto, serão discutidos conceitos referentes a: i) direito ambiental, sua origem e premissa: direito à água e a outorga de direito de uso dos recursos hídricos; ii) mecanismos legais e institucionais supranacionais; iii) princípios definidores da tutela ambiental: desenvolvimento sustentável e o princípio da precaução; os princípios do poluidor-pagador e do usuário-pagador; os princípios do protetor-recebedor e o pagamento por serviços ambientais; participação e responsabilidade comum; iv) as figuras jurídicas: a posse e o direito real de propriedade; domínio público das águas; desapropriação de áreas de interesse ambiental; avaliação de impactos ambientais: medidas mitigadoras, potencializadoras e compensatórias de impactos ambientais; participação popular; v) responsabilidade civil ambiental e tutela processual civil do meio ambiente.

DIREITO AMBIENTAL

A definição que tem sido adotada para meio ambiente foi estabelecida em 1972, na Conferência das Nações Unidas sobre Meio Ambiente, realizada em Estocolmo, com a presença de 113 países. Conceituou-se que "meio ambiente é o conjunto de componentes físicos, químicos, biológicos e sociais capazes de causar efeitos diretos ou indiretos, em um prazo curto ou longo, sobre os seres vivos e as atividades humanas". Na Declaração de Estocolmo de 1972, consta ainda em seu Princípio 1, que os seres humanos têm direito fundamental a "adequadas condições de vida em um meio ambiente de qualidade...".

O ambiente sadio deve ser entendido como um direito individual e coletivo. Neste caso, conforme Machado (2009), leva-se em conta os elementos da natureza (como água, solo, ar, flora, fauna e paisagem) para verificar se estão impactados de forma a causar prejuízos ao uso e à saúde dos seres humanos. Sob esta óptica, o autor ressalta que vários países adotaram o princípio do direito ao meio ambiente sadio em suas Constituições. Além disso, tal princípio foi também peça-chave em conferências e protocolos internacionais.

Na Conferência de Estocolmo, foi dado o alerta para o desequilíbrio ambiental que o ser humano tem provocado. O evento mostrou às nações ricas e industrializadas o tamanho do impacto causado por seu modelo de desenvolvimento, o qual estava causando progressiva escassez de recursos naturais. Nas últimas décadas, as questões ambientais passaram a ser tratadas segundo a visão holística, como um sistema ecológico integrado e com autonomia valorativa, abandonando-se a consciência ambiental "restrita".

Esta nova ordem internacional começou a ser delineada após o término da Segunda Guerra Mundial, impulsionada principalmente pela globalização e o desenvolvimento de diversas tecnologias, constituindo um novo paradigma de cooperação entre as nações[1].

Nesse contexto, surge o conceito de Direito Ambiental, o qual, como aponta Machado (2009), representa o "conjunto de normas e princípios editados objetivando a manutenção de um perfeito equilíbrio nas relações do homem com o meio ambiente".

No Quadro 6.1, está apresentada uma definição genérica sobre os chamados atos internacionais[2], cuja denominação é variada e os quais fazem parte do Direito Internacional, que visam regulamentar determinadas situações e convergir interesses comuns ou antagônicos, dentre estes o direito de águas ou direito hidroambiental (Milaré, 2009).

Percebe-se que a base do cenário mundial é a gestão do uso das águas, a qual, justamente por ter uso múltiplo, requer uma gestão voltada para evitar os conflitos ambientais. Isso reforça a necessidade de mudança do paradigma atual, por meio de normas com vistas às negociações e instrumentalizada sob a forma de atos internacionais.

Direito à água

Cabe destacar que a restauração de rios envolve a recuperação e a proteção de pequenas nascentes e cursos d'águas e dos afluentes em toda a rede de drenagem da bacia hidrográfica. Nesse sentido, ao discutir restauração, é necessário que se leve também em consideração os aspectos fundamentais de quantidade e a qualidade da água.

---

[1] A Conferência de São Francisco, realizada em 1945, quando aproximadamente 50 países firmaram a Carta das Nações Unidas, é conhecida como o primeiro documento do Direito Internacional. Nesse momento, ocorrem mudanças no foco da cooperação entre os países, deixando de ter como objetivos exclusivos as questões de guerra e paz para ter por meta o desenvolvimento econômico e social. Cabe destacar que, atualmente, a ONU congrega 193 Países-Membros (ONU, 2013).

[2] A Convenção de Viena sobre o Direito dos Tratados, de 1969, reconheceu os atos como fonte do Direito Internacional e de cooperação pacífica entre as nações. Os atos constituem acordos firmados entre os Estados soberanos e, por conseguinte, juridicamente obrigatórios e vinculantes.

Quadro 6.1 – Conceituação teórica dos principais atos internacionais que podem envolver área ambiental.

Atos Internacionais	Descrição
Tratado	Representa um acordo internacional bilateral ou multilateral ao qual se deseja atribuir especial relevância política. Possui o objetivo de produzir efeitos jurídicos no plano internacional. Aplica as seguintes etapas de formalização: negociação, assinatura, ratificação, promulgação e publicação.
Convenção	Pactos multilaterais oriundos de conferências internacionais, que versam sobre assunto de interesse geral.
Resolução	Consiste em norma jurídica destinada a disciplinar assuntos de interesse comum, podendo ser jurídica, moral ou técnica, assegurando a aplicação das regras normativas. A norma jurídica é a proposição normativa inserida em uma ordem jurídica, garantida pelo poder público ou pelas organizações internacionais.
Acordo	Representa o arcabouço institucional que orienta a execução da cooperação, podendo ser firmado, ainda, entre um país e uma organização internacional.
Protocolo	É aplicado quando se trata de um acordo menos formal que os tratados, acordos complementares, interpretativos de tratados ou de convenções anteriores. É utilizado, ainda, para designar a ata de uma conferência internacional ou para sinalizar o início de compromisso (protocolo de intenções).
Memorando de entendimento	Utilizado para atos de forma simplificada, destinados a registrar princípios gerais que orientarão as relações entre as partes.
Convênio	O termo possui uso relacionado a matérias de cooperação multilateral de natureza econômica, comercial, jurídica, ambiental e técnica.
Acordo de troca de notas	Emprega-se a troca de notas diplomáticas, em princípio, para assuntos de natureza administrativa, bem como para alterar ou interpretar cláusulas de atos já concluídos.

Fonte: Milaré (2009); Machado (2009); D'Isep (2010).

Segundo D'isep (2010), existe uma coesa relação entre a água e os direitos humanos, visto que o recurso é indispensável para uma vida digna e é condição prévia para o exercício de outros direitos, como o direito à vida, saúde, educação e trabalho.

Inserida nesse contexto atual de proteção das massas de água, a ONU, em uma resolução histórica, declarou o acesso à água potável e ao saneamento básico um direito universal (ONU, 2012). Essa decisão espelha a preocupação com a situação de quase 884 milhões de pessoas em todo o mundo que não têm acesso a fontes confiáveis de água potável e de mais de 2,6 bilhões por não disporem de soluções adequadas de saneamento básico (PNUD, 2006).

As raízes da presente crise – água e saneamento – reconduzem-se à pobreza, desigualdade e relações de poder desequilibradas, sendo exacerbadas por desafios sociais e ambientais, urbanização acelerada, alterações climáticas e aumentos na poluição ambiental.

Percebe-se claramente que a resolução qualifica a universalização do acesso à água e ao saneamento básico como componente integral da concretização como direito humano fundamental. Conforme destaca Machado (2009), reconhecer a água como direito fundamental implica a imputação de deveres estatais, como: saúde, vida e dignidade da pessoa humana, e, portanto, exigíveis via judicial.

Com base nessa conjectura, também compete aos Estados o dever de desenvolver ferramentas e mecanismos adequados para o alcance gradual da concretização integral das obrigações em termos de direitos humanos relacionadas ao acesso à água potável segura para satisfazer as necessidades básicas e ao saneamento adequado. Enaltece, com isso, a proteção das massas de água como um bem essencial para a saúde e qualidade de vida da coletividade. Este novo cenário, inquestionavelmente, requalifica os papéis dos agentes públicos e sociais que atuam no processo participativo de gestão da água.

O reconhecimento da água como direito fundamental é mais do que uma implicação teórica, mas uma decisão política internacional que deve estabelecer uma efetiva agenda rumo à universalização.

Outorga de direito de uso dos recursos hídricos

A outorga representa uma ferramenta por meio da qual o proprietário de um recurso estipula quem pode usá-lo e quais são as limitações de uso[3]. Quando a propriedade é pública, como o recurso hídrico, serve de instrumento de gestão a partir da atribuição de cotas entre os usuários, considerando-se a escassez do recurso e os benefícios sociais gerados (D'Isep, 2010).

A outorga de direito de uso de recursos hídricos é o ato administrativo[4] mediante o qual o poder público outorgante faculta ao outorgado (usuário requerente) o direito de uso dos recursos hídricos superficiais e subterrâneos, por prazo determinado, nos termos e nas condições expressas no respectivo ato administrativo (Tucci, 2005). É o documento que assegura ao usuário o direito de utilizar os recursos hídricos. Diante disso, a outorga não implica a alienação dos recursos hídricos, mas o direito de uso. Também vale lembrar que o domínio das águas é exclusivamente público.

A outorga objetiva assegurar o controle qualitativo e quantitativo dos usos da água e o efetivo exercício dos direitos de acesso. Faz-se necessária a atenção dos órgãos outorgantes no deferimento dos pedidos encaminhados por usuários específicos, para não inviabilizar a qualidade ambiental do corpo de água, que necessita de certa reserva hídrica para se adequar às exigências e emergências ambientais.

A função da outorga é distribuir a água entre as demandas existentes ou potenciais, a fim de atender aos seus diversos usos, que, por vezes, são múltiplos e conflitantes em termos de qualidade e quantidade. Esses usos poderão estar vinculados ao desenvolvimento econômico – abastecimento industrial –, à necessidade social – abastecimento público – e à sustentabilidade do ecossistema – manutenção da vazão mínima (vazão ecológica) sem comprometer o curso de água.

---

[3] Quando a propriedade é privada, a outorga equivale à aquiescência, pelo proprietário, para que outro o utilize, desde que se sujeite às condições impostas.

[4] A outorga dos diretos de uso constitui um ato administrativo e é dividida em três modalidades: i) concessão administrativa: destinada à pessoa jurídica quando o uso do recurso hídrico se destinar à finalidade de utilidade pública; ii) autorização administrativa: destinada à pessoa jurídica ou física quando o uso do recurso hídrico não se destinar à finalidade de utilidade pública; iii) permissão: destinada à pessoa jurídica ou física sem destinação de uso com finalidade de utilidade pública e que produza efeito insignificante no corpo de água.

MECANISMOS LEGAIS E INSTITUCIONAIS SUPRANACIONAIS

Os documentos internacionais – acordos e resoluções globais – representam um novo marco para os processos de gestão de recursos hídricos, pois introduzem uma perspectiva baseada nos fundamentos e princípios discutidos nas últimas décadas, decorrentes das mudanças de paradigmas relativas ao meio ambiente global e à gestão democrática de bens públicos. Nesse contexto, podem ser destacadas as resoluções da Assembleia Geral da Organização das Nações Unidas (ONU), a Agenda 21 Global e os Objetivos de Desenvolvimento do Milênio (Quadro 6.2).

Atento ao contexto atual e para chamar a atenção sobre a importância da água doce e para defender a gestão sustentável dos recursos hídricos, foi declarado pela Assembleia Geral da ONU – resolução A/RES/47/193, de 22 de dezembro de 1992 – o dia 22 de março de cada ano como o Dia Mundial das Águas, para ser observado a partir de 1993, conforme as recomendações da Conferência das Nações Unidas sobre Meio Ambiente e Desenvolvimento contidas no capítulo 18 – recursos hídricos – da Agenda 21 e na Declaração Universal dos Direitos da Água. Conforme ressalta D'isep (2010), em termos de lógica jurídica internacional, como resultado de inúmeras reuniões, conferências, congressos e fóruns, resultando em várias cartas, declarações, resoluções e projetos, a água é reconhecida como patrimônio comum da humanidade[5]. Este reconhecimento universal qualifica o bem água: i) como direito fundamental; ii) conduz a necessidade de gestão sustentável; iii) coíbe disposições contrárias a esse reconhecimento; iv) impõe e determina ao titular a necessidade de promover sua gestão plural, territorial e política; v) viabiliza o sistema jurídico de responsabilidade pelos danos causados; e vi) legitima a adoção de princípios, tais como o do desenvolvimento sustentável, da prevenção e do poluidor-pagador.

Destaca-se, em linhas gerais, que esses acordos e resoluções representam uma agenda referente à restauração de rios, pois, em seus contextos, tratam claramente dos princípios de proteção da qualidade e da quantidade da água. Além disso, incorporam uma coalizão global fazendo frente a um fator histórico na proteção dos recursos ambientais, uma vez que visam

---

[5] As principais características do patrimônio comum da humanidade são: a) uso exclusivo para fins pacíficos; b) uso racional; visando sua conservação e c) boa gestão e a necessidade de sua preservação para as gerações futuras.

nortear as decisões sobre políticas ambientais em um contexto supranacional. Em relação à aplicabilidade em nível mundial, Soares (2005) explica que as peculiaridades jurídicas e institucionais de cada país vêm determinando o momento, a forma e a abrangência de sua adoção.

Quadro 6.2 – Principais marcos legais e institucionais que envolvem aspectos referentes à proteção dos sistemas fluviais.

Documento: Legislação/Tratado/ Resolução	Aspectos referentes à restauração de rios
Resolução da Assembleia Geral da ONU (A/RES/64/292 de 28 de julho de 2010)	O direito humano à água e ao saneamento. Pela primeira vez, é reconhecido formalmente o direito à água e ao saneamento e reconhece-se que a água potável limpa e o saneamento são essenciais para a concretização de todos os direitos humanos.
Agenda 21 Global[1]	Instrumento de planejamento para a construção de sociedades sustentáveis, em diferentes bases geográficas, que concilia métodos de proteção ambiental, justiça social e eficiência econômica. Dentre seus capítulos, encontram-se o relacionado à Proteção dos recursos hídricos, da qualidade da água e dos ecossistemas aquáticos: aplicação de critérios integrados no desenvolvimento, manejo e uso dos recursos hídricos.
Objetivos de Desenvolvimento do Milênio (ODM)[2]	Em seu Objetivo 7, de garantir a sustentabilidade ambiental, pode ser ressaltada a meta de reduzir pela metade, até 2015, a proporção da população sem acesso permanente e sustentável a água potável e esgotamento sanitário. Para alcançar os resultados esperados, tona-se necessário o desenvolvimento de Programas de Revitalização de Bacias Hidrográficas em Situação de Vulnerabilidade e de Degradação Ambiental (IPEA, 2004).
Diretiva Quadro da Água (DQA) – Diretiva 2000/60/ Comunidade Europeia	Tem por objetivo central estabelecer um enquadramento para a proteção e melhoria das águas de superfície interiores, das águas de transição, das águas costeiras e das águas subterrâneas por meio de uma gestão com foco na prevenção e redução dos níveis de poluição (CEC, 2010). Nesse sentido, foram estabelecidas normas de qualidade ambiental para substâncias químicas prioritárias[3] nas águas de superfície, nos sedimentos e na biota. São também levados em conta determinados parâmetros morfológicos das massas de água, como a quantidade, o fluxo, a profundidade e a estrutura dos leitos fluviais.

[1] A ONU realizou, no Rio de Janeiro, em 1992, a Conferência das Nações Unidas sobre o Meio Ambiente e o Desenvolvimento. Nessa oportunidade, 179 países participantes da Rio 92 acordaram e assinaram a Agenda 21 Global, um programa de ação baseado num documento de 40 capítulos, que constitui a mais abrangente tentativa já realizada de promover, em escala planetária, um novo padrão de desenvolvimento, denominado "desenvolvimento sustentável".

[2] Surge da Declaração do Milênio das Nações Unidas, adotada pelos 191 estados membros no dia 8 de setembro de 2000. Acabar com a extrema pobreza e a fome, promover a igualdade entre os sexos, erradicar doenças e fomentar novas bases para o desenvolvimento sustentável dos povos são alguns dos oito objetivos da ONU apresentados na Declaração do Milênio, e que se pretendia alcançar até 2015.

[3] Ver detalhes na lista completa das substâncias químicas e as normas de qualidade ambiental na Diretiva 2008/105/CE do Parlamento Europeu e do Conselho de 16 de dezembro de 2008.

Outra ferramenta é o Plano de Gestão de Recursos Hídricos, o qual constitui-se no planejamento estratégico, sendo elaborado por bacia hidrográfica, visando fundamentar e orientar a implementação da política pública e o gerenciamento dos recursos hídricos (Tucci, 2005).

No princípio fundamental de elaboração e execução dos planos diretores estão inseridos a participação e o envolvimento da sociedade civil como um todo e dos principais usuários dos recursos hídricos.

Na União Europeia, foi proposto um marco legal e institucional moderno e inovador, a Diretiva Quadro da Água (DQA) – Diretiva 2000/60/Comunidade Europeia (Quadro 6.2) –, que estabelece um quadro de ação comunitária no domínio da política da água, amplia o âmbito de aplicação das medidas de proteção de todos os tipos de recursos hídricos e define objetivos claros e ambiciosos, em termos de qualidade e quantidade, para alcançar o "bom estado" de todas as águas europeias até 2015 (Sobral et al., 2008).

Essas medidas visam assegurar a utilização sustentável da água em toda a Europa. Além disso, essa política das águas visa nitidamente ações de restauração e manutenção qualitativa e quantitativa dos corpos de água, o que reflete uma mudança de paradigma da política de gestão das massas de água (Griffiths, 2002).

Porém, conforme ressalta Correia (2005), o que é particularmente interessante nesta Diretiva é que ela pretende definir linhas gerais em objetivos comuns para a gestão da água, que deverá ser aplicada a realidades tão diversas e contrastantes como as zonas árticas da Lapônia, no norte da Finlândia, ou as ilhas semiáridas de Chipre ou Malta, no mar Mediterrâneo.

PRINCÍPIOS DEFINIDORES DA TUTELA AMBIENTAL

O Direito Ambiental é constituído por três esferas básicas de atuação, sendo elas a preventiva, a reparatória e a repressiva.

A reparação funciona por meio de normas de responsabilidade civil, como mecanismos simultaneamente de tutela e controle de propriedade. Implica prejuízo a terceiro, o qual busca reparação do dano ou a recomposição do estado anterior do bem prejudicado ou mesmo uma indenização. Também no caso da repressão, cuida-se do dano já causado, punindo os responsáveis (Milaré, 2009).

Já a prevenção, conforme Machado (2009), é a esfera mais significativa, afinal, os objetivos do direito ambiental são fundamentalmente preventivos, ou seja, anteriores ao dano. Neste caso, atém-se ao risco, pois se considera que a degradação ambiental, em geral, é irreparável.

Desenvolvimento sustentável e princípio da precaução

Apontando a proteção do meio ambiente como uma busca coletiva, foi adotada, na Rio 92, a Declaração do Rio e a Agenda 21. Este é um documento que prega o desenvolvimento sustentável como uma meta a ser buscada e um compromisso a ser mantido por todos os países participantes.

Neste contexto, segundo o Princípio 4 da Declaração do Rio, "para alcançar o desenvolvimento sustentável, a proteção ambiental constituirá parte integrante do processo de desenvolvimento e não pode ser considerada isoladamente deste" (Milaré, 2009).

Conforme Sachs (2004), a definição de desenvolvimento sustentável é construída acrescentando-se à dimensão da sustentabilidade ambiental a sustentabilidade social. O autor entende, assim, que este conceito se baseia na ética da solidariedade para com a geração atual e as gerações futuras, o que compete a utilizar diferentes escalas de tempo e abandonar algumas ferramentas da economia convencional. Este modo de pensar faz com que se busque soluções que visam eliminar o crescimento obtido à custa de elevadas externalidades (ambientais e sociais) negativas.

Dessa forma, Sachs (2004) descreve os cinco pilares do desenvolvimento sustentável:

i) *Social*: pertinente em decorrência de interações/impactos (negativos ou positivos) do ser humano sobre o meio ambiente.
ii) *Ambiental*: tratado como o sistema de sustentação da vida, como provedor de recursos e assimilador de resíduos.
iii) *Territorial*: esse pilar do conceito relaciona-se à distribuição espacial dos recursos, das populações e das atividades.
iv) *Econômico*: relacionado à viabilidade econômica necessária para que as ações ou empreendimentos sejam colocados em prática.
v) *Político*: o autor ressalta que a governança é um valor fundamental e um instrumento necessário e, a liberdade, relevante.

Para garantir a sustentabilidade ambiental e, assim, um meio ambiente sadio para todos, o Direito Ambiental possui, como um de seus princípios fundamentais, o Princípio da Precaução. Consiste na decisão ideal a ser tomada quando as informações (técnicas e científicas) não são suficientes ou conclusivas para indicar os efeitos de determinadas atividades ou condutas humanas sobre o meio ambiente, que se tornam, então, potencialmente perigosas para a saúde das pessoas, da fauna e da flora.

Esse princípio busca compatibilizar o desenvolvimento econômico-social com a preservação da qualidade do meio ambiente e o equilíbrio ecológico, bem como a preservação de recursos para sua permanente disponibilidade. Assim, cabe ao interessado provar que as intervenções pretendidas sobre o meio ambiente não trarão consequências indesejáveis.

Uma legislação aplica o princípio da precaução ao proibir ações perigosas ao meio ambiente, possibilitar a mitigação de riscos e requerer a redução da extensão, da frequência e da incerteza do dano. Um exemplo pertinente de aplicação do princípio da precaução é a restrição de utilização de agrotóxicos nas proximidades de mananciais. Afinal, se estes produtos e outros elementos químicos chegarem até a água, pode haver grande interferência no ecossistema aquático e a deterioração da sua qualidade, o que pode comprometer seu uso para o abastecimento doméstico, por exemplo.

Os princípios do poluidor-pagador e do usuário-pagador

Os princípios do poluidor-pagador e do usuário-pagador têm em comum a valorização dos recursos ambientais. O primeiro é inspirado na teoria econômica que defende que os custos sociais e ambientais (externalidades) que acompanham o processo produtivo devem ser internalizados pelos agentes econômicos que os geraram. Por outro lado, o usuário-pagador visa à valorização dos serviços e recursos ambientais, trazendo a necessidade de pagamento pelos serviços ecológicos com o objetivo de incentivar a conservação.

O princípio do poluidor-pagador consiste no fundamento primário da responsabilidade civil no Direito Ambiental. Ao agente da degradação ou mesmo ao responsável pelo risco ambiental não se admite a socialização dos prejuízos e a privatização dos lucros. Entretanto, não se pode interpretar esse princípio independentemente da prevenção, afinal, a reparação do dano não deve minimizar a prevenção. O que se pretende é que o dano ecológico não fique sem reparação (Milaré, 2009).

Na prática, a comunidade afetada por um dano externo e gerado por terceiros ou agentes econômicos sofre, ao mesmo tempo, as consequências da poluição e acaba pagando pela restauração dos mananciais. Entretanto, está previsto pelas legislações que não é lícito poluir as águas em prejuízo de terceiros e, além disso, cabe a quem poluiu o ônus da execução de trabalhos visando à salubridade das águas.

De outra forma, a utilização dos recursos também pode ser paga. A cobrança varia conforme a raridade do recurso, do tipo de uso e, entre outros, da necessidade de mitigação de impactos negativos. Dessa forma, o princípio do usuário-pagador não consiste em punição por não haver ilicitude no comportamento do pagador. Trata-se da cobrança que pode ser implementada para pagamento obrigatório pelo uso do recurso e sua degradação/poluição com cobrança (Machado, 2009).

Este princípio, baseado no "Pagamento pelos Serviços Ambientais" (PSA), busca evitar que a degradação ambiental e a escassez dos recursos naturais tragam prejuízos econômicos e inviabilização de processos produtivos. Além disso, como os recursos ambientais são bens da coletividade – ainda que, em alguns casos, possa incidir sobre eles o título de propriedade privada –, o PSA também visa evitar sua hiperexploração e implantar a racionalização do uso, afinal, os usuários arcam com os custos. Trata-se de uma maneira de garantir a qualidade ambiental e o equilíbrio ecológico (Milaré, 2009).

Os princípios do protetor-recebedor e o pagamento por serviços ambientais

Também valorizando os recursos e serviços ambientais, há o princípio do protetor-recebedor, o qual se baseia na adoção de incentivos positivos (fiscais, tributários e de crédito), que tem estimulado a proteção do meio ambiente em benefício de uma ampla comunidade. Quem direta ou indiretamente adotou a conduta ambientalmente positiva deve ser remunerado – por meio de algum incentivo fiscal. Essa é a essência do funcionamento dos programas de Pagamento por Serviços Ambientais – PSA (Hupffer et al., 2011).

Hupffer et al. (2011) ressaltam que, ao contrário da compensação ambiental, que é obrigatoriamente utilizada como instrumento em algumas instâncias de Direito Ambiental, quando há dano ao meio ambiente, a compensação por serviços ambientais é uma conduta voluntária. Ou seja, como forma de incentivar o ato de proteção, o Direito houve por bem compensar o sujeito.

Conforme Strobel et al. (2006), o princípio do protetor-recebedor pode ser exemplificado por meio da implantação de uma Unidade de Conservação (UC), a qual atua como um provedor monopolista de um bem público que garante, por exemplo, a afluência hídrica devido à ação de conservação do solo florestal. Trata-se de uma atividade conservacionista importante para uma prestadora de serviço de abastecimento de água, pois acarreta em melhorias na qualidade e na quantidade da água ofertada para a população.

Assim, embora similar conceitualmente, a UC fornece água de sua bacia protegida à pessoa jurídica ou física que detém a outorga do uso da água, a qual deve pagar pelo serviço da UC da mesma maneira que o faz a qualquer outro protetor-recebedor. Trata-se, também, de uma forma de Pagamento por Serviços Ambientais (PSA).

No caso da água fornecida a uma população, deve haver custos para manter o serviço de provisão do recurso. Seriam, por exemplo, custos de gestão e obras de manutenção por parte da prestadora de serviço de saneamento. Então, a cobrança (PSA) deverá existir, senão a provisão do bem será reduzida e haverá exclusão de vários usuários com benefícios marginais positivos.

Participação e responsabilidade comum

Outro princípio que visa à conservação do meio ambiente em um quadro mais amplo é o da participação. Trata-se de priorizar os interesses difusos e coletivos. Os cidadãos têm buscado não apenas a participação por meio do voto popular, mas também de forma contínua e mais próxima aos órgãos de decisão em matéria de meio ambiente.

A ideia é que os problemas do meio ambiente podem ser mais eficientemente resolvidos por meio da cooperação entre sociedade e Estado, de forma que diferentes grupos sociais possam participar da formulação e da execução da política ambiental. Afinal, para a implementação e o sucesso de uma política, é fundamental que todas as categorias da população e todas as forças sociais, cientes de suas responsabilidades no processo, contribuam para a proteção do meio ambiente.

No Princípio 10 da Declaração do Rio de Janeiro, definida na Conferência das Nações Unidas para o Meio Ambiente e o Desenvolvimento de 1992 (ECO 92), consta que "o melhor modo de tratar as questões do meio ambiente é assegurando a participação, no nível apropriado, de todos os cidadãos interessados".

Um exemplo da aplicação deste princípio é a realização de audiências públicas, garantidas por lei, durante o processo de licenciamento ambiental de uma usina hidrelétrica que demande estudos prévios de impacto ambiental.

Assim, conforme Machado (2009), o Direito Ambiental, por meio do princípio da participação, faz com que os cidadãos deixem de ser passivos para compartilhar da responsabilidade pela gestão dos interesses coletivos.

Pode-se dizer que, segundo o Princípio da Responsabilidade Comum, todos devem zelar pelos bens comuns/patrimônio coletivo. Este princípio se funda no fato de que uma geração deve ser solidária para com todos que a compõem e para com as gerações futuras, não produzindo a escassez dos recursos ambientais (Machado, 2009).

FIGURAS JURÍDICAS

As margens dos rios, o regime de fluxo e a estrutura do leito fluvial em seu estado natural representam um ecossistema de ampla diversidade e dinâmica hídrica, sendo os locais de transição e de interações ecológicas importantes para a manutenção da qualidade e quantidade das massas de água (Odum e Barret, 2007; Primack e Rodrigues, 2001).

Neste sentido, tornam-se necessárias intervenções para reverter o passivo ambiental[6] acumulado nos rios em decorrência do uso e da ocupação desordenada das margens, retificações e obras hidráulicas (canalização, diques e barragens) e despejo de águas residuárias sem tratamento. Para a realização dessas ações devem ser observadas regras jurídicas, uma vez que podem requerer a desapropriação das áreas diretas e indiretamente afetadas para a implantação de programas de restauração de rios.

Além disso, com o intuito de obtenção de êxito nos programas de proteção das massas de água, por vezes, será necessária a realização do Zonea-

[6] O passivo ambiental representa o investimento de benefícios econômicos que serão realizados para a preservação, recuperação e proteção do meio ambiente, de forma a permitir a compatibilidade entre o desenvolvimento econômico e o meio ecológico ou em decorrência de conduta inadequada em relação às questões ambientais. Passivo seria um valor monetário referente à inobservância a requisitos legais, custos de adequações operacionais e de recuperação ambiental, incluindo indenizações, podendo incluir multas, dívidas, ações jurídicas, taxas e impostos pagos por causa da inobservância de requisitos legais; custos de implantação de procedimentos e tecnologias que possibilitem o atendimento às não conformidades; dispêndios necessários à recuperação de área degradada e indenização à população afetada.

mento Ambiental[7], que requer reassentamento ou realocação de residentes ilegais ocupantes das margens de rios e de residentes legais ocupantes das áreas de enchente. Nestes casos, devem ser observadas as figuras jurídicas que serão discutidas a seguir.

Posse e direito real de propriedade

Os direitos reais representam o conjunto de normas e princípios reguladores das relações jurídicas referentes aos bens móveis e imóveis suscetíveis de apropriação, segundo uma finalidade social. Como componentes dos direitos reais, pode-se destacar a posse – direito especial, por se tratar de uma manifestação de um direito real – e o direito de propriedade (Di Pietro, 2012).

A posse vem do fato de alguém deter algum bem em seu poder. Essa detenção poderá ser legítima ou não, pois o exercício sobre o bem não precisa ser de direito; nesse caso, o possuidor – embora ilegítimo – não é o proprietário.

Assim, como destaca Mello (2012), podem existir várias formas de posse, tais como direta, indireta, violenta, clandestina, precária e justa. Pode-se citar, como exemplo, as invasões e ocupações de áreas alagadas de rios que, além dos riscos envolvidos pelo assentamento em local precário, representam grande interesse ambiental, pois são locais de transbordamento natural das águas e servem de prevenção de enchentes, protegendo as margens dos rios da erosão e constituindo hábitat da biodiversidade local.

Já o direito de propriedade consiste no domínio que o possuidor exerce sobre determinado bem. Esse domínio pode ser exercido direta ou indiretamente. O exercício é direto quando o titular for, ao mesmo tempo, proprietário e possuidor. Pode ocorrer que o proprietário não seja o possuidor do bem, que poderá ter sido cedido para outro, por exemplo, no caso de arrendamento de terras agrícolas.

É assegurada a todos a oportunidade de acesso à propriedade de bens, condicionada à manutenção da função social[8]. Existem dois grandes tipos

---

[7] Procedimento urbanístico que tem por objetivo regular o uso e a ocupação do solo e dos edifícios em áreas homogêneas no interesse do bem-estar da população, sendo observados o ordenamento dos usos e as atividades compatíveis segundo as características de potencialidades e restrições de cada área, respeitando princípios sustentáveis dos recursos naturais e o equilíbrio dos ecossistemas.

[8] Para que a propriedade cumpra sua função social, deverão ser observados os seguintes elementos: i) aproveitamento racional e adequado; ii) utilização adequada dos recursos

de direitos de propriedade: as propriedades comuns – representadas pelos bens públicos – e as propriedades privadas.

Por definição, a propriedade comum é a possuída pela sociedade em geral, na qual nenhum indivíduo pode apropriar-se do recurso comum unicamente para seu próprio uso. Por outro lado, a propriedade privada é diretamente possuída pelo indivíduo, que tem, dentro de certos requisitos legais, o controle sobre sua forma de utilização (Martini e Lanna, 2003).

A perda da propriedade privada pode ocorrer (Di Pietro, 2012): a) por alienação[9]; b) pela renúncia[10]; c) pelo abandono[11]; d) por perecimento[12] do bem; e e) por desapropriação.

De outra forma, patrimônios públicos são protegidos e possuem regimes jurídicos específicos, como a alienabilidade, salvo a exceção quando por lei específica são transformados à categoria dos dominiais; impenhoralibilidade – bens salvo de qualquer apreensão, em execução judicial – e imprescritibilidade – representa o direito que não pode ser extinto por efeito da prescrição (Figueiredo, 2010).

Domínio público das águas

Entende-se por domínio público o poder que o Estado exerce sobre todos os bens de interesse público, o qual pode ser classificado como domínio eminente[13] ou como poder de propriedade, o qual é exercido sobre o patrimônio público (Mello, 2012).

Cabe esclarecer que os bens de uso comum do povo ou do domínio público não pertencem ao Estado, mas a toda coletividade, sem destinação

---

naturais disponíveis e preservação do meio ambiente; iii) sua exploração favoreça o bem-estar dos proprietários e dos trabalhadores.

[9] Situação na qual, por sua vontade, o proprietário transfere o bem para terceiro mediante pagamento.

[10] Ato unilateral do titular, que desiste da sua propriedade em favor de outro, sendo necessária a formalização e o registro de sua vontade para que produza os efeitos jurídicos.

[11] Representa a intenção do titular de não mais ser dono, manifestada pela desistência dos atos de posse, ou mesmo pela transgressão da satisfação dos ônus fiscais.

[12] Ocorre quando do desaparecimento total ou parcial do bem.

[13] Poder que o Estado exerce potencialmente sobre as pessoas e os bens que se encontram em seu território para, com base nisso, estabelecer limitações ao uso da propriedade privada, as servidões administrativas, a desapropriação e o exercício do poder de polícia.

específica. Neste caso, a titularidade dos rios é um bem exclusivamente do patrimônio público de interesse coletivo, sendo apreendido pela tutela administrativa do Estado.

Quanto à natureza física, dentre os bens pertencentes ao domínio público podem ser destacados os recursos hídricos[14], onde se encontram as águas lóticas (rios, riachos, mar etc.) e as águas lênticas (lagos, lagoas e açudes etc.); terrestre (solo e subsolo) e os potenciais de produção de energia hidráulica.

Conforme aponta Di Pietro (2012), a aquisição desses bens públicos pode ocorrer por meio dos instrumentos comuns do Direito Privado, entre eles a compra, permuta[15], doação ou dação[16] em pagamento, ou compulsoriamente[17], por meio da desapropriação, por ato judicial em execução de sentença – entre as quais as áreas de interesse e de utilidade pública, como áreas de proteção ambiental –, e ainda por meio de usucapião[18] em favor do Poder Público. Cada uma dessas modalidades de aquisição possui forma e requisitos específicos.

Com base nesses princípios, a utilização de bens públicos, como os recursos hídricos, como já discutido anteriormente, ocorre por meio da outorga de direito de uso, obedecendo as modalidades de concessão, permissão e autorização.

Desapropriação de áreas de interesse ambiental

A desapropriação direta representa um processo por meio do qual o Poder Público, fundado na utilidade e necessidade públicas e pelo interesse social, de forma compulsória, priva o possuidor do bem de seu direito de propriedade e o adquire mediante indenização (Mello, 2012). O funda-

---

[14] Entretanto, os lagos e lagoas situados em área particular e que não forem alimentados por águas públicas não são considerados bens públicos.

[15] Consiste na transação pela qual as partes se obrigam a trocar a propriedade de um bem ou na prestação de serviços por outro que não seja recurso financeiro. É um contrato bilateral, oneroso, comutativo e que permite a transferência de propriedade.

[16] É a extinção de uma obrigação, que pode ser tributária, referente ao pagamento da dívida mediante a entrega de um objeto diverso daquele convencionado. Nesses termos, o devedor transfere ao credor da obrigação um bem imóvel ou móvel ou presta um serviço que é de sua propriedade em troca da extinção parcial ou total da dívida original.

[17] Imposição obrigatória baseada em decisões legais.

[18] Representa o modo de aquisição de propriedade em virtude de posse ininterrupta e prolongada.

mento norteador da desapropriação é a necessidade de hegemonia do interesse coletivo sobre o individual, quando estes forem incompatíveis.

Nesse sentido, a desapropriação, quando apontada como alternativa por critérios técnicos, deve servir como instrumento de política urbanística e ambiental e, com isso, pode ser uma etapa fundamental para a consolidação de projeto de restauração de rios.

Assim, a indenização de bens desapropriados deve refletir o preço atual e justo de mercado em sua integralidade, podendo ser observados os seguintes aspectos: i) localização; ii) aptidão do solo; iii) dimensão do imóvel; iv) a área ocupada e a antiguidade de posse; e v) a funcionalidade, tempo de uso e estado de conservação. Também, torna-se fundamental o entendimento de que os serviços ambientais oferecidos pelo bem desapropriado devem ser levados em conta na formação de seu valor econômico, como base para o valor da indenização de desapropriação (Haddad e Santos, 2009).

Conforme discutido anteriormente, os bens de domínio público são insuscetíveis de expropriação e, por isso, excluídos de indenização. Por outro lado, a desapropriação indireta consiste na intervenção do Poder Público no direito de propriedade que venha impossibilitar o uso do bem, limitando sua exploração econômica (Figueiredo, 2010).

Esse tipo de desapropriação visa à instituição de melhoria da qualidade de vida da coletividade e representa uma restrição administrativa do direito à propriedade e é passível de reparação dos danos por meio de indenização. Essa definição pode ser aplicada, por exemplo, às áreas de terrenos ribeirinhos que podem ser desapropriadas com o objetivo de instituir o benefício coletivo de interesse ambiental de proteção das águas, indenizando-se o real proprietário por tal medida.

Conforme destacam Haddad e Santos (2009), são verificadas dificuldades na realização da valoração econômica de bens referentes às indenizações nas desapropriações urbanísticas e ambientais. Esse tema ainda é controverso em termos de jurisprudência – administrativa e tributária – e nos estudos científicos.

AVALIAÇÃO DE IMPACTOS AMBIENTAIS

A problemática ambiental se origina dos usos conflitantes gerados tanto pelas diversas demandas da sociedade em relação a um determinado recurso ou sistema ambiental quanto pelas próprias alterações das condições ambientais. Cabe ressaltar, conforme aponta Agra Filho (2010), que os conflitos ocorrem quando uma atividade econômica ameaça determinadas áreas com importantes atributos ecológicos ou ecossistemas sensíveis que são protegidos legalmente.

Os conflitos pelos usos da água ocorrem quando a demanda – em termos de qualidade e quantidade – é maior que a oferta, resultado da intensificação do desenvolvimento econômico, do aumento populacional, da elevação do consumo de produtos que utilizam recursos naturais e do uso e ocupação do solo (urbano ou rural) de forma desordenada (Zhouri e Laschefski, 2010). Os conflitos podem ocorrer pelas seguintes razões: destinação de usos múltiplos conflitantes, disponibilidade quantitativa e qualitativa do recurso ambiental. Estas situações acabam produzindo diversos impactos ambientais[19].

Os impactos ambientais negativos ou adversos geralmente se manifestam ou são identificados em virtude de alterações indesejáveis da qualidade ou das condições ambientais. Neste caso, pode ser observado, por exemplo, que a qualidade da água de um rio pode ser comprometida para o abastecimento público ou para a recreação quando este é utilizado para a destinação final de efluentes industriais ou de esgotos urbanos sem tratamento adequado.

Por outro lado, os impactos ambientais podem ser positivos ou benéficos quando a ação resulta na melhoria da qualidade de um fator ou parâmetro ambiental. Essa situação pode ser verificada quando da retirada de uma barragem, provocando a ressuspensão de nutrientes, permitindo, assim, uma melhora na produtividade do sistema aquático.

Nesse sentido, o objetivo de se estudar os impactos ambientais é, principalmente, avaliar[20] as consequências das ações impactantes – local, regional e global – de uma atividade ou empreendimento, por meio de métodos e técnicas de previsão dos impactos ambientais, para que se possa prevenir

---

[19] Conforme Sánchez (2008), o impacto ambiental pode ser definido como: "qualquer alteração das propriedades físicas, químicas e biológicas do meio ambiente, causada por qualquer forma de matéria ou energia resultante das atividades humanas que, direta ou indiretamente: i) afetam a saúde, a segurança e o bem-estar da população; ii) as atividades sociais e econômicas; iii) a biota; iv) as condições estéticas e sanitárias do meio ambiente; v) a qualidade dos recursos ambientais."

[20] Para Vesilind e Morgan (2011), os estudos de impactos ambientais devem possuir as seguintes características básicas: a) descrever a ação proposta e suas alternativas; b) prever a natureza e a magnitude dos efeitos ambientais; c) identificar as preocupações humanas relevantes; d) listar os indicadores de impacto a serem utilizados e para cada um definir a magnitude; e e) a partir dos valores previstos em (b), determinar os valores de cada indicador de impacto e o impacto ambiental total.

o prejuízo à qualidade de determinado ambiente – área direta[21] ou indiretamente[22] afetada – que poderá sofrer consequências nas fases de implantação, operação e desativação (Sánchez, 2008).

Neste contexto, cabe à equipe multidisciplinar responsável pela condução e elaboração do estudo de avaliação de impactos ambientais apresentar soluções para mitigação dos impactos negativos e potencialização dos impactos positivos das ações de intervenção no ambiente.

Além disso, diante da complexidade e heterogeneidade dos interesses envolvidos no processo de licenciamento, a avaliação de impactos ambientais requer uma condução compartilhada no processo de gestão, tornando-se necessária a observação de procedimentos de participação pública nos processos de tomada de decisão.

Como destaca Silva (2008), mesmo em locais onde a Avaliação de Impactos Ambientais não está prevista na legislação, esse instrumento tem sido aplicado por força das exigências de organismos internacionais. Atualmente, fazem uso da Avaliação de Impactos Ambientais todos os principais organismos de cooperação internacional, como os órgãos setoriais da ONU, o Banco Mundial (BIRD), o Banco Interamericano de Desenvolvimento (BID), entre outros.

Medidas mitigadoras, potencializadoras e compensatórias de impactos ambientais

As medidas mitigadoras buscam minimizar ou eliminar eventos adversos que se apresentam com potencial para causar prejuízos aos itens ambientais destacados nos meios físico, biótico e antrópico. Esse tipo de medida procura anteceder a ocorrência do impacto negativo (Sánchez, 2008).

Por outro lado, conforme ressalta Silva (2008), as medidas potencializadoras possuem o intuito de otimizar ou melhorar a eficácia do efeito de

---

[21] Também conhecida como área de influência direta, é o espaço efetivamente ocupado pelo empreendimento impactante.

[22] Também conhecida como área de influência indireta, é o espaço circunvizinho à área diretamente afetada, usualmente definido pelos limites da bacia hidrográfica que a contém. Em alguns casos, pode ser definida segundo limites de unidades geopolíticas, tais como propriedades rurais, bairros, municípios, estados, países ou blocos regionais.

um impacto positivo decorrente direta ou indiretamente da implantação do empreendimento.

No Quadro 6.3, está apresentada uma matriz simplificada de interação de impactos ambientais ressaltando as medidas mitigadoras dos impactos negativos e potencializadoras de impactos positivos durante as etapas de implantação e operação de uma estação de tratamento de águas residuárias hipotética, construída para promover melhorias na qualidade da água em um programa de restauração de rios.

Após identificar e descrever os impactos, propôs-se medidas mitigadoras ou potencializadoras para cada um dos impactos identificados, devendo ser consideradas as seguintes características: a natureza – preventiva ou corretiva –, o fator ambiental ao qual se destina e a responsabilidade pela execução (Vesilind e Morgan, 2011).

Já as medidas compensatórias possuem o objetivo de compensar um impacto ambiental negativo significante, não mitigável, irreversível e irreparável, por meio de melhorias em outro local ou por novo recurso, dentro ou fora da área de influência da atividade (Sánchez, 2008). Neste caso, também, inclui-se a reposição de bens socioambientais perdidos em decorrência de ações diretas ou indiretas do empreendimento.

Pode-se citar, como exemplo do mecanismo de compensação, o caso de necessidade de desapropriação e impedimento de cultivar em uma determinada área destinada à recomposição das zonas de alagamento. Nessa situação, o produtor rural deve ser restituído pela não utilização de determinada técnica ou sistema de produção na sua atividade agrícola, o que está associado aos efeitos negativos, à qualidade e quantidade da água. A compensação seria necessária em função do decréscimo de renda ocasionado pela substituição da técnica de cultivo – cabe destacar que as áreas ribeirinhas são as mais férteis e que possuem água para irrigação de fácil acesso – por outra menos rentável, mas desejável do ponto de vista do usuário da água. Da mesma forma, em determinadas circunstâncias, o produtor poderá receber subsídios por ações de controle da qualidade da água ao adotar um sistema de produção compatível com os princípios de proteção ambiental, sendo beneficiado pelos princípios do protetor-recebedor e o do pagamento por serviços ambientais.

Quadro 6.3 – Exemplo simplificado da matriz de interação de impactos ambientais avaliados ao longo das fases de implantação e operação de uma estação de tratamento de águas residuárias.

Compartimento/fator ambiental		Aspecto ambiental	Impacto ambiental	Etapa	Processo/ atividade	Classificação do impacto	Tipo da medida	Descrição da medida
Meio físico	Ar	Emissão atmosférica	Alteração da qualidade do ar	Implantação	Preparação do terreno	Negativo	Mitigadora	Utilização de máquinas mais eficientes e combustíveis menos poluentes
	Solo	Movimentação de terra	Desencadeamento de processos erosivos	Implantação	Obras civis e montagem	Negativo	Mitigadora	Realização de obras de contenção de solos e sedimentos na área diretamente afetada
	Água	Efluentes líquidos	Alteração na qualidade da água	Operação	Monitoramento e tratamento das águas residuárias	Positivo	Potencializadora	Aumento gradativo da eficiência, dos níveis e das etapas do processo de tratamento

(continua)

Quadro 6.3 – Exemplo simplificado da matriz de interação de impactos ambientais avaliados ao longo das fases de implantação e operação de uma estação de tratamento de águas residuárias. *(continuação)*

Compartimento/fator ambiental		Aspecto ambiental	Impacto ambiental	Etapa	Processo/ atividade	Classificação do impacto	Tipo da medida	Descrição da medida
Meio biológico	**Flora**	Desmatamento	Supressão da vegetação	Implantação	Preparação do terreno	Negativo	Mitigadora	Reflorestamento e recuperação de áreas degradadas no entorno da estação de tratamento
	Fauna	Movimentação de equipamentos	Perturbação da fauna	Operação	Monitoramento e tratamento das águas residuárias	Negativo	Mitigadora	Emprego de maquinários leves e que produzem menos ruídos
Meio antrópico	**Economia**	Atividades do empreendimento	Geração de empregos	Operação		Positivo	Potencializadora	Recrutamento da mão--de-obra local para a instalação e manutenção da ETE
	Qualidade de vida		Dinamização da economia local	Operação		Positivo	Potencializadora	Instalação de usina de geração de energia do biogás e venda como crédito de carbono

Participação popular

A participação pública em colegiados do processo decisório ambiental tem sido considerada uma conquista importante da sociedade civil, sendo, inclusive, valorizada pelas instituições internacionais. Possui o intuito de sensibilização e mobilização da sociedade e tem se tornando uma alternativa para possibilitar maior visibilidade da atuação das instituições ambientalistas e dos movimentos sociais.

A admissão da iniciativa popular representa a oportunidade de contribuir efetivamente para a solução dos problemas ambientais e também para a evolução do Direito e da Legislação sobre o meio ambiente.

De forma mais direta e importante, a coletividade pode e deve contribuir com o estudo de avaliação de impactos ambientais, assumindo papel importante nas discussões de divulgação do relatório de impactos ambientais, realizadas em audiência pública[23], podendo interferir, decisivamente, na legitimação ou reprovação da forma de execução de planos e atividades que repercutem sobre o meio ambiente.

Nesse sentido, torna-se fundamental a participação das comunidades e de toda a sociedade interessada nas consequências ambientais do empreendimento ou atividade impactante, desde o início do processo de avaliação de impactos por meio da divulgação pública dos pedidos de licenciamento ambiental. É por isso que o relatório de impacto ambiental deve ser elaborado com linguagem adequada à compreensão dos leigos (Philippi e Maglio, 2005).

Ademais, no processo de avaliação de impactos, deve estar prevista a realização de audiências públicas antes da tomada de decisão pelo órgão ambiental competente, de forma a permitir o posicionamento das comunidades interessadas, principalmente as que, de alguma forma, poderão sofrer os impactos potenciais do projeto.

SISTEMAS FLUVIAIS COMO BEM JURÍDICO

A água é considerada como *microbem* jurídico, bem corpóreo que integra o *macrobem* "meio ambiente". Esse microbem "água" dispõe de espe-

[23] Representa uma forma de participação e de controle social, servindo como um instrumento do diálogo estabelecido com a sociedade na busca de soluções para as demandas sociais. Sendo o momento em que são divulgados os impactos das intervenções, suas medidas necessárias para a mitigação, potencialização e compensação e das condições em que o empreendimento ou atividade se torna viável do ponto de vista ambiental.

cíficas legislações de regência. De acordo com a Constituição da República Federativa do Brasil (CRFB/88), as águas são consideradas bem de uso comum do povo, de titularidade coletiva, e o Poder Público constitui seu mero gestor.

Conforme salienta o ambientalista Frederico Augusto di Trindade Amado, o processo que cada vez mais torna as águas bem de uso comum, encontra respaldo na sua crescente escassez, especificamente das águas doces, em virtude do desperdício mundial e da poluição irracional dos recursos hídricos. Ainda de acordo com o autor, é estratégico para o Estado mitigar a contaminação das águas, "visando a uma tutela mais rígida para preservar os interesses nacionais, pois preservá-las com boa qualidade é imprescindível condição para a continuidade da vida em todas as suas formas" (Amado, 2011).

A tutela desse bem jurídico segue um prisma preservacionista de forma a atender ao princípio da responsabilidade intergeracional, ou seja, o dever da sociedade contemporânea para com as futuras gerações. Conforme Saraiva Neto (2010, p. 44), há que se considerar na conceituação jurídica do bem ambiental que, na forma prevista no artigo 225 da CRFB/88,

> o meio ambiente é tido como *bem de uso comum do povo*, logo, inapropriável, indisponível e indivisível. Assim sendo, é de titularidade difusa e, enquanto macrobem, não se insere na dominialidade tocante ao patrimônio público, tampouco ao patrimônio privado, mas se classifica como um bem de interesse público.

DANO AOS SISTEMAS FLUVIAIS

A moderna literatura jurídica brasileira encontra dificuldades para definir dano ambiental e o conceito é apresentado casuisticamente, de acordo com cada realidade concreta.

No caso em questão, onde se configura o dano aos sistemas fluviais, por exemplo, pela canalização, remoção de matas ciliares, lançamento de poluentes – por *fontes pontuais*: esgotos domésticos e efluentes industriais e *fontes difusas*: escoamento superficial em áreas agrícolas (agrotóxicos) – constata-se dano ambiental *lato sensu*. Isso pelo fato que o valor protegido constitucionalmente é a disponibilidade e qualidade do recurso hídrico, da biota e da saúde pública que poderão ser negativamente afetadas.

O enfoque deste tópico consiste no dano ambiental no sentido amplo, que decorre do dano ecológico puro, ao constatar uma perda potencial ou redução da qualidade ambiental. Nesse sentido, exclui-se o denominado dano em ricochete a interesses legítimos de uma determinada pessoa e que representa dano particular a direito subjetivo e legitima o lesado a reparação patrimonial ou extrapatrimonial (Steigleder, 2011).

Notadamente, uma das características do dano ambiental reside no fato de ser, muitas vezes, *incerto* e de *difícil constatação*, incluindo dificuldades científicas para se concluir pela prova da existência do dano. Os efeitos da contaminação e as técnicas analíticas envolvidas, por exemplo, na detecção e quantificação de micropoluentes nas águas são complexos e variáveis.

O lançamento contínuo de poluentes nos recursos hídricos culmina com danos que se avolumam com o decorrer do tempo. Esses danos são classificados como *permanentes ou continuados*. Ademais, há que mencionar os efeitos sinergéticos associados aos micropoluentes no ambiente, em que o efeito da combinação de substâncias é maior do que os efeitos considerados isoladamente.

Assim, ganha importância a abordagem jurídica de prevenção e precaução, exatamente pela complexidade que envolve o dano ambiental. Nessa linha, a postura mais adequada, quando se trata de questões ambientais, é de evitar o dano, sempre que possível. Assim, as ações devem ser voltadas não apenas para a tutela *a posteriori* do dano, mas para a tutela *ante litem*, que visa à tutela do risco de dano.

No que concerne aos recursos hídricos especificamente, o dano ambiental também pode ser causado por pessoas físicas ou jurídicas (públicas ou privadas), no exercício de suas atividades. No caso das pessoas jurídicas de Direito Público, elas podem causar danos ao bem "água" por: falha na política de gerenciamento de recursos hídricos; não exercício do poder de polícia; falha no sistema de outorga e precária fiscalização das atividades, não exercendo o princípio constitucional da precaução. Assim, ocorrendo um dano aos recursos hídricos, caberá ao operador do Direito identificá-lo, identificar a autoria e relacionar a ação ao dano constatado.

NEXO CAUSAL

Fernando Pessoa Jorge (1999) ensina que nos países que estruturaram seu direito na cultura romano-germânica, como o Brasil, foi adotada a teoria da causalidade adequada. Assim, não é qualquer causa que será objeto de apreciação como nexo de causalidade, mas, sim, a causa direta e imediata capaz de causar um dano e as consequências dele advindas, conforme dizeres do artigo 403 do Código Civil Brasileiro.

Serve, dessa maneira, o nexo de causalidade como fator de imputação do dever de indenizar. Nessa seara, é gerada a responsabilidade ao aliar a ação/omissão (conduta) ao dano. A possibilidade de atribuir responsabilidade surge quando se mostra viável a conexão entre os dois elementos: conduta comissiva ou omissiva e dano.

RESPONSABILIDADE CIVIL AMBIENTAL

O termo responsabilidade vem do latim *redspondeo* (*red*, prefixo de anterioridade; *spondeo*, esposar, assumir). Dessa forma, *responsabilidade* consiste na capacidade de assumir as consequências dos atos ou das omissões. Para Séguin & Carrera (2001), o termo reflete a necessidade do ator social "assumir suas falas no palco da vida social e saber dar-lhes continuidade".

A ideia de imposição do dever de ressarcir deve existir como demonstra Caio Mário da Silva Pereira:

> A responsabilidade civil consiste na efetivação da reparabilidade abstrata do dano em relação a um sujeito da relação jurídica que se forma. Reparação e sujeito passivo compõem o binômio da responsabilidade civil, que então se enuncia como princípio subordinado à reparação de sua incidência na pessoa causadora do dano. Não importa se o fundamento é a culpa, ou se é independente desta. Em qualquer circunstância, onde houver a subordinação de um sujeito passivo à determinação de um dever de ressarcimento, aí estará a responsabilidade civil (Pereira, 1992).

A CRFB/88, no capítulo referente ao Meio Ambiente, estabelece como forma de reparação do dano ambiental três tipos de responsabilidades: administrativa, civil e penal, todas independentes e autônomas entre si. Dessa forma, uma ação ou omissão pode culminar nos três tipos de ilícitos isoladamente e também receber as sanções cominadas.

A responsabilidade civil impõe a obrigação do sujeito reparar o dano que causou a outrem, por exemplo, por uma conduta antijurídica, decorrente de ação ou omissão, que dê origem a um prejuízo.

Assim, um dos pressupostos para a configuração da responsabilidade é a existência do dano. A obrigação de ressarcir só se concretiza onde há algo a ser reparado. A esse respeito, o que se pretende é aprofundar alguns aspectos atinentes à responsabilidade civil em matéria ambiental, em especial, a teoria objetiva.

O Estado tem responsabilidade pelos danos causados – por ação ou omissão – por seus agentes. Assim, a inércia estatal consiste em uma forma de propiciar dano ambiental. Essa omissão nem sempre é culposa. Pode-se, conforme menciona Séguin & Carrera (2001, p.95), "*estar voltada para a satisfação de interesses particulares, produto de corrupção ou fruto de lobby de entidades econômicas poderosas*".

Os entes de direito público interno – União, Estados, Distrito Federal e Municípios – também podem ser responsabilizados civilmente por danos ambientais causados por sua omissão. Em outras palavras, a responsabilização de tais entes não incide apenas quando diretamente causam alguma degradação ambiental, mas também por omissão em seu dever constitucional de proteção ao meio ambiente, em que está inserida a fiscalização da atividade ou empreendimentos de terceiros (Beltrão, 2009).

Responsabilidade Civil Ambiental do Estado no Brasil

Atualmente, o ordenamento jurídico brasileiro segue, como regra geral, a teoria da responsabilidade civil objetiva do Estado, pelos danos causados pela Administração ou por seus agentes que, nessa qualidade, causarem a terceiros. O Estado pode ser responsabilizado por danos ao ambiente, seja por conduta comissiva seja por conduta omissiva.

Em se tratando de controle e fiscalização de atividades, caso o Poder Público não exerça eficazmente o seu poder de polícia, será responsabilizado solidariamente com o agente poluidor se houver dano ao meio ambiente, pois se configura culpa *in omittendo*. Destaca-se que nesses casos, em matéria de danos ambientais derivados de condutas omissivas do Estado, o entendimento de alguns doutrinadores é que seja aplicado o princípio da responsabilidade subjetiva (Soares; Salvador, 2015).

No entanto, a tendência atual é se concluir pela responsabilidade civil objetiva do Estado, com base no risco, frente ao dano ambiental causado por omissão. Isso se justifica pelo fato de que quando o Estado se omite, ele contribui para a ocorrência do dano ambiental. A culpa nessa modalidade é substituída pelo risco.

Também a Constituição Federal Brasileira de 1988 (art. 225) expressamente prevê a responsabilidade administrativa, civil e penal nas questões ambientais. Justifica-se pelo fato que com uma única ação, podem-se infringir dispositivos administrativos, civis e penais.

Assim, essas responsabilidades são relativamente independentes, podendo haver absolvição na transgressão criminal e administrativa e permanecer a obrigação de ressarcimento do dano causado. Não há que se falar em "*bis in idem*" nessa regra de cumulação de sanções, pois as mesmas protegem objetos distintos e estão sujeitas a regimes jurídicos diversos.

O dano ambiental nem sempre é passível de reparação e recomposição ao estado que se encontrava em momento anterior à degradação. Nessa situação, o infrator não está livre da responsabilização civil e receberá o ônus de indenizar a sociedade diante do meio ambiente lesado por meio de sua ação ou omissão, com o pagamento de uma indenização pecuniária.

O art. 4 º, VII, da Lei n º 6.938/1981 menciona que a Política Nacional do Meio Ambiente tem, entre outros objetivos, o de impor ao poluidor e degradador a obrigação de recuperar e/ou indenizar os danos causados. Nesse sentido, o ressarcimento do dano ambiental tem por finalidade a recomposição do *status quo ante*, ou sendo ele inviável, a indenização em dinheiro. Assim, ter-se-á um dano ambiental patrimonial quando o seu enfoque for voltado à reconstituição, reparação e indenização do bem ambiental lesado.

Nesse ínterim é que se difere a responsabilidade civil no direito tradicional e a responsabilidade civil no direito ambiental, que é objetiva do tipo risco integral. Dessa forma, o empreendedor responde pelo risco da sua atividade, sem admitir excludentes.

> Portanto, no que concerne ao meio ambiente, desnecessária a comprovação de dolo ou culpa – elemento subjetivo – para caracterização da responsabilidade civil, bastando a prova do dano e do nexo causal (Beltrão, 2009, p. 269).

A suposta legalidade da atividade que causar lesão ao meio ambiente também não descarta a responsabilização civil do autor do dano ambiental, ainda que este tenha se precavido com a intenção de evitar o dano. Mesmo que autorizada pelo Poder Público ou que desempenhada dentro das normas pertinentes à tutela ambiental, a atividade que potencialmente ocasionar dano ao meio ambiente acarretará ao seu responsável o dever de reparar ou indenizar.

Quando ocorre um dano ambiental e, por conseguinte, uma degradação ao bem jurídico "água", que compõe o sistema fluvial, basta identificar o dano ocasionado, seu autor e o nexo causal entre a ação e a lesão. Não interessando, como visto, se o autor do dano estava pautando sua conduta dentro dos padrões ambientais estabelecidos pelos órgãos de gestão ambiental; se, por exemplo, havia licença ambiental para operar ou adotou medidas mitigadoras além das recomendadas; nada deverá excluir sua responsabilidade, pois o risco da atividade conduz a imputação do dever de reparar o meio ambiente, como ensina Matos (2000). Para esse autor, nem o caso fortuito e a força maior podem afastar o dever de reparar o meio ambiente. A doutrina exemplifica apresentando o caso de um raio atingir um tanque de óleo que explode e polui um rio, esse evento natural não exime o empreendedor do dever de reparar, porque o fato primordial, segundo ele, é ser detentor da atividade e assim responder pelo risco dos danos que pode causar.

Matos (2000) menciona ainda que se o legislador admitisse excludentes de responsabilidade em matéria ambiental, culminaria com a exclusão dos autores e, por fim, restaria o ambiente totalmente degradado e sem reparação. Como bem apresenta o art. 14, § 1º da Lei n. 6.938/81, quem exerce atividades econômicas têm consciência do alcance desse dispositivo legal.

No entanto, no sistema de responsabilização do dano ambiental no Direito brasileiro, doutrina e jurisprudência adotam a teoria objetiva sob dois aspectos: 1) com admissão de excludentes de responsabilidade[24] (Teoria do risco criado) e 2) sem admissão de excludentes (Teoria do risco integral). Cabe destacar que, embora adotada por alguns juristas, a teoria do risco criado não é unânime entre os doutrinadores brasileiros, exatamente, por admitir hipóteses de exclusão da responsabilidade civil. A teoria aceita majoritariamente para a responsabilização do causador de um dano na seara ambiental, inclusive em decisões dos tribunais superiores, é a Teoria do Risco Integral.

Teoria do Risco Integral

Pela teoria do risco integral, o dever de indenizar está sempre presente pelo simples fato de existir uma atividade potencialmente danosa ao meio ambiente, sendo irrelevantes as excludentes de responsabilidade civil.

---

[24] Normalmente são excludentes de responsabilidades: a) culpa exclusiva da vítima; b) caso fortuito ou força maior; c) fato exclusivo de terceiro.

Isso porque a própria Lei de Política Nacional do Meio Ambiente – Lei n. 6.938/81, em seu artigo 14, § 1º –, impõe ao poluidor, independentemente da verificação de culpa, indenizar ou reparar os danos que causar ao meio ambiente e a terceiros prejudicados por sua atividade. Sendo assim, por expressa previsão legal, conclui-se que a correta teoria a ser empregada nas decisões judiciais que decidirem acerca da responsabilidade civil por dano ambiental é a Teoria do Risco Integral.

Em decisão recente do Superior Tribunal de Justiça no Agravo Regimental do Recurso Especial 1412664/SP (2011/0305364-9), decisão publicada em 11/03/2014, o órgão julgador destacou, uma vez mais que, em se tratando de responsabilidade civil por dano ambiental, ela é norteada pela responsabilidade objetiva do risco integral fundamentada não no Código Civil Brasileiro, mas, sim, nos termos do artigo 225, § 3º, da CF e na Lei 6.938/81, art. 14, § 1º, que adotou a teoria do risco integral, impondo ao poluidor ambiental a responsabilidade objetiva integral, que independe da verificação de culpa e não admite hipóteses de exclusão da responsabilidade civil.

Inversão do Ônus da Prova

Admite-se a inversão do ônus probatório nos casos ambientais por aplicação subsidiária do art. 6º, inciso VIII do Código de Defesa do Consumidor c/c com o art. 117 dessa mesma norma, e também em alusão aos princípios da prevenção e da precaução. Por meio desse procedimento, poderá haver para o Estado uma economia, já que somente em alguns casos mais complicados, terá de produzir provas. O suposto autor do dano ambiental é que deverá arcar com os custos para comprovar que não é o autor no caso concreto.

Responsabilidade Solidária

Se o dano ambiental tiver sido provocado por vários poluidores, serão todos solidariamente responsáveis. Tal responsabilização solidária pode alcançar inclusive os entes de direito público, como, por exemplo, o município que aprova parcelamento de solo danoso ao meio ambiente, por inexistir sistema de esgotamento sanitário, por exemplo. Caso alguém assuma com a indenização devida, terá direito de regresso contra os demais (Beltrão, 2009).

Quando ocorrer falha no monitoramento ou licenciamento que contribua para lesão ao bem "água", a Administração Pública responde solidariamente com o degradador, na forma do art. 37, § 6º da CRFB/88. Também a Lei 9.433/97 estabeleceu as obrigações do Poder Público no gerenciamento dos recursos hídricos. Dessa forma, constatando-se o descumprimento dessa lei, o Estado responderá solidariamente com o autor do dano.

Dano Moral Ambiental

O dano moral ao meio ambiente caracteriza-se pela lesão a determinados valores de uma pessoa ou até mesmo uma comunidade, no que se refere aos valores intrínsecos vinculados ao meio ambiente, como, por exemplo, o direito à qualidade de vida e à saúde. Oportuno destacar que se configura como um dano extrapatrimonial, e, portanto, não atinge diretamente o meio ambiente que, por sua vez, quando lesado, resta caracterizado um dano patrimonial. O dano moral ambiental também é vislumbrado na poluição causada nos sistemas fluviais. Nesse caso, então, será perfeitamente possível cumular obrigações de fazer com indenização por dano extrapatrimonial.

Tutela Processual Civil do Meio Ambiente

É de competência do Estado, por meio do Poder Judiciário, exercer a jurisdição para a tutela civil dos direitos referentes ao meio ambiente. Não basta apenas um dano ambiental concreto para que o Judiciário possa ser provocado e desempenhar a sua função de aplicar a lei, a mera ameaça de lesão ou perigo ao meio ambiente é suficiente para a atuação estatal, via tutela jurisdicional preventiva, com o intuito de evitar o dano com base nos princípios ambientais da Prevenção e da Precaução[25].

---

[25] Segundo Milaré (2015, p. 264): "O princípio da prevenção tem como objetivo impedir a ocorrência de danos ao meio ambiente, através da imposição de medidas acautelatórias, antes da implantação de empreendimentos e atividades consideradas efetiva ou potencialmente poluidoras". Ainda de acordo com esse autor (2015, p. 265): "A invocação do princípio da precaução é uma decisão a ser tomada quando a informação científica é insuficiente, inconclusiva ou incerta e haja indicações de que os possíveis efeitos sobre o ambien-

Ação Civil Pública

O objeto da Ação Civil Pública (ACP) é a obrigação de fazer ou não fazer, ou a condenação em dinheiro, ou seja, a indenização pelo dano ambiental provocado. A Lei 7.347/85 (artigos 1º, 3º e 11º) dispõe que o objeto da lei da ACP compreende a tutela preventiva ou ressarcitória do meio ambiente, dentre outros bens e direitos metaindividuais. O Ministério Público, se não for o autor da ação, atuará como fiscal da lei. Além disso, se o autor desistir ou abandonar a ação, o órgão ministerial assumirá a titularidade ativa.

Assim, poderá ser proposta ACP para evitar ou reparar danos aos recursos hídricos por contaminação proveniente do lançamento de efluentes industriais e domésticos, escoamento superficial de águas contaminadas por agrotóxicos aplicados em áreas agrícolas, captação em desconformidade com outorgas, dentre outros inúmeros casos.

Ação Popular

O principal enfoque da Ação Popular (AP) é a anulação de ato lesivo e ilegal ao meio ambiente. Contudo, defende-se a possibilidade de reparação civil do meio ambiente em sede de AP "desde que seja a forma de reconstituir o bem jurídico lesado pelo ato ilegal praticado pelo Poder Público e pelos eventuais particulares que concorreram para a sua prática" (Amado, 2011, p. 528).

Qualquer cidadão é parte legítima para propor uma AP, desde que brasileiro em pleno gozo de seus direitos políticos.

Também se admite a ação popular preventiva, que visa a impedir o Poder Público de editar ato ilegal e potencialmente lesivo aos sistemas fluviais. Para que a ação popular seja conhecida, é preciso que o autor da ação demonstre de forma cumulativa a ilegalidade e a lesividade do ato praticado pelo poder público, não se admitindo a presunção de que o ato seja ei-

---

te, a saúde das pessoas ou dos animais ou a proteção vegetal possam ser potencialmente perigosos e incompatíveis com o nível de proteção escolhido. A bem ver, tal princípio enfrenta a incerteza dos saberes científicos em si mesmos." Desta forma, o princípio da prevenção se relaciona aos riscos conhecidos pela ciência acerca da ocorrência de um dano, enquanto o princípio da precaução associa-se aos casos de ausência de certeza científica formal. Nesse sentido, ausência de certeza científica absoluta não deverá justificar a inércia na adoção de medidas para evitar poluição ou degradação ambiental vado de ilegalidade ou que, porventura, possa ser lesivo ao meio ambiente. No caso da Ação Popular, o Ministério Público atuará como fiscal da lei.

Mandado de Segurança Coletivo

O mandado de segurança (MS) é outra garantia constitucional sendo que a sua concessão se dará para proteger direito líquido e certo, não amparado por "habeas-corpus" ou "habeas data", quando o responsável pela ilegalidade ou abuso de poder for autoridade pública ou agente de pessoa jurídica no exercício de atribuições do Poder Público.

O MS pode ser interposto individualmente, mas também há a possibilidade de propositura de mandado de segurança coletivo por organização sindical, entidade de classe ou associação legalmente constituída e em pleno funcionamento há pelo menos um ano, em defesa de seus membros ou associados. Isso pode ocorrer no caso de tais entidades verificarem a existência de ato arbitrário, que implique dano, efetivo ou potencial, ao meio ambiente.

CONSIDERAÇÕES FINAIS

Constata-se que os aspectos legais e institucionais fazem parte de um processo dinâmico e atual, uma vez que estes constituem a condição básica para o gerenciamento integrado visando à proteção da qualidade e manutenção da quantidade da água, bem como ações destinadas à restauração de recursos hídricos.

Para se atender simultaneamente a necessidade de água de forma que permita o equilíbrio dinâmico do ecossistema fluvial e a crescente necessidade dos múltiplos usuários de uma bacia hidrográfica e de modo que haja desenvolvimento econômico, será preciso construir uma forma de gestão de recursos hídricos na qual se insira a gestão de restauração de ecossistemas fluviais.

Na gestão integrada da água, deve ser observada a visão holística, mediante a retroalimentação dos instrumentos legais e institucionais da gestão modernos e eficientes que permitam alcançar a sustentabilidade hídrica nas bacias hidrográficas.

Constata-se uma tendência de consolidação de um conjunto legal, mas ainda com grandes variações regionais quanto à sua implementação. Algumas dificuldades devem ainda ser vencidas em termos de governabilidade na gestão das bacias.

É importante que os marcos regulatórios se baseiem em princípios como o poluidor-pagador, do protetor-recebedor, da precaução, da prevenção e do controle da poluição na fonte e que as formulações legais também definam metas de melhoria da qualidade da água e que toda a sociedade, e não apenas os especialistas técnicos, sejam incentivados a participar dos programas de restauração fluvial. Conforme comentado anteriormente, a unidade de planejamento deve ser a bacia hidrográfica, para evitar conflitos decorrentes da prática inadequada do gerenciamento segmentado. A experiência internacional reforça também a necessidade de haver integração de programas, ações e instituições que atuam na mesma bacia hidrográfica.

A abordagem jurídica sobre o bem ambiental "Sistemas fluviais" – de importância transgeracional – deve ser no sentido de tratá-lo como um pressuposto para a vida humana, como requisito para a manutenção da vida saudável. Pela avaliação dos sistemas de proteção ambiental apresentados neste capítulo, conclui-se que o Brasil tem legislação moderna e rigorosa, e o sistema de responsabilização civil pelos danos ambientais é objetivo, fundamentado na teoria do risco integral, na inversão do ônus da prova e no abrandamento da carga probatória do nexo de causalidade. Essas características jurídicas visam a favorecer a restauração dos sistemas fluviais.

REFERÊNCIAS

AGRA FILHO, 2010.

AMADO, D. A. T. *Direito Ambiental Esquematizado*. Rio de Janeiro: Forense; São Paulo: Método, 2011.

BELTRÃO, A. F. G. *Direito Ambiental*. 2. ed. Rio de Janeiro: Forense; São Paulo: Método, 2009.

BRASIL. Constituição da República Federativa do Brasil, de 5 de outubro de 1988. Diário Oficial da República Federativa do Brasil, 5 out. 1988.

______. Lei n. 6.938, de 31 de agosto de 1981. Dispõe sobre a Política Nacional do Meio Ambiente, seus fins e mecanismos de formulação e aplicação, e dá outras providências. Disponível em: http://www.planalto.gov.br/ccivil_03/leis/l6938.htm. Acessado em: 12 jun. 2014.

______. Lei n. 7.347, de 24 de julho de 1985. Disciplina a ação civil pública de responsabilidade por danos causados ao meio ambiente, ao consumidor, a bens e direitos de valor artístico, estético, histórico, turístico e paisagístico e dá outras providências. Disponível em: http://www.planalto.gov.br/ccivil_03/leis/l7347orig.htm. Acessado em: 20 jul. 2014.

______. Lei n. 9.433, de 8 de janeiro de 1997. Institui a Política Nacional de Recursos Hídricos, cria o Sistema Nacional de Gerenciamento de Recursos Hídricos, regulamenta o inciso XIX do art. 21 da Constituição Federal, e altera o art. 1º da Lei nº 8.001, de 13 de março de 1990, que modificou a Lei nº 7.990, de 28 de dezembro de 1989. Disponível em: http://www.planalto.gov.br/ccivil_03/leis/l9433.htm. Acessado em: 20 jul. 2014.

COMMISSION OF THE EUROPEAN COMMUNITIES (CEC). *The Water Framework Directive Tap into it!* Luxembourg: Office for Official Publications of the European Communities, 2010.

CORREIA, F. N. Algumas reflexões sobre os mecanismos de gestão de recursos hídricos e a experiência da União Europeia. *Revista de Gestión del Água de America Latina*, v. 2, n. 2, p. 5-16, 2005.

DI PIETRO, M. S. Z. *Direito Administrativo*. 25ª ed. São Paulo: Atlas, 2012.

D'ISEP, C. F. M. *Água juridicamente sustentável*. São Paulo: Revista dos. Tribunais, 2010.

FIGUEIREDO, G. J. P. *A Propriedade no Direito Ambiental*. 4ª ed. São Paulo: Revista dos Tribunais, 2010.

GRIFFITHS, M. *The European Water Framework Directive: An Approach to Integrated River Basin Management*. European Water Management Online. EWA, 2002.

HADDAD, E.; SANTOS, C. L. Desapropriação de áreas de interesse ambiental. In: *Revisitando o instituto da desapropriação*. São Paulo: Editora Fórum 2009.

HUPFFER. H. M.; WEYERMÜLLER. A. R.; WACLAWOVSKY. W. G. Uma análise sistêmica do princípio do protetor-recebedor na institucionalização de programas de compensação por serviços ambientais. *Ambiente & Sociedade*, v.14 n.1, p. 95-114, 2011.

INSTITUTO DE PESQUISA ECONÔMICA APLICADA (IPEA). Objetivos de desenvolvimento do milênio: relatório nacional de acompanhamento. Brasília: Ipea, 2004.

JORGE, F. P. *Ensaio sobre os pressupostos da responsabilidade civil*. Coimbra: Almedina, 1999.

MACHADO, A. T. G. M. et al. *Revitalização de rios no mundo: América, Europa e Ásia*. Roma Editor. Belo Horizonte: Instituto Guaicuy, 2010.

MACHADO, P. A. L. Direito ambiental. 16ª ed. Malheiros Editores: São Paulo, 2009.

MARTINI, L. C. P.; LANNA, A. E. Medidas Compensatórias Aplicáveis à Questão da Poluição Hídrica de Origem Agrícola. *Revista Brasileira de Recursos Hídricos*, v. 8, n. 1, p. 111-136, 2003.

MATOS, E. L. Responsabilidade civil pela má utilização da água. Revista CEJ. (Centro de Estudos Judiciários - CJF) Brasília, n. 12, p. 79-84, set./dez. 2000.

MELLO, C. A. B. *Curso de Direito Administrativo*. 29.ed. São Paulo: Malheiros Editores, 2012.

MILARÉ, E. *Direito do ambiente*. 6.ed. São Paulo: Revista dos Tribunais, 2009.

______. *Direito do ambiente*. 10.ed. São Paulo: Editora Revista dos Tribunais, 2015. 1707 p.

MUKAI, T. *Direito ambiental sistematizado*. 5.ed. Rio de Janeiro: Forense Universitária, 2005. 214 p.

ODUM, E. P.; BARRET, G. W. Fundamentos de Ecologia. 5.ed. Tradução – Pégasus Sistemas e Soluções. São Paulo: Thomson Learning, 2007.

ORGANIZAÇÃO DAS NAÇÕES UNIDAS (ONU). *O Direito Humano à Água e ao Saneamento*: *Marcos*. Programa da Década da Água da ONU: Água sobre Advocacia e Comunicação (UNW-DPAC), 2012.

PEREIRA, C. M. S. *Responsabilidade Civil*. Rio de Janeiro: Forense, 1992

PHLIPPI JR, A.; ALVES, A. C. *Curso interdisciplinar de direito ambiental*. Coleção Ambiental. Barueri: Manole, 2005.

PHLIPPI JR, A.; MAGLIO, I. C. Avaliação de impactos ambientais. In: PHLIPPI JR, A.; ALVES, A. C (Org.). *Curso Interdisciplinar de direito ambiental*. Coleção Ambiental. Barueri: Manole, 2005.

PRIMACK, R.; RODRIGUES, E. *Biologia da Conservação*. Londrina: Efraim Rodrigues, 2001.

PROGRAMA DAS NAÇÕES UNIDAS PARA O DESENVOLVIMENTO (PNUD). Relatório de Desenvolvimento Humano. A água para lá da escassez: poder, pobreza e a crise mundial da água. PNUD/IPAD, 2006.

SACHS, I. *Desenvolvimento*: *includente, sustentável, sustentado*. Rio de Janeiro: Garamond, 2004.

SÁNCHEZ, L. E. *Avaliação de impacto ambiental*: *conceitos e métodos*. São Paulo: Oficina de Textos, 2008.

SARAIVA NETO, P. *A prova na jurisdição ambiental*. Porto Alegre: Livraria do Advogado Editora, 2010. 163 p.

SILVA, E. *Técnicas de Avaliação de Impactos Ambientais*. Viçosa: Editora da UFV, SIF, 2008.

SECRETARIA NACIONAL DE SANEAMENTO AMBIENTAL (SNSA). Plano Nacional de Saneamento Básico (PLANSAB): proposta de plano. Brasília: Ministério das Cidades, 2011.

SÉGUIN, E.; CARRERA, F. *Planeta Terra Uma Abordagem de Direito Ambiental.* Rio de Janeiro: Lumen Juris. 2001. 185 p.

SOARES, A. F. S.; SALVADOR, W. *A Responsabilidade Civil do Estado pela Contaminação de Mananciais por Micropoluentes Emergentes.* Xanxerê - SC: News Print Gráfica e Editora Ltda., 2015. 94p.

SOARES, G. F. S. Direito internacional. In: PHLIPPI JR, A.; ALVES, A. C. (Orgs.). *Curso interdisciplinar de direito ambiental.* Coleção Ambiental. Barueri: Manole, 2005.

SOBRAL M. C. et al. Classificação de corpos d´água segundo a Diretiva-Quadro da água da união européia – 2000/60/CE. Revista Brasileira de Ciências Ambientais, n. 11, p. 30-39, 2008.

STEIGLEDER, A. M. *Responsabilidade Civil Ambiental: as Dimensões do Dano Ambiental no Direito Brasileiro.* 2 ed. Porto Alegre: Livraria do Advogado Editora, 2011, 278 p.

STROBEL, J. S. et al. Critérios econômicos para a aplicação do princípio do protetor-recebedor: estudo de caso do Parque Estadual dos Três Picos. *Megadiversidade*, v. 2, n. 1-2, p. 141-166, 2006.

SUPERIOR TRIBUNAL DE JUSTIÇA. Processo: AgRg no REsp 1412664 SP 2011/0305364-9. Relator: Ministro Raul Araújo T4 - Quarta Turma. 2014. Disponível em: http://stj.jusbrasil.com.br/jurisprudencia/25017000/agravo-regimental-no-recurso-especial-agrg-no-resp-1412664-sp-2011-0305364-9-stj. Acesso em: 02 jun. 2014.

TUCCI, C. E. M. Desenvolvimento institucional dos recursos hídricos no Brasil. *Revista de Gestión del Água de America Latina*, v. 2, n. 2, p. 81-93, 2005.

VESILIND, P. A.; MORGAN, S. M. Introdução À Engenharia Ambiental. 2.ed. São Paulo: Cengage Learning, 2011.

ZHOURI, A.; LASCHEFSKI, K. *Desenvolvimento e conflitos ambientais*. Belo Horizonte: Editora UFMG, 2010.

Técnicas para Intervenções em Cursos D'água

7

Márcio Baptista
Priscilla Macedo Moura
Janaina de Andrade Evangelista
Maria Rita Scotti Muzzi
Lenora Nunes Ludolf Gomes

INTRODUÇÃO

As técnicas utilizadas nas intervenções em rios, dentro da perspectiva de sua restauração, buscam restabelecer a integridade do ecossistema por meio da recuperação e melhoria do hábitat natural pela eliminação de fatores que limitam a dinâmica natural do ambiente. Os objetivos da recuperação do ambiente ribeirinho incluem a melhoria da qualidade da água, a recuperação do caminho natural do rio pelo retorno dos meandros, da vegetação ripária, das comunidades de plantas e animais aquáticos e da estrutura do leito e das margens, assim como do fluxo natural da água e dos sedimentos.

De forma complementar, entretanto, as intervenções fluviais devem assegurar, também, o atendimento aos requisitos técnicos ligados à estabilidade, integridade e capacidade de vazão compatível com níveis de risco satisfatórios nas áreas adjacentes e com os possíveis outros objetivos das intervenções.

A conciliação dos dois aspectos citados e a grande variedade de tipologias fluviais e quadros de sua inserção sinalizam para a possibilidade de emprego de uma ampla gama de técnicas hoje disponíveis, tornando complexa a escolha das tecnologias a utilizar em uma dada intervenção, como será tratado no Capítulo 8. De forma independente da técnica a ser empregada, o conhecimento dos processos naturais característicos dos ecossistemas fluviais e áreas adjacentes é essencial para que a nova alteração resulte em um ambiente naturalmente sustentável.

O presente capítulo busca, então, fornecer uma visão geral das técnicas existentes; detalhes da utilização dessas técnicas podem ser encontrados na literatura específica. São abordadas apenas algumas das técnicas usualmente empregadas, sendo importante salientar que diversas delas estão, ainda, em discussão por especialistas quanto à real eficiência do seu uso. Por outro lado, a utilização de outras destas técnicas – de cunho mais estrutural e rígido – pode também ser questionada dentro da perspectiva de restauração.

As técnicas de restauração de cursos d'água podem ser utilizadas no seu leito e margens ou na zona ripária. Quando utilizadas em seu leito e/ou margens, têm geralmente a finalidade de estabilização, controlando os processos de erosão e movimentação de sedimentos. Podem ser implantados tanto revestimentos extensivos como localizados, ou estruturas de contenção e proteção longitudinais e transversais. Além das funções de caráter estrutural, as técnicas devem também favorecer as funções ambientais, com o aumento da diversidade de hábitats. Já as intervenções na zona ripária buscam estabelecer a conectividade do rio com a fauna e flora local, garantir o escoamento das cheias e, assim, os processos ecológicos delas dependentes, bem como proteger o curso d'água contra aporte de sedimentos e poluentes.

Em sintonia com a extensa gama de situações práticas de restauração fluvial, diversas técnicas podem ser utilizadas, com o frequente uso combinado de mais de uma técnica, configurando, assim, múltiplas soluções que podem ser aventadas para cada caso específico. Assim, sem uma preocupação de exaustividade e de forma apenas a facilitar a apresentação, diferentes técnicas usualmente empregadas são tratadas neste capítulo, tendo sido agrupadas, por razões práticas, em revestimentos, intervenções no leito e margens – transversais e longitudinais – e intervenções na zona ripária.

REVESTIMENTOS DE LEITO E MARGENS

O estudo de alternativas para revestimentos em sistemas fluviais com a perspectiva de sua restauração deve ser efetuado à luz de diversos aspectos de cunho tecnológico e operacional de maneira a assegurar sua viabilidade e perenidade. Neste contexto insere-se a análise hidráulica: qualquer que seja o objeto de uma intervenção em um sistema fluvial, uma etapa fundamental do projeto consiste na análise e definição hidráulica do canal – aqui entendido como curso d'água desempenhando a função de transporte das vazões. A análise e, em seguida, seu dimensionamento hidráulico, são efetuados, essencialmente, com base nos procedimentos vistos no Capítulo 4.

Conforme os materiais e equipamentos disponíveis para a sua construção e de acordo com as condições geológicas, topográficas e ambientais locais, pode ser utilizada uma ampla gama de alternativas tecnológicas, escapando do escopo deste texto o tratamento exaustivo de todas as suas particularidades e critérios de projeto e construção.

Identificam-se, de forma geral, duas situações distintas no tocante às características da superfície em contato com a água:

- *Margens consolidadas*: usualmente artificializadas, revestidas com materiais não erodíveis.
- *Margens não consolidadas*: correspondentes a cursos d'água naturais ou pouco artificializados, simplesmente escavados ou revestidos com materiais não resistentes à erosão.

A abordagem da análise hidráulica a adotar é diferenciada, partindo da premissa de que, independentemente das metas fixadas em termos de restauração, a integridade e a estabilidade do sistema fluvial devam ser asseguradas.

As soluções clássicas de revestimento (por exemplo, concreto) estão associadas a leito e margens estáveis, ou seja, a integridade fluvial é assegurada *a priori*. Assim, a questão hidráulica central consiste na avaliação da adequação da seção para transportar a vazão de projeto. Desta forma, a análise e dimensionamento hidráulicos podem ser realizados pela aplicação direta das formulações descritas no Capítulo 4.

No tocante a cursos d'água não consolidados, o seu comportamento é fortemente influenciado por diversos fatores ligados à relação da água com o solo, sendo seu tratamento mais complexo. Os processos de erosão e transporte de sedimentos fazem-se presentes e a questão hidráulica inicial que se coloca diz respeito à própria estabilidade do canal, função da sua geometria, das características geotécnicas dos materiais envolvidos e do material transportado pela água. Somente após a verificação da integridade procede-se à avaliação de funcionamento hidráulico.

Uma primeira verificação diz respeito à estabilidade dos taludes laterais, que sofrem limitações em função das características geotécnicas locais.

A Tabela 7.1 apresenta alguns valores máximos de declividade de margens, de acordo com o material adjacente.

Tabela 7.1 – Inclinações estáveis de margens.

Material constituinte	Declividade máxima (H:V)
Rocha sã	Vertical
Rocha alterada	¼:1
Solo argiloso compactado	½:1 a 1:1
Solo em canais largos	1:1
Solo em canais estreitos	1½:1
Solo arenoso solto	2:1
Solo argiloso poroso	3:1

Fonte: adaptado de Chow (1959).

O passo seguinte diz respeito à avaliação da integridade dos sistemas fluviais, que pode ser efetuada segundo dois processos distintos: o *método da velocidade permissível* e o *método das tensões de arraste*, que serão tratados sucintamente a seguir.

Método da velocidade permissível

O método da velocidade permissível é um processo simplificado que consiste essencialmente em compatibilizar a velocidade máxima de operação com as velocidades limites para a ocorrência de erosão nas margens e no leito. Esse valor limite da velocidade de operação é função do material constituinte do canal, bem como da carga de material sólido transportada pelo canal. Na Tabela 7.2 são apresentados alguns valores de referência usualmente adotados para lâminas de até um metro e alinhamentos aproximadamente retilíneos (Baptista e Lara, 2012).

Tabela 7.2 – Velocidades admissíveis.

Material constituinte		Velocidade admissível (m/s)		
		Água sem sedimentos	Água com sedimentos não coloidais	Água com sedimentos coloidais
Solos não coloidais	Areia fina	0,46	0,46	0,76
	Argilo-arenoso	0,53	0,61	0,76
	Argilo-siltoso	0,61	0,61	0,91
	Silte aluvionar	0,61	0,61	1,07
	Argiloso	0,76	0,69	1,07
	Argila estabilizada	1,14	1,52	1,52
	Cascalho fino	0,76	1,14	1,52
	Cascalho grosso	1,22	1,98	1,83
	Seixos e pedregulhos	1,52	1,98	1,68
Solos coloidais	Argila densa	1,14	1,52	1,52
	Silte aluvionar	1,14	0,91	1,52
	Silte estabilizado	1,22	1,52	1,68

Fonte: adaptado de Yang (1996).

Método das tensões de arraste

O método baseia-se no princípio de manter as tensões de cisalhamento junto às margens e ao leito inferiores a uma tensão limite, denominada *tensão de arraste crítica*, a partir da qual podem ocorrer processos erosivos.

A tensão crítica é função do material constituinte do canal e das características do sedimento eventualmente transportado pela água. Na Tabela 7.3 são apresentados alguns valores de tensões críticas de arraste para diversos materiais constituintes dos canais e para duas condições de transporte de sedimentos.

A tensão de cisalhamento exercida pela água em escoamento junto ao leito e às margens do canal, na hipótese de escoamento uniforme em seções trapezoidais – aproximação pertinente para cursos d'água naturais –, pode ser obtida pelas seguintes expressões:

- Leito: $\tau_0 = \gamma\, y I$ (Equação 7.1)
- Margens: $\tau_t = 0{,}76(\gamma\, y I)$ (Equação 7.2)

Em que:
I: Declividade (m/m).
y: Profundidade (m).
τ: Tensão de arraste (kgf/m^2).
γ: Peso específico (kgf/m^3).

Tabela 7.3 – Tensões de arraste críticas.

Material constituinte		Tensões críticas de arraste (kgf/m^2)	
		Água sem sedimentos	Água com sedimentos coloidais
Solos não coloidais	Areia fina	0,13	0,37
	Argilo-arenoso	0,18	0,37
	Argilo-siltoso	0,23	0,53
	Silte aluvionar	0,23	0,73
	Argiloso	0,37	0,73
	Argila estabilizada	1,85	3,22
	Cascalho fino	0,37	1,56
	Cascalho grosso	1,46	3,27
	Seixos e pedregulhos	4,44	5,37
Solos coloidais	Argila densa	1,27	2,24
	Silte aluvionar	1,27	2,24
	Silte estabilizado	2,10	3,90

Fonte: adaptado de Santos (1984).

Diversas considerações relativas aos valores de tensão de arraste podem ser feitas para canais sinuosos, margens inclinadas e presença de materiais coesivos. Foge ao escopo deste texto o tratamento exaustivo dessas questões, recomendando-se ao leitor a consulta à ampla bibliografia disponível sobre o assunto, como apresentado em Baptista e Lara (2012).

Tipos de revestimentos: clássicos e com incorporação de materiais naturais

As soluções clássicas, convencionais, de revestimento são frequentemente associadas à artificialização excessiva e rigidez dos leitos e margens fluviais, sendo descartadas *a priori* como alternativas de intervenção dentro de princípios de restauração. No entanto, em função de condições locais e dos objetivos da intervenção, muitas vezes esse tipo de revestimento pode desempenhar um papel importante, ou seja, sua capacidade de garantir a integridade fluvial e o seu bom desempenho hidráulico levam à sua adoção, de forma isolada ou acoplada com outros tipos de técnicas, ambientalmente mais adequadas. Da mesma forma, muitas soluções tecnológicas com viés estrutural podem vir a integrar intervenções longitudinais nos cursos d'água de caráter mais localizado, as quais objetivam primordialmente a proteção dos pés de taludes e margens contra os processos erosivos.

Em contraponto às técnicas convencionais, constata-se a adoção gradativamente crescente do uso de técnicas menos agressivas ambientalmente, com a incorporação de materiais naturais. Grande parte destas técnicas provém de estruturas provisórias que irão permitir o restabelecimento da vegetação, que passa então a ter a finalidade de estabilização e proteção das margens. Evidentemente, os requisitos em termos de projeto, construção e de manutenção são distintos.

Com relação ao projeto, por exemplo, deve-se atentar para o fato de que a rugosidade das margens será aumentada com o crescimento da vegetação, o que provoca redução da velocidade de escoamento e elevação do nível d'água. Assim, o dimensionamento hidráulico deve então ser realizado com base nestas condições. Por outro lado, as verificações de estabilidade e integridade das margens devem ser verificadas para uma situação anterior ao crescimento da vegetação.

Da mesma forma, em termos de manutenção, são necessárias inspeções frequentes nos primeiros meses após a implantação, visando ao controle do crescimento das raízes, ao desenvolvimento das mudas e à identificação de falhas na ancoragem e fixação das estruturas utilizadas. Em alguns casos, para o completo desenvolvimento da vegetação, se torna necessária rega ou irrigação.

Finalmente, pode-se ponderar que, na realidade, a classificação das técnicas em duas categorias distintas parece simplista, existindo toda uma gama de soluções tecnológicas mistas, incorporando componentes estruturais e naturais entre os extremos. Ainda, em ambas as famílias de técnicas constatam-se vantagens e desvantagens, potencialidades e limitações de utilização. Assim, acredita-se que elas não devem ser vistas como mutuamente excludentes, mas ao contrário, como complementares, com grande potencial de uso combinado na restauração de sistemas fluviais.

Nos próximos itens são descritos, de forma sucinta, alguns tipos de revestimentos de uso frequente em intervenções fluviais. Efetua-se apenas uma descrição geral e das técnicas; os critérios de projeto e diretrizes para dimensionamento escapam ao escopo do presente documento, devendo o leitor consultar a bibliografia citada em cada item específico, destacando-se os trabalhos de Escarameia (1998), por sua abrangência.

Revestimento em concreto

O revestimento em concreto é particularmente utilizado em situações em que a faixa disponível para intervenção é reduzida – áreas urbanas e industriais, notadamente – e em locais onde as condições de escoamento levam a velocidades significativas, implicando processos erosivos e instabilidades de margens. Com efeito, o revestimento em concreto admite velocidades de escoamento elevadas, da ordem de 6 m/s, possibilitando, assim, uma grande eficiência em termos de capacidade de vazão. A utilização do concreto pode assegurar também o desempenho de função estrutural, possibilitando a execução de taludes verticais, permitindo, dessa forma, uma grande flexibilidade quanto à forma da seção. Os revestimentos em concreto são também pouco exigentes no que diz respeito à manutenção.

A Figura 7.1 ilustra a utilização do revestimento em concreto em cursos d'água urbanos. Os revestimentos com esse material podem ser feitos utilizando peças de concreto moldado *in loco*, para estruturas de grandes dimensões (à esquerda), ou com o emprego de peças pré-moldadas, para estruturas de porte mais reduzido (à direita). Ocasionalmente, utiliza-se ainda o concreto projetado, em intervenções pontuais.

Figura 7.1 - Canais urbanos em concreto.

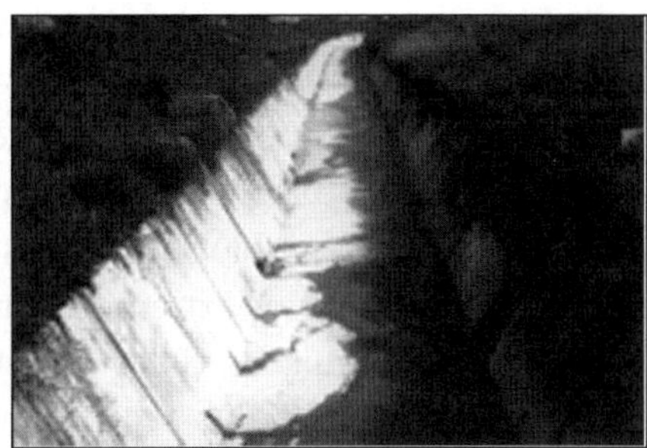

As desvantagens deste tipo de solução, entretanto, são significativas, com fraco desempenho em termos de inserção ambiental e social, além de elevados custos de implantação. Observam-se ainda impactos hidráulicos no sentido de aceleração dos hidrogramas de cheia, com eventuais reflexos à jusante da área de intervenção.

Revestimentos em gabiões

Dentre os revestimentos convencionais mais comuns destacam-se os *gabiões*, que consistem em estruturas em grades metálicas preenchidas com pedras. Para revestimento de cursos d'água podem ser utilizados dois tipos distintos de gabiões: tipo *manta* ou *colchão* e tipo *caixa.*

Os critérios básicos para projetos em gabiões podem ser encontrados em publicações específicas, citadas na bibliografia. Conforme Escarameia (1998), os gabiões manta permitem velocidades máximas de escoamento de 2 a 3,5 m/s para mantas com espessura de até 150 mm e de 4 a 5,5 m/s para espessuras de até 300 mm. Estas faixas de velocidades indicadas refletem as variações das informações dos diversos fabricantes. Para gabiões caixa, as velocidades admissíveis vão de 5 a 6 m/s, podendo eventualmente admitir velocidades superiores, de acordo com a qualidade da construção e montagem.

As inclinações admissíveis dos taludes e margens revestidas com gabiões manta são compatíveis com os taludes associados ao solo adjacente, tendo em vista que este tipo de gabiões não exerce função estrutural. Já para os gabiões caixa, pode-se prever taludes com inclinações mais significativas, até mesmo verticais. A Figura 7.2 apresenta exemplo de utilização de gabiões caixa como revestimento de curso de água.

Conforme a concepção adotada, os canais em gabiões podem apresentar-se com boa inserção ambiental e social. Um aspecto importante deste tipo de solução consiste na sua permeabilidade, possibilitando a conectividade das águas superficiais e subsuperficiais adjacentes. Cuidados devem ser tomados quanto à manutenção, tendo em vista a possibilidade de retenção de resíduos sólidos. O crescimento de vegetação também é muitas vezes observado; ele pode não ser prejudicial à integridade do revestimento, mas acarreta aumento de rugosidade. É importante considerar este aspecto no dimensionamento do revestimento.

Ainda no tocante aos gabiões, cabe lembrar que, em intervenções longitudinais com vistas à proteção de pés de taludes e margens, podem ser utilizados também os gabiões tipo *saco*, com formato cilíndrico, facilmente adaptáveis a condições específicas locais tendo em vista sua flexibilidade.

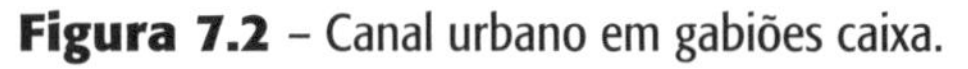

Figura 7.2 – Canal urbano em gabiões caixa.

Revestimento com enrocamentos

Os *enrocamentos,* ou *rip-raps*, consistem no simples revestimento de taludes e margens com pedras em dimensões compatíveis com as velocidades de escoamento. Destacam-se essencialmente três tipos de enrocamento, descritos a seguir, com distintos potenciais de utilização no contexto de intervenções de restauração fluvial.

Um primeiro tipo, com severas restrições para uso em restauração fluvial, consiste no *enrocamento de pedras argamassadas*, no qual as pedras colocadas nos taludes e margens são rejuntadas com argamassa de cimento e areia, aproximando-se assim de um revestimento em concreto, com perda da conectividade das águas superficiais e profundas, configurando meios altamente artificializados, conforme pode ser visto na Figura 7.3.

Em uma condição de utilização diametralmente oposta, identificam-se os *enrocamentos de pedras lançadas*, que correspondem ao simples lançamento das rochas nos taludes e margens a serem revestidos, sem grande preocupação com o controle das dimensões das rochas e seu posicionamento na superfície, partindo da premissa de que ocorrerão ajustes naturais e o preenchimento gradual dos vazios com o solo local, favorecendo o crescimento de vegetação. Na Figura 7.4, à esquerda, ilustra-se uma aplicação de enrocamento de pedras lançadas nas margens do rio Sapucaí, em Itajubá – MG, imediatamente após um evento de inundação que acarretou fortes erosões localizadas. À direita pode-se ver a cuidadosa utilização de pedras lançadas como proteção de pé de talude gramado no Rio Danúbio, em Budapeste.

Figura 7.3 – Revestimentos em enrocamento de pedras argamassadas.

Figura 7.4 – Revestimentos em enrocamento de pedras lançadas.

Entre os dois tipos precedentemente discutidos encontram-se os *enrocamentos de pedras arrumadas*, em que blocos de rochas com dimensões controladas, definidas previamente, são posicionadas manualmente sobre a superfície, procurando-se calçar os blocos maiores com pedras menores, assegurando uma cobertura relativamente homogênea, de modo a conciliar os aspectos de desempenho técnicos, integração ambiental e estética, como pode ser visto na Figura 7.5.

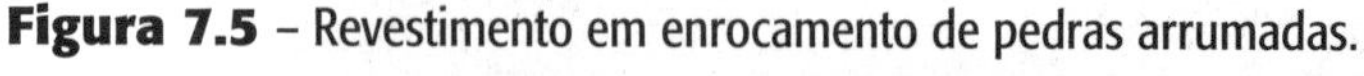
Figura 7.5 – Revestimento em enrocamento de pedras arrumadas.

Esse tipo de solução apresenta grande potencial para uso em restauração fluvial, uma vez que assegura a conectividade das águas superficiais e profundas e amplas possibilidades de crescimento de espécies vegetais, possibilitando uma conformação final próxima de um curso d'água natural. A Figura 7.6 ilustra a utilização de enrocamentos de pedras arrumadas no Parque Tecnológico BHTec, em Belo Horizonte, quando de sua implantação, e em dois momentos durante sua consolidação.

Assim, de acordo com o tipo e a concepção adotada, os enrocamentos podem apresentar-se com boa inserção ambiental e social. Da mesma forma, cuidados devem ser tomados quanto à manutenção, tendo em vista a possibilidade de retenção de resíduos sólidos, o crescimento desordenado de vegetação, além da própria integridade do revestimento, eventualmente submetido à desagregação.

Com efeito, a estabilidade dos revestimentos com enrocamentos é função de diversos aspectos, destacando-se a velocidade de escoamento e as condições de turbulência do fluxo, além das propriedades físicas das rochas utilizadas – dimensões, peso específico. Para o dimensionamento do diâmetro médio das pedras e, em seguida, da espessura do revestimento, po-

Figura 7.6 – Revestimento em enrocamento de pedras arrumadas – implantação e consolidação.

dem ser utilizados os critérios e formulações devidas a Escarameia (1998), apresentadas em Baptista e Lara (2012).

A espessura dos enrocamentos deve ser correspondente a cerca de 1,5 vez o diâmetro máximo das pedras ou duas vezes o diâmetro médio. O talude admissível corresponde ao ângulo de repouso natural do material, ou seja, entre 35º e 42º, levando a taludes da ordem de 1,5 (H):1(V).

Revestimento vegetal

O revestimento de margens e taludes com espécies vegetais é bastante interessante, tanto pelo seu baixo custo de implantação como pelo aspecto estético e possibilidades de integração ambiental. A principal limitação para seu emprego prende-se às dificuldades de manutenção e às baixas velocidades de escoamento admissíveis, implicando seções transversais de porte mais significativo.

Um critério básico importante para o projeto diz respeito às velocidades máximas permissíveis, variáveis de acordo com as espécies vegetais utilizadas e com o solo adjacente. A Tabela 7.4 apresenta alguns valores indicativos.

Outro critério importante a respeitar concerne à declividade dos taludes, que deve ser compatível com as características dos solos, conforme apresentado na Tabela 7.1.

Tabela 7.4 – Velocidades permissíveis para taludes e margens com revestimento vegetal.

Espécie vegetal		Declividade (%)	Velocidade permissível (m/s)	
Nome científico	Nome comum		Solos resistentes a erosão	Solos não resistentes a erosão
Cynodon dactilon	Seda	0 – 5 % 5 – 10 % > 10 %	2,44 2,13 1,83	1,83 1,53 1,22
Paspalum notatum	Batatais	0 – 5 % 5 – 10 % > 10 %	2,13 1,83 1,53	1,53 1,22 0,91
Axonopus compresus	Jesuíta	0 – 5 % 5 – 10 % > 10 %	2,13 1,83 1,53	1,53 1,22 0,91
Mellinis minutiflora	Gordura	0 – 5 %	1,07	0,76
Digitária decumbens	Pangola	0 – 5 %	1,07	0,76

Fonte: Fendrich et al. (1988).

Solo reforçado

As técnicas genericamente denominadas *solo reforçado* consistem em métodos construtivos que permitem aumentar a resistência do solo local por meio da aplicação de elementos de amarração que distribuem os esforços solicitantes em uma área maior.

Neste tipo de técnicas, enquadram-se os geossintéticos em geral, tais como as mantas geotêxteis e geogrelhas, barras ou malhas de aço e mesmo pneus, que podem ser utilizados em margens instáveis. Na Figura 7.7 ilustra-se o reforço de margem do Rio das Velhas, em Minas Gerais, com o uso de pneus, que, dispostos horizontalmente e cobertos com solo compactado em camadas subsequentes, oferecem proteção contra movimentos de massa e erosão das margens.

Figura 7.7 - Reforço de margem com pneus.

Por causa de suas características, os materiais de reforço de solo, geralmente associados à aplicação de biomantas e/ou revegetação do talude, permitem a percolação da água e a penetração de raízes que auxiliarão na consolidação do solo local e na estabilização das margens, apresentando uma boa integração ao ambiente natural. A técnica possibilita a proteção de margens com taludes bastante íngremes, como ilustrado na Figura 7.8, relativa ao córrego Baleares, na cidade de Belo Horizonte.

Em caso de uso combinado com vegetação, a manutenção deve ser feita com inspeções mensais nos primeiros meses após a implantação, com o objetivo de verificar o seu desenvolvimento adequado, promovendo o eventual replantio, com possível necessidade de rega ou irrigação.

Figura 7.8 – Tratamento de margem em solo reforçado com malha metálica.

Aplicação de estacas

A aplicação de estacas pode ter diferentes objetivos: pode-se utilizar estacas vivas que, criando raízes, irão estabilizar os taludes, ou ainda utilizar-se estacas para proteção física dos taludes sem objetivo de desenvolvimento de vegetação. O plantio de estacas promove aumento da rugosidade, redução da velocidade de escoamento junto às margens e aumento da deposição de sedimentos, reduzindo os processos erosivos.

Esse tipo de técnica é indicado para locais onde há variação frequente do nível d'água, que provoca desestabilização dos taludes, como mostra a Figura 7.9, em trecho do rio Caraíva, na Bahia, submetido à flutuação de maré.

A aplicação de *estacas vivas* se caracteriza pela cravação ou plantio de mudas em forma de estacas, ou seja, segmentos de galhos de árvores ou arbustos. Essas estacas, ao criarem raízes, estabilizam o talude, conforme ilustração da Figura 7.10. As estacas devem ter de 50 cm a 1 m de comprimento e ser espaçadas por pelo menos 50 cm, em função do tipo de espécie escolhida. É uma técnica de baixo custo e de fácil aplicação, sendo apropriada para estabilizar margens que apresentam pequenos deslizamentos e processos erosivos.

Figura 7.9 – Utilização de estacas como proteção de margens.

Figura 7.10 – Evolução temporal do desenvolvimento das estacas vivas, da direita para a esquerda.

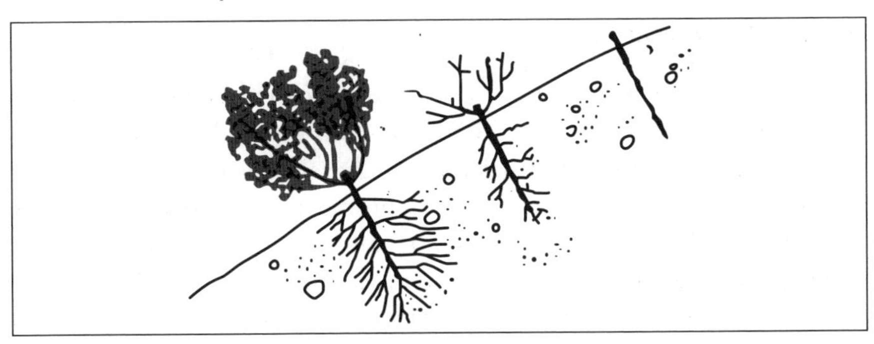

O processo construtivo é manual com reduzida intervenção nas margens e produção de sedimentos. Seu uso pode estar associado a outras técnicas de bioengenharia, oferecendo condições adequadas para uma rápida recuperação da vegetação e dos hábitats e o incremento das espécies nativas.

Frequentemente, a técnica é utilizada em associação com outros materiais, como madeira (Figura 7.11) ou enrocamento. As *estacas vivas entre pedras* envolvem a cravação de estacas nos vazios existentes entre as pedras dispostas nas margens do rio, sendo apropriadas quando existe espaço para recobrimento vegetal entre o enrocamento existente ou a ser executado. As raízes das estacas facilitam a drenagem, impedem o carreamento de finos e oferecem maior estabilidade ao enrocamento. Essa técnica tem aplicabilidade desde o pé do talude até o topo, apresentando como desvantagem apenas a necessidade de equipamentos específicos para execução da primeira faixa de enrocamento.

Os serviços de manutenção envolvem inspeções mais frequentes nos primeiros meses de desenvolvimento da vegetação, especialmente após chuvas fortes, com o intuito de verificar deslocamento de pedras e vegetação que não tenha se desenvolvido, efetuando-se o replantio. Após o estabelecimento da vegetação, as inspeções podem ser anuais.

Figura 7.11 – Utilização de estacas vivas combinada com troncos de madeira.

Faxinas

As faxinas consistem na aplicação de feixes de vime, piaçava, fibra ou outro tipo de material de espécies vegetais vivas ou mortas, fixados horizontalmente na base do talude por meio de estacas (Figura 7.12), com o objetivo de proteger a margem contra a erosão, até que a vegetação se desenvolva e assuma essa tarefa. O seu funcionamento proporciona uma retenção de sedimentos que seriam carreados para dentro do curso d'água e a proteção física das margens até que a vegetação se desenvolva. As faxinas não devem ser aplicadas abaixo do nível de água, devendo ser associadas a outras técnicas para proteção do pé do talude. Requerem pouca interferência no curso d'água, porém seu uso isolado não é apropriado para tratamento de taludes com possibilidade de movimento de massa.

NRCS (1992) sugere espaçamento de 0,9 a 1,4 m entre as linhas de aplicação das faxinas para taludes com declividade variando de 1H:1V a

2H:1V, e de 1,4 a 2,4 m para taludes entre 2H:1V a 3H:1V, enquanto Heaton et al. (2002) sugerem espaçamentos de 1,0 m para taludes com declividade de 1H:1V, 1,4 m para taludes 2H:1V e 2,0 m para taludes com 3H:1V.

Figura 7.12 – Esquema de aplicação de faxinas.

Proteção com galhos de árvores

A disposição de galhos de árvores ou arbustos junto às margens é indicada para tratar áreas atingidas por erosões, constituindo uma camada de proteção mecânica imediata que, com o passar do tempo, permite o desenvolvimento da vegetação, que constituirá a proteção definitiva.

O procedimento, frequentemente utilizado em combinação com outras técnicas, reduz a velocidade de escoamento e proporciona a retenção de sedimentos, que propiciam o estabelecimento de vegetação. Sua utilização é geralmente limitada a taludes de pequena altura, como ilustrado na Figura 7.13.

A técnica possui baixo custo e utiliza materiais de fácil obtenção, porém exige a previsão de ancoragem adequada, necessitando de manutenção frequente. A proteção das margens com galhos de árvores é contraindicada em locais em que o deslocamento de galhos para jusante possa causar obstruções em pontes ou bueiros. Devem ser efetuadas inspeções após chuvas fortes para verificar se os galhos não foram deslocados, efetuando-se o seu reposicionamento, fixação e a substituição dos que foram levados pela correnteza. Caso não seja feita a manutenção, há tendência de redução da seção do curso d'água pelo crescimento da vegetação e deposição de sedimentos.

Galhos de árvores também podem ser utilizados de forma entrelaçada, formando uma *estrutura tipo colchão*. A margem é coberta em toda sua altura e extensão com uma camada de galhos entrelaçados. Este colchão de galhos é posicionado perpendicularmente ao fluxo e fixado por estacas ou grampos. CWP(1999), NRCS (1992) e Heaton et al. (2002) recomendam a sua instalação para taludes com declividade inferior a 2H:1V.

Figura 7.13 - Margem protegida com galhos de árvores.

Fonte: Chestatee-Chattahoochee RC&D Council (2013).

Biomanta

Técnica muito similar à utilização de colchão de galhos, as biomantas são produzidas industrialmente com fibras vegetais, sendo mais frequentes no Brasil as de fibra de coco. Sua aplicação é indicada para a parte da margem que não está em contato com o escoamento. Deve ser feita uma ancoragem da manta no topo e no pé do talude, por meio de trincheiras ou de outras técnicas, como enrocamento de pedras, biorretentores, entre outras. Trata-se de uma proteção temporária, para que a vegetação possa se estabelecer e atuar como estabilização definitiva, sendo geralmente aplicada associada a outras técnicas, com fixação por estacas ou grampeadas.

Condições de aplicabilidade das técnicas

As diferentes técnicas de revestimento descritas nos itens precedentes não são aplicáveis para todas as condições de taludes e margens. A escolha da técnica a ser aplicada deve ser realizada considerando-se aspectos técnicos, ambientais, sociais, econômicos e de disponibilidade de material e mão de obra local. Com relação aos aspectos técnicos, estes devem ser considerados na análise de viabilidade de utilização da técnica, com a relação às suas condições de aplicação, que são função da configuração da seção transversal e das condições de escoamento no curso d'água. A Tabela 7.5 procurou agrupar as condições de aplicabilidade das técnicas em função da velocidade de escoamento e declividade das margens a fim de auxiliar na escolha da técnica a ser utilizada (Escarameia, 1998; Baptista e Lara, 2012; Vide, 1997).

INTERVENÇÕES LONGITUDINAIS

As técnicas aplicadas longitudinalmente aos cursos d'água têm majoritariamente a função de estabilização dos pés de taludes, podendo ser aplicadas em pequenas extensões, para contenções de focos erosivos pontuais, ou ainda ser implantadas em extensões mais importantes, contribuindo para a estabilização estrutural das margens.

Biorretentores

A técnica utiliza cilindros produzidos industrialmente com material biodegradável – geralmente em fibra de coco, com 10 a 30 cm de diâmetro. Esses cilindros são utilizados para controlar a erosão no pé de taludes, nos quais velocidade do escoamento não é muito alta. Os biorretentores se degradam após um período de dois a cinco anos, porém as sementes que estão em seu interior promovem revegetação, propiciando a estabilização definitiva pelo sistema radicular na medida em que ocorre a degradação. Geralmente são utilizadas outras técnicas associadas aos biorretentores para revegetação da parte superior das margens. Algumas dessas técnicas foram tratadas no item anterior.

Após as primeiras chuvas, devem ser feitas inspeções para verificar se os biorretentores estão na posição em que foram instalados, devendo ser

Tabela 7.5 – Condições de aplicabilidade das técnicas de revestimento.

	Concreto	Gabiões caixa	Gabiões manta	Enrocamento	Solo reforçado	Estacas vivas	Faxinas	Proteção com galhos de árvores	Biomanta
Velocidade média do escoamento									
< 1 m/s	✓	✓	✓	✓	✓	✓	✓	✓	✓
1 - 2,5 m/s	✓	✓	✓	✓	x	✓	✓	✓	✓
2,5 - 4 m/s	✓	✓	✓	✓	x	x	x	x	x
4 - 6 m/s	✓	✓	✓	✓	x	x	x	x	x
Declividade das margens									
< 1,5H:1V	✓	✓	✓	✓	✓	✓	✓	✓	✓
> 1,5H:1V	✓	✓	x	x	x	x	x	x	x
Próximos à vertical	✓	✓	x	x	x	x	x	x	x

feitas inspeções regulares durante os primeiros meses, quando ocorre o crescimento da vegetação. Além disso, é necessário o replantio da vegetação que não se desenvolveu na parte superior do talude, onde foram utilizadas outras técnicas de revegetação.

Após o estabelecimento da vegetação e degradação do biorretentor, devem ser feitas inspeções para verificar se o crescimento do sistema radicular da vegetação foi suficiente para estabilizar a margem.

Escoramento das margens com troncos e pedras (*Rootwads*)

A técnica envolve a disposição de pedras e troncos ancorados nas margens com raízes voltadas para o escoamento, com a finalidade de tratamento de focos erosivos. Pode-se utilizar um único tronco ou vários, ao longo dos meandros, dependendo da extensão e localização dos focos erosivos.

A redução da velocidade do escoamento observada tem como objetivo principal a contenção de sedimentos e material orgânico para controlar processos erosivos e aumentar a diversidade de hábitats (Figura 7.14). Pode ser associada a outras técnicas que promovam a revegetação da parte superior do talude, sendo aplicável a taludes propensos a deslizamentos, desde que a dimensão e disposição dos troncos tenham sido projetadas para esse fim.

Os serviços de manutenção envolvem inspeções mais frequentes nos dois primeiros anos, especialmente após chuvas fortes, com o intuito de verificar deslocamento dos troncos e carreamento de solo e de vegetação, com formação de focos erosivos, promovendo recomposição dos trechos danificados. Após o estabelecimento da vegetação, as inspeções podem ser anuais.

A técnica tem como desvantagens requerer, em muitos casos, o acesso de equipamentos pesados e materiais que podem estar indisponíveis na região, além de promover grande revolvimento do solo das margens. Sua utilização pode provocar focos de erosão em outros pontos do canal e envolver elevados custos.

Figura 7.14 - Escoramento das margens com troncos e pedras.

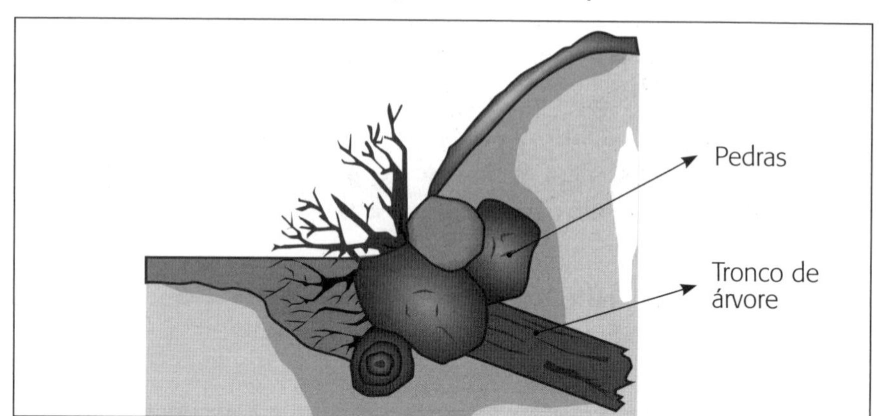

Estruturas tipo "fogueiras" (*Cribwalls*)

Cribwall é uma técnica constituída por armações de troncos de madeira, ou de elementos de concreto pré-moldado, montadas de forma similar a uma fogueira e preenchidas com pedras, solo e vegetação com a função de estabilizar as margens com taludes muito íngremes, conforme Figura 7.15.

A técnica é indicada para situações nas quais há necessidade de estabilização imediata, principalmente se há velocidades elevadas e quando é preciso estabilizar o pé do talude com reduzido espaço. A estrutura requer proteção do pé do talude com pedras e pode ser construída acima ou abaixo do nível de água, envolvendo grande movimentação de terra na margem em trabalho.

No tocante à diversidade de hábitats, essa técnica não oferece grande ganho; porém, se seu uso estiver associado ao plantio de vegetação e técnicas de bioengenharia para estabilização da parte superior da margem, pode oferecer alguma melhoria.

Figura 7.15 – Esquema de *cribwall.*

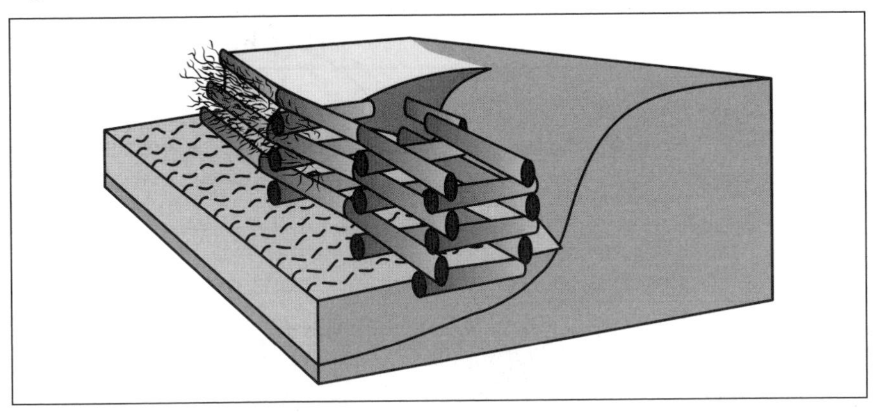

INTERVENÇÕES TRANSVERSAIS AO LEITO E MARGENS

As técnicas aplicadas transversalmente ao curso d'água usualmente desempenham a função de estabilização do leito fluvial e de proteção às margens, por meio da redução das velocidades de escoamento junto a elas, reduzindo, assim, os processos erosivos e favorecendo a retenção de sedimentos. São descritas nos próximos itens as técnicas de uso mais frequente, os espigões e as soleiras.

Espigões

Espigões são estruturas implantadas transversalmente ao escoamento e que ocupam uma parte da seção, como ilustrado na Figura 7.16. Eles afastam as linhas de escoamento de maior velocidade das margens e estabelecem zonas de baixa velocidade junto a estas. Ocorre, ainda, a formação de vórtices entre as estruturas, reduzindo, assim, processos erosivos eventual ou potencialmente presentes, favorecendo a agradação da calha fluvial.

Figura 7.16 – Esquemas de conjuntos de espigões.

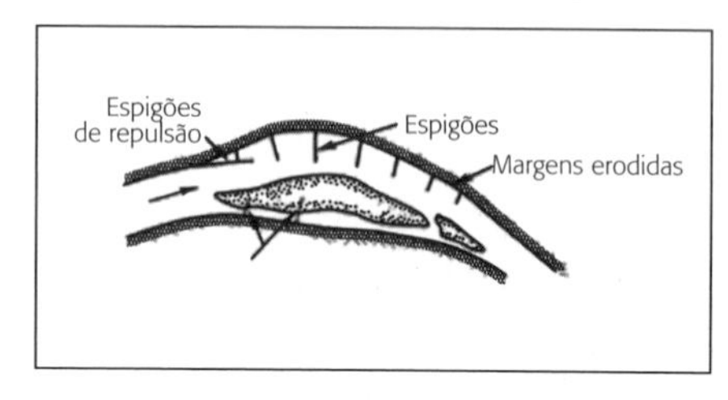

Os espigões podem ser construídos junto a uma das margens ou em ambas, com diversos materiais – pedras, madeira, elementos pré-fabricados –, assumindo diversas formas e ângulos de implantação, de acordo com as condições hidráulicas locais. A Figura 7.17 apresenta detalhes de implantação de um espigão em gabiões.

Independentemente de materiais empregados e das condições de implantação, os espigões são compostos por cinco partes distintas (Brighetti e Martins, 2001):

- *Ancoragem*: parte do espigão engastada, fixada na margem.
- *Frente*: parte frontal, voltada para montante.
- *Costa*: parte voltada para jusante, com declividade mais reduzida de forma a minimizar erosões de pé.
- *Crista*: plataforma superior do corpo do espigão, eventualmente submersa.
- *Cabeça*: extremidade da estrutura, reforçada de forma a suportar os esforços decorrentes do escoamento.

No que diz respeito aos objetivos e funcionamento, podem ser identificados três tipos de espigões, de acordo com Brighetti e Martins (2001):

- *Espigões isolados*: destinados a deslocar o escoamento de um ponto específico que se deseja proteger. Corre-se o risco de originar outro processo erosivo, a jusante.
- *Espigões de repulsão*: conjunto de espigões associados de forma que a combinação dos vórtices ocasionados reduza a velocidade do escoamento junto às margens do trecho, protegendo-as de processos erosivos.
- *Espigões de sedimentação*: conjunto de espigões associados de forma que a combinação dos vórtices ocasione a deposição de sedimentos no trecho.

Figura 7.17 – Planta, perfil e cortes esquemáticos de um espigão em gabiões.

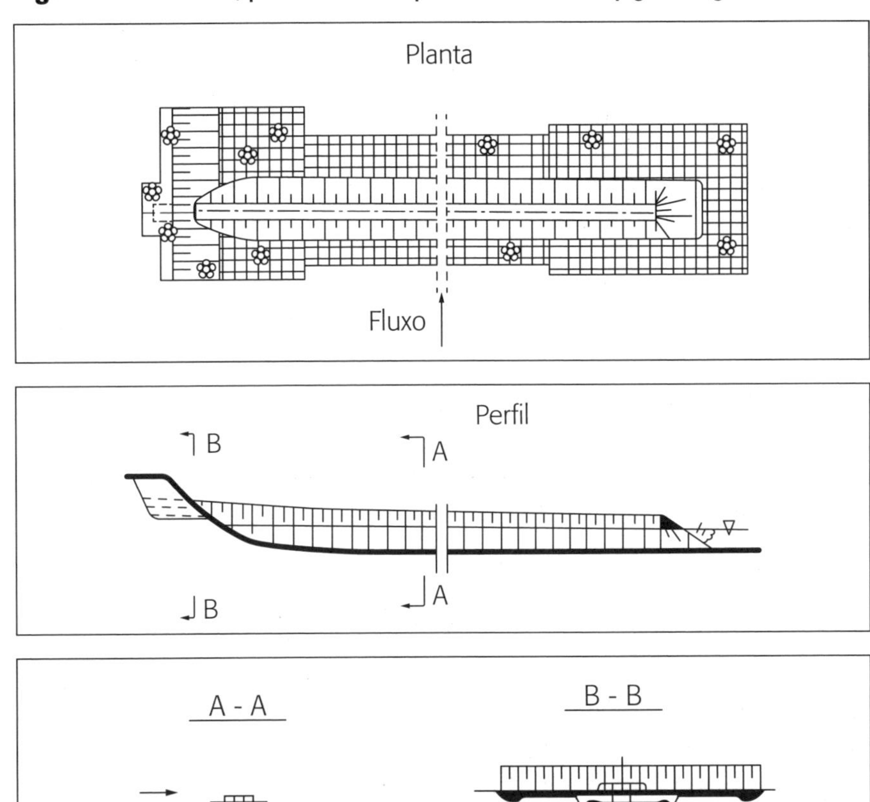

O espaçamento dos espigões e, consequentemente, dos vórtices formados desempenha papel muito importante na definição da intervenção. No tocante aos vórtices, Przedwojski et al. (1995) referenciam seis tipos distintos que, de acordo com o espaçamento dos espigões, acarretam diferentes condições de escoamento, simplesmente protegendo as margens pela redução das tensões de arraste ou favorecendo a sedimentação. Segundo Bendegom e Zenen (1979), os melhores resultados são obtidos quando houver um forte vórtice entre cada par de espigões. Essa condição leva a restrições quanto ao espaçamento entre os espigões, uma vez que a estabilidade do vórtice é governada pelo fator α, descrito pela Equação 7.3, que não deve exceder a unidade, sendo preferencialmente inferior a 0,6 para a formação de fortes e estáveis vórtices entre os espigões:

$$\alpha = \frac{2gL}{C^2 h} \quad \text{(Equação 7.3)}$$

Em que:
L: Espaçamento entre os espigões.
g: Aceleração da gravidade (m/s²).
C: Coeficiente de Chézy.
h = Altura da lâmina d'água (m).

Assim, a utilização de espigões no lugar de estruturas longitudinais no curso d'água envolve uma questão econômica além da técnica, somente sendo justificada se as distâncias entre os espigões forem grandes o suficiente para que com um número reduzido de espigões – levando a um custo de implantação competitivo – o objetivo de proteção seja alcançado.

Diversas indicações relativas ao espaçamento entre os espigões, geralmente obtidas por estudos experimentais e observações empíricas, estão presentes na literatura, mas nem sempre são convergentes. Przedwojski et al. (1995) listam uma série de indicações no sentido de que a distância entre os espigões deve ser aproximadamente igual à largura do rio. Já Yossef (2002) refere-se à conveniência de um espaçamento de 2 a 6 vezes o comprimento do espigão para proteção das margens; espaçamentos superiores já passam a requerer revestimento das margens.

Da mesma forma, constatam-se na literatura grandes controvérsias sobre o efeito da orientação dos espigões no seu desempenho. Przedwojski et al. (1995) apresentam diversas recomendações quanto à declividade dos espigões em relação à margem, segundo diferentes autores. Segundo Brighetti e Martins (2001), os espigões inclinados para montante – mais usuais atualmente – apresentam alto rendimento quanto à deposição de sedimentos, mas levam à necessidade de um maior número de estruturas. Já os espigões inclinados para jusante acarretam menor turbulência e retenção de sólidos flutuantes. Finalmente, os espigões perpendiculares ao escoamento, geralmente curtos, são muito utilizados para proteção de margens côncavas.

Existem também divergências quanto à definição da altura da crista dos espigões. Por razões econômicas, ela deve ser a menor possível; contudo, quando essa altura for muito baixa, pode ocorrer escoamento sobre as cristas, enfraquecendo o seu efeito. Usualmente, a altura da crista dos espigões é inferior ou no mesmo nível da planície de inundação, sendo a estrutura geralmente galgada quando ocorrem enchentes. Bendegom e Zenen (1979) preconizam que a altura seja determinada pela planície de inundação, desde que, mesmo em níveis de água elevados, as erosões existentes atrás das estruturas permaneçam protegidas. Da mesma forma, Yossef (2002) apresenta que, para proteção das margens, a crista dos espigões deve estar, pelo menos, na altura delas.

Em alguns casos são construídas bermas nos espigões, normalmente projetadas para facilitar a execução, melhorar a estabilidade e permitir uma boa transição entre dois tipos de revestimentos.

A crista dos espigões normalmente é inclinada em direção ao rio. Na sua extremidade, a declividade é usualmente mais acentuada para permitir uma transição gradual entre o vórtice formado no interior dos espigões e o fluxo principal.

No tocante aos materiais constituintes, os espigões podem ser construídos com os mais diversos tipos, tais como madeira, troncos e ramos de árvores, enrocamento (Figura 7.18), concreto, gabiões (Figura 7.19) etc. Por razões econômicas e ambientais, os espigões são preferencialmente construídos com materiais naturais disponíveis no local, do próprio leito do rio ou de suas proximidades. Entretanto, em função das características do escoamento, pode ser necessária a utilização de concreto, rochas ou gabiões, levando a custos mais significativos.

Figura 7.18 – Espigões em enrocamento.

Os espigões podem ser impermeáveis ou permeáveis. No primeiro caso, eles podem ser construídos com bolsas e sacos preenchidos com solo cimento, argamassa e concreto. Os espigões permeáveis são geralmente construídos com enrocamento de granulometria variada, gabiões, estruturas de madeira preenchidas com enrocamento etc. A utilização de estruturas impermeáveis tem levado a dificuldades com subpressão decorrente da flutuação do nível da água, sendo normalmente recomendada a utilização de materiais permeáveis (Bendegom e Zenen, 1979).

Figura 7.19 - Construção de espigões em gabiões.

Soleiras

As soleiras são estruturas sólidas de porte reduzido – pequenos barramentos – que se estendem transversalmente por toda a largura do leito do rio e permanecem cobertas pela água mesmo nos períodos de menor vazão. Quando da utilização dessa técnica, verifica-se o aumento das irregularidades na seção transversal, a diversificação dos tipos de escoamento e a deposição de sedimentos a montante, propiciando a estabilização do leito dos rios. A Figura 7.20 ilustra esquemas de soleiras, em planta e perfil.

A Figura 7.21 mostra o funcionamento de soleiras em concreto, com a criação de espelhos d'água a montante e zonas de velocidade elevadas no corpo da soleira e a jusante.

O emprego de pedras como material para construção desse tipo de barramento pode ser considerado o mais adequado tanto quanto ao custo reduzido e facilidade de execução, como também, e principalmente, à sua maior possibilidade de integração ambiental, permitindo não apenas a manutenção da integridade do leito do rio como também favorecendo o enriquecimento de hábitats sem prejudicar a migração de peixes.

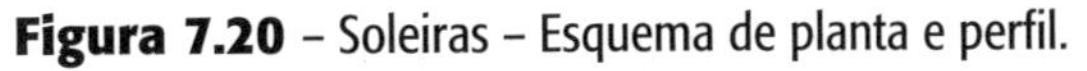

Figura 7.20 – Soleiras – Esquema de planta e perfil.

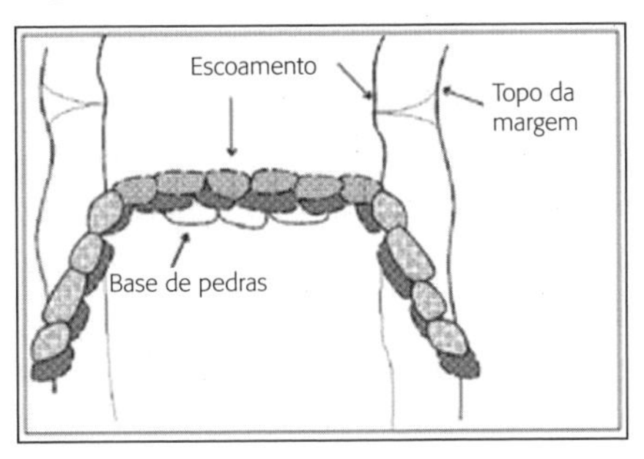

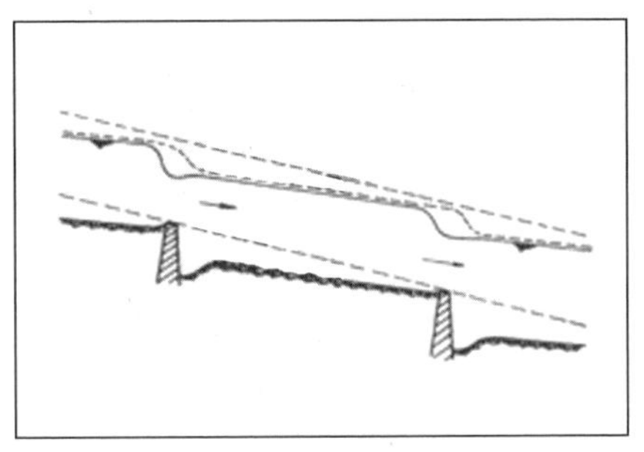

Figura 7.21 – Soleiras em concreto.

A construção de soleiras pode implicar na necessidade de estabilização das margens, o que pode ser feito, por exemplo, com o emprego de enrocamento de pedras antes e após a construção da estrutura transversal. Sua fixação deve ser feita na porção estável das margens nos dois lados do rio, recomendando-se que a ancoragem da estrutura possua comprimento de 1 a 2 metros ao longo da margem ou 1/3 da largura do canal. As soleiras devem ser construídas em trechos retilíneos dos cursos d'água de forma a evitar a ocorrência de transbordamento excessivo e processos erosivos nas margens externas das curvas em situações de vazões elevadas.

Dentro do escopo de proteção do leito, recomenda-se o emprego de várias soleiras com pequena altura, em sequência, adequadamente espaçadas de acordo com a linha de energia desejável, ao invés de uma única estrutura alta, pois esta pode apresentar menor desempenho ao longo do tempo, além de se tornar uma barreira mais significativa para a passagem dos peixes.

CUSTOS DE IMPLANTAÇÃO E MANUTENÇÃO

Os custos de uma obra fluvial são constituídos por custos de implantação e manutenção, apresentando grande variabilidade em função da técnica utilizada, dos fatores climáticos, socioculturais, do planejamento da obra e da situação econômica do país. Dessa forma, qualquer referência de custos utilizada no orçamento de uma obra deve ser submetida a uma análise criteriosa sobre sua aplicabilidade ao caso em estudo e efetuados os devidos ajustes e correções.

Para se escolher uma técnica em detrimento de outras, o fator custo pode ser de grande importância, devendo ser avaliado considerando-se os custos de implantação e de sua manutenção ao longo de um período de análise. Deve-se levar em conta que as vidas úteis das diversas técnicas aqui apresentadas podem ser diferentes, como pode ser visto na Tabela 7.6.

No tocante especificamente aos custos, as diversas técnicas descritas anteriormente apresentam valores que variam em função do tipo de material, equipamentos utilizados e do nível de qualificação requerido da mão de obra. Como muitas das técnicas vistas ainda não são de uso corrente, as incertezas presentes na composição dos seus custos podem ser significativas.

O fator de escala apresenta grande impacto no *custo unitário da implantação*, ou seja, no custo por unidade de comprimento de rio restaurado, ou no custo do metro quadrado de uma margem estabilizada. Custos fixos, como os da estrutura administrativa da empresa, mobilização, manutenção e desmobilização de canteiro de obras, podem representar muito pouco no valor total de uma intervenção de grande extensão que possua um elevado montante de custos variáveis; por outro lado, pode haver um grande impacto no custo total de uma pequena intervenção. Da mesma forma, o prazo de execução, quando muito curto, pode exigir trabalho contínuo com pagamento de horas extras, adicional por trabalho noturno, aquisição ou aluguel de maior número de equipamentos e de mão de obra para abertura de várias frentes de serviço.

O fator regional introduz uma grande variabilidade no custo unitário de materiais e de serviços, devido à disponibilidade de material e de mão de obra. Outro aspecto sob a influência da localização do curso d'água refere-se às condições climáticas e socioculturais que podem determinar a necessidade de tratamentos especiais para que seja garantido o desenvolvimento da vegetação, proteção contra vandalismo ou eventos climáticos extremos.

Tabela 7.6 – Vida útil das técnicas de intervenção em cursos d'água.

Técnica/material	Vida útil (anos)	Técnica/material	Vida útil (anos)
Concreto	50	Solo reforçado	10-15
	50	Proteção com galhos	5-10
Canal revestido com grama	30	*Cribwall* (madeira)	3-15
Gabião	10-30	Enrocamento	20
Biomantas	2 - 5		
Faxinas ou biorretentores	6 - 12	*Rootwads*	5-15

Fonte: CWP (2004); SGWA (2009); Moura (2004).

Os *custos de manutenção* apresentam variabilidade ainda maior que os de implantação devido à sua grande dependência dos citados fatores climáticos e socioculturais, do processo de urbanização sofrido pela bacia e da existência de sistemas de saneamento. Os serviços de manutenção envolvem desde a substituição de elementos danificados da estrutura de contenção e replantio de mudas até serviços de limpeza, como roçagem, remoção de sedimentos e de resíduos sólidos. Debo e Reese (1995) subdividem os serviços de manutenção em serviços de rotina, corretivos e de melhoria. Os serviços de rotina envolvem serviços de limpeza e poda da vegetação, os corretivos são destinados à melhoria do desempenho da estrutura sem, no entanto, aumentar a sua capacidade, que é objetivo da manutenção de melhoria.

Apresentam-se a seguir algumas referências gerais de custos de técnicas para, na ausência de referências específicas, subsidiar estudos preliminares com vistas à seleção de alternativas adequadas para uma determinada intervenção. Neste contexto é importante que o analista possua conhecimento sobre as técnicas e as características do curso d'água a ser tratado, de forma que possa avaliar os dados disponíveis e efetuar as adaptações necessárias.

Os custos são apresentados em função do tipo de intervenções, compreendendo desde técnicas que retificam o curso e artificializam a sua seção transversal até técnicas ambientalizadas, que propiciam a manutenção ou a restauração das condições naturais dos rios, fazendo uso de materiais naturais e que melhor se integrem ao ambiente fluvial. Em termos de custos de manutenção, são tratados apenas os custos das operações de rotina e corretivas, uma vez que a manutenção para melhoria envolve alterações na própria concepção do projeto, não podendo ser prevista *a priori*.

Os custos apresentados neste capítulo têm como referência dados norte-americanos do Center of Watershed Promotion (CWP) (2004) e Rouge River National Wet Weather Demonstration Project (2001), dados franceses de Lachat (1999) e dos projetos implantados pelo Programa Drenurbs, da Prefeitura de Belo Horizonte (2009), além das planilhas de custo da cidade de São Paulo (2010).

A data base dos custos é janeiro de 2011, sendo a taxa de conversão de Reais para Euros em 3 de janeiro de 2011 de 2,21 R$/€. Foram utilizados os índices de atualização de preços relacionados a seguir:

- *Referências de custo brasileiras*: Índice Nacional de Custos na Construção (INCC), calculado pela Fundação Getúlio Vargas.
- *Referências de custos dos Estados Unidos*: O índice de custos Civil Work Breakdown Structure (CWBS); Feature Code 16 – obras de estabilização de margens, que compõem o Índice de Custos Civil Works Construction Cost Index Sistem (CWCCIS), do Usace (2011).
- *Referência de custos francesa*: Índice geral para todos os trabalhos públicos – TP01 França (2011), baseado em trabalhos públicos de obras de arte, obras subterrâneas e túneis, dragagens, obras marítimas em concreto armado, canalizações, entre outras.

Tendo em vista as diferenças nas composições de custos, faz-se referência a uma classificação das técnicas em duas tipologias distintas, já citadas anteriormente: as *técnicas convencionais*, de uso bastante difundido e para as quais se dispõe de valores bem conhecidos e, em contraposição, as aqui denominadas *técnicas ambientalizadas*, ainda de uso pouco consolidado, mas crescente em projetos de restauração fluvial. Evidentemente, esta separação em duas categorias é esquemática e simplista, prendendo-se apenas ao aspecto formal de apresentação dos valores levantados.

Os custos de implantação das técnicas de bioengenharia, ou ambientalizadas, são geralmente menores que os das técnicas convencionais, verificando-se que para muitas delas os custos de manutenção também são menores, pois para estruturas provisórias, após o desenvolvimento da vegetação, serão necessários apenas serviços de vistoria e limpeza da calha, que também são necessários às técnicas convencionais. Ressalta-se ainda que as técnicas convencionais necessitam, a rigor, de serviços de recuperação da estrutura durante toda a sua vida útil – ainda que proporcionalmente de pequena monta – o que ocorre para as técnicas de bioengenharia somente nos primeiros anos após a implantação da intervenção. De fato, segundo Dahl (1984), Anselm (1984), Schiechtl (1982) e Anselm (1976) (apud Donat, 1995), apesar de as técnicas de bioengenharia necessitarem de maior manutenção inicial por causa da utilização de galhos, troncos e mudas, o seu custo total é menor do que o das técnicas tradicionais.

Os custos de manutenção das técnicas ambientalizadas concernem aos serviços corretivos de recomposição de estruturas de estabilização de margens, tendo sido considerado um período mínimo de três anos para que a vegetação se estabeleça e passe a oferecer estabilidade às margens. De acordo com NRCS (1992), Donat (1995), Heaton et al. (2002) e CWP (2004), este período varia de um a cinco anos dependendo da técnica utilizada, tendo sido adotado, para a análise de custos a ser realizada, um período de três anos. Durante este período, as estruturas provisórias de bioengenharia devem ser recompostas, com reposicionamento e substituição de elementos danificados ou deslocados pelo escoamento.

NCRS (1992) apresentou percentuais de sucesso da revegetação, a partir dos quais é possível estimar os custos relativos ao replantio. SGWA (2009) apresentou referência de custos para manutenção das estruturas de bioengenharia em índices percentuais do custo de implantação, os quais seriam despendidos anualmente. As estimativas dos percentuais anuais de recomposição foram baseadas nessas duas referências, sendo de 15% ao ano para estacas e biomanta, 10% para faxinas, 5% para *rootwads*, *cribwall* e proteção com galhos e 25% para as demais técnicas.

Na Tabela 7.7, são apresentados custos de implantação (CI) e manutenção (CM) relativos a técnicas de restauração. Para a construção desta tabela foi utilizado como referência o estudo de Moura (2004) para as técnicas convencionais, além dos citados nos parágrafos anteriores para as técnicas ambientalizadas. As técnicas apresentadas são geralmente aplicadas em toda a seção do trecho tratado, sendo os custos apresentados em função da área ou do perímetro da seção transversal. Para gabião saco, *rootwads e* enrocamento lançado, em uso como técnicas de contenção de pé de talude, sua referência faz-se em metro linear para os dois primeiros e em tonelada para o último.

Salienta-se que algumas dessas técnicas, como o gabião e o enrocamento, apresentam na Tabela 7.7 dois valores de custos, um para utilização para estabilização de margens em pontos localizados e outro para utilização como revestimento de um trecho do curso d'água.

Tabela 7.7 – Custos de implantação e manutenção (R$ por metro linear de intervenção).

Técnica	Custo de implantação (CI)	Custo anual de manutenção (CM)
Galeria de concreto	384,2 A + 1820	0,84 A + 104,91
Revestimento em concreto	416,61 P	0,84 P + 77,57
Revestimento em grama	63,88 P	81,87 P
Revestimento em enrocamento	83,93 P	0,40 P + 77,57
Revestimento em gabião caixa	256,59 P	1,78 P + 77,57
Revestimento em gabião manta	94,35 P	0,50 P + 77,57
Revestimento com biomanta	12,76 P ± 79%	1,92 ± 79%****
Estacas	67,72 P ± 76%	10,16 P ± 76%****
Faxinas ou biorretentores	71,30 P ± 66%	7,13 P ± 66%****
Solo reforçado	146,84 P ± 41%	2,94 P ± 40%****
Proteção com galhos	268,91 P ± 35%	13,45 P ± 35%****
Cribwall	522,34 P ± 75%	26,14 P ± 75%****
Enrocamento arrumado*	47,43 P ± 29%	0,95 P ± 28%****
Gabião caixa*	252,48 P ± 19%	5,05 P ± 19%****
Gabião manta*	84,29 P ± 12%	1,70 P ± 13%****
Gabião saco**	80,88	1,62 P****
*Rootwads***	399,95 ± 82%	20,00 P ± 82%****
Enrocamento lançado***	75,31 ± 46%	1,51 P ± 46%****

Variáveis: A – área da seção transversal (m^2); P – perímetro da seção transversal (m).

Obs.: (*) Valores para aplicação pontual da técnica (R$/$m^2$); (**) Valor por metro linear de intervenção (R$/m); (***) Valores por toneladas (R$/t); (****) Custos relativos a período de três anos.

Fonte: adaptada de Evangelista (2011).

A Tabela 7.8 apresenta custos de alguns serviços complementares eventualmente necessários quando da intervenção, devendo ser acrescidos aos custos de implantação das técnicas quando for o caso de sua utilização.

Tabela 7.8 – Custos de serviços diversos complementares.

Serviços diversos	Unidade	Custos de implantação (R$)	
		Limite inferior	Limite superior
Escavação	m^3	3,01	4,93
Transporte	m^3 . km	0,35	0,72
Hidrossemeadura	m^2	1,37	4,98
Fornecimento e plantio de mudas de árvores h = 1,5 m	un	26,03	59,80
Desmatamento e limpeza do terreno	m^2	0,34	0,42
Filtro com 0,25 m de areia e 0,25 m de brita	m^2	31,21	39,15
Plantio de grama	m^2	4,2	7,85

Fonte: adaptada de Evangelista (2011).

Além dos custos de manutenção apresentados na Tabela 7.7, existem *custos de manutenção de rotina*, de longo termo. Para sua estimativa, foi considerada inspeção no curso d'água, com frequência que depende da técnica adotada, e limpeza para remoção de depósitos de material.

Para realizar esta análise, foi tomada como referência a extensão de 1 km para o curso d'água e a distância média de transporte (DMT) de 20 km, sendo obtidos custos anuais de R$ 400,00 para limpeza – sendo considerada uma frequência anual para a limpeza da calha, conforme recomendações de Belo Horizonte (2009), e de R$3.200,00 por quilômetro inspecionado. Esses custos deverão ser devidamente convertidos em valor presente líquido (VPL) considerando sua vida útil, em caso de comparação de alternativas de intervenção.

A frequência de inspeção deve ser uma vez a cada três anos para cursos d'água com revestimento em concreto, valor médio definido por Aguiar

(2012) para galerias em concreto. Cursos d'água revestidos em enrocamentos e gabiões devem ser inspecionados anualmente; para as demais técnicas, devem ser realizadas ao menos duas inspeções ao ano, antes e após o período de chuvas.

INTERVENÇÕES NA ZONA RIPÁRIA

Políticas públicas encorajam ações para recuperação de matas ciliares que são executadas, na maioria das vezes, por pessoas de boa vontade, porém, sem conhecimento adequado. Assim, essas ações geralmente não são acompanhadas por profissionais especializados, e por isso não há *feedback*, impossibilitando a orientação e tomadas de decisões que possam subsidiar as soluções dos problemas e dos desastres ambientais (Lowrance et al., 1997). De acordo com esses últimos autores, a floresta ripária é conhecida como floresta tampão ou "*Riparian Forest Buffer Systems*" (RFBS), porque tampona ou protege os cursos d'água por meio do controle de poluentes difusos – "*nonpoint source pollution*" (NPS) –, propiciando a melhoria da qualidade da água.

O entendimento das zonas de manejo está bem estabelecido e é prerrogativa para recuperação e manejo adequado de matas ciliares. Em 1991, o Departamento de Agricultura dos Estados Unidos desenvolveu uma proposta orientadora da função tampão da mata ciliar que resultou no livro "*Riparian Forest Buffers – Function and Design for Protection and Enhancement of Water Resources*" (Welsch, 1991), que especifica o sistema ripário como um sistema tampão consistindo em três zonas funcionais que removem ou controlam a movimentação de nutrientes, sedimentos, matéria orgânica, agrotóxicos, metais pesados e demais poluentes antes de acessar o corpo d'água.

Para tanto, a floresta deve remover esses elementos das águas superficiais, subsuperficiais, subterrâneas e próximas às raízes por meio de mecanismos de deposição, absorção, adsorção, transporte pelo vegetal, dentre outros processos. A contenção das águas superficiais e subsuperficiais e a redução do processo de erosão laminar dependem da capacidade de filtração e percolação do solo sob a floresta. A capacidade de percolação de um solo depende da sua porosidade, a qual é determinada pela agregação promovida pela matéria orgânica do solo. A redução do aporte de poluentes moleculares (íons e nutrientes) ou particulados (sedimentos) depende da capacidade de absorção e adsorção do solo fornecida pela argila e especialmente do tipo e quantidade da matéria orgânica do solo e de sua eficiência agregante. Esses processos são resultantes da atividade biológica do solo nos ciclos biogeoquímicos. O tamponamento do aporte de nutrientes e de sedimentos em área de erosão ocorre também no subsolo, na zona radicular, em nível do lençol freático.

Com base neste entendimento funcional, as zonas de tamponamento ripárias podem ser distribuídas em três faixas funcionais, como ilustrado na Figura 7.22, apresentando-se aqui a proposta de Welsch (1991), com modificações (Lowrance et al., 1997; Shultz et al., 2004).

Figura 7.22 - Zoneamento em sistema de floresta ripária tampão.

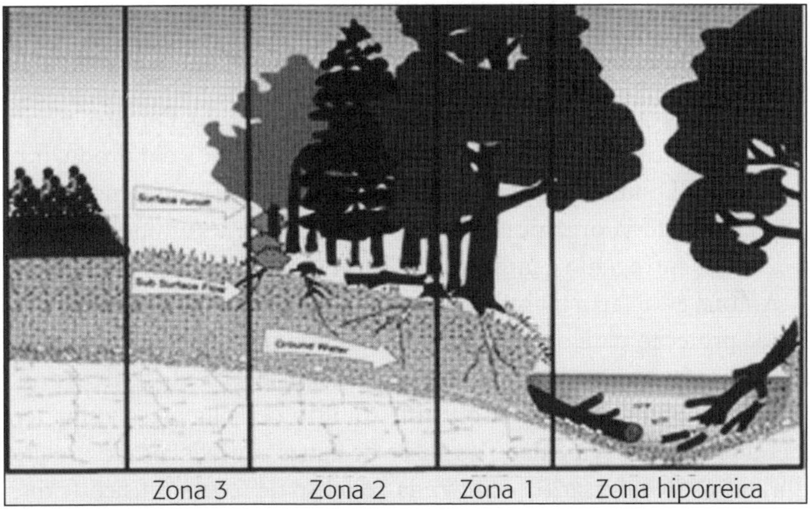

Zona 3 Zona 2 Zona 1 Zona hiporreica

Fonte: adaptada de Lowrance et al. (1997).

A Zona 1 deve apresentar em torno de 5 a 8 m de largura e teria a função de criar um ecossistema estável na interface dos ecossistemas terrestres e aquáticos. Desempenha um papel de contenção física e química das margens, tamponando e filtrando sedimentos e moléculas químicas. Essa zona deve ter grande estabilidade física e capacidade de drenagem para receber tanto o fluxo superficial como profundo oriundo da Zona 2, assim como aquele oriundo da água de inundação. Trata-se de uma região com diferentes níveis de sombreamento, temperatura estável e de aporte de matéria orgânica, criando ambiente favorável ao crescimento da microflora planctônica e, consequentemente, da vida animal aquática. A vegetação indicada é nativa, composta de espécies arbóreas, arbustivas e herbáceas, dominantes e subordinadas, que devem ser criteriosamente selecionadas para cumprirem as diferentes funções. A capacidade de drenagem e estabilização dependem não só da formação da matéria orgânica do solo como também do sistema radicular da vegetação, que também contribui especificamente para agregação e contenção física do solo.

A Zona 2, contígua à Zona 1, deve apresentar aproximadamente 20 m de largura. Nessa zona, ocorre grande tamponamento ou contenção dos sedimentos, das erosões laminares e profundas e maior sequestro de poluentes. Nutrientes responsáveis pela eutrofização de lagos e rios, tais como os nitratos, metais pesados e poluentes químicos, são especialmente tratados nesta zona. Estas substâncias podem ser adsorvidas ou queladas a argilas e à matéria orgânica. A filtração da água, superficial ou subsuperficial, e sua percolação dependem da formação balanceada de macro e microporos promovidos pela agregação da matéria orgânica do solo. Por isso, a principal característica das espécies dominantes é a habilidade em produzir biomassa vegetal, substrato para a formação da matéria orgânica do solo (SOM) ou matéria orgânica húmica. A inserção de leguminosas arbóreas fixadoras de nitrogênio é indicada para aumentar a produção de biomassa.

A Zona 3 é a faixa mais distante da margem e constitui a primeira barreira de proteção para o corpo hídrico, fazendo interface com outros tipos de uso do solo, como agrícola, pastagem, urbano etc. Esta faixa deve possuir de 7 a 10 m e funcionar como o primeiro filtro de poluentes. Assim, terá o papel de reduzir a velocidade do fluxo de águas superficiais e o arraste de sedimentos. Se necessário, recomenda-se o uso de recursos físicos e dispositivos para tal. A vegetação indicada para este fim constitui-se de espécies arbustivas e plantas da família *Poaceae*, cujas raízes favorecem a estabilização superficial e o controle de sedimentos. Esta zona pode ser precedida por sistemas agroflorestais.

Os ecossistemas ripários são conectados com o ecossistema aquático tanto pelo fluxo superficial como pelo subterrâneo, ou zona hiporreica, que é a região subterrânea em que existe um fluxo bidirecional entre o corpo hídrico e a água do solo subterrânea (Triska et al., 1993). Entretanto, o entendimento funcional dessas zonas de RFBS é proveniente de estudos em florestas ripárias em diferentes graus de preservação, sob influência de diferentes tipos de solos, práticas culturais e atividades econômicas. Especialmente na Zona 3, combinações diferentes podem resultar em eficiência variável. Estudos de longa duração estão sendo conduzidos em florestas com diferentes estágios de desenvolvimento e recuperação; resultados conclusivos deverão ser produzidos ao longo dos próximos 20 a 40 anos (Lowrance et al., 1997). Esses autores sugerem que os estudos em RFBS sobre recuperação devem responder a algumas perguntas:

- Quais os principais processos de remoção de poluentes na RFBS?
- Quais os principais fatores e processos que asseguram a infiltração e percolação da água?
- Quais as principais estratégias biológicas para controle da erosão?
- Quais os efeitos das práticas de manejo nos processos de retenção de poluentes, percolação da água e controle da erosão?
- Quais os efeitos das florestas ripárias sobre o ecossistema aquático?
- Qual o tempo de recuperação funcional de uma floresta ripária tampão?

Porém, todas essas funções dependem primordialmente da vegetação selecionada para cada zoneamento no qual a biomassa produzida (qualidade e quantidade) modifica a função (Grime, 1998; Grman et al., 2010; Sasaki e Lauenroth, 2011).

Assim, a escolha da vegetação a ser implantada para recuperação de uma mata ciliar pode ser decisiva para o sucesso da recuperação e saúde do corpo d'água. A compreensão dos processos funcionais envolvidos nas zonas ripárias é condição para aferição da efetividade da recuperação, pois os elementos envolvidos nesses processos são indicadores de excelência da RFBS e da qualidade da água, assim como da proteção do corpo hídrico (Qiua e Dosskey, 2012).

CONSIDERAÇÕES FINAIS

As técnicas de recuperação de rios descritas ao longo deste capítulo constituem algumas das possibilidades existentes para a melhoria do ambiente fluvial. Evidentemente, não se pretendeu aqui apresentar uma descrição exaustiva das técnicas atualmente disponíveis, tampouco dos critérios e diretrizes de projeto. Tratando-se de tema de pesquisa bastante atual, a continuidade dos estudos em ambientes impactados e o monitoramento de ambientes que ainda possuem suas características naturais poderão abrir amplas possibilidades de desenvolvimento e aprimoramento dessas e de muitas outras técnicas, com perspectivas de resultados cada vez melhores e efetivos para a restauração de sistemas fluviais.

Embora as técnicas apresentadas busquem a restauração de ambientes próximos dos naturais do rio, nem sempre estes são accessíveis, à luz das alterações na bacia hidrográfica e no corpo fluvial, que afetam sua resiliência, evidenciando o papel e a eficácia das ações preventivas em detrimento das medidas corretivas.

O retorno do ecossistema a um estado de equilíbrio dependerá da manutenção de diferentes medidas de proteção e da consciência ecológica das comunidades diretamente ligadas ao uso da água e do solo, em áreas adjacentes a esse ambiente. Os programas de restauração de rios devem, portanto, levar em consideração não apenas a escolha das técnicas mais adequadas para determinado ambiente, mas também buscar desenvolver sistemas integrados de manejo, almejando, por um lado, o retorno a estados próximos dos prístinos, resguardando também a perspectiva de sua importância social, econômica e cultural.

REFERÊNCIAS

AGUIAR, J.E. *Estudo das características técnicas e operacionais como subsídio para gestão patrimonial e estabelecimento de diretrizes para projetos de sistemas de drenagem urbana*. Belo Horizonte, 2012. 258p. Tese (Doutorado). Universidade Federal de Minas Gerais.

ANSELM, R. *Analyse der Ausbauverfahren, Schäden und Unterhaltungskosten von Gewässern*. Hannover: Mitteilungen des Instituts für Wasserwirtschaft, Hydrologie und Landwirtschaftlichen Wasserbau, 1976.

ANSELM, H. Verringerung der Ausgaben der Gewässerunterhaltung durch Gewässerpflege. *Zeitschrift für Kulturtechnik und Flurbereinigung*, v. 25, p. 113-121, 1984.

BAPTISTA, M.B.; LARA, M.M. *Fundamentos de engenharia hidráulica*. Belo Horizonte: Editora UFMG, 2012.

BELO HORIZONTE. *Plano anual de manutenção dos empreendimentos – sub-bacias dos córregos 1º de Maio, Nossa Senhora da Piedade e Baleares*. Belo Horizonte: Prefeitura Municipal/Sudecap, 2009.

BENDEGOM, J.; ZENEN, B.V. *Principles of River Engineering*. Londres: Pitman, 1979.

BRIGHETTI, G.; MARTINS, J.R.S. *Obras Fluviais*. São Paulo: Departamento de Engenharia Hidráulica e Sanitária da Escola Politécnica – USP, 2001.

CHESTATEE-CHATTAHOCHEE RC&D COUNCIL. Serving Northeast Georgia's resource, conservation and development needs. Disponível em: http://www.chestchattrcd.org/id6.html. Acessado em: 22 set. 2013.

CHOW, V.T. *Open Channel Hydraulics*. Nova York: Mc Graw-Hill Book Company, 1959.

[CWP] CENTER OF WATERSHED PROMOTION. *Urban Subwatershe Restoration Manual Series – Manual 4 – Urban Stream Repair Practices* – Version 1.0. Washington: CWP, 2004. Disponível em: http://www.cwp.org/store/free-downloads.html. Acessado em: 14 jan. 2011.

DAHL, H. J. Zehn Jahre Versuchsstrecke für ingenieurbiologische Ufersicherungsmanahmen an der Oberaller. *Wasser und Boden*, v. 3, p. 103-106, 1984.

DEBO, T.; REESE, A. *Municipal Storm Water Management*. Boca Raton: Lewis Publishers, 1995.

DONAT, M. *Bioengineering Techniques for Streambank Restoration – A Review of Central European Practices*. Watershed Restoration Program Ministry of Environment, Lands and Parks and Ministry of Forests. Vancouver: British Columbia, 1995.

ESCARAMEIA, M. *River and Channel Revetments – A Design Manual*. Londres: Thomas Telford Publications, 1998.

EVANGELISTA, J. A. *Sistemática para Avaliação Técnica e Econômica de Alternativas de Intervenções em Cursos de Água Urbanos*. Belo Horizonte, 2011. Dissertação (Mestrado). Universidade Federal de Minas Gerais.

FENDRICH, R.; OBLADEN, N.L.; AISSE, M.M. et al. *Drenagem e Controle da Erosão Urbana*. Curitiba: Educa /PUC-PR, 1988.

FRANÇA. Ministère de l'écologie, du développement durable, des transports et du logement. *Bulletin officiel*. n. 1, 2011. Disponível em: http://www.bulletin-officiel.developpement-durable.gouv.fr. Acessado em: 18 jan. 2011.

GRIME, J.P. Benefits of Plant diversity to ecosystems: Immediate, filter and founder effects. *Journal of Ecology*, v. 86, p. 902-910, 1998.

GRMAN, E.; LAU, J.A.; SCHOOLMASTER JR., D.R. et al. Mechanisms contributing to stability in ecosystem function depend on the environmental context. *Ecology Letters*, v. 13, p. 1400–1410, 2010.

HEATON, M.G.; GRILLMAYER, R.; IMHOF, J.G. Ontario's Stream Reabilitation Manual. Ontario: Ontario Streams, 2002. Disponível em: http://www.ontariostreams.on.ca/rehabilitation%20_manual.html. Acessado em: 02 abr. 2011.

LACHAT, B. Guide de protection des berges de cours d'eau en techniques végétales. Ministère de L'Amenagement du Territoire et de L'Environnement, Diren Rhone Alpes, 1999.

LOWRANCE, R.; ALTIER, L.S.; NEWBOLD, J.D. et al. *Water Quality Functions of Riparian Forest Buffers in Chesapeake Bay Watersheds. Environmental Management*, v. 21, p. 687–712, 1997.

MOURA, P.M. *Contribuição para a avaliação global de sistemas de drenagem urbana.* Belo Horizonte, 2004. 146p. Dissertação (Mestrado). Universidade Federal de Minas Gerais.

[NRCS] NATURAL RESOURCES CONSERVATION SERVICE. *Engineering Field Handbook.* United States Department of Agriculture - USDA, 1992.

PRZEDWOJSKI, B.; BLAZEJEWSKI R.; PILARCZYK, K.W. *River Training Techniques – Fundamentals, Design and Applications.* Amsterdã: A.A. Balkema, 1995.

QIUA, Z.; DOSSKEY, M.G. Multiple function benefit – Cost comparison of conservation buffer placement strategies. *Landscape and Urban Planning*, v. 107, p. 89-99, 2012.

ROUGE RIVER NATIONAL WET WEATHER DEMONSTRATION PROJECT. *Planning and cost estimating criteria for best management practices – TR-NPS25.00.* Wayne Country: Rouge River Project, 2001. Disponível em: http://www.rougeriver.com/pdfs/stormwater/sr25.pdf. Acessado em: 12 jun. 2011.

SANTOS, M.J.M. *Drenagem Urbana.* Belo Horizonte: Edições Cotec, 1984.

SÃO PAULO. *Planilha de custos de obras de infraestrutura.* São Paulo: Prefeitura de São Paulo, 2010. Disponível em: http://www.prefeitura.sp.gov.br/cidade/secretarias/infraestrutura/tabelas_de_custos/index.php?p=17614. Acessado em: 21 jul. 2010.

SASAKI, T.; LAUENROTH, W.K. Dominant species, rather than diversity, regulates temporal stability of plant communities. *Oecologia*, v. 166, p. 761-768, 2011.

SCHIECHTL, H.M. Pflanzenausfall, Pflanzenbeschaffung, Pflege, Kosten. Ökologie Von Flie gewässern. Institut für Landschaftswasserbau/Techniche Universität Wien - TU Wien. Report n. 3, p. 189-216, 1982.

SCHULTZ, R.C.; ISENHART, T.M.; SIMPKINS, W.W. et al. Riparian forest buffers in agroecosystems – lessons learned from the Bear Creek Watershed, central Iowa, USA. *Agroforestry Systems*, v. 61, p. 35–50, 2004.

[SGWA] STATE GOVERNMENT OF WESTERN AUSTRALIA; SWAN RIVER TRUST. *Best management practices for foreshore stabilization– Approaches and deci-*

sion-support framework. Western Australia: SGWA/Swan River Trust, 2009. Disponível em: http://www.swanrivertrust.wa.gov.au/science/foreshore/Best%20Management%20Practices/BMP%20Chapters.aspx. Acessado em: 08 jun. 2011.

TÖNSMANN, F. *Kostenuntersuchungen verschiedener Ausbaukonzepte im naturnahen Wasserbau*. 7. DVWK-Fortbildungslehrgang Gewässerausbau – Gerinnestabilität. Darmstadt. 1983.

TRISKA, F.J.; DUFF, J.H.; AVANZINO, R. J. The role of water exchange between a stream channel and it hyporheic zone in nitrogen cycling at the terrestrial–aquatic interface. *Hydrobiologia*, v. 251, p. 167-184, 1993.

[USACE] UNITED STATES ARMY CORPS OF ENGINEERS. *Engineering and Design - Civil Works Construction Cost Index System (CWCCIS). EM*. n. 1110-2-1304, 2011. Disponível em: http://140.194.76.129/publications/eng-manuals/em1110-2-1304/toc.htm. Acessado em: 23 jun. 2011.

VIDE, J.P.M. *Ingeniería Fluvial*. Bogotá: Editorial Escuela Colombiana de Ingeniería, 1997.

WELSCH, D. J. Riparian forest buffers. *United States Department of Agriculture--Forest Service*. n. NA-PR-07-91, 1991.

YANG, C.T. *Sediment Transport – Theory and Practice*. Belfast: Mc Graw-Hill, 1996.

YOSSEF, M.F.M. *The Effect of Groynes on Rivers*. Delft: Delft University of Technology, 2002.

Utilização de Técnicas Multicriteriais para Análise e Seleção de Alternativas de Intervenção em Sistemas Fluviais

8

Priscilla Macedo Moura
Adriana Sales Cardoso
Janaina de Andrade Evangelista
Márcio Baptista

INTRODUÇÃO

No contexto tecnológico atual, como visto no capítulo anterior, muitas soluções de intervenção são passíveis de adoção em um determinado empreendimento, cada uma delas tendo impactos, desempenhos e custos específicos, possibilitando a maior ou menor consideração dos aspectos ambientais. Entretanto, as restrições orçamentárias, a premência de algumas intervenções e o imediatismo de algumas políticas públicas trazem grande complexidade à análise e à decisão, sendo que o viés ambiental pode não assumir a devida importância.

Essa subestimação de alguns aspectos está frequentemente associada à carência de uma abordagem mais abrangente, dissociada do caráter dicotômico e simplista das análises custo-benefício tradicionalmente empregadas. Assim, parece importante que todos os aspectos intervenientes sejam considerados adequadamente no processo de tomada de decisão. O presente capítulo visa exatamente esse ponto, apresentando uma abordagem multicriterial para análise das intervenções em cursos de água, tendo como elemento norteador a funcionalidade natural dos rios, sem perder de vista as restrições de diferentes naturezas presentes.

Assim, respeitando-se os diferentes objetivos que uma intervenção possa vir a ter, pretende-se introduzir na análise das diferentes alternativas a consideração dos aspectos de impacto e desempenho, embasados nas condições potenciais realistas do rio objeto da intervenção.

A abordagem está estruturada em um conjunto de dez indicadores de impacto e desempenho, abrangendo as dimensões físicas, funcionais e socioculturais. Esses indicadores, devidamente agregados com a metodologia *Programação de Compromisso*, permitem o cálculo de um *Índice de Desempenho*. Da mesma forma, calcula-se um *Índice de Custo*, fundado nos custos de construção, manutenção e operação das alternativas. O confronto desses índices em um gráfico de Pareto permite avaliar *a priori* as alternativas em estudo, subsidiando, assim, o processo decisório.

CONCEITOS RELATIVOS À ANÁLISE MULTICRITERIAL

Atualmente, a concepção das intervenções em cursos d'água envolve uma certa complexidade diante da diversidade de tecnologias disponíveis e das expectativas de usos e papéis passíveis de serem desempenhados. Assim, diversas alternativas podem ser delineadas, levando à necessidade de sua avaliação envolvendo diversos aspectos, muitas vezes contraditórios, ensejando o uso de métodos multicriteriais de auxílio à decisão (Lichfield et al., 1975).

Os métodos de *auxílio à decisão,* definidos como procedimentos para obtenção de elementos de respostas às questões intervenientes dentro de um processo de decisão (Roy e Bouyssou, 1993), são fundados na *análise multicriterial*, originários de pesquisas em economia no fim do século XIX e início do século XX (Pomerol e Barba-Romero, 1993). Quando se tem um problema multicriterial, a escolha da solução implica a busca de uma solução de consenso ou de compromisso, com base em um conjunto de indicadores, devidamente agregados.

Dentre as diversas conceituações possíveis (OCDE, 1994; Maystre e Bollinger, 1999; Kastner, 2003), considera-se, no presente contexto, *indicador* um parâmetro ou um valor derivado de um parâmetro que permite caracterizar uma ação ou um estado, em diferentes períodos, simplificando a informação proveniente de fenômenos complexos e quantificando-a de maneira significativa, à escala desejada.

A agregação dos indicadores, que retratam, portanto, diferentes aspectos bem distintos, pode ser realizada por diversos métodos, optando-se, no presente trabalho, por um método matemático formal denominado *programação de compromisso*, proposto por Charnes, Cooper e Ferguson em 1955 (Figueira et al., 2005), baseado no princípio da *distância ao ideal* (Roy, 1968; Benayoun et al., 1971; Zenely, 1982), sendo essa correspondente à situação em que todos os indicadores apresentam os melhores valores possíveis, em oposição à *distância ao anti-ideal.* A melhor alternativa seria aquela que mais se aproxima da ideal (Charnes e Cooper, 1961; Zeleny e Cochane, 1973), ainda que essa possa não ser realmente factível.

Na aplicação do método programação de compromisso, escolheu-se a *distância de Minkovski* (Pomerol e Barba-Romero, 1993) para avaliação das distâncias em relação a uma solução ideal. Assim, considerando-se a importância relativa dos diversos critérios de análise, por meio de seus pesos, a distância a uma ação ideal é definida pela Equação 8.1.

$$m_p = \left[\sum_j w_j^p \left| x_j - y_j \right|^p \right]^{\frac{1}{p}} \qquad \text{(Equação 8.1)}$$

Onde m_p é a distância de Minkovski entre os pontos de coordenadas x_j e y_j, e w_j corresponde ao peso do critério j.

Adotando-se distância retangular (p = 1), pode-se visualizar no esquema da Figura 8.1 as distâncias das alternativas em relação à solução ideal.

O grau de proximidade da alternativa em análise com a solução ideal é calculado pela Equação 8.2:

$$g_k = \sum_{i=1}^{n} w_i \left[\frac{f_i^* - f_i(x)}{f_i^* - f_i^{**}} \right] \qquad \text{(Equação 8.2)}$$

Em que g_k é o grau de proximidade para a alternativa k; w_i é o peso do critério i; f_i^* é o valor ideal para o critério i; f_i^{**} é o valor anti-ideal para o critério i e $f_i(x)$ é o valor do critério i na alternativa em análise.

Na presente proposição, o grau de proximidade da alternativa permitirá calcular o índice de desempenho, fundado em indicadores de desempenho e impacto, que serão vistos no próximo item.

Figura 8.1 – Distância retangular das alternativas de projeto à solução ideal.

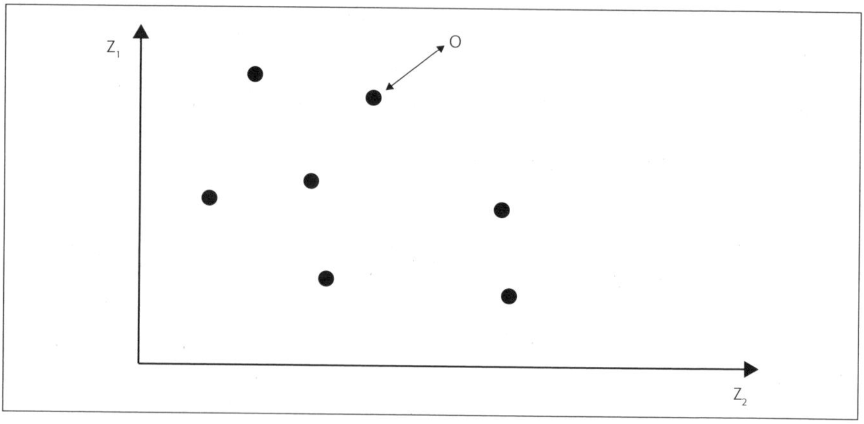

Fonte: adaptada de Castro (2007).

INDICADORES DE DESEMPENHO E IMPACTO

Considerações metodológicas

O uso de indicadores para avaliação de alternativas de intervenção em cursos d'água visa facilitar os processos de tomada de decisão no tocante à seleção da solução mais compatível com os objetivos da intervenção e com o cenário existente, à luz das premissas de restauração. O seu estabelecimento parte da identificação dos aspectos considerados relevantes para a consecução da análise pretendida, considerando-se as alterações às quais o curso d'água estará sujeito em decorrência da adoção de diferentes propostas de intervenção.

Nesse contexto, foram identificadas três vertentes de análise – relacionadas às condições fluviais, ambientais e socioculturais dos cursos d'água – levando à proposição de um conjunto de indicadores de desempenho e impacto que, devidamente agregados, permitem chegar a um *índice de desempenho*, diminuindo a subjetividade inerente à abordagem proposta.

O procedimento de análise pressupõe, em um primeiro momento, um diagnóstico das condições atuais do curso d'água e da sua área ribeirinha, com a identificação do estado de degradação física, funcional e ambiental do curso d'água e as condições da sua área de entorno. Ainda que esse diagnóstico não entre formalmente nos processos de análise que se seguem, ele constitui a base de todo o encadeamento lógico da metodologia.

O passo seguinte consiste na idealização de uma condição de referência ideal, para cada um dos indicadores, à luz da situação existente e da premissa de restauração, mesmo que essa não seja o objetivo principal da intervenção (Espanha, 2007). Em qualquer caso, é importante a utilização do conceito de *potencial de restauração* do curso d'água (Brierley et al., 2002) referente à possibilidade de retorno do curso d'água às suas condições naturais ou próximas dela, de forma que possa ser favorecida a ocorrência dos processos hidrológicos, geomorfológicos e ecológicos. Entende-se que o potencial de restauração está associado tanto à capacidade de ajuste natural do curso d'água como também à sua capacidade de ajuste decorrente de intervenções antrópicas com essa finalidade.

Fica subjacente na análise um cenário diametralmente oposto, constituído por um curso d'água totalmente artificializado, coberto, sem nenhuma interação ambiental e nenhum papel social e paisagístico. Sendo assim, com base na criação do cenário de referência e na condição atual do curso d'água – à qual é atribuída nota zero –, as intervenções poderão ser analisadas quanto à natureza e magnitude dos impactos decorrentes da adoção de cada solução proposta, em uma escala de pontuação que varia de (–5) a (+5), buscando refletir sua proximidade em relação aos cenários idealizados.

A terceira e última etapa da análise refere-se à agregação dos indicadores, com a metodologia descrita no item anterior, à luz da sua importância relativa para cada situação específica, configurando, finalmente, ao índice de desempenho.

Ressalte-se que o procedimento de avaliação concebido repousa essencialmente em bases qualitativas, sendo guiado pelo prognóstico da natureza e magnitude dos impactos. A opção por essa abordagem de análise se deve à intenção de se construir uma metodologia expedita em conjunção com a dificuldade de quantificação inerente a diversos indicadores. De fato, estes abrangem uma gama considerável de aspectos relacionados às características físicas e à dinâmica de comportamento dos sistemas fluviais, além de contemplar questões afetas a variáveis socioculturais, de avaliação complexa. Fica, assim, evidenciada a importância do papel assumido pelo analista, que deve apresentar coerência e discernimento nas análises a serem empreendidas.

Deve-se aqui ressaltar que, dependendo das especificidades do trecho em estudo e da disponibilidade de dados e informações, dados quantitativos poderão ser incorporados e tratados na análise, em maior ou menor nível de detalhe. Caberá ao analista, portanto, uma eventual reavaliação do indicador, considerando a incorporação de novos dados e critérios.

A partir das três vertentes de análise citadas, foi proposto um conjunto de dez indicadores de desempenho e impacto (Figura 8.2), com base em estudos anteriores, voltados para o diagnóstico das condições de degradação e análise de alternativas de intervenção em rios e córregos urbanos (Cardoso e Baptista, 2008; Cardoso e Baptista, 2011; Evangelista, 2011) e rurais (Moura et al., 2014). Diversos aspectos – particularidades, limitações e alcance – são discutidos nos próximos tópicos.

Figura 8.2 – Indicadores de desempenho e impacto.

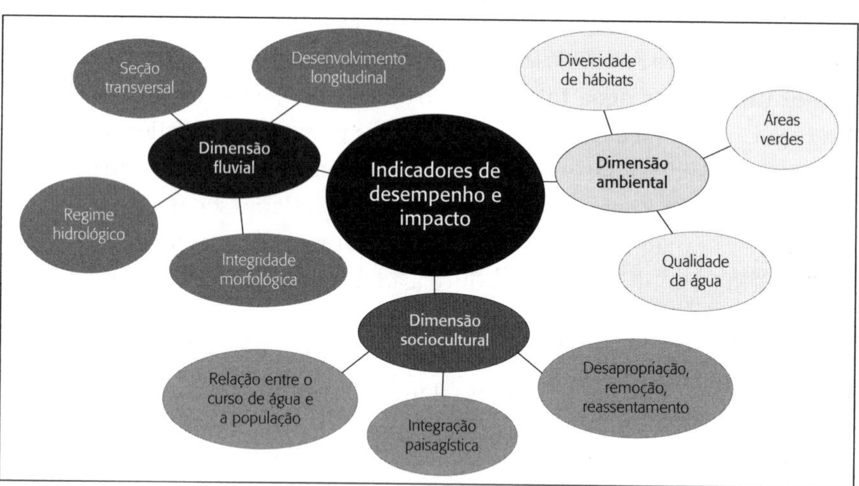

Um aspecto geral a salientar concerne à localização do sistema fluvial em área urbana ou rural, uma vez que cada indicador pode assumir uma importância relativa distinta, tendo em vista que as condições do meio exercem influência direta sobre a efetiva viabilidade de se restaurar o estado de equilíbrio geomorfológico, hidrológico e ecológico de ambientes degradados. No tocante aos rios urbanos, as maiores dificuldades decorrem das limitações impostas pelas condições de uso e ocupação do solo do entorno, tais como edificações, sistema viário e obras de infraestrutura. As alterações de seção comumente observadas – associadas às técnicas tradicionais de engenharia – reduzem sobremaneira as possibilidades de se restaurar a dinâmica dos processos fluviais. Aliadas a esses fatores somam-se as mudanças no regime hidrológico decorrentes da impermeabilização das bacias e do aumento da velocidade de escoamento das águas, com consequências diretas na morfologia fluvial.

O cenário rural, por outro lado, é geralmente mais favorável à restauração, tendo em vista que as alterações nas condições da bacia são menos significativas e as restrições impostas pelo entorno dos cursos d'água assumem um caráter mais flexível quanto à possibilidade de mudanças e intervenção. Entretanto, condições adversas ligadas a elevados graus de degradação também podem ser observadas nessas áreas, a exemplo das atividades de mineração, responsáveis por impactos consideráveis – e por vezes irreversíveis – na estrutura física e dinâmica de funcionamento dos cursos d'água.

Diante do exposto, não se deve perder de vista a diversidade de situações às quais podem estar sujeitos os sistemas fluviais, estejam eles inseridos em áreas urbanas ou rurais. Isso implica dizer que tanto em termos de degradação e potencial de restauração, quanto de demandas, objetivos e escopo de intervenção, existe uma gama muito ampla de aspectos que irão nortear a avaliação de alternativas, não sendo possível a generalização de cenários. Portanto, caberá em cada caso uma análise particular dos indicadores e seus pesos, em consonância com a multiplicidade de fatores envolvidos com a questão.

Indicadores relativos à dimensão fluvial

A dimensão fluvial do curso d'água trata dos parâmetros responsáveis pela determinação da sua configuração física e dinâmica de funcionamento, a saber, o desenvolvimento longitudinal, a seção transversal, o equilíbrio geomorfológico – aqui representado pela estabilidade das margens – e o regime hidrológico, correspondente às condições hidrológico-hidráulicas.

Desenvolvimento longitudinal – planta, perfil e continuidade

O *desenvolvimento longitudinal* é um indicador que integra a análise de três aspectos principais: a planta – largura e sinuosidade –, o perfil – declividade – e a continuidade do curso d'água. Sua importância está relacionada a questões de ordem física e funcional, notadamente quanto às condições de equilíbrio geomorfológico do canal.

Planta e perfil estão intimamente associados e, de maneira geral, a alteração de um dos critérios implica "ajustes" no outro – alterações na declividade, por exemplo, são importantes agentes desencadeadores de mudanças na sinuosidade e na largura. A continuidade, por sua vez, também apresenta estreita relação com os aspectos mencionados, sendo as mudanças bruscas de características geométricas e declividade, ou a presença de obstáculos (tais como as barragens e bueiros), os principais responsáveis pela sua "quebra" ou "ruptura".

A análise do presente indicador, portanto, deve se basear na magnitude dos impactos causados pela alternativa de intervenção sobre os aspectos ora considerados, à luz do quadro de alterações presentes, em relação a um cenário de referência, conforme a Tabela 8.1.

Tabela 8.1 – Alteração do desenvolvimento longitudinal do curso d'água.

Nível de alteração	Indicador: desenvolvimento longitudinal
Muito baixo	Largura, sinuosidade, declividade e continuidade próximas à condição natural.
Baixo	Alterações pouco significativas, associadas a pequenas intervenções na calha.
Médio	Alterações moderadas, especialmente associadas a intervenções antrópicas na calha e/ou à ocupação das áreas marginais, resultando em restrição de largura e impactos associados.
Alto	Alteração considerável no desenvolvimento longitudinal, principalmente no que tange à largura e à sinuosidade.
Muito alto	Estreitamento significativo da largura da seção, retificação do seu traçado e/ou presença de obstáculos que interrompem de forma considerável a sua continuidade.

A partir da determinação do atual nível de degradação do curso d'água e da avaliação das limitações impostas pelo entorno, torna-se possível o estabelecimento do cenário de referência ideal, em relação ao qual a avaliação do indicador deverá se nortear.

Seção transversal – forma, revestimento e conectividade

Assim como no caso anterior, o indicador em questão integra a análise de três quesitos para retratar as condições da seção transversal de cursos d'água, sejam eles: a configuração do seu leito e margens, o seu tipo de revestimento e a conectividade existente entre a calha, a planície fluvial e o lençol freático.

Dessa forma, a análise repousa, por um lado, no grau de rigidez que se pode impor à dinâmica dos processos geomorfológicos (revestimento) e, por outro lado, na relação hidrológico-ambiental entre a calha e as áreas marginais e na possibilidade de interação e fluxo entre as águas superficiais e profundas (conectividade).

A magnitude dos impactos das alternativas propostas pode ser avaliada com o auxílio da Tabela 8.2, que busca conciliar as dinâmicas relativas às possibilidades de evolução da forma e as características de permeabilidade de eventuais revestimentos.

Tabela 8.2 – Alteração da seção do curso d'água.

Nível de alteração	Indicador: seção transversal	
Muito baixo	Seção próxima à condição natural.	
Baixo	Alterações pouco significativas na seção do curso d'água, essencialmente associadas à busca natural por uma condição de equilíbrio compatível com as mudanças ocorridas na bacia.	
Médio	Forma e conectividade moderadamente alteradas; calha parcialmente dotada de revestimento impermeável.	
Alto	Forma e conectividade significativamente alteradas; calha parcial ou totalmente dotada de revestimento impermeável.	
Muito alto	Seção fechada.	

Saliente-se aqui a importância de realizar a análise à luz do conceito de potencial de restauração, associando-se o nível de alteração com a possibilidade de recuperação fluvial. Dentro dessa perspectiva, quanto menor for o grau de intervenção antrópica no curso d'água, maior será seu potencial de restauração ou de retorno a uma condição ambientalmente mais adequada, e vice-versa.

Integridade morfológica

A integridade morfológica dos cursos d'água, representada essencialmente pela estabilidade das suas margens, constitui um critério de avaliação extraído de um contexto amplo e complexo de estudo – a geomorfologia fluvial.

A adoção de uma abordagem abrangente deste tópico, envolvendo aspectos de incisão do leito, transporte e deposição de sedimentos, por exemplo, mostra-se extremamente difícil, pois envolveria considerações geológicas, geotécnicas e pedológicas frequentemente não disponíveis em um momento inicial de análise. Ainda, as alterações geomorfológicas estão fortemente associadas às transformações de uso e ocupação do solo da bacia, sobretudo em áreas urbanas, extrapolando assim o foco da análise aqui pretendida, restrita à calha fluvial e suas áreas imediatamente adjacentes.

Diante desse quadro, faz-se necessário um recorte mais preciso da questão. Tendo em vista a representatividade das condições de estabilidade das margens no âmbito dos processos geomorfológicos, além da sua importância no que tange ao risco que pode oferecer à ocupação marginal, um indicador relativo à integridade do curso d'água, ao longo do tempo, foi considerado o mais pertinente e viável para análise.

Assim, partindo-se da premissa de que qualquer alternativa de intervenção contemple a integridade e a estabilização das margens e que para tal existe uma diversidade de técnicas disponíveis, a análise do presente indicador deve se pautar pelo desempenho das diferentes tecnologias que poderão ser adotadas, das soluções ambientalmente mais integradas àquelas mais tradicionais. As questões de durabilidade e facilidade de manutenção ao longo do tempo, portanto, exercem papel preponderante na análise, deixando para um segundo plano os aspectos de integração ambiental, avaliados por outros indicadores.

A análise do indicador em tela, portanto, não se revela trivial, envolvendo uma projeção de desempenho da alternativa em análise ao longo do tempo. Assim, com o objetivo de auxiliar a consecução da análise, a Tabela 8.3 apresenta cinco níveis de alterações de estabilidade das margens.

Tabela 8.3 – Condições de estabilidade das margens de cursos d'água.

Nível de alteração	Indicador: integridade morfológica
Ausente	Margens estáveis e íntegras.
Baixo	Margens estáveis e íntegras com mínima possibilidade de ocorrência de focos de erosão e de pontos de solapamento e/ou deslizamentos.
Médio	Margens potencialmente instáveis, com possibilidade de focos isolados de erosão e de áreas de solapamento e/ou deslizamentos.
Alto	Margens instáveis, apresentando possibilidade significativa de ocorrência de erosão e/ou áreas de solapamento e deslizamentos.
Muito alto	Margens instáveis em toda a extensão do trecho em estudo.

As considerações apresentadas se referem mais diretamente a cursos d'água ainda em leito natural, onde diferentes alternativas de intervenção poderão ser adotadas com vistas à estabilização das margens. Contudo, há que se considerar também a situação de trechos já revestidos para os quais se propõem alterações de revestimento.

Em ambos os casos – canais revestidos e não revestidos –, ainda que a questão de desempenho técnico seja aqui preponderante, é importante que a análise não perca a perspectiva do conceito de potencial de restauração, associando-se o nível de alteração com a possibilidade de recuperação fluvial, ou seja, considera-se a premissa da adoção preferencial de técnicas ambientalmente mais integradas, levando-se em conta a viabilidade de sua implementação.

Regime hidrológico

Dentre os diversos fatores a serem considerados nos estudos de restauração de cursos d'água, o regime hidrológico se destaca como um dos mais importantes devido à influência que exerce sobre a dinâmica de funcionamento dos canais, notadamente quanto aos processos geomorfológicos.

Em áreas urbanas, as alterações de regime comumente observadas estão associadas:

- Às mudanças de uso e ocupação do solo na bacia.
- Ao revestimento dos cursos d'água.
- À presença de estruturas ou dispositivos que alteram as condições de escoamento, tanto no sentido longitudinal quanto naquele relacionado ao fluxo de água entre a sua superfície e o lençol, em ambas as direções.

Os aspectos mencionados podem levar a impactos nas vazões superficiais em trânsito, com reflexos nas condições de vulnerabilidade e suscetibilidade de inundações com danos, tanto no local da intervenção como a jusante. Ainda, implicações diretas sobre a recarga de aquíferos podem ser aventadas, mas na presente metodologia de análise, os aspectos de interação das águas fluviais superficiais com o lençol estão já contempladas no indicador seção transversal.

A consideração de todos esses aspectos na composição de um único indicador seria bastante complexa, especialmente em se tratando das alterações de regime decorrentes de transformações na bacia, uma vez que o que se pretende avaliar com o indicador são os impactos estritamente relacionados com as intervenções no curso d'água. Assim, as implicações relacionadas à implantação de uma barragem ou de um sistema de captação de água para irrigação, por exemplo, somente serão consideradas caso estejam associadas a uma ou mais das alternativas em estudo.

Nesse sentido um cenário ideal de intervenção deveria corresponder à não ampliação de cheias e sua transferência para jusante da área de intervenção, e à mínima alteração de regime hidrológico decorrente da implantação de obstáculos que impeçam o escoamento das águas. Neste último caso, não se pode perder de vista a eventual necessidade de controle de enchentes por meio da construção de barragens, o que implicaria a consideração particular das condições de risco caso a caso.

Sendo assim, propõe-se que a análise seja realizada com base em dois pontos, tendo como pano de fundo o risco hidrológico. O primeiro ponto diz respeito à condutância da seção, ou seja, as alterações geométricas e de rugosidade (ligadas às características dos revestimentos), que levam a impactos nas vazões transportadas; o segundo ponto concerne à implantação ou eliminação de dispositivos ou obras transversais ou longitudinais que possam vir a ter impacto sobre a capacidade de condução. As alternativas seriam, então, examinadas à luz das alterações que acarretam risco de inundações conforme os cenários apresentados na Tabela 8.4.

Tabela 8.4 – Alteração das condições hidrológico-hidráulicas do curso d'água.

Nível de alteração	Indicador: regime hidrológico
Natural	Regime hidrológico próximo ao natural, sem transferência de cheias para jusante. Ausência de risco de inundações no local da intervenção.
Baixo	Alterações pouco significativas no regime hidrológico; ausência ou pequeno impacto na transferência de cheias para jusante. Níveis de risco aceitáveis para o uso e ocupação do solo na área de intervenção, com danos bastante reduzidos ou ausentes.
Médio	Alterações no regime hidrológico com impacto moderado na transferência de cheias para jusante; níveis de risco aceitáveis para o uso e ocupação do solo na área de intervenção, com danos bastante reduzidos ou ausentes. Ou Alterações pouco significativas no regime hidrológico e ausência ou pequeno impacto na transferência de cheias para jusante. Risco pouco significativo de danos de inundações na área de intervenção.
Alto	Alterações significativas no regime hidrológico com impacto na transferência de cheias para jusante; risco pouco significativo de inundações com danos na área de intervenção. Ou Alterações pouco significativas no regime hidrológico e ausência ou pequeno impacto na transferência de cheias para jusante. Risco significativo de inundações com danos na área de intervenção.
Muito alto	Alterações significativas no regime hidrológico, com aumento significativo nos níveis de risco de inundações com danos, no local e/ou a jusante.

Há que se ressaltar, todavia, a necessidade de uma avaliação criteriosa dos dois fatores de análise considerados, uma vez que eles poderão assumir importância relativa de acordo com cada caso em estudo e, notadamente, com o objetivo da intervenção. Assim, é possível que a melhoria de um dos critérios implique piora do outro. Como exemplo, uma intervenção com objetivo de controle de inundações pode utilizar técnicas e revestimentos que melhorem a condutância, reduzindo assim os riscos de inundação no local, mas podendo acarretar a transferência de inundações para jusante.

Mais uma vez cabe ao analista a avaliação criteriosa do conjunto de aspectos de forma a realizar o balanço entre os ganhos e perdas da solução.

Indicadores relativos à dimensão ambiental

Esta dimensão volta-se para a análise dos aspectos que condicionam o que se poderia chamar de qualidade ambiental de um sistema fluvial, representada pela diversidade de hábitats, áreas verdes adjacentes e qualidade da água.

Diversidade de hábitats

A diversidade de hábitats apresenta estreita relação com a tipologia do curso d'água, a qual determina a formação de diferentes nichos para a criação/reprodução de espécies. Nesse sentido, aspectos como desenvolvimento longitudinal, forma e material de cobertura da seção, regime de escoamento, vegetação marginal, dentre outros, devem ser devidamente considerados na análise de cada caso.

De maneira geral, observa-se que, quanto maior a sinuosidade, a continuidade, a conectividade e a presença de vegetação ao longo das margens, maior a diversidade de hábitats. Todavia, a composição de cenários de degradação que permitam a comparação do trecho em estudo com a condição de referência natural (ou atual) é bastante complexa, haja vista a diversidade de critérios a serem levados em consideração, assim como de tipologias de cursos d'água. Desse modo, as análises devem ser empreendidas de modo particular para cada trecho ou rio em estudo.

Áreas verdes adjacentes

A presença de vegetação marginal ao longo de cursos d'água assume papel significativo no que tange à proteção de suas margens, ao controle de processos de erosão e assoreamento, à melhoria da qualidade da água e ao aumento da diversidade de hábitats, entre outros benefícios.

A avaliação do indicador relativo à questão pode ser bastante complexa, devendo considerar que, dependendo da tipologia e área de inserção do curso d'água, o cenário natural poderá ser caracterizado pela ausência ou escassa presença de vegetação. Outro aspecto implícito nas análises diz respeito ao tipo de espécies encontradas – nativas, alteradas, exóticas –, ainda que essa inferência seja realizada de modo superficial ou pouco precisa.

A Tabela 8.5 apresenta cinco cenários de referência relacionados à densidade de cobertura vegetal ao longo das margens, assim como a descrição de possíveis condições de alteração a serem observadas.

Tabela 8.5 – Cenários de referência naturais e níveis de alteração concernentes à vegetação.

Condição de referência natural da vegetação marginal quanto à densidade				
Densa	Contínua	Esparsa	Rasteira	Ausente
Nível de alteração	Indicador: áreas verdes adjacentes.			
Muito baixo	Presença de vegetação e espécies próxima à condição natural.			
Baixo	Alterações pouco significativas quanto à presença de vegetação e/ou espécies.			
Médio	Alterações moderadas quanto à presença de vegetação e/ou espécies.			
Alto	Alterações consideráveis quanto à presença de vegetação e/ou espécies.			
Muito alto	Alterações significativas quanto à presença de vegetação e/ou espécies.			

Qualidade da água

A análise da qualidade da água pode ser realizada de diversas maneiras, em consonância com o uso previsto e o objetivo da intervenção. Sendo assim, os parâmetros ou critérios a serem considerados podem variar significativamente, assim como o nível de profundidade da sua análise, de acordo com as demandas de cada caso.

Nesse sentido, a avaliação da qualidade da água para fins de comparação do seu estado atual com a condição natural e para a proposição de um cenário ideal deverá ser realizada, primordialmente, à luz do que se pretende alcançar com a sua melhoria. Em áreas urbanas, por exemplo, os objetivos podem estar, em grande parte, limitados à melhoria dos aspectos estéticos e de odor, ao passo que, em meio rural, objetivos de restauração com viés ecológico podem apresentar-se viáveis e realistas.

Cabe mencionar, ainda, a necessidade de atendimento a padrões normativos impostos pela legislação, como a Resolução Conama n.357, no Brasil, que devem ser devidamente considerados de acordo com cada situação particular.

Diante do exposto, a criação de cenários de alteração de qualidade da água para efeito de classificação e avaliação pode se tornar bastante artificial por conta da dificuldade de composição de quadros que levem em conta o conjunto das variáveis físicas, químicas e biológicas intervenientes. Desse modo, a análise a ser procedida é profundamente dependente do nível de exigência necessário, podendo ser realizada de maneira superficial, a partir de avaliações qualitativas de variáveis organolépticas, ou de forma mais aprofundada, com medições precisas de parâmetros específicos considerados pertinentes.

Por fim, deve-se ressaltar que a análise de impactos de alternativas em relação ao presente indicador deve considerar outros aspectos, como a possibilidade de autodepuração da água, de seu tratamento em *wetlands*, a implantação de redes de saneamento, entre outras variáveis.

Indicadores relativos à dimensão sociocultural

A última dimensão de análise – a mais subjetiva dentre todas – procura tratar de variáveis relacionadas a questões de ordem social, econômica, histórica e cultural afetas à área de inserção dos cursos d'água. Os indicadores considerados por esta vertente se referem à integração desses meios à paisagem, à sua relação com a população e à necessidade de desapropriação, remoção e reassentamento de famílias.

Integração paisagística

A análise da integração paisagística do curso d'água em seu entorno envolve elevado grau de subjetividade, refletindo-se, inclusive, no seu grau de importância, que pode variar bastante de um caso para outro.

Saliente-se, inicialmente, que diferentes percepções de "paisagem" estão por detrás do olhar do analista. Isso implica dizer que a noção de "estar integrado" para engenheiros, geomorfólogos, urbanistas e cidadãos pode ser relativamente distinta. Ainda, a avaliação não pode ser realizada sob o mesmo enfoque em áreas urbanas e rurais, uma vez que as paisagens encontradas nesses meios são indiscutivelmente diferentes, assim como as possibilidades de intervenção.

Diante desse quadro de avaliação complexa, com múltiplas perspectivas, aspectos como conectividade, material de cobertura do leito e das margens, vegetação marginal e acessibilidade são exemplos de critérios a serem apreciados na avaliação dos cenários atual e ideal.

Relação entre o curso d'água e a população

O reconhecimento da existência de uma relação histórica, simbólica e cultural entre os cursos d'água e os habitantes de uma determinada região merece apreciação particular, podendo conduzir a distintos graus de importância em cada localidade. A sua avaliação, portanto, está intimamente associada à história do lugar, notadamente quanto à relação estabelecida, ao longo do tempo, entre a comunidade local e as áreas ribeirinhas.

É certo que a percepção entre diferentes gerações e também entre indivíduos de uma mesma época quanto ao caráter simbólico representado pelos cursos d'água pode variar enormemente. O que se busca com o indicador é a consideração de um quadro geral que possa refletir um consenso, levando à necessidade de resgate da história e desenvolvimento dos sítios em estudo.

Fica evidente a subjetividade inerente à elaboração da condição de referência ideal, uma vez que cada lugar apresenta sua própria história e maneiras distintas de se relacionar com os cursos d'água. Mais uma vez, a análise criteriosa de cada situação específica reveste-se de importância crucial na avaliação do indicador.

Remoção, desapropriação e reassentamento da população

A remoção, a desapropriação e o reassentamento envolvidos em obras de intervenção são fatores sociais de suma importância na análise de diferentes alternativas, podendo, inclusive, inviabilizar a consecução de inúmeras propostas pelo seu custo social, econômico ou ambos, potencializados pelas questões políticas relacionadas.

De modo geral, as implicações associadas a essas operações têm reflexos mais significativos em áreas urbanas que rurais, devido ao número geralmente mais expressivo de pessoas envolvidas e às condições de uso e ocupação do solo nas cidades, que apresentam cenários mais complexos para a efetivação desse tipo de proposta. A cada cenário de estudo caberá uma avaliação particular dos critérios em questão, uma vez que contextos socioeconômicos distintos também exigem diferentes soluções de intervenção, nas quais nem sempre os objetivos de restauração poderão ser plenamente alcançados ou viabilizados.

Agregação dos indicadores e obtenção do índice de desempenho

A etapa subsequente à avaliação dos indicadores de desempenho e impacto corresponde à atribuição de pesos a cada indicador, de forma a possibilitar sua posterior agregação por meio de análise multicriterial, como descrito anteriormente, para obtenção do índice de desempenho.

A atribuição dos pesos apresentada neste capítulo foi realizada com base em resultados de pesquisa realizada por Cardoso e Baptista (2008), quando 17 profissionais da área técnica – com atuação em prefeituras municipais, órgãos ambientais/gestores de recursos hídricos, universidades e empresas particulares – conferiram pesos a um conjunto de 12 indicadores, voltados para a avaliação de impactos decorrentes da adoção de diferentes alternativas de intervenção em cursos d'água em áreas urbanas.

Os pesos assim obtidos foram aferidos com dados de outros estudos com finalidades similares (CWP, 2005a; CWP, 2005b; Urbem, 2003a; Urbem, 2003b; Urbem, 2004a; Urbem, 2004b; Parsons et al., 2001), consolidando a proposta constante da Tabela 8.6. Nela são apresentados os pesos conferidos a cada indicador e suas respectivas possibilidades de variação – para mais ou para menos –, resultado da análise dos desvios entre os valores médios e os correspondentes extremos superiores e inferiores. Assim, dentro das possíveis variações de peso dos indicadores – realizadas a critério do analista em vista das especificidades do caso em estudo –, a soma do conjunto deve sempre perfazer um total de cem pontos.

Tabela 8.6 – Pesos e variações dos indicadores de desempenho e impacto.

Indicador	Meio urbano		Meio rural	
	Peso	+/-	Peso	+/-
Desenvolvimento longitudinal	11	2	13	1
Seção transversal	14	2	14	2
Integridade morfológica	11	3	13	1
Regime hidrológico	12	2	13	2
Diversidade de hábitats	6	1	11	1
Áreas verdes adjacentes	10	1	11	2
Qualidade da água	9	1	10	2
Integração paisagística	10	4	5	1
Relação entre o curso d'água e a população	5	1	5	2
Remoção, desapropriação e reassentamento	12	1	5	2
Total	100		100	

Como pode ser observado, de acordo com a área de inserção do curso d'água – meio urbano ou rural – são conferidos pesos distintos a cada indicador. Essa variação se justifica, principalmente, em função das diferentes limitações impostas à restauração pelos cenários considerados, uma vez que a realidade dos meios em questão assume, de modo geral, um caráter significativamente distinto.

No caso dos ambientes de transição, ou seja, nem totalmente rurais ou urbanos, em um estágio de ocupação intermediário, os pesos dos indicadores devem ser reconsiderados mediante as possibilidades de sua variação para cada quesito de análise.

Na prática, constata-se, ainda, que mesmo para uma área com configurações nitidamente urbanas ou rurais, as condições locais podem assumir características bastante distintas quanto às reais possibilidades de intervenção, dado o estado de degradação dos cursos d'água e as condições de uso e ocupação do solo das suas áreas adjacentes. Em vista disso, o peso dos indicadores também pode variar, sofrendo incremento ou redução em função da situação existente no local e dos objetivos da intervenção – o que poderá determinar diferentes relações de importância entre os indicadores.

Assim, as características de flexibilidade e adaptabilidade da metodologia proposta a diferentes situações evidenciam, mais uma vez, a grande importância do papel do analista. Na realidade, ele possui um significativo grau de liberdade, sendo necessária uma análise criteriosa do quadro específico em estudo e dos diferentes aspectos intervenientes para discernir sua importância relativa, à luz dos elementos norteadores constituintes da presente proposta de abordagem.

O grau de proximidade da alternativa – g_k, conforme expresso anteriormente, permitirá calcular o índice de desempenho (ID_k), conforme Equação 8.3:

$$ID_k = 100/g_k \qquad \text{(Equação 8.3)}$$

INDICADORES DE CUSTOS

Como descrito no capítulo anterior, diversas são as técnicas disponíveis para intervenções em cursos d'água. Elas apresentam grande variabilidade em termos de custos de implantação, em função das tecnologias e materiais escolhidos, dos equipamentos requeridos e do nível de qualificação da mão de obra necessário para sua implantação.

A esses custos devem também ser agregados os custos de manutenção da intervenção, ao longo de sua vida útil. Esses custos são, ainda, profundamente dependentes das escolhas tecnológicas adotadas, além de fatores climáticos e socioculturais.

De modo a permitir a introdução desses aspectos na análise multicriterial pretendida, torna-se importante definir um *índice de custos*, composto pela soma de dois indicadores – correspondentes aos custos de implantação e aos custos de manutenção – a ser confrontado com o índice de desempenho, visto anteriormente.

O indicador de custos de implantação (ICI) corresponde diretamente aos custos dos componentes envolvidos, que podem ser calculados com dados específicos, eventualmente disponíveis, ou de acordo com as informações relativas às diversas técnicas apresentadas no capítulo anterior, no qual se detalham também os custos.

Para a estimativa de custos de manutenção e operação, a avaliação será feita ao longo da *vida útil* da estrutura implantada, sendo ela definida por Lanna (2001) como o intervalo de tempo compreendido entre o início da operação até o momento em que essa operação se realiza de forma não econômica.

Assim, as parcelas gastas com os serviços de manutenção e operação devem ser convertidas em valor presente líquido (VPL), formando o indicador de custos de manutenção (ICM), de acordo com a Equação 8.4:

$$ICM = VPL = \sum_{t=1}^{N} \frac{R}{(1+i)^t} \qquad \text{(Equação 8.4)}$$

Em que:

VPL: Valor presente líquido, em unidades monetárias.

R: Montante dispendido anualmente.

i: Taxa de desconto anual; usualmente, adota-se no Brasil valores entre 6 e 12%.

N: Número de intervalos de cálculo, correspondente à vida útil ou período de avaliação.

Para que seja realizada a análise comparativa de custos de manutenção de alternativas de intervenções, a referência de tempo deve ser a mesma. Entretanto, as técnicas apresentam tempos de vida útil diferentes, em função dos materiais utilizados e principalmente da manutenção recebida, como apresentado no capítulo anterior. Conforme sugerido por Lanna (2001), deve-se adotar os seguintes critérios para a definição do período de análise:

- Quando a vida útil de uma alternativa for múltipla da vida útil da outra, repete-se o projeto de vida útil menor tantas vezes em sequência, quantas forem necessárias para serem igualadas às vidas úteis, sendo o período de análise igual ao número de anos do projeto de maior vida útil.

- No caso de vidas úteis de projeto não múltiplas, o projeto de vida útil menor deverá ser repetido tantas vezes em sequência quantas forem necessárias para ultrapassar a vida útil do projeto de longa duração. Na última sequência, o projeto será interrompido de forma a serem igualadas as vidas úteis. O valor residual será avaliado nesse ponto e constará como um benefício.

O índice de custos, integrando os custos de implantação (ICI) e de manutenção (ICM), pode ser calculado pela Equação 8.5:

$$IC_k = \frac{\sum_{k=1}^{n_T}\left(ICI_k + ICM_k\right)}{n_T\left(ICI_k + ICM_k\right)} \qquad \text{(Equação 8.5)}$$

Em que IC_k é o índice de custos referente à alternativa em análise, k, e n_T é o número total de alternativas.

ANÁLISE DESEMPENHO – CUSTO

Calculados os índices de desempenho e custo, procede-se à sua agregação para possibilitar, finalmente, a avaliação global das alternativas. Para tanto, utiliza-se um *gráfico de Pareto*, que apresenta o *ponto ideal* (*Optimum de Pareto*) junto ao vértice que corresponde à situação em que os critérios não podem mais melhorar, ao mesmo tempo (Pomerol e Barba-Romero, 1993). O ponto diagonalmente oposto representa a solução anti-ideal, como já discutido.

Assim, no gráfico de Pareto, representa-se, para cada alternativa de projeto, o índice de desempenho (ID_k) no eixo das abscissas, calculado pela Equação 8.3. No eixo das ordenadas, representa-se o índice de custos (IC_k), obtido a partir da Equação 8.5. Assim, os pontos que se localizarem mais próximos ao canto superior direito representam as soluções mais adequadas, enquanto os pontos que se localizarem mais próximos ao canto inferior esquerdo representam as soluções menos adequadas.

No sentido de agregar informações relativas às incertezas inerentes aos índices de desempenho e custos, a partir dos pontos definidos para cada alternativa, representou-se uma área elíptica com dimensões proporcionais às incertezas dos índices. Parte-se da premissa de que esta "superfície de decisão" seja uma envoltória dos erros das estimativas dos custos e das avaliações de desempenho.

A incerteza no eixo das abscissas corresponde, então, à porcentagem média das faixas de variação dos custos pertinentes, segundo as fontes de dados e bibliografias consultadas. À incerteza relativa ao eixo das ordenadas, correspondente ao índice de desempenho, atribuiu-se o valor corresponde à soma das incertezas associadas *a priori* a cada um dos indicadores, como apresentado na Tabela 8.6. Assim, o erro máximo esperado no índice de desempenho seria de 18% e 16%, para cursos d'água em áreas urbanas e rurais, respectivamente. Para uma determinada análise, adota-se a incerteza da alternativa melhor pontuada como sendo válida para todas as alternativas.

Os resultados assim obtidos permitem subsidiar o processo de ordenamento das soluções globalmente mais adequadas. Evidentemente, este resultado corresponde apenas a um apoio à decisão, pois a escolha e a definição final da solução a ser efetivamente implantada são realizadas também à luz de questões aqui não contempladas, correspondentes ao contexto sociopolítico e restrições orçamentárias.

APLICAÇÃO PRÁTICA EM UM CURSO D'ÁGUA URBANO

A presente aplicação prática trata de uma intervenção no córrego Bom Retiro, localizado na área urbana do município de Betim/Brasil, que passou por uma obra com vistas ao controle de cheias, ampliação de sistema viário e implantação de redes coletoras de esgotos (Figura 8.3).

Anteriormente à canalização, o córrego em questão apresentava-se em leito natural, estando suas áreas marginais essencialmente ocupadas por construções irregulares em meio a remanescentes de espécies vegetais de pequeno e médio porte.

Em decorrência das condições de ocupação e das transformações urbanas ocorridas na bacia, o extravasamento da calha do córrego era constante, implicando impactos socioambientais negativos. Os problemas de inundação, associados aos processos de erosão, expunham a população a grandes danos materiais. Soma-se a esse cenário a baixa qualidade da água do córrego, alterada pelo lançamento de esgoto e lixo.

Esse cenário de degradação ambiental acaba por limitar o contato e a interação da população com o curso d'água, tornando inviável o seu aproveitamento como área de lazer e recreação e como espaço de contemplação. Ao contrário, o que se observa são construções com fundos murados para o córrego, evidenciando a necessidade ou desejo de separação e afastamento entre os moradores e as águas poluídas do córrego Bom Retiro. Anteriormente à ocupação, a área em questão fazia parte de uma grande fazenda e, desse modo, é provável que não houvesse uma relação afetiva, simbólica e histórica da população com o curso d'água, ao menos no trecho em estudo.

Figura 8.3 - Fotos do trecho em estudo, anterior e posterior à intervenção.

Com o objetivo de reverter os problemas mencionados e atender a demandas de infraestrutura viária, a prefeitura do município estudou três alternativas de intervenção para o curso d'água, optando por aquela relacionada à execução de uma avenida sanitária ao longo do canal, conforme apresentado a seguir.

Alternativas de intervenção

O trecho de intervenção do córrego em estudo corresponde a dimensões aproximadas de 1.300 m de extensão e 35 m de largura, tomando-se por base as referências do projeto desenvolvido para o local. Os cortes esquemáticos das três alternativas estudadas pela prefeitura municipal são apresentados na Figura 8.4.

Visando ampliar a riqueza e diversidade do presente estudo e tendo em vista a dificuldade de implantação da Alternativa 1 – que demandaria a remoção e desapropriação de um número de famílias e imóveis que inviabilizaria o empreendimento –, o presente estudo propõe uma quarta alternativa de intervenção, baseada na compatibilização das alternativas 1 e 2, como pode ser visto na Figura 8.5.

Resumidamente, as alternativas aventadas apresentam as seguintes características básicas, salientando-se que a alternativa 1 não foi contemplada no presente estudo:

- Alternativa 2: canal aberto misto, com seção inferior retangular com 3 m × 2 m revestida em concreto e seção superior trapezoidal em grama, com taludes 3(H):2(V) – solução efetivamente implantada.
- Alternativa 3: Canal retangular em concreto com seção retangular 3 m × 2 m.
- Alternativa 4: reconformação do leito e revestimento em enrocamento de pedras arrumadas com seção trapezoidal com base de 3 m, largura superficial de 9 m e altura de 2 m.

Figura 8.4 – (a) Alternativa 1 (leito natural); (b) alternativa 2 (adotada); (c) alternativa 3 (canalização tradicional).

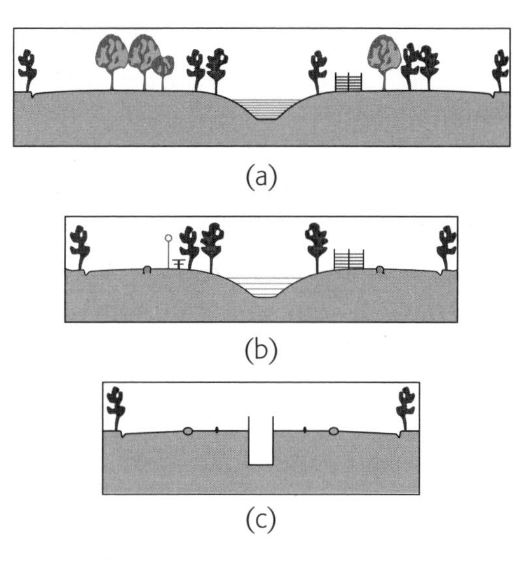

Figura 8.5 - Alternativa 4.

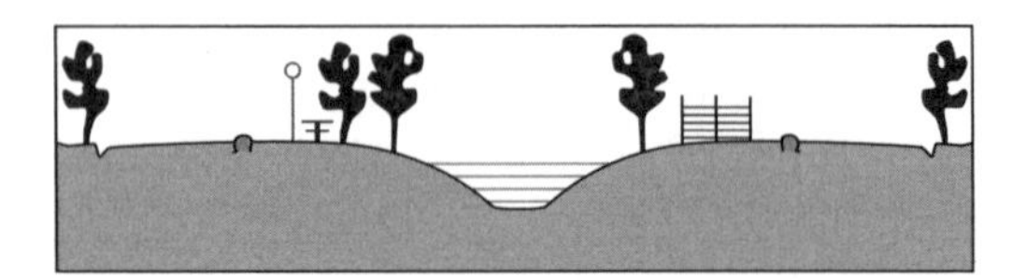

Todas as alternativas contempladas consideram a implantação de faixas de tráfego de 7,5 m de largura em ambas as margens do curso d'água, o que implica impactos de remoção e desapropriação consideravelmente distintos para cada uma das soluções propostas, tendo em vista a largura da calha considerada por cada uma delas. Os custos correspondentes a esses itens não foram computados no presente estudo.

Avaliação de desempenho e impacto das alternativas

Após a realização de inspeção de campo, com vistas ao diagnóstico da condição do curso d'água em fase de obras, e a consulta a dados secundários, foi realizada a análise de desempenho e impactos para as alternativas 2, 3 e 4, ante a projeção de um cenário ideal para cada indicador, como indicado na Tabela 8.7.

Da mesma forma, a análise das condições locais de uso e ocupação do solo, bem como dos objetivos da intervenção, permitiu a atribuição de pesos aos diferentes indicadores.

A Tabela 8.7 apresenta os resultados encontrados, tanto para os pesos como para os indicadores, bem como as distâncias à condição ideal (DI), com valor 5, estabelecido na metodologia proposta.

Da mesma forma, são apresentados os valores dos somatórios ponderados para as alternativas, que correspondem à soma dos produtos do peso pela distância da avaliação segundo cada indicador (f_i) e a distância ideal (Equação 8.6), dividida pela diferença entre as distâncias ideal e anti-ideal (10, no caso):

$$g_k = \sum_{i=1}^{n} w_i \left[\frac{5 - f_i}{5 - (-5)} \right] \qquad \text{(Equação 8.6)}$$

Tabela 8.7 – Avaliação das alternativas de intervenção.

Indicador	Peso	Alternativa 2		Alternativa 3		Alternativa 4	
		Avaliação	DI	Avaliação	DI	Avaliação	DI
Desenvolvimento longitudinal	11	–2	5 – (–2) = 7	–4	5 – (–4) = 9	–1	5–(–1) = 6
Seção transversal	14	–3	5 – (–3) = 8	–4	5 – (–4) = 9	–1	5–(–1) = 6
Integridade morfológica	11	4	5 – (4) = 1	5	5 – (5) = 0	3	5 – (3) = 2
Regime hidrológico	12	3	5 – (3) = 2	2	5 – (2) = 3	5	5 – (5) = 0
Diversidade de hábitats	6	–2	5 – (–2) = 7	–4	5 – (–4) = 9	3	5 – (3) = 2
Áreas verdes adjacentes	10	–2	5 – (–2) = 7	–5	5 – (–5) = 10	3	5 – (3) = 2
Qualidade da água	9	0	5 – (0) = 5	0	5 – (0) = 5	1	5 – (1) = 4
Integração paisagística	10	1	5 – (1) = 4	–3	5 – (–3) = 8	4	5 – (4) = 1
Relação curso d'água e população	5	2	5 – (2) = 3	2	5 – (2) = 3	2	5 – (2) = 3
Remoção, desapropriação e reassentamento	12	–2	5 – (–2) = 7	–1	5 – (–1) = 6	–2	5 – (–2) = 7
Somatório ponderado	-	–	520	-	627	-	349
Índice de desempenho	-	–	1,92	-	1,59	-	2,87

Os índices de desempenho de cada alternativa são calculados de acordo com a Equação 8.3, vista anteriormente. Como exemplo para a alternativa 3, ID = 100/627, ou seja, 1,92.

Avaliação de custos das alternativas

As características técnicas das alternativas estudadas foram apresentadas anteriormente, devendo ser ressaltados alguns pontos concernentes à avaliação de custos:

- Foi adotada uma vida útil de trinta anos para o cálculo dos indicadores de custos de manutenção, bem como o valor de 12% para a taxa interna de retorno.
- Todas as alternativas foram consideradas com 1.276 m de extensão, sendo previstas, adicionalmente, cinco travessias em bueiros celulares de concreto com seção 3 m × 2 m, totalizando 197 m de extensão. Tendo em vista que o custo das galerias incide em todas as alternativas, ele não foi computado para efeito de cálculo do indicador de custos.
- Em todas as alternativas, considerou-se, de forma simplificada, que as margens encontravam-se verticalizadas em toda a sua extensão, necessitando escavação e retaludamento, considerando-se distância média de transporte de 20 km.
- Os custos correspondentes às operações de remoção e desapropriação não foram computados no presente estudo, como já explicitado.

Os critérios e parâmetros adotados para obtenção das estimativas de custo das alternativas são apresentados na Tabela 8.8. Para sua composição foram utilizados, essencialmente, os valores unitários constantes das Tabelas 7.7 e 7.8 do Capítulo 7, cuja data base é janeiro/2011.

A título de exemplo, apresenta-se a seguir o cálculo realizado para obtenção do índice de custos da alternativa 3:

$$IC_3 = \frac{(3.817.804{,}76+1.137.306{,}59)+(3.769.929{,}24+1.134.428{,}64)+(1.092.365{,}74+839.232{,}56)}{3x(3.769.929{,}24+1.134.428{,}64)}$$

$$IC_3 = 0{,}80$$

Tabela 8.8 – Custos de implantação e de manutenção das alternativas.

Item	Alternativa 2	Alternativa 3	Alternativa 4
Material de revestimento	Concreto e grama	Concreto	Enrocamento
Custo total de implantação – ICI (R$)	427,43x7x1276 = 3.817.804,76	422,07x7x1276 = 3.769.929,24	83,93x10,2x1276 = 1.092.365,74
Custo anual de manutenção (R$)	(0,84 × 7 + 104,77)1276 = 141.189,40	(0,84 × 7 + 104,49)1276 = 140.832,12	(0,4 × 10,2 + 77,57)1276 = 104.185,40
Custo total de manutenção – ICM (R$)	1.137.306,59	1.134.428,64	839.232,56
Índice de custos – IC	0,79	0,80	2,03

Avaliação global das alternativas

A avaliação global das alternativas, ou seja, a análise desempenho-custo é realizada por meio do gráfico de Pareto, apresentado na Figura 8.6, após a agregação dos indicadores, na presente metodologia, utilizando-se o método programação de compromisso.

A incerteza no eixo das abscissas corresponde à porcentagem média das faixas de variação dos custos, segundo a bibliografia consultada. O valor médio obtido para a alternativa 4 do presente estudo de caso foi de 20%, representando 10% para mais e para menos no valor do indicador de custos, variação esta devida principalmente à incerteza nos custos da aplicação de revestimento vegetal. Para as alternativas 2 e 3, por se tratarem da utilização de técnicas clássicas, com custos bem conhecidos comparativamente aos custos das técnicas ambientalizadas, considerou-se uma incerteza de 10% na estimativa dos custos.

No tocante às incertezas nos eixos das ordenadas, correspondente ao índice de desempenho, atribuiu-se o valor de 18% no presente estudo de caso tendo em vista tratar-se de uma intervenção em área urbana.

Figura 8.6 – Gráfico de Pareto para o estudo de caso.

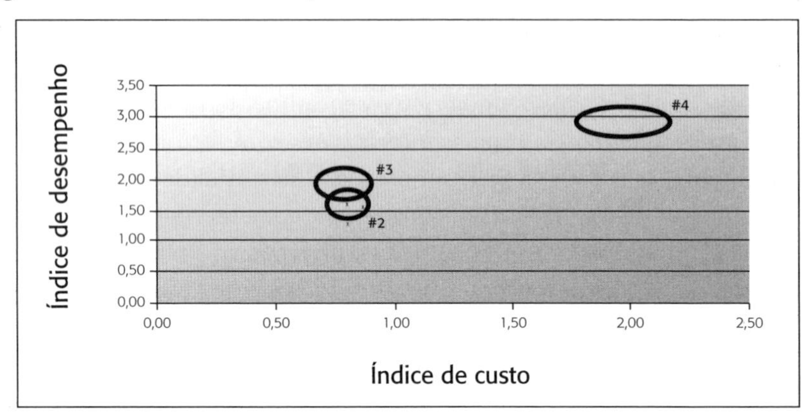

A partir do gráfico de Pareto, conforme mostrado na Figura 8.6, pode-se verificar que as alternativas 2 e 3 têm resultados muito similares, tendo a alternativa 3 um desempenho ligeiramente maior que a alternativa 2; o índice de custo, entretanto, é inferior. A sobreposição das superfícies das duas alternativas aponta para uma relativa "indiferença" entre elas, do ponto de vista de decisão. Constata-se claramente que alternativa 4 se destaca, tanto do ponto de vista de alto desempenho quanto de baixo custo.

Cabe novamente ressaltar que o estudo de caso ora apresentado tem somente função de exemplificar a metodologia, tendo em vista que em nenhuma das alternativas os custos de remoção, desapropriação e reassentamento foram considerados; na realidade, esses custos podem vir mesmo a ser superiores aos custos das obras em muitos casos, sobretudo em áreas urbanas.

CONSIDERAÇÕES FINAIS

Como visto ao longo deste capítulo, os fatores intervenientes nos estudos de alternativas de recuperação de cursos d'água envolvem múltiplos aspectos, com acentuada interdependência entre eles, além de uma grande variabilidade de importância, caso a caso. Da mesma forma, as possibilidades tecnológicas de intervenção são diversificadas, tanto em termos de desempenho como em requisitos e custos de manutenção. O processo de escolha do tratamento a adotar é, portanto, bastante complexo. Nesse quadro, a sistemática de análise aqui apresentada, fundada em abordagens e metodologias que já atingiram um relativo grau de maturidade, pode se mostrar útil como ferramenta de apoio ao processo decisório, nas fases de planejamento e estudo preliminar de alternativas de intervenção.

O processo de análise, ainda que essencialmente fundado em avaliações de cunho qualitativo, trata as informações com formalismo matemático adequado, mas de aplicação simples, sem necessidade de *softwares* ou outros recursos de cálculo sofisticados. Assim, a metodologia apresenta-se como de fácil aplicação. As dificuldades do processo prendem-se, exatamente, nas avaliações dos indicadores, profundamente dependentes do critério e discernimento dos analistas.

Assim, se por um lado a facilidade de aplicação do método representa uma vantagem significativa no sentido de sua adoção, por outro lado, o seu êxito como ferramenta de auxílio à decisão repousa sobre a capacidade de se adotar uma visão abrangente e criteriosa no momento da análise.

REFERÊNCIAS

BENAYOUN, R.; DE MONTGOLFIER, J.; TERGNY, J. et al. Linear programming with multiple objective functions: step method STEM. *Mathematical Programming*, v. 1, p. 366-375, 1971.

BRIERLEY, G.; FRYIRS, K.; OUTHET, D. et al. Application of the River Styles framework as a basis for river management in New South Wales, Australia. *Applied Geography*, v. 22, p. 91-122, 2002.

CARDOSO, A.S.; BAPTISTA, M.B. Multicriteria evaluation of interventions in water courses in urban areas. *In: 11th International Conference on Urban Drainage.* 2008, Edinburgh.

CARDOSO, A.S.; BAPTISTA, M.B. Metodologia para avaliação de alternativas de intervenção em cursos de água em áreas urbanas. *Revista Brasileira de Recursos Hídricos*, v.16, n.1, p.129-139, 2011.

CHARNES, A.; COOPER, W. *Management models and industrial applications of linear programming.* Hoboken: Wiley, 1961.

CASTRO, L.M.A. *Proposição de metodologia para a avaliação dos efeitos da urbanização nos corpos de água.* Belo Horizonte, 2007, 321p. Tese (Doutorado). Escola de Engenharia, Universidade Federal de Minas Gerais.

[CWP] CENTER FOR WATERSHED PROTECTION. *An Integrated Framework to Restore Small Urban Watersheds.* Washington: CWP, 2005a. (Urban Subwatershed Restoration Manual Series, v. 1).

[CWP] CENTER FOR WATERSHED PROTECTION *Unified Stream Assessment: A User's Manual.* Whashington: CWP, 2005b. (Urban Subwatershed Restoration Manual Series, v. 1).

ESPANHA. *Restauración de rios: Guía metodológica para la elaboración de proyetos.* Ministerio de Medio Ambiente, 2007.

EVANGELISTA, J.A. *Sistemática para avaliação técnica e econômica de alternativas de intervenções em cursos de água urbanos.*Belo Horizonte: 2011, 197p. Dissertação (Mestrado). Escola de Engenharia, Universidade Federal de Minas Gerais.

FIGUEIRA, J.; GRECO, S.; EHRGOTT, M. *Multiple criteria decision analysis: state-of-the-art surveys.* New York: Springer, 2005.

KASTNER, A. *Etude critique d'un jeu d'indicateurs pour l'évaluation des techniques alternatives d'infiltration des eaux pluviales.* Lyon: Institut National des Sciences Appliquées de Lyon, 2003.

LANNA, A.E. *Economia dos Recursos Hídricos. Notas de aula do Programa de Pós-Graduação em Recursos Hídricos e Saneamento Ambiental.* Porto Alegre: Instituto de Pesquisas Hidráulicas (UFRGS), 2001.

LICHFIELD, N.; KETTLE, P.; WHITBREAD, M. *Evaluation in the planning process.* Oxford: Pergamon, 1975.

MAYSTRE, L.Y.; BOLLINGER, D. *Aide à la négociation multicritère: pratique et conseils.* Lausanne: Presses Polytechniques et Universitaires Romandes, 1999.

MOURA, P.; CARDOSO, A.S.; SANTOS, A. C. P. B. et al. Metodologia para avaliação do potencial de recuperação de cursos de água em áreas de mineração.In: XXIV Congreso Latinoamericano de Hidráulica. 2010, Punta del Este.

[OCDE]ORGANISATION DE COOPÉRATION ET DE DÉVELOPEMENT ÉCONOMIQUE. *Indicateurs de l'environnement.* Paris: OCDE, 1994.

PARSONS, M.; THOMS, M., NORRIS, R. *Australian River Assessment System: AusRivAS Physical Assessment Protocol,* Monitoring River Health Initiative Technical Report nº 22.Camberra: Commonwealth of Australia and University of Canberra, 2001.

POMEROL, J.C.; BARBA-ROMERO, S. *Choix multicritère dans l'entreprise: principe et pratique.* Paris: Hermes, 1993.

ROY, B. Classement et choix en présence de points de vue multiples, la méthode ELECTRE. *R.I.R.O,* v. 2, n. 8, p. 57-75, 1968.

ROY, B.; BOUYSSOU, D. *Aide multicritère à la décision: méthodes et cas*. Paris: Economica, 1993.

[URBEM] URBAN RIVER BASIN ENHANCEMENT METHODS. *Identification of parameters to be monitored for aesthetic assessment*. Lisboa: IST-CESUR, 2003a.

[URBEM] URBAN RIVER BASIN ENHANCEMENT METHODS. *Social Appraisal Tool: Prove It!(Work package 7)*. Londres: NEF, 2003b.

[URBEM]URBAN RIVER BASIN ENHANCEMENT METHODS. *Existing Urban River Rehabilitation Schemes (Work package 2)*. Dresden: Dresden University of Technology, 2004a.

[URBEM] URBAN RIVER BASIN ENHANCEMENT METHODS. *Classification of the aesthetic value of the selected urban rivers – Methodology*. Lisboa: IST-CESUR, 2004b.

ZENELY, M. *Multiple criteria decision making*. Nova York: McGrawHill, 1982.

ZENELY, M.; COCHANE, J.L. *Compromise programming. In: Multiple criteria decision making. Proceedings*. Columbia: University of South Carolina Press, 1973.

PARTE II

Estudos de Caso

Capítulo 9
Curso de Água Urbano em Belo Horizonte, Brasil
Carla Maria Vasconcellos Couto Miranda e Ricardo de Miranda Aroeira

Capítulo 10
Rio das Velhas, Brasil
Maria Rita Scotti Muzzi e Márcio Baptista

Capítulo 11
Rio Besòs, Barcelona, Espanha
Juan P. Martín Vide

Capítulo 12
Rio Isar, Baviera, Alemanha
Klaus Arzet, Walter Binder e Uwe Kleber-Lerchbaumer

Capítulo 13
Danúbio, um Rio Transfronteiriço
Jürg Bloesch, Thomas Hein e Erika Schneider

Capítulo 14
Abordagens de Restauração Fluvial na Australásia
Gary Brierley, Kirstie Fryirs e Claire Gregory

Curso de Água Urbano em Belo Horizonte, Brasil

9

Carla Maria Vasconcellos Couto Miranda
Ricardo de Miranda Aroeira

INTRODUÇÃO

O município de Belo Horizonte é a capital do estado de Minas Gerais, localizado na Região Sudeste do Brasil, que é a região mais populosa e industrializada do país. Em Belo Horizonte existem cerca de 673 km de cursos d'água, dos quais 26% encontram-se revestidos (6% abertos e 20% fechados), o que corresponde a 173 km de canais em concreto armado, restando assim 500 km de córregos e ribeirões em leitos naturais, dos quais pouco mais de 200 km encontram-se situados nas áreas urbanizadas, enquanto os demais se situam em regiões inadequadas ao parcelamento urbano ou em áreas de preservação permanente. Em 2001, com a conclusão da primeira fase do Plano Diretor de Drenagem de Belo Horizonte, foram identificados os problemas de drenagem no município e diagnosticada a necessidade de reverter a tendência histórica de canalização e implantação de vias sanitárias, em vigor desde a construção da cidade. Como resultado, foi criado o programa Drenurbs, com o objetivo de implantar uma nova concepção e proposta para os cursos d'água. As ações do programa Drenurbs estão voltadas para os cursos d'água em leito natural inseridos na mancha urbana, em áreas de significativo adensamento populacional, correspondentes a 73 córregos e ribeirões, que perfazem um total de 135 km e representam 30% do número de cursos d'água existentes na cidade e 20% da sua extensão total. A área de abrangência do programa é de 177 km² (51% da área total do município) e a população alvo é estimada em cerca de 1 milhão de habitantes, correspondendo a 45% da população total da cidade.

Para viabilizar a implantação do programa Drenurbs, com previsão de conclusão em 15 anos, foi necessária sua divisão em etapas sucessivas e estruturadas em conformidade com a capacidade financeira e operacional do município de Belo Horizonte. O custo da primeira etapa, estimado em US$ 134,1 milhões, contou com 35% dos recursos, equivalentes a US$ 46,5 milhões oriundos de financiamento firmado em 2004 com o Banco Interamericano de Desenvolvimento (BID) e os 65% restantes, equivalentes a US$ 87,6 milhões, provenientes de recursos do município. A primeira etapa contempla cinco bacias/sub-bacias. Neste capítulo será apresentado o estudo de caso relacionado à sub-bacia do Córrego Nossa Senhora da Piedade, que é ilustrativo das ações adotadas no âmbito do programa Drenurbs.

O Drenurbs tem como premissas o tratamento integrado dos problemas sanitários e ambientais no nível da bacia hidrográfica – unidade de planejamento das intervenções –; o aumento da permeabilidade do solo com a adoção de calhas vegetadas; a implantação de parques e de áreas de conservação permanente ao longo dos cursos d'água; a prevenção de cheias por meio da implantação de bacias de detenção a montante das áreas críticas; o tratamento integrado dos corpos d'água como elementos da paisagem urbana; o envolvimento das comunidades nos processos de decisão relativos à recuperação e à conservação dos espaços urbanos recuperados; e a promoção de ações voltadas para a conscientização e o estímulo às atitudes de valorização dos recursos hídricos como componentes indispensáveis à qualidade ambiental.

METODOLOGIA

A definição das melhores alternativas para a implantação do programa Drenurbs obedece à metodologia de trabalho elencada a seguir, aplicada em cada uma das bacias hidrográficas selecionadas:

- Elaboração de diagnóstico sanitário e ambiental.
- Elaboração dos projetos básicos conforme as ações a serem desenvolvidas.
- Elaboração dos estudos de viabilidade técnica, ambiental, financeira, social e econômica.

Os principais objetivos do programa Drenurbs, entre outros, são:

- Despoluição dos cursos d'água.
- Redução dos riscos de inundação.
- Controle da produção de sedimentos.
- Fortalecimento institucional da prefeitura.
- Integração dos recursos hídricos naturais ao cenário urbano.

As ações desenvolvidas pelo programa compreendem:

- Ampliação da coleta de esgotos sanitários (redes coletoras e interceptores).
- Ampliação da cobertura da coleta de resíduos sólidos.
- Ampliação da rede de drenagem pluvial.
- Implantação de equipamentos de controle de inundações.
- Controle da produção de sedimentos (combate às erosões e ao assoreamento de corpos d'água).
- Ampliação da mobilidade e da acessibilidade urbana.
- Ampliação dos espaços comunitários de lazer e culturais.
- Implantação de programas sociais através da mobilização comunitária.
- Implementação de ações educacionais relativas ao ambiente urbano.
- Implantação do monitoramento das condições hidrológicas, objetivando o conhecimento real dos fenômenos meteorológicos relacionados com as cheias urbanas.

A diretriz mestra adotada na elaboração de todos os projetos do programa foi preservar a condição natural dos leitos de escoamento dos cursos d'água, bem como examinar a viabilidade de tentar reverter alguns cursos d'água para uma condição mais próxima da natural. Entretanto, em razão da dificuldade em reverter um curso d'água ao seu estado original, especialmente no meio urbano, a solução adotada pelo programa foi a de procurar renaturalizar, ou seja, realizar intervenções capazes de fazer com que os cursos d'água degradados fossem, além de despoluídos, inseridos na paisagem urbana, apresentando assim um aspecto visual mais próximo do natural.

Importante observar que o programa Drenurbs busca promover a interação do sistema de drenagem com os demais sistemas urbanos. Claro está que as políticas e ações ligadas às temáticas resíduos sólidos, esgotamento sanitário, controle das erosões, planejamento da ocupação do solo e estrutura viária interferem no ciclo da água no espaço e no tempo e impõem uma dinâmica de causa e efeito entre os elementos em jogo. Portanto, o sistema de drenagem só pode ser analisado e concebido como parte de um sistema complexo, que é o sistema urbano, e deve ser planejado e implantado de forma integrada com os demais sistemas e serviços urbanos.

Assim, a metodologia adotada no programa passa pela análise e planejamento do desenvolvimento urbano integrado através de pressupostos estratégicos que exigem um tratamento multidisciplinar dos problemas e pressupõem soluções de longo prazo, levando em conta a negociação política e a participação social, priorizando metas de desenvolvimento que têm por finalidades a melhoria da qualidade de vida e a busca de uma melhor organização econômica para a sociedade e a garantia da conservação e recuperação do meio ambiente.

Para garantia do seu êxito, o programa Drenurbs teve a sua execução focada em três eixos:

- Eixo Obras: implantação das intervenções físicas (obras de engenharia).
- Eixo Socioambiental: implementação do Plano de Gestão Ambiental e Social (PGAS) integrando as diretrizes socioambientais para concepção, planejamento, licenciamento, desapropriações, remoções e relocação de famílias, execução, operação, manutenção e monitoramento da qualidade ambiental de projetos e obras.
- Eixo Desenvolvimento Institucional: implementação dos componentes de desenvolvimento institucional, que visam assegurar a sustentabilidade das melhorias ambientais por meio do fortalecimento institucional da prefeitura.

RESTAURAÇÃO DO CÓRREGO NOSSA SENHORA DA PIEDADE

A aplicação da metodologia aqui descrita, assim como os resultados alcançados na sub-bacia do Córrego Nossa da Senhora da Piedade, objeto do estudo de caso ora apresentado, possibilitaram materializar e consolidar as concepções e diretrizes do programa Drenurbs.

A Figura 9.1 apresenta a malha hidrográfica do município de Belo Horizonte, subdividido em suas bacias elementares, e a localização da sub-bacia do Córrego Nossa Senhora da Piedade.

Caracterização da sub-bacia do Córrego Nossa Senhora da Piedade antes das intervenções realizadas

Os dados apresentados a seguir, relativos à caracterização dos meios físico, biótico, socioeconômico e da infraestrutura existente antes das intervenções realizadas na sub-bacia do Córrego Nossa Senhora da Piedade, constam dos diagnósticos sanitários e ambientais, elaborados para o programa Drenurbs, em fevereiro de 2002 e do Relatório de Controle Ambiental, de dezembro de 2005.

Para uma completa caracterização da sub-bacia do Córrego Nossa Senhora da Piedade, quando da elaboração do diagnóstico sanitário e ambiental, foram também realizadas reuniões com representantes comunitários nela residentes, para trabalhar o conceito de bacia hidrográfica, buscando ainda identificar a sua percepção ambiental, através do mapa do local, pontos e paisagens de referência positiva e negativa, áreas consideradas de risco, tempo aproximado de ocupação, interpretação das causas de degradação e propostas da comunidade para solução dos problemas identificados.

Meio físico

A sub-bacia do Córrego Nossa Senhora da Piedade, com área de contribuição de 0,82 km^2, está inserida na Bacia do Ribeirão da Onça, integrante da Bacia do Rio das Velhas, na região administrativa norte do município de Belo

Figura 9.1 – Localização da sub-bacia Nossa Senhora da Piedade no município de Belo Horizonte.

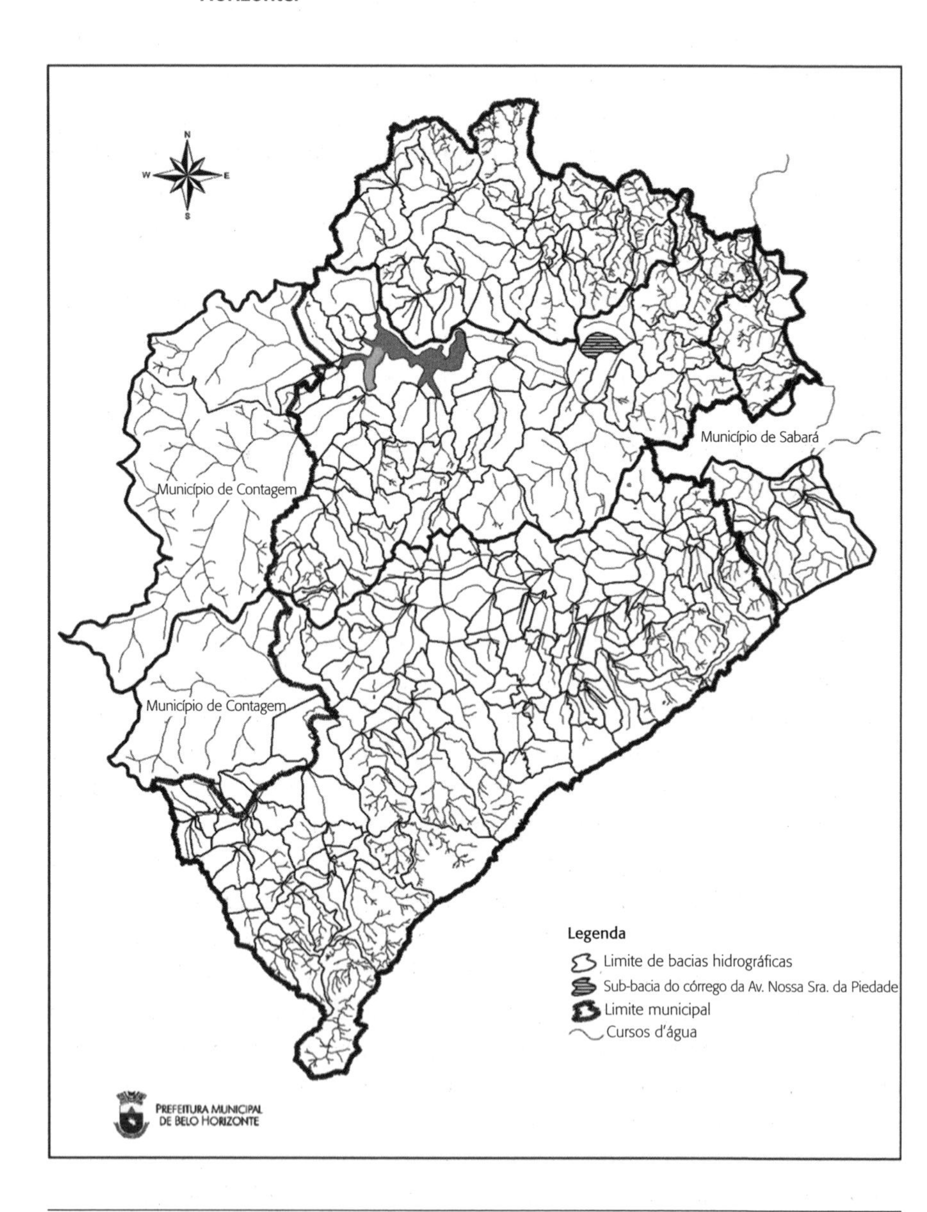

Fonte: acervo da PBH.

Horizonte. O córrego tem extensão total de 1.120 m, sendo 640 m de canal em leito natural e 480 m em canal revestido fechado. Foram localizadas muitas nascentes na cabeceira e no médio curso do córrego. Os estudos de macrodrenagem indicaram uma descarga máxima de 17,27 m^3/s no início do canal revestido para um período de retorno de 25 anos.

A sub-bacia já se apresentava muito urbanizada, sendo constituída por vales abertos, lineares, com baixa a média declividade. A declividade média observada é de 0,028 m/m. A cabeceira tem formato de anfiteatro, quase sempre com nascentes d'água. A geologia e a pedologia são monótonas por toda esta área, representadas, principalmente, por solos de alteração de gnaisse, do tipo residual maduro silto-argilosos sobrepondo-se a saprolitos siltoarenosos que têm maior suscetibilidade à erosão. A maior parte dos focos de produção de sedimentos identificados no vale do córrego era ligada às atividades antrópicas de descartes de materiais terrosos, lixo, entulho e restos de construção.

Meio biótico

A área onde se encontra a sub-bacia do Córrego Nossa Senhora da Piedade era originariamente constituída por um mosaico vegetacional, com elementos de matas estacionais semidecíduas de altitude mescladas com aspectos característicos das formações do cerrado. Esta combinação se deve ao fato de que a região de Belo Horizonte encontra-se, geograficamente, na transição entre os biomas do cerrado e da Mata Atlântica.

Entretanto, o processo desordenado de ocupação, aliado à intensa especulação imobiliária em toda a região da capital, desencadeou uma contínua e crescente retirada da vegetação primitiva, com a sua substituição por formações e elementos mais simples e de baixa relevância ecológica, sendo utilizadas, principalmente, espécies de interesse antrópico, ornamental ou exótico. Ao longo do córrego não existia formação do tipo mata ciliar; restavam apenas vegetações rasteiras, arbustivas e raros exemplares arbóreos, excetuando-se os de cunho exótico.

A descaracterização da formação vegetacional primitiva, aliada ao intenso processo loteador, gerou uma redução das possibilidades de ocupação e utilização dos recursos disponíveis pela fauna local. Assim, foram identificadas duas classes de vertebrados: aves – com nove espécies silvestres comumente observadas em ambientes antropizados – e mamíferos, com espécies domésticas de pequeno a grande porte e espécies silvestres de pequeno porte e hábitos noturnos (roedores, marsupiais e quirópteros), além de répteis (lagartos do gênero *Tropidurus*) e anfíbios.

Meio socioeconômico e infraestrutura urbana

De acordo com dados do Censo Demográfico de 2000, a população na sub-bacia do Córrego Nossa Senhora da Piedade era de 6.713 habitantes, o que correspondia a 0,3% da população total de Belo Horizonte (2.235.980 habitantes) e uma densidade populacional média de 92 hab/ha.

Os assentamentos dessa sub-bacia estão contidos na Unidade de Planejamento (UP) da região norte do município de Belo Horizonte. Na classificação do Índice de Qualidade de Vida (IQVU), a UP ocupava a 71ª posição dentre as 81 unidades de planejamento da cidade, classificada como Classe II, pertencendo assim ao grupo de alto índice de vulnerabilidade.

Com relação ao uso e à ocupação do solo, existia nessa sub-bacia certa homogeneidade caracterizada predominantemente por residências de padrão popular, aparecendo em menor escala residências de padrão médio. A maior parte dos domicílios era formada por residências unifamiliares, sendo apenas 2,2% dessas residências classificadas como apartamentos. Ao longo do curso d'água, existiam ainda algumas casas com vastos quintais remanescentes de antigas chácaras.

O rendimento médio mensal dos responsáveis pelos domicílios constitui-se em um indicador da qualidade de vida da população. Os dados para os setores incluídos nesta sub-bacia indicavam um menor acesso dos moradores da região a bens e serviços, uma vez que o rendimento médio dos responsáveis pelas famílias era de 3,8 salários mínimos mensais, enquanto a média em Belo Horizonte era de 6,1 salários.

Os índices de população atendida pelos sistemas de abastecimento de água, esgotamento sanitário, viário e de resíduos sólidos variavam entre 75% e 92%. Apesar de os índices serem relativamente altos, havia um número significativo da população residente nas proximidades do curso d'água que não era atendida por esses serviços.

Para o atendimento primário, a população residente nessa sub-bacia contava com dois centros de saúde. Como a população localizada nas proximidades do córrego não era atendida em sua totalidade pelos serviços de saneamento básico, muitas das doenças detectadas estavam na categoria das que poderiam ser evitadas se houvesse 100% de atendimento de infraestrutura de saneamento.

A sub-bacia do córrego da Av. Nossa Senhora da Piedade possui sistema de esgotamento sanitário constituído por redes coletoras e interceptor apenas em um trecho canalizado. A rede coletora contempla a quase totalidade da sub-bacia; entretanto, existiam diversos pontos de lançamento de esgotos diretamente no curso d'água e no sistema de drenagem pluvial.

Os serviços de limpeza urbana abrangem a coleta de lixo, varrição, capina nas vias públicas, além do transporte do material até o aterro sanitário. Entretanto, no caso em questão, além de ruas sem pavimentação que evidentemente não possuíam o serviço de varrição, ainda foram identificados alguns logradouros sem coleta de lixo e lançamentos clandestinos de lixo e entulho ao longo de todo o córrego.

Considerações das potencialidades locais

Pela Lei de Parcelamento, Ocupação e Uso do Solo, a área da sub-bacia localizada na margem esquerda do córrego é classificada como Zona de Adensamento Preferencial (ZAP) e a área à direita como Zona de Adensamento Restrito-2 (ZAR-2). Superpondo-se a elas, no alto curso do córrego, abrangendo suas principais nascentes, existe uma área de interesse ambiental, denominada Área de Diretrizes Especiais (ADE-1).

A ADE de interesse ambiental, segundo uma Lei municipal, "é constituída por áreas nas quais existe interesse público na preservação ambiental, a ser incentivada pela aplicação de mecanismos compensatórios".

As ADEs, de modo geral, permitem a implantação de políticas específicas para sua área de abrangência, baseadas em "parâmetros urbanísticos, fiscais e de funcionamento de atividades diferenciados, que se sobrepõem aos do zoneamento e sobre eles preponderam" (de acordo com Lei). Um dos parâmetros em questão é a manutenção de maior taxa de permeabilidade dos terrenos.

O fundo de vale do Córrego Nossa Senhora da Piedade não apresentava invasões típicas dos assentamentos urbanos não convencionais, a exemplo de vilas e favelas. Por outro lado, a regularização urbanística-ambiental do fundo de vale implicou a desapropriação das famílias residentes diretamente na área objeto de intervenção.

Embora as expectativas da população local aparentassem valorizar a solução dada ao trecho já canalizado do córrego sob uma avenida, o fundo de vale a montante ainda oferecia condições para um projeto diferenciado, compatível com o saneamento ambiental proposto, o qual contemplava também a implantação de sistema viário, sua integração urbanística e criação de áreas para uso público e social.

A Figura 9.2 ilustra a situação ao longo do Córrego Nossa Senhora da Piedade antes das intervenções realizadas.

Tratamento do fundo de vale da sub-bacia do Córrego Nossa Senhora da Piedade

Eixo obras

As três alternativas estudadas de tratamento do fundo de vale da sub-bacia do Córrego Nossa Senhora da Piedade levaram em consideração as diretrizes estabelecidas pelo órgão gestor de trânsito de Belo Horizonte, as Leis do Plano Diretor e de Parcelamento, Ocupação e Uso do Solo.

Na alternativa 1 foi proposto um canal fechado em galeria celular de concreto em um trecho entre duas ruas, complementando a Av. Nossa Senhora da Piedade como uma via coletora secundária, com largura total de 25 m. O número de desapropriações previsto era de 126 imóveis.

A alternativa 2 propunha o tratamento do curso d'água em dois segmentos distintos determinados pela geometria viária proposta, com redução da largura da via principal de 25 m para 15 m e alargamento de outra rua para 10 m de pista, que passaria a atuar como via auxiliar no sistema binário de tráfego. Para a travessia de uma das ruas, foi dimensionado bueiro simples celular de concreto, seção 2,5 × 2,0 m, em galeria de 70 m de extensão. Para o primeiro segmento, com extensão de 150 m, foi projetado um canal aberto em concreto, revestido de pedras, visando preservar o aspecto natural do curso d'água, com exceção das travessias. Na saída do canal foi projetada uma estrutura de dissipação de energia com extensão de 25 m, devido às altas velocidades de escoamento resultantes. O segundo segmento, com extensão de 275 m, com início no dissipador de energia, foi também projetado sem revestimento e se interligava à galeria existente, contemplando ainda uma contenção ao longo da avenida proposta. Em alguns pontos foram também previstos dispositivos de proteção em *cut-offs*

Figura 9.2 – Situação ao longo do Córrego Nossa Senhora da Piedade antes das intervenções realizadas pelo programa Drenurbs.

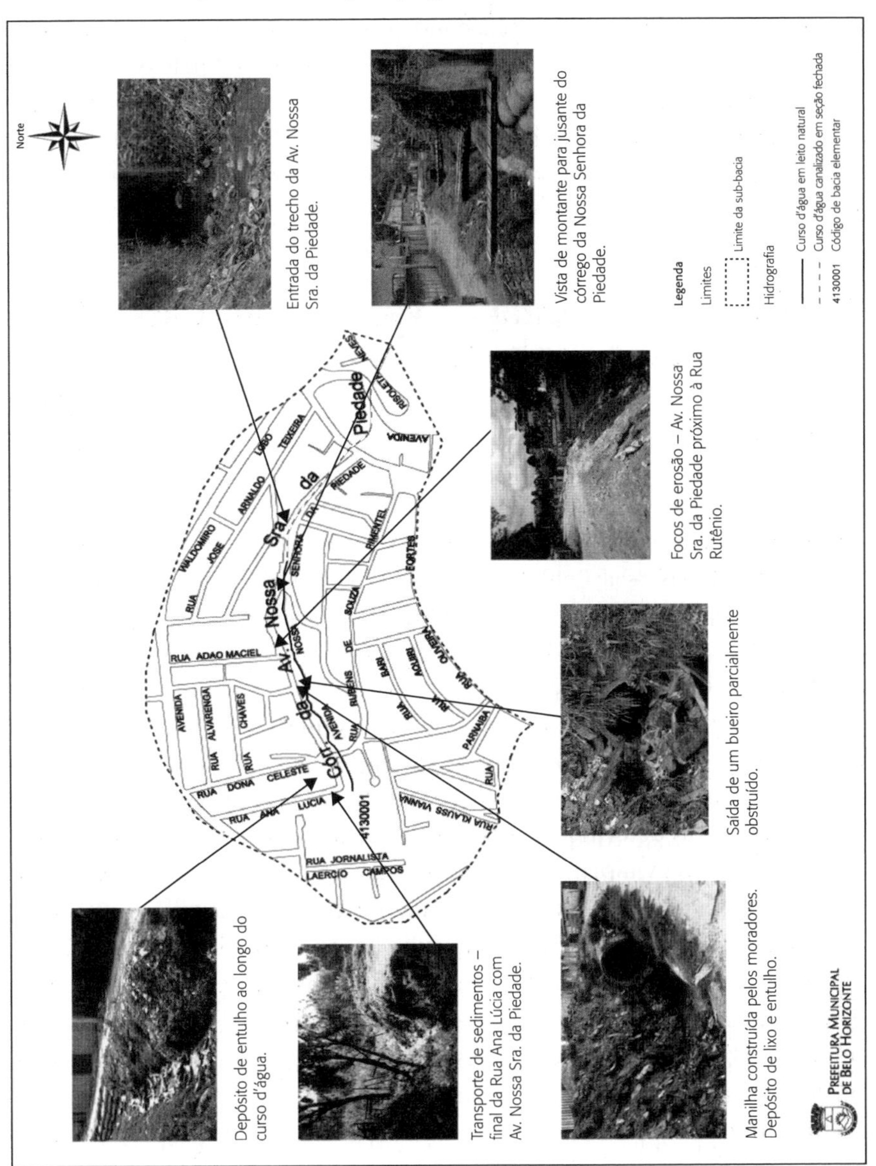

Fonte: adaptada de acervo da PBH.

e/ou pequenos barramentos, para reduzir a declividade do perfil longitudinal e evitar início de processos erosivos.

Ainda neste segmento, foi projetado um macrocanal com seção variável, cuja função hidráulica era amortecer o escoamento, melhorando as condições de entrada na transição para o canal fechado existente.

A estrutura de transição foi projetada em concreto, com extensão de 45 m e declividade acentuada para acelerar o escoamento, reduzir as perdas de carga, conformando a lâmina d'água à entrada da seção existente de 1,6 × 2,4 m. O número de desapropriações previsto era de 169 imóveis.

Na alternativa 3 optou-se por deslocar para a esquerda uma Avenida (Avenida Nossa Senhora da Piedade), com faixa de 15 m, respeitando assim a área de inundação, para a situação atual e futura do projeto, observando períodos de retorno de 25 e/ou 50 anos, considerada a condição mais desfavorável. Esta alternativa permitiu manter a calha natural em toda a extensão do curso d'água, à exceção de um trecho de 90 m no final, onde se fez necessária a implantação de uma galeria fechada de concreto, funcionando como bueiro e estrutura de transição sob a avenida.

O número de desapropriações foi de 175 famílias, sendo 130 residentes e 45 proprietárias de domicílios ou terrenos vagos. O custo total para a implantação da alternativa 3 foi de R$ 23.640.293,00, sendo R$ 8.163.434,00 relativos a desapropriações.

Em todas as alternativas estava prevista a implantação de parque com espelho d'água na área a montante, com função de preservar as nascentes e o cenário paisagístico, sem função de estocagem de volumes de água. Também, em todas as alternativas propostas, a seção de controle hidráulico consistia na galeria existente a jusante do trecho projetado.

Os princípios básicos preconizados pelo programa Drenurbs para a escolha da melhor alternativa foram:

- Privilegiar soluções que contemplassem a manutenção e/ou recuperação do curso d'água e sua inserção na paisagem urbana, com o mínimo de impacto ambiental possível e dentro de limitações locais.
- Privilegiar soluções que minimizassem os impactos negativos e os prejuízos à população diretamente afetada.
- Evitar o uso de estruturas de macrodrenagem revestidas, uma vez que elas proporcionam a aceleração do escoamento, aumentando, desta forma, as vazões de pico.

- Adotar tecnologias de intervenção que preservassem o aspecto natural do leito e das planícies de inundação dos cursos d'água, conservando, sempre que possível, a morfologia fluvial existente, com a finalidade da recuperação ambiental da área e a integração do curso d'água ao ambiente social, além de proporcionar uma inserção paisagística no cenário urbano. Ademais, a adoção de tecnologias que visam à recuperação dos aspectos naturais em relação às tecnologias padrões de drenagem – as quais quase sempre se resumem ao revestimento em concreto – proporciona diversos benefícios hidrológicos e hidráulicos. Os maiores benefícios estão relacionados à redução da velocidade do escoamento e, consequentemente, das vazões de pico, as quais são de magnitudes bastante inferiores para a tecnologia visando à manutenção dos aspectos naturais, quando comparadas aos valores registrados num canal revestido em concreto.
- Compatibilizar o tratamento do fundo de vale com o sistema viário e com o menor número de desapropriações.
- Criar mecanismos capazes de impedir novas ocupações na planície de inundação e nas áreas de expansão urbana.

As alternativas 1 e 2 que contemplavam a canalização total e parcial do curso d'água apresentavam-se fora das premissas básicas e diretrizes do programa. A alternativa 3, priorizando a renaturalização do córrego e sua inserção na paisagem urbana, além de criar áreas de lazer e de convívio social, promovia também a transformação da ADE existente em área de proteção ambiental, indo assim ao encontro de todas as diretrizes preconizadas pelo programa. Além disso, a implantação do Parque Nossa Senhora da Piedade mantinha as áreas permeáveis, diminuindo a velocidade de escoamento, evitando, assim, inundações.

Em junho de 2007 deu-se início à execução das seguintes intervenções:

- Implantação do Parque Nossa Senhora da Piedade (área de proteção ambiental).
- Revegetação da área do parque com o plantio de cerca 500 indivíduos arbóreos, entre espécies pioneiras, secundárias e clímaxes.
- Execução de dique para a viabilização de um espelho d'água na área junto às nascentes do córrego.

- Tratamento das margens do córrego.
- Regularização e proteção de taludes e calhas.
- Recuperação e controle de erosões.
- Implantação de interceptores de esgoto sanitário.
- Implantação de redes de esgoto sanitário.
- Implantação de redes de microdrenagem.
- Implantação de bacia de detenção de cheia.
- Implantação e/ou complementação de sistema viário (interligação, pavimentação com as vias transversais).

A Figura 9.3 ilustra o projeto com as intervenções executadas.

Eixo socioambiental – implementação do Plano de Gestão Ambiental e Social

A construção da sustentabilidade urbana pressupõe o fortalecimento da cidadania e exige a participação dos vários setores sociais. Todos são convocados a contribuir na identificação, proposição e realização de ações que permitam a concretização de um meio ambiente urbano com qualidade de vida.

Nessa perspectiva, a implementação do programa Drenurbs, enquanto concepção inovadora no tratamento dos cursos d'água, para ser bem-sucedida, deveria contar com a compreensão e participação da sociedade civil, em especial do público atingido pelos empreendimentos propostos, criando assim uma nova percepção e apropriação do espaço coletivo.

Ademais, a complexidade dos problemas socioambientais nas bacias contempladas exige o estímulo à sinergia entre os atores sociais e espaços de colaboração, mobilizando recursos potencialmente existentes nessas áreas. Nesse sentido, desenvolveu-se um Plano de Gestão Ambiental e Social (PGAS) como ferramenta para concretizar tais objetivos.

O PGAS consiste no gerenciamento e integração do conjunto de planos envolvendo todas as medidas e ações necessárias ao planejamento, concepção, licenciamento, execução, operação, manutenção e ao monitoramento da qualidade ambiental de projetos e obras.

Figura 9.3 – Projeto com as intervenções executadas na sub-bacia Nossa Senhora da Piedade.

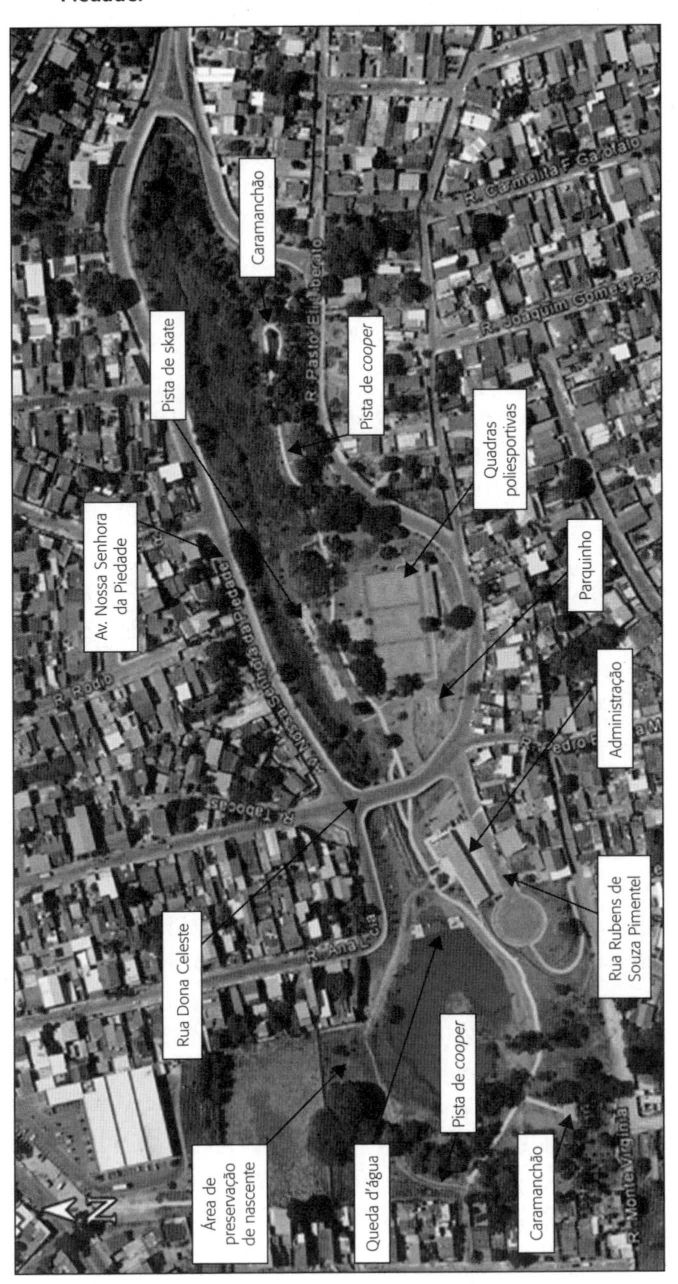

Fonte: adaptada de acervo da PBH.

O PGAS, conforme ilustrado pela Figura 9.4, é composto de planos que englobam:

- Processos de Licenciamento Ambiental.
- Plano de Desapropriação e Relocalização de Famílias (PDR).
- Plano de Comunicação e Mobilização Social.
- Plano de Educação Ambiental.
- Plano de Controle Ambiental de Obras.
- Plano de Monitoramento da Qualidade das Águas.
- Plano de Fortalecimento Institucional.

Figura 9.4 – Componentes que integram o Plano de Gestão Socioambiental do Programa Drenurbs.

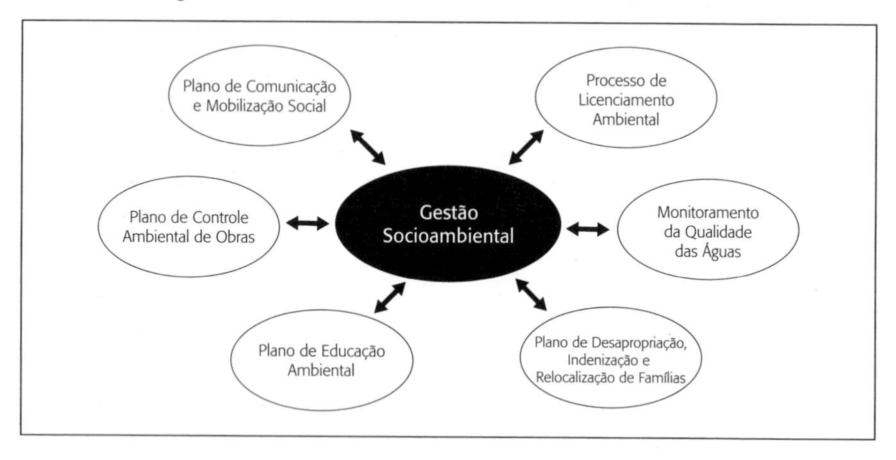

Fonte: acervo da PBH.

Considerando que a implantação do PGAS corresponde ao desenvolvimento de componentes sociais e ambientais, destaca-se, na perspectiva social, a implementação dos Planos de Educação Ambiental, de Mobilização, Comunicação Social e de Desapropriação e Relocalização de Famílias, os quais contam com diversas ações e produtos voltados ao envolvimento e fortalecimento socioambiental da população residente nas áreas de intervenção.

Os três programas sociais foram realizados por empresas contratadas com a supervisão de especialistas integrantes da Unidade Executora do Programa (UEP), seguindo diretrizes estabelecidas pelas políticas públicas de Educação Ambiental, Habitação e de Comunicação e Mobilização Social do Município determinadas pelas secretarias competentes e corresponsáveis pela sua implantação.

Plano de desapropriação e relocalização de famílias da sub-bacia Nossa Senhora da Piedade

O PDR visa mitigar os impactos negativos para a população afetada na liberação e no controle de ocupação da área requerida para a implantação das obras. Contém as propostas metodológicas para as ações de desapropriação, indenização e remoção, bem como a análise dos dados do cadastro socioeconômico das famílias afetadas, com vistas a viabilizar a implantação das intervenções necessárias.

No PDR ocorre o acompanhamento social das famílias afetadas desde o período de definição da área destinada às intervenções. A delimitação do público-alvo permite a realização de reuniões para a apresentação do programa Drenurbs e das alternativas de relocalização, com o detalhamento da metodologia utilizada nos processos de desapropriação e indenização dessas famílias. Destaca-se o investimento do programa, coerente com a Política Municipal de Habitação, para que a família seja reassentada na sua região de origem numa tentativa de amenizar o impacto oriundo do rompimento com os vínculos sociais existentes.

Após a liberação da área para a implantação das intervenções, é realizado o trabalho de monitoramento e avaliação pós-mudança, cuja metodologia consiste na aplicação de questionários em uma amostra representativa que ocorre com três rodadas de pesquisas: 6, 12 e 18 meses após a mudança.

As intervenções realizadas na sub-bacia do Córrego Nossa Senhora da Piedade afetaram diretamente 175 domicílios de uso residencial e comercial. Para conhecimento mais detalhado das famílias e de suas habitações foi realizado o cadastro socioeconômico das famílias afetadas. De acordo com os dados do cadastro, a área de intervenção apresentava ocupação consolidada e com forte vinculação dos moradores com a região, uma vez que 82% dos domicílios eram próprios e quase a metade dos moradores possuía escritura do imóvel, além do que, 60% das famílias moravam no local há mais de 10 anos.

Tendo em vista os indicadores socioeconômicos apresentados, foi possível avaliar que o núcleo habitacional em questão era ocupado predominantemente por famílias de classe média baixa. Os dados demonstravam que os domicílios possuíam, em sua maioria, de 4 a 8 cômodos (61% de frequência registrada), com relativa infraestrutura (água, energia elétrica e telefone), e eram ocupados por famílias cuja renda predominante se situava no intervalo de 1 a 5 salários mínimos (77%), e 15% recebiam mais que 6 salários mínimos mensais. Outro indicador verificado foi que apenas cerca de um terço dos moradores possuía mais de 11 anos de estudo.

Vale destacar, ainda, a abordagem e o tratamento institucional empregados, visto que 75,25% dos moradores pesquisados afirmaram conhecer o programa Drenurbs e 54,12% informaram já ter participado de alguma reunião desse programa.

Planos de educação ambiental, mobilização e comunicação social

Os componentes sociais – em especial os Planos de Educação Ambiental e de Mobilização e Comunicação Social – têm o objetivo comum de atuar na busca da preservação das intervenções realizadas e no fortalecimento da organização comunitária e da gestão compartilhada das áreas recuperadas. Nesse sentido, a articulação com os órgãos gestores de parques e áreas verdes, em especial a Fundação de Parques Municipais e Secretaria de Administração Regional Municipal Norte, foi enfatizada desde o início das intervenções, sendo frequentemente realizadas reuniões técnicas e comunitárias.

Como estratégia para o desenvolvimento das atividades definidas nesses planos foi constituída a Comissão Drenurbs Nossa Senhora da Piedade, formada por representantes da comunidade residente na área, dos órgãos públicos, das forças sociais, econômicas e políticas existentes na localidade e pelo público escolar.

Para o desenvolvimento do Plano de Educação Ambiental da Sub-bacia do Córrego Nossa Senhora da Piedade, primeiramente, foi realizado o Diagnóstico de Percepção Socioambiental *ex-ante*, elaborado a partir de entrevistas semiestruturadas contendo 56 perguntas dirigidas a 120 indivíduos adultos de ambos os sexos, responsáveis pela chefia da família ou relacionados a ela. O objetivo da pesquisa *ex-ante* era conhecer a percepção socioambiental da comunidade em função da realidade existente antes das intervenções realizadas. Assim, os temas abordados procuraram caracterizar a população do local, identificando o entrevistado, a composição da família e as condições de moradia, o seu conhecimento em relação à sub-bacia e ao programa Drenurbs, os seus conceitos, percepções e atitudes em relação ao bairro e ao córrego, bem como outras questões relativas à saúde, qualidade de vida e participação social.

Esse diagnóstico contou também com um Grupo Focal, técnica qualitativa que utilizou a interação de 10 pessoas selecionadas do grupo de entrevistados para produção de dados e *insights* sobre a percepção socioambiental dos moradores, que seria menos acessível num contexto de entrevista individual. Os temas abordados nos grupos focais foram: meio ambiente e o córrego: problemas e responsabilidades; recuperação do córrego: conceitos e projetos; e educação socioambiental.

Após a pesquisa de percepção *ex-ante* e com a participação da Comissão Drenurbs Nossa Senhora da Piedade foi elaborado o Plano Local de Educação Ambiental, denominado Plea, definindo quais as principais ações a serem realizadas junto aos moradores visando à implantação e consolidação de uma prática socioambiental voltada para a preservação das áreas a serem revitalizadas.

Importante observar que o grande desafio das ações de educação ambiental era o de rever conceitos e fornecer argumentos para a "não canalização" e para a recuperação e inserção dos cursos d'água à paisagem urbana com a incorporação de novas atitudes e valores pela comunidade local em relação ao Córrego Nossa Senhora da Piedade, visto que, tradicionalmente, esse córrego era tratado como depósito de lixo e esgoto a céu aberto e proporcionava à comunidade um sentimento de repulsa e desprezo para com o seu destino.

Assim, foi utilizado um conjunto de atividades sucessivas e interdependentes, trabalhando três dimensões: conhecimento, percepção e atitude, com a finalidade de contribuir para o sentimento de pertencimento, construindo conjuntamente novos valores.

Para trabalhar as três dimensões citadas, foram realizadas atividades, que, entre outras, incluíram:

- Confecção de painel fotográfico mostrando a história do córrego e o projeto do parque para fortalecer a identidade da comunidade com esses elementos.
- Desenvolvimento de trabalhos interdisciplinares nas escolas enfatizando temas relacionados ao parque e às águas urbanas com a finalidade de consolidar hábitos e atitudes socioambientais responsáveis por parte da comunidade escolar.

- Realização de palestras para a comunidade abordando temas ambientais relevantes.
- Realização de caminhadas comunitárias de percepção ambiental visando à valorização dos recursos ambientais existentes em cada área.

Na estruturação do Plea Nossa Senhora da Piedade, as ações de educação ambiental foram agrupadas de acordo com o público a que se destinavam, a saber: a comissão Drenurbs, as escolas localizadas na sub-bacia e a comunidade em geral, e foram desenvolvidas concomitantemente às intervenções efetuadas.

Articulado aos demais componentes do programa Drenurbs no PGAS, o Plano de Mobilização e Comunicação Social constituiu-se em importante veículo de informação e participação comunitária nas diversas etapas das intervenções, pois durante a elaboração dos projetos, os moradores foram motivados a apresentar sugestões e demandas que foram discutidas e incorporadas aos projetos aprovados pelas comunidades. Durante a execução das obras foram promovidas assembleias para a discussão e aprovação, entre outros temas, do Plano de Gestão e Manutenção do Parque, necessário ao seu adequado funcionamento e operação. Foram realizadas também visitas monitoradas às obras para que a comissão fiscalizasse o que foi acordado na aprovação dos projetos e participasse com sugestões na busca conjunta de soluções aos seus impactos, além de apresentar demandas e esclarecer dúvidas em geral.

Para garantir o acesso às informações a todos os moradores, foram realizadas caravanas de mobilização social e visitas porta a porta, nas quais técnicos da UEP e integrantes da comissão apresentavam o programa para outros moradores da bacia hidrográfica e esclareciam dúvidas.

Na fase final das obras, a mobilização social buscou intensificar a identidade da comissão, na qualidade de instância representativa da comunidade, incentivando-a a atuar também após a conclusão das obras numa interface entre o poder público e a comunidade, favorecendo também a consolidação de uma gestão compartilhada das áreas revitalizadas.

Ao final de todas as intervenções, foram realizadas novas pesquisas para avaliação da percepção dos moradores em relação às transformações ocorridas nas áreas de intervenção. O resultado das pesquisas foi denominado Diagnóstico de Percepção Ambiental *ex-post*. Procurou-se manter na pesquisa *ex-post* os mesmos endereços e o mesmo perfil de entrevistados da pesquisa *ex-ante*, minimizando assim interferências que poderiam afetar os resultados, uma vez que o nível de escolaridade, tempo e local de moradia são fatores que podem alterar concepções e percepções subjetivas. O questionário, composto por 54 perguntas fechadas e abertas, foi aplicado a 120 entrevistados.

A Figura 9.5 ilustra as atividades de educação ambiental e mobilização social desenvolvidas na sub-bacia do Córrego Nossa Senhora da Piedade.

Figura 9.5 – Registro fotográfico das atividades de educação ambiental e mobilização social desenvolvidas na sub-bacia do Córrego Nossa Senhora da Piedade.

Apresentação do projeto do Parque Nossa Senhora da Piedade nas escolas

Divulgação das intervenções do programa Drenurbs em estabelecimentos comerciais

Evento de inauguração do Parque Nossa Senhora da Piedade

Planos de controle ambiental de obras

No âmbito do PGAS, além dos planos voltados para o acompanhamento social, são também desenvolvidos os Planos de Controle Ambiental de Obras (PCAO) e de Monitoramento da Qualidade das Águas, bem como todo o processo de licenciamento ambiental do programa.

O PCAO contém diretrizes ambientais que a empresa construtora segue no planejamento e na execução das obras. Contempla os métodos construtivos adequados ao controle ambiental e inclui desde aspectos para localização e operação de canteiros de obra aos aspectos para gerenciamento de resíduos, saúde e segurança, passando pela articulação com os demais programas socioambientais.

Para o acompanhamento e o monitoramento da implantação do PCAO na sub-bacia Nossa Senhora da Piedade, desde o início da execução das obras foram realizadas reuniões nos canteiros de obra e vistorias técnicas com participação de técnicos da UEP, da construtora e de supervisão. Tais atividades objetivavam uma avaliação das alterações de projetos e do cronograma de obras, reavaliação das atividades planejadas e verificação do seu cumprimento no tocante aos impactos ambientais da obra e ao atendimento dos anseios e das reclamações da comunidade.

Plano de monitoramento da qualidade das águas

O Plano de Monitoramento da Qualidade das Águas objetiva avaliar a eficácia das intervenções do Drenurbs no tocante à qualidade das águas dos cursos d'água contemplados pelo programa e, paralelamente, sua integração à rede de monitoramento dos cursos d'água do município de Belo Horizonte.

Na sub-bacia do Córrego Nossa Senhora da Piedade, as coletas e análises para a caracterização do "marco zero", antes do início das obras, foram realizadas em julho e dezembro de 2005, em duas estações de monitoramento, denominadas Estação 1 e Estação 2.

Durante a execução das obras, as campanhas tiveram periodicidade semestral e todos os 38 parâmetros listados na Tabela 9.1 foram analisados.

Em relação à fase após o término da execução das obras, as campanhas tiveram periodicidade trimestral. As oito campanhas foram realizadas em setembro de 2008, janeiro, maio, agosto e novembro de 2009 e abril, julho e novembro de 2010. Na fase pós-execução das obras, foram excluídos os seguintes parâmetros que até então não haviam mostrado relevância em relação ao tipo de ambiente monitorado: arsênio, bário, cádmio, chumbo, cobre, cromo hexavalente, cromo trivalente, mercúrio, níquel e selênio. Além disso, os sulfetos foram substituídos pelo parâmetro sulfatos. Os sulfetos foram monitorados nas duas primeiras fases (marco zero e durante as obras), pois o corpo hídrico estudado apresentava baixa oxigenação e, consequentemente, o enxofre era mais estável na forma de sulfetos. Os baixos resultados de oxigênio dissolvido eram devidos à grande quantidade de efluentes domésticos lançada no córrego. Após as intervenções, com a interceptação dos esgotos, a oxigenação das águas aumentou, justificando a substituição dos sulfetos pelos sulfatos, que são a forma mais oxidada do enxofre. A análise de estreptococos fecais foi incluída nas estações 1 e 2 a partir de agosto de 2009.

Tabela 9.1 – Parâmetros monitorados na sub-bacia do Córrego Nossa Senhora da Piedade.

Parâmetros		
Vazão	Amônia (como NH_3)	Cobre
Temperatura da água	Nitrogênio nítrico	Chumbo
Temperatura do ambiente	Nitrogênio nitroso	Cromo trivalente
Turbidez	Fenóis	Cromo hexavalente
Cor	Cianeto total	Ferro solúvel
Condutividade elétrica	Óleos e graxas	Manganês total
pH	Cloretos	Mercúrio
Sólidos em suspensão	Surfactantes	Níquel
Sólidos dissolvidos	Sulfetos	Selênio
Sólidos totais	Fósforo total	Zinco
Oxigênio dissolvido	Arsênio	Coliformes totais
Demanda bioquímica de oxigênio (DBO)	Bário	Coliformes termotolerantes
Demanda química de oxigênio (DQO)	Cádmio	

Para viabilizar a comparação entre os resultados encontrados antes das obras e após o término das obras foi adotado o índice IQA (Índice de Qualidade das Águas).

No geral, houve melhora na oxigenação das águas do Córrego Nossa Senhora da Piedade após o término das obras. Tendo em vista o limite mínimo fixado pela legislação estadual para o oxigênio dissolvido, a maioria dos resultados obtidos na etapa após a execução das obras foi considerada satisfatória para a manutenção da vida aquática.

Os resultados indicam que as obras realizadas foram eficientes no controle de aporte de partículas sólidas para o córrego.

Nas duas primeiras fases, nas duas estações de amostragem, foram encontradas altas densidades de coliformes termotolerantes no Córrego Nossa Senhora da Piedade. Na Estação 1, na fase após conclusão das obras, a maioria das campanhas apresentou baixas densidades de coliformes termotolerantes. Entretanto, em maio de 2009, uma densidade acima do limite de 1000 org/100 mL foi detectada. Nas campanhas seguintes baixas densidades foram registradas. Nas campanhas de 2010 (abril, julho e novembro), as baixas densidades de coliformes termotolerantes foram mantidas, inclusive com resultados não detectáveis em julho de 2010. Esses resultados são reflexo da redução do lançamento de efluentes sanitários no trecho em questão.

Na Estação 2, densidades de coliformes termotolerantes acima do limite estabelecido pela legislação ambiental foram detectadas nas campanhas de maio, agosto e novembro de 2009. Em abril de 2010, a densidade encontrada foi baixa e em conformidade com o limite estabelecido pela legislação ambiental. Em julho de 2010 foram encontrados 1.000 org/100 mL na Estação 2, estando este resultado ainda em conformidade com a legislação ambiental. No entanto, na campanha de novembro de 2010, novamente foi registrada elevada densidade, com 1500 org/100 mL, provavelmente devido à presença de animais (principalmente patos) no lago formado a montante desse trecho do Córrego Nossa Senhora da Piedade. Esta afirmativa é corroborada pelos valores elevados de estreptococos fecais registrados nas campanhas de 2009 e em julho e novembro de 2010. Também eventuais problemas operacionais em redes coletoras de esgotos, tais como entupimentos, lançamento de águas servidas e ligações clandestinas, podem contribuir para os resultados não conformes.

Com relação ao IQA, de setembro de 2008 a novembro de 2009, os resultados apresentados classificaram a água como de boa a excelente qualidade. Nas campanhas realizadas em 2010 (abril, julho e novembro) também foi observada boa qualidade de água nas duas estações. Na Estação 2, um aumento nos valores de IQA ocorreu nos meses de abril e julho de 2010 se comparados com os meses anteriores. Portanto, foi registrada grande melhora em relação à fase que antecedeu as intervenções do programa Drenurbs. A melhoria observada nas condições da água deste córrego é atribuída à redução da quantidade de esgotos sem tratamento lançados no corpo d'água.

A Figura 9.6 apresenta os resultados referentes ao IQA no Córrego Nossa Senhora da Piedade no período de julho de 2005 a novembro de 2010, nas estações 1 e 2, respectivamente.

Figura 9.6 – Índice de Qualidade das Águas no Córrego Nossa Senhora da Piedade.

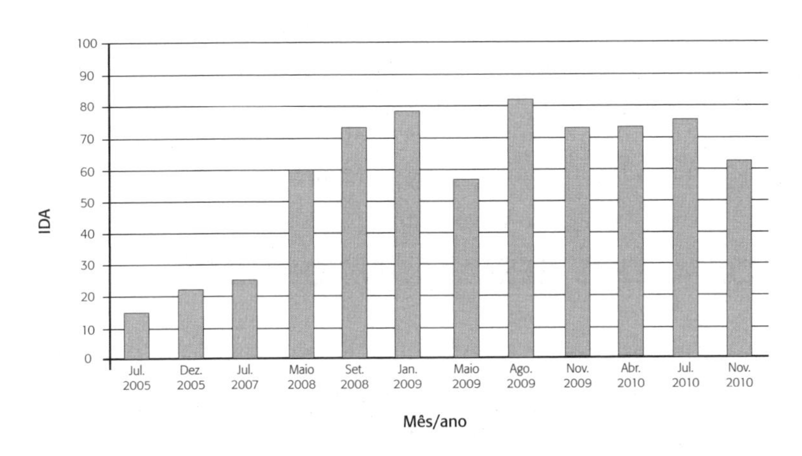

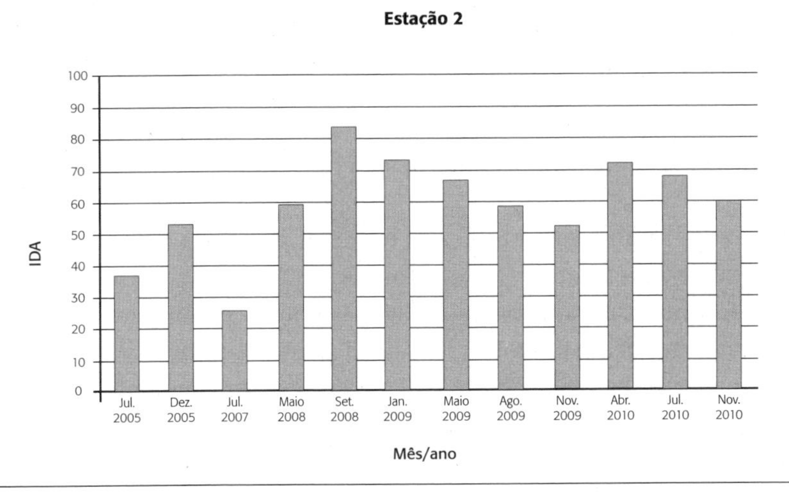

Fonte: acervo da PBH.

Eixo desenvolvimento institucional

Com relação ao desenvolvimento institucional, cabe observar que alguns dos seus componentes estão em fase de conclusão e os demais em implantação ou passando por ajustes. O que se pretende com a experiência adquirida com a conclusão dos estudos, projetos e o resultado das ações que integram o programa Drenurbs é viabilizar a *expertise* necessária para a elaboração da segunda etapa do Plano Diretor e Drenagem Urbana de Belo Horizonte, contemplando um modelo de gestão mais eficiente do serviço de drenagem do município, capaz de possibilitar uma política pública municipal eficaz do serviço de controle de cheias e outros eventos extremos da natureza, com ênfase em um sistema de alerta de inundações, bem como de uma estrutura administrativa correspondente.

DISCUSSÃO DOS RESULTADOS OBTIDOS

A avaliação dos avanços do programa Drenurbs inclui o acompanhamento do marco lógico que contém os indicadores de desempenho representados pela melhoria da qualidade de vida dos habitantes de Belo Horizonte; melhoria das condições de salubridade dos habitantes residentes nas bacias contempladas; melhoria da gestão urbana e ambiental; e pelos quantitativos relativos à implantação de obras que propiciam a redução de risco de inundação e melhoria da qualidade dos cursos d'água. Na sub-bacia Nossa Senhora da Piedade, onde as obras já foram concluídas, podem ser verificados os seguintes indicadores de desempenho:

- Índice de Salubridade Ambiental (ISA), estabelecido pelo Plano Municipal de Saneamento de Belo Horizonte (PMBH), construído a partir do somatório ponderado de índices setoriais referentes aos cinco aspectos tradicionalmente identificados como componentes do saneamento ambiental – abastecimento de água, esgotamento sanitário, resíduos sólidos, drenagem e controle de vetores. Os resultados do ISA são atualizados a cada dois anos e aprovados pelo Conselho Municipal de Saneamento do PMBH (Comusa). O ISA na sub-bacia do Córrego Nossa Senhora da Piedade passou de 0,82 em 2003 para 0,99 em 2010.
- Eliminação dos problemas de inundação que ocorriam em dois trechos na sub-bacia Nossa Senhora da Piedade, em 2003, para zero, em 2010.

- Interceptação de 358,44 kg de DBO/dia de carga contaminante no curso d'água, em novembro de 2010, verificada pelo Plano de Monitoramento da Qualidade das águas, com periodicidade trimestral.
- Redução da deposição irregular de resíduos sólidos de 5 m^3/ano, em 2003, para 1 m^3/ano, em 2010.
- Implantação de 1,86 km de obras de drenagem, 1,87 km de vias, 5,4 ha de parque linear e áreas de uso social, 1,66 km de redes coletoras, 1,9 km de interceptores e 95 ligações domiciliares de esgoto.
- Realizados 175 reassentamentos involuntários com a relocalização das famílias residentes em áreas de risco de inundação e com interferência nas intervenções propostas.
- Implantação do Plano de Educação Sanitária e Ambiental, com a capacitação de 19 agentes comunitários para a gestão compartilhada das áreas recuperadas, 24 reuniões e eventos realizados para a educação ambiental e a participação de 1.400 crianças em atividades de valorização ambiental realizadas até julho de 2009. O processo de avaliação aconteceu de forma constante e periódica no decorrer da implantação do empreendimento.

Além dos resultados quantitativos expressos no marco lógico, os principais resultados qualitativos obtidos pelo programa podem ser observados *in loco, d*entre os quais destacam-se:

- Melhoria significativa da qualidade do espaço urbano devido à implantação de área de convívio social, em locais nos quais, anteriormente, existia uma paisagem deteriorada, mudando o visual da região, inserindo na paisagem urbana um curso d'água recuperado e integrado ao parque incorporado e apropriado pela comunidade.
- Melhorias nas relações sociais em decorrência das ações de comunicação e educação ambiental que criaram na comunidade um senso de cidadania e comprometimento com a conservação do meio ambiente.

As Figuras 9.7 e 9.8 ilustram os resultados obtidos, comprovando a efetiva melhoria no que tange especialmente à recuperação ambiental da área contemplada.

Especificamente em relação às questões ambientais, destaca-se a melhoria da qualidade da água do córrego recuperado, conforme dados referentes ao IQA nas duas estações monitoradas do Córrego Nossa Senhora da Piedade.

Importante observar que os resultados de todas as análises relativas ao monitoramento da qualidade das águas estão sendo armazenados em um banco de dados e incorporados ao Sistema Integrado de Informações Ambientais Georreferenciadas (Singeo), ferramenta viabilizada pelo programa, em fase final de conclusão. Esse banco de dados será incorporado à Rede Integrada de Monitoramento das Águas do Município e, posteriormente, também poderá compor a Rede Integrada de Monitoramento de bacias estaduais.

Com relação às propostas metodológicas dos planos de desapropriação e relocalização de famílias, mobilização, comunicação social e de educação ambiental, avalia-se que as ações e estratégias implementadas foram adequadas às políticas públicas de educação ambiental, habitacional, de comunicação e mobilização social do município, garantindo a participação comunitária durante todas as fases de intervenção. Essa participação iniciou-se com o processo de sensibilização e mobilização da comunidade para adesão ao programa, a partir do qual foram estabelecidos canais permanentes de interlocução com os gestores públicos. Nesse sentido, foram realizados encontros periódicos ampliados ou com temas específicos com o objetivo de captar as expectativas da população, garantir o repasse de informações, bem como criar estratégias conjuntas para minimizar os possíveis conflitos de interesses entre população e empreendimento.

Os Planos de Mobilização, Comunicação Social e de Educação Ambiental contaram com diversas atividades e produtos voltados ao fortalecimento do vínculo e envolvimento comunitário dos moradores da sub-bacia do Córrego Nossa Senhora da Piedade pelas ações do programa, o que os motivou a se tornarem agentes multiplicadores de valores e atitudes responsáveis pelo meio ambiente.

A partir da análise dos dados coletados nos diagnósticos de percepção ambiental, *ex antes* e *ex post*, constatou-se que os objetivos qualitativos foram alcançados. Entretanto, apesar de a comunidade da sub-bacia do Córrego Nossa Senhora da Piedade ter recebido as ferramentas necessárias para que pudesse assimilar os conceitos aplicados de consciência, educação ambiental, meio ambiente e preservação, observou-se que, mesmo com as intervenções no córrego e a implantação do parque, ainda assim seria preciso mais tempo para que fossem incorporados por todos, ou pelo menos por grande parte da comunidade, tais conceitos. Afinal, mudanças que reorganizam o espaço físico-geográfico não necessariamente têm o condão de, ao mesmo tempo, reorganizar o espaço social.

Figura 9.7 – Vista aérea da sub-bacia do Córrego Nossa Senhora da Piedade, após a implantação do Parque Nossa Senhora da Piedade.

Fonte: acervo da PBH.

Figura 9.8 – Situação antes e após as obras na sub-bacia do Córrego Nossa Senhora da Piedade.

Vista da área do lago e da entrada do Parque Nossa Senhora da Piedade.

Vista parcial da pista de caminhada, de um trecho do córrego tratado e do lago.

Fonte: acervo da PBH.

Após a inauguração do parque, a Fundação de Parques Municipais, órgão responsável pela gestão desse espaço, deu continuidade às ações de mobilização e de educação ambiental realizando diversos eventos para consolidar não apenas a conscientização coletiva, mas estabelecer uma nova cultura e noção de cidadania e respeito pelos equipamentos públicos, bem como assegurar os avanços obtidos em termos de gestão participativa.

Assim, destaca-se a continuidade da articulação com as políticas setoriais desenvolvidas na bacia, em que se constatou a grande disponibilidade das entidades sociais e representantes dessas políticas para o desenvolvimento de ações educativas, favorecendo a consolidação de uma rede social, contribuindo assim para o empoderamento da comunidade local.

CONSIDERAÇÕES FINAIS

O Programa de Restauração de Cursos D'água Urbanas em Belo Horizonte baseia-se em uma importante mudança conceitual que vem repercutindo em vários setores públicos e na sociedade como um todo, ao incorporar uma concepção geral de cunho socioambiental e não somente sanitário ou de drenagem. Assim, o programa abandona a sistemática adoção das canalizações como única solução de drenagem e, em sentido contrário, propõe soluções de detenção e retenção de água a montante, mitigando inundações e incorporando os cursos d'água recuperados à paisagem urbana, com impactos positivos na reabilitação da flora e da fauna aquática e na melhoria da qualidade de vida das comunidades.

Além dessa inflexão no conceito de drenagem e manejo de águas pluviais, também sob a perspectiva social, é significativa a contribuição do programa, tanto pela intervenção nos fundos de vale degradados e ocupados irregularmente como pela transformação e recuperação destas áreas em parques lineares incorporados à paisagem urbana.

Considerando os resultados obtidos na sub-bacia do Córrego Nossa Senhora da Piedade, constata-se que o programa alcançou os objetivos almejados. As intervenções realizadas promoveram a requalificação da área, valorizando os imóveis e estimulando novas construções e reformas, com consequentes alterações de uso e adensamento populacional. A complementação do sistema viário viabilizou a acessibilidade local, com melhoria da articulação interna do bairro e deste com o seu entorno. A implantação de interceptores e a universalização da coleta de lixo acarretaram melhoria significativa do IQA do Córrego Nossa Senhora da Piedade, das condições sanitárias da região e de saúde da população.

A implantação de parques lineares constitui-se em uma medida eficaz para proteção das áreas de preservação permanente, além de prover a comunidade de meios de lazer e recreação em áreas anteriormente degradadas. Além disso, com a preservação das várzeas é oferecida a vantagem da contenção de inundações e também a preservação de ecossistemas naturais.

Entende-se que a proposta do programa – que busca reverter a tendência histórica de se revestir os canais naturais em vigor desde a construção da cidade, ocorrida na última década do século XIX – tem alcançado êxito na gestão compartilhada envolvendo o poder público e os moradores para a conquista da preservação e da conservação dos ambientes recuperados.

Avalia-se que o sucesso deste programa dependerá da capacidade da administração local em captar recursos para a continuidade das intervenções nas demais bacias hidrográficas do município, demonstrando a vantagem dessa solução sob todos os seus aspectos, enquanto alternativa viável técnica, econômica e ambiental.

REFERÊNCIAS

AROEIRA, R.M.; MIRANDA, C.M.V.C; OLIVEIRA, R. P. Uma Nova Abordagem para a Gestão da Drenagem Urbana de Belo Horizonte. In: 40ª Assembleia Nacional da Associação Nacional dos Serviços Municipais de Saneamento (Assemae). 2010, Uberaba, Anais eletrônicos V-7.

MIRANDA, C.M.V.C; AROEIRA, R.M; BONTEMPO, V.L. Planejamento Integrado para Gestão das Bacias Hidrográficas: A experiência do Programa de Recuperação Ambiental de Belo Horizonte. In: 25º Congresso Brasileiro de Engenharia Sanitária e Ambiental. 2009, Recife, Anais eletrônicos IV-162.

MIRANDA, C.M.V.C; AROEIRA, R.M.; OLIVEIRA, R.P. Plano de Gestão Ambiental e Social do Programa de Recuperação das Águas de Belo Horizonte. In: 40ª Assembleia Nacional da Associação Nacional dos Serviços Municipais de Saneamento (Assemae). 2010, Uberaba, Anais eletrônicos VIII-21.

PREFEITURA MUNICIPAL DE BELO HORIZONTE, SECRETARIA MUNICIPAL DE POLÍTICAS URBANAS. Drenurbs: Programa de Recuperação Ambiental e Saneamento dos Fundos de Vale dos Córregos em Leito Natural. Diagnóstico Sanitário e Ambiental de Bacias Hidrográfica. Belo Horizonte, 2003.

PREFEITURA MUNICIPAL DE BELO HORIZONTE, SECRETARIA MUNICIPAL DE POLÍTICAS URBANAS; [UEP] UNIDADE DE EXECUÇÃO DO PROGRAMA DRENURBS. Relatório e Plano de Controle Ambiental da Sub-bacia do Córrego Nossa Senhora da Piedade. Belo Horizonte, 2005.

PREFEITURA MUNICIPAL DE BELO HORIZONTE; SECRETARIA MUNICIPAL DE POLÍTICAS URBANAS; [UEP] UNIDADE DE EXECUÇÃO DO PROGRAMA DRENURBS. Programa de Educação Ambiental do Programa Drenurbs na Sub-bacia do Córrego Nossa Senhora da Piedade. Belo Horizonte, 2008.

PREFEITURA MUNICIPAL DE BELO HORIZONTE; SECRETARIA MUNICIPAL DE POLÍTICAS URBANAS; [UEP] UNIDADE DE EXECUÇÃO DO PROGRAMA DRENURBS. Relatório de Monitoramento da Qualidade das Águas da Sub-Bacia do Córrego Nossa Senhora da Piedade. Belo Horizonte, 2010.

Rio das Velhas, Brasil | 10

Maria Rita Scotti Muzzi
Márcio Baptista

INTRODUÇÃO

O Rio das Velhas, importante afluente do Rio São Francisco, ocupa uma posição de destaque no estado de Minas Gerais, tanto pelo seu porte como pelo fato de abrigar a capital mineira, um diversificado parque industrial e diversos empreendimentos minerários, representando, assim, parcela considerável da atividade econômica do estado. Além disso, a bacia foi palco de importantes eventos da história do Brasil, associada ao ciclo do ouro e a movimentos de libertação do país.

Dessa forma, a história da degradação ambiental da bacia do Rio das Velhas remonta à sua ocupação e às atividades econômicas nela desenvolvidas. A colonização teve início no final do século XVII, na esteira de bandeirantes que usavam o trajeto do rio como rota para explorar o interior do país em busca de ouro e gemas preciosas (Camargos, 2005).

Findado o ciclo do ouro, a pecuária e a agricultura expandiram a degradação, principalmente pela conversão de áreas florestadas em pasto e lavoura. Posteriormente, já no fim do século XIX, a fundação da capital, Belo Horizonte, fomentou o adensamento populacional que culminaria na região metropolitana de Belo Horizonte (RMBH), que hoje concentra 70% da população da bacia nos municípios abrangidos por ela (Feam, 2010). O descobrimento de jazidas de minério de ferro na bacia desencadeou um novo ciclo de exploração minerária e estimulou a instalação de siderúrgicas às margens dos cursos da bacia (CBH Velhas, 2012).

Nos dias de hoje, o Rio das Velhas apresenta-se fortemente degradado em diversos trechos, sendo objeto de esforços de recuperação, visando a melhoria da qualidade das águas e a restauração dos ambientes fluviais, como será discutido neste capítulo.

CARACTERIZAÇÃO DA BACIA DO RIO DAS VELHAS

A bacia do Rio das Velhas, no estado de Minas Gerais, possui uma área de drenagem de 29.173 km², situada entre os paralelos 17°15' S e 20°25' S e os meridianos 43°25' W e 44°50' W. Constitui o maior afluente em extensão da bacia do Rio São Francisco e sua área de drenagem ocupa 5% da área do estado, envolvendo 51 municípios (Feam, 2010) (Figura 10.1) com população de aproximadamente 4,3 milhões de habitantes (Camargos, 2005). O Rio das Velhas nasce em Ouro Preto, no Parque Municipal das Andorinhas, e percorre 801 km até sua foz no Rio São Francisco, no distrito de Barra do Guaicuy, município de Várzea da Palma (Feam, 2010). Seus divisores de água são a Serra do Espinhaço a leste e as Serras do Ouro Branco, Moeda e Curral a oeste (Moreira, 2006). A bacia é subdividida em trechos alto, médio e baixo, conforme a Figura 10.1. A maioria dos cursos d'água da bacia apresenta drenagem dendrítica e seus principais tributários são os rios Paraúna, Itabirito, Taquaraçu, Bicudo e Ribeirão da Mata (Camargos, 2005). São ainda dignas de nota as lagoas cársticas de tipo sumidouro, que agem como reservatórios para os rios e são encontradas em municípios como Lagoa Santa e Sete Lagoas (Pessoa, 2005).

Segundo Camargos (2005), três tipos climáticos predominam na bacia: o clima quente de inverno seco na alta bacia; o clima temperado de inverno seco, à margem direita da média bacia; e o clima tropical com verão úmido, à margem esquerda das bacias média e baixa. As precipitações anuais médias na bacia tendem a diminuir da cabeceira para a foz, indo de até 2.000 mm em Ouro Preto a 1.100 mm em Buenópolis e Várzea da Palma, junto ao deságue. As elevadas altitudes da região leste da média bacia permitem precipitações mais altas, chegando a 1.700 mm, principalmente na Serra do Espinhaço. Nos trechos médio e baixo, a estação seca dura três meses, de junho a agosto, e no trecho alto ocorrem secas mais longas, de quatro a cinco meses, de maio a setembro. Já as temperaturas anuais médias tendem a aumentar no sentido montante-jusante da calha principal, indo de 18ºC na cabeceira até 23ºC na foz. Três biomas de biodiversidade significativa ocorrem na bacia: o cerrado, a Mata Atlântica e os campos de altitude. Entretanto, em 2005, a vegetação natural bem preservada, primária ou em estágio avançado de regeneração correspondia a 32,9% da área total da bacia, enquanto fragmentos em estágios mais iniciais de regeneração correspondiam a 14,4% e usos antrópicos ocupavam 48,6% do total (Camargos, 2005) (ver Tabela 10.1).

Figura 10.1 – Localização da bacia do Rio das Velhas em Minas Gerais, seus municípios de abrangência e subdivisões.

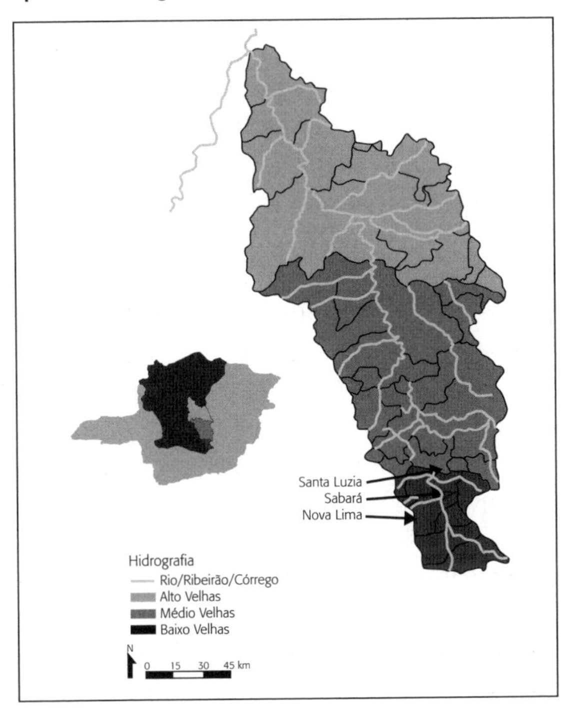

Aspectos hidromorfológicos

O Rio das Velhas tem formato predominantemente meandrante, mas ocorrem também trechos retilíneos ou anastomosados. Por esta característica, o Rio das Velhas, em alguns trechos, tende a capturar ou escavar as margens (erosão) e depositar sedimentos em outros. A calha do Rio das Velhas é aberta e tende à formação de lagoas marginais que se intercomunicam nas cheias. O leito maior inundável é característico desse rio, cuja importância ecológica se relaciona com a formação de lagoas marginais em locais essenciais para a reprodução de várias espécies de peixes e outros representantes da fauna aquática.

Degradação ambiental e qualidade da água

A partir do último século assistiu-se a um processo acelerado de degradação da bacia do Rio das Velhas. Isso se deveu ao aumento significativo das atividades agropecuárias, marcadamente na segunda metade do século passado, e em consequência a expansão das fronteiras agrícolas a partir da década de 1960, especialmente no médio e baixo Rio das Velhas. Por outro lado, nas cabeceiras e no alto Rio das Velhas se localiza o quadrilátero ferrífero e a principal atividade impactante é a mineração, cuja amplitude e intensidade aumentou progressivamente ao longo dos últimos dois séculos até o momento presente (Dean, 1996). A partir de 1897, a transferência da capital para Belo Horizonte trouxe a industrialização e crescimento da região metropolitana e com ela um novo grande impacto para o Rio das Velhas: o aporte de esgoto industrial e doméstico e a ocupação desordenada de suas margens, de suas lagoas marginais e de seu leito maior. A região metropolitana de Belo Horizonte, apesar de ocupar apenas 10% da área territorial desta bacia, é a principal responsável pela degradação do Rio das Velhas, conforme o Projeto Manuelzão[1].

Segundo Alves e Pompeu (2008), os primeiros registros sobre a ictiofauna do Rio das Velhas datam de 1850-1856 em viagens de Johannes Theordor Reinhardt, na região do Alto Velhas. Atualmente a fauna de peixes vem sendo reduzida, sendo representada por espécies de pequeno porte e de baixo valor comercial, que são mais tolerantes ao excesso de matéria orgânica e aos baixos índices de oxigênio dissolvido na água. Callisto e Moreno (2008) mostraram que a qualidade fisico-química (conteúdo de nitrogênio e fósforo, turbidez, condutividade elétrica e oxigênio) da água do Rio das Velhas se encontra muito alterada, exercendo efeito seletivo sobre a co-

[1] O projeto Manuelzão faz parte do programa de extensão da UFMG e possui o objetivo de mobilização social, governamental e empresarial para a revitalização da bacia do Rio das Velhas, maior afluente do Rio São Francisco, que engloba parcerias com 51 municípios mineiros. Este projeto foi proposto pelos professores e alunos da Faculdade de Medicina da Universidade Federal de Minas Gerais (UFMG), sob a coordenação do Prof. Apolo Heringer.

munidade bentônica, considerada bioindicador. Similarmente, esses autores mostraram que as áreas mais degradadas apresentaram grupos bentônicos tolerantes e, nas áreas mais preservadas, foi encontrada maior riqueza taxonômica. As sub-bacias com menor grau de impacto constituem áreas de referência para estudos biológicos.

A Secretaria de Meio Ambiente do Estado de Minas Gerais, entre 2005 e 2010, estabeleceu um programa de recuperação da bacia do Rio das Velhas, tanto do corpo hídrico como de suas matas ciliares. Suas ações foram coordenadas pelo Projeto Manuelzão e os resultados mostraram que a decisão e as ações foram acertadas e a bacia está em processo de recuperação.

Atualmente, a perda de cobertura vegetal na bacia do Rio das Velhas é um problema grave e persistente. Entre julho de 2009 e agosto de 2011, 6.705,89 ha de mata nativa foram suprimidos na bacia do Rio das Velhas (IEF, 2012). O desmatamento está concentrado nas bacias média e baixa, áreas menos desenvolvidas, onde predomina a atividade pecuária e há menor número de áreas protegidas (Camargos, 2005). Estudos preliminares no período de 2004 a 2006, parcialmente financiados pelo Ministério do Meio Ambiente, permitiram diagnosticar diferentes tipos de impactos na bacia do Rio das Velhas quando foi percorrido o rio desde a sua nascente até a foz por via fluvial, aérea e terrestre. A ausência de vegetação natural é quase absoluta, excetuando-se pequenos fragmentos em Macaúbas. Além da perda da vegetação, as matas ciliares foram ocupadas predominantemente por pastagens, atividades industriais e minerárias. Somado a isso, constata-se um elevado grau de impermeabilização da bacia, envolvendo as próprias matas ciliares, cidades e corpos hídricos de importantes afluentes. A principal consequência dessas ações foi a alteração drástica do regime hídrico, instalando-se um processo erosivo que reverbera por toda a bacia. O processo erosivo instalado em diferentes graus ao longo da bacia contribui ainda mais para a alteração do regime hídrico de inundação, o que modifica e perturba a funcionalidade das matas ciliares e de sua biota tanto nas áreas impactadas como nos poucos remanescentes de mata ciliar preservada, impedindo a sucessão onde poderia ocorrer. As espécies invasoras se instalam e a possibilidade de resiliência é eliminada. Apresenta-se a seguir uma análise mais profunda sobre tais impactos.

Impactos sobre matas ciliares

Erosão

Uma das principais consequências do uso inadequado do solo é a erosão, que pode ser de diferentes tipos (Valentin et al., 2005). A maior fonte de sedimentos dos rios está na erosão de suas margens (Zaimes e Schultz, 2012).

Naturalmente, a ação hidráulica sobre as margens dos cursos de água se dá na forma de correntes, originando processos erosivos e de deposição de sedimentos. Estes efeitos naturais estão sob um equilíbrio dinâmico que pode ser rompido pela ação antrópica inadequada das margens dos rios, eliminando a floresta ripária e sua função tampão. Zaimes et al. (2008) mostraram que uma das funções das florestas ripárias é a contenção do processo erosivo das margens e do aporte de sedimentos oriundos de áreas de pastagem e de atividades agrícolas.

Quando o grau de erosão não permite a recuperação das matas ciliares ou RFBS (*Riparian Forest Buffer System*) há indicação da necessidade de estabilização física das margens por meio de técnicas da engenharia para proteção e manutenção do curso d'água estável, conforme tratado no Capítulo 7.

Inundação

A vegetação ripária é um elemento chave do ecossistema ribeirinho que conecta dois ecossistemas, o aquático e o terrestre, cuja evolução depende do regime de fluxo hídrico. A variação do fluxo hídrico, o qual é característico de cada curso d'água, determina uma pressão seletiva sobre a biota. Prevalecerão as espécies aptas a sobreviverem sob dada composição de forças relacionadas ao fluxo hídrico, tais como tempo, frequência, magnitude e duração (Mahoney e Rood, 1993). Dessa forma, a composição da vegetação vai depender do regime natural de fluxo e da interconectividade da floresta ripária (Merritt et al., 2010).

As inundações promovem grandes alterações nas florestas ripárias, modificam a composição da vegetação, sua estrutura, alteram a biomassa produzida e o *pool* de nutrientes do solo, especialmente nitrogênio e fósforo (Boggs e Weaver, 1994).

A fertilidade das áreas inundáveis de RFBS depende dos sedimentos e nutrientes oriundos do rio (Junk et al., 1989) e dos nutrientes liberados no processo de decomposição das liteiras (Brinson, 1977).

A alteração na composição e estrutura da vegetação pode ser atribuída à pouca adaptação das espécies à inundação e ao aporte de propágulos de espécies invasoras.

A maioria das espécies arbóreas ripárias é freatófita, ou seja, sua sobrevivência e crescimento estão relacionados com o lençol freático (Smith et al., 1998). Entretanto, as espécies freatófitas exibem graus variáveis de tolerância ao ressecamento e à inundação, assim como às oscilações nos níveis do lençol freático (Smith et al., 1998) e por isso esses mesmos autores classificaram as espécies freatófitas em um *continuum* decrescente entre as obrigatórias, que devem sempre estar em contato com o lençol freático ou zona saturada, e as facultativas, as quais obtêm a água tanto da zona insaturada como do lençol freático (Smith et al., 1998; Horton et al., 2003).

O declínio na cobertura da floresta ripária tem sido registrado como uma consequência da ação antrópica, seja pela destruição, seja pela tentativa de recuperação, o que determina alterações do fluxo de água e sedimento, modificando as condições de sobrevida das espécies freatróficas (Scott et al., 1999, Scott. et al., 2000). Esse declínio da floresta, estimado pela mortalidade e perda de biomassa, ocorre poucos anos após as alterações hidrológicas terem tido lugar (Rood et al., 2000; Horton et al., 2001).

Alterações físicas e estresses de diversos tipos podem alterar a dinâmica espacial e temporal das plantas. A inundação modifica o estabelecimento das espécies (Scott et al., 1997; Scott et al., 2000), mortalidade (Stromberg et al., 1997) e estrutura (Friedman et al., 1996) da vegetação ripária; tende a inibir o ciclo sucessional e promover o estabelecimento das plantas mais bem adaptadas e dominantes que geralmente são as plantas da família *Poaceae* (Stromberg, 1998).

As espécies nativas com comportamento freatrofítico respondem diferentemente às oscilações do lençol freático. Para sobrevivência, algumas espécies perdem seus ramos numa tentativa de manter o balanço hídrico após período de estresse hídrico, ajustando sua estrutura e funções fisiológicas à nova situação hidrológica dominante (Williams e Cooper, 2005).

Porém, a maioria das espécies não suporta o estresse hídrico prolongado (Scott et al., 1999). Dessa forma, para recuperação de uma floresta ripária ou mata ciliar inundável, as espécies selecionadas para o zoneamento ecológico da mata ciliar (vide Capítulo 7) não só devem cumprir seu papel funcional mas também posssuir caráter freatrófico, observando-se o nível e periodicidade das inundações.

A dinâmica das inundações, sua velocidade e tempo de exposição da floresta ao impacto variam de acordo com a localização do rio e com o clima. Por isso, os resultados relativos à disponibilidade de nutrientes nessas áreas são variáveis (Neckles e Neill, 1994). Essa variabilidade na disponibilidade de nutrientes no solo se deve às oscilações nas taxas de decomposição das liteiras e liberação de nutrientes causadas pelas inundações (Glazebrook e Robertson, 1999).

Ações impactantes sobre o corpo hídrico e sua mata ciliar alteram a vegetação que foi naturalmente selecionada de acordo com o fluxo preexistente. Assim, o modelo para recuperação dessa mata ripária dependerá do retorno do fluxo e do agrupamento das espécies adequadas para aquela situação (Merritt et al., 2010). Alterações drásticas na floresta ripária podem ocorrer e levar à ruptura das forças de equilíbrio abióticas (King e Hoobs, 2006), resultando na formação de pontos erosivos e/ou de depósito de sedimentos (Boggs e Weaver, 1994). Segundo os últimos autores e Shafroth et al. (2002), as alterações vegetacionais são acompanhadas por alterações no aporte e disponibilidade de nutrientes no solo, tais como nitrogênio e fósforo, os quais declinam com a perda da vegetação florestal.

Espécies invasoras

Muitos ecologistas acreditam que o sucesso de uma planta invasora dependerá do grau de resistência do bioma ou da comunidade receptora (Eschtruth e Battles, 2009). A resistência ecológica se refere à resistência ambiental tanto com relação a fatores físicos como biológicos (Von Holle et al., 2003). As espécies invasoras apresentam estratégias competitivas na ocupação de espaços vazios que estão relacionadas com o rápido crescimento e eficiência no uso de recursos nutricionais do solo (Dawson et al., 2011; Grotkoop et al., 2002), especialmente nitrogênio e fósforo (Morris et al., 2011), podendo levar a depleção dos nutrientes. O vigoroso crescimento destas espécies favorece a produção de sementes não só em número mas também em conteúdo e riqueza de reserva. Por isso, essas espécies são dotadas de estratégias reprodutivas e de dispersão de sementes (Gibson et al., 2011). Por outro lado, essas espécies estabelecem associações simbióticas com micro-organismos promotores do crescimento das plantas (Rodriguez-Echeverria et al., 2011; Morris et al., 2011), o que as torna mais competitivas e independentes dos nutrientes do solo.

Alterações no regime hídrico que modificam a periodicidade e intensidade da inundação de uma floresta ripária constituem fator estressor e gerador de desequilíbrio na comunidade vegetal, o que favorece a invasão de espécies. Nesse caso, a sobrevivência da comunidade nativa dependerá de sua capacidade em suportar tanto o estresse da enchente como a competição com as invasoras.

REVITALIZAÇÃO DE TRECHOS DO RIO DAS VELHAS

Trecho 1: Sabará/Belo Horizonte

Mata ciliar inundável e reabilitação de talude

Na bacia do Rio das Velhas encontram-se vários tipos de impactos (Scotti, 2008), sendo os processos erosivos nas matas ciliares degradadas os mais frequentes.

Um dos trechos propostos para recuperação se localiza no Rio das Velhas (Figura 10.1) a jusante da ponte da BR 381, na divisa das cidades de Belo Horizonte e Sabará (Figura 10.2), com uma extensão de aproximadamente 500 m. Nesse local, o Rio das Velhas escavava uma das margens e depositava sedimentos na outra, e por isso a área se encontrava em estado de degradação avançada, com elevado grau de assoreamento (Figura 10.3). O talude da margem esquerda suporta residências e ruas. Na base deste talude ocorria solapamento provocado por correnteza do talvegue que se encontrava muito próximo ao talude, gerando um tipo de erosão de escorregamentos rotacionais profundos. Esse processo criou uma declividade negativa no talude que ia se acentuando com o passar do tempo, o que, por sua vez, gerava mais desmoronamentos com queda de grandes blocos individualizados ou desmoronamentos de conjunto de blocos por combinação desfavorável de planos estruturais da rocha com plano do talude de corte. Na margem esquerda se configurava uma situação de risco para a comunidade local.

Por outro lado, na margem direita ocorreu um grande depósito de sedimentos. Sendo uma área sujeita a inundação anual, os sedimentos depositados pelo rio se apresentavam instáveis, constituindo uma ameaça a uma construção próxima a cada inundação.

O Projeto Manuelzão, juntamente com os pesquisadores do Departamento de Botânica do Instituto de Ciências Biológicas da Universidade Federal de Minas Gerais (UFMG) e do Departamento de Engenharia Hidráulica e Recursos Hídricos da Escola de Engenharia da UFMG, elaborou um estudo visando à identificação de métodos e técnicas para contenção do processo erosivo e de assoreamento citados, assim como um programa de ações mitigatórias para as duas margens. O projeto recebeu apoio do Ministério do Meio Ambiente e da Secretaria do Meio Ambiente de Minas Gerais (Semad). Na margem direita, as obras foram executadas sob patrocínio de uma empresa privada.

Figura 10.2 – Localização do trecho experimental.

Figura 10.3 – Margem esquerda com erosão e solapamento da base do talude e margem direita com sedimentos depositados.

Os estudos de modelagem hidráulica foram objeto de dissertação de mestrado (Pereira e Baptista, 2007). Com base na estimativa das vazões de cheia, dados de batimetria e topográficos, a modelagem foi feita com os programas HEC-RAS (River Analysis System), elaborado pelo U.S. Corps of Engineers, e Aquadyn, elaborado pela Hydrosoft Energy Inc.

A escolha do melhor método de recuperação se baseou na menor interferência possível no curso do rio com efeitos mínimos a montante. Esses estudos resultaram em duas recomendações básicas:

- *Margem direita*: criação de área de inundação com rebaixamento de área (200 m × 60 m), implantação de técnicas de contenção de erosão das margens e implantação de mata ciliar.
- *Margem esquerda*: conformação do talude, implantação de espigões e revegetação.

As propostas foram executadas com apoio do setor empresarial. Na Figura 10.4 estão apresentadas as etapas de execução das contenções da margem direita (100 m × 50 m). A Figura 10.4-1 se refere ao rebaixamento da área com retirada de areia. Para proteção das margens foram usadas técnicas de contenção com enrocamento (Figuras 10.4-2 e 10.4-3), de enrocamento e madeira (Figuras 10.4-4 e 10.4-5) e de enrocamento associado com berma longa e manta de fibra (Figura 10.4-6). As Figuras 10.4-5, 10.4-6 e 10.4-7 mostram a inserção de estacas vivas nos três modelos de contenções, e o sucesso de rebrota destas estacas pode ser visualizado na Figura 10.4-7. O plantio foi feito segundo as técnicas de zoneamento em mata ripária tampão de Lowrance et al. (1997), como mostrado nas Figuras 10.4-8, 10.4-9, aos 2 e 12 meses após o plantio. As espécies nativas usadas foram selecionadas de acordo com sua ocorrência na região, tendo como referência área de mata ciliar localizada a 18 km de distância. Além disso, as espécies de cada zoneamento foram selecionadas pela capacidade de tolerância à inundação, a qual ocorre anualmente nessa área, com duração de ações mitigatórias 2 a 7 dias. A Figura 10.5-1 mostra a floresta ripária aos 3 anos e a Figura 10.5-2 mostra a mesma floresta submersa após a inundação anual.

Essa área está sendo estudada e os resultados preliminares mostram que, em relação à biodiversidade (Londe, 2013), a maioria das espécies plantadas sobreviveram após 6 anos do plantio, mas a densidade foi reduzida, especialmente nas zona 1, devido às inundações periódicas do rio. Porém, a área basal aumentou significativamente, o que infere a produção de biomassa. Esses resultados explicam os demais resultados obtidos pela nossa equipe sobre a funcionalidade da mata ciliar implantada. Como indicador de recuperação, o conteúdo de matéria orgânica do solo (SOM) foi eficiente para mostrar que a recuperação (zona 2) é comparável à área preservada (Tabela 10.1). A qualidade da matéria orgânica foi o indicador mais

Figura 10.4 – Ações de recuperação na margem direita do Rio das Velhas.

Figura 10.5 – Mata ciliar aos quatro anos pós-plantio sem inundação (1) e sob inundação (2).

eficiente. A área em recuperação apresentou conteúdo de ácido húmico e ácido fúlvico significativamente menor do que aquele da área preservada, mas significativamente maior do que da área impactada. A análise de agregação do solo e porosidade (microporosidade) seguiu a mesma tendência (dados não apresentados). Esses resultados sugerem que a floresta está exercendo seu papel funcional e a recuperação está evoluindo em direção à área de referência, contrastando com a área impactada.

Leucena leucocephala é uma das principais espécies invasoras encontradas na bacia do Rio das Velhas. Essa espécie é considerada uma invasora universal (Lowe et al., 2000), apresentando várias estratégias competitivas e elevada plasticidade (Funk, 2008). Ela compete efetivamente com as espécies nativas em todos os tipos de vegetação, seja clímax ou pioneira, restringindo e limitando a regeneração natural ou a recuperação de uma área. Uma das principais estratégias dessa invasora é o grande número de propágulos produzidos, assim como o sombreamento (Marod et al., 2012). Os resultados mostraram que um indivíduo adulto de *Leucaena* próximo à área plantada inibiu a recuperação da floresta na sua proximidade (15 m × 50 m) por meio do sombreamento e da produção de propágulos com formação de grande plantel de mudas invasoras que competiram com as espécies nativas. No plantio da floresta foi usado espaçamento de 3 × 3 m, ou seja, um indivíduo por 9 m^2, e o índice de ocupação da invasora foi de quatro indivíduos por metro quadrado (na maioria indivíduos jovens). Esses resultados explicam o declínio da floresta plantada na adjacência da matriz de *L. leucocephala* (150 m^2).

A Figura 10.6 apresenta o processo de recuperação do talude situado à margem esquerda do Rio das Velhas. As Figuras 10.6-1 a 10.6-3 registram o retaludamento com a inserção de resíduos de construção civil na base. A Figura 10.6-4 mostra o preparo dos espigões. Após a colocação dos espigões (Figura 10.6-5) a revegetação foi feita utilizando-se espécies arbustivas, herbáceas e arbóreas como apresentado na Figura 10.6-6 (12 meses após o plantio). Dentre os indicadores de recuperação, destaca-se o aumento da agregação do solo e da macroporosidade (Figura 10.7) aos 24 meses após a intervenção (Castro, 2013). A alteração da porosidade pode ser atribuída ao aumento da agregação do solo (macroagregados), o que favoreceu a percolação da água. O aumento da agregação foi relacionado com o aumento da estabilidade do talude e controle da erosão. Algumas parcelas da área experimental se agruparam com a área preservada e outras estão em posição intermediária, evidenciando que a recuperação está evoluindo em direção à área preservada.

Tabela 10.1 – Análise química de amostras de solos da floresta ripária em processo de recuperação aos quatro anos pós-plantio comparada com áreas preservada e impactada pré-plantio (margem direita).

Amostra	MO	P	pH	K^+	Ca^{2+}	Mg^{2+}	H + Al	SB	CTC	V
	g/ dm^3	mg/ dm^3	Mmol/dm^3							%
Área em recuperação	28	94	6.9	2,2	155	8	10	165	175	94
Área preservada	27	42	7,5	2,6	149	7	8	159	167	95
Área impactada pré-plantio	15	50	7,3	3,9	56	6	10	66	70	87

Figura 10.6 – Contenção do talude situado à margem esquerda do Rio das Velhas usando resíduos de construção civil e inserção de espigões.

Figura 10.7 – Índice médio de agregação (A) e porosidade (B) do solo do talude no tempo inicial (T1) e aos 24 meses pós-plantio (T2) comparado com o solo da área preservada.

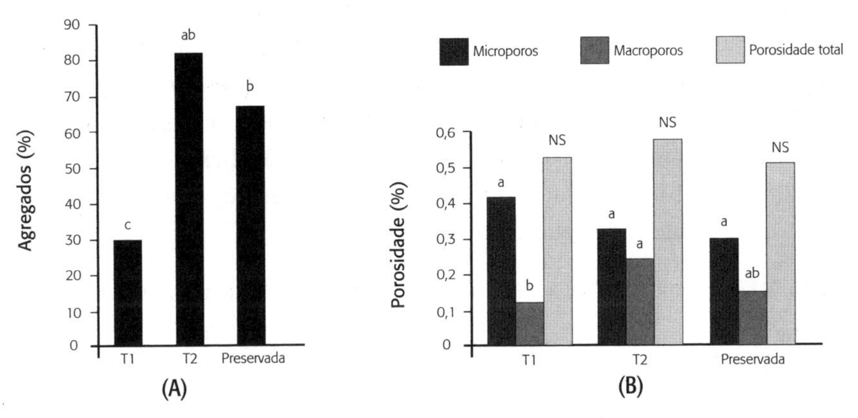

Trecho 2: Santa Luzia

Contenção composta de rip-rap de pneus

No município de Santa Luzia, no encontro do Rio das Velhas com o Ribeirão da Onça, a área situada à margem esquerda do Rio das Velhas foi aterrada e posteriormente usada como pastagem (Figura 10.8). A instabilidade das margens por causa da ausência da floresta ripária aliada ao efeito periódico de enchentes gerou um processo erosivo grave (Figura 10.8) que invabializava a implantação de uma floresta de mata ciliar. Para tanto, foi proposto o retaludamento e a estabilização das margens com revestimento de pneus usados. Este material é usado para casos em que o talude é muito alto ou inclinado, com pouco espaço para intervenção, proporcionando uma grande redução no volume de movimentação de terra (Baroni et al., 2012). Essa estrutura de contenção flexível geralmente é projetada para prover suporte para massas de solo não estáveis.

Essa é uma opção atraente pelo baixo custo e pelo aproveitamento de material não biodegradável. Porém, o emprego de pneus em contenções tem sido contraindicado por ser material inflamável com potencial de risco de incêndio. O uso deste material em zona ripária minimiza essa contraindicação.

O revestimento do talude de 19 m × 700 m foi executado pela Prefeitura de Santa Luzia no ano de 2007. A Figura 10.9 apresenta a construção do revestimento empregando-se em média 7,5 pneus por metro quadrado.

Na construção de um muro de arrimo composto por pneus, Baroni et al. (2012) indicaram o preenchimento com agregados. No trabalho de revestimento de contenção da erosão da Figura 10.10, o preenchimento dos pneus foi feito com espécies nativas herbáceas, assegurando a estabilidade e permeabilidade. As espécies usadas foram *Tradescantia quadriflora, Tradescantia* sp, *T. diuretica, Lycianthes repens, Arachis pintoi* e *Stylosanthes guianensis.*

Na área urbana de Santa Luzia (Figura 10.1), ao lado de uma ponte, na área central da cidade, existia um processo de erosão nas margens do Rio das Velhas, que foi deflagrado pela ausência da vegetação e lançamento indevido de drenagem de água de chuva.

Figura 10.8 – Recuperação de pastagem com processo erosivo às margens do Rio das Velhas.

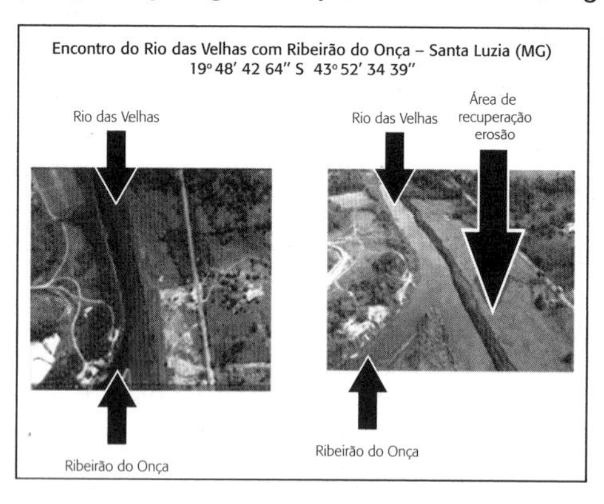

Figura 10.9 – Instabilidade das margens e estabilização do talude com plantio dentro dos pneus em talude no trecho às margens do Rio das Velhas – em Santa Luzia.

Com apoio do setor empresarial, foi proposta a estabilização das margens com manta de fibra de coco e solo envelopado (Figuras 10.10-1 e 10.10-2) e posterior revegetação com espécies nativas herbáceas. Após estabilização das margens e construção de canal de drenagem, a floresta foi implantada segundo os zoneamentos supracitados (Figuras 10.10-3, 10.10-4, 10.10-5, 10.10-6 e 10.10-7).

Figura 10.10 – Contenção de margem com manta têxtil e solo envelopado (2) antes (1) e aos dois meses (4 e 6) e 36 meses (3,5 e 7) pós-plantio de mata ciliar do Rio das Velhas em zona urbana de Santa Luzia/MG.

Trecho 3: Sabará

Impacto de pastejo e herbivoria: capivaras

Capivaras (*Hydrochoerus hydrochaeris*) são mamíferos roedores que vivem na zona tropical do continente americano, do Panamá até a Argentina. Possuem como hábitat florestas ribeirinhas, alternando sua permanência em terra firme e nos corpos d'água. Esses mamíferos são herbívoros que invadem áreas agrícolas e florestais para alimentação e reprodução (Ojasti e Sosa Burgos, 1985; Herrera e MacDonald, 1989). Na bacia do Rio das Velhas, o aumento da população de capivaras tornou-se um grande problema ambiental devido ao grande impacto de pastejo sobre as áreas plantadas, especialmente agrícolas. Para os reflorestamentos nos seus estágios iniciais, o impacto se deve ao pisoteio, constituindo sério prejuízo para a recuperação das florestas ripárias. Para exclusão desses animais, o cercamento tem sido indicado; porém, trata-se de um procedimento oneroso e tecnicamente inviável para taludes inclinados e áreas inundáveis.

Assim, o desenvolvimento de técnicas para manejo dessas populações e mitigação dos danos se faz necessário.

Mitigação do impacto de capivaras sobre áreas de reflorestamento

Visando ao controle do impacto das capivaras sobre os plantios de mata ciliar na bacia do Rio das Velhas, foi feito em Sabará um plantio de mata ciliar consorciado com floresta nativa e espécies agronômicas. Utilizou-se a espécie nativa *Paspallum notatum* (grama batatais) e *Helianthus annus* (girassol), como opção alimentar para capivaras. Testou-se também a eficácia de alarme sonoro como estratégia repulsiva para capivaras. O tratamento mais efetivo foi o plantio de *P. notatum*, que atraiu as capivaras como fonte de alimento (Figura 10.11). Nessas parcelas, a ocupação das nativas foi alta e mesmo após o período da seca essa espécie permaneceu desempenhando sua função de atração alimentar. Ao contrário, *H. annus* desapareceu após o período seco, deixando as espécies nativas mais expostas.

Figura 10.11 – Registro da presença de capivara na mata ciliar: pegadas (A), fezes (B) e parcela de *Paspallum notatum* (C).

Trecho 4: Nova Lima

Contaminação de arsênio na mata ciliar

A mineração de ouro foi uma importante atividade industrial do trecho alto do Rio das Velhas, especialmente na cidade de Nova Lima ao longo do período de 1834 a 2003. O direito minerário da St. John Del Rey Mining Company, na Mina de Morro Velho em Nova Lima, se entendeu até 1960. Nesse tempo, os resíduos da mineração, contaminados com arsênio, eram depositados em pilhas de estéril fora da cidade, ao longo do ribeirão Água Suja. Entretanto, a recuperação dessas áreas contaminadas pelo metaloide dependerá da seleção de espécies arbóreas, tolerantes ao arsênio, capazes de estabelecimento de mata ripária.

Fitoestabilização de solo contaminado com arsênio na mata ciliar da bacia do Rio das Velhas

Visando recuperar um talude contaminado com arsênio na mata ciliar do Ribeirão Água Suja, foram selecionadas espécies arbóreas capazes de crescer na presença do metaloide. Dentre elas, *Anadenanthera peregrina* (Figura 10.12) foi capaz de sequestrar arsênio nas raízes e de se estabelecer e crescer em campo. *A. peregrina* pode ser recomendada para procedimentos de recuperação de áreas degradadas e para fitoestabilização de áreas contaminadas com arsênio.

Figura 10.12 – Indivíduos de *Anadenanthera peregrina.*

CONSIDERAÇÕES FINAIS

As iniciativas de restauração fluvial na bacia do Rio das Velhas mostradas no presente capítulo evidenciam dois aspectos importantes. O primeiro corresponde à eficácia das ações, tanto no tocante ao desempenho técnico, em termos de conformação morfológica, como no sentido recuperação ambiental, com a recomposição de matas ciliares em áreas profundamente degradadas. Os resultados obtidos refletiram-se na melhoria global das condições ambientais, possibilitando, em alguns casos, a redução de riscos da população ribeirinha.

O outro aspecto importante concerne o baixo custo das intervenções, com a utilização de recursos e materiais de baixo custo, com o apoio da população e de empresas locais, viabilizando a adoção de medidas sem investimentos significativos, em sintonia, portanto, com as fortes restrições orçamentárias usualmente presentes no contexto da administração pública brasileira.

Cabe ainda ressaltar que a gênese e o acompanhamento das ações descritas correspondem a iniciativas de programas de extensão universitária, evidenciando a plena sintonia de princípios acadêmicos com resultados ambientais concretos.

REFERÊNCIAS

ALVES, C.B.M; POMPEU, P.S. A ictiofauna da bacia do rio das Velhas como indicador da qualidade ambiental. In: LISBOA, A.H.; GOULART, E.M.A.; DINIZ, L.F.M.D. *Projeto Manuelzão: A história da mobilização que começou em torno de um rio*. Belo Horizonte: Instituto Guaicuy, 2008.

BARONI, M.; SPECHT, L.P.; PINHEIRO, R..J.B. Construção de estruturas de contenção utilizando pneus inservíveis: análise numérica e caso de obra. *REM: R. Esc*, v. 4, n. 65, p. 449-457, 2012.

BOGGS, K.J.; WEAVER, T. Changes in vegetation and nutrient pools during riparian succession. *Wetlands*, v. 14, n. 2, p. 98–109, 1994.

BRINSON, M.M. Decomposition and nutrient exchange of litter in an alluvial swamp forest. *Ecology*, v. 58, p. 601–9, 1977.

BRONICK, C.J.; LAL., R. Soil structure and management: a review. *Geoderma*, v. 124, p. 3-22, 2005.

CALLISTO, M.; MORENO, P. Programa de Biomonitoramento de qualidade de água e biodiversidade bentônica na bacia do rio das Velhas. In: LISBOA, A.H.;

GOULART, E.M.A.; DINIZ, L.F.M.D. *Projeto Manuelzão: A história da mobilização que começou em torno de um rio*. Belo Horizonte: Instituto Guaicuy, 2008.

CAMARGOS, L.M.M. Plano diretor de recursos hídricos da bacia hidrográfica do rio das Velhas. Belo Horizonte: Instituto Mineiro de Gestão das Águas/Comitê da Bacia Hidrográfica do Rio das Velhas, 2005.

CASTRO, K.A.M. *Reabilitação de talude no Rio das Velhas (MG: Indicadores de estabilidade relacionados à agregação do solo*. Belo Horizonte, 2013. Tese (Doutorado). Universidade Federal de Minas Gerais.

CHAZDON, R.L. Beyond deforestation: Restoring forests and ecosystem services on degraded lands. *Science*, v. 320, p. 1458-1460, 2008.

DAWSON, W.; FISCHER, M.; VAN KLEUNEN, M. The maximum relative growth rate of common UK plant species is positively associated with their global invasiveness. *Global Ecology and Biogeography*, v. 20, p. 299-306, 2011.

DEAN, W. *A ferro e a fogo: a história da devastação da Mata Atlântica brasileira*. São Paulo: Companhia das Letras, 1996.

ESCHTRUTH, A.K.; BATTLES, J.J. Assessing the relative importance of disturbance, herbivory, diversity and propagule pressure in exotic plant invasion. *Ecological Monographs*, v. 79, p. 265-280, 2009.

[FEAM] FUNDAÇÃO ESTADUAL DO MEIO AMBIENTE. Plano para incremento do percentual de tratamento de esgotos sanitários na Bacia do Rio das Velhas/ Gerência de Saneamento – Fundação Estadual do Meio Ambiente. Belo Horizonte: Feam, 2010.

FRIEDMAN, J.M.; OSTERKAMP, W.R.; LEWIS, W. M. Channel narrowing and vegetation development following a Great Plains flood. *Ecology*, v. 77, p. 2167-2181, 1996.

FUNK, J.L. Differences in plasticity between invasive and native plants from a low resource environment. *Journal of Ecology*, v. 96, p. 1162-1173, 2008.

GIBSON, M.R.; RICHARDSON, D.M.; MARCHANTE, E. et al. Reproductive ecology of Australian acacias: fundamental mediator of invasive success? *Diversity and Distributions*, v. 17, p. 911-933, 2011.

GLAZEBROOK, H.S.; ROBERTSON, A.I. The effect of flooding and flood timing on leaf litter Breakdown rates and nutrient dynamics in a river red gum (*Eucalyptus camaldulensis*) forest. *Australian Journal of Ecology*, v. 24, p. 625-635, 1999.

GROTKOPP, E.; REJMANEK, M.; ROST, T.L. Toward a causal explanation of plant invasiveness: Seedling growth and life-history strategies of 29 pine (*Pinus*) species. *American Naturalist*, v. 159, p. 396-419, 2002.

HERRERA, E.; MACDONALD, D.W. Resource utilization and territoriality in group-living capybaras (*Hydrochoerus hydrochaeris*). *Journal of Animal Ecology*, v. 58, p. 667-679, 1989.

HORTON, J.; KOLB, T.; HART, S. Physiological response to groundwater depth varies among species and with river flow regulation. *Ecological Applications*, v. 11, p. 1046-1059, 2001.

[IEF] INSTITUTO ESTADUAL DE FLORESTAS. Análise do Monitoramento Contínuo na Bacia do Rio das Velhas 2009-2011. Instituto Estadual de Florestas/Gerência de Monitoramento da Cobertura Vegetal e de Biodiversidade, 2012. Disponível em: http://www.agbpeixevivo.org.br/images/arquivos/estudoscbhvelhas/%C3%81nalise%20Monitoramento%20Cobertura%20Vegetal%20Velhas.pdf. Acessado em: 30 jul. 2013.

JUNK, W.J.; BAYLEY, P.B.; SPARKS, R.E. The flood pulse concept in river-flood-plain systems. In: DODGE, D.P. Proceedings of the International Large River Symposium. *Can. Spec. Publishers Fish. Aquat. Sci*, v. 106, p. 110-27, 1989.

KING. E.G.; HOBBS R. J. Identifying Linkages among Conceptual Models of Ecosystem Degradation and Restoration: Towards an Integrative Framework. *Restoration Ecology*, Malden MA, v. 14, p. 369–378, 2006.

LONDE, V. Dissertação de mestrado em andamento. Universidade Federal de Ouro Preto, 2013.

LOWE, S.; BROWNE, M.; BOUDJELAS, S. et al. *100 of the World's Worst Invasive Alien Species A selection from the Global Invasive Species Database*. Nova Zelândia: ISSG/SSC/IUCN, 2000.

MAHONEY, J.M.; ROOD, S.B. A model for assessing affects of altered river flows on the recruitment of riparian cotton woods. In: TELLMAN, H.J.B.; CORTNER, M.G.; WALLACE, L.F. et al (coords.). Riparian management: common threads and shared interests: a western regional conference on river management strategies. New Mexico, 1993.

MAROD, D.; DUENGKAE, P.; KUTINTARA, U. et al. The Influences of an Invasive Plant Species (*Leucaena leucocephala*) on Tree Regeneration in Khao Phuluang Forest, Northeastern Thailand Kasetsart J. *Nat. Sci*, v. 46, p.39–50, 2012.

MERRITT, D.M.; SCOTT, M.L.; POFF, N.L. et al. Theory, methods and tools for determining environmental flows for riparian vegetation: riparian vegetation-flow response guilds. *Freshwater Biology*, v. 55, p. 206-225, 2010.

MOREIRA, E. *A ocupação da Bacia do Rio das Velhas relacionada aos tipos de solo e processos erosivos*. Belo Horizonte, 2006, 136p. Dissertação (Mestrado). Universidade Federal de Minas Gerais.

MORRIS, T.L.; ESLER, K.J.; BARGER, N.N. et al. Ecophysiological traits associated with the competitive ability of invasive Australian acacias. *Diversity and Distributions*, v. 17, p. 898-910, 2011.

NECKLES, H.A.; NEILL, C. Hydrologic control of litter decomposition in seasonally flooded prairie marshes. *Hydrobiologia*, v. 286, p. 155-16, 1994.

OJASTI, J.; SOSA BURGOS, L.M. Density regulation in populations of capybara. *Acta Zoologica*, v. 173, p. 81-83, 1985.

PESSOA, P. Hidrogeologia dos aquíferos cársticos cobertos de Lagoa Santa, MG. Belo Horizonte, 2005, 175 p. Tese (Doutorado). Universidade Federal de Minas Gerais.

PEREIRA, I.L.V.; BAPTISTA, M.B. Estudos de revitalização de cursos de água – trecho experimental no rio das Velhas. In: XVII Simpósio Brasileiro de Recursos Hídricos. 2007, São Paulo.

RODRIGUEZ-ECHEVERRÍA, S.; LE ROUX, J.; CRISÓSTOMO, J. et al. Jack-of--all-trades and master of many? How does associated rhizobial diversity influence the colonization success of Australian Acacia species? *Diversity and Distributions*, v. 17, p. 946–957, 2011.

ROOD, S.B.; PATIÑO, S.; COOMBS, K. et al. Branch sacrifice: cavitation-associated drought adaptation of riparian cottonwoods. *Trees*, v. 14, p. 248-257, 2000.

SCOTT, M.L.; LINES, G.C.; AUBLE, G.T. Channel incision and patterns of cottonwood stress and mortality along the Mojave River, California. *Journal of Arid Environments*, v. 44, p. 399-414, 2000.

SCOTT, M.L.; SHAFROTH, P.B.; AUBLE, G.T. Responses of riparian cottonwoods to alluvial water table declines. *Environmental Management*, v. 23, p. 347-358, 1999.

SCOTT, M.L.; AUBLE, G.T.; FRIEDMAN, J.M. Flood dependency of cottonwood establishment along the Missouri River, Montana, USA. *Ecological Applications*, v. 7, p. 677-690, 1997.

SCOTTI, M.R.M. Mata Ciliar: Um sistema tampão. In: LISBOA, A.H.; GOULART, E.M.A.; DINIZ, L.F.M.D. *Projeto Manuelzão: A história da mobilização que começou em torno de um rio*. Belo Horizonte: Instituto Guaicuy, 2008.

SHAFROTH, P.B.; STROMBERG, J.C.; PATTEN, D.T. Riparian vegetation response to altered disturbance and stress regimes. *Ecological Applications*, v. 12, p. 107--123, 2002.

SMITH, S.D.; DEVITT, D.A.; SALA, A. et al. Water relations of riparian plants from warm desert regions. *Wetlands*, v. 18, p. 687-696, 1998.

STROMBERG, J.C. Dynamics of Fremont cottonwood (*Populus fremontii*) and saltcedar (*Tamarix chinensis*) populations along the San Pedro River, Arizona. *Journal of Arid Environments*, v. 40, p. 133-155, 1998.

STROMBERG, J.C.; FRY, J.; PATTEN, D.T. Marsh development after large floods in an alluvial, arid-land river. *Wetlands*, v. 17, p. 292-300, 1997.

VALENTIN, C.; POESEN, J.; LI, Y. Gully erosion: impacts, factors and control. *Catena*, v. 63, p. 132-153, 2005.

VON HOLLE, B.; DELCOURT, H.R.; SIMBERLOFF, D. The importance of biological inertia in plant community resistance to invasion. *Journal of Vegetation Science*, v. 14, p. 425-432, 2003.

WILLIAMS, C.A.; COOPER, D.J. Mechanisms of Riparian Cottonwood Decline Along Regulated Rivers. *Ecosystems*, v. 8, p. 382-395, 2005.

ZAIMES, G.N.; SCHULTZ, R.C. Assessing Riparian Conservation Land Management Practice Impacts on Gully Erosion in Iowa. *Environmental Management*, v. 49, p. 1009-1021, 2012.

ZAIMES, G.N.; SCHULTZ, R.C.; ISENHART, T.M. Streambank soil and phosphorus losses under different riparian land-uses in Iowa. *Journal of the American Water Resources Association*, v. 44, p. 935-947, 2008.

Rio Besòs, Barcelona, Espanha | 11

Juan P. Martín Vide

INTRODUÇÃO

O rio Besòs, com uma pequena bacia hidrográfica de 1.000 km^2, cruza o norte da área metropolitana de Barcelona. Essa circunstância lhe rendeu um destino de profundo prejuízo ambiental na segunda metade do século XX, até o momento da intervenção de recuperação (1999) descrita neste capítulo. Como caso de estudo, nem incomum, tampouco corriqueiro, pode trazer algumas lições interessantes de ordem hidromorfológica, ambiental e social, em parte graças à possibilidade de avaliar a intervenção alguns anos depois de ter sido realizada.

A área metropolitana de Barcelona cresceu rapidamente em população nos anos 1955 a 1980, atingindo cerca de três milhões de pessoas. O desenvolvimento industrial da Catalunha atraiu populações de outras regiões da Espanha, que abandonavam o setor agrícola. A urbanização mais acentuada ocorreu na periferia de Barcelona, como é o caso dos municípios da bacia do rio Besòs. Na Figura 11.1, é comparada a superfície urbanizada em 1956 com a urbanizada em 2008. A indústria, a moradia associada ao emprego e, nos últimos anos, também a segunda residência, têm transformado a bacia completamente. Até 1980, o Besòs era um rio extremamente contaminado pelos escoamentos urbanos e industriais, e o tratamento de águas ainda era um *desiderátum*. Então, foi colocado em prática um plano de saneamento sob o comando da Junta de Saneamento da Catalunha, recém-criada à época.

Figura 11.1 – Direita: bacia do rio Besòs, com mais de 2 milhões de habitantes: em cor escura, superfície urbana em 1956; em cor clara, idem 2008. Na ampliação: trechos 1, 2 e 3 da restauração descritos no texto.

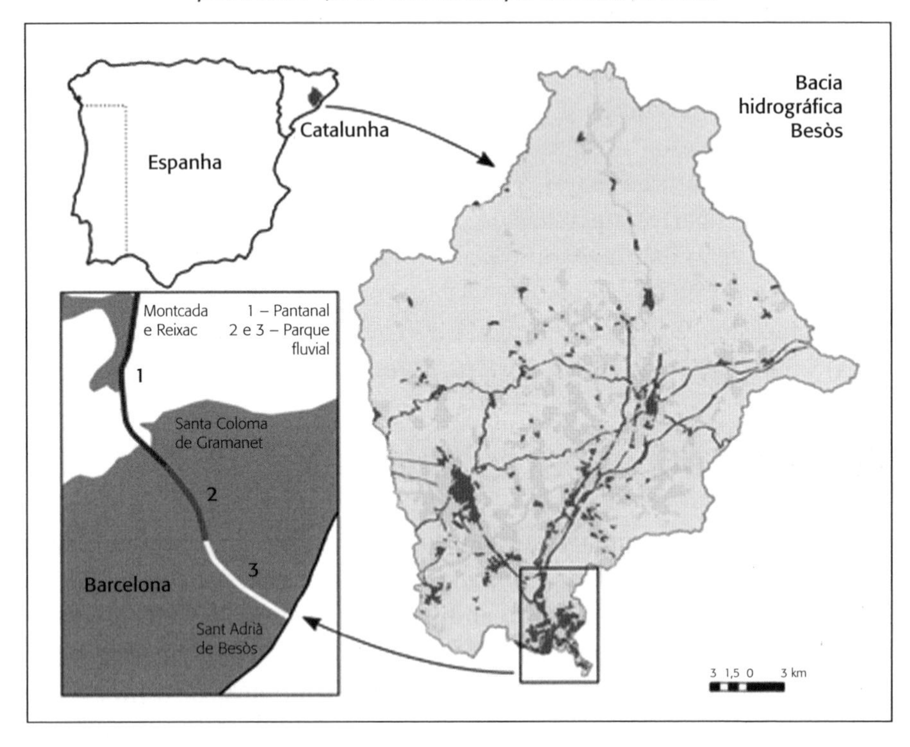

Pode-se dizer que o rio Besòs, como outros rios do Mediterrâneo, é torrencial porque apresenta vazões repentinas muito elevadas, devido a precipitações intensas, de curta duração, mas suficientes para uma concentração desfavorável de escoamento. Por exemplo, com tempo de retorno de 100 anos, é possível esperar chuvas máximas diárias de cerca de 200 mm na bacia do rio, ao passo que a precipitação média anual é de cerca de 650 mm. Também se entende que é torrencial porque a declividade é elevada (0,3%) e o transporte de sólido é muito abundante, composto de cascalhos com diâmetro médio de 20 mm. Na época de urbanização mais intensa da superfície aluvial do Besòs, em boa parte construção informal, ocorreu a enchente de 25 de setembro de 1962 com perda de vidas humanas e grandes danos. Sua vazão máxima foi de 2.300 m^3/s.

O rio na área metropolitana era originalmente de morfologia ligeiramente entrelaçada, através de uma superfície aluvial de cerca de 300 m de largura. Com a enchente de 1962, projetou-se uma canalização em um leito com 130 m de largura com capacidade para 2.400 m^3/s, limitado por muros de contenção (revestimento de concreto armado) de cerca de 5 m de altura, onde corre um canal reto de 20 m de largura (Figura 11.2). Esta obra que respondia a uma política de defesa de inundações baseada exclusivamente na capacidade hidráulica do rio foi inaugurada em 1975. A canalização do Besòs desencadeou a ocupação urbana e a localização de infraestruturas (estradas rodoviárias e de ferro) junto ao novo leito, em terreno que originalmente fazia parte da planície de inundação. Além disso, uma linha elétrica de alta tensão aproveitou o novo traçado para instalar-se dentro do leito (Figura 11.2).

A cheia do dia 10 de outubro de 1994 (que talvez tenha chegado a 1.400 m^3/s) se encarregou de recordar o caráter torrencial do rio (Figura 11.2).

MOTIVAÇÃO E IMPULSO PARA A RECUPERAÇÃO

A motivação para intervir no rio Besòs foi, desde 1980, a qualidade das águas, pois era um dos rios mais contaminados da Europa. O índice de qualidade da Junta de Saneamento formado com parâmetros físico-químicos era de 4 em uma escala de 0 a 100 em 1990 e no rio não havia nenhum organismo com mais de 1 mm. Era um esgoto a céu aberto. Esta motivação objetiva se firmou fortemente nas associações locais e ecológicas, que transmitiram seu impulso à administração municipal, criando uma entidade supramunicipal: o Consórcio para a Defesa da bacia do rio Besòs, para tratar com a Junta de Saneamento (que passou a se chamar Agência Catalã da Água) as demandas do grupo de municípios. Do ponto de vista social, a área próxima ao rio Besòs, onde vivem cerca de 300 mil pessoas, é uma das mais pobres, e mais sacrificadas por falta de infraestrutura e uma das mais necessitadas de zonas verdes de toda a área metropolitana de Barcelona. Este movimento coletivo dos municípios pela qualidade da água teve um antecedente com êxito na Costa Brava de Catalunha.

A vazão média do rio Besòs é de 3,9 m^3/s, mas com grandes flutuações, já que não existe barragem de regularização. Como unidade hidrológica, a bacia é deficiente. A população (mais de dois milhões) é abastecida por outras bacias, de modo que a descarga de água residual, urbana e industrial, regular e da ordem de 2 m^3/s, forma uma parte substancial da vazão total do rio ou até a única vazão em período de estiagem. Esta era uma das causas da péssima qualidade da água (nutrientes, matéria orgânica e suas consequências mais aparentes para a população, como odores e espumas).

Além de tratar com a administração da Catalunha, o Consórcio se dirigiu à União Europeia (UE) em janeiro de 1996, com seu próprio nome e o da entidade metropolitana a que Barcelona dá nome, pedindo fundos de proteção ambiental (Fimma), que faziam parte dos Fundos de Coesão da União Europeia, para o saneamento das águas e o tratamento dos solos em um trecho de 6,2 km do rio Besòs. Em dezembro de 1996, foi aprovado o projeto com valor de 3,325 milhões de pesetas (20 milhões de euros), pago em 80% pela UE e 20% pelos municípios segundo sua população (logo, a cidade de Barcelona pagava a maior parte dos 20%). Vale a pena recordar que Barcelona, ao organizar os Jogos Olímpicos de 1992, havia deixado um grande cinturão viário como fronteira da cidade com o rio. O destino lógico do rio, como aconteceu na Espanha com outros rios urbanos, teria sido sua degradação ambiental progressiva à custa das grandes cidades, até surgir, talvez um dia, a proposta de cobri-lo para que não mais fosse visto. No entanto, a sintonia entre todos os municípios inclinou a balança para a recuperação ambiental, da qual seriam os principais beneficiários os municípios de Santa Coloma, Montcada e Sant Adrià, cujos centros de gravidade se encontram no rio, diferentemente de Barcelona, que está ao lado do rio (ver Figura 11.1). A Agência Barcelona Regional, criada por Barcelona, e esses municípios seriam responsáveis pelo desenvolvimento do projeto.

LIMITAÇÕES DA RESTAURAÇÃO

O objetivo principal da recuperação aprovada e financiada era a melhora da qualidade do efluente da estação de tratamento mais próxima (Montcada) por meio da técnica de áreas úmidas (*wetlands*) construídas, instalados no leito de enxurradas do rio Besòs. É interessante, antes de continuar, que se compare o projeto com alguns conceitos básicos de restauração.

No momento dos primeiros planos concretos do projeto de restauração (1997) era inviável voltar à canalização de 1975, que havia deixado um corredor fluvial de apenas 130 m de largura como leito de enxurradas, pois a urbanização estava consolidada. O nome da intervenção era "recuperação do meio ambiental", entendendo-se que os fins eram recuperar características mais naturais com água mais limpa, dentro do corredor fluvial disponível. A preocupação com a inundação de uma área muito povoada não

Figura 11.2 – Canalização inaugurada em 1975. Acima: seção média tipo simétrica no centro do leito principal. Desenha-se também uma proposta anterior de reabilitação (Parque) repelida pela perda de capacidade de vazão. Centro: vista aérea de 1975; observar a indústria, a ocupação urbana incipiente, a linha elétrica e o novo leito recém-construído. Abaixo: diagrama de níveis da cheia de outubro de 1994.

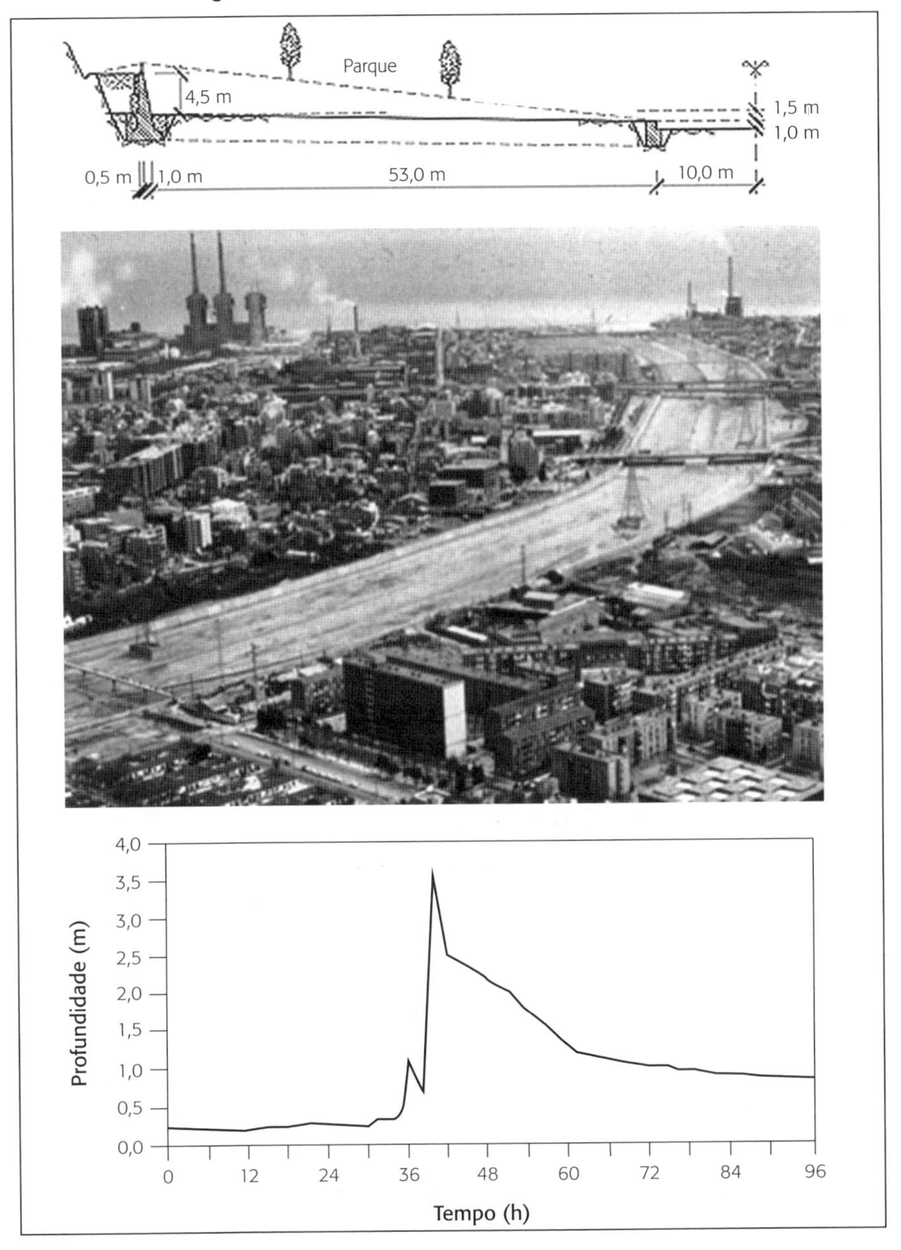

havia desaparecido, como havia tratado de recordar a enchente de 1994. A canalização de 1975 havia cumprido sua importante função de defesa, sem prejuízo de que possa ser criticada nos dias de hoje. O risco de inundação, na realidade, não fez mais do que aumentar. Desde 1956 até hoje, observa-se o aumento da urbanização (Figura 11.1) e, com ela, da impermeabilidade da bacia e, então, o aumento do escoamento.

Os rios são sistemas dinâmicos que respondem às entradas de água e sedimento da bacia. Se, por um lado, o escoamento (água) aumentou, pode-se acrescentar que as fontes de sedimento diminuíram, já que grandes superfícies naturais da bacia, mais ou menos suscetíveis de carrear partículas, se tornaram superfícies urbanas que não sofrem erosão. Além disso, as larguras dos leitos aluviais se reduziram com as canalizações. O perfil do rio Besòs pode estar em desequilíbrio por dois motivos: a bacia tem mais água e menos sedimento. De fato, parece que tem ocorrido um processo de erosão geral do leito desde 1975. Para detê-lo foi construído um bom número de soleiras de fundo que, pouco a pouco, tem produzido um perfil longitudinal do fundo escalonado que não se desejava. Portanto, se as condições de equilíbrio mudaram, pergunta-se qual deveria ser a imagem de referência de uma restauração mais radical, que ultrapassasse as limitações impostas, em largura, com os muros da canalização, em perfil com as soleiras, buscando voltar a um estado mais natural do rio?

Nos primeiros passos do projeto, as células de áreas úmidas construídas seriam colocadas nos dois lados de um leito de águas baixas, reto e centrado no leito de cheias. Isso significava prolongar uma seção como a da Figura 11.2, com seu leito central fixo, em 4,2 km para montante, onde não existia tal leito. Os outros 2,0 km (o total é 6,2 km) pertenciam ao trecho canalizado com uma seção como a da Figura 11.2. Com esta organização do espaço, obtinha-se uma superfície de 14 hectares de áreas úmidas construídas. O objetivo de maximizar a depuração das águas ia de encontro com a dinâmica fluvial, que aconselhava um leito sinuoso livre no lugar de um leito reto e centrado. Apesar de a morfologia original do Besòs ser ligeiramente entrelaçada, um leito meandriforme podia melhorar o hábitat para a flora e a fauna. Como rio de cascalhos, as barras alternadas, a sequência de rápidos e remansos e outros traços morfológicos podiam ser benéficos para a naturalização. Assim, a posição era dar ao rio formas naturais, compatíveis com as restrições, ainda que não fossem originais, aplicando uma visão pragmática da restauração, ainda mais quando era inviável recuperar largura e havia dúvidas sobre o equilíbrio do rio devido às mudanças na bacia. Uma consequência dessa sinuosidade foi a perda de área úmida de 14 a 9 hectares, no mesmo comprimento de rio.

É interessante destacar que decisões como esta (e muitas mais) foram tomadas pela Agência Barcelona Regional, que desenvolvia o projeto (idealizava, projetava, licitava e executava), ou seja, por um grupo de técnicos que satisfaziam as expectativas de algumas autoridades políticas, eleitas democraticamente. O conceito de participação cidadã não se aplicou nem foi resultado de obrigação legal, tendo em vista que a Directiva Marco da água da UE foi aprovada em outubro de 2000 e passada à legislação espanhola em dezembro de 2003. Não obstante, o forte impulso municipal na base desse projeto assegurava que a intervenção refletisse as demandas da maioria da população que vivia perto do rio.

No entanto, esse impulso municipal pode ser considerado na origem de uma debilidade do resultado final. Chama a atenção, no rio Besòs, sua divisão em dois trechos: 4,2 km de leito sinuoso com áreas úmidas, descendo por 2,0 km de rio reto transformado em parque urbano (Figura 11.1, zonas 1 e 2, respectivamente). É verdade que, antes de 1999, também existiam os dois trechos, ambos com 130 m de largura, o superior sem leito central reto, mas suas diferenças são, agora, mais marcantes. Os municípios ribeirinhos, Montcada e Santa Coloma, tinham demandas diferentes. O primeiro pediu a melhora do meio ambiente fluvial em relação à qualidade da água e torná-lo mais natural, mas não o uso comum do leito. O segundo, ao contrário, desejava ardentemente ver o leito de enxurradas limpo, acessível e transformado em um parque urbano, já que faltavam zonas verdes para a população. Dada a origem municipal do projeto, essas diferenças foram resolvidas pontualmente, aumentando o contraste entre os dois trechos. Uma avaliação objetiva da restauração do rio Besòs por uma pessoa que não conheça a história encontra, hoje, a pergunta: se o problema era o mesmo nos 6,2 km, por que a solução foi tão diferente? Ou faz sentido para a continuidade do rio uma segregação de usos e funções que separa de tal maneira a depuração com áreas úmidas e o parque urbano?

Finalmente, voltando ao começo, a necessidade de instalar *wetlands* de depuração no próprio leito de enxurradas do rio, ação realizada por investimento europeu, talvez seja o traço mais surpreendente, menos comum e exemplar, do projeto. Existe a coincidência de sempre ter sido melhor manter as *wetlands* fora do leito, devido ao risco das enxurradas. Dessa incerteza, apareceram os estudos hidráulicos descritos mais adiante. Não obstante, no momento da recepção dos trabalhos, o que a UE esperava era um volume de água depurado e uma superfície de solo recuperado.

ASPECTOS DE MORFOLOGIA FLUVIAL

A morfologia das formas em planta e em seção transversal de um rio de cascalhos interveio no projeto do leito principal sinuoso do trecho superior. Com os dados hidrológicos disponíveis, calculou-se uma vazão dominante de 54 m^3/s, que corresponde à capacidade do leito principal existente medido *in situ*. O período de retorno dessa vazão vem a ser de 2,4 anos, o que cai dentro do intervalo típico de vazão dominante em rios mediterrâneos. A teoria do sistema para rios de cascalho em confronto com as dimensões reais do leito permite concluir que o leito principal mais apropriado devia de ser de 30 m de largura e 1 m de profundidade.

Em seguida, usaram-se para a planta do leito expressões empíricas do curso em planta de rios meandriformes: o comprimento de onda do eixo é dez vezes a largura (30 m) e sua amplitude é três vezes a largura. Quanto à amplitude possível, dos 130 m de largura do leito de enxurradas, foi preciso extrair faixas de 30 m, junto aos muros, como reserva de espaço para serviços existentes e conduções de água às *wetlands*. Os comprimentos de onda ficaram finalmente compreendidos entre 320 e 920 m porque se adaptaram aos limites do leito de enxurradas, no sentido de que o sinal da curvatura do leito de enxurradas e do leito principal foram o mesmo nas curvas do primeiro (ou seja, ambos os leitos girando à esquerda, Figura 11.3). A curvatura do leito principal e o ângulo entre ele e o eixo do leito de enxurradas se mantiveram relativamente pequenos em comparação com os meandros livres da bibliografia. Essa foi uma medida de precaução, pois é preciso reconhecer que o rio canalizado em 1975 já não tem 300 m de largura, de modo que o fluxo se apresenta hoje muito mais concentrado. Isso implica maiores profundidades, velocidades e vazões unitárias que no passado, o que poderia colocar em risco a estabilidade de um leito muito sinuoso.

Como em um conceito mais natural para o rio, as margens desse leito principal sinuoso não foram revestidas nem defendidas. Havia-se observado que esse leito podia ser estável em tamanho e forma, ainda que migrasse como leito meandriforme, já que o transporte de sólido de fundo é abundante. Por isso, devido às inversões nas células das *wetlands*, decidiu-se colocar proteções na valeta de quebra-mar enterrada, na parte exterior das

Figura 11.3 – Traçado do leito principal sinuoso de 30 m na maior parte do trecho superior (desenhado em dois fragmentos unidos em A) entre dois muros do leito de enxurradas distantes 130 m. Fluxo da direita à esquerda. São marcadas com linhas finas as proteções de quebra-mar enterradas no exterior das curvas (alternadamente à esquerda e à direita) e as soleiras que devem ser retiradas. As áreas úmidas (9 hectares) ocupam os espaços livres nas superfícies. Abaixo: foto do mirante, de montante para jusante, no inverno de 2000.

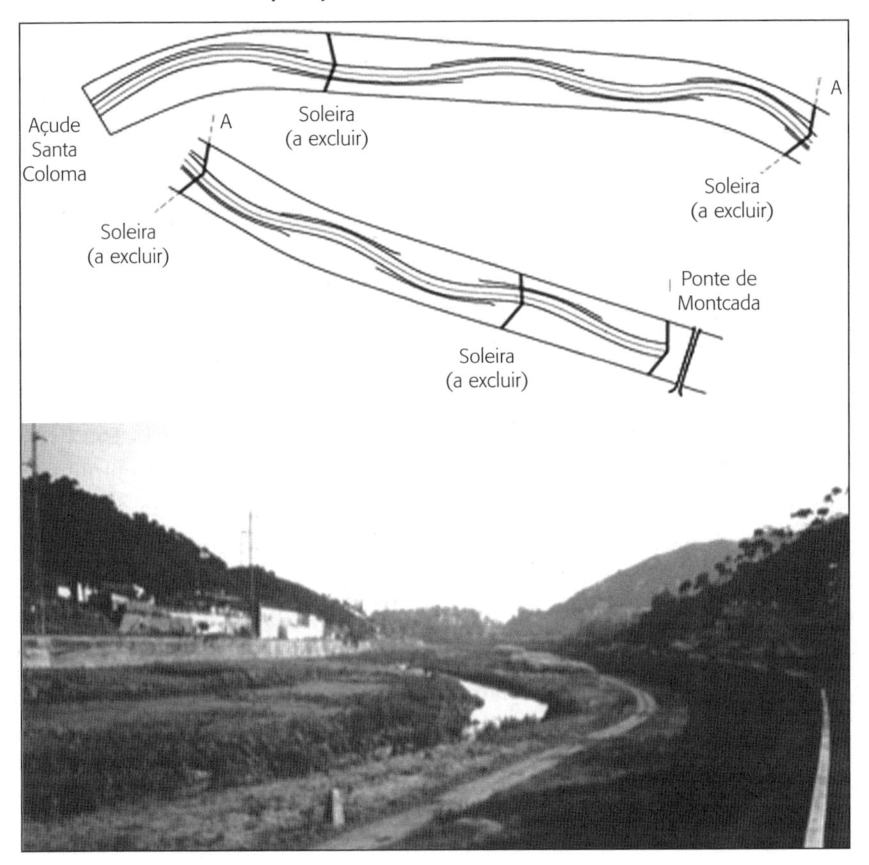

curvas do leito, na posição extrema admissível para não afetar os serviços e condutos enterrados. Por sua parte, as soleiras de concreto existentes eram incompatíveis com o novo leito, que não devia ter saltos. Foram eliminados, mas para garantir que a possível erosão geral do leito não ficasse sem controle, foram substituídas por soleiras de concreto enterradas coincidindo com os pontos de inflexão do curso, ou seja, em cada mudança de sinal da curvatura (9 no total na Figura 11.3). Foram colocadas outras proteções enterradas em quebra-mar tipo espigão, a média distância entre cada duas soleiras.

Uma célula de área úmida recebe por bombeamento o efluente saído da planta de tratamento. A vazão de água (total de 0,3-0,4 m^3/s) circula através de um substrato permeável, de tamanho 8-25 mm selecionado entre os cascalhos do rio, alimentando o crescimento de uma vegetação autóctone que absorve os nutrientes da água em seu metabolismo. A espécie escolhida foi *Phragmites australis* (caniço), uma cana fina muito flexível com até 2 m de altura, que cresce rapidamente, forma massas de grande densidade e seca no inverno, momento apropriado para corte, retirando, assim, os nutrientes das águas residuais.

No projeto da bacia principal do parque urbano (trecho inferior, número 2 na Figura 11.1) não foi permitido que a hidromorfologia interviesse. Mas foi aplicado um princípio *a priori* de ordenação do espaço, que concedia 1/3 de largura à água no centro e a arremansava com pequenas represas para que ocupasse todo esse espelho de água. Essas represas são infláveis, de modo que murcham em caso de enxurrada (Figura 11.4). O leito central da Figura 11.2 se alargou e aprofundou, com o objetivo expresso de manter por mais tempo a vegetação do parque sem transbordamento, o que é contrário aos princípios da morfologia fluvial. Concretamente, a capacidade desse leito é 180 m^3/s, ou seja, mais que o triplo da capacidade do leito sinuoso (vazão dominante de 54 m^3/s). Foram construídos acessos em escada e rampa e foi instalado um sistema de informação hidrológica em tempo real, com alarme, luz e som, para a evacuação do parque em caso de uma enxurrada súbita. O parque forma a imagem mais conhecida e publicada, e o maior êxito de opinião pública, do novo rio Besòs (Figura 11.4).

ESTUDOS HIDRÁULICOS EM MODELO REDUZIDO

A *Universitat Politècnica de Catalunya* (UPC) foi consultada no biênio 1997 a 1999 a respeito do leito meandriforme (Figura 11.3) e sobre o risco que suportariam as áreas úmidas em enxurrada e o efeito da nova vegetação na capacidade hidráulica do rio. A posição da UPC-Eng.Hidráulica a favor do projeto, no que tange a restauração pragmática, contribuiu para um debate no qual a opinião de muitos engenheiros hidráulicos, alertando

Figura 11.4 – Aspectos do parque urbano (acima, foto de setembro de 2011), dos acessos e de uma represa inflada (abaixo). Comparar com o estado anterior na foto da Figura 11.2.

sobre a capacidade de deságue e a segurança diante de enxurradas, estava muito longe da opinião dos técnicos promotores, principalmente biólogos e arquitetos.

A avaliação do risco e do efeito das áreas úmidas foi feita com trabalho experimental de campo e de laboratório. Estudou-se a densidade e a rigidez da vegetação da área mediterrânea por meio de ensaios de laboratório com plantas vivas soltas em um canal de água parada (ensaios realizados pelo Ministério do Meio Ambiente). Esses parâmetros mecânicos, rigidez e densidade, determinam a resistência ao fluxo da formação da junqueira, que vai de 0,065 a 0,045 (coeficiente n de Manning) segundo o valor do produto velocidade *versus* profundidade. Também foi simulada a resistência do caniço ao ser arrancado, aplicando uma força de tração na raiz. Considerou-se a diferença de resultados devido à idade da planta, estação do ano, tipo de solo, nível freático etc. Pode-se dar um valor de 30 kg para essa resistência, maior que a força de arrasto que a planta sofre na enxurrada. Assim, o caniço só seria arrancado se uma formação se tornasse isolada e socavada ao redor. Por isso, a melhor proteção das células das *wetlands* contra as enxurradas é exatamente estender a mesma vegetação para além de seus limites.

Em laboratório foram realizados dois modelos físicos à escala reduzida de 1.400 m do trecho meandriforme, à escala horizontal 1:75 e vertical 1:30 (Figura 11.5). A distorção de escalas (75:30) facilitou usar no modelo cascalho de aproximadamente 20 mm para representar a rugosidade do leito aluvial do rio e plantas de plástico comerciais para representar a junqueira. O primeiro modelo em leito fixo permitiu comparar os perfis da superfície da água antes e depois da restauração e concluir que, para manter o mesmo nível de segurança contra inundações no rio Besòs, era necessário aumentar 70 cm os muros de 1975, já que a junqueira aumentava a resistência ao fluxo. O segundo modelo, em leito móvel com alimentação contínua de areia, provou que as *wetlands* têm tendência à sedimentação, enquanto as áreas desprovidas de vegetação tendem à erosão. Advertiu-se sobre a necessidade de manutenção futura das *wetlands* depois das cheias, já que se depositariam nelas materiais finos em

Figura 11.5 – Vista do modelo físico de leito fixo olhando na direção de montante para jusante. O trecho estudado é aproximadamente a metade da Figura 11.3.

pequenas cheias e de tamanho maior em grandes cheias. Há mais detalhes sobre o modelo, a semelhança e seus resultados em Martín-Vide (2000 e 2001). Os dados do modelo têm servido para uma linha de investigação da UPC em leitos compostos (leitos e superfície) sinuosos e com vegetação flexível (Martín-Vide et al., 2008).

HISTÓRIA DA RESTAURAÇÃO DE 1999 A 2011

Nesta seção, apresentam-se uma breve história do rio Besòs ao longo dos últimos 12 anos. Em dezembro de 1998, ainda durante as obras, uma enxurrada pequena com uma profundidade de cerca de 30 cm sobre as planícies deixou limo nas primeiras partes das *wetlands* (a montante), mas não arrancou a junqueira de modo geral, apesar de ter passado apenas cinco meses após plantio e de ser inverno. Uma proteção de quebra-mar enterrada em curva (Figura 11.3) permaneceu à vista. As observações sobre o depósito de limo e o correr do leito em curvas levantaram os assuntos principais do comportamento desse leito sinuoso com vegetação nos doze anos seguintes.

Em abril de 1999, a recuperação do meio ambiente do rio Besòs, chamada, então, de fase I, foi inaugurada pelas autoridades, com grande audiência pública e repercussão nos meios de comunicação. Em fevereiro de 2000, Barcelona Regional começou o projeto de prolongar o parque urbano até o mar (fase II), em seus últimos 2,7 km, para benefício da população de Sant Adrià (Figura 11.1, zona 3). Seguiu-se o mesmo tipo de seção com um grande leito central, superfícies com gramados e represas infláveis. Com esta ampliação, inaugurada em março de 2004, chegou-se a 26 hectares de parque urbano, 5,5 km de pista para bicicletas, 19 acessos de público (rampa e escada) e 11 remansos formados com represas infláveis. O custo total das duas fases foi de 37,5 milhões de euros e, no que se refere ao parque urbano, o retorno dessa inversão pode ser medido pelos cerca de 150 mil visitantes por ano. No ambiente especial da desembocadura, composto por uma grande barra aluvial cujo lado exterior é a praia do mar, foram projetadas plantações de vegetação autóctone. Isso levantou, de novo, perguntas sobre a capacidade hidráulica e o risco para a vegetação em enxurradas, que a UPC respondeu por meio de um modelo físico da desembocadura (2004). Também em 2004, em convênio com a empresa elétrica, conseguiu-se a retirada das torres elétricas, hóspedes indesejados do rio desde 1975.

As ortofotos do Instituto Cartográfico de Catalunha (entre 2002 e 2008) têm permitido estudar a evolução do leito sinuoso nesses anos. A largura aluvial de hoje continua sendo de cerca de 30 m, como o leito foi projetado, com uma flutuação por conta das cheias que derrubam as barras de contenção da vegetação que as colonizam. O eixo do leito se deslocou um pouco (máximo de 8 m), em parte, por causa das flutuações de largura. O que mais se destaca, no entanto, é a migração dos meandros para jusante: os ápices das curvas se deslocaram até 35 m. Por isso, as nove proteções de quebra-mar enterradas já estavam aparentes em 2006, uma delas perdida (pela ação da água). Assim, as proteções contiveram o aprofundamento dos meandros, mas foram curtas (jusante) para conter a migração. Das nove soleiras enterradas nos pontos de inflexão, uma era visível já em 2000 e em 2008 eram visíveis quatro, o que prova que o leito sofre uma erosão geral em longo prazo.

No período do estudo evolutivo, a vazão diária máxima não passou de 90 m^3/s, mas as vazões pontuais são sem dúvida maiores. Por exemplo, em 2011, era possível observar duas cheias com vazões máximas estimadas de 170 m^3/s (15 de março, vazão média de 51 m^3/s) e 200 m^3/s (30 de julho). A Figura 11.6 mostra o fluxo transbordado, governado pela corrente sinuosa, neste último episódio. A enxurrada deixou um leito limpo de cerca de 30 m de largura e respeitou, nesse caso, a proteção de margem no exterior da curva (não enterrada).

Figura 11.6 – Esquerda: foto durante a passagem da enxurrada de 30 de julho de 2011 (vazão máxima 200 m^3/s, na foto 100 m^3/s), e direita: poucos dias depois, do mesmo ponto. O ponto foi marcado com a letra A na Figura 11.3.

O evento anterior acarretou ações menores em comparação com a que parece ter sido a maior cheia, ocorrida na madrugada do dia 15 de setembro de 1999, poucos meses depois da inauguração. A profundidade sobre as superfícies foi da ordem de 1 m e a vazão máxima estimada foi de 600-700 m^3/s. Os elementos estruturais do parque urbano (muros, represas infláveis, acessos, entre outros) não sofreram dano; o gramado do parque foi danificado na região. Todas as plantações de caniço nas *wetlands* resistiram sem ser arrancadas. Houve um transporte de sólido em grande quantidade e depósitos de material sólido menos fino em todas as partes, principalmente nas de águas de montante. As proteções de quebra-mar enterradas ficaram à vista. O leito migrou, como explicado, e o contorno de uma seção ficou destruído. Comprovou-se que algumas erosões locais estavam vinculadas a elementos rígidos do leito de 1975 que não haviam sido demolidos: as duas primeiras soleiras de montante (Figura 11.3), um deságue e ao menos um espigão, todos de concreto. Muitos objetos, plantas e lixo sujavam todo o rio. É importante frisar, contudo, que essa cheia ainda está longe dos 1400 m^3/s de 1994.

EXPERIÊNCIA DA MANUTENÇÃO

Um ano depois da inauguração da fase I, a manutenção do rio Besòs nos 6,2 km de intervenção foi atribuida à administração pública de Barcelona, o que compreende todos os aspectos da manutenção, o uso público, a vigilância e o segmento ambiental, exceto no que é relacionado ao sistema de informação hidrológica e de alerta de evacuação do parque fluvial de Santa Coloma, responsabilidade da empresa *Clavegueram de Barcelona, s.a.* (Alcantarillado de Barcelona, s.a.).

O índice de qualidade das águas, que era 4% em 1990, passou a 60% em 2000. Tem sido possível uma redução de até 90% nos sólidos em suspensão, 85% na DBO, 40% nos fosfatos e 60% nos nitratos. Na realidade, já com todo o projeto de 9 km finalizado, tem sido constatada uma recuperação notável da fauna de peixes e de aves. Por exemplo, têm sido observadas mais de 100 espécies de aves, entre elas, muitas de zonas úmidas. Tem sido demonstrado que o trecho final do rio Besòs até sua desembocadura funciona como uma etapa para certas aves migratórias. Com a finalidade de compensar a falta de vegetação para a fauna, no trecho das *wetlands*, deixa-se sem poda, no inverno, uma franja ribeirinha. Também é feito um seguimento e, às vezes, uma correção da população de larvas de quironomídeos, já que em tempo de calor foram constatadas algumas doenças causadas por esses insetos não picadores para os vizinhos. Cerca de 80 a 90% das partes das *wetlands* continuam funcionando corretamente, seguindo um tratamento terciário das águas, doze anos depois de sua construção e apesar dos episódios de enxurradas nesses anos. As partes colocadas mais a montante, as primeiras que encontram a água, têm sido as mais castigadas pelas enxurradas. Assim, é satisfatória a valorização da intervenção em relação aos objetivos ambientais do trecho superior.

O uso público do parque tem sido um grande êxito social. As pessoas, os caminhantes, os ciclistas recorrem ao parque. As famílias passam o dia, principalmente no fim de semana. Em consonância com isso, as represas infláveis se enchem nos fins de semana e se mantêm vazias o restante do tempo. Essa exploração contribui para aliviar o acúmulo de sedimento nos pequenos represamentos. As represas têm precisado de manutenção, mas depois de doze anos não houve necessidade de repor nenhuma, por qualquer dano possível, como a abrasão nas cheias ou o vandalismo. Alguns aspectos do uso público do parque se tratam em Alarcón e Montlléo (2011), enquanto mais dados sobre a obra podem ser encontrados em Martín-Vide et al. (2008).

A vegetação das planícies do parque não tem sofrido grandes estragos quando o rio transborda de seu leito principal. Isso simplifica e barateia a manutenção, pois consiste, basicamente, na retirada dos objetos flutuantes. As partes das *wetlands*, por sua vez, retêm lodo, mais sujeira e muitos objetos flutuantes. O lodo pode diminuir a permeabilidade do substrato filtrante e obstruir os elementos de controle (válvulas). A limpeza não mecanizada das partes exige muita mão de obra, que não é barata. Às vezes, é preciso habilitar também os caminhos de acesso. As ações de manutenção depois de um transbordamento se chamam corretivas, enquanto as restantes se chamam preventivas. Segundo a frequência de transbordamento, o custo anual de manutenção varia, mas uma ordem de magnitude de toda a manutenção descrita aqui é de um milhão de euros por ano.

CONSIDERAÇÕES FINAIS

A restauração do rio Besòs foi uma ação pragmática de recuperação do rio com fortes influências sociais e ambientais. O grande êxito social do parque fluvial, previsível em uma zona muito povoada e carente de áreas verdes, pode diminuir os méritos da melhora da qualidade da água e do povoamento do rio com vegetação autóctone (o caniço). Mas, além disso, esses dois méritos ambientais padecem de um pecado original, pois nem as *wetlands* estão bem colocadas no leito de enxurradas de um rio torrencial nem o caniço deveria ser um monocultivo, circunscrito a um trecho e excluído do outro.

Os objetivos ambientais foram a essência do projeto; serviram para aproveitar uma oportunidade única de financiamento, mas isso atrapalhou, mais tarde, sua lógica interna. O financiamento moldou demais o resultado. Um projeto mais modesto em recursos poderia ter usado a liberdade para uma restauração mais lógica e integrada, mas também seguramente menos popular. A demanda dos municípios acumulou forças para conseguir o projeto, mas logo dispersou as forças ao conduzir a soluções diferentes em Montcada e Santa Coloma. O projeto não teve participação pública, mas seu resultado (o parque) é muito estimado pela população.

A recuperação de espaço para o rio é a assinatura pendente da restauração fluvial, nesse caso, praticamente inacessível por causa da pressão metropolitana. No entanto, no corredor disponível, muito mais estreito que o original, faz sentido recriar formas e processos naturais, ainda que não sejam os originais. Se o arraste, a erosão e o depósito de sólidos foram considerados como falhas de um projeto, citar-se-á desconsiderando a importância da morfologia em um bom projeto de restauração fluvial. Em todo caso, a morfologia não aspira atrair nada além de uma pequena parte da atenção, em comparação com os aspectos ambiental e social, e ainda com a engenharia hidráulica e a arquitetura da paisagem.

AGRADECIMENTOS

Agradecemos a A. Antoni Alarcón, Marc Montlleó, Antoni Maza, Adriana Sales, Sergi Capapé e Jaume Hernández por sua influência direta neste texto. A todos os citados em trabalhos e publicações anteriores, vinculados à UPC. Aos engenheiros Manel Pol *in memoriam* e Ferram Puig.

REFERÊNCIAS

ALARCÓN, A.; MONTLLEÓ, M. *Una risorsa per l'area metropolitana. Il restauro ambientale do fiume Besòs, Barcelona*. Archi rivista svizzera di architettura, ingegneria e urbanística 1/2011. Il fiume e a città.

MARTÍN-VIDE, J.P. *Restoration of an urban river in Barcelona, Spain*. Environmental Engineering and Policy 2, 2001, p.113-119.

MARTÍN-VIDE, J.P. *Restauração do tramo urbano do rio Besòs em Barcelona. Trazado do encauzamiento e modelos físicos*. In: V Jornadas de Encauzamientos Fluviales. Madrid: CEDEX, 2000.

MARTÍN-VIDE, J.P.; MORETA, P.M.; LÓPEZ QUEROL, S. Improved 1-D modelling in compound meandering channels with vegetated floodplains. *Journal of Hydraulic Research* IAHR, v. 46, n.2, p.265-276, 2008.

POL, M.; ALARCÓN PUIG; A. et al. Recuperação medioambiental do tramo final do rio Besòs. *OP Revista do Colegio de Ing. de C., C. e P.*, n. 46, p.80-85, 1999.

Rio Isar, Baviera, Alemanha | 12

Klaus Arzet
Walter Binder
Uwe Kleber-Lerchbaumer

INTRODUÇÃO

Centenas de anos de engenharia hidráulica e drenagem em todas as partes da Europa Central não baniram o perigo de desastres causados por enchentes e inundações; em vez disso, resultaram em perda contínua de hábitats naturais e de funções ecológicas em rios, córregos e áreas pantaneiras.

Esse assunto não foi considerado um problema enquanto a qualidade da água fluvial era baixa e o tratamento de esgoto ainda estava em seu primórdio. Contudo, a campanha pela melhoria da qualidade da água de rios e córregos ocorrida no século passado, que forçou os poluidores em potencial a tratar seus resíduos antes de despejá-los, é atualmente uma das áreas mais bem-sucedidas na revitalização de cursos d'água na Alemanha.

Ciente do problema, a mentalidade pública tem mudado nas últimas décadas, começando a entender águas correntes como mais do que um simples canal técnico de regulagem de vazão. Além disso, foi desenvolvida uma consciência que considera rios e córregos menores como importantes unidades ecológicas da paisagem e do ambiente no qual vivemos.

Consequentemente, no estado da Baviera, Alemanha, também foram iniciados muitos projetos de restauração fluvial e programas de revitalização com enfoque em aspectos morfológicos de águas correntes, implantados por meio de análises de baixa presença de peixes nos rios, previsões de retenção de enchentes em rios naturais e atratividade das paisagens.

Desde as inundações ocorridas em 1999, 2002 e 2005, a Baviera aumentou seus esforços para combinar ações de proteção contra enchentes aos objetivos de restauração. Hoje, o maior enfoque da engenharia hidráulica ecológica é a preservação de áreas de retenção natural e reabilitação de rios, junto a esquemas técnicos de controle de inundações onde necessário.

Com o passar dos anos, foram desenvolvidos métodos para avaliar o grau de alteração e deterioração de componentes hidromorfológicos em água corrente causados pelo uso antropogênico do solo. Esses dados ajudam a concentrar as atividades de construção fluvial nos principais objetivos ecológicos para recuperar rios e córregos.

Nesse período, muitos projetos foram finalizados ou levados adiante, disponibilizando o conhecimento de como fazer. Nem todos se mostraram ideais em termos de abordagem ou padrões técnicos e alguns deles já foram até reprojetados. No entanto, a soma de todos os projetos de reabilitação fluvial terminados até agora oferece a oportunidade de estudar diferentes soluções técnicas e compartilhar a experiência de "aprender fazendo".

Além da engenharia hidráulica, a cuidadosa manutenção física dos cursos d'água pode melhorar a qualidade ecológica de sistemas fluviais e ajudar a cumprir as demandas da Water Framework Directive[1] (WFD) da União Europeia e outras regulamentações europeias, como o decreto de proteção Natura 2000, que prevê que os corpos d'água alcancem um estado bom e natural em um determinado período de tempo.

O RIO ISAR

Fatos históricos

O rio Isar natural

O rio Isar é de origem alpina e um dos principais afluentes sulinos do Rio Danúbio. Até o início do século XIX, seu fluxo era livre e pertencia à categoria de rios entrelaçados, com infiltração de água no fundo e nos bancos de cascalhos. Durante o período de baixo fluxo, a vazão quase desaparecia entre os grandes bancos de cascalhos, corredeiras e poças, situados em

[1] Water Framework Directive, em português, Lei das Estruturas Hídricas (NT).

uma vasta planície aluvial que transformava o leito do rio continuamente após inundações. Áreas pantaneiras com meandros abandonados e riachos subterrâneos acompanharam o sistema fluvial. Processos dinâmicos de erosão e sedimentação serviram de base para o desenvolvimento da biota, com as plantas e os animais alpinos originais típicos. O zoneamento e a sucessão de flora e fauna eram geralmente controlados por inundações e pelo transporte de cascalho, sedimentos e restos de madeira (Figura 12.1).

Figura 12.1 – Vista da seção natural do rio Isar, ao sul de Munique, com os Alpes ao fundo.

Canalização artificial do rio

No começo do século XIX, foram iniciadas atividades sistemáticas de engenharia hidráulica. A intenção era restringir o rio a seu leito para ganhar terras, reduzir os danos causados pelas enchentes e melhorar seu curso para navegação.

As primeiras correções foram feitas dentro dos limites das cidades de Munique e Landshut e, mais tarde, se estenderam gradualmente ao longo do rio. Apenas 125 anos depois, no início do século XX, a transformação do rio natural em um leito canalizado, contido, desde o sul de Munique correndo até o Danúbio, estava quase completa. Além da canalização, foram construídos diques onde era necessário para proteger assentamentos urbanos e áreas agrícolas contra enchentes. Além disso, uma barragem foi construída, entre 1954 e 1959, na parte alpina superior da bacia hidrográfica, cerca de 100 km ao sul de Munique, para a implantação do reservatório contra enchentes Sylvenstein, que melhorou o controle de cheias no vale do Isar e, ao mesmo tempo, permitiu o manejo de vazão de água durante o período de baixo fluxo.

Importância socioeconômica e usos da água

Geração de energia hidrelétrica

Desde a Idade Média, a água foi usada para mover moinhos. Ao longo do rio Isar, apenas grandes comunidades, como as cidades de Munique ou Landshut, puderam construir e manter grandes represas, regularmente colocadas em risco por inundações de grande porte, mas capazes de desviar a água entre canais próximos para alimentar os moinhos. Até os dias de hoje, alguns canais e hidrovias menores próximos ao rio Isar lembram esses primeiros passos no uso técnico de águas fluviais.

O desenvolvimento técnico, no século XX, exigiu que as águas fossem usadas para produzir eletricidade em grande escala, atendendo à demanda por energia das cidades em rápido crescimento. Nesse período, teve início a construção de barragens e canais de grande porte em diferentes seções do sistema do rio Isar como forma de desviar os recursos hídricos do leito natural do rio para canais que abasteceriam as estações de energia hidrelétrica. O leito natural permaneceu, em muitas áreas, mais ou menos seco na maior parte do ano. Níveis mais altos de água eram alcançados apenas durante vazões maiores e inundações. Esse ainda era o caso até duas décadas atrás, quando a preocupação com a proteção ambiental dos rios aumentou, ao mesmo tempo em que a renovação de concessões legais para usuários ofereceu ao governo a oportunidade de pedir uma vazão mínima no leito que garantisse todas as funções ecológicas do rio. Além disso, as companhias hidrelétricas tiveram de financiar projetos de reabilitação da morfologia fluvial deteriorada.

Recreação

Por séculos, o rio Isar atraiu pessoas para recreação e vida social, tanto no campo como em áreas urbanas, fato ilustrado em pinturas históricas. Hoje em dia, ocorre quase todo tipo de atividade social e recreação ao longo das margens ou no rio, como natação, caminhada, passeio a cavalo, *rafting*, ciclismo, passeio com cachorro, canoagem, 'festas', banho de sol, esqui *cross country*, entre outros.

A revitalização do rio Isar com seu leito ampliado, margens rebaixadas, ilhas de cascalho e planícies alagáveis aumenta, sem dúvida, as possibilidades de recreação para visitantes. Quando o tempo está bom, o rio Isar atrai milhares de visitantes tanto à cidade de Munique quanto ao campo (Figura 12.2).

Figura 12.2 – Atividades de recreação no rio Isar, em Munique.

Características hidrológicas e morfológicas

O rio Isar se origina nos Montes de Karwendel, na Áustria, próximo à fronteira sul da Baviera, na Alemanha. O rio de montanha corre sentido norte-nordeste rumo ao Danúbio. No caminho, passa primeiro pela área alpina, depois pré-alpina e, então, pelas planícies ao sul de Munique, em áreas alagáveis de florestas aluviais (Figura 12.3).

O rio tem uma extensão de 270 km e cobre uma área aproximada de 8.700 km² com cerca de 2,5 milhões de habitantes, mais de 1,5 milhão deles na área metropolitana da cidade de Munique. A precipitação anual próxima à nascente, nas áreas montanhosas, é maior que 2.000 mm/ano, em Munique é de 1.200 mm/ano e próximo à foz no Danúbio, inferior a 700 mm/ano. As inundações ocorrem principalmente na primavera e verão e o período de menor vazão, durante o inverno (Tabela 12.1).

Figura 12.3 – Mapa do rio Isar e sua bacia hidrográfica.

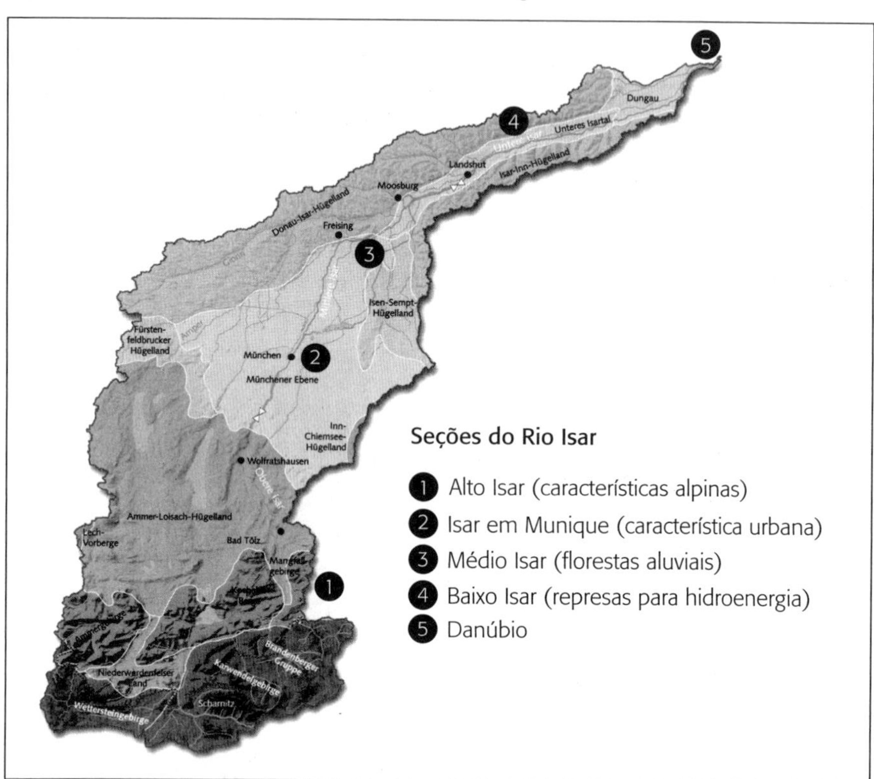

Represados e restritos a seus leitos, a maior parte dos rios e córregos da Europa Média perdeu seu curso e morfologia natural nos últimos 150 anos para melhorar o transporte naval, produzir energia hidrelétrica, ou foi prejudicada pela drenagem e controle de inundações em áreas rurais e urbanas. Diretamente relacionada a essas alterações hidrológicas e morfológicas de águas correntes está a perda de biótopos típicos, assim como sua fauna e flora. Em muitos lugares, as pessoas construíram casas ao longo de rios; consequentemente, durante as inundações, diminuiu o espaço para massas de água se expandirem nas áreas pantaneiras. Assim, grandes enchentes no último século resultaram, muitas vezes, em prejuízos significativos para a economia, ceifando ainda muitas vidas em áreas urbanas e rurais. Além disso, em muitas hidrovias o escoamento natural tem sido desviado para canais e usado na geração de energia hidrelétrica, de modo que resta apenas uma pequena vazão nos leitos naturais.

Avaliações atuais de aspectos hidromorfológicos em rios e córregos na Alemanha mostram que mais de dois terços dos rios monitorados têm grandes deficiências morfológicas, incluindo a perda total das características de seus cursos naturais, e que muitos corpos d'água na Alemanha não estão atingindo a chamada "boa situação ecológica", o que se reflete em seus componentes biológicos, como peixes e macroinvertebrados, por conta de deficiências hidromorfológicas.

Tabela 12.1 – Dados hidrológicos: vazão do rio Isar em Munique (1941-2009).

Vazão média inferior	40 m^3/s
Vazão média	90 m^3/s
Vazão média superior	420 m^3/s
Vazão estatística projetada para 100 anos	1.100 m^3/s
Vazão máxima medida	1.440 m^3/s

Qualidade da água

A qualidade da água em rios e córregos melhorou significativamente nos últimos quarenta anos como resultado do avançado tratamento de esgoto. A maior parte das estações de tratamento de afluentes ao longo da bacia do Isar é formada por modernos reatores biológicos que diminuem amplamente a carga orgânica e de nutrientes emitidos. Hoje em dia, a qualidade da água do Isar varia entre boa e muito boa, em termos de padrões químicos e biológicos.

Um tratamento por radiação UV de esgotos foi instalado recentemente em estações de tratamento na bacia do Isar, o que permitiu a volta de atividades de banhistas – em conformidade com o Padrão Europeu para águas balneares – para que as pessoas possam nadar durante o verão sem riscos à saúde. O procedimento diminui em mais de 50% a carga bacteriana no período de média ou baixa vazão, já que a bacia do rio Isar é constituída, principalmente, por áreas arborizadas, onde o escoamento de superfície é pouco (ou nada) poluído por bactérias. Durante períodos de maior vazão e inundações, a qualidade da água, em termos de padrões de banho, não pode ser garantida, uma vez que águas de superfície contaminadas com bactérias –

provenientes de fontes não tratadas, como áreas agrícolas e urbanas – fluem diretamente para o rio.

Cidades maiores, como Munique, aumentaram a capacidade de armazenamento de seus sistemas de transbordamento de esgoto para reduzir cargas diretas de poluição no rio Isar durante chuvas fortes. Quando o tempo seca, depois de tais enxurradas – por exemplo, durante as tempestades de verão –, em geral em apenas alguns dias ou uma semana a qualidade da água volta a seu bom estado anterior.

RESTAURAÇÃO FLUVIAL NA BAVIERA, ALEMANHA

Aspectos legais e institucionais

Embora o Isar tenha mudado de um rio de curso livre, entrelaçado, para um rio canalizado, fixo, com grandes perdas de hábitat ecológico, atualmente ainda existem muitas áreas protegidas, quase em suas condições naturais, especialmente ao sul, próximo à área alpina, e na bacia da planície norte (Figura 12.1). Nas zonas sul e norte, um vasto corredor de mata ciliar acompanha o rio, sendo interrompido por pequenas cidades e por Munique (Figura 12.3). O Isar oferece uma ampla variedade de hábitats para a fauna e representa um corredor para animais e plantas alpinos que migram, dentro do sistema fluvial, dos canais dos Alpes em direção ao Danúbio. Por essa razão, mais de 100 km do rio e de seu vale na Baviera são parte de uma área de preservação natural (Natura 2000 Flora-Fauna-Hábitat) que inclui biótopos com espécies raras de animais e plantas protegidas.

Princípio filosófico de restauração e controle de enchentes na Baviera

Rios e córregos são sistemas dinâmicos. São formados pelas características naturais de suas bacias, clima, geologia, origem tectônica, vegetação e uso do solo. A vazão da água varia dependendo da precipitação e da capacidade de armazenamento na bacia hidrográfica. A força da água corrente e a quantidade de sólidos transportados influenciam o processo morfológico e a geometria do canal fluvial. Também exercem influência a erosão das margens e sedimentação, a reconstrução de corredeiras e piscinas naturais e a migração do leito do rio dentro da planície aluvial. As características geométricas do canal do rio – por exemplo, as seções longitudinais e transversais, assim como o substrato no canal – dependem das condições da área das bacias hidrográficas. Em ambientes naturais bem preservados, rios e áreas alagáveis são uma unidade.

As funções ecológicas foram alteradas no passado por construções no rio e manutenção técnica, que controlavam os processos morfodinâmicos. Como resultado, muitos rios dinâmicos se tornaram sistemas mais estáticos, causando deficiências ecológicas.

O atual conceito de restauração e reabilitação fluvial na Baviera baseia-se no perfil ecológico natural do sistema. Rios são considerados naturais se estão despoluídos e aptos a se mover em seus leitos e áreas alagáveis em um processo contínuo no tempo e espaço. O transporte de água e sólidos, em geral, não é interrompido por barragens ou pela estabilização das margens. A vegetação ao longo do rio e nas áreas alagáveis é a base para a sucessão natural, cujo zoneamento vai de vegetação original a florestas aluviais. A mudança contínua do leito, iniciada durante as inundações, leva a um ir e vir permanente das estruturas naturais, o que acontece em sistemas de rios naturais diversas vezes ao ano. Esse processo dinâmico cria um mosaico de biótopos que explica por que sistemas fluviais oferecem hábitats tão diversos para animais e plantas. Hoje em dia, uma boa situação ecológica, de acordo com a WFD europeia, pode ser determinada por um estado de referência, encontrado em ambientes intocados e que reflete ou se aproxima do estado natural (Figura 12.1).

Projetos de restauração e reabilitação são parte da filosofia de controle de enchentes na Baviera, que tenta combinar medidas técnicas de controle de cheias com métodos de reabilitação. O objetivo é aumentar a capacidade de retenção natural das áreas alagáveis. Para isso, diversos projetos são conduzidos ao longo do rio Isar para melhorar a qualidade ecológica do corpo d'água e da área alagável. As técnicas aplicadas incluem a remoção de aparatos para estabilização das margens, desde que haja espaço disponível – assim, há um aumento nos processos hidromorfológicos dinâmicos e no transporte de cascalhos. A continuidade biológica em barragens e soleiras para a migração de peixes e outros organismos aquáticos (isto é, macroinvertebrados) é fornecida pela construção de corredores aquáticos naturais, caminhos secundários ou escadas para transposição de peixes.

Processo de planejamento

Projetos de restauração fluvial na Baviera são, geralmente, baseados em conceitos de planejamento que consideram seções maiores de rio em uma bacia específica, em escala de pesquisa de 1:25.000. Medições precisas e pareceres concretos são planejados para escalas de 1:5.000 a 1:1.000. Os conceitos de restauração fluvial regionais são de grande ajuda em processos de planejamento e comunicação com tomadores de decisão, especialistas interdisciplinares, membros da administração local, organizações não governamentais (ONG) e o público em geral. Eles apoiam o processo de planejamento e podem promover a transparência e o consenso para projetos de restauração locais.

O processo de planejamento para projetos de restauração pode ser delineado passo a passo como a seguir:

- Passo 1: definir o estado de referência para o rio.
- Passo 2: avaliar o *status quo* do rio.
- Passo 3: comparar o estado de referência e o *status quo* para definir deficiências.
- Passo 4: relacionar as restrições.
- Passo 5: estabelecer os objetivos.
- Passo 6: estimar custos e aplicar as medidas.

Os principais objetivos e diretrizes para projetos de restauração e reabilitação fluvial são:

- Melhorar a proteção contra enchentes em áreas urbanas e rurais pelo aumento da capacidade natural de retenção.
- Reforçar a qualidade e as funções ecológicas do sistema fluvial pela ampliação do espaço do rio nas áreas alagáveis.
- Voltar a permitir processos naturais morfodinâmicos.
- Elaborar novas técnicas para apoiar ou limitar processos morfodinâmicos.
- Aumentar o uso recreativo e promover a beleza da paisagem.

O processo de planejamento interdisciplinar deve integrar e revisar outros planos e programas relacionados à área do rio (ou seja, desenvolvimento urbano, uso do solo, fontes de poluição, pesca, conservação natural, propriedade privada da terra, etc.).

Custos de restauração

Os custos de reabilitação, em geral, devem ser avaliados para cada projeto, uma vez que cada rio e cada seção diferem nos aspectos hidrológicos, morfológicos e ambientais. Além disso, custos dependem das deficiências morfológicas presentes e do comprimento total da seção de rio.

Os três projetos do Isar apresentados neste capítulo foram financiados de diferentes maneiras. O Plano Isar, em Munique, é uma cooperação entre o estado da Baviera e a cidade, com os custos igualmente divididos. No Isar-Mühltal e Mittlere Isar (Médio Isar), ao norte de Munique, companhias hidrelétricas tiveram de contribuir com até 75% dos custos totais para prorrogar suas concessões no médio Isar.

Os custos variaram entre 2,5 milhões de euros no Isar-Mühltal para 10 km de extensão; cerca de 35 milhões de euros para o Plano Isar, nos limites da cidade de Munique, com cerca de 8 km de extensão; e 23 milhões de euros no Mittlere Isar, ao norte de Munique, para cerca de 70 km de extensão.

Atividades de informação e participação pública

Para o sucesso de um processo de planejamento, a ênfase recai em atividades de informação e participação pública. Grupos e organizações regionais e locais devem ser bem-vindos no acompanhamento de projetos de reabilitação, na troca de ideias e no compartilhamento de experiências práticas com os especialistas em planejamento.

A população local de Munique e da Alta Baviera considera o Isar como seu, conforme documentado em diversos livros e revistas sobre a terra e o povo do Vale do Isar. O rio Isar é sinônimo de qualidade de vida, recreação a céu aberto e aventuras na natureza. Já em tempos históricos, há centenas de anos, o Vale do Isar era um assunto importante para pintores e pessoas buscando a natureza. Organizações logo foram fundadas para proteger a beleza da paisagem, caçadores e pescadores também se organizaram. Juntos, estão lutando há décadas pela proteção do rio Isar. Por causa do engajamento público desses grupos, o rio Isar ainda preserva, nos dias de hoje, suas características alpinas e pré-alpinas, especialmente ao longo do trecho entre os Alpes e Munique. Atualmente, as ONG estão bem organizadas em torno de um tipo de pacto pelo rio (a chamada *Isar Alliance*), em uma associação de organizações ambientalistas e de atividades ao ar livre para acompanhar, passo a passo, os projetos de reabilitação. A reabilitação bem-sucedida do rio Isar é um produto do trabalho em equipe que incluiu, desde o princípio, participação e comunicação pública em todos os níveis de decisão, envolvendo a administração da cidade de Munique e do estado da Baviera, engenheiros e cientistas naturais, assim como ONG e os habitantes.

A participação pública acontece de diferentes formas, por exemplo, por excursões, internet, oficinas regulares, palestras, panfletos e pontos de informação ao longo do rio Isar.

Nesse sentido, o Plano Isar continua uma tradição centenária. Já por volta de 1900, ONGs locais iniciaram um projeto de embelezamento da paisagem do rio. Claro que o Isar reabilitado já não é mais o perigoso rio alpino entrelaçado, selvagem e calamitoso que as pessoas temiam no passado, mas o 'novo' rio reflete, outra vez, suas origens alpinas e é uma das atrações para visitantes.

RESTAURAÇÃO DO RIO ISAR

Desde meados da década de 1990, diversas seções ao longo do rio Isar foram reabilitadas ou estão em processo de revitalização, o que inclui projetos na área rural ao sul e ao norte de Munique e na área urbana da cidade (Figura 12.3).

Isar em Mühltal

No Vale Mühltal, ao sul de Munique, o principal objetivo do projeto era restaurar as funções ecológicas típicas do rio. As medidas foram adotadas em 1996/97 e permitiram que o rio remodelasse seu leito por meio de seus próprios processos dinâmicos, com um mínimo de interferência no ambiente natural ao redor. Uma importante pré-condição para que isso ocorresse foi a disponibilidade de terras com vegetação ao longo do rio que desse espaço para os processos hidromorfológicos, o que foi alcançado, principalmente, por meio de remoção de obras para estabilização das margens. Em geral, tais projetos de reabilitação precisam de espaço e tempo para ser levados a cabo e ter sucesso (Figuras 12.4 e 12.5).

Figura 12.4 – Vista do rio Isar, no Vale Mühltal, ao sul de Munique, com típica paisagem fluvial alpina anterior à canalização.

Ao sul de Munique, o Isar corre em áreas alagáveis pré-alpinas de cascalhos e pedras, cercadas por um corredor de florestas aluviais. No início do século XX, uma barragem e um canal foram construídos para desviar grande parte da água do rio (até 80 m^3/s) para a produção de energia hidrelétrica. As margens do rio Isar foram estabilizadas com concreto e pedras, suprimindo mudanças hidromorfológicas.

Uma concessão para a produção de energia prestes a expirar e uma crescente consciência sobre o meio ambiente deram a chance de melhorar as condições ambientais, incluindo o aumento da vazão mínima no rio de 5 m^3/s para 15 m^3/s e a reabilitação do leito pela remoção do concreto das margens. O custo de aproximadamente 2,5 milhões de euros também englobou a construção de uma escada natural para transposição de peixes, permitindo a passagem desses animais pela barragem, e foi financiada pela companhia de energia como parte da renovação da permissão. A região de floresta devolvida às áreas alagáveis do rio pertence ao estado da Baviera.

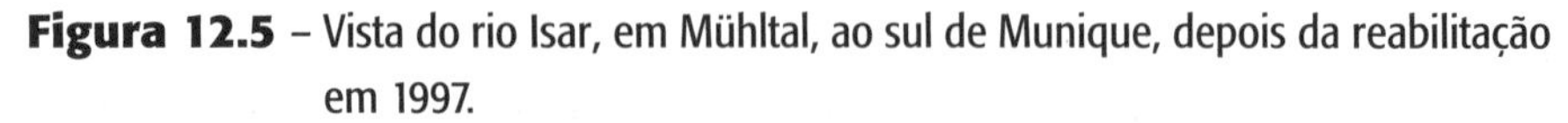

Figura 12.5 – Vista do rio Isar, em Mühltal, ao sul de Munique, depois da reabilitação em 1997.

Em resumo, para obter uma nova concessão, o principal requisito para a companhia de energia era aumentar o fluxo mínimo, reabilitar o rio e contribuir com os custos, com base no conceito de reabilitação fluvial (Figura 12.5).

As medidas do conceito de reabilitação fluvial abordavam os seguintes detalhes:

- Permitir que processos hidromorfológicos voltassem a acontecer por meio da retirada de obras para estabilização de margens.
- Instalar um desvio natural na barragem de Icking, permitindo que peixes e outros animais de água doce se movessem a jusante e a montante (escada para transposição de peixes) para assegurar a continuidade longitudinal.
- Reconectar pequenos afluentes e riachos com o sistema principal do Rio Isar.
- Aguar determinados locais das áreas alagáveis (prados) ao longo do rio.
- Transportar cascalho a jusante da barragem de Icking.
- Melhorar as opções de recreação, aprimorando o acesso ao rio.

- Oferecer infraestrutura pública, como estacionamento e banheiros.
- Implantar um sistema de informação incluindo como tópicos cultura, técnica de energia hidrelétrica e natureza.

As medidas têm dado bons resultados, com benefícios para a fauna, flora e visitantes.

Plano Isar em Munique: um projeto de reabilitação de rio urbano

Rio Isar em Munique: uma paisagem de rio urbano se adapta aos ventos de mudanças

As ideias sobre um conceito de desenvolvimento integrado de rio urbano para o Isar surgiram em Munique, na década de 1980. Nessa época, o maior problema era melhorar a qualidade da água. Por outro lado, hoje o Plano Isar enfoca o aperfeiçoamento das proteções contra enchentes, o desenvolvimento de uma paisagem fluvial próxima à original e também as atividades de lazer e recreação.

O State Office of Water Management[2], em Munique, junto com o município, iniciou o projeto em 1995. Com o *slogan* "Vida nova para o rio Isar", o trabalho entrou em execução no trecho de rio na cidade desde o início do ano 2000, e tinha previsão de fim para 2011. O estado da Baviera e a cidade de Munique investiram cerca de 35 milhões de euros nesse projeto de reabilitação fluvial, que se estende por 8 km, desde a fronteira sul da cidade na Ponte Großhesselohe até o centro da cidade, no German Technical Museum[3] (Museuminsel).

Mais de dez anos depois, o trecho de rio urbano, que cobre cerca de 8 km, está reabilitado e com um desenho próximo à paisagem natural. Diferentes seções do rio surgiram desde então com traçados que combinam com seu ambiente urbano, cada uma com desenvolvimento dinâmico próprios. O remodelamento do trecho dentro da cidade, especialmente desa-

---

[2] State Office of Water Management, em português, Departamento Estadual de Gestão Hídrica (NT).

[3] German Technical Museum, em português, Museu Técnico Alemão (N.T.)

fiador, precisou de uma longa discussão com todas as partes interessadas e um planejamento de conceito preciso.

Antes que as intervenções hidráulicas tivessem início, em meados do século XIX, a porção pré-alpina do rio Isar fluía pela área de Munique com mudanças constantes em seu leito e com extensos bancos de cascalho e braços de rio. Rápidas inundações transportavam grandes quantidades de detritos, pedras e cascalho dos Alpes, mudando o leito e a paisagem. Áreas de Munique situadas em partes mais baixas eram constantemente alagadas.

A estabilização sistemática das margens e a utilização de energia hidrelétrica em um canal paralelo ao rio Isar construído nos anos 1920 moldaram o Isar em um canal principal linear, de aproximadamente 50 metros de largura, com uma secção transversal trapezoidal, cercado por promontórios, prados e aterros inundáveis.

Como resultado da implantação do canal artificial e da remoção da carga de fundo na bacia superior, causadas pela entrada em operação do reservatório Sylvenstein, em 1959, o rio Isar gradualmente perdeu suas características naturais de fluxo torrencial. A colocação de pequenas barragens ou de desníveis longitudinais a intervalos regulares combateu a erosão gradual do leito do rio.

Condições de fluxo reduzido e homogêneo e estruturas fluviais uniformes tiveram um impacto prejudicial na flora e fauna e no cenário paisagístico. Apenas na renomada região Flaucher – uma parte da área alagável do Isar ao sul do centro da cidade que manteve suas características naturais ao longo dos séculos – é possível observar o fluxo original do rio entrelaçado, com seus bancos de cascalho abertos e suas ilhas de pedregulhos em constante mudança. Essa área, portanto, serve como referência e exemplo de como a reabilitação urbana do rio Isar em Munique pode vir a ser (Figura 12.6).

Os prados do Isar são bastante conhecidos pelos moradores da cidade por sua paisagem natural e grandes espaços abertos, fazendo parte de um dos locais de maior diversidade de atividades recreativas de Munique. Próximo ao centro da cidade, as pessoas não utilizam nenhum outro espaço público urbano de forma tão relaxada e livre como nesse trecho do Isar, ao sul do centro de Munique. Graças ao Plano Isar, a "paisagem de rio selvagem" retornou à cidade e a população urbana conta com um corpo d'água corrente quase natural.

Figura 12.6 - Visão da região Flaucher, em Munique.

Mais espaço e novas margens para o rio

O Isar passou por mudanças substanciais desde o término da reabilitação das primeiras seções, em 2001 e 2002, na porção sul do Plano Isar. O escoamento das cheias foi melhorado e foi criado espaço para o desenvolvimento mais natural pela ampliação da vazão média no canal principal do rio e pela incorporação de promontórios e áreas alagáveis na dinâmica fluvial. No lugar dos aterros íngremes, pavimentados por concreto, que anteriormente reforçavam as margens de pedras fixas, prevaleceram margens com pouca declividade e desenvolvidas naturalmente. O antigo leito artificial e fixo se tornou de largura variável com bancos de cascalho e ilhas de pedregulho que se formam dinamicamente em um constante sistema de ir e vir (Figuras 12.7, 12.8 e 12.8a).

Os peixes não conseguiam atravessar os antigos desníveis técnicos, que eram íngremes e com cortes lineares transversais ao rio, localizados a cada 200 ou 300 metros, com quedas de água de até um metro, na maioria dos casos. Em substituição a isso, foram colocadas rampas planas, com traçados naturais e degraus de rochas em formato de favo de mel intercalados com tanques de água. Essas medidas não só restauraram uma aparência quase natural do rio, mas também melhoraram os hábitats de fauna e flora e suas condições de vida, características do rio Isar.

O formato especial das rampas de pedregulho grosso é um elemento-chave para um desenvolvimento natural aprimorado do regime fluvial. Com seus tanques de água e degraus irregulares de rochas, os bancos de cascalho e as ilhas de pedregulho têm uma função ecológica importante para os hábitats aquáticos, mas também contribuem para o desenvolvimento morfológico geral do leito do rio. Além disso, a aparência natural dessas estruturas artificiais também proporciona uma visão atrativa e um local para lazer.

Figuras 12.7 e 12.8 – Leito principal: rio Isar, em Munique, antes e depois da reabilitação.

Figura 12.8a – Leito principal: rio Isar, em Munique, antes e ampliado depois da reabilitação (esquema).

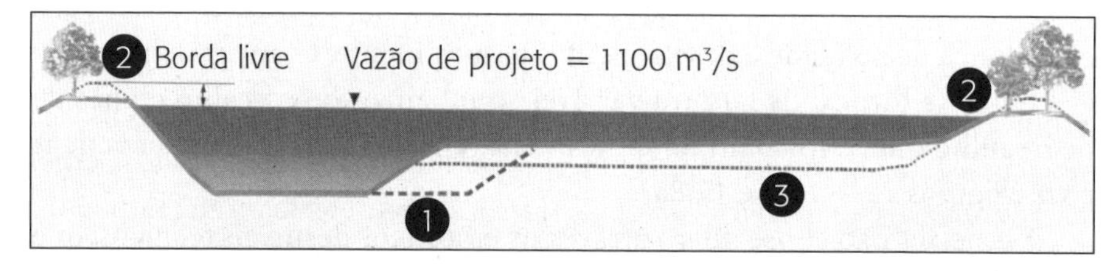

Para construir essas rampas, os desníveis técnicos que cortavam o rio, presos embaixo da água por cortinas de estaca-pranchas, tiveram que ser removidos. Em seu lugar, uma grossa camada de filtro de seixo de 25 centímetros (com distribuição granulométrica correspondendo ao coeficiente de uniformidade igual a 2 e d_{50} = 40) foi instalada. Em cima dessa camada, o preenchimento do corpo da rampa foi implementado, com a inclinação de 1:15 a 1:25, usando pedras com diâmetro de 20 a 50 centímetros e uma camada de espessura de 60 centímetros. A estrutura da superfície é formada por blocos de pedra com arestas, de comprimento entre 0,9 e 1,3 metro, colocados como preenchimento da rampa no corpo d'água corrente sem deixar vãos livres.

A estrutura em formato de favo de mel é resultado dos blocos de pedra longitudinais e horizontais que se apoiam mutuamente. A estrutura de rampas tem um padrão irregular, pois os blocos não permanecem simétricos em um mesmo nível de altura nem dispostos em um espaçamento uniforme. Por causa da variação na declividade dessas áreas dentro da rampa e de diferentes seções com degraus elevados, o fluxo de água e a formação de bancos e ilhas de cascalho e pedregulho a jusante influenciam de forma positiva a vazão média de água (Figura 12.9).

As rampas de pedras, dispostas com folgas entre elas, formam um caminho superficial e outro profundo (talvegue) em suas estruturas, que permitem que os peixes passem para as partes mais altas, uma vez que eles geralmente não são capazes de pular ou escalar grandes obstáculos. Dessa forma, a continuidade biológica para peixes e macroinvertebrados se estabelece gradualmente. A passagem individual de peixes por córregos secundários e escadas para transposição, como a existente na área alagável Flaucher, permite à fauna atravessar obstáculos maiores, como grandes barragens (Figuras 12.10 e 12.11).

Troncos caídos e rizomas incrustados nas margens e no leito do rio, bem como madeira flutuante, incentivam o desenvolvimento de pequenos espaços na estrutura fluvial e servem como refúgio de pequenos peixes e local para amadurecimento de organismos aquáticos. Além disso, os macroinvertebrados (macrozoobentos) no rio Isar têm um papel importante no ecossistema como fonte de alimento para peixes. A condição das espécies de animais que vivem na área de transição entre terra e água também é melhorada. Por exemplo, o borrelho-pequeno-de-coleira (*Charadrius dubius*), que faz seu ninho nos bancos de cascalho, ou o melro d'água. Espaços de cascalho são locais onde plantas pioneiras podem germinar a partir de sementes que o rio traz dos Alpes e onde espécies terrestres de besouros, que também se adaptaram ao local, estão se espalhando.

As margens do rio em desenvolvimento dinâmico são um aspecto especial e estão em constante mudança e recuo durante altos níveis de água e escoamento de inundações. Para impedir a erosão além de certo ponto, medidas de proteção que atuam das áreas mais distantes em direção ao rio foram implantadas na parte final de promontórios por motivos de segurança. Esse tipo de margem existe principalmente nos "trechos selvagens" mais remotos, ao sul do Plano Isar, onde o prado defronte ao dique oferece espaço suficiente para um desenvolvimento controlado do rio (Figura 12.12).

Figura 12.9 – Vista superior de uma rampa de pedra áspera ou um desnível em montagem frouxa, projeto de bloco de pedra plana (visão esquemática).

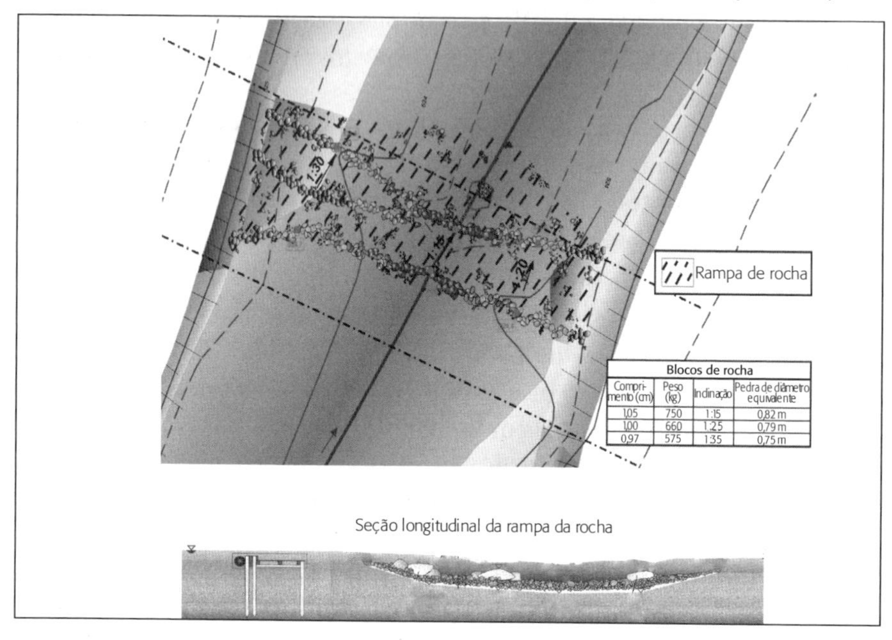

Blocos de rocha			
Comprimento (cm)	Peso (kg)	Inclinação	Pedra de diâmetro equivalente
1,05	750	1:15	0,82 m
1,00	660	1:25	0,79 m
0,97	575	1:35	0,75 m

Figuras 12.10 e 12.11 – Rampa de pedra ou desnível antes e depois da reabilitação.

As valas de "proteção" medem de 1,5 a 2,0 metros de largura e profundidade e foram preenchidas com materiais gerados pela remoção das antigas estruturas de concreto nas margens. Em períodos de nível de água mais elevado, o rio se aproxima dessas linhas de reforço sem causar danos nem erosões futuras. Dessa maneira, o leito do rio se alarga por si só, dentro dos limites recém-definidos. Um leito atrativo e sem restrições gradualmente se impõe com margens íngremes de valor ecológico e margens de cascalho planas (Figuras 12.13, 12.14 e 12.15).

Nas seções próximas ao centro da cidade, as obras de engenharia hidráulica enfrentaram diversas restrições devido à infraestrutura urbana existente, como pontes, barragens, cruzamento de canalização e tubulações para diferentes fins, que precisaram ser respeitadas no planejamento anterior à realização das medidas. Todos esses locais não tiveram alternativa a não ser utilizar medidas clássicas de engenharia hidráulica com pavimentação e estruturas feitas de concreto.

No entanto, o leito canalizado do rio é ampliado sempre que possível. Foram criados declives em alguns dos prados ribeirinhos, projetados de maneira a permitir acesso conveniente à beira do rio. O visitante pode desfrutar de múltiplos cenários com áreas de cascalho, prados e ilhas no rio. Além disso, as estruturas cruzando o rio linearmente se convertem em rampas no fundo do rio, com padrões de pedras soltas conforme descrito anteriormente.

As áreas dos trechos reabilitados sempre se destacam claramente nos locais em que se encontram com seções ainda canalizadas e aguardando reabilitação. Muito diferente das seções mais livres desenvolvidas na região mais distante ao sul, nas áreas internas da cidade a diferença na elevação do rio e das áreas alagáveis é maior. A característica se torna especialmente interessante pelo forte contraste entre, por um lado, a proximidade com os prédios da cidade e, por outro, a experiência de uma paisagem de rio urbano próxima à natural.

Figura 12.12 – Proteção do entorno em direção às margens do rio (esquemático).

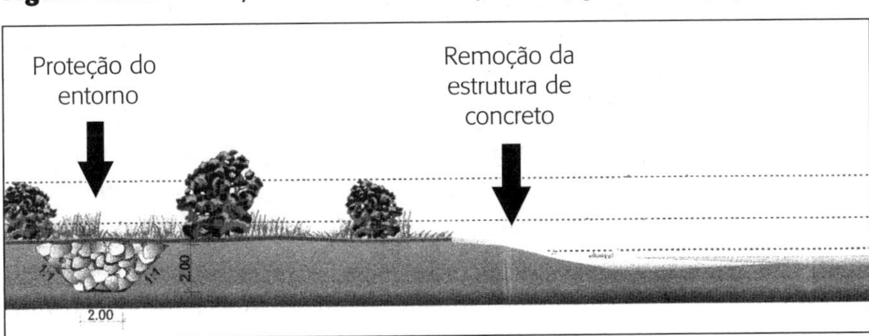

Figura 12.13 – Desenvolvimento de margens dinâmicas com solapamentos verticais e troncos flutuantes (raízes).

Figuras 12.14 e 12.15 – Margem do rio antes e depois da reabilitação.

Controle de inundações

Na zona sul da cidade, o rio Isar é acompanhado por um extenso sistema de aterro contra enchentes, em ambos os lados, originado na década de 1920. Com base em cálculos hidráulicos e limites de segurança técnicos, elevações com diferenças de até um metro foram determinadas visando à proteção contra inundações. Além disso, velhos diques precisavam de reparos, parcialmente por razões de estabilidade. A chamada inundação projetada (em Munique, estatisticamente uma enchente passando pela cidade sem causar nenhuma destruição, com período de retorno de 200 anos), com um pico de escoamento de 1.100 m^3/s, é usada para determinar as dimensões dos diques contra inundações. Nessa vazão, o nível de água no rio e no topo do dique ainda difere em pelo menos um metro de altura. Essa tolerância também leva em conta intervenções no reservatório contra enchente denominado Sylvensteinspeicher, a cerca de 80 km a montante (na área do Planalto da Baviera, ao sul de Munique, estendendo-se até os Alpes), onde podem ser mantidos mais de 53 milhões de m³ de água. Claramente, sem o reservatório nos Alpes, as enchentes ocorridas em 1999 e 2005 teriam chegado até Munique com uma vazão aproximada de 1.500 a 1.800 m³/s, o que seria devastador para a cidade. Em vez disso, o nível de água pode ser mantido entre 860 e 1.050 m³/s. No entanto, as ocorrências de enchentes em anos recentes mostraram que as medidas de proteção instaladas (elevação e reforço de diques) são essenciais para um conceito de controle de cheias abrangente e contribuíram para a segurança da cidade de Munique.

Devido à importância do rio Isar para atividades de lazer e por sua posição como área de conservação da natureza e da paisagem em algumas regiões, medidas especiais de construção foram escolhidas para permitir a preservação do crescimento de árvores antigas nos diques que, de outra forma, teriam de ser eliminadas. Portanto, velhos diques com população significativa de árvores no trecho entre a ponte Thalkirchner e a passarela Marienklausensteg, assim como entre a região Flaucher e a ponte Wittelsbacher, precisaram de estabilização específica. Os diques foram reforçados com uma parede interna com extensão de centenas de metros usando um método especial (solo, concreto, suspensão de bentonita "misturada no local"), que asseguraria a estabilidade do dique em caso de danos nas áreas ribeirinhas durante uma enchente. Essas medidas tornaram possível manter boa parte das árvores existentes nos diques e, assim, também o cenário típico (Figuras 12.16 e 12.17).

Em áreas com segurança de dique reduzida e mais espaço, novas represas erguidas em frente às antigas preservam a população de árvores. O aterro ribeirinho selado, com sua fina camada de solo, serve como um local ideal para espécies de pastagens secas pela semeadura de ervas selvagens nativas e a difusão de feno, entre outras espécies também originárias e remanescentes do período glacial.

As marcas deixadas pelas obras de construção ao longo dos novos aterros de diques e dos prados somem rapidamente, o que dá a impressão de que o surgimento de diques no rio Isar ocorreu há muito tempo.

Como mencionado anteriormente, uma capacidade de escoamento suficiente da seção transversal do rio não foi apenas alcançada pela construção de novos diques ou do aumento substancial da altura dos já existentes, mas também ampliando-se o leito principal, o que promoveu simultaneamente uma estabilização e planificação quase natural das margens do rio (Figuras 12.18 e 12.19).

Figuras 12.16 e 12.17 – Colocação de parede diafragma interna em velhos diques usando método de mistura no local.

Figuras 12.18 e 12.19 – Antigo leito do Isar em formato de canal (corte trapezoidal) e o leito quase natural após a reabilitação, área urbana.

Aprendendo na prática: a enchente de 2005

A grande enchente de 2005 teve um grande impacto nas medidas de reabilitação de forma geral. Ilhas de cascalho "incrustadas" foram erodidas ou movidas, desníveis de pedras e rampas foram parcialmente cobertos com cascalho ou expostos. No leito principal reabilitado, com suas novas margens amplas e planas, foram formados bancos e ilhas de pedregulhos.

No entanto, a enchente levou parte das novas margens planas "naturais" em algumas seções e em áreas onde rampas de pedras estavam integradas às margens. Danos de erosão ocorreram especialmente ao longo de caminhos para pedestres nos aterros, onde uma camada protetora de grama ainda não tinha se desenvolvido.

Muitas das novas estruturas que se desenvolveram no leito durante a enchente, tais como piscinas naturais, braços entrelaçados, valas e bancos de cascalho, estão conectadas de modo mais ou menos direto com o nível da água, seja permanentemente cobertas por ela, seja transbordando com frequência, dependendo da vazão. Ao mesmo tempo, a característica do biótopo dessas áreas é enriquecida ao permitir que árvores caídas permaneçam no rio após a inundação. Graças ao sucesso da estabilização de diques, esses pequenos biótopos continuaram. Nas superfícies expostas pela cheia, comunidades gramíneas floridas finas, mas ricas e de alto valor ecológico, se desenvolveram nos últimos anos.

Os danos de enchente causados pela erosão da proteção das margens tiveram de ser reparados imediatamente e ocorreram apenas em pequenos trechos (aproximadamente 350 metros) ao sul da ponte Brudermühl. As margens planas, estabilizadas por pedras ásperas com arestas de comprimento de 1,3 metro e parcialmente dispostas em declive, são extremamente populares entre as pessoas e, portanto, foram reconstruídas de maneira mais sólida.

A melhor proteção foi atingida após medidas de engenharia hidráulica serem amparadas por salgueiros plantados ao longo das margens. As finas ramificações de salgueiro em especial, que crescem após a poda a cada dois ou três anos, oferecem um suporte excepcional.

Uma boa consequência das dinâmicas fluviais, que remodelaram permanentemente o leito do rio depois das enchentes, está na oferta de áreas que se assemelham a lagos e poças de água ao longo das margens, desenvolvidos livremente nas seções ao sul e iniciados pela grande enchente de 2005, estando mais ou menos conectados ao fluxo do rio. Criadas pelas inundações, essas áreas fornecem um hábitat ideal para peixes jovens e outros animais, como macroinvertebrados, e foram preservadas pelo maior tempo possível. Medidas de plantio e poda de salgueiros restringem o acesso do público a essas áreas sensíveis e evitam um novo solapamento (Figura 12.20).

Figura 12.20 – Consequência das dinâmicas fluviais que modelaram o leito do rio após as enchentes, áreas do tipo lagoas e poças de água ao longo das margens que se desenvolvem livremente nas seções sul do Plano Isar.

Seções no centro da cidade

O curso do rio Isar por Munique, com suas áreas alagáveis, pontes em arco, velhas barragens e também uma área de parque com árvores antigas, forma uma das mais distintas e populares áreas da cidade. Por conta da proximidade com o centro da cidade e o fácil acesso, as pessoas o utilizam intensamente para passear, andar de bicicleta, tomar sol, relaxar e muito mais.

Houve uma competição para levantar ideias para essa área urbana especial. A difícil missão era abordar os dois aspectos inicialmente contrastantes de vida urbana e paisagem natural. Por fim, era preciso alcançar um acordo sobre uma reformulação relacionada aos aspectos naturais e integrar os vários usos e oportunidades de lazer na área de recreação do centro da cidade.

As ideias que entraram na competição tinham uma excepcional variedade de abordagens para a situação, desde arranjos soltos de estruturas de ilha em um rio sinuoso até interpretações arquitetônicas lineares modernas.

Em discussões públicas controversas sobre o futuro projeto dessa seção urbana de rio, especialmente próxima a distritos municipais e com ONGs entre os envolvidos (Isar-Alliance), os dois projetos parceiros do estado da Baviera e da cidade de Munique sugeriram um compromisso de incorporar ideias de projetos e elementos das duas equipes que ganharam a competição. Assim, uma reabilitação mais orientada para a natureza será implantada no centro da cidade na medida do possível, ou seja, margens pavimentadas serão substituídas por encostas planas, aterros arborizados, rampas rochosas naturais para continuidade biológica e bancos de cascalho ao longo de um dos lados das margens do rio sinuoso. A passagem para Kleine Isar, um braço de rio entrelaçado formando a Museumsinsel, a partir do sul do Deutsche Museum[4], será conectada por um novo braço a montante da ponte Reichenbach. A famosa barragem Cornelius será parcialmente convertida, mas será basicamente mantida como uma estrutura técnica longitudinal. Essa última é tecnicamente a seção mais difícil do projeto (Figura 12.21).

Médio Isar, norte de Munique

A seção do Médio Isar está localizada entre as morenas terminais alpinas, na parte sul da área metropolitana de Munique, e a foz do rio Amper, próximo a Moosburg. É caracterizada por uma extensão de 70 km, acompanhada por cerca de 5.000 hectares de áreas alagáveis aluviais e 3.500 hectares de florestas, sendo a maior parte áreas de proteção do Natura 2000. O sistema fluvial, que um dia foi entrelaçado, foi canalizado entre 1910 e 1930 e, de forma similar ao que ocorreu nas áreas ao sul do Isar, a água do rio foi desviada para um canal entre Munique e Landshut e utilizada para produção de energia hidrelétrica. A concessão expirou em 2001 e foi renovada por um tratado até 2025. Para tanto, a companhia elétrica precisou aumentar a vazão mínima no rio para 11 m^3/s e 21 m^3/s (sazonalmente) e teve de concordar em financiar 23 milhões de euros, num período de 25 anos, para os trabalhos de reabilitação que serão feitos pelo estado da Baviera. A base desse acordo foi o conceito de reabilitação fluvial projetado pela agência do meio ambiente da Baviera. Os objetivos principais são similares àqueles do Isar-Mühltal, ao sul de Munique (Figuras 12.1 e 12.2).

As linhas gerais do conceito integrativo de reabilitação fluvial incluem:

- Melhoria do controle de enchentes.
- Substituição de barragens e desníveis por rampas de pedras para melhorar a continuidade longitudinal.
- Eliminação do concreto de estabilização de margens.

O projeto consiste em substituir e reconstruir novos diques, de acordo com os padrões técnicos atuais, que estejam distantes do rio na parte de trás da área alagável, na borda das florestas. Velhas linhas de diques próximas ao rio estão sendo abandonadas. Com essa medida, a retenção de água da área aumenta de 1.600 ha para 2.600 ha durante as cheias (Tabela 12.2).

---

[4] Deutsche Museum, em português, Museu Alemão (NT).

Figura 12.21 – Visão da seção reabilitada no centro da cidade, com ilhas de salgueiros.

Tabela 12.2 – Catálogo de objetivos no Médio Isar.

Catálogo de objetivos
Ganho de 9.850.000 m³ em volume de retenção
Ganho de 1.081,37 ha de área de retenção
Proteção de 28.220 habitantes
Compra de 386,22 ha de terras
Renovação de 65,4 km de diques de proteção contra enchentes
Remoção de 44,6 km de margens estabilizadas
Remoção de 13,5 km de trechos marginais secundários
Transformação de 13 desníveis técnicos em rampas de pedra
Construção de três caminhos naturais para peixes

As margens estabilizadas por concreto são removidas para permitir processos morfodinâmicos de erosão e sedimentação no sistema fluvial que era entrelaçado. A biodiversidade das áreas alagáveis aluviais, que fazem parte das áreas de proteção do Natura 2000 com os rios da Baviera, irá aumentar. As terras utilizadas são de propriedade do estado da Baviera, que também está a cargo da manutenção do rio e está realizando os trabalhos de construção.

Até metade do século XIX, o rio ainda refletia as características tipicamente pré-alpinas, incluindo vazão sazonal variável e altas cargas de cascalho e pedras. Com a construção de uma grande barragem (Oberföhring, ao norte de Munique), em 1924/28, o rio foi represado, enquanto até 150 m³/s de água foram desviados para um canal de geração hidrelétrica. O leito foi canalizado com margens íngremes e fixas (Figura 12.22).

A seção superior do Médio Isar é flanqueada por grandes planícies aluviais pós-glaciais de cascalho, nas quais a frequente alternância de corrente formou o atual leito do rio e diferentes declives ribeirinhos ao longo das margens.

Apesar da crescente utilização de recursos naturais e intervenções locais marginais, o Médio Isar conservou estruturas morfológicas e hidrológicas quase naturais até o fim do século XIX. Cargas de cascalho distintas no fundo do rio e a diminuição da capacidade de transporte da corrente pré-alpina refletiram estruturas de leito altamente dinâmicas e de autodesenvolvimento (zona de bifurcação).

Figura 12.22 – Visão superior do Médio Isar, ao norte de Munique.

Os primeiros conceitos de correção desse rio selvagem e não domesticado datam do século XVIII. Em geral, combinavam os objetivos de aumentar a área de agricultura em planícies alagáveis por meio da drenagem e controle de inundação, com medidas para assegurar a navegação comercial tradicional feita por balsas de madeira. Até 1880, para controlar inundações, foi registrada a construção de diques simples com até cerca de 84 km de extensão. Os trabalhos de correção do rio no Médio Isar terminaram entre 1908 e 1914 e os diques para proteção contra enchentes foram concluídos após a I Guerra Mundial, em 1924.

Após o término desses trabalhos na parte sul do Vale do Isar, mudanças de grande escala no regime morfológico puderam ser observadas. A estabilização de perfis e margens por proteções massivas com rochas e concreto, combinada com modelos de padrão hidraulicamente otimizados, levou a uma contínua erosão do leito do rio. A erosão foi incrementada pelo contínuo desenvolvimento de geração hidrelétrica, com a construção das barragens requeridas. Devido à proteção das margens, a deficiência nas cargas de fundo culminou com a erosão do leito no curso superior do Médio Isar, enquanto no curso inferior a sedimentação dos bancos de cascalho diminuiu a capacidade hidráulica e afetou os diques de proteção contra enchente. No curso do Médio Isar, a erosão do leito pode ter chegado a valores de 15 metros abaixo da superfície superior do solo. Grandes inundações em 1940 e, especialmente, em 1954, erodiram completamente a camada de cascalho quaternário, expondo o cascalho fino terciário e camadas de areia abaixo.

Como mencionado anteriormente, a consequência da inundação de 1954 foi a construção da represa Sylvenstein, no curso alpino do Alto Isar, para assegurar a proteção contra enchente, assim como uma vazão mínima e um nível médio de água em caso de seca. A represa Sylvenstein, em particular, interrompeu o transporte de cascalho alpino do Alto Isar para a bacia do Médio Isar. O desenvolvimento histórico do perfil longitudinal reflete exatamente esses efeitos causados pela restauração do rio, desníveis e barragens, por meio da progressiva catalisação de erosão, alcançando uma condição mais ou menos estável.

A geração hidrelétrica não afeta apenas o sensível equilíbrio hidromorfológico. Por causa do que sobrou do relevante transporte de carga de fundo antes da represa Sylvenstein estar pronta, usinas hidrelétricas no Alto e Médio Isar foram projetadas com canais bifurcados de desvio. Isso conservou o leito e as áreas alagáveis, mas causou uma contínua redução no fluxo mínimo, pois, nesse período, critérios de base econômica eram considerados mais importantes que a vazão média no leito natural do rio. O canal do Médio Isar, com 65 km de extensão, foi construído entre 1920 e 1954 e abastece seis usinas geradoras de energia no maior desvio de canal da Alemanha. Correntes de águas subterrâneas contribuíram para a vazão mínima remanescente no Médio Isar e afluentes menores. Foram fixados um escoamento residual mínimo em acordos de 1928 (3 m^3/s) e 1959 (8 m^3/s), para diluir as emissões de esgoto de estações de tratamentos de resíduos na região de Munique.

As medidas técnicas descritas afetaram as condições naturais, biológicas e físicas dos hábitats. Em especial, o escoamento residual mínimo se mostrou insuficiente em termos de critérios biológicos e ecológicos. O potencial hidromorfológico para o desenvolvimento dinâmico também foi drasticamente diminuído por meio da estabilização de margens e do leito, causando uma constante erosão a jusante.

Os diques de contenção de enchentes restringiram, em 40 ou 50 metros, as áreas alagáveis em ambos os lados do leito e reduziram a antiga área alagável de cerca de 9.500 hectares para 1.650 hectares, de acordo com o cálculo estatístico de eventos de inundações de 100 anos.

Hoje em dia, a vegetação ribeirinha preservada natural e em ampla área, apesar da crescente demanda por assentamentos e indústrias após a Segunda Guerra Mundial, é um aspecto positivo para reiniciar um processo de reabilitação fluvial de longo prazo, ecológico e dinâmico.

Desenvolvimento de condições de hábitat natural

O programa Isar 2020 é uma parte proeminente do programa de proteção contra enchentes da Baviera (Aktionsprogramm 2020), que destaca a importância do manejo ecologicamente sustentável da bacia de um rio.

Em 1999, uma grande enchente no Médio Isar, próxima à vazão projetada para os diques de proteção (referente ao tempo de retorno de cem anos), enfatizou que estratégias de proteção fundamentadas apenas em medidas técnicas, como diques, não supriam as necessidades. Diante dos recentes desastres causados por inundações na Europa Central (por exemplo, no rio Oder, na Alemanha Oriental e Polônia, em 1997) e do debate científico e público sobre mudanças climáticas afetando o manejo de bacias hidrográficas, o estado da Baviera decidiu por um programa de proteção integrado contra enchentes, de acordo com uma agenda nacional e internacional de gestão e operação de bacias (Aktionsprogramm 2020). Como resultado, medidas de proteção para áreas habitadas, regiões industriais e importantes infraestruturas, públicas e privadas, foram analisadas com enfoque na retenção natural combinada a medidas técnicas de proteção. Os velhos diques existentes, em particular, deveriam ser transferidos para faixas de novos diques, o mais longe possível, por razões técnicas e financeiras. Os principais objetivos do estudo (Isar 2020) propõem reativar cerca de 165,5 hectares com potencial para área alagável natural e capacidade de retenção de mais de 10 milhões de m^3 de água, pela reabilitação do rio e de planícies alagáveis naturais. A remoção parcial de proteção técnica das margens, ao longo do rio, seria combinada com o alargamento do leito e com uma tolerância geral ao desenvolvimento dinâmico do leito e das áreas alagáveis. Além disso, medidas para otimizar a continuidade biológica para migração de peixes e macroinvertebrados contribuem com os principais objetivos da WFD europeia e da Flood Protection Directive[5] europeia, um guia para lidar com eventos de inundações extremas (Figura 12.23).

Figura 12.23 – Visão esquemática do Médio Isar, ao norte de Munique, leito do rio canalizado e influenciado por erosão, com margens estabilizadas (acima) e leito em desenvolvimento dinâmico (abaixo) pela remoção alternada de margens estabilizadas (sistematicamente).

Fluxo residual no leito do rio natural

Uma pré-condição eminente para a realização bem-sucedida da reabilitação do rio Isar é elevar as vazões hidrológicas no leito do rio, de acordo com critérios ecológicos e biológicos. Isso foi alcançado em longas negociações entre o estado da Baviera e a companhia de hidroenergia responsável por operar as usinas hidrelétricas no Médio Isar. Assim, a vazão mínima sazonalmente variável foi corrigida com base nas necessidades ecológicas, aumentada de 8 m^3/s até 11 e 21 m^3/s.

Reabilitação fluvial

Medidas de proteção contra enchentes e, especialmente, a transferência

[5] Flood Protection Directive, em português, Lei de Proteção contra Enchente (NT).

de diques para longe do rio dão espaço para alcançar alterações morfológicas no leito e nas áreas alagáveis e fortalecer o desenvolvimento dinâmico.

Os principais objetivos e medidas são:

- Utilizar os potenciais dinâmicos próprios do leito do rio e das áreas alagáveis.
- Alargar a vegetação ribeirinha natural e várzeas nas áreas alagáveis.
- Estabilizar a continuidade biológica e morfológica no leito do rio.
- Aumentar as possibilidades de lazer e recreação.

Proteções das margens de concreto são removidas para o mais distante possível. Como resultado, as margens íngremes de cascalho quaternário "desprotegidas" são expostas ao fluxo médio e rapidamente erodidas em aterros de perfil suave, quase naturais (Figuras 12.24 e 12.25).

As forças hidráulicas alternam as curvas do rio do exterior para o interior em seu leito alargado. Como resultado, o rio reage com condições de fluxo e contorno variáveis, com alternância de direção do fluxo e bancos de sedimento, que antes eram típicos dos braços de rio do Médio Isar. Efeitos relevantes no transporte natural de sedimentos são presumivelmente restritos à estação alpina de cheias do degelo na primavera (regime nival) e inundações.

Figura 12.24 - Médio Isar sinuoso, com margens erodidas após remoção dos aparatos para estabilização das margens.

Figura 12.25 – Médio Isar sinuoso, com sedimentação de cascalho nas margens

Simulações numéricas, hidráulicas e morfológico-físicas predizem um espaço máximo de cerca de 20 a 25 metros em cada lado das antigas margens estabilizadas para o rearranjo permanente do leito do rio. Portanto, um autoalargamento dinâmico do perfil do leito fixo de 45 metros (no início do século XX) para cerca de 80 a 100 metros é esperado no futuro. Margens planas permitem cheias frequentes das novas áreas alagáveis, mesmo durante períodos de vazão média, quando a cheia nas margens estabilizadas estiver restrita a eventos ocorridos a cada dez ou quinze anos. Nos braços de rio superiores do Médio Isar isso ocorre ainda mais raramente, graças à erosão massiva do leito (Figura 12.26).

Figura 12.26 – Alargamento do leito e desenvolvimento morfológico dinâmico no Médio Isar, em Hangenham.

Novamente, a diversificação morfológica das seções transversais e perfis longitudinais melhorarão significativamente as condições físicas dos hábitats para espécies aquáticas e semiaquáticas. Principalmente em relação à

população de peixes, a remoção de barragens técnicas e desníveis, combinada com a substituição por rampas de pedras planas, reconectará seções separadas do rio, além de estabelecer medidas para assegurar a conectividade de afluentes menores e corpos d'água ribeirinhos. As barragens ou desníveis irreversíveis remanescentes serão equipados com abundantes passagens naturais, além das passagens técnicas para peixes já existentes.

CONSIDERAÇÕES FINAIS

O Plano Isar é um projeto de reabilitação fluvial e de paisagem bem-sucedido. Embora muitos resultados positivos já sejam visíveis hoje, o valioso impacto desse conceito de reabilitação fluvial irá alcançar todo seu potencial no longo prazo. A filosofia de um projeto de rio "próximo ao natural" está no caminho certo, com a excelente combinação de proteção contra enchentes, desenvolvimento natural e requisitos de recreação.

A visão do rio Isar no século XXI não é a paisagem original do rio pré-alpino, mas sim um rio que reflete a sua origem alpina. O futuro pode ser uma paisagem do rio, na área rural, com um caráter selvagem típico mais ou menos natural e uma reabilitação "controlada" dentro dos limites da cidade de Munique, refletindo a origem do rio. Uma cidade que, por um lado, oferece à população metropolitana uma natureza intacta e uma paisagem atraente e, por outro, um hábitat para plantas e animais típicos do rio. A reabilitação do rio Isar demonstra que os desejados objetivos de desenvolvimento ecológico do rio são acessíveis, tanto no campo como na cidade, quando as pessoas trabalham juntas.

Não há muitas grandes cidades do mundo com um rio em seu centro com uma aparência natural. Também não há muitos rios na vizinhança de uma aglomeração urbana, como as zonas rurais ao norte e ao sul de Munique, onde a beleza de um rio intocado está voltando por causa dos projetos de reabilitação descritos. Proteção contra enchentes, ecologia fluvial, recreação e conservação da natureza podem ser combinadas em um projeto "ganha-ganha", quando realizado por uma equipe interdisciplinar empenhada de planejadores, engenheiros, biólogos e paisagistas, apoiada desde o princípio por ONGs e outros *stakeholders* públicos em todos os níveis de decisão. Para o povo da Alta Baviera e na aglomeração urbana de Munique, um rio está retornando, revelando de novo o seu caráter alpino, oferecendo opções de lazer com as belezas e os segredos da natureza.

REFERÊNCIAS

ARZET, K.; KIRNER, S.; ZINSSER, T. Der Isar-Plan. Ein Fluss wird renaturiert. Kultur und Technik – *Das Magazin aus dem Deutschen Museum*, mar. 2005. p. 20-25.

ARZET, K.; JUNGE, M. Der Isar-Plan oder die Quadratur des Kreises. *Katalog zur Ausstellung "Mythos und Naturgewalt Wasser"* de 3 jun. a 21 ago. 2005. Kunsthalle der Hypokulturstiftung München, Hirmer Verlag München, 2005, p. 171-179.

ARZET, K.; JOVEN, S. Erlebnis Isar – Fließgewässerentwicklung im städtischen Raum von München. *Korrespondenz Wasserwirtschaft*, v. 1, p. 17-22, 2008.

ARZET, K.; KIRNER, S.; NEBL, A. *Neues Leben für die Isar. Jahresberichte des Isartalvereins*, v., Munique, 2008, 2009, 2010.

BAYERISCHES LANDESAMT FÜR WASSERWIRTSCHAFT (ed.). *Verbesserung der hygienischen Situation an der Oberen Isar*. Munique, p. 4.

______. Restwasserstudie: Mittlere Isar zwischen Oberföhringer Wehr und Uppenborn Wehr. Fachbericht, 1999, 130p.

______. Gewässerentwicklungsplan für die Ausleitungsstrecke der Mittleren Isar unterhalb Oberföhringer Wehr und Wiedereinleitung des Mittleren Isar-Kanals, *zwischen Flusskilometer 142,9 bis 78,25*. Fachkonzept, 2001, 63p.

BAYERISCHES LANDESAMT FÜR UMWELT. *Flusslandschaft Isar von der Landesgrenze bis Landshut, Leitbilder, Entwicklungsziele, Maßnahmenhinweise*. Fachbericht, 2002, 74p., 2 ed.

BINDER, W. A experiência da reabilitação fluvial no Estado da Baviera, Alemanha. In: MOREIRA, I.; GRAÇA SARAIVA, M.; CORREIA, F. N. (eds). *Gestão ambiental de sistemas fluviais*. Lisboa: Isapress, p. 485-496, 2000.

______. Die Isar. In: JÜRGING, P.; PATT, H. (eds.). *Fließgewässer:* und Auenentwicklung. Berlim- Heidelberg: Springer, 2003, p. 416-428.

BINDER, W.; HOELSCHER-OBERMAIER, R.. Die Wildflusslandschaft Isar. In: *Garten und Landschaft* 12/2003, Munique: Callwey, 2003.

LANDESHAUPTSTADT MÜNCHEN, WASSERWIRTSCHAFTSAMT MÜNCHEN (eds.). *Auf zu neunen Ufern – Neues Leben für die Isar*, 1998.

______. Neues Leben für die Isar. Ergebnisse des internationalen Wettbewerbs zwischen Braunaner Eisenbahnbrücke und Deutschem Museum, maio 2003.

LIEKSFELD, C. P.; KAPITZA, E. Wie die zahme Isar wieder wild und schön wird. *Geo-Spezial, Sonderdruck*, n. 2, p. 1-12, 2003.

PATSCH, J. Der Isar-Plan – Neues Leben für die Isar. Umweltreport, 2003.

ZINSSER, T. Neues Leben für die Isar: München erhält seinen Wildfluss zurück. *Garten und Landschaft*, p. 12-15, 2003.

Danúbio, um Rio Transfronteiriço | 13

Jürg Bloesch
Thomas Hein
Erika Schneider

INTRODUÇÃO

Quando se fala em restauração fluvial da Bacia do Rio Danúbio (BRD), o enfoque certamente é no aspecto hidromorfológico, uma vez que os impactos da poluição já foram, em grande parte, mitigados (International Commission For The Protection Of The Danube River – ICPDR, 2009b). Foram selecionados dois estudos de caso nas regiões do Alto e Baixo Danúbio, especialmente relevantes porque neles as áreas alagáveis são tratadas como importantes unidades funcionais. As duas regiões apresentam projetos de grande porte e longo prazo que visam à restauração de funções ecossistêmicas perdidas por causa de alterações hidromorfológicas significativas geradas pela navegação, construção de barragens de hidrelétricas e diques para proteção contra enchentes. As áreas (previamente) alagáveis, com a restauração da conectividade lateral, ampliam, em geral, a heterogeneidade do hábitat e, portanto, a biodiversidade. Tais medidas aumentam consideravelmente o valor ecológico e social das paisagens ribeirinhas. A metodologia aplicada é fundamentada em conhecimento científico e, certamente, pode ser adaptada a outros projetos de restauração fluvial.

Antes de apresentar os dois estudos de caso, é feita uma breve introdução sobre o rio Danúbio para contextualizar as informações. Em seguida, são descritos os impactos humanos no Danúbio e em seus serviços ecossistêmicos, que são a base para a restauração fluvial. Depois, são destacados alguns aspectos gerais sobre proteção, conservação e restauração de rios. Como conclusão dos estudos de caso, é feito um apanhado sobre o potencial de restauração de todo o rio Danúbio.

CARACTERÍSTICAS DO RIO DANÚBIO E RESUMO HISTÓRICO DA SUA ORIGEM E EVOLUÇÃO

O rio Danúbio tem 2.857 km de extensão, uma bacia hidrográfica de 817.000 km^2 e uma vazão média de 6.500 m^3/s (ver Figura 13.4). Pode ser dividido em três grandes seções: o Alto Danúbio, que vai da nascente na Floresta Negra até a passagem de Devín, próximo a Viena e Bratislava; o Médio Danúbio, que vai da fronteira entre Áustria e Eslováquia até a parte inferior do desfiladeiro do Portão de Ferro, a travessia dos Cárpatos e a passagem pela cidade de Drobeta-Turnu Severin; e o Baixo Danúbio, que vai do Portão de Ferro até o delta.

A história paleolimnológica do rio Danúbio mostra vários estágios de oceanos (Paratethys, ligado ao Mar Mediterrâneo no Período Terciário) e rios (durante o Mioceno Médio). Após a elevação dos Alpes, Cárpatos, Alpes Dináricos e Cordilheira dos Bálcãs, grandes rios transportaram massivos sedimentos aluviais e, gradualmente, encheram o mar – agora a Grande Planície Húngara, no delta interno (durante o Plioceno); suas margens eram praticamente idênticas aos limites atuais da BRD (Sommerwerk et al., 2009). Depois do último período glacial (Pleistoceno, há cerca de 10.000 anos), a nascente do Danúbio na Floresta Negra mudou significativamente por causa da competição com a bacia hidrográfica do rio Reno. As consequências desse período são perdas significativas do Danúbio para as águas subterrâneas (escoadouro Danúbio, *Donauversickerung*), que retornam à superfície na nascente de Ach (produção média de 8.000 l/s), no lago Constança e na bacia do rio Reno. Atualmente, grandes volumes de água glacial de afluentes localizados nos Alpes chegam ao Danúbio pela margem direita (rios Inn, Drava, Sava); pelo lado esquerdo, o rio Tisza é o maior afluente, vindo dos Cárpatos.

O regime hidrológico depende de precipitação, altitude e declive, podendo variar de glacial, nival e pluvial. A precipitação varia de aproximadamente 3.200 mm nos Alpes a menos de 500 mm nas planícies do sudeste. Os declives vão de 0,4‰ no alto dos vales a 0,004‰ no Baixo Danúbio. Assim, os sedimentos do rio apresentam pedregulho grosso (transporte de carga de fundo) nas áreas montanhosas e sedimentos finos nas regiões baixas (transporte de sólidos suspensos). A carga e a produção de sedimentos suspensos do rio Danúbio foram calculadas, respectivamente, em $22x10^6$ t/ano e 27 t/km^2/ano (Welcomme, 1985).

As principais características hidrológicas, químicas, biológicas e demográficas do rio Danúbio estão compiladas na Tabela 13.1. Informações similares referentes aos dez maiores afluentes e ao delta foram publicadas por Sommerwerk et al. (2009). A BRD engloba 160 tipos de rios e dez ecorregiões apenas no rio Danúbio (ICPDR, 2009b). As extensas áreas alagáveis no Médio e Baixo Danúbio e no delta apresentam, em particular, pontos de grande concentração de biodiversidade (Liepolt, 1967). Essencialmente, essa alta biodiversidade é baseada em hábitats lóticos e lênticos heterogêneos, concentrados em zonas ripárias, áreas alagáveis, ilhas (com vegetação), deltas pantanosos e lagos. Macrófitas, fito e zooplâncton, macroinvertebrados (zoobentos), herpetofauna, ictiofauna, avifauna e mamíferos de áreas inundáveis estão bem documentados em diversas listagens de espécies. Por exemplo, são registradas 115 espécies nativas de peixes na BRD, o que corresponde a cerca de 20% da fauna europeia de peixes de água doce (Kottelat e Freyhof, 2007). Listas de fauna e flora do Danúbio podem ser encontradas em Tudorancea e Tudorancea (2006) e Sommerwerk et al. (2009).

Tabela 13.1 – Principais características do rio Danúbio.

Parâmetro	Alto Danúbio	Médio Danúbio	Baixo Danúbio	Delta do Danúbio	Total
Área da bacia (km^2)	104.932	473.214	218.387	4.560	801.093
Vazão média anual (m^3/s)	802	3.992	5.961	6.500	6.500
Precipitação média anual (mm)	1.012	792	605	432	767

(continua)

Tabela 13.1 – Principais características do rio Danúbio. *(continuação)*

Parâmetro	Alto Danúbio	Médio Danúbio	Baixo Danúbio	Delta do Danúbio	Total
Conductividade média (μS/cm) n = 8.482 (1996-2005)	386	389	397	444	403
Média de nitrogênio total (mg/l) n = 1.687 (2000-2005)	2,6	2,6	2,4	2,3	2,5
Média de fósforo total (mg/l) n = 8.016 (1996-2005)	0,1	0,1	0,1	0,1	0,1
Média de carbono orgânico total (mg/l) n = 2.672 (1996-2005)	3,1	4,6	4,9	n.d.	4,4
Média de sólidos suspensos (mg/l) n = 7.567 (1996-2005)	27,5	29,0	43,7	36,1	34,2
Número de regiões ecológicas	4	8	7	1	10
Uso do solo (% da bacia)					
Urbano	4,7	4,1	6,0	2,4	4,7
Plantio + pasto	44,9	52,6	60,8	24,0	53,6
Floresta	37,3	35,4	26,6	5,8	33,1
Pradaria + vegetação dispersa	11,9	6,5	4,4	6,0	6,6
Área inundável	0,3	0,5	0,7	49,0	0,8
Corpo d'água doce	0,9	0,9	1,5	12,8	1,2
Áreas protegidas (% da bacia)[1]	0,5	2,8	0,7	89,1	2,4

(continua)

Tabela 13.1 – Principais características do rio Danúbio. *(continuação)*

Parâmetro	Alto Danúbio	Médio Danúbio	Baixo Danúbio	Delta do Danúbio	Total
Número de grandes barragens (> 15 m)	217	143	227	0	587
Espécies nativas de peixes	59	72	70	70	115
Espécies exóticas de peixes	13	12	7	4	41
Densidade populacional (habitantes/km^2)	140	95	101	34	102
Produto interno bruto anual ($ *per capita*)	27.726	4.886	1.746	2.145	7.007

Obs.: n.d. = não determinado; (1) Uma relação de áreas protegidas gerenciadas por um órgão administrativo está disponível em Sommerwerk et al. (2010).

Fonte: Os dados físico-químicos são da TransNational Monitoring Network (TNMN, 1996-2005). Adaptado e modificado de Sommerwerk et al. (2009).

As características mais importantes do rio Danúbio podem ser resumidas conforme descrito a seguir. Há uma grande distinção entre os cursos alto e baixo do rio: o Alto Danúbio apresenta "água limpa em leitos destruídos", enquanto o Médio e o Baixo Danúbio têm "água poluída em leitos quase intactos" (Bloesch, 1999). Essa distinção pode ser explicada por diferentes sistemas políticos e econômicos e antecedentes históricos – por exemplo, durante a Guerra Fria (1945-1990), a 'cortina de ferro' separou a Europa e a bacia do Danúbio entre países capitalistas ocidentais e países comunistas do leste. Nos países ocidentais a montante do rio, a vontade política e o poder econômico para proteção hídrica obtiveram alta prioridade. Na Europa Ocidental, a eutrofização evidente durante a década de 1960 levou à construção de estações de tratamento de esgoto para mitigar fontes de nutrientes e de poluição. Paralelamente, navegação (eclusas), hidroeletricidade (barragens) e medidas de proteção contra enchentes (diques) foram desenvolvidas de forma intensiva. Já os antigos países comunistas toleraram a poluição, desenvolveram relativamente poucas construções de engenharia ao longo do Danúbio – com exceção das barreiras para a hidrelétrica Iron Gate (Iron Gate I com 1.068 MW e Iron Gate II com 216 MW) – e precárias medidas de proteção contra enchentes. Como a vazão no Baixo Danúbio é elevada, a diluição de poluentes é eficaz, e ele possui também alta capacidade própria de autodepuração; por isso, as análises saprobiológicas mostram níveis de poluição apenas de moderados a críticos, embora haja muitos afluentes severamente poluídos (Schmid, 2004). Contudo, a carga de nutrientes e poluentes no Danúbio ainda é considerável, apesar das reduções significativas a partir da década de 1990 (entre 2000 e 2005, a descarga total de fósforo no Mar Negro era de aproximadamente 29 kt/ano, e de nitrogênio, 478 kt/ano, conforme Behrendt et al., 2005; Sommerwerk et al., 2010). Os lagos no delta e o Mar Negro, por serem receptores, sofreram eutrofização progressiva durante a década de 1980, mas parecem estar se recuperando gradualmente (International Association For Danube Research – IAD, 2010). Mais recentemente, a poluição por elementos químicos tóxicos e nocivos (metais pesados, pesticidas, poluentes orgânicos persistentes, substâncias hormonais ativas etc.) está sendo reconhecida como uma ameaça significativa para o ecossistema do Danúbio. Esse novo cenário de poluição é enfatizado na lista de prioridades da Water Framework Directive (WFD) da União Europeia (Lei 2000/60/EC, EUR-Lex, 2000) e da ICPDR, bem como por pesquisas e monitoramentos ecotoxicológicos (IAD, 2009). O monitoramento da qualidade da água é coordenado pela ICPDR e publicado em anuários (ICPDR, 2009a).

Recentemente, surgiram novas pressões na BRD, especialmente por espécies exóticas invasoras e a mudança climática. Espécies invasoras são uma das principais causas de alterações do ecossistema e de perda de biodiversidade, mas o impacto de espécies exóticas na fauna e flora nativas é complexo e, portanto, discutível (Olden et al., 2004; Pfeiffer e Voeks, 2008; Davis, 2009; Breining, 2009; Goodenough, 2010). Na BRD, há vasta evidência de que populações nativas são prejudicadas, ou mesmo ameaçadas, por espécies invasoras (Paunović e Csányi, 2010). No momento, 141 organismos exóticos e criptogênicos (67 espécies de macroinvertebrados, 41 de peixes, 24 de macrófitas aquáticas, 8 de parasitas e uma de anfíbio) foram registrados na BRD (Sommerwerk et al., 2010; www.alarmproject.net). Foi demonstrado que a mudança climática interfere nos corpos d'água da BRD ao aumentar a temperatura e diminuir a vazão anual. Por exemplo, a precipitação aumentou no inverno e diminuiu no verão (Sandu et al., 2009), o que fez com que alguns rios ampliassem a vazão no inverno. Além disso, novos projetos de infraestrutura (navegação, hidroeletricidade, proteção contra enchente) produziram fortes pressões hidromorfológicas no Danúbio. Assim, conservação e restauração fluvial são temas importantes na agenda política.

Em termos políticos, faz diferença se as fronteiras nacionais cruzam o rio ou se são ao longo dele (Bloesch, 2000). No primeiro caso, é preciso tratar de problemas clássicos do fluxo da correnteza (por exemplo, poluição se espalhando com o fluxo); no segundo caso, as questões importantes são erosão das margens e modificações nos leitos fluviais. Portanto, projetos de restauração podem ser fonte de conflitos entre países banhados por rios. Contudo, do ponto de vista do ecossistema, nem o *continuum* do rio nem a migração ou propagação da biota respeitam fronteiras políticas. Dessa forma, é crucial a criação de estruturas de gestão de bacia hidrográfica (GBH) nas políticas ambientais nacionais e internacionais para que a proteção dos rios e a perspectiva da bacia sejam adequadamente integradas.

A estrutura política, institucional e legal é fundamental para a proteção, conservação e restauração do rio Danúbio (Sommerwerk et al., 2010). Sob uma perspectiva global, a BRD é única. Atualmente, a bacia é compartilhada por dezenove países, o que implica diversos problemas transfronteiriços em sua gestão, que deve ser integrada, de acordo com a WFD europeia. A WFD foi aprovada em 2000 e é válida legalmente para todos os 25 países da União Europeia. Seu objetivo maior seria obter "boa situação ecológica" para todas as águas de superfície até 2015 (com a possibilidade de prorrogação até 2027). Esse objetivo abrange química, biologia e hidromorfologia, de modo que somente pode ser alcançado por meio da combinação de medidas de mitigação de impacto, conservação e restauração (Bloesch et al., 2011). Como as terras cultivadas predominam na Europa, locais que serviriam de referência por serem próximos ao estado natural, para qualquer tipo de rio, são extremamente raros ou mesmo inexistentes. Assim, muitos trechos fluviais são classificados como corpos d'água altamente modificados ou corpos d'água artificiais, refletindo "bom potencial ecológico" – um critério inferior ao de "boa situação ecológica". Há um debate em curso na ICPDR e entre os países sobre como e onde classificar adequadamente rios como sendo "corpos d'água altamente modificados", em especial no Baixo Danúbio, e somente no futuro esta classificação será definida. Um grande número de outras diretrizes e regulamentações complementa e apoia a implantação da WFD (Bogdanovic, 2005). No âmbito de restauração, a Floods Directive, a Flora Fauna Hábitat Directive (FFH), a Birds Directive, a rede Natura 2000 e a Environmental Impact Assessment and Strategic Environmental Assessment Directives (EIA-SEA) são fundamentais (European Commission – EC, 2013).

Na BRD, a WFD está sendo implantada pela ICPDR (2005, 2009b) e, em última instância, individualmente pelos países banhados pelo Danúbio (incluindo os que não são membros da União Europeia), por meio da aplicação de leis nacionais que devem estar em sintonia com ela. Vários grupos de especialistas, apoiados por muitas organizações que acompanham as ações, elaboraram os planos de manejo relevantes (ou seja, o Plano de Manejo da Bacia do Rio Danúbio e o Programa de Medidas Conjuntas) e documentos, que são aprovados pelos responsáveis das delegações ao final de cada ano.

Conservação e restauração fluvial não podem ser plenamente compreendidas e explicadas sem tratar da história e da população que mora na bacia (Schmid et al., 2010). Por ser o segundo maior rio da Europa, o Danúbio era o veio e, portanto, o corredor migratório de uma paisagem maior, separando o Oriente do Ocidente. Os primeiros vestígios humanos datam de 25.000 a.C. (período Paleolítico), e Lepensky Vir (Sérvia), no desfiladeiro do Portão de Ferro, guarda resquícios do primeiro povoado de caça e pesca europeu, que existiu entre 20.000 e 8.500 a.C. (Sommerwerk et al., 2009). Alguns séculos antes de Cristo, gregos, romanos e celtas ocuparam regiões inteiras e estabeleceram seus impérios. O Danúbio serviu como a principal hidrovia para transporte e as primeiras pontes foram, então, construídas. O período depois de Cristo, incluindo a Idade Média, foi caracterizado por muitas guerras e pelas invasões de turcos (hunos), mongóis, godos, lombardos, eslavos e magiares, culminando na grande batalha entre o Império Otomano e a dinastia dos Habsburgos, em 1683, em Viena. Durante os períodos de guerra e trégua, as sociedades humanas tiveram um impacto significativo no Danúbio, por exemplo, pelo uso acentuado de esturjões para alimentar as tropas; naufrágios como pontos centrais na formação de ilhas; açudes representando obstáculos para migração de peixes; troncos flutuantes no rio ameaçando populações de peixes; e produção de linho gerando poluição (Schmid et al., 2010). Depois da revolução tecnológica no século XIX, poluição, navegação, hidroeletricidade, formas de uso do solo (agricultura, urbanização, industrialização) e proteção contra enchentes se tornaram os principais impactos para o rio. Nesse período, a primeira hidrovia contínua entre o rio

Danúbio e rio Meno (da bacia do rio Reno) foi aberta e, entre 1960 e 1962, foi construído o Canal Reno-Meno-Danúbio.

IMPACTO HUMANO E SERVIÇOS ECOSSISTÊMICOS: O PAPEL DA HIDROMORFOLOGIA

Além da discussão em curso sobre sustentabilidade, o debate sobre serviços ecossistêmicos e uso da água tem ganhado, recentemente, maior prioridade por causa da progressiva degradação de ecossistemas aquáticos. Apesar de a organização Millennium Ecosystem Assessment estabelecer quatro classes de serviços ecossistêmicos (provisão, regulação, de suporte e cultural), estão disponíveis várias outras definições. No contexto de restauração fluvial, serviços ecossistêmicos são descritos como "os benefícios naturais oferecidos por ecossistemas aquáticos e terrestres", incluindo itens básicos como biodiversidade, polinização, dispersão de sementes, fornecimento de alimentos, purificação da água, retenção de enchentes por meio de áreas alagáveis, regulação do clima e da atmosfera etc. O uso da água, por sua vez, é definido como o benefício humano de recursos hídricos, seja como fonte de água potável, navegação, hidroeletricidade, extração de água (para irrigação), natação (recreação) etc. Enquanto a alta importância socioeconômica e o alto valor monetário do uso da água são amplamente reconhecidos, os aspectos ecológicos foram e ainda são, em grande parte, negligenciados. Apenas em casos críticos ou emergências (como vazamentos de poluentes ou enchentes) a ecologia aquática ganha alguma atenção pública e política.

Até o momento, os serviços ecossistêmicos da BRD não estão definidos de forma quantitativa. Contudo, estatísticas de pesca revelam um declínio geral no suprimento e na produção de peixes, que sofreram sérias reduções regionais à medida que os locais de desova eram destruídos em consequência de mudanças hidromorfológicas (Sommerwerk et al., 2009). Atualmente, apenas duas espécies de peixes de uso comercial conseguem manter seus números por meio de reprodução natural (existiam mais de trinta espécies de peixes de uso comercial antes de 1921, ICPDR, 2013). A interrupção longitudinal do Danúbio por meio de barragens, em especial, acabou com a migração de longa distância dos peixes e, portanto, com a reprodução natural. As populações de esturjão ameaçadas de extinção são um ótimo exemplo: uma das seis espécies nativas está extinta (*Acipenser sturio*), quatro espécies anádromas estão classificadas como criticamente ameaçadas (*A. gueldenstaedti*, *A. nudiventris*, *A. stellatus*, *Huso huso*) e o esturjão pequeno potamódromo (*A. ruthenus*) está classificado como vulnerável, mantendo-se apenas por meio de programas de incubadoras e estocagem artificial (Bloesch et al., 2006).

Serviços ecossistêmicos são ameaçados diretamente por impactos e pressões causados por humanos – como poluição, mudanças hidromorfológicas (hidroeletricidade, navegação, proteção contra enchentes), exploração econômica desmedida (por exemplo, peixe e cascalho dos rios) – ou indiretamente, por usos terrestres que permitem a disseminação de espécies exóticas invasivas e pela mudança climática global. Grande parte das perdas nas funções e serviços ecológicos é causada por alterações de grande escala nos processos de dinâmica hidromorfológica, que podem ser ilustradas pela comparação de mapas antigos com as condições atuais (as Figuras 13.1 e 13.2 mostram exemplos do Danúbio perto de Viena e do rio Tisza). A partir de tais comparações, são avaliadas as chamadas condições de referência ("semelhante ao natural"), definidas, a grosso modo, como a situação fluvial pré-intervenções dos séculos XVIII e XIX. A WFD exige, para atingir "boa situação ecológica" em qualquer tipo de rio, as condições de referência; todavia, é evidente que condições primitivas não podem ser alcançadas, uma vez que muitas mudanças hidromorfológicas e estruturais para uso humano são, em grande parte, irreversíveis.

Alterações hidromorfológicas de grande porte podem ser identificadas e resumidas de diferentes maneiras.

- Redução do comprimento do rio por causa do encurtamento de meandros e canalização. Por exemplo, o curso principal do rio Tisza foi reduzido de 30 a 40%, o que dobrou a declividade do canal nas planícies em 0,04-0,08‰ e reduziu as áreas alagáveis em 96% (Sommerwerk et al., 2009). Perdas similares podem ser encontradas no rio Danúbio, em especial nas seções superior e média.
- Relação entre margens semelhantes ao natural e margens construídas (como enrocamentos e paredes de concreto). De acordo com um levantamento do European Committee for Standardization (CEN, 2004; ICPDR, 2008), 61% das margens do Danúbio foram altamente modificadas, 22% foram reforçadas em trechos pequenos e somente

Figura 13.1 – Trecho canalizado do rio Danúbio, próximo a Viena (linhas pontilhadas), e entrelaçamento natural de 1859. A conectividade lateral com antigos trechos entrelaçados e áreas alagáveis está quase completamente interrompida e os respectivos ecótonos deterioraram. Só é possível uma restauração limitada, pois as intervenções no rio e a destruição de áreas alagáveis são irreversíveis.

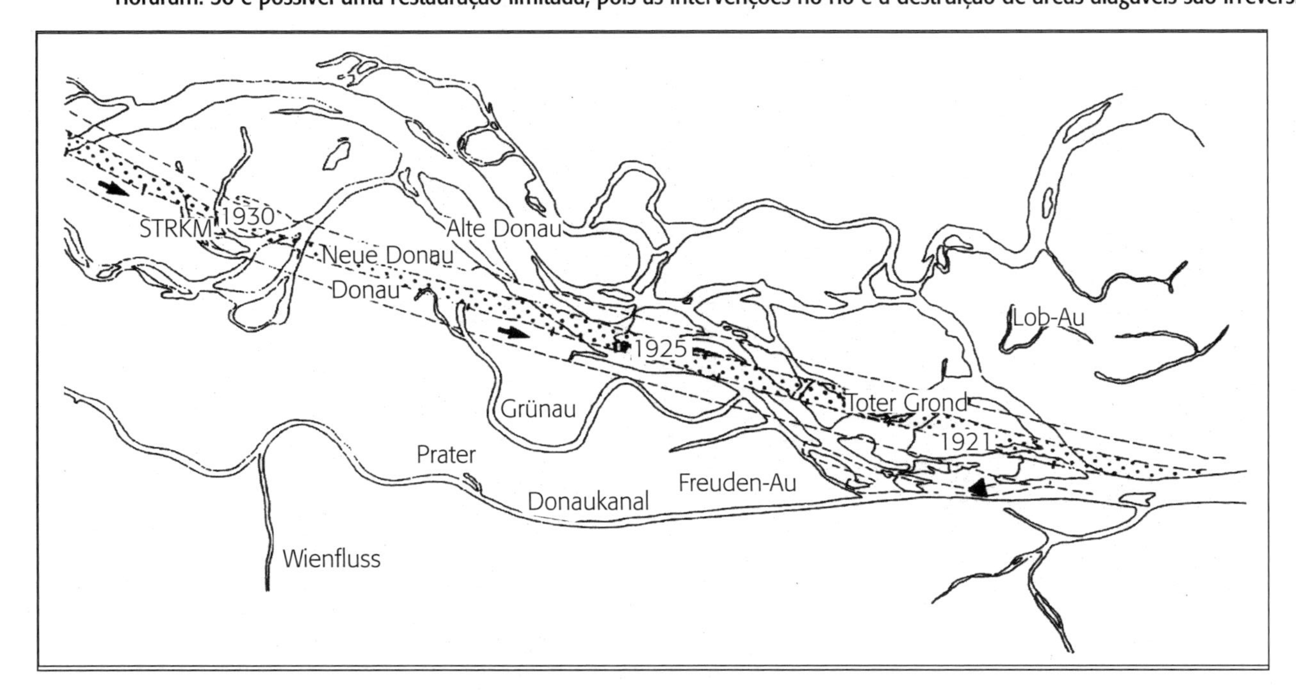

Fonte: Humpesch (1994); Bloesch (2002).

Figura 13.2 - Mudanças no canal do rio Tisza, particularmente a migração a jusante do meandro entre Komoró e Veresmart.

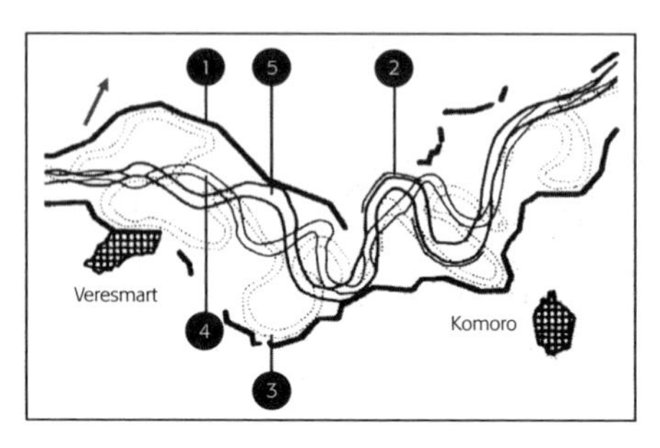

1 = Estabilizações de proteção na margem junto aos diques naturais; 2 = margem protegida por obras de proteção; 3 a 5 = retratos do leito do rio entre 1830 e 1930.

Fonte: Czaya (1983).

17% – principalmente no Baixo Danúbio – são semelhantes ao natural. Em toda a bacia, mais de 13.000 km de barreiras contra enchentes foram construídas (Sommerwerk et al., 2009).

- Perda de vegetação ciliar significativa correlacionada com a construção de barreiras, de estruturas de proteção contra enchente e com o uso do solo.
- Perda de áreas alagáveis no Alto, Médio e Baixo Danúbio. Tais áreas representam 95%, 75% e 72%, respectivamente; no delta, a extensão de áreas alagáveis ativas ainda corresponde a 70% (Schneider, 2002).
- Perda de ilhas fluviais em geral. Atualmente, existem 349 ilhas ao longo do Danúbio, que somam uma área total de 134.000 ha (Tockner, obra não publicada). O registro de perda é maior na parte austríaca, onde quase todas as 2.000 ilhas que existiam antes das intervenções desapareceram.
- Mapas hidromorfológicos, recentemente publicados, dos rios Drava/Mura (afluentes do Danúbio) e rio Mureş (afluente do rio Tisza) e, em menor quantidade, do rio Danúbio (Schwarz, 2008, 2010; ICPDR, 2008). Seguindo os métodos da CEN (2004) para rios grandes, as avaliações quantificam a qualidade morfológica atual do canal, as estruturas nas margens direita e esquerda e as áreas alagáveis em cinco classes, que vão de próximo ao natural a totalmente modificado (condições de referência, bom, regular, fraco, ruim). O rio Danúbio, desde a cidade de Kelheim até o Mar Negro, não conta com nenhum ponto em condi-

ções de referência; 39% de sua extensão está em boas condições e tem bom potencial de restauração; contudo, 30% está em situação regular, 28% em situação fraca e 3% foi totalmente modificado.

- Regime de sedimentos alterado, com o equilíbrio no rio Danúbio afetado por diversas barragens, em especial nos afluentes alpinos e montanhosos, bem como pela exploração acentuada de pedregulhos. A dinâmica natural de erosão, transporte e depósito de sedimentos, como uma função de hidrologia e geologia, é a base para a estrutura hidromorfológica, ou seja, para hábitats heterogêneos para a biota. As constantes incisões no fundo do rio rebaixaram o nível da água subterrânea, impactando na vegetação ripária e de áreas alagáveis, assim como no fornecimento de água potável. O reservatório do Portão de Ferro retém cerca de dois terços dos sólidos suspensos e a descarga de sedimentos no delta caiu de 53 para 18 milhões t/ano (WWF, 2008). A redução no volume de sedimentos contribuiu para a erosão das margens do Mar Negro, a oeste do Delta do Danúbio (DAN, 2010). Embora os sedimentos tenham sido negligenciados pela WFD e não sejam considerados, no momento, no documento Significant Water Management Issue (ICPDR, 2009b), eles estão gradualmente sendo reconhecidos pelos gestores hídricos como parte importante dos ecossistemas fluviais.
- Fragmentação, com cerca de seiscentas grandes barragens e represas ao longo do Danúbio e principais afluentes, sem considerar as inúmeras estruturas hidráulicas menores (Reinartz, 2002; Bloesch, 2003; ICPDR, 2005). Segmentos fluviais com fluxo livre se tornaram escassos por conta da quantidade de intervenções no rio, em particular nos afluentes nas montanhas (por exemplo, 34 barragens ao longo do rio Lech represam mais de 90% do curso do rio). Cerca de 30% da extensão total do rio Danúbio é represada por barragens (Sommerwerk et al., 2009).

RESTAURAÇÃO E PROTEÇÃO

Proteção da natureza e restauração de funções ecossistêmicas fluviais precisam abarcar qualidade e quantidade de água, hábitats e biota aquáticos, além de incluir todas as medidas e ações relacionadas no Plano de Manejo da Bacia do Rio Danúbio (Programa de Medidas Conjuntas), como tratar a água em estações de tratamento, restringir a extração de água, reabilitar mudanças hidromorfológicas, limitar espécies invasivas e mitigar os efeitos de alteração climática (ICPDR, 2009b). Para os propósitos deste livro, o enfoque será na restauração hidromorfológica, isto é, nas estruturas fluviais (em particular, nas áreas alagáveis de grandes rios) que oferecem hábitat para a biota.

A questão de prioridade entre proteção/conservação proativa ou restauração reativa é debatida há muito tempo (Boon, 2005; para uma perspectiva global, Boon et al., 2000). Todavia, existem bons motivos do ponto de vista ecológico e também econômico para conservar e proteger paisagens ribeirinhas, em vez de destruir para depois reabilitar. Em muitos casos, a estratégia de proteger hábitats em vez de uma única espécie ameaçada é vantajosa sob uma perspectiva holística.

Áreas protegidas cobrem belas paisagens com condições semelhantes ao natural e, supostamente, possuem ecossistemas terrestres e aquáticos em bom funcionamento (Wiens, 2002; Allan, 2004). Os processos de funções ecossistêmicas podem ser usados como base científica e ferramentas para a restauração fluvial. No mundo, existem poucos ambientes primitivos de água doce, isso se ainda há algum; mesmo águas hidromorfologicamente intactas, em regiões remotas, sofrem o impacto da poluição do ar (por exemplo, chuva ácida) e da alteração climática global. Contudo, as chamadas condições de referência são relativamente comuns em áreas protegidas, particularmente nos rios e numerosos riachos menores de afluentes do Danúbio. Em geral, os impactos, pressões e déficits ecológicos descritos podem servir para analisar impactos ambientais da BRD, indicando onde existe grande potencial de restauração e quais medidas devem ser implantadas. Muitas intervenções de engenharia realizadas nos rios causaram danos ecológicos irreversíveis e, assim, a restauração não alcançaria as condições de referência, somente um melhor estágio de funcionamento do ecossistema (Figura 13.3; Bloesch e Sieber, 2003).

Na BRD, foram identificadas 1.071 áreas protegidas de água doce, mais de 500 ha (Figura 13.4; ICPDR, 2009b). A área de manejo total protegida pode ser estimada em 19.200 km², o que corresponde a 2,4% da bacia (Tabela 13.1). As áreas alagáveis ativas, excluindo o canal principal do rio, representam 6.837 km² (Tabela 13.2). A estrutura legal para proteção é determinada pela WFD da União Europeia e legislação relacionada. Há diversos níveis de proteção legal, como áreas da Natura 2000, Ramsar, Reservas da Biosfera da Organização das Nações Unidas para a Educação, a Ciência e a Cultura (Unesco), parques nacionais, reservas naturais, áreas importantes para pássaros e paisagens protegidas. Frequentemente, as áreas se sobrepõem, de modo que a implantação da proteção fica dependente da vontade política de

Figura 13.3 – Vista aérea de (A) delta do Danúbio e (B) delta do Lena. As grandes modificações de engenharia e hidrológicas nos braços principais do delta do Danúbio contrastam com as estruturas morfológicas primitivas do delta do Lena. A restauração do delta do Danúbio é limitada, conforme demonstrado no próximo estudo de caso.

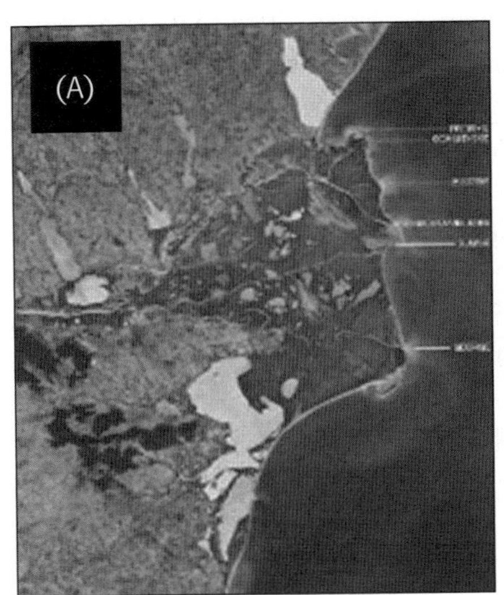

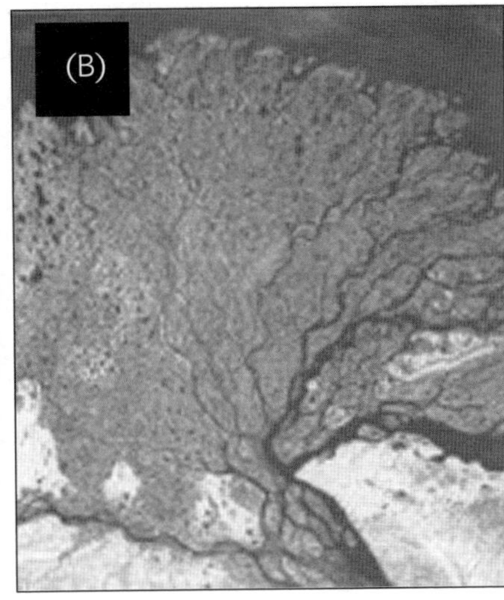

cada país. Dessa forma, o fato de a área ser protegida não é, infelizmente, uma garantia de que está livre de impactos humanos. Todavia, organizações ambientalistas não governamentais têm papel fundamental no apoio à proteção e à conservação da BRD (Sommerwerk et al., 2010).

A restauração depende da escala. Em escala local e regional, riachos pequenos são muito mais fáceis de reabilitar, pois o foco está, principalmente, na morfologia das margens e no canal. Em rios grandes, como o Danúbio e seus principais afluentes, a restauração inclui a reconexão de meandros (por exemplo, o rio Morava, na Eslováquia/Áustria), a reconexão e reativação de braços de rio (o Danúbio em Wachau, Áustria), o alagamento de meandros abandonados (Krapje Djol, Croácia) e a abertura de pôlderes agrícolas (delta do Danúbio, Romênia), como descrito por Sommerwerk et al. (2010). A restauração do *continuum* longitudinal do rio por meio da remoção de barragens ou da construção de passagens para os peixes e de açudes que permitam que o sedimento do fundo flua é outro componente importante para a restauração fluvial. A restauração de locais e projetos de médio e grande porte ao longo do Danúbio inclui a seção próxima a Viena, as áreas alagáveis no trecho húngaro do Danúbio, o Corredor Verde no

Tabela 13.2 – Áreas alagáveis e áreas com potencial de restauração na BRD.

Rio/extensão/países[1] banhados	Áreas com morfologia de áreas alagáveis[2] (km^2)	Áreas alagáveis ativas, incluindo o canal principal[3] (km^2)	Canal principal[4] (km^2)	Perda de área alagável (%)	Pontos para restauração	Área total (km^2)
Alto Danúbio 950 km (DE, AT)	2.831	707	166	75	47	532
Médio Danúbio 900 km (SK, HU, HR, RS, RO)	10.369	2.143	656	79	45	1.562
Baixo Danúbio 850 km (RO, BG, MD, UA)	8.033	2.208	786	73	79	5.038
Delta do Danúbio 100 km (RO, UA)	5.400	3.503	116	35	25	970
Total do Danúbio 2.845 km	26.633	8.561	1.724	68	196	8.102
Danúbio e afluentes	79.406	15.542	-	80	439	13.855
Tisza 950 km (UA, RO, HU, RS)	14.083	1.643	-	88	-	-

(continua)

Tabela 13.2 – Áreas alagáveis e áreas com potencial de reabilitação na BRD. *(continuação)*

Rio/extensão/países[1] banhados	Áreas com morfologia de áreas alagáveis[2] (km²)	Áreas alagáveis ativas, incluindo o canal principal[3] (km²)	Canal principal[4] (km²)	Perda de área alagável (%)	Pontos para restauração	Área total (km²)
Drava 750 km (IT, AT, SI, HR, HU)	2.809	652	-	77	-	-
Sava 945 km (SI, HR, BA, RS)	8.592	1.901	-	78	-	-

Obs.: (1) AT – Áustria, BA – Bósnia e Herzegovina, BG – Bulgária, DE – Alemanha, HR – Croácia, HU – Hungria, IT – Itália, SK – Eslováquia, MD – Moldávia, RO – Romênia, RS – Sérvia, SI – Eslovênia, UA – Ucrânia; (2) Inclui áreas alagáveis ativas (áreas com morfologia de áreas alagáveis - áreas alagáveis ativas = área alagável perdida); (3) Pelo fato de todos os canais serem parte integrante do ecossistema rio-área alagável, os canais foram incluídos nos cálculos. Contudo, em rios com percursos muito modificados, o tamanho real das áreas alagáveis ativas (hábitats terrestres e semiterrestres) pode ter apenas metade, ou menos, do que o tamanho do canal principal, em particular ao longo do Baixo Danúbio; (4) Canal principal e canais laterais principais e permanentes, sem meandros abandonados e águas represadas nas áreas alagáveis.

Fonte: WWF (2010).

Baixo Danúbio e o delta com braços de rio, lagos e pântano, que serão discutidos neste capítulo.

Embora a necessidade de restauração seja fundamentada na revitalização de estruturas ecológicas (hábitats) e funções (por exemplo, reprodução natural), na prática, projetos de restauração de grande porte somente podem ser financiados e realizados quando combinados com medidas de proteção contra enchentes. Como os prejuízos econômicos das enchentes e os custos para a construção de mais barragens aumentaram vertiginosamente, de forma que nem mesmo as seguradoras podiam pagar, um novo conceito de proteção setorial contra enchentes foi desenvolvido na década de 1990 (BWG/FOWG, 2001). A previsão de enchentes para os próximos cem anos foi discriminada em unidades menores: por exemplo, são aceitáveis enchentes a cada vinte anos em campos agrícolas, pois as indenizações de prejuízos são inferiores aos investimentos em grandes obras de engenharia. Projetos de restauração hidromorfológica fluvial objetivam, em grande parte, devolver um pouco do espaço perdido durante a canalização do rio e iniciar um curso fluvial próximo ao natural. De longe, o problema mais difícil é readquirir as terras necessárias e caras de seus proprietários, na maior parte privados e frequentemente fazendeiros.

Importantes progressos em qualquer projeto de restauração aquático-ripário que relaciona ciência, economia e política são: 1- análise e definição da referência, da situação atual e da meta do ecossistema aquático em questão; 2- análise de impactos, déficits ecológicos e necessidades de melhorias para reabilitar a função ecossistêmica; 3- avaliação das medidas para proteção e restauração da água e dos ecossistemas aquáticos; 4- resolução de conflitos de interesse entre diversos *stakeholders*, análise custo-benefício e escolha da variável 'ótima'; 5- realização da restauração para melhoria da função ecossistêmica aquática; 6- controle, monitoramento e estudos orientados pelo processo; e 7- alcance da meta ou reinício do segundo ciclo para atingir a melhoria desejada. Esse procedimento reflete a demanda legal para estudos de impactos ambientais (EIA) de qualquer grande projeto de infraestrutura. É fundamental que tais estudos sejam baseados em sólido conhecimento científico e nas melhores e mais atuais técnicas disponíveis. Além disso, o planejamento (etapas 1 a 3) deve ser flexível e adaptável.

Uma questão ainda negligenciada, porém importante, é o monitoramento da restauração fluvial, que é um processo de longo prazo, incluindo o passado (referência) e os períodos concomitante e posterior à restauração (controle do sucesso). Apesar dos modelos *before-after-control-impact* (BACI) terem sido apresentados há um bom tempo (Smith et al., 1993; Smith, 2002), a maioria dos projetos de restauração ainda falha no monitoramento adequado de longo prazo. O uso de banco de dados acessível pela internet e estudos de caso sobre restauração podem auxiliar a aprender com as experiências de outros projetos (Jenkinson et al., 2006). Avaliação e monitoramento adequados das referências fornecem a base para o planejamento de um projeto bem-sucedido (Woolsey et al., 2005).

ESTUDO DE CASO I: AS RESTAURAÇÕES DO DANÚBIO PERTO DE VIENA

Situação e atividades de restauração no Alto Danúbio

Só há um projeto próximo a Viena, embora proeminente, que exemplifique a restauração fluvial no Alto Danúbio. Como descrito nos itens anteriores, a bacia hidrográfica do Alto Danúbio sofreu severas modificações hidromorfológicas (intervenções, canalização, construção de barragens) que causaram ampla destruição de hábitats e interrupções na continuidade dos hábitats fluviais, deixando poucos remanescentes de áreas alagáveis e pântanos ainda funcionalmente intactos. Estudos para a WFD (ICPDR, 2009b) revelaram uma situação com potencial ecológico regular para a maior parte dos segmentos do Alto Danúbio.

Na Áustria, restam apenas dois segmentos ao longo do rio Danúbio com fluxo livre: no vale Wachau, a montante de Viena (km 2.038 a 2.000 do rio); e no trecho de áreas alagáveis, a jusante de Viena, em direção à fronteira eslovaca (km 1.921 a 1.873 do rio). Além da restauração no Danube Floodplain National Park, a jusante de Viena, grandes projetos de restauração fluvial estão sendo planejados e/ou executados na Bavária, Alemanha (Neuburg-Ingolstadt, restauração de áreas alagáveis, Stammel et al., 2011; Straubing-Vilshofen, medidas de compensação pela expansão da navegação, ICPDR, 2010) e em um afluente austríaco do Danúbio (Lower Salzach, EIA e estabilização técnica das margens, WWF, 2010).

Em geral, a restauração do rio Danúbio visa alcançar "boa situação ecológica" conforme a WFD da União Europeia, legislação relacionada e, mais especificamente, a lei ambiental austríaca. Nela são tratadas especialmente a perda de hábitat, as interrupções na continuidade do canal principal do rio Danúbio e entre o Danúbio e seus afluentes e a melhoria da conectividade fluvial nas áreas alagáveis. Um instrumento importante para a implantação dessas medidas é o LIFE Program, desenvolvido e financiado pela União Europeia. Somente na parte baixa da Áustria, nove projetos do LIFE Program pretendiam melhorar as condições ecológicas do rio Danúbio e principais afluentes; o orçamento total era de 40 milhões de euros, cerca da metade disso sendo de responsabilidade da União Europeia. A implantação da maioria dessas medidas tem sido fundamentada em um conceito sólido de manejo fluvial, como apresentado por Jungwirth et al. (2002) e respectivos programas de monitoramento. As melhorias relacionadas à conectividade do hábitat levaram, por exemplo, ao restabelecimento do salmão do Danúbio (*Hucho hucho*) nessa área, garantindo hábitats para desova e reprodução natural.

Modelo de restauração no segmento de fluxo livre do Danúbio, a jusante de Viena

Originalmente, essa seção do Danúbio, com um alto valor ecológico, era um segmento anastomosado caracterizado por uma grande rede de canais (Figura 13.2). Os braços de rio desse segmento ofereciam condições lóticas durante quase todo o ano, registrando velocidades de fluxo de baixa a alta. O sistema fluvial natural era relativamente raso e com margens instáveis. Inundações de grandes proporções ocorriam a intervalos irregulares, causando migrações permanentes no canal e formação de novos canais, margens de cascalho e ilhas (Reckendorfer et al., 2005). Dinâmicas com muito sedimento criavam grandes leques aluviais, com áreas alagáveis de vários quilômetros de largura, já que essa seção não tinha elementos limitadores (ver, por exemplo, Hohensinner et al., 2008). Depois de um grande projeto em 1875, a intervenção causou, no longo prazo, redução da conectividade hidrológica, diminuição das dinâmicas geomórficas e perda acentuada de hábitats ripários em diversas seções do Danúbio dessa área, como mostrado por Hohensinner et al. (2008). Paralelamente à canalização, foi construído um dique de proteção contra enchente, causando uma redução massiva das áreas alagáveis originais e tornando o uso do solo agrícola e urbano intensivo. Uma rede de estações hidrelétricas e barragens a montante ocasionaram a diminuição expressiva do transporte de carga de fundo; como consequência, uma incisão no fundo do rio, a jusante, começou a ocorrer, a um índice de cerca de 2 cm ao ano, ou seja, 1 m em cinquenta anos (Reckendorfer et al., 2005). Ao mesmo tempo em que o fundo do rio está sofrendo incisão e o nível de água subterrânea está abaixando, sedimentos finos estão sendo depositados na área alagável, causando sua agradação e, consequentemente, a redução de trocas hidrológicas. Todas essas alterações, especialmente a dissociação hidrológica e a redução das dinâmicas geomórficas das áreas alagáveis, têm grande impacto na situação atual e no desenvolvimento potencial futuro dessa região extremamente valiosa.

As alterações exigiram modificações no manejo, o que, por sua vez, incitaram mudanças na percepção da sociedade em geral sobre essa área e sobre os valores naturais em si. Na década de 1980, uma barragem hidrelétrica no trecho entre Viena e a fronteira eslovaca foi planejada para diminuir, por meio da contenção da água, o aprofundamento da incisão no fundo do rio, permitindo assim intensificar o uso humano do canal principal, face à promoção de maior desenvolvimento econômico ditada pelas políticas da década de 1950. Percebendo que esses planos levariam à completa destruição dessa área sensível e da integridade ecológica do rio Danúbio, um forte movimento popular se formou para encerrar essas atividades e buscar soluções alternativas para preservar a paisagem alagável única (Schmid e Veichtlbauer, 2006). O chamado "Movimento de proteção da natureza de Hainburg", em 1984, gerou um grande debate político, que levou ao abandono do projeto da estação hidrelétrica e ao início de estudos de viabilidade para formar um parque nacional, envolvendo medidas iniciais de restauração – o que, por fim, dado o grande valor natural, culminou na criação do Parque Nacional da Zona Aluvial (Nationalpark Donau-Auen), em 1996. O parque nacional é regido por um cenário legal que define suas condições limites e por um plano de manejo que estabelece seus objetivos (Figura 13.4). Os planos de manejo do parque nacional priorizam a restauração de processos hidromorfológicos e ecológicos básicos e a conservação de espécies ameaçadas; contudo, certos usos humanos e um aumento no número de visitantes foram permitidos.

A baixa qualidade e quantidade de zonas costeiras e a limitada integração lateral de antigos braços de rio afetaram as atuais dinâmicas biogeoquímicas e a biodiversidade aquática desse segmento. Essa mudança resultou em um maior grau de fragmentação e gargalos críticos na disponibilidade de hábitats (Hein et al., 2005). Para um sistema de braço de rio, por exemplo, as dinâmicas hidrológicas reduzidas levam a severas modificações na composição do hábitat – isso se deve à diminuição da área de água e de bancos de cascalho em 60% e do comprimento costeiro em 70%, quando comparadas as condições pré-intervenções à situação antes da restauração (Reckendorfer et al., 2005). Atualmente, estão sendo feitos esforços para melhorar as condições geomorfológicas, hidrológicas e ecológicas da área (Schiemer et al., 1999). A ideia principal das medidas de restauração é reiniciar os processos geomorfológicos e hidrológicos fundamentais, levando ao desenvolvimento de sistemas de áreas alagáveis, o que será alcançado pela promoção da troca hídrica e pelo equilíbrio dos processos de erosão e sedimentação. Estão previstos o rejuvenescimento de hábitats, dando início à sucessão de padrões da vegetação, o aumento da conectividade do hábitat e a intensificação da autodepuração. Nesse sentido, as condições ecológicas provavelmente melhorarão e terá início um desenvolvimento de longo prazo das áreas alagáveis ao longo do rio Danúbio. Alguns riscos, no âmbito de um modelo gradual de restauração, precisam ser considerados para as áreas a jusante e são tratados, atualmente, por programas específicos de monitoramento – como impactos na qualidade da água, transporte de sedimento fino e impactos nas faixas de navegação. É crucial que os usos hídricos predominantes ao longo do Danúbio, como navegação e captação de águas subterrâneas para consumo, sejam incluídos no planejamento de medidas ecológicas futuras.

Um objetivo é o restabelecimento, a montante, das antigas conexões contínuas em diversos segmentos de áreas alagáveis (Figura 13.4). Além disso, a margem do rio foi reabilitada em um projeto-piloto, em um trecho de 2 km próximo a Hainburg, por meio da remoção de enrocamentos para aumentar as dinâmicas geomórficas e iniciar processos erosivos que criassem uma estrutura mais heterogênea nas margens (Figura 13.5). Essas medidas se estenderam para todo o rio Danúbio na seção entre Viena e a fronteira eslovaca, e devem alcançar condições pré-intervenções em termos de um desenvolvimento mais dinâmico das margens do rio, como descrito por Hohensinner et al. (2008). Um ponto importante nesse modelo é que a experiência adquirida em cada projeto de restauração implantado é considerada no planejamento seguinte de medidas de restauração. Uma abordagem tão adaptativa permite medidas de restauração aperfeiçoadas no que se refere a questões técnicas, impactos no ecossistema e aceitação do público, *stakeholders* e organizações não governamentais. Um importante passo inicial nesse modelo de restauração tem sido a restauração do sistema de

Figura 13.4 – Esquema do conceito de reconexão de braço lateral.

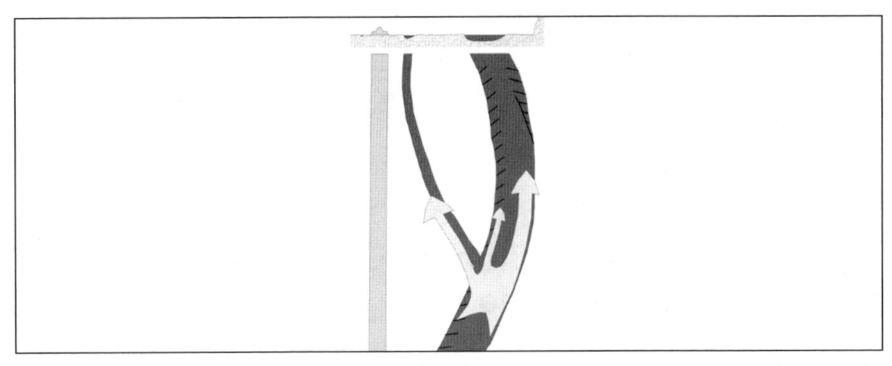

Parte superior: corte transversal. Esquerda: diques para proteção contra enchentes. As setas mostram a direção do fluxo do rio; as margens no canal principal são estabilizadas com enrocamentos.

Fonte: Reckendorfer et al. (2005); cortesia de C. Baumgartner.

Figura 13.5 – Situação atual e impactos esperados com a restauração da margem do rio.

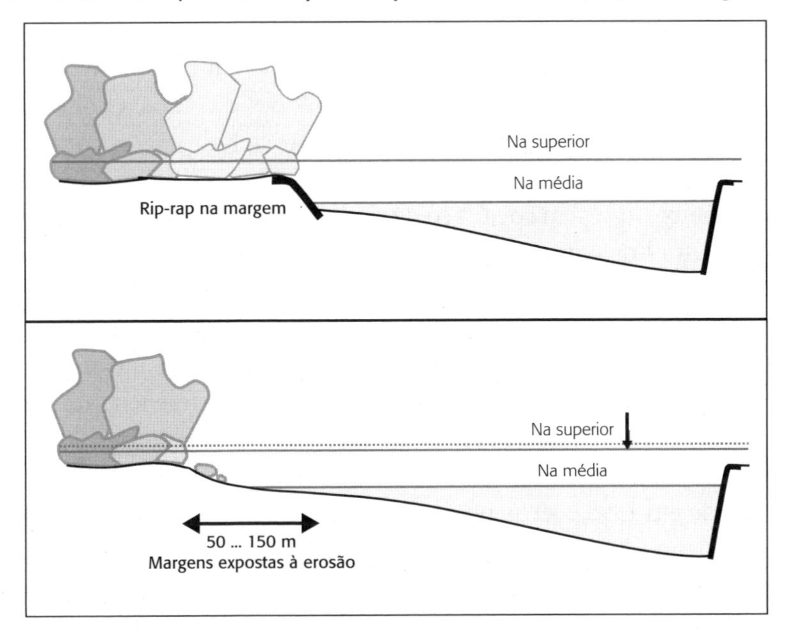

A figura superior mostra a situação atual; a figura inferior mostra os impactos esperados com a restauração da margem do rio. Impactos da restauração da margem do rio na qualidade estrutural na zona costeira e nos níveis de água. Os baixos valores de aspereza, resultantes dos impactos, diminuem o nível de água.

Fonte: Reckendorfer et al. (2005) – © Donauconsult/via donau.

braço de rio lateral de Regelsbrunn, incluindo um programa de pesquisa que considera as condições anteriores e posteriores. Isso resultou em uma aceitação crescente da população local nos primeiros anos após a implantação, o que é útil para o planejamento de novas medidas de restauração nessa área.

Restauração piloto do braço de rio lateral em Regelsbrunn e Orth: impactos da conectividade hidrológica modificada

A área de Regelsbrunn é o primeiro ponto de demonstração do Programa de Restauração do Danúbio nesse trecho analisado (Tockner et al., 1998; Hein et al., 1999). Antes da restauração, a área era caracterizada por um alto potencial de troca hidrológica (Heiler et al., 1995). As expectativas, em termos de melhorias ecológicas, são: 1- iniciar dinâmicas geomórficas; 2- intensificar a produtividade e a rotação de nutrientes na comunidade planctônica; e 3- aumentar a diversidade de hábitats e a conectividade nos hábitats aquáticos.

As medidas de restauração foram implantadas em 1996, com custo total para construção e monitoramento de 2,3 milhões de euros. O objetivo era atingir condições 'primitivas' ao aumentar a troca hidrológica com o canal principal do rio Danúbio e a conectividade entre compartimentos da área alagável dentro do sistema de braço de rio lateral. As medidas incluíam a reabertura de um braço lateral em seis passagens ao longo de todo o segmento de 10 km, o rebaixamento de *check dams* e a construção de galerias de escoamento adicionais no sistema (Figura 13.6). Essas medidas foram avaliadas por um amplo programa de monitoramento e pesquisa que incluía um detalhado estudo de impactos antes e depois e locais de referência, conforme o modelo BACI (panorama completo em Schiemer e Reckendorfer, 2004; detalhes em Tockner et al., 1999; Schiemer et al., 1999; Hein et al., 1999). O estudo foi realizado em 1995 e 1996, pouco antes da adoção das medidas, e em 1999, dois anos depois de finalizadas. O monitoramento cobriu fatores como análises geomorfológicas da variabilidade da profundidade, modificações no espelho d'água, modificações hidrológicas relacionadas às condições do fluxo e períodos de retenção da água, nível de entrada de água no rio, camadas de sedimento fino e propriedades químicas dos sedimentos e da coluna de água. Em termos de componentes biológicos, foram pesquisados os efeitos na teia alimentar do plâncton, com ênfase no fitoplâncton. Vegetação aquática, macrozoobentos, libélulas, anfíbios e peixes (adultos e jovens) foram estudados para obter um completo entendimento dos impactos nas comunidades aquáticas e semiaquáticas nesse sistema de braço de rio lateral (Schiemer e Reckendorfer, 2004). A ideia era analisar grupos de bioindicadores específicos para diferentes níveis e impactos de alteração na troca hidrológica e usar esses resultados para testar se a conectividade do hábitat melhorou por causa das medidas hidrológicas adotadas (Schiemer et al., 1999).

Figura 13.6 - Fotografia das medidas na área de Regelsbrunn.

Fonte: © Nationalpark Donau-Auen/Baumgartner.

Um modelo hidrológico detalhado foi desenvolvido para ajudar a quantificar as mudanças nos processos ecológicos (Reckendorfer e Steel, 2004): o *software* Regels foi usado para calcular a vazão de água e vários parâmetros hidrológicos e morfológicos, como volume da bacia, área da água de superfície, velocidade média do fluxo e vazão no braço de rio lateral. O *software* também computou um índice implícito de infiltração de água subterrânea, que depende do nível de água no braço de rio e no canal principal e da distância para o canal principal. O modelo produzia um índice de 'idade da água', que descrevia o tempo de residência adaptado ao sistema de multientradas, justificado por um alto nível de absorção de nutrientes e processos pelágicos na coluna de água do braço de rio lateral reaberto (Aspetsberger et al., 2002; Baranyi et al., 2002; Hein et al., 2003). Um curto tempo de residência no braço lateral significa a existência de condições similares às do canal principal; com um longo tempo de residência, a qualidade da água no braço estudado é mais influenciada por processos biológicos da água corrente e por sedimentos. Uma parte do estudo ecológico também enfocou mudanças nos processos biogeoquímicos (Hein et al., 2003).

Os resultados hidromorfológicos podem ser resumidos conforme descrito a seguir. A frequência e a duração da conectividade aumentaram entre o nível médio de água e o nível de cheia, levando a condições de fluxo bem abaixo de inundações. A proporção de vazão passando por Regelsbrunn depois da restauração aumentou de forma não linear com as condições de fluxo do rio, indo desde menos de 0,5% durante a seca (< 6 m^3s^{-1}) até 12% durante a cheia (aproximadamente 650 m^3s^{-1}). As velocidades dos fluxos no sistema de braço de rio lateral cresceram e, como consequência, o tempo de retenção de água foi controlado por condições de troca de água de superfície. Forças erosivas foram maiores nas áreas de afluência, gerando aumento no transporte de sedimentos finos acumulados e erosão de áreas antes vegetadas (Figura 13.7). O transporte de troncos e cascalho grosso causou modificações na morfologia do braço principal lateral, iniciando uma heterogeneidade estrutural adicional em seu fundo (Figura 13.8). Durante o período de baixa vazão, cresceram depois da restauração: a área da água, a diversidade dos tipos de conectividade em pontos com nível de água mais alto e a área de hábitats de água rasa. Apesar de a erosão ter causado modificações na largura e profundidade de áreas de afluência, alguns depósitos de sedimento fino foram encontrados no braço principal lateral (Reckendorfer et al., 2004). A quantidade de água trocada foi insuficiente para equilibrar a sedimentação e

Figura 13.7 – Fotografia da camada de sedimento fino e indicação de erosão lateral em uma área de afluência, entre 1996 e 2004.

Fonte: © Nationalpark Donau-Auen/Kovacs.

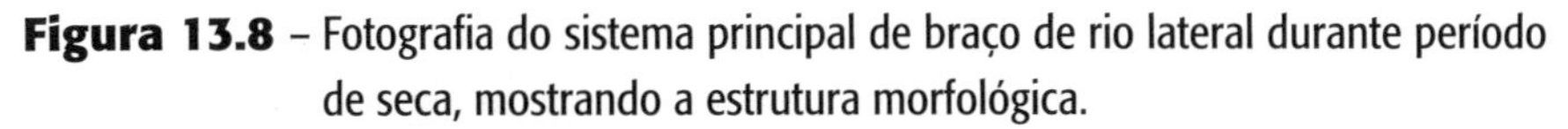

Figura 13.8 – Fotografia do sistema principal de braço de rio lateral durante período de seca, mostrando a estrutura morfológica.

Fonte: © Nationalpark Donau-Auen/Baumgartner.

a erosão no braço principal lateral. Esses resultados foram incorporados no projeto seguinte, no qual as aberturas foram planejadas para serem mais profundas e largas que o braço principal lateral. Em relação ao aumento das dinâmicas hidrológicas e geomorfológicas, assim como da disponibilidade de hábitats semiaquáticos, o projeto foi extremamente bem-sucedido. Os resultados ultrapassaram todas as expectativas, demonstrando a importância de uma abordagem de manejo gradual e adaptativa.

A reabertura do rio em questão, no Danúbio austríaco, oferece um exemplo de restauração em escala de braço fluvial: elementos lóticos raros do braço anastomosado original foram reintroduzidos durante o fluxo médio e alto. No braço de rio, foi estabelecido um equilíbrio de massa entre armazenamento, transformação e exportação de nutrientes e matéria orgânica próximo ao das condições pré-intervenções, a partir do aumento de troca hidrológica junto à disponibilidade maior de área de água durante fluxos acima da média (Hein et al., 2003). A conectividade periódica de água de superfície com o canal principal resultou no aumento da transformação e retenção de nutrientes, fornecendo, assim, um serviço ecossistêmico relevante (Gren et al., 1995). As condições do braço lateral foram modificadas com sucesso e se aproximaram das condições pré-intervenções. Contudo, a redução da área de inundação ainda não provocou mudanças na capacidade geral de retenção de nutrientes, especialmente durante as cheias; isso ocorre, principalmente, por causa das medidas de proteção contra enchentes. Por fim, as medidas de restauração do braço lateral, ao longo do curso do rio, podem ativar processos biogeoquímicos e a capacidade de transformação apenas localmente e durante períodos específicos (nesse caso, entre o nível médio de água e de cheia).

Enquanto as concentrações de nitrato aumentaram e se aproximaram das do rio principal por períodos mais longos, a quantidade de fosfato do rio causou um crescimento na produtividade das algas no braço lateral e, portanto, a rápida absorção desse nutriente essencial após a ocorrência de um alagamento (Hein et al., 2005). A produtividade potencial das algas foi estimada para diferentes condições de vazão nos braços laterais conectados e um modelo conceitual foi desenvolvido (Hein et al., 2004): a produção de plâncton prevaleceu em condições de vazão média, enquanto a produção bentônica predominou nos períodos de baixo nível de água (Preiner et al., 2008). Esses resultados correspondem às expectativas de controle da produção primária em braços laterais por meio de hidrologia e morfologia (Hein et al., 2005; Schagerl et al., 2009). Em suma, o atual conhecimento sobre restauração de braços fluviais laterais parece apontar que a teia alimentar pelágica é controlada principalmente pela hidrologia. Com o crescente tempo de residência, foi encontrada uma alteração de condições autotróficas dominantes para heterotróficas e de controle físico para biótico (Hein et al., 2004). O zooplâncton mudou significativamente de organismos unicelulares para metazoários. Uma maior biomassa de crustáceos, que são eficientes, foi responsável por um declínio de fitoplâncton em períodos de retenção mais longos (Keckeis et al., 2003). Esses resultados sugerem que as medidas iniciais já foram suficientes para reabilitar as dinâmicas biogeoquímicas e estabelecer condições ripárias adequadas, com as respectivas mudanças na teia alimentar. Além disso, o crescimento da troca hidrológica alterou o sistema de braço lateral, tornando-o, principalmente, um escoadouro de nutrientes inorgânicos e uma fonte de matéria orgânica altamente biodisponível na forma dissolvida ou suspensa.

Após a restauração, a comunidade bentônica passou parcialmente de grupo taxonômico lêntico para lótico. Contudo, espécies reofílicas típicas do canal principal foram encontradas só localmente no sistema de braço lateral. Para que pudesse ser feito um prognóstico dos impactos de programas de restauração futuros, foram estabelecidas relações funcionais entre a conectividade hidrológica e o desempenho de diferentes grupos e espécies taxonômicas individuais, sendo peças-chave do programa de monitoramento (Schiemer e Reckendorfer, 2004). Foram analisadas diversas espécies nas áreas alagáveis do Danúbio, suas peculiaridades, preferências e alcance em termos de condições médias de conectividade (Figura 13.9), sendo os resultados usados para a avaliação e previsão de alterações potenciais após o planejamento e implantação das medidas de restauração (Reckendorfer et al., 2006). Organismos com hábitats restritos (*stenoecious*) podem ser encontrados nas duas pontas da escala de conectividade (ou seja, em condições lóticas e lênticas); espécies bem adaptadas aos corpos d'água com grau de conectividade intermediário sobrevivem, em geral, em um intervalo amplo de conectividade. Assim, de modo geral, modificações na conectividade têm pouco impacto na composição de espécies; por outro lado, é preciso ter cuidado ao reconectar corpos d'água isolados, onde mudanças na conectividade levaram a acentuadas alterações ecológicas. Para promover espécies reofílicas, deve ser estabelecido o máximo de conectividade entre águas represadas e o canal principal. Em geral, a heterogeneidade das condições de conectividade levou a um aumento na diversidade de espécies de diversos grupos, como esperado (Figura 13.10). Apesar das espécies reofílicas encontrarem condições de hábitat adequadas localmente, elas não conseguiram manter comunidades sustentáveis por causa dos longos períodos de desconexão. Espécies estacionárias ainda estavam presentes em algumas áreas do local reabilitado, contribuindo para um aumento geral da diversidade de espécies, mas isso não garantiu populações estáveis na área por períodos mais longos. Portanto, deve ser considerada a situação nos segmentos alagáveis adjacentes e em todo o trecho, apontando para a importância das atividades que estão sendo realizadas para medidas de restauração adicionais.

Quatro anos depois, em um segundo local, o sistema de braço lateral Orth foi reabilitado. O programa de restauração para a seção Orth do Danúbio representa o segundo passo, construindo áreas de afluência maiores e mais profundas, que resultaram em uma conexão de superfície durante um período de 46 a 280 dias por ano (Hein et al., 2004). Embora as dinâmicas geomorfológicas e hidrológicas fossem mais intensas e levassem às mudanças esperadas em biodiversidade, as dinâmicas biogeoquímicas tiveram resultados semelhantes aos da área Regelsbrunn, o primeiro local reabilitado. Os resultados do programa de avaliação para essas medidas de restauração podem ser encontrados no documento do National Park Donau-Auen (2013).

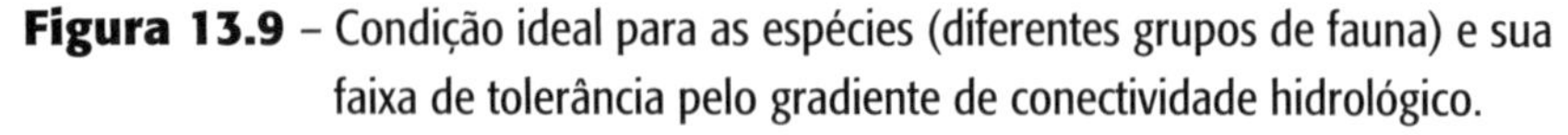

Figura 13.9 – Condição ideal para as espécies (diferentes grupos de fauna) e sua faixa de tolerância pelo gradiente de conectividade hidrológico.

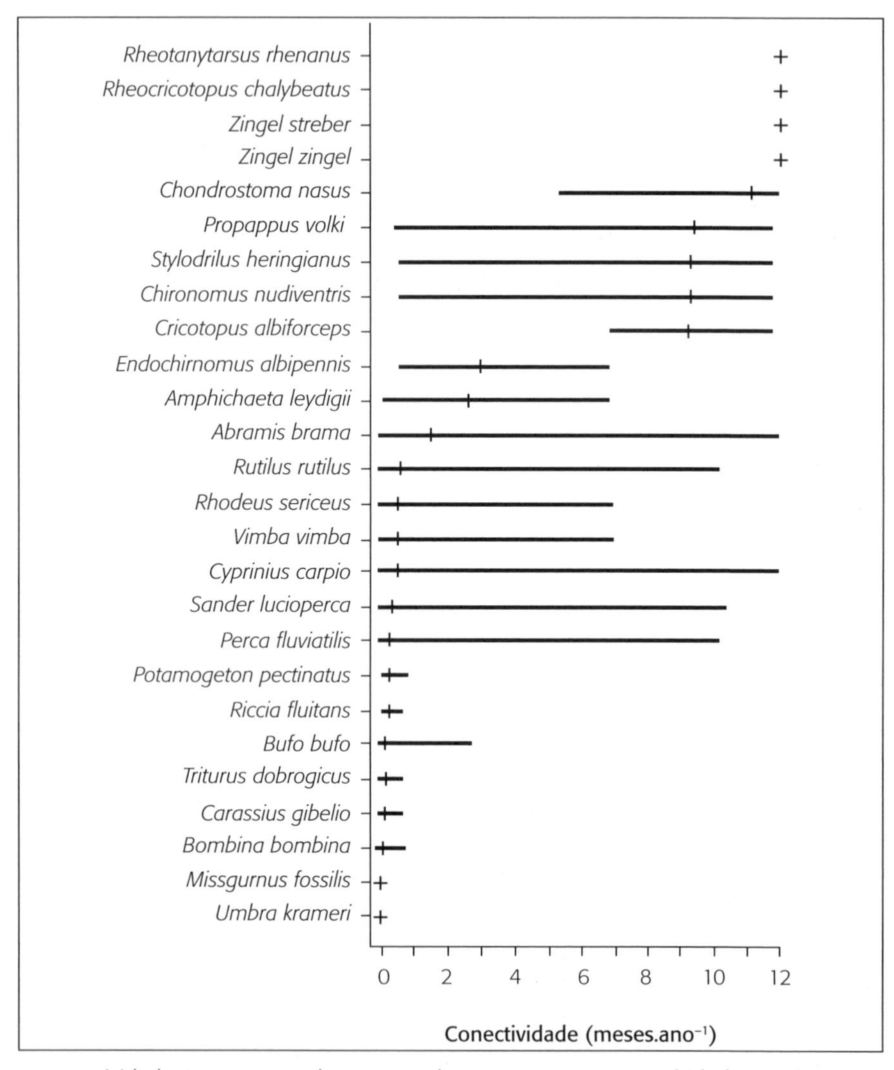

A conectividade é expressa pelo número de meses com conexão hidrológica de superfície, a montante, com o canal principal. Baixa conectividade (0) representa habitats mais lênticos; alta conectividade (12), mais lóticos. A condição ideal para as espécies (mediana, eixo vertical) e a faixa de tolerância (intervalo de confiança de 5 e 95%, barra horizontal) relacionadas com a conectividade, baseado em dados da área do parque nacional (Reckendorfer et al., 2006).

Fonte: adaptada de Reckendorfer et al. (2005), com a permissão de Schweizerbartsche Verlagsbuchhandlung.

Figura 13.10 – Grupos de espécies selecionadas e sua relação com os tipos de conectividade dos corpos d'água das áreas alagáveis.

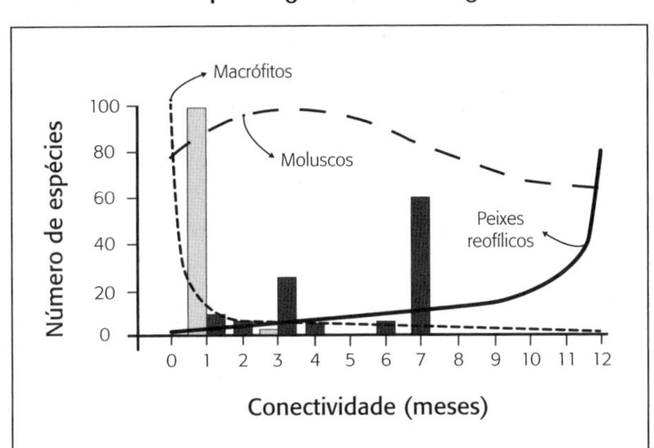

A barra indica a contribuição dos corpos d'água das áreas alagáveis para diferentes categorias de conectividade antes (cinza) e depois (preto) da restauração.

Fonte: adaptada de Reckendorfer et al. (2004), com a permissão de Zoologisch-Botanische Gesellschaft Österreich.

Lições aprendidas e perspectivas: um conceito de gestão integrada

As lições aprendidas que podem ser usadas para projetos posteriores ou para outros projetos de restauração são: 1- hidrologia é o parâmetro chave para definir a estrutura morfológica e regular as dinâmicas nas áreas alagáveis; 2- obras de engenharia para restauração devem ser evitadas – dinâmicas hidromorfológicas formarão hábitats heterogêneos e biodiversidade; 3- restauração é um experimento *in situ* de grande escala e, assim, os resultados obtidos na biota podem ser, em partes, surpreendentes – isso leva à conclusão de que a biomanipulação tem altos riscos e deve ser aplicada com muita precaução; 4- o impacto das alterações nas biotas reconectadas depende fortemente das condições locais; 5- modelos funcionais fundamentados em teoria e observação são necessários para previsões confiáveis – inexatidões e incertezas precisam ser respeitadas e comunicadas aos *stakeholders* envolvidos; 6- extrapolação dos resultados é difícil, pois ecossistemas são complexos e distintos; fatores adicionais, como grandes modificações nas condições, precisam ser considerados; 7- planejamento adaptativo e flexível é necessário para se alcançar resultados ótimos; 8- monitoramento bem planejado, de longo prazo, baseado no modelo BACI, é tão essencial quanto um controle do sucesso do projeto e deveria, portanto, ser parte integral de qualquer orçamento de projeto de restauração.

A partir das experiências das primeiras medidas de restauração no Danúbio austríaco, projetos futuros precisam incluir uma perspectiva holística para todo o trecho e possíveis implicações para segmentos adjacentes. A visão geral para essa área alagável é se aproximar de condições pré-intervenções, em termos de processos geomórficos básicos, para garantir um desenvolvimento sustentável de longo prazo para o trecho. Ao mesmo tempo, restrições existentes relacionadas com as modificações na bacia (por exemplo, transporte de carga de fundo, hidrologia) e usos humanos conflitantes (como navegação e controle de enchentes) precisam ser consideradas. Para resolver esse conflito, soluções potenciais e suas respectivas críticas foram avaliadas em um primeiro momento. Com base na experiência atual e após as ameaças e pressões terem sido identificadas, um conjunto de medidas piloto está sendo implantado e medidas posteriores estão planejadas na estrutura do projeto de engenharia integrado do rio (Figura 13.11; Reckendorfer et al., 2005). Um EIA foi realizado e, no momento, está sendo avaliado e discutido pela sociedade. Um aspecto importante nesse projeto é que um programa de monitoramento baseado em ciência foi desenvolvido com o objetivo de analisar e prever os impactos das medidas hidromorfológicas das comunidades bióticas e das condições ecológicas. Espera-se que os resultados do monitoramento sirvam de base para as decisões necessárias em um modelo de manejo adaptativo durante a implantação do projeto de engenharia integrado (Schabuss e Schiemer, 2007). Os objetivos gerais do projeto de engenharia integrado são melhorar a navegação e desenvolver, em longo prazo, um segmento alagável ecologicamente intacto. Os objetivos específicos são: 1- melhoria granulométrica do fundo para parar a incisão no fundo do rio; 2- melhoria da estrutura de quebra-mar para garantir condições de navegação em níveis baixos de água e melhoria da qualidade do hábitat na zona ripária do canal principal; 3- restauração das margens do rio para melhorar a qualidade do hábitat no canal principal; e 4- restauração de braço lateral para melhorar as condições da área alagável e estabilizar os níveis de água durante enchentes extremas.

Figura 13.11 – Passos principais no processo de planejamento do projeto de engenharia integrado do rio.

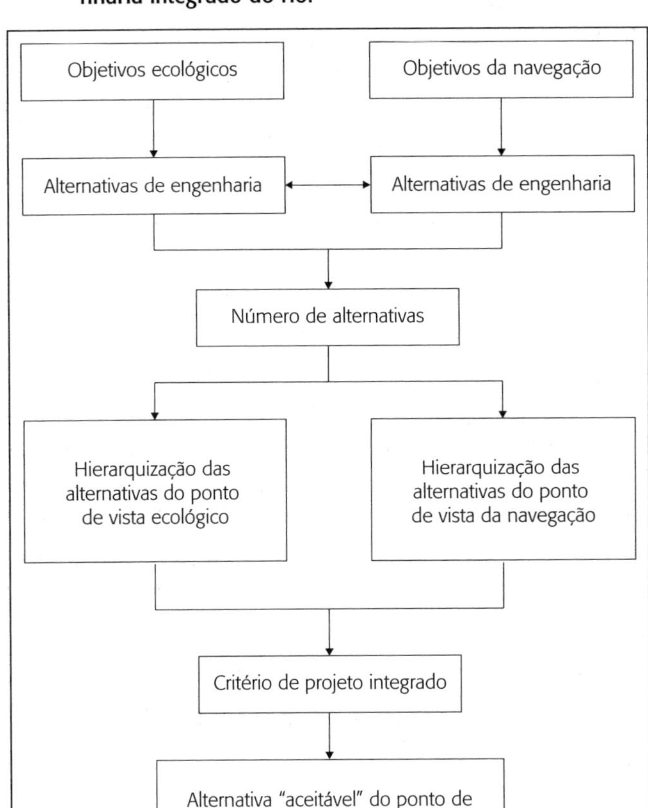

Fonte: adaptada de Reckendorfer et al. (2005), com a permissão de Schweizerbartsche Verlagsbuchhandlung.

Além dos projetos de restauração executados nos sistemas de braço lateral Regelsbrunn, Orth e Schoenau, e do projeto de engenharia integrado a ser realizado nos próximos quinze anos, é necessária uma abordagem ampla para a BRD a fim de garantir um equilíbrio entre proteção ambiental, boa situação ecológica – de acordo com a WFD – e uso humano, como navegação, hidroeletricidade e proteção contra enchentes (diques). Qualquer infraestrutura futura para o desenvolvimento econômico precisa considerar cuidadosamente a situação do meio ambiente e dos serviços ecossistêmicos prestados. No momento, as estratégias para toda a bacia são desenvolvidas pela ICPDR para tratar desses temas de forma adequada (por exemplo, Platina; ICPDR, 2010).

Ademais, no trecho do Danúbio a jusante de Viena, outras medidas de restauração de pequeno porte foram implantadas para melhorar a conectividade entre braços de rio laterais e águas represadas em determinadas áreas alagáveis por meio de: 1- redução de estradas na área do parque nacional; 2- construção de represas móveis; e 3- preservação de certos hábitats aquáticos extremamente isolados para espécies ameaçadas, como o vairão europeu (*Umbra Krameri*), adaptando o que sobrou de antigos remansos. No canal principal, dois projetos-piloto foram implantados em Hainburg (restauração das margens fluviais) e em Witzelsdorf, onde a restauração de margens fluviais e modificações nos quebra-mares foram combinadas para avaliar os impactos do canal principal na zona ripária. Esse último projeto, em especial, é visto como uma atividade-piloto no projeto de engenharia integrado. Como próximo passo, outro projeto-piloto para o projeto de engenharia será implantado com o objetivo de testar a melhoria granulométrica do fundo em um trecho de 3 km do rio e avaliar seus impactos, desenvolvimento morfológico, comunidades indicadoras, como macroinvertebrados, e navegação.

ESTUDO DE CASO II: A RESTAURAÇÃO DO DELTA DO DANÚBIO

Situação ecológica e alterações hidromorfológicas do Delta do Danúbio

O delta do Danúbio, cuja área varia entre 5.640 e 5.800 km^2 dependendo da fonte, é, depois do delta do rio Volga, a segunda maior área alagável da Europa, com três ramificações principais (Chilia/Kilija, Sulina e Sf. Gheorghe) e compartilhada pela Romênia (80%) e Ucrânia (20%) (Figura 13.12; Gâştescu e Ştiucă, 2008; Sommerwerk et al., 2009). A maior parte do lado romeno é protegida como a Reserva da Biosfera Delta do Danúbio, abrangendo uma rede de cursos d'água, lagos e lagoas de diferentes tamanhos. A parte ucraniana é formada por áreas alagáveis, lagos de várzea (antigas baías fluviais com lodo) e ilhas no canal, e faz parte, na seção inferior, do mais jovem território europeu, ainda em crescimento (Zhmud, 1998).

Figura 13.12 – Mapa da Reserva da Biosfera Delta do Danúbio, Romênia, mostrando as principais áreas reabilitadas. Projetos de restauração foram implantados em Babina, Cernovca, Popina, Fortuna, Holbina-Dunavat e meandros do braço de rio Sf. Gheorghe.

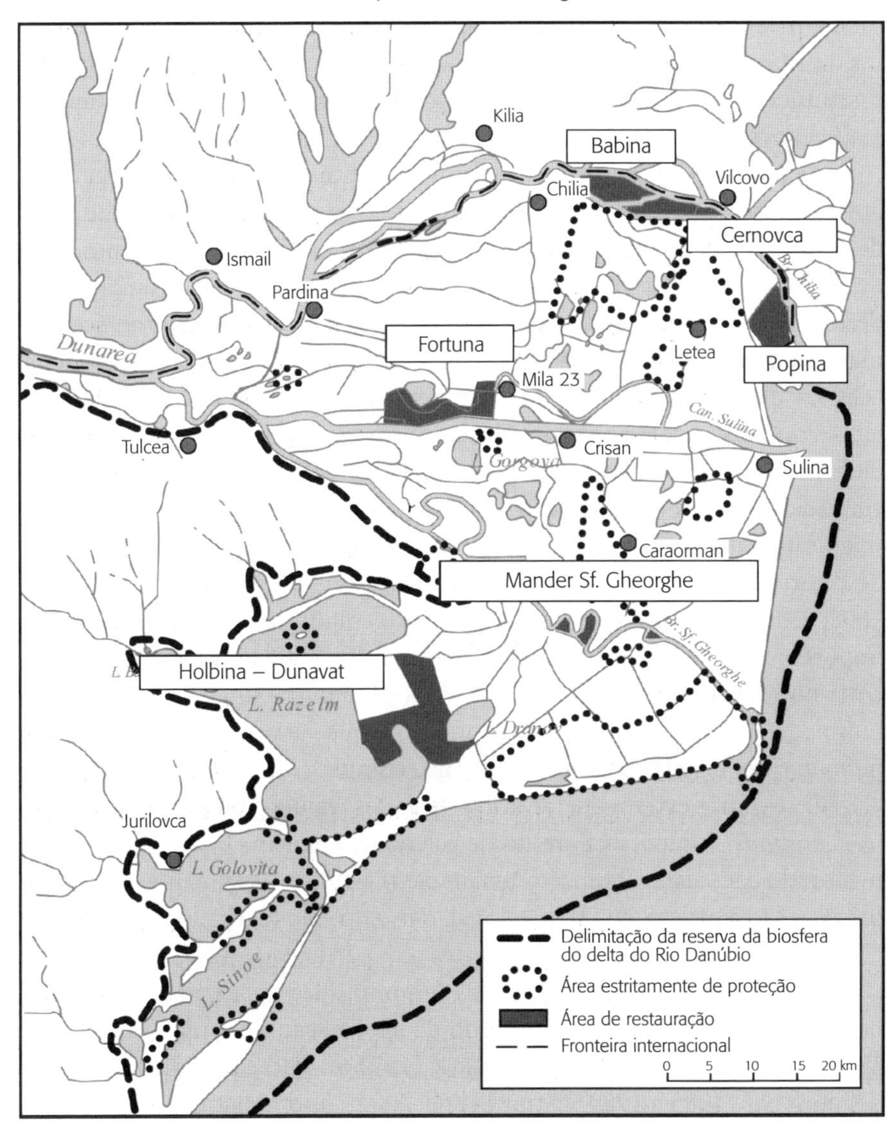

Fonte: Schneider et al. (2004)

A situação geográfica no sudeste europeu e a mudança em direção a um clima mais continental – tanto do lado romeno quanto do ucraniano –, no que se refere à temperatura, precipitação e vento, favorecem a interferência no ambiente. A biogeografia do delta do Danúbio é caracterizada não somente pela fauna e flora europeia e euroasiática, mas também por elementos do Mar Negro, da Sarmátia, do Irã, do Turquestão, dos Bálcãs e do Mediterrâneo (Popescu-Gorj e Scobiola-Palade, 1968; Ienistea, 1968; Calinescu, 1969; Ciocârlan, 1994).

O delta do Danúbio sofreu severas modificações hidromorfológicas de grande porte nos séculos XIX e XX (Tabela 13.3). Apesar desses impactos, mais de 3.000 km^2 de planícies inundáveis, incluindo a lagoa Razelm-Sinoie e o delta secundário adjacente ucraniano do braço de rio Chilia/Kilija (250 km^2), permaneceram conectadas ao rio. Mais de 50% do delta do Danúbio fica permanentemente coberto de água e as demais áreas são inundadas sazonalmente (Gâştescu e Ştiucă, 2008). O delta apresenta uma enorme variedade de hábitats terrestres e aquáticos, sendo, portanto, um local importante de biodiversidade (no total são 5.514 espécies; Gâştescu e Ştiucă, 2008). Por exemplo, são conhecidas 135 espécies de peixes e mais de 331 espécies de aves residentes e migratórias que encontram no delta locais para alimentação, reprodução e descanso (Tudorancea e Tudorancea, 2006; Oţel, 2007; Gâştescu e Ştiucă, 2008; Schneider et al., 2008). A formação e o equilíbrio de sedimentos são de importância crucial para a heterogeneidade dos hábitats e a ligação com a costa do Mar Negro (Panin et al., 1983, 2004; Panin e Jipa, 2002). O regime hidrológico do rio Danúbio, com inundações que variam em duração, altura, período e frequência, formou um mosaico complexo de áreas constantemente alagadas e outras extremamente áridas, grandes regiões com caniço (*Phragmites communis*) compacto, florestas de galeria de salgueiro-branco (*Salix alba*) misturado com álamo-branco (*Populus alba*) e dunas. Atualmente, as maiores pressões são a navegação internacional, o uso do solo (agricultura, pastagem) e a exploração local (excessiva) de peixes (em particular, esturjões) e caniço.

Práticas de manejo inadequadas foram usadas no 'período de captura de peixes' (1903 a 1960), no 'período de exploração de caniço' (década de 1960), no 'período de criação de peixes' (1971 a 1980) e no 'período de pôlder agrícola' (1983 a 1989) (Ştiucă et al., 2002). Todos esses impactos reduziram as áreas centrais e as zonas de restauração para somente 8,7 e 2,6% da área total do delta do Danúbio (5.800 km^2), respectivamente, enquanto a zona de amortecimento compunha 38,5% e as regiões econômicas, 52,8% (Baboianu, 2002). Depois das grandes mudanças políticas de 1989, a estratégia de manejo mudou no sentido da conservação e do desenvolvimento sustentável, tendo o governo romeno reconhecido o potencial de proteção de ecossistema. Por exemplo, foi interrompido o Complex Plan for the Economic Exploitation of the Danube Delta[1] (CPEEDD, 1975), implantado em 1979, e os impactos ecológicos foram, de alguma forma, limitados. Do total de 218.260 ha previstos para transformação em uso intensivo, somente 97.408 ha foram represados (20% da área do Delta) e 39.974 ha foram usados para agricultura (Gomoiu e Baboianu, 1992; Marin e Schneider, 1997). Na segunda metade do século XX, na margem esquerda do rio, no delta primário do braço de rio Chilia/Kilija (Ucrânia), grandes áreas alagáveis do Danúbio e a maioria das ilhas tinham sido aterradas para agricultura intensiva, especialmente para a cultura de arroz, mas também para pasto de gado e cavalos e para plantação de álamo híbrido (Zhmud, 1998; Chernichko et al., 2002). As águas fluviais represadas na Ucrânia, que se conectavam por *gârla/girlo* (córregos, pequenos cursos d'água) com o Danúbio, haviam sido separadas do rio para aquicultura desde 1960.

As transformações no delta do Danúbio tiveram grandes impactos econômicos e ecológicos negativos no sistema social e no complexo ecossistema natural. A construção de barragens e canais modificou significativamente a rede de cursos d'água entre os braços principais do delta. Muitas áreas foram eliminadas das dinâmicas hídricas do Danúbio, de modo que o equilíbrio, troca e circulação de águas no delta foram completamente alterados. Como consequência, a alteração do ciclo de água local causou maior aridez, a vegetação passou a ter características de estepe e houve a salinização do solo em algumas áreas. A descarga no braço de Tulcea (Sulina e braço de rio Sf. Gheorghe) cresceu de 30 para 42 a 47%, enquanto no braço Chilia/Kilija diminuiu de 70 para 53 a 58%, aumentando sua sedimentação (Bloesch, 2005b).

A carga e a retenção de nutrientes, a carga de sedimentos na foz do rio e a deposição no Mar Negro foram significativamente mudadas. Alguns lagos apresentaram crescente sedimentação e eutrofização severa (Oosterberg et al., 1998; Oosterberg e Staraş, 2000; Staraş, 2001; Gâstescu e Ştiucă, 2008). Por conta do aumento no número de canais, a água do rio podia descarregar nutrientes e poluentes diretamente na área dentro do delta (Tabela 13.4). Em algumas áreas, uma sedimentação gradual dos lagos do delta podia ser observada à medida que mais sedimentos suspensos entravam em áreas antes isoladas.

---

[1] Complex Plan for the Economic Exploitation of the Danube Delta, em português, Plano Complexo para Aproveitamento Econômico do Delta do Danúbio (NT).

Tabela 13.3 – Síntese das principais obras fluviais de engenharia na parte romena do delta do Danúbio, executadas durante os séculos XIX e XX.

Período	Principal modificação (pressão) hidromorfológica	Área afetada	Referência
1880-1902	Retificação e canalização do braço Sulina para melhorar a navegação	Diminuição do canal de 83,8 para 62,6 km Divisão do Lago Obretinu em dois Dragagem de 31,9 km de rio (24.000.000 m^3)	Rudescu et al., 1965; Covacef, 2003
1903-1926	Obras para melhorar as condições hídricas e permitir a pesca em áreas inacessíveis	Dragagem de canais em grandes áreas alagáveis de Dranov, incluindo os Lagos Dranov e Razelm	Rudescu et al., 1965; R. Ştiucă, 2011, anotação pessoal (Danube Delta National Institute for Research and Development – DDNI, Tulcea/Romênia)
	Canais Dunavăţ e Dranov ligando o braço de rio Sf. Gheorghe ao Lago Razelm para reduzir a salinidade e criar melhores condições para peixes de água doce (carpa e sander)	Canal Dunavăţ (28 km), no km 54 do rio: largura 10-15 m e profundidade 2-4 m Canal Dranov (27 km), no km 44 do rio: largura 15 m e profundidade 2-2,5 m	Rudescu et al., 1965; Pons apud IUCN, 1992; dados de R. Ştiucă, 2011, (DDNI, Tulcea/Romênia)

(continua)

Tabela 13.3 – Síntese das principais obras fluviais de engenharia na parte romena do delta do Danúbio, executadas durante os séculos XIX e XX.

(continuação)

Período	Principal modificação (pressão) hidromorfológica	Área afetada	Referência
1930-1940	Canais Litcov-Caraorman (braço de rio Sf. Gheorghe) e Sireasa-Pardina (braço de rio Chilia/Kilija) para melhorar o acesso ao delta interno e, assim, promover a pesca de larga escala Primeiro pôlder agrícola na Ilha Tataru, na parte norte do Delta (Chilia Veche)	Dragagem do Canal Litcov, do km 99 até o Lago Gorgova (19 km), seguindo para o Canal Caraorman (17 km) e pelos Lagos Puiu-Roşu-Roşuleţ para o Canal Imputţita, perto do Mar Negro (33 km) Canal Sireasa para Canal Şontea (15 km): largura 10 m e profundidade 0,5-1,5 m (atualmente, os três primeiros quilômetros estão assoreados) Dragagem Gârla Şontea para Mila 23/Velho Danúbio(30 km), Canal Pardina para Grindul Bataca (30km): largura 15-20 m e profundidade 0,5 m Pôlder agrícola Tataru de 3.050 ha	Rudescu et al., 1965; dados de R. Ştiucă, 2011, (DDNI, Tulcea/Romênia)
1941-1951	Extensão de canalizações para navegação e uso de recursos naturais	Dragagem de canais existentes: largura de 10-11 m e profundidade de 1,6 m Canal Magearu (8 km): largura 10 m e profundidade 1 m Canal Eracle-Lopadna de Mila 23 até braço de rio Chilia/Kilija (40 km): largura 15-25 m, localmente 50 m, e profundidade 1,5 m Outros canais como de Sulina Veche a Ceamurlia	Rudescu et al., 1965; Informações adicionais de R. Ştiucă, 2011, (DDNI, Tulcea/ Romênia)

(continua)

Tabela 13.3 – Síntese das principais obras fluviais de engenharia na parte romena do delta do Danúbio, executadas durante os séculos XIX e XX. *(continuação)*

Período	Principal modificação (pressão) hidromorfológica	Área afetada	Referência
1952-1963	Dragagem, retificação dos cursos d'água e construção de diversos canais secundários para a indústria pesqueira	Canais Fundea e Mustaca, mais uma rede de 20 km de canais menores Pôlderes para pescaria em Tulcea-Nufărul de 2.500 ha; Popina, 3.500 ha; Victoria-Beştepe-Mahmudia ~ 1.000 ha Novas dragagens no Canal Litcov	Rudescu et al., 1965; Pons, 1992
1956-1964	Construções hidráulicas de grande porte – como pôlderes, represas e variados tipos de estações de bombeamento fixas e móveis – para colheita de caniço	700 km de canais e mais de 300 km de diques Pôlder Pardina para colheita de caniço (27.000 ha)	Rudescu et al., 1965
1983-1989	Por causa da degradação de caniço, o pôlder Pardina foi transformado para uso agrícola	Redimensionamento do dique nos arredores de Pardina (1:100)	Gomoiu e Babioanu, 1992; Pons, 1992
1979-1989	Projeto (não totalmente executado) para mais barragens e drenagens de grande escala para pôlderes (extensão de uso agrícola e pesqueiro, da colheita de caniço e da pecuária) Produção madeireira (álamo híbrido) para produção de celulose e papel Na região das dunas Caraorman, exploração de areia fina para uso industrial	Pôlderes pesqueiros aumentaram de 29.000 para 52.000 ha (cerca de 11% da área do Delta) Área de caniço diminuiu de 253.000 para 153.000 ha Área de agricultura intensiva aumentou de 6.000 para 97.000 ha (quase 20% da área do Delta) – somente 30.000 ha para agricultura extensiva Área de florestas aumentou de 19.000 para 29.000 ha (cerca de 7% da área do Delta)	Complex Plan for the Economic Exploitation of the Danube Delta - CPEEDD, 1975; Pons, 1992

(continua)

Tabela 13.3 – Síntese das principais obras fluviais de engenharia na parte romena do delta do Danúbio, executadas durante os séculos XIX e XX. *(continuação)*

Período	Principal modificação (pressão) hidromorfológica	Área afetada	Referência
1970-1990	Construção de canais de drenagem nos pôlderes pesqueiros para indústria de larga escala (1970-1983) e drenagem de canais em pôlderes agrícolas (1983-1990)	Comprimento total dos canais aumentou de 1.743 para 3.496 km. A soma de todos os braços, canais e córregos é igual ao comprimento do curso do Rio Danúbio, desde Donaueschingen até Sulina (2.840 km) – os novos canais agrícolas, pesqueiros e pôlderes internos somam 656 km	Gâştescu et al., 1983; dados GIS, DDNI, Tulcea/Romênia
1990-1991	Corte de seis meandros do braço de rio Sf. Gheorghe para encurtar o caminho de navegação de Tulcea para Sf. Gheorghe	Do km 27 do rio até o km 107, ou 687 ha do rio principal, foram perdidos	Pons, 1992; DDNI, Tulcea/ Romênia
1900-1989	Desvio da descarga	Descarga do rio nas áreas alagáveis do Delta aumentou de 167 m^3/s (antes de 1900) para 309 m^3/s (1921-1950), 358 m^3/s (1971-1980) e 620 m^3/s (1980-1989)	Bondar, 1994

Tabela 13.4 – Alterações na água causadas por obras hidráulicas e troca de nutrientes entre o rio Danúbio e as áreas alagáveis do delta.

Rio Danúbio	Ecossistemas do Delta		
	Antes de 1960	1971-1980	1980-1989
Afluente do Rio Danúbio (m^3/s)	309	359	620
PO_4-P (mg/l)	< 0,01	0,06	0,07
NO_3-N (mg/l)	0,4	1,5	1,5
PO_4-P – carga nas áreas alagáveis (t/ano)	100	700	1.400
NO_3-N – carga nas áreas alagáveis (t/ano)	4.000	17.000	29.300

Fonte: Staraş (2001).

A modificação da hidrologia interferiu em grande medida nos ecossistemas interdependentes do delta (Rudescu e Godeanu, 1980; Gâstescu, 1993; Gastescu e Ştiucă, 2008). Hábitats naturais de diversas espécies de plantas e animais foram reduzidos ou completamente destruídos e, portanto, a biodiversidade diminuiu (Gomoiu e Baboianu, 1992; Schneider et al., 2008). O complexo de planícies inundáveis, com suas vastas áreas de caniço (1.560 km^2) que agem como filtros para o equilíbrio ecológico do Mar Negro (Oosterberg e Staraş, 2000; Staraş, 2001; Suciu et al., 2002), foi consideravelmente prejudicado.

Além das modificações ecológicas causadas pela construção hidráulica no delta, a perda de áreas alagáveis ao longo do Baixo Danúbio, a montante do delta (cerca de 450.000 ha de um total de 540.000 ha de áreas alagáveis) – que agem também como filtro natural e áreas de desova para peixes –, teve impactos negativos no ecossistema do delta do Danúbio (Staraş, 1999).

Primeiras iniciativas e estrutura legal para restauração do delta do Danúbio

Proteção e conservação são temas importantes no delta do Danúbio e a chave para reabilitar o que foi perdido. Em paralelo às extensivas obras de engenharia do século XX, as primeiras iniciativas para proteção foram tomadas quando pequenas partes do delta do Danúbio romeno foram designadas reservas naturais, como o Nature Parc Letea (1930) e a Roşca-Buhaiova-Hrecişca (1940). Em 1979, ambos foram listados como Reservas da Biosfera, conforme a estrutura do programa Man and Biosphere (MAB) da Unesco, mas sem um marco legal nem estrutura especial de organização ou manejo. Mais tarde, seguindo as decisões 891/1961 e 528/1970 do governo romeno, o número de reservas naturais aumentou para sete (três ornitológicas, duas florestas e duas reservas complexas), num total de 41.058 ha, além de 8.000 ha fora das reservas dedicados à reprodução de pássaros (Gâştescu et al., 2008). Contudo, com a extensão de pôlderes para agricultura, pesca e silvicultura e a intensificação de uso conforme o CPEEDD (1975), a área protegida do delta foi reduzida em 4.000 ha. A pressão das atividades econômicas nas reservas se tornou muito alta, com consequências profundas para os hábitats e o funcionamento dos ecossistemas naturais (Gâştescu et al., 2008).

No delta do Danúbio ucraniano, as primeiras iniciativas para conservação começaram ao ser instituído um cinturão de 1 km de largura na costa do Mar Negro como área de proteção. Entre 1973 e 1978, a área foi ampliada, passando a incluir 14.851 ha como parte da região do Mar Negro protegida pela Ucrânia. Em 1981, o delta do Danúbio ucraniano foi declarado como sendo a reserva natural independente Dunaiskie Plavni (Zaicev e Prokopenko, 1989) e, em 1998/1999, se tornou uma Reserva da Biosfera reconhecida pela Unesco. Essa reserva também se tornou parte da Reserva da Biosfera do Delta do Danúbio, transfronteiriça entre a Romênia e a Ucrânia, estabelecida no mesmo momento (Zhmud, 1999; Goriup, 2004). As duas reservas, tanto na Romênia quanto na Ucrânia, têm suas próprias administrações nacionais, com apenas poucos projetos científicos em comum, como monitoramento de pássaros. Pouca ou nenhuma cooperação foi demonstrada em 2004, quando a Ucrânia começou a dragar um novo canal para navegação no braço de rio Bystroe/Kilija, embora a região esteja situada em reserva natural de importância internacional (Bloesch, 2005b).

Mais tarde, negociações foram mediadas pela ICPDR, mas o impacto ambiental e a promoção da navegação continuam em discussão e ainda não foram resolvidos.

Em 1990, o governo romeno (Resolução 983/1990) começou a desenhar uma estrutura legal para conservar e reabilitar o delta do Danúbio. Uma Reserva da Biosfera da Unesco foi rapidamente criada por meio da assinatura/ratificação da Convenção Internacional do Patrimônio Natural e Cultural Mundial e da Convenção de Ramsar de planícies alagáveis de importância internacional, e entrou em vigor em 1993, conforme a lei romena 82/1993. Essa lei é aplicada pela Agência da Reserva da Biosfera Delta do Danúbio, em Tulcea, e é apoiada por um conselho científico. O zoneamento da Reserva da Biosfera em dezoito áreas estritamente protegidas, zonas de amortecimento com diretrizes de manejo e áreas onde atividades econômicas são permitidas regula claramente os usos da reserva. Infelizmente, o patrulhamento é insuficiente e áreas estritamente protegidas são afetadas por atividades ilegais (pesca e caça). A pressão para a Reserva da Biosfera é reforçada por diferentes tipos de propriedade da terra, parte sob administração da Reserva, parte propriedade estadual sob administração do Conselho do Condado de Tulcea – ambos com entendimento controverso sobre o uso sustentável. Portanto, a restauração é discutida; por exemplo, o grande pôlder na região de Pardina foi incluído na primeira proposta de restauração (Gomoiu e Baboianu, 1992), mas, mais tarde, foi eliminado da lista e do mapa porque o Conselho do Condado apoiava os interesses dos usuários (pecuária, caça).

Todos os esforços dos cientistas, políticos e gestores romenos foram apoiados por uma cooperação de especialistas e organizações internacionais, como Unesco, MAB, International Union for Conservation of Nature (IUCN, 1992), WWF, Ramsar, International Society for Bird Protection (ISBP), Delft Hydrological Institute (Holanda), Foundation for International Nature Protection (Holanda) e outros, além de terem financiamento do Banco Mundial. Com a adesão da Romênia à União Europeia, em 2007, a legislação europeia se tornou o instrumento jurídico vigente que deveria ser implantado. A Ucrânia, como um país que não é membro da União Europeia, está dedicada a aplicar a mesma estrutura legal contemplada pelo Plano de Manejo da BRD da ICPDR, que é transfronteiriça. No delta do Danúbio, a implantação da rede Natura 2000, assim como da WFD, que visa 'boa situação ecológica' de todos os corpos d'água de superfície, é um pré-requisito importante para projeto de restauração.

O principal objetivo da restauração é restabelecer as funções hidrológicas, biogeoquímicas e ecológicas naturais locais e, dessa forma, promover o desenvolvimento de hábitats locais específicos e de sua biodiversidade. Além disso, a restauração de recursos naturais deve permitir o uso tradicional e sustentável pelas populações locais (Staraş, 2001; Marin e Schneider, 2007; Schneider et al., 2008; Gâstescu e Ştiucă, 2008). Como diretriz básica da restauração, tem maior prioridade o regime hidrológico dinâmico que influencia fortemente os ecossistemas do delta do Danúbio; ou seja, algumas barragens/diques impróprios para pôlderes precisam ser abertos e alguns canais ligados diretamente aos lagos do Delta. O grande desafio é escolher os locais e a escala correta. No entanto, tais medidas não trarão de volta as condições de referência de antes, pois as barragens não podem ser removidas por completo.

O atual programa de restauração da Reserva da Biosfera Delta do Danúbio tem duas categorias principais de projetos: 1- restauração das áreas alagáveis incluindo pesquisa, planejamento, monitoramento e obras civis; e 2- restauração do sistema hidrológico com remoção de materiais suspensos/escavação de canais e obras para reequilibrar os canais, incluindo pesquisa, planejamento e obras civis (DDNIRD, 2004; anotação pessoal Ştiucă, 2010). O procedimento do projeto seguiu a estratégia utilizando pesquisa e monitoramento (hidrologia, sólidos suspensos, qualidade da água, biodiversidade), definindo a situação ecológica, projetando obras de engenharia e seguindo um manejo gradual e adaptativo.

Um plano diretor de manejo, elaborado como uma primeira fase da Reserva da Biosfera Delta do Danúbio (DDBRA, 1991), englobava diversas áreas a ser reabilitadas, como pôlderes agrícolas abandonados e criadouros de peixe não rentáveis. Estudos preparatórios conduzidos pelo Instituto do Delta do Danúbio, em Tulcea, e pela Agência da Reserva da Biosfera Delta do Danúbio, com o apoio de instituições internacionais (WWF-Auen-Institut Rastatt Germany, RIZA Institute Lelystad The Netherlands, Banco Mundial) permitiram a implantação das primeiras medidas de restauração no pôlder Babina já em 1994. Foi dada uma ênfase especial para a relação entre pesquisa científica, marco legal, decisões políticas e interesses de *stakeholders* e usuários (Staraş, 2001).

Projeto-piloto de restauração: pôlderes agrícolas abandonados em Babina (2.100 ha) e Cernovca (1.580 ha)

Até a instalação das barragens e a drenagem (o que ocorreu em 1983), as ilhas Babina e Cernovca, localizadas no nordeste do delta, no braço de rio Chilia/Kilija (Figura 13.12), apresentavam funções típicas de áreas alagáveis, caracterizadas por flutuações no nível de água, períodos de cheia e de seca. Depois de terem sido excluídas das dinâmicas do rio, as ilhas perderam todas as funções locais específicas e o hábitat de diversas espécies foi danificado ou destruído. Ainda mais importante, regiões de desova de peixes que apareciam regularmente nessas áreas de vegetação abundante e águas rasas sumiram. Como consequência, a área deixou de ser um local tradicional de pesca e a exploração de subsistência de caniço pela população local de Periprava e Chilia Veche deixou de ocorrer. A mudança geral em direção à seca e invasão de mato ilustrou as mudanças no regime hidrológico. A formação gradual de estepe e a salinização do solo, ocorridas na parte ocidental das duas ilhas, limitaram as possibilidades de uso como pasto para a pecuária tradicional.

O projeto de restauração da ilha (1991) por meio da reconexão ao regime de inundações do Danúbio abrangia a requalificação dos ecossistemas (hábitats e biodiversidade específicos locais) e o restabelecimento de recursos naturais (regiões para desova de peixes, áreas de caniço e pasto). As comunidades locais (Periprava e Chilia Veche) estavam envolvidas no planejamento e concordaram com a restauração. As pessoas expressaram seu desejo de usar os recursos naturais dessa área do seu jeito tradicional e sustentável (Marin e Schneider, 1997; Schneider et al., 2004, 2008; Schneider, 2010b). Em abril de 1994, após dois anos de estudos preliminares sobre a água, o equilíbrio de nutrientes e a condição ecológica, a barragem circular do pôlder de Babina foi aberta em quatro pontos e a área inundada novamente. Na primavera de 1996, a barragem circular do pôlder de Cernovca também foi aberta em dois pontos, e a área reconectou-se às dinâmicas fluviais do Danúbio (Figura 13.13).

Figura 13.13 – Esquema de restauração dos pôlderes de Babina e Cernovca, no braço de rio Chilia/Kilija, no delta do Danúbio. A abertura de barragens e a restauração do sistema do canal aumentaram as dinâmicas hidrológicas dos cursos d'água naturais remanescentes.

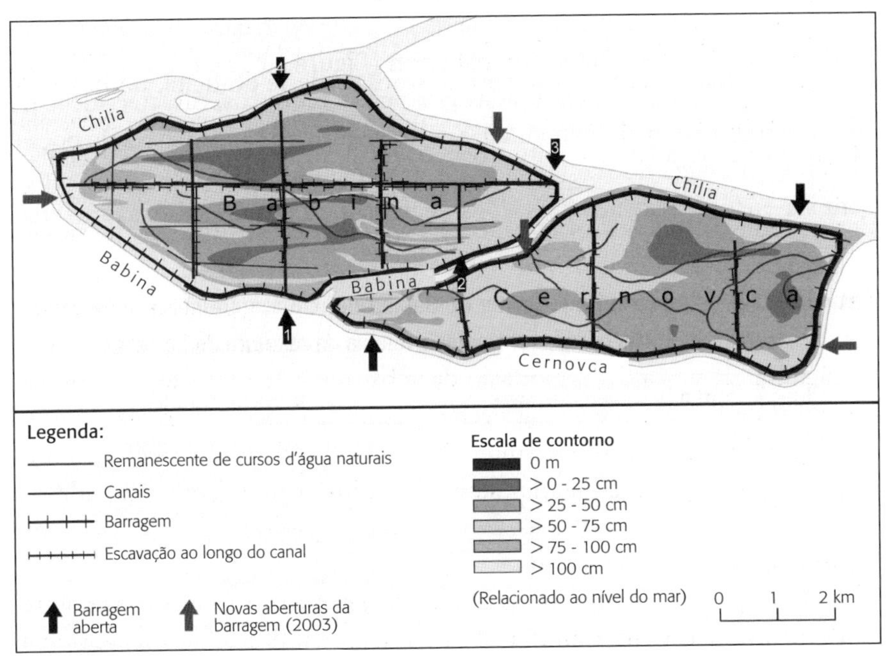

Ao longo de dez anos, foi implantado um programa de monitoramento que incluiu o estudo do regime hidrológico e das alterações hidromorfológicas, da retenção de nutrientes, da evolução da diversidade fito e zooplanctônica, das comunidades macrozoobentônicas, das populações de peixes, das comunidades macrófitas e de seus indicadores para qualidade da água (Schneider, 2009). Além disso, também foram estudados o redesenvolvimento de hábitats semiaquáticos e terrestres com vegetação característica (caniço, pastagens; ver Tabela 13.5) e a fauna epígea macroartrópode, em especial besouros de solo, pássaros e mamíferos, como o vison europeu e a lontra europeia.

A abertura das barragens produziu os resultados previstos. As novas dinâmicas e o desenvolvimento de macro-hábitats e de estrutura para vegetação forneceram a base para uma diferenciação dos micro-hábitats. Esses, por sua vez, ofereceram nichos para uma maior diversidade de macro e micro-organismos em áreas terrestres, semiaquáticas (ecótones) e aquáticas. Após a inundação, o número de plantas aquáticas aumentou de quatro espécies encontradas na região das barragens para 23 em um período de um ano e 29 espécies em 2001. As flutuações e a abundância no número de espécies são resultados da duração e altura da inundação. Desenvolvimentos similares foram encontrados para fitoplâncton (principalmente em estudos de diatomáceas: um aumento de 78 espécies, em 1994, para 102 espécies, em 2001; Schneider et al., 2008), zooplâncton (Figura 13.14), macrozoobentos e peixes (29 espécies representadas por peixes reofílicos, característicos de águas correntes e medianamente ricas em sedimentos; por peixes de poças, presentes em água doce estagnada ou mais parada; e por espécies que podem ser encontradas nos dois tipos de águas). O estudo sobre as medidas

Tabela 13.5 – Restauração do pôlder de Babina e Cernovca, pesquisa sobre macro-hábitats e vegetação antes e depois da abertura da barragem.

Situação com a barragem fechada	Após reconexão
Grandes áreas com espécies de plantas halófitas e macroinvertebrados característicos na região a montante do pôlder	Áreas muito pequenas com plantas halófitas e a diversidade característica de seus macroinvertebrados na região a montante do pôlder
Sem campos aluviais alagados	Campos aluviais temporariamente transbordados
Campos secos ao redor das barragens	Campos secos ao redor das barragens
Sem formação de novos bancos de sedimentos como hábitats para estabelecimento de vegetação pioneira	Vegetação pioneira em recém-formados bancos de sedimentos
Sem desenvolvimento natural de gimnospermas	Galeria de gimnospermas de várias idades nas áreas alagáveis
Caniços prejudicados	Caniços bem desenvolvidos
Poucos grupos de espécies de plantas aquáticas, deficientemente desenvolvidos, nos canais artificiais	Grupos de plantas aquáticas bem desenvolvidos, variedade de espécies nos lagos recém-formados e nos canais
Canais de dimensões variadas	Canais de dimensões variadas
Canais naturais (*gârla*) secos e não funcionais	Canais naturais (*gârla*) revitalizados e com vegetação característica
Sem lagos	Lagos
Sem águas temporárias	Águas temporárias, paradas
Sem canais alagáveis funcionais (secos)	Canais alagáveis temporários

Figura 13.14 – Alterações no número de espécies de zooplâncton na ilha Babina (1993-2001), em decorrência da abertura das barragens em 1994. Em um período de cerca de cinco anos, a reinundação causou um aumento significativo de zooplâncton. Desenvolvimentos similares foram encontrados para outros grupos biológicos de plantas e animais (detalhes no texto).

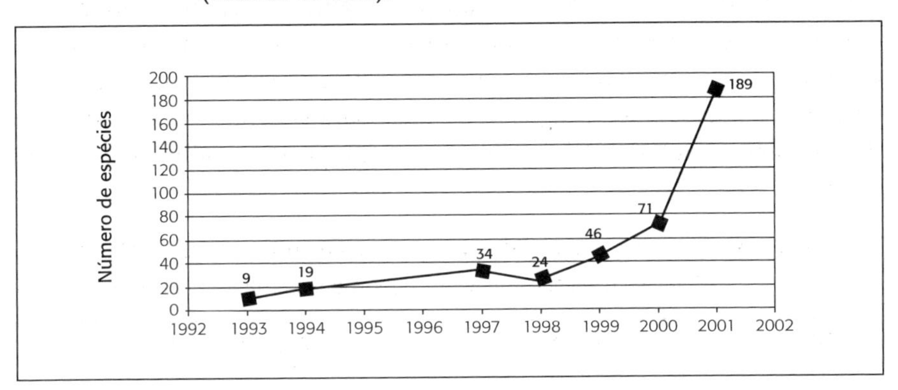

revelou que o redesenvolvimento de hábitats aquáticos oferece alimento suficiente para as populações de peixes que, por sua vez, são um rico recurso para os habitantes locais. Em razão da diminuição em grande escala da vegetação halófita, pastagens específicas de áreas alagáveis e caniços puderam voltar a se desenvolver, permitindo que esses campos fossem usados como pastos, como nos tempos antigos e até de melhor maneira.

O custo da restauração dos dois pôlderes agrícolas abandonados em Babina e Cernovca foi de cem mil euros, incluindo pesquisa, planejamento e implantação. O benefício econômico consiste no aumento da produção de peixes (estimado em cerca de 34 kg/ha por ano), aumento da produção de caniço (calculada para alcançar 1-2 t/ha por ano), aproximadamente 100 ha de pasto usado para pecuária (considerando 0,5 cabeça/ha por ano) e receita vinda do ecoturismo. O total dos benefícios soma cerca de cento e quarenta mil euros por ano:

- Produção de peixe: 3.600 ha × 34 kg × 0,5 €/kg = € 61.200/ano.
- Colheita de caniço: 3.600 ha × 1 t/ha × 16 €/t = € 57.600/ano.
- Turismo: 10 turistas × 100 dias/ano × 10 €/dia = € 10.000/ano.
- Gado: 100 ha × 0,5 cabeça/ha × 100 kg × 2 €/kg = € 10.000/ano.

Isso demonstra o benefício bruto para a área após a restauração de uma região destruída e abandonada. A restauração de outras áreas teve custos mais altos do que em Babina e Cernocvca; por exemplo, a restauração do pôlder de Fortuna precisou fechar canais e escavar sedimentos ao custo de 3 €/m^3.

A restauração do pôlder Babina foi uma conquista reconhecida por prêmios da Associação Romena de Engenheiros (1995), o prêmio Eurosite da União Europeia (1995) e o Mérito de Conservação da WWF Internacional (1996).

Projetos de monitoramento da restauração e problemas futuros no delta do Danúbio

Por meio do manejo adaptativo, as lições aprendidas com a restauração-piloto foram aplicadas em outros projetos (ver Figura 13.16): 1- açudes de criação de peixes não rentáveis em Popina (3.600 ha) (DDNI, Riza Institute Lelystad e WWF-Auen-Institut; Cioaca et al., 1999; Lagendijk e Schneider, 2000); 2- área do açude de criação de peixes Holbina-Dunavăt (5.630 ha) (DDNI e Riza; Drost et al., 1996); 3- pôlder de Fortuna planejado para uso misto de agricultura e silvicultura (2.115 ha) ((DDNI e WWF-Auen-Institut, dados não publicados); e 4- meandros separados do braço de rio Sf. Gheorghe (687 ha) (Cioaca, 2002). O total de área reabilitada atualmente é 15.712 ha.

Restauração da área de criação de peixes em Popina II (3.600 ha)

Na região de Popina (Figura 13.16), como em todo o delta, o uso do solo depende muito do nível da água do Danúbio. Dessa forma, com os níveis de água altos, a pescaria era tradicionalmente o uso principal, enquanto em períodos de águas baixas a área era usada como pasto para cavalos e gado, exceto em locais permanentemente alagados. Na década de 1970, a área de Popina, como parte do plano de desenvolvimento do delta do Danúbio (CPEEDD, 1975), foi transformada em um enorme sistema de piscicultura (Popina I e II). Suas duas bacias ao sul, EC 21 e EC 22 (Popina II; 1.800 ha) foram desligadas das dinâmicas do rio Danúbio, colocadas em um regime hidrológico artificial e cruzadas por um sistema de canal. Apesar do grande tamanho, as criações de peixes não puderam ser gerenciadas como planejado e foram abandonadas. A possibilidade de recuperar a área era evidente.

Em 2000, após pré-estudos hidrológicos e biológicos, os dois pôlderes foram reconectados ao Danúbio e o canal entrelaçado Popina, no centro de Popina II, foi reativado (Cioaca et al., 1999 a, b). Foi realizado um monitoramento intensivo de fito e zooplâncton, macrozoobentos, ictiofauna, comunidades de insetos e de plantas aquáticas e áreas alagáveis (Lagendijk e Schneider, 2000). Os hábitats aquáticos melhoraram rapidamente, como mostrado por espécies biodindicadoras (principalmente macrozoobentos, ictiofauna e plantas aquáticas). Foi identificado um aumento de espécies locais de peixes reofílicos e de áreas para desova, por exemplo. A regeneração de recursos naturais, locais de pesca e áreas de caniço, assim como a melhoria de pastagens, justificam o uso sustentável tradicional pela população local. O ganho econômico foi equivalente ao de Babina/Cernovca. Um ganho ecológico adicional da restauração, não monetário, foi oferecido pela função biogeoquímica de retenção e rotação anual de 15 kg/ha de fósforo, 335 kg/ha de nitrogênio e retenção de 11 t/ha de sedimento.

Restauração da área do pôlder Fortuna (2.115 ha)

A região do pôlder de Fortuna é parte do complexo do delta Sontea-Fortuna, sujeita a inundações naturais causadas pelas dinâmicas fluviais do Danúbio (Figura 13.12). Em sua condição original, a região de Fortuna era formada por bacias hidrográficas naturais com vastas áreas de caniço e pequenos canais naturais (*gârla*), limitados por diques naturais com florestas de galeria de salgueiro-branco (Figura 13.15). O lago Rotund, no centro da região, e o grande lago Fortuna, ao norte, eram conectados. Seu alto valor ecológico reside no fato de a região abrigar várias espécies que constam em listas de espécies ameaçadas de extinção (IUCN, 1994; Convenção de Berna, Anexo II; Diretório de Pássaros, Anexo I; Diretório de Fauna, Flora e Hábitats, Anexo II), como pelicanos (*Pelecanus onocrotalus*, *P. crispus*) e íbis-preto (*Plegadis falcinellus*), que se alimentam em áreas de águas rasas. Além disso, a maior população da Europa de vison europeu (*Mustela lutreola*) fica nessa parte do delta do Danúbio.

A região de Fortuna, localizada na proximidade de vilarejos, é formada por pastos e campos pequenos, e aqueles situados em diques naturais são usados como pequenos jardins. Inicialmente, a área deveria ter sido transformada em um pôlder de silvicultura. Em 1984, foram iniciadas obras hidráulicas para um pôlder agrícola e sua parte leste foi, então, destinada para área florestal. A área foi cercada por uma barragem e um canal circular e alguns pontos, no limite norte, foram deixados abertos. A barragem ainda não havia sido finalizada quando a implantação dessas medidas foi paralisada. Oito canais paralelos cortaram a área em diversas partes e interromperam o curso natural oeste-leste da *gârla* Fortuna (Figura 13.15). A barragem que ligava com o braço de rio Sulina tinha sido aberta para obras de construção, permitindo que águas ricas em sedimento fluíssem na área e, seguindo os canais perpendiculares, fossem direto para o lago Rotund. Como consequência, a eutrofização aumentou gradualmente e a parte sul do lago foi aterrada. O aumento da entrada de sedimentos também ocorreu por meio do canal Crânjala para o lago Fortuna.

Figura 13.15 – Gârla Popina (A) e entre o lago Gorgoştel e o canal Perivolovca (B). Alguns desses pequenos canais naturais típicos do delta do Danúbio apresentam cinturões ribeirinhos de caniço (A) ou florestas de galeria de salgueiros (B).

(A) (B)

Fonte: Erika Schneider.

A restauração do pôlder Fortuna tinha como objetivo o fechamento imediato dos canais perpendiculares no braço de rio Sulina, o fechamento do afluente do lago Fortuna e o restabelecimento da conectividade com a *gârla* Fortuna. A reativação dos cursos d'água com fluxo oeste-leste, paralelo ao braço Sulina, também deveria se beneficiar da capacidade de filtragem dos amplos grupos de caniço. Com a implantação da primeira medida, o fechamento dos canais perpendiculares em 2001, a entrada direta de sedimentos nos dois lagos e o assoreamento pararam e os bioindicadores (macrozoobentos e plantas aquáticas; Schneider, 2009) mostraram melhorias do hábitat. O monitoramento dessa área reabilitada deve continuar por alguns anos, estando prevista a continuidade das medidas ecológicas.

Perspectivas

O potencial de restauração do delta do Danúbio é grande e os primeiros resultados são bem-sucedidos e encorajadores. Há uma resposta imediata da biota à restauração do hábitat que nem sempre pode ser prevista em detalhes. Em geral, as lições aprendidas com a implantação da restauração são as mesmas que no Alto Danúbio no que diz respeito às evidências científicas (hidrologia, heterogeneidade de hábitat, biodiversidade, função ecossistêmica) e de manejo (planejamento adaptativo, participação pública e de *stakeholders*, estratégia de monitoramento, experimentos de larga escala). Contudo, teoria e prática competem quando obras de engenharia estão sendo executadas: o princípio de 'tentativa e erro' também foi experimentado no delta do Danúbio, já que algumas aberturas de barragem se mostraram muito estreitas e canais foram afetados por sedimentação indesejada. Assim, uma compreensão detalhada de hidráulica é pré-requisito para qualquer restauração.

Todavia, inundações naturais e pressões causadas por uso humano na grande área do delta do Danúbio são diferentes daquelas no estreito corredor fluvial próximo a Viena. A população local do delta está acostumada – e depende – das inundações ocasionais. Portanto, a construção e restauração fluvial, bem como a exploração de recursos naturais e o uso de serviços ecossistêmicos, estão diretamente relacionados ao sustento dos residentes.

Os programas em curso da União Europeia aumentarão a pressão econômica no delta do Danúbio por novos projetos de infraestrutura. A promoção de tráfego e turismo com a construção de novos *resorts* de férias, por exemplo, tem impactos significativos, tornando difícil a prática do "ecoturismo". O setor pesqueiro, agora novamente sob responsabilidade da Agência da Reserva da Biosfera Delta do Danúbio (antes controlada pela Agência Romena de Pesca e Aquicultura), encontra enormes problemas para controlar a exploração excessiva de espécies de esturjão altamente ameaçadas (Reinartz, 2002; AP, 2005; Bloesch et al., 2006). Regulamentações da Convention on International Trade in Endangered Species of Wild Fauna and Flora (Cites, 2006) e uma proibição de dez anos para a pesca de esturjão imposta pelo governo romeno, em 2006, não conseguem coibir completamente a pesca ilegal e as demandas do mercado negro por caviar. Além disso, a pressão da caça e pesca esportiva está crescendo rapidamente. O uso sustentável de recursos é difícil de ser alcançado. A promoção da navegação, pelo projeto europeu Trans-European Transport (TEN-T), afetará de forma significativa não somente o Baixo Danúbio, mas também partes do Delta. Em suma, somente a vontade política e a cooperação internacional podem encontrar um equilíbrio melhor entre ecologia, economia e questões sociais.

CONQUISTAS E PROBLEMAS: O POTENCIAL DE RESTAURAÇÃO DO RIO DANÚBIO

Nos últimos vinte anos, o manejo de bacias fluviais foi desenvolvido de maneira intensiva e analisado criticamente no âmbito global (Boon et al., 2000; Lindemann, 2005; Kemper et al., 2007). A partir de 2000, foi adotado pela WFD na Europa e, especificamente, na BRD (ICPDR, 2009b). Nesse sentido, a abordagem científica da bacia, a hierarquização e outros conceitos fundamentais de limnologia (ver compilação de Bloesch, 2005a) são amplamente aceitos. Tanto da perspectiva científica quanto de manejo, é evidente que princípios como uso da melhor ciência, técnica ou prática disponível, unidade (no sentido de abordagem da bacia), repressão ao poluidor (lutar contra a causa em vez do efeito) e manejo adaptativo (em particular para restauração fluvial de grande porte) devem ser respeitados e aplicados (Bloesch et al., 2011). Tal prática é fundamentada em trabalho inter e transdisciplinar, avaliação de incerteza e risco e comunicação transparente (Ryder et al., 2010). Pelo fato de o manejo de grandes rios e áreas alagáveis ser complexo, sistemas de suporte à tomada de decisão baseados em ferramentas de análise multicritério de apoio à decisão (AMD) têm sido desenvolvidos com sucesso (Hein et al., 2006). Esses métodos são amplamente aplicados na BRD e a participação pública é garantida por meio de *workshops* especiais e acompanhamento feito por organizações não governamentais (ICPDR, 2009b).

Os dois estudos de caso apresentados demonstram que esforços de restauração significativos ao longo do Danúbio estão sendo realizados. Princípios gerais de restauração estão sendo aplicados e os resultados são promissores, embora o monitoramento ainda precise comprovar os benefícios em longo prazo. Todavia, os dois projetos de restauração, tanto da Áustria (próximo de Viena) quanto da Romênia (delta), são completamente nacionais. Outras áreas alagáveis importantes incluem a região de Gemenc (Zsuffa e Bogardi, 1995; Pedroli e Dijkman, 1998) e dos lagos de Tisza, na Hungria (Karácsonyi, 2001; Acreman et al., 2007), além das planícies de inundação aluvial de Sava, na Croácia (Brundic et al., 2001). Contudo, quando se trata de conservação transfronteiriça, a implantação da restauração se torna mais difícil porque interesses nacionais opostos precisam ser equilibrados. São exemplos disso: 1- o delta do Danúbio (Romênia e Ucrânia), onde a cooperação internacional está aquém do desejado, apesar das atividades da ICPDR em relação ao manejo e navegação na Reserva da Biosfera – planos de restauração conjuntos, que podem ter efeitos sinérgicos na área em comum, ainda não foram realizados; 2- o Corredor Verde do Baixo Danúbio, onde a margem esquerda (Romênia) e a margem direita (Bulgária) são bem diferentes; 3- a barragem hidrelétrica Gabčíkovo-Nagymaros e o Velho Danúbio (Eslováquia e Hungria; Zinke, 2005) – o conflito sobre o impacto ambiental acabou na Corte Internacional de Justiça, em Haia, em 1997, mas a disputa ainda não está resolvida; e 4- Kopackirit, onde um parque natural supranacional poderia unir três parques nacionais da Hungria, Croácia e Sérvia (Salathé, 2005).

É óbvio que o maior potencial de restauração reside nos segmentos com as menores modificações hidromorfológicas, como no Corredor Verde do Baixo Danúbio (International Water Law Project, 2013). Esse trecho de mais de 1.000 km de rio engloba o Danúbio desde o desfiladeiro do Portão de Ferro até o delta do Danúbio e conta com diversos locais do projeto Natura 2000 (Schneider e Dister, 2010; Schneider et al., 2010). Sua importância como ecossistema e valiosas paisagens foi reforçada pela iniciativa transfronteiriça de conservação e restauração da natureza, assinada em 2000 pela Bulgária, Romênia, Moldávia e Ucrânia, sendo apoiada pela WWF International e seu programa Danúbio nos Cárpatos (Schneider et al., 2010). O enorme potencial é documentado por variados, e frequentemente raros, hábitats e por extensas áreas de florestas alagáveis (salgueiro-branco, *Salix alba*, em estrutura simples de florestas de galeria ao longo do rio, com álamos branco e negro, *Populus alba* e *nigra*, e ulmeiros, *Ulmus laevis*, nas ilhas; Schneider e Dister, 2010; Schneider, 2010a). Cerca de cinquenta locais foram estudados entre os quilômetros 838 e 383 do rio, encontrando 55 espécies macrófitas aquáticas e 961 espécies de plantas semiaquáticas e terrestres (Schneider et al., 2005; Schneider, 2008, 2009). Duas ilhas representativas de todo o segmento, as áreas protegidas Belene (Bulgária) e Cama-Dinu (Romênia), são de grande valor de conservação para sua biodiversidade.

Tal estudo fornece dados básicos para apresentar propostas de locais de importância para a comunidade para a rede Natura 2000 (hábitats seguindo a FFH Directive), os quais, após aprovação, tornam-se áreas especiais de conservação e de proteção (SPA), de acordo com a Birds Directive europeia. Um estudo de grande porte (450 km de rio) foi elaborado na fronteira entre

Bulgária e Romênia, entre os afluentes Timoc e Calarasi-Silistra, para submeter à apreciação novas áreas de proteção e restauração. Em 2004-2005, o projeto Cama-Dinu realizou uma restauração da biodiversidade nos hábitats das áreas alagáveis em um trecho de 20 km a montante da cidade de Giurgiu, mas o projeto de restauração na parte leste da Ilha Calarasi não pôde ser implantado por causa de concessões legais existentes.

O alto grau de naturalismo, com hábitats e espécies típicos locais, é contraditório à situação do Baixo Danúbio, declarado como corpo d'água altamente modificado, segundo a classificação da WFD. Além disso, as medidas planejadas para melhoria da navegação, como vigas, quebra-mares e reforços na margem no complexo das ilhas Belene e Cama-Dinu (Projeto Instrument for Structural Policies for Pre-Accession – ISPA II), terão sérias consequências negativas para as áreas protegidas, por causa de grandes modificações hidrológicas de estruturas, hábitats e biota, causando deterioração morfológica. Levando em conta o alto valor de conservação em âmbito nacional e internacional, é preciso reconsiderar quais medidas são estritamente necessárias e quais podem ser reduzidas ou canceladas. Todavia, é difícil encontrar uma solução conciliatória para conservação da natureza, interesses econômicos e desenvolvimento sustentável.

AGRADECIMENTOS

Agradecemos a Christian Baumgartner, Mathias Jungwirth e Walter Reckendorfer por fornecerem fotos e informações para o estudo de caso na Áustria apresentado; a Nike Sommerwerk, pelo auxílio na compilação dos dados básicos (Tabela 13.1) e revisão crítica do texto; e a Chris Robinson, por sua checagem linguística.

REFERÊNCIAS

ACREMAN, M. C.; FISHER, J.; STRATFORD, C. J. et al. Hydrological science and wetland restoration: some case studies from Europe. *Hydrol. Earth Syst. Sci.*, v. 11, n. 1, p. 158-169, 2007.

ALARM – ASSESSING LARGE SCALE RISKS FOR BIODIVERSITY WITH TESTED METHODS. Sixth framework programme. Disponível em: http://www.alarmproject.net/alarm/.

ALLAN, J.D. Landscapes and riverscapes: the influence of land use on stream ecosystems. *Annu. Rev. Ecol. Evol. Syst.*, v. 35, p. 257-284, 2004.

AP – Action Plan. *Action Plan for the conservation of sturgeons (Acipenseridae) in the Danube River Basin.* AP Documento, versão final, 12 dez. 2005. Reference "Nature and Environment", n. 144. Recommendation 116 on the conservation of sturgeons (*Acipenseridae*) in the Danube River Basin, adopted by the Standing Committee of the Bern Convention in December 2005.

ASPETSBERGER, F.; HUBER, F.; KARGL, S. et al. *Particulate* organic matter dynamics in a river floodplain system: impact of hydrological connectivity. *Arch. Hydrobiol.* 156, p. 23-42, 2002.

BARANYI, C.; HEIN, T.; HOLAREK, C. et al. Zooplankton biomass and community structure in a Danube River floodplain system: effects of hydrology. *Freshwater Biology* 47, p. 473-482, 2002.

BABOIANU, G. The role of the Biosphere Reserve for biodiversity protection and sustainable development in the Danube Delta. *Int. Assoc. Danube Res.* 34, p. 633--641, 2002.

BEHRENDT, H.; VAN GILS, J.; SCHREIBER, H. et al. Point and diffuse nutrient emissions and loads in the transboundary Danube River Basin II. Long-term changes. *Large Rivers 16/1-2, Arch. Hydrobiol. Suppl.* 158/1-2, p. 221-247, 2005.

BLOESCH, J. The International Association for Danube Research (IAD): its future role in Danube research. Large *Rivers 11/3, Arch. Hydrobiol. Suppl.* 115/3, p. 239--259, 1999.

______. Boundaries and borders – Where science meets reality: The Danube, a transboundary river in Europe (an IAD contribution). Abstract in *ASLO Aquatic Sciences Meeting, Research across boundaries*, 5-9 jun. 2000, Copenhagen, Dinamarca: SS24-03, 2001

______. The Danube River Basin – the other cradle of Europe: the limnological dimension. Academia Scientiarum et Artium Europaea: Proceedings 1st EASA Conference "The Danube River: Life Line of Greater Europe", Budapeste, 9-10 nov. 2001. *Annals of the European Academy of Sciences and Arts* 34/12, p. 51-79, 2002.

______. Flood plain conservation in the Danube River Basin, the link between hydrology and limnology. Resumo executivo da 34th IAD-Conference, 27-30 ago. 2002, Tulcea, Romênia e o 21º IHP/UNESCO-Hydrological Conference, 2-6 set. 2002, Bucareste, Romênia. *Large Rivers 14/3-4, Arch. Hydrobiol. Suppl.* 147/3-4, p. 347--362, 2003.

______. Scientific concepts and implementation of sustainable transboundary river basin management. Resumo executive da 35th IAD-Conference, 19-23 abril 2004, Novi Sad, Sérbia e Montenegro. *Large Rivers 16/1-2, Arch. Hydrobiol. Suppl.* 158/1-2, p. 7-28. 2005a.

______. The Bystroe Shipping Channel in the Danube Delta Nature Reserve – a vivid example of a transboundary problem in the Danube River Basin Management. *IAD Danube News* n. 12, out. 2005, p. 7-9. Disponível em: www.iad.gs, 2005b.

BLOESCH, J.; JONES, T.; REINARTZ, R.; et al. An action plan for the conservation of sturgeons (Acipenseridae) in the Danube River Basin. *Österreichische Wasser- und Abwasserwirtschaft* 58, p. 81-88, 2006.

BLOESCH, J.; SANDU, C.; JANNING, J. Challenges of an integrative water protection and river basin management policy: the Danube case. *River Systems 20*, enviado, 2011.

BLOESCH, J.; SIEBER, U. The morphological destruction and subsequent restoration programmes of large rivers in Europe. *Large Rivers 14/3-4, Arch. Hydrobiol. Suppl.*, v. 147, n. 3-4, p. 363-385, 2003.

BOGDANOVIC, S. Legal aspects of tansboundary water management in the Danube Basin. *Large Rivers 16/1-2, Arch. Hydrobiol. Suppl.*, v. 158, n. 1-2, p. 59-93, 2005.

BOON, P. J. The catchment approach as the scientific basis of river basin management. *Large Rivers 16/1-2, Arch. Hydrobiol. Suppl.*, v. 158, n. 1-2, p. 29-58, 2005.

BOON, P. J.; DAVIES, B. R.; PETTS, G. E. (eds.). *Global perspectives on river conservation: science, policy and practice.* Nova York: John Wiley & Sons, 2000.

BREINING, G. Courting controversy with a new view on exotic species. *Yale environment 360: Opinion, Analysis, Reporting and Debate.* 19 nov 2009. Disponível em: http://e360.yale.edu/feature/courting_controversy_with_a_new_view_on_exotic_species/2212/.

BRUNDIC, D.; BARBALIC, D.; OMERBEGOVIC, V. et al. Alluvial wetlands preservation in Croatia. The experience of the Central Sava Basin flood control system. In: NIJLAND, H.J.; CALS, M.J.R. *River Restoration in Europe, Practical Approaches, Conference Proceedings,* RIZA rapport n. 2001.023, Wageningen, Holanda, 2001.

BWG/FOWG – Federal Office for Water and Geology. *Hochwasserschutz an Fliessgewässern. Wegleitung des BWG*, Bern, 2001. Disponível em: www.admin.ch/edmz.

CALINESCU, R. (ed.) *Biogeografia României.* Editura Stiintifica Bucuresti, 1969.

CEN – European Committee for Standardization. CEN/TC 230 n. 0463, Water quality: Guidance standard for assessing the hydromorphological features of rivers, 2004.

CHERNICHKO, J.; OVERMAS, W.; NESTORENKO, M. *A vision for the Danube Delta.* Backround document. WWF Partners for wetlands project, WWF Danube Carpathian Programme Office Vienna, WWF-Project Office Odessa, Ukraine, WWF Netherlands, 2002.

CIOACA, E. Ecological reintegration of the Danube Delta Biosphere Reserve degraded ecosystems into the natural ones. Study case: The islets created after the St.

George arm rectification, Scientific Annals, Danube Delta National Institute for Research and Development, Tulcea, Romênia, 2002.

CIOACA, E.; BONDAR, C.; BORCIA, C. Hydrographical Network of the Danube Delta Biosphere Reserve: Modelling the Morphological Dynamics. Extended Abstract, 38th IAD Conference Dresden, jun. 2010 (*memory stick*). Disponível em: www.iad.gs.

CIOACA, E.; TUDOR, M.; MENTING, G.A. Ecological restoration of Popina II fishpond setting-up. Stage I: Proposals of works for the hydrological regime improvement, Anale stiintifice, Institutul National de Cercetare-Dezvoltare Delta Dunarii, Tulcea, Romênia, 1999a.

CIOACA, E.; TUDOR, M.; SCHNEIDER, E. et al.. Ecological reconstruction of Popina II fishpond setting-up: Proposals of hydrotechnical works for water flow regime improvement. *International Geographical Symposioum "The Delta's State-of-the-art Protection and Management"*. Tulcea, Romênia, 1999b.

CIOCÂRLAN, V. *Flora Deltei Dunarii*. Cormophyta. Bucareste: Ceres, 1994.

CITES – Convention on International Trade in Endangered Species of Wild Fauna and Flora, 2006. Disponível em: www.cites.org.

COVACEF, P. *Cimitirul viu de la Sulina*. Ex Ponto, Constanța, 2003.

CZAYA, E. *Rivers of the world*. Cambridge: Cambridge University Press, 1983.

DAN, S. Sediment budget along the Danube Delta: Coastal currents vs. Danube River input. *Danube News* 12/22, dez. 2010, p. 4-6. Disponível em: www.iad.gs.

DAVIS, M.A. *Invasion Biology*. Oxford University Press, 2009.

DDBRA – Danube Delta Biosphere Reserve Authority. 1991. Danube Delta Management Objectives. 24 pp.

DROST, H. J.; MENTING, G. A.; RIJSDORP, A. A. et al. *Ecological restoration in the Dunavat/Dranov area* (Danube Delta, Romania). RIZA work document 96-065x, Lelystad, 1996.

EC – EUROPEAN COMMISSION. 2013. *Environment*. Disponível em: http://ec.europa.eu/environment/water/index_en.htm.

EURLEX. 2000. Directive 2000/60/EC of the European Parliament and of the Council of 23 October 2000 establishing a framework for Community action in the field of water policy. Disponível em: http://eur-lex.europa.eu/LexUriServ/LexUriServ.do?uri=CELEX:32000L0060:en:HTML.

GÂŞTESCU, P. The Danube Delta: geographical Characteristics and Ecological Recovery. *Geo-Journal*, v. 29, n. 1, p. 57-67, Kluwer Academic Publisher, 1993.

GÂŞTESCU, P.; ŞTIUCĂ, R. (eds.). *Delta Dunării, Rezervaţie a Biosferei (Danube Delta UNESCO Biosphere Reserve)*. Bucareste: Editura CD Press, 400 pp. 3 anexos e um mapa do Delta do Danúbio (em romeno com resumo em inglês, p. 363-372).

[A primeira edição foi publicada em 2006 (Editura Dobrogea, 498 pp. mais 15 anexos; em romeno, com resumo em inglês p. 483-498). A segunda, em 2008.]

GÂŞTESCU, P.; BABOIANU, G.; ŞTIUCĂ, R. Cap. 17 Protectia mediului şi constituirea Rezervaţiei Biosferei Delta Dunării, p. 324-355. In: *Delta Dunării*. Rezervaţie a biosferei. Bucareste: CD Press, 2008.

GOODENOUGH, A. E. Are the ecological impacts of alien species misrepresented? A review of the "native good, alien bad" philosophy. *Community Ecology*, v. 11, n. 1, p. 13-21, 2010.

GOMOIU, M.-T.; BABOIANU, G. Some aspects concerning the ecological restoration in the Danube Delta Biosphere Reserve (DDBR). In: *Auen, gefährdete Lebensadern Europas*. Renaturierung von Flußauen, Tagungsdokumentation des internationalen Kongresses in Rastatt, Beiträge der Akademie für Natur- und Umweltschutz Baden-Württemberg, Bd. 31b, Stuttgart, p. 131-144, 1992.

GORIUP, N. *Vilkovo - die Stadt des Donaudeltas*. Odessa: Salix Ltd, 2004.

GREN, I. M.; GROTH, K.; SYLVEN, M. Economic values of Danube floodplains. *Journal of Environmental Management*, v. 45, p. 333-345, 1995.

HEILER, G.; HEIN, T.; SCHIEMER, F. et al. Hydrological connectivity and flood pulses as the central aspects for the integrity of a river-floodplain system. *Regulated Rivers: Research & Management*, v. 11, p. 351-361, 1995.

HEIN, T. *Hydrological connectivity in a river floodplain system: effects on nutrient and particulate organic matter dynamics and plankton development*. Universidade de Viena, 1999.

HEIN, T.; HEILER, G.; SCHAGERL, M. et al. The Danube Restoration Project: Functional aspects and planktonic productivity in the floodplain system. *Reg. Rivers: Res. & Mgmt.*, v. 15, p. 259-270, 1999.

HEIN, T.; BARANYI, C.; HERNDL, G. J. et al. Allochthonous and autochthonous particulate organic matter in floodplains of the River Danube: the importance of hydrological connectivity. *Freshwater Biology*, v. 48, p. 220-232, 2003.

HEIN, T.; BARANYI, C.; RECKENDORFER, W. et al. The impact of surface water exchange on the nutrient and particle dynamics in side-arms along the River Danube, Austria. *Science of the Total Environment*, v. 328, p. 207-218, 2004.

HEIN, T.; BLASCHKE, A. P.; HAIDVOGL, G. et al. Optimised management strategies for the Biosphere reserve Lobau, Austria - based on a multi criteria decision support system. *Ecohydrology and Hydrobiology*, v. 6, p. 25-36, 2006.

HEIN, T.; RECKENDORFER, W.; THORP, J. H. et al. The role of slackwater areas for biogeochemical processes in rehabilitated river corridors: examples from the Danube. *Archiv für Hydrobiologie Suppl: Large Rivers*, v. 15, p. 425-442, 2005.

HOHENSINNER, S.; HERRNEGGER, M.; BLASCHKE, A. P. et al. Type-specific reference conditions of fluvial landscapes: A search in the past by 3D-reconstruction. *CATENA*, v. 75, p. 200-215, 2008.

HUMPESCH, U.H. Quantification of macro-invertebrates in the river bed of a free--flowing stretch of the Austrian Danube (Quantitative Erfassung des Makrozoobenthos der Stromsohle in der freien Fliessstrecke der österreichischen Donau-Bodenstruktur, Besiedlungsdichte und Besiedlungsstruktur). In: KINZELBACH, R. (ed.). *Biologie der Donau*. Limnologie aktuell, Band 2, G. Fischer Stuttgart, p. 109-125, 1994.

IAD – International Association for Danube Research. Ecotoxicology in the Danube River Basin. *Danube News* 11/20, dez. 2009, 16 pp. Disponível em: www.iad.gs.

______. The Black Sea – Recipient of the Danube River. *Danube News* 12/22, dez. 2010, 16 pp. ISSN 2070-1292. Disponível em: www.iad.gs.

ICPDR – International Commission for the Protection of the Danube River. 2005. The Danube River Basin District. Part A - Basin-wide overview. WFD Roof Report 2004, Viena.

______. 2008. Joint Danube Survey (JDS) 2. Disponível em: www.icpdr.org/jds

______. 2009a. Water Quality in the Danube Basin. Trans National Monitoring Network (TNMN). *Anuários* 1996 ff. (1996-2009).

______. 2009b. The Danube River Basin District Management Plan. Part A – Basin wide overview. Doc.No.1C/151, versão final, 14 dez. 2009. ICPDR Viena.

______. 2010. *PLATINA Manual on good practices in sustainable waterway planning*. jul. 2010, 107 pp. Disponível em: www.naaides.inf

______. 2013. Plants & animals. Disponível em: http://www.icpdr.org/icpdr-pages/plants_and_animals.htm.

IENISTEA, M.-A. L'entomofaune de l'ile de Letea (Delta du Danube). O5rd. Coleoptera (pars). *Traveaux du Muséum d'Histoire Naturelle Grigore Antipa*, v. IX, p. 97-114, Bucaresti, 1968.

INTERNATIONAL WATER LAW PROJECT. 2013. Declararion on the Co-operation for the creation of a Lower Danube Green Corridor. Disponível em: http://www.internationalwaterlaw.org/documents/regionaldocs/lower-danube-green--corridor.html

IUCN – International Union for Conservation of Nature. *Environmental Status Reports, Vol. 4: Conservation Status of the Danube Delta, IUCN/World Conservation Union, East European programme*, 107 pp, 1992.

______. IUCN Red List of Threatened Animals, compiled by the World Conservation Monitoring Centre, 286 pp, 1994.

JENKINSON, R. G.; BARNAS, K. A.; BRAATNE, J. H. et al. Stream restoration databases and case studies: A guide to information resources and their utility in advancing the science and practice of restoration. *Restoration Ecology*, v. 14, n. 2, p. 177-186, 2006.

JUNGWIRTH, M.; MUHAR, S.; SCHMUTZ, S. Re-establishing and assessing ecological integrity in riverine landscapes. *Freshwater Biology*, v. 47, p. 867-887, 2002.

KARÁCSONYI, Z. Rehabilitation of the 'Notch'-System as tool for multipurpose floodplain management on the Upper-Tisza River. p. 119-123 In: H.J. NIJLAND & M.J.R. CALS. 2001. *River Restoration in Europe, Practical Approaches, Conference Proceedings, RIZA rapport* n. 2001.023, Wageningen, Holanda, 2001.

KECKEIS, S.; BARANYI, C.; HEIN, T. et al. The significance of zooplankton grazing in a floodplain system of the River Danube. *Journal of Plankton Research*, v. 25, p. 243-253, 2003.

KEMPER, K. E.; BLOMQUIST, W. e DINAR, A. (eds.). *Integrated river basin management through decentralization*. World Bank & Springer, 2007.

KOTTELAT, M.; FREYHOF, J. *Handbook of European Freshwater Fishes*. Publications Kottelat. 2007.

LAGENDIJK, O.; SCHNEIDER, E. (eds.). Perspectives on Popina. Recommandations for ecological restoration and wise use of former fishponds in the Danube Delta Biosphere Reserve/Romania, RIZA-workdocument 2000. 137X, 58 pp, 2000.

LIEPOLT R. *Limnologie der Donau*. Schweizerbart'sche Verlagshandlung Stuttgart, 1967.

LINDEMANN, S. Explaining success and failure in international river basin management – Lessons from Southern Africa. The 6th Open Meeting of the Human Dimensions of Global Environmental Change Research Community "Global Environmental Change, Globalization and International Security: New Challenges for the 21st Century", University of Bonn, Alemanha, 9-13 out. 2005, 24 pp.

MARIN, G.; SCHNEIDER, E. (eds.). Ecological restoration in the Danube Delta Biosphere Reserve/Romania. Babina and Cernovca islands, ICPDD e Umweltstiftung WWF-Deutschland, 1997.

NATIONAL PARK DONAU-AUEN. 2013. Service Wissenschaft. Disponível em: http://www.donauauen.at/?area=downloads&subarea=service.

OLDEN, J. D.; POFF, N. L.; DOUGLAS, M. R. et al. Ecological and evolutionary consequences of biotic homogenization beyond a simple focus on species diversity loss. *Trends in Ecology & Evolution*, v. 19, p. 18-24, 2004.

OOSTERBERG, W.; MENTING, G.; HANGANU, J. et al. Filtering capacity of the Mustaca Reedbed. Danube Delta Romania, RIZA work document 98. 165x, 44 pp, 1998.

OOSTERBERG, W.; STARAŞ, M. (eds.). Ecological gradients in the Danube Delta lakes. Present state and man-induced changes, RIZA raport 2000.015, p.167, Lelystad, 2000.

OŢEL, V. (ed.). *Atlasul Pestilor din Rezervaţia Biosferei Delta Dunării (Fish-Atlas for the Danube Delta UNESCO Biosphere Reserve).* Tulcea: Editura Centrul de Informare Tehnologică Delta Dunării, p. 481, 2007. Disponível em: www.indd.tim.ro/ddtic/.

PANIN, N.; ION, G.; ION, E. The Danube Delta – Chronology of lobes and rates of sedimemt deposition. National Institute of Marine Geology and Geo-ecology. Bucareste, Romênia: *Geoecomarina Journal*, n. 9-10, p. 36-40, 2004.

PANIN, N.; JIPA, D. Danube river sediment input and its interaction with the north--western Black Sea. *Estuarine, Coastal and Shelf Science*, v. 54, n. 3, p. 551-562, 2002.

PANIN, N.; PANIN, S.; HERZ, N. et al. Radiocarbon Dating of Danube Delta Deposits. *Quaternary Research*, v. 19, p. 249-255, 1983.

PAUNOVIĆ, M.; CSÁNYI, B. Invasive aquatic species (IAS) as significant water management issue for Danube river basin. Guidance document on Alien Invasive Species within DRB, Versão preliminar. 29 set. 2010.

PEDROLI, B.; DIJKMAN, J. River restoration in European lowland rivers systems. p. 211-227. In: D.P. LOUCKS (ed.). *Restoration of degraded rivers: Challenges, issues and experiences.* Kluwer Academic Publishers NL, 1998.

PFEIFFER, J. M.; VOEKS, R. A. Biological invasions and biocultural diversity: linking ecological and cultural systems. *Environmental Conservation*, v. 35, p. 281-293. 2008.

PREINER, S.; DROZDOWSKI, I.; SCHAGERL, M. et al. The significance of side--arm connectivity for carbon dynamics of the River Danube, Austria. *Freshwater Biology*, v. 53, p. 238-252, 2008.

PONS, L. J., Capítulo 2: Natural Resources e Capítulo 3: Reed exploitation. In: *Environmental Status Reports, Vol. 4: Conservation Status of the Danube Delta,* IUCN/ World Conservation Union, East European programme, p. 23-36 e p. 37-40, 1992.

POPESCU-GORJ, A.; SCOBIOLA-PALADE, X. L'entomofaune de l'ile de Letea (Delta du Danube). Introduction, généralités. *Travaux du Muséum d'histoire naturelle Grigore Antipa,* IX, p. 49-65, Bucareste, 1968.

RECKENDORFER, W.; BAUMGARTNER, C.; HEIN, T. et al. Ecological effects of the Danube-Restoration-Program: Summary. *Abhandlungen der Zoologisch-Botanischen Gesellschaft in Österreich* 34, p. 173-185.

RECKENDORFER, W.; BARANYI, C.; FUNK, A. et al. 2006. Floodplain restoration by reinforcing hydrological connectivity: expected effcts on aquatic mollusc communities. *Journal of Applied Ecology*, v. 43, p. 474-484, 2004.

RECKENDORFER, W.; SCHMALFUSS, R.; BAUMGARTNER, C. et al. The Integrated River Engineering Project for the free-flowing Danube in the Austrian Alluvial Zone National Park: contradictionary goals and mutual solutions. *Archiv für Hydrobiologie Supplement*, v. 155, p. 613-630, 2005.

RECKENDORFER, W.; STEEL, A. Auswirkungen der hydrologischen Vernetzung zwischen Fluss und Au auf Hydrologie, Morphologie und Sedimente (Effects of hydrological connectivity on hydrology, morphology and sediments). *Abh. Zool.--Bot. Ges. Österreich*, v. 34, p. 19-30, 2004.

REINARTZ, R. *Sturgeons in the Danube River. Biology, status, conservation*. Literature study on behalf of IAD. Landesfischereiverband Bayern e.V. and Bezirk Oberpfalz, München, Regensburg, 2002.

RUDESCU, L.; GODEANU, M. Biomul Deltei Dunării (The Danube Delta Biom). In: C. PÂRVU (ed.). *Ecosistemele din România* (Ecosystems in Romania). Bucareste: Ceres, 1980.

RUDESCU L.; NICULESCU C.; CHIVU, I.P. *Monografia stufului din Delta Dunarii*. Bucareste: Academiei R.S. România, 1965.

RYDER, D.S.; TOMLINSON, M.; GAWNE, B. et al. Defining and using 'best available science': a policy conundrum for the management of aquatic ecosystems. *Marine and Freshwater Research*, v. 61, n. 7, p. 821–828, 2010.

SALATHÉ, T. *Ramsar Advisory Mission n. 55*: Croatia (2005), Mission Report, Kopacki Rit, Croatia, 28-30 set. 2005.

SANDU, C.; BORONEANT, C.; TRIFU, M.C. et al. Global warming effects on climate parameters and hydrology of the Mureş River Basin. *Verh. Internat. Verein. Limnol. Stuttgart, Germany*, v. 30, n. 8, p. 1225-1228, 2009.

SCHABUSS, M.; SCHIEMER, F. Key threats to the Danube in the IAD perspective. No. 1, Navigation: is there a potential for compromising the contradictory stakeholder interests? *IAD Danube News*, v. 9, n. 15, p. 2-4, 2007. Disponível em: www.iad.gs.

SCHAGERL, M.; DROZDOWSKI, I.; ANGELER, D.G. et al. Water age: a major factor controlling phytoplankton community structure in a reconnected dynamic floodplain (Danube, Regelsbrunn, Austria). *J. Limnol*, v. 68, n. 2, p. 274-287, 2009.

SCHIEMER, F. Conservation of biodiversity in floodplain rivers. *Arch. Hydrobiol. Suppl.*, v. 115, p. 423-438, 1999.

SCHIEMER, F.; RECKENDORFER, W. *Das Donau Restaurierungsprojekt - Ökologische Auswirkungen. The Danube Restoration Programme - ecologic consequences*. Abhandlungen der Zoologisch-Botanischen Gesellschaft, Vienna 34, 2004.

SCHMID, M.;VEICHTLBAUER, O. *Vom Naturschutz zur Ökologiebewegung: Umweltgeschichte Österreichs in der Zweiten Republik*. Studien-Verlag, 98 pp, 2006. (Österreich - Zweite Republik; 19).

SCHMID, M.; WINIWARTER, V.; HAIDVOGL, G. Legacies, from the past: The Danube's riverine landscapes as socio-natural sites. *Danube News*, v. 12, n. 21, p. 2-5, 2010. Disponível em: www.iad.gs.

SCHMID, R. Water quality of the Danube and its tributaries – 1995 updated and 2002. Explanations to the river quality map. Gewässergüte der Donau und ihrer Nebenflüsse – 1995 nachgeführt und 2002. Erläuterungen zur Gewässergütekarte. - State Office for Regional Water Management Regensburg and IAD General Secretary Vienna, April 2000. Wasserwirtschaftsamt Regensburg und Generalsekretariat IAD Wien, abril 2004.

SCHNEIDER, E., The ecological functions of the Danubian floodplains and their restoration with special regard to the Lower Danube. *Arch. Hydrobiol. Suppl.*, v. 141, n. 1-2, *Large Rivers*, v. 13, n. 1-2, p. 129-149, 2002.

______. Aquatic macrophytes in the Danube Delta – indicators for water quality and habitat parameters. *Studia Universitatis Babes-Bolyai, Biologie*, Liv 1, p. 21-31, 2009.

______. Floodplain forests along the Lower Danube. *Transylvanian Review of Systematical and Ecological Research*, v. 8, p. 115-138, Sibiu, 2010a.

______. Floodplain Restoration of Large European Rivers, with Examples from the Rhine and the Danube. Chapter 11, p. 185-223. In: MARTINA EISELTOVÁ (ed.) *Restoration of Lakes, Streams, Floodplains and Bogs in Europe*. Principles and Case Studies. Series Wetlands vol. 3: Ecology, Conservation and Management. Sprinter Dordrecht, Heidelberg, London, New York, p. 374, 2010b.

SCHNEIDER, E.; DISTER, E. Natural and near natural floodplain habitats on the Lower Danube and their importance for Natura 2000 network and recent planning processes for the area. Extended Abstract, 38th IAD Conference Dresden, jun. 2010 (*memory stick*). Disponível em: www.iad.gs

SCHNEIDER, E.; DISTER, E.; DÖPKE, M. Lower Danube Green Corridor Atlas. 2nd updated Edition. WWF, 2010.

SCHNEIDER, E.; ŞTIUCĂ, R.; TUDOR M. et al. 10 years of restoration in the Danube Delta Biosphere Reserve. WWF-Auen-Institut e INDDD, 17 pp, 2004.

SCHNEIDER, E.; TUDOR, M.; STARAŞ, M. (eds.). Evolution of Babina polder after restoration works. Ecological restoration in the Danube Delta Biosphere Reserve/Romania, WWF Germany, Bereich WWF-Auen-Institut für Wasser und Gewässerentwicklung Universität Karlsruhe, Danube Delta National Institute for Research and Development, 80 pp, 2008.

SCHWARZ, U. Hydromorphological inventory and map of the Drava and Mura rivers. In: *Archiv für Hydrobiologie Suppl.*, v. 166, n. 1-2, *Large Rivers*, v. 18, n. 1-2, p. 45-59, 2008.

______. Hydromorphological survey and mapping of the Mures-Maros River (Romania, Hungary). IAD-Report prepared by FLUVIUS, Floodplain Ecology and River Basin Management, Vienna. 44 pp, 2010.

SMITH, E. P. BACI design. In: EL-SHAARAWI, A. H.; PIEGORSCH, W. W. (eds.). *Encyclopedia of Environmetrics*, v. 1, p. 141-148. Chichester: John Wiley & Sons, 2002.

SMITH, E. P.; ORVOS, D. R.; CAIRNS JR., J. Impact assessment using before--after-control-impact (BACI) Model: Concerns and comments. *Can.J.Fish.Aquat. Sci.*, v. 50, p. 627-637, 1993.

SOMMERWERK, N.; BAUMGARTNER, C.; BLOESCH, J. et al. The Danube River Basin. In: TOCKNER, K.; ROBINSON, C. T.; UEHLINGER, U. (eds.). *Rivers of Europe*. Amsterdã: Elsevier/Academic Press, 2009.

SOMMERWERK, N.; BLOESCH, J.; PAUNOVIĆ, M. et al. Managing the world's most international river: the Danube River Basin. *Marine & Freshwater Research*, v. 61, n. 7, p. 736-748, 2010.

STAMMEL, B.; CYFFKA, B.; HAAS, F. River restoration in the Upper Danube (Bavaria): Scientific research needed for technical and political implementation. *River Systems* 20, 2011.

STARAŞ, M. Fishery in relation to the environment in the Danube Delta Biosphere riserve. Dealing with Nature in Deltas. Wetland Management Symposium. Proceedings, Lelystad the Netherland p. 157-168, 1999.

______. Restoration Programme in the Danube Delta: achievements, benefits and constraints. *River Restoration in Europe. Practical approaches. Conference on River Restoration*. Wageningen, Holanda. Proceedings, p. 95-101, 2001.

ŞTIUCĂ, R.; STARAŞ, M.; TUDOR, M. The ecological restoration in the Danube Delta. *Int. Assoc. Danube Res.*, v. 34, p. 707-720, 2002.

SUCIU, R.; CONSTANTINESCU, A.; DAVID, C. The Danube delta: Filter or bypass for the nutrient input into the Black Sea? *Arch. Hydrobiol. Suppl.*, v. 141, n. 1-2, *Large Rivers*, v. 13, n. 1-2, p. 165-173, 2002.

TNMN – TransNational Monitoring Network. Water Quality in the Danube Basin. *TNMN Yearbooks* 1996 ff., ICPDR, Vienna. Disponível em: http://www.icpdr.org/icpdr-pages/tnmn_yearbooks.htm, 1996-2005.

TOCKNER, K.; SCHIEMER, F.; BAUMGARTNER, C. et al. The Danube restoration project: species diversity patterns across connectivity gradients in the floodplain system. *Regulated Rivers: Research & Management*, v. 15, p. 245-258, 1999.

TOCKNER, K.; SCHIEMER, F.; WARD, J.V. Conservation by restoration: The management concept for a river-floodplain system on the Danube River in Austria. *Aquatic Conserv: Mar. Freshw. Ecosyst*, v. 8, p. 71-86, 1998.

TUDORANCEA, C.; TUDORANCEA, M. M. (eds.). *Danube Delta, Genesis and Biodiversity*. Leiden: Blackhuys Publishers, 2006.

WELCOMME, R. L. River fisheries. *FAO Fish. Tech. Pap.* #262. Roma, 1985.

WIENS, J. A. Riverine landscapes: taking landscape ecology into the water. *Freshwater Biology*, v. 47, p. 501-515, 2002.

WIKIPEDIA. Millennium Ecosystem Assessment. Disponível em: http://en.wikipedia.org/wiki/Millennium_Ecosystem_Assessment, 2013.

WOOLSEY, S.; WEBER, C.; GONSER, T. et al. *Handbook for evaluating rehabilitation projects in rivers and streams*. Publication by the Rhone-Thur project. Eawag, WSL, LCH-EPFL, VAW-ETHZ. 108 pp. Disponível em: http://www.rivermanagement.ch/en/docs/handbook_evaluation.pdf, 2005.

[WWF] WORLD WILDLIFE FUND. Assessment of the balance and management of sediments of the Danube waterway. Current status, problems and recommendations for action, Versão final. WWF, Viena, fev. 2008, 59 pp.

______. Assessment of the restoration potential along the Danube and main tributaries. Working paper for the Danube River Basin. Viena, jul. 2010, 58 pp.

ZAICEV, I.; PROKOPENKO, V. *Dunayskiye Plavni Reserve*. Odessa, Maiak, 141 pp. (em russo com resumo em inglês), 1989.

ZHMUD, M. The present-day conditions of the wetlands in the Ukrainian Danube Delta:.Dealing with Nature in Deltas. *Wetland management symposium* Lelystad, the Netherlands Proceedings, RIZA Nota n. 99.011, p. 143-156, 1998.

ZINKE, A. The Hydropower Station Gabčíkovo: Deficits in hydrology (sediment transport, groundwater) and biology. p. 49-59 In: BLOESCH, J.; GUTKNECHT, D.; IORDACHE, V. (eds.). *Hydrology and limnology - another boundary in the Danube River Basin*. IHP-VI Technical Documents in Hydrology, No. 75, Paris: Unesco, 2005.

ZSUFFA, I.; BOGARDI, J. J. Floodplain Restoration by Means of Water Regime Control. *Phys. Chem. Earth*, v. 20, n. 3-4, p. 237-243, 1995.

Abordagens de Restauração Fluvial na Australásia

14

Gary Brierley
Kirstie Fryirs
Claire Gregory

INTRODUÇÃO

As formas de restauração fluvial variam de acordo com o local e a situação. Em essência, a maioria dos esforços em todo o mundo é empenhada na melhora das condições dos rios, mas o significado de melhoria é discutível, pois reflete noções e anseios divergentes. Dessa forma, os conceitos de restauração utilizados são bem distintos, tanto em termos de produto (resultados) quanto de processo utilizado. Para alguns, a proteção contra enchentes por meio da implantação de diques ou barragens representa restauração. Outros veem tais medidas como tentativas de controlar a variabilidade intrínseca aos sistemas fluviais para proteger valores humanos. Em geral, essas abordagens que visam 'domar' ou 'melhorar' os rios negligenciam os aspectos ecológicos/ambientais fluviais, focando nas necessidades humanas dentro de uma perspectiva funcional ou utilitária, baseada em conveniências econômicas de curto prazo em detrimento de valores socioculturais, recreativos e estéticos (entre muitas outras considerações). Nesse sentido, as práticas de restauração devem ser observadas considerando a visão e o sistema de valores do executor e suas relações com a paisagem e os ecossistemas em pauta.

Este trabalho traz uma reflexão dos autores sobre restauração fluvial na Australásia[1]. A perspectiva usada é baseada no ecossistema e define restauração fluvial como a melhoria da condição biofísica dos cursos d'água. Isso significa considerar as formas e os processos naturais esperados para diferentes tipos de rios por meio de intervenções na escala da bacia hidrográfica. O material aqui apresentado foi elaborado a partir da experiência dos autores como geógrafos e geomorfólogos envolvidos em pesquisa-ação com o intuito de aperfeiçoar os aspectos geoecológicos de sistemas fluviais, de modo a respeitar o ambiente natural e promover a justiça social. O método de processos e práticas participativos surgiu na Australásia em décadas recentes: o trabalho tem sido desenvolvido com a colaboração direta de gestores dos rios e *stakeholders* no âmbito local (comunidade) e regional (governo). Este capítulo começa avaliando a natureza diferenciada da Australásia, em termos ambientais e em relação à ocupação histórica. Em seguida, são elencadas abordagens de manejo e restauração fluvial, destacando como as práticas do passado limitam o que é possível ser alcançado atualmente. Três estudos de caso foram usados para demonstrar como conhecimentos científicos acerca de bacias hidrográficas têm sido utilizados para desenvolver métodos de restauração fluvial específicos para o local.

PANORAMA DO CONTINENTE, SUA SOCIEDADE E ABORDAGENS DE MANEJO FLUVIAL

Em comparação com outros países, a Austrália e a Nova Zelândia têm sociedades relativamente ricas, com baixa densidade populacional, que vivem, em grande parte, concentradas em áreas urbanizadas ao longo do litoral, cercadas de paisagens notavelmente diversificadas. Hoje, a população da Austrália está se aproximando de 25 milhões de habitantes; mais de 70% vivem em centros urbanos litorâneos, em especial Sydney, Melbourne e Brisbane. Uma situação similar é encontrada na Nova Zelândia, cuja população é de cerca de 4 milhões de habitantes, dos quais aproximadamente 1,5 milhão vive na região de Auckland.

[1] A Australásia é a região da Oceania formada pela Austrália, seus territórios e Nova Zelândia (NT).

Esta seção traça a história dos impactos da ocupação nas paisagens e nos sistemas fluviais na Australásia relacionados às transições ocorridas no manejo de rios. Para simplificar, a Austrália e a Nova Zelândia são consideradas separadamente, contrastando o cenário australiano de estabilidade tectônica, baixo relevo e configurações efêmeras com o cenário temperado dinâmico, elevado e vulcânico neozelandês. Reações à colonização europeia (principalmente britânica) são discutidas, a partir de histórias indígenas divergentes. Condições ambientais e disponibilidade de recursos marcaram o uso potencial do solo e as oportunidades para indústrias extrativistas; entretanto, baixas densidades populacionais e a distância dos mercados limitaram o desenvolvimento industrial e a produção na Austrália e na Nova Zelândia, de modo que essas economias continuam a ser bastante dependentes dos setores primários (agricultura e mineração).

Ambiente biofísico australiano

A Austrália é o país habitado mais seco do mundo. Dada sua localização central na placa tectônica, constitui-se de uma paisagem antiga, estável e que sofre erosão lentamente (Pillans, 2007). A altitude média australiana é de 330 m acima do nível do mar e 40% do território está abaixo de 200 m (Jennings e Mabbutt, 1967). Em virtude de seu tamanho e extensão latitudinal, e apesar de sua amplitude topográfica limitada, a Austrália conta com uma grande variedade de regiões hidroclimáticas (Figura 14.1; Fryirs et al., 2008a). A parte norte, tropical, tem clima de monções com invernos secos, verões chuvosos e inundações anuais. A Austrália central é árida, com rios que têm fluxo de água somente após chuvas fortes ocasionais. As áreas sudoeste e sudeste têm clima mediterrâneo e são mais úmidas no inverno e primavera e mais secas no verão e outono. O leste da Austrália tem um clima temperado e úmido (semiárido continental) e uma distribuição de chuvas mais sazonal. As regiões australianas que não têm clima de monção são mais afetadas por longos períodos de secas causados por eventos irregulares do El Niño. Essas condições resultaram em uma gama de diferentes tipos de rios (ver Warner, 1988; Tooth e Nanson, 1995): rios com leitos rochosos que desembocam em planícies litorâneas pouco extensas predominam na costa leste. Redes fluviais anastomosadas prevalecem no interior árido e em ambientes tropicais. Muitos locais de baixo relevo são caracterizados por diversos cursos d'água descontínuos.

Figura 14.1 – Rios em diferentes regiões hidroclimáticas da Austrália.

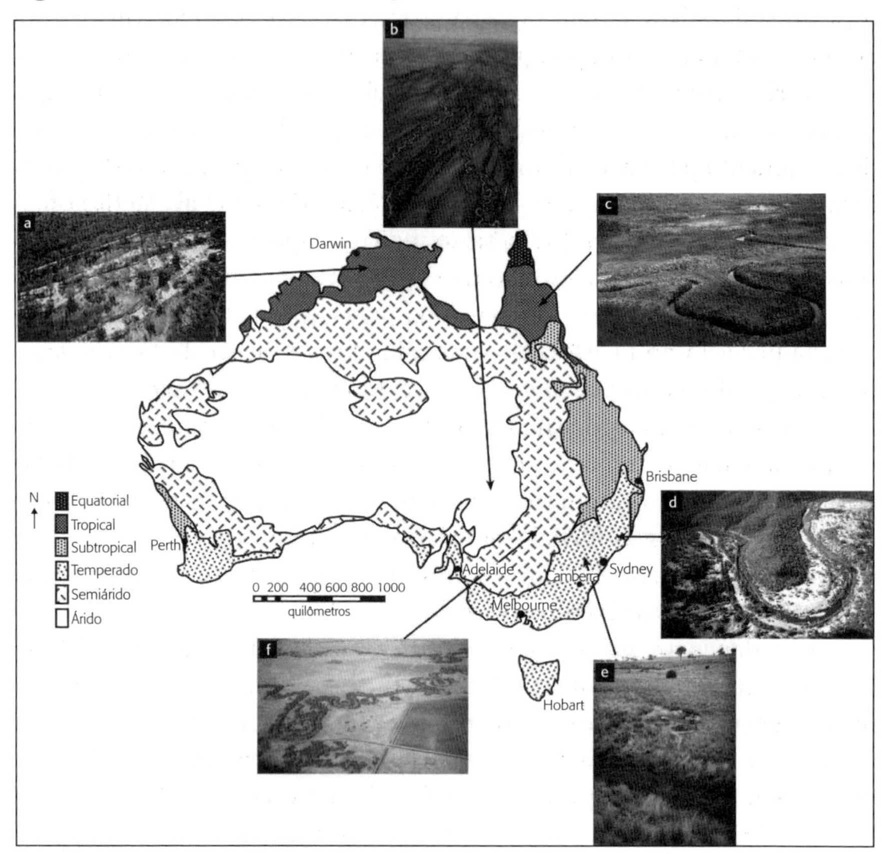

A característica biológica dos rios australianos é influenciada pelo longo isolamento geográfico do continente e pela adaptação evolutiva à crescente aridez desde o Mioceno[2]. O isolamento resultou em um alto grau de endemismo da fauna aquática e, em menor grau, da flora (Ponder, 1997; Crisp et al., 2001; Unmack, 2001). A fauna de macroinvertebrados aquáticos é rica para os padrões mundiais, mas a fauna de peixes é empobrecida (Lake, 1995). Grande parte da biota australiana aparenta estar bem adaptada à variabilidade e incerteza climática. Por exemplo, muitas espécies de macroinvertebrados conseguem viver tanto em rios perenes quanto em rios intermitentes e, como consequência, os rios intermitentes têm uma rica fauna de invertebrados (Lake, 1995). Muitas espécies aquáticas australianas

---

[2] Mioceno é um dos períodos geológicos da Era Terciária (NT).

são também tolerantes à elevada salinidade (Nielsen et al., 2003). Entretanto, a fauna de peixes de água doce não parece ser especialmente adaptada à aridez (Lake, 1995), com pouquíssimas espécies capazes de estivar.

Os rios australianos são conhecidos pela alta variação de fluxo d'água no decorrer do ano, pelas grandes inundações, pelo baixo coeficiente médio de escoamento por bacia hidrográfica e pela pequena proporção de escoamento de base (Finlayson e McMahon, 1988; McMahon et al., 1991; Poff et al., 2006). Em geral, os rios têm baixo índice de aporte de sedimentos por causa do perfil altamente erosivo da maior parte da paisagem e de baixas taxas de rejuvenescimento (apenas uma pequena parte do continente foi coberta por gelo no Pleistoceno[3], segundo Olive e Rieger, 1986). As ocorrências de sedimentos próximos ao litoral são comuns no panorama geral, já que os sedimentos são armazenados nas bacias por longos períodos de tempo (dezenas de milhares de anos, conforme Wasson, 1994). O transporte de sedimentos é, com frequência, intermitente (Fryirs et al., 2007a) e alterações geomórficas fluviais são ocasionais e imprevisíveis, com longos períodos de relativa inatividade interrompidos por curtas fases de atividade localizada, gerada por eventos específicos.

A mudança no uso do solo e a regulação dos padrões de fluxo d'água provocaram alterações significativas nas características e no comportamento dos rios em grande parte do país. A exaustão de sedimentos é comum nesses cenários sensíveis e de oferta limitada, o que restringe as possibilidades inerentes de restauração geomórfica fluvial (Fryirs e Brierley, 2001; Brooks e Brierley, 2004). Do ponto de vista biofísico, essas condições prévias e os fatores limitantes são as principais influências que restringem o que é possível alcançar com a restauração fluvial e práticas de manejo.

Ações antropogênicas e os sistemas fluviais na Austrália

O acesso à água tem sido o principal determinante de padrões de ocupação e atividades de uso do solo na Austrália. Esta seção traça um panorama de diversas fases das interações humanas com os sistemas fluviais e os respectivos modos de manejo dos rios.

---

[3] Pleistoceno é um dos períodos geológicos da Era Cenozoica (NT).

Relações dos nativos com o ambiente

Na época da colonização europeia na Austrália, a população aborígene era de aproximadamente 750 mil pessoas (Cathcart, 1993). Os povos aborígenes ocuparam a Austrália por mais de 40 mil anos como uma comunidade que vivia da caça e da coleta em um território hostil. Sendo assim, técnicas sofisticadas de caça foram desenvolvidas, incluindo o uso do fogo – que transformou elementos da fauna e flora australiana (Flannery, 1993). Suas atividades fluviais incluíam modificações como açudes e arranjo de pedras para criar armadilhas para os peixes (Bandler, 1995). Os povos se adaptaram ao leque natural de variabilidade dos sistemas fluviais. Os rios eram pontos focais para muitas cerimônias e, frequentemente, abrigavam vários locais sagrados relacionados ao *Dreamtime*[4]. Em geral, o tamanho das populações era relativamente pequeno em face da imensidão da área, e predominavam rios saudáveis.

Fases iniciais após colonização europeia

A Austrália foi colonizada a partir de 1788. Como colônia penal, contou com uma pequena população europeia. A partir de 1793, teve início a ocupação por pessoas livres, fazendo a população branca da região de Nova Gales do Sul crescer rapidamente para cerca de 37.000 pessoas na ocasião do primeiro censo, em 1828 (Cathcart, 1993). O acesso à água potável era um fato crítico a ser levado em conta no início das interações europeias (Cathcart, 2009). Depois dos primeiros desenvolvimentos em torno de Tank Stream (adjacente ao Circular Quay, no centro de Sydney), iniciativas agrícolas pioneiras logo se estabeleceram ao longo dos Rios Parramatta, Hawkesbury-Nepean e Hunter, na região de Sydney.

Ao contrário de padrões de expansão colonial de outras partes do mundo (como América do Norte, América do Sul e África), a migração continental a partir da costa leste da Austrália avançou por cordilheiras, pois grandes desfiladeiros impediam acesso à região de Blue Mountains, formada por inúmeros vales. A produção agrícola só conseguiu se expandir significativamente quando as sociedades se estabeleceram em planaltos in-

[4] *Dreamtime*, em português, tempo de sonhar, refere-se a rituais aborígenes nos quais conhecimento, valores culturais e sistemas de crenças são passados para as futuras gerações por meio de músicas, dança, pinturas e contos (NT).

teriores (a cidade de Goulburn surgiu na metade da década de 1820) e, em seguida, na bacia Murray-Darling, a oeste da Cordilheira Australiana[5]. Na verdade, essa foi uma das poucas regiões no país onde o comércio se estabeleceu ao longo de redes fluviais.

Em 1803, a colônia da Tasmânia (que depois se tornaria estado) foi declarada oficialmente como colônia penal. As colônias/estados de Victoria, Austrália do Sul e Austrália Ocidental surgiram, respectivamente, em 1836, 1836 e 1826 (Keneally, 2009). Essas colônias foram povoadas, em grande parte, por colonos livres atraídos para a área por causa do excelente solo para a agricultura e pelas corridas do ouro na década de 1850. A população da Austrália alcançou um milhão de habitantes em 1859. As estratégias para assentamento de soldados, chamadas de Soldier Settlement Schemes, expandiram áreas agrícolas nos anos seguintes à Primeira e à Segunda Guerra Mundial. Tentativas iniciais de desenvolvimento da agricultura na Austrália foram carregadas de incertezas. As práticas tradicionais europeias eram inadequadas para lidar com as condições ambientais predominantes, como solo superficial, salinidade inerente, secas e chuvas torrenciais. Um exemplo: a agricultura ao norte de Adelaide, durante o final do século XIX, se expandiu para o deserto no sul da Austrália durante os períodos de chuva, mas tinha que recuar durante épocas de seca e tempestades de areia severas (no final, a atividade se estabilizou próximo à Linha de Goyder, cujo nome remete ao Inspetor Geral que determinou um limite latitudinal para as propriedades agrícolas a partir de uma avaliação da variabilidade climática de longo prazo). A distância dos mercados atuou como um limitador geográfico crucial para os desenvolvimentos agrícolas. O transporte refrigerado de cargas no final do século XIX ofereceu um grande estímulo para a agricultura.

Pioneiros da irrigação como Alfred Deakin, que se tornaria primeiro-ministro da Austrália três vezes entre 1903 e 1910, identificaram que novos métodos para acesso e manejo da água eram necessários naquele cenário frágil. A partir de experiências adquiridas na Califórnia, Deakin reformulou a legislação referente à água com base nos direitos ribeirinhos, garantindo o acesso para proprietários de terra, em vez de somente dar acesso àqueles cujas terras ficavam imediatamente adjacentes aos cursos d'água.

O desmatamento de mata ciliar e da planície de inundação era uma prioridade dos primeiros colonizadores, pois esses eram os solos mais férteis e bem irrigados (Brierley et al., 2005). Os esforços iniciais para retirada de

[5] Também chamada de Grande Cordilheira Divisória (NT).

árvores e galhos submersos reduziram o volume de madeira nos rios para melhorar a navegação; programas subsequentes foram postos em prática para mitigação de enchentes, remoção de sedimentos dos leitos fluviais com o uso de dragas e remoção de barreiras para a migração dos peixes (Brooks et al., 2003; Gippel et al., 1994). Essas atividades combinadas induziram a rápida metamorfose dos rios, ocorrida durante a primeira geração após a colonização (Brierley et al., 1999, 2005; Brooks et al., 2003; Erskine, 1992; Fryirs e Brierley, 2001; Page e Carden, 2002; Rutherfurd, 2000; Wasson et al., 1996).

Era de perspectivas de 'comando e controle' com base na engenharia

A variabilidade de condições ambientais (no espaço e no tempo), com rápidas transformações no uso do solo, trouxe uma série de ciclos de 'altos e baixos'. Como resposta, os esforços de manejo se empenharam em 'controlar' variações naturais. A regulação do fornecimento de água por meio de processos de transferência e armazenamento era primordial para esses esforços. A exploração (excessiva) das reservas subterrâneas, especialmente na Grande Bacia Artesiana, que está abaixo de quase metade do país, tem sido tão importante quanto a exploração de água superficial.

A visão de 'comando e controle' foi especialmente marcante após a Segunda Guerra Mundial. O desenvolvimento agrícola por meio da irrigação e a mineração representaram enormes oportunidades de crescimento, que foi acompanhado por políticas de imigração mais amplas, deixando para trás os laços coloniais tradicionais.

A necessidade de mananciais de abastecimento de água confiáveis para os centros urbanos e para irrigação gerou um extensivo programa de construção de represas e projetos de transferência de água, como o Snowy Mountains Scheme[6] (Davidson, 1969). As represas do rio Ord (Austrália Ocidental) e do rio Gordon (Tasmânia), construídas na década de 1970, são as duas maiores do país. A maior parte dos grandes rios no sul australiano tem agora alguma forma de regularização de vazão. Na bacia Murray-Darling, 85% das águas aproveitáveis (ou seja, água armazenada em cursos d'água e represas) são usadas. Os recursos foram notadamente superalocados, tornando-se cada vez mais contestados, em especial em períodos prolongados de seca. Dos recursos hídricos aproveitáveis da Austrália, 75% são usados na agricultura (produção de alimentos), 12% são consumidos em

[6] O Snowy Mountains Scheme é o maior projeto de engenharia realizado na Austrália, sendo também uma das maiores e mais complexas instalações hidrelétricas do mundo (NT).

uso doméstico urbano e rural, menos de 10% são usados para produção industrial e menos de 1% é usado para vazão ecológica.

Embora os impactos da regulação hídrica sejam profundos, a adequação dos rios australianos para navegação e comércio, com exceção do Rio Murray, restringe a extensão de programas de canalização no país. Contudo, a visão predominante do paradigma 'comando e controle' das décadas de 1950 a 1970 aparentemente via cada sinal de erosão como um motivo para proteção das margens, e qualquer acúmulo de sedimentos era um motivo para dragagem. Em outras palavras, os rios eram vistos de maneira equivocada, como unidades supostamente estáveis que estavam, contudo, se comportando fora do padrão esperado. Ironicamente, a maior parte dos problemas gerados podia ser atribuída a fases anteriores de desmatamento, alteração no uso do solo e mudanças da vegetação ribeirinha e/ou acúmulo de madeira nos leitos. Esforços para estabilizar leitos por meio de estruturas de engenharia para controle das margens despontavam por toda Victoria e em bacias como a do Rio Hunter, em Nova Gales do Sul. A prevenção de enchentes também era uma importante preocupação, que resultou na extensiva remoção de madeira dos leitos e na construção de diques. A retirada de cascalho em grande escala gerou abertura e expansão significativas de leitos. A instabilidade resultante era frequentemente administrada com plantio de vegetação exótica de crescimento rápido, como salgueiros, o que, por sua vez, exigia uma série de ajustes secundários para acúmulo de sedimentos, além de alterações biogeoquímicas nos sistemas fluviais.

A abordagem de 'comando e controle' ainda hoje é usada em partes da Austrália. A expansão da mineração, em especial de minério de ferro, carvão e gás natural, representa ameaças relevantes aos sistemas fluviais. Seus desenvolvimentos se destacam, em particular, no extremo norte – a região tropical, com abundância de água, da Austrália Ocidental, Território do Norte e Queensland.

Ações rumo a uma era de reparação fluvial

Avaliações nacionais, como os relatórios State of Environment[7] e National Land and Water Resources Audit[8], confirmaram que sistemas fluviais do

[7] *State of Environment*, em português, situação do meio ambiente (NT).

[8] *National Land and Water Resources Audit*, em português, auditoria dos recursos do solo e hídricos nacionais (NT).

sul da Austrália, em regiões não tropicais, têm sido fortemente degradados desde a colonização europeia (Figura 14.2). Em Victoria, por exemplo, 96% do percurso dos cursos d'água foram modificados ou prejudicados de alguma forma (Department of the Environment and Heritage, 2006). Alguns dos maiores sistemas fluviais, como o Murray-Darling, estão em situação de crise ecológica e suas comunidades biológicas estão em declínio (por exemplo, eucalipto nas planícies de inundação, aves aquáticas que compartilham ninhos coletivos e algumas espécies de peixes; Kingsford e Nevill, 2005). Uma grande floração de cianobactéria no rio Darling, em 1991 (Bowling e Baker, 1996), e a publicação do relatório State of Environment a cada cinco anos, desde 1996, levaram à criação do National Land and Water Resources Audit, seguida pelo desenvolvimento do Programa Nacional de Saúde Fluvial (Davies, 2000; Fryirs et al., 2008b). Apesar da severidade dos impactos humanos nos sistemas fluviais da Austrália, há uma enorme variabilidade regional nas condições dos rios pelo país. A Austrália ainda tem cerca de 463 mil quilômetros de cursos d'água classificados como 'não perturbados' pelo documento Identified Natural Rivers[9] (antes chamado Wild and Scenic Rivers[10]), mapeados pelo Department of the Environment and Heritage[11] (2006) do governo australiano.

De maneira geral, a conservação e a restauração dos ecossistemas dos rios se tornaram objetivos adicionais no manejo fluvial após a década de 1970. Isso reflete a crescente compreensão científica da dinâmica de ecossistemas fluviais, a maior conscientização da comunidade sobre a deterioração das condições do meio ambiente e os respectivos desenvolvimentos de políticas públicas (Allan e Lovett, 1997; Brierley et al., 2002; Erskine e Webb, 2003). Parcelas significativas da sociedade tornaram-se cada vez mais críticas a modelos de 'desenvolvimento' como a construção do Reservatório Serpentine, na Tasmânia, que inundou o lago Pedder. A reação a tais interferências teve seu ápice no início da década de 1980, com a disputa pelo projeto conhecido por Gordon-below-Franklin[12], que propunha a construção de diversas represas para hidrelétricas no sudoeste da Tasmânia. Para alguns, o tema desequilibrou a eleição federal de 1983 a favor de Bob Hawke, cuja campanha eleitoral enfatizava

---

[9] *Identified Natural Rivers*, em português, rios naturais identificados (NT).

[10] *Wild and Scenic Rivers*, em português, rios selvagens e cênicos (NT).

[11] *Department of the Environment and Heritage*, em português, Departamento de Meio Ambiente e Patrimônio (NT).

[12] Gordon-below-Franklin faz referência a dois rios da região da Tasmânia: Gordon e Franklin (NT).

a não construção das represas. A Região Sudoeste de Patrimônio Mundial foi estabelecida em 1982, protegendo a região e mantendo-a intocada.

Figura 14.2 – Condições geológicas dos rios australianos.

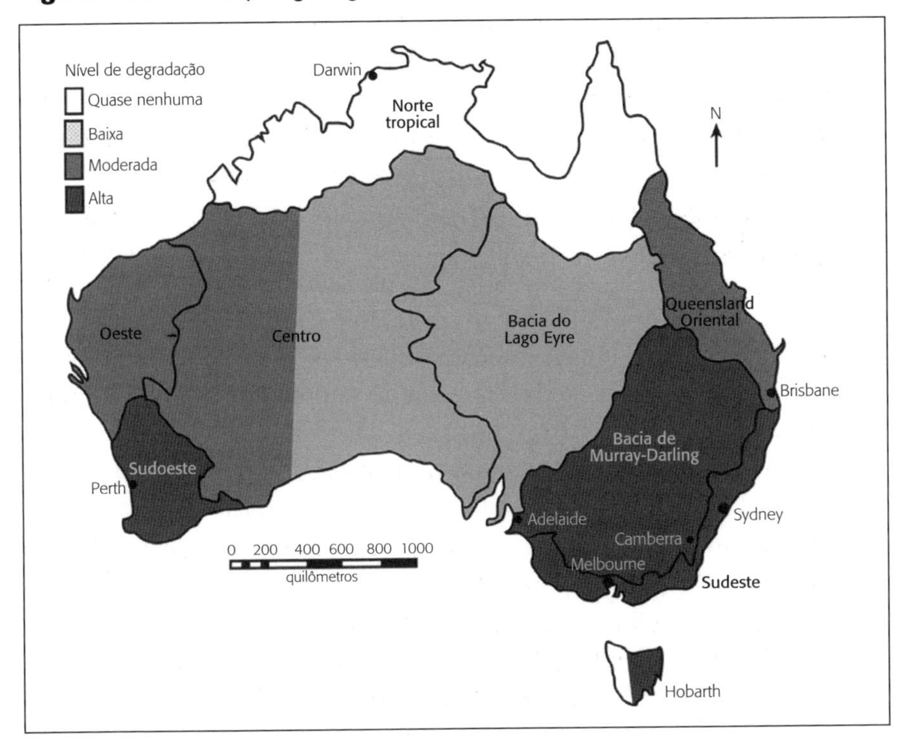

Fonte: Fryirs et al. (2008) adaptada de National Land and Water Resources Audit (2001). Disponível em: http://audit.ea.gov.au. Acessado em: 17 nov. 2006.

A proteção de áreas de 'rios selvagens' ou de 'patrimônio fluvial' foi formalmente estabelecida na legislação de Nova Gales do Sul, Queensland e Victoria. Fora dessas áreas, ainda há um potencial significativo para preservação de tipos de rios únicos e raros, bem como de rios que estão em bom estado ou que sustentam importantes bens naturais (Rutherfurd e Gippel, 2001; Brierley e Fryirs, 2005).

Ações iniciais que superam a visão de 'comando e controle' foram implantadas valorizando, no mínimo, características de ecossistemas – embora ainda em plano secundário – ao lado de preocupações com irrigação, prevenção de enchentes etc. Foi proposta uma reestruturação de perspectivas biofísicas para promover o uso integrado de ciências fluviais paralelamente a aplicações de engenharia no documento National River Restoration Framework[13] (Koehn et al., 2001).

Conforme Cottingham et al. (2005), exemplos de ações para restauração normalmente utilizadas na Austrália incluem:

- Definir requisitos hidroambientais dos rios.
- Reintrodução de escoamentos associados aos hábitats para peixes e invertebrados.
- Reintrodução de madeira (colocação de galhos e pedaços de árvores) e de outros aspectos físicos do hábitat.
- Restauração da mata ciliar.
- Introdução de hábitats de corredeiras em cursos d'água de áreas urbanas.
- Manejo da dinâmica de transferência de sedimento, tanto no leito, em área ripária ou na bacia.
- Reintrodução de espécies e monitoramento da restauração.

Modificações nos arranjos institucionais e sociais acompanharam a mudança de paradigma para além da perspectiva de 'comando e controle' (Crase et al., 2009). Desde meados da década de 1990 tem havido uma tendência para a *regionalização* nas práticas australianas de manejo fluvial – a partir de iniciativas de comunidades locais, em geral em parcerias com indústria e governo. Órgãos de gestão dos recursos hídricos, ou seus equivalentes, estão sendo implantados em todos os estados e territórios da Austrália (Victoria se destaca com sua Lei de Proteção Hídrica e do Solo, de 1994, segundo Pannell et al., 2007; Fryirs et al., 2008a). Exceto em locais onde acordos intergovernamentais têm precedência, a responsabilidade estatutária pelo manejo de rios, áreas ripárias e planícies de inundação é de agências que atuam em nome de estados e territórios. Essas agências, em geral, se empenham para trabalhar próximas a proprietários de terras locais e grupos comunitários em atividades participativas, o que se traduz em um distanciamento tanto do controle central burocrático quanto da abordagem de projetos individuais. A intensificação do envol-

---

[13] *National River Restoration Framework*, em português, diretrizes nacionais para restauração fluvial (NT).

vimento da comunidade no processo foi iniciada com o estabelecimento do período conhecido por 'Decade of Landcare'[14], criado pelos governos Hawke-Keating nas décadas de 1980 e 1990. Um programa paralelo de cuidado dos rios provocou uma expansão súbita de atividades participativas de restauração (Curtis e De Lacy, 1995, 1996). Os recursos financeiros vêm dos orçamentos dos estados e territórios e, recentemente, de iniciativas do governo australiano. O objetivo geral é alcançar um meio-termo entre processos *bottom-up* e *top-down*[15] para fortalecer a área de gestão ambiental (Brierley e Fryirs, 2005; Carr, 2002; Farrelly, 2005; Gregory et al., 2011; Hillman e Brierley, 2005; Jennings e Moore, 2000). Muitas vezes, essas atividades são desenvolvidas em torno da noção do 'dever de cuidar', que remete à obrigação de deixar um ambiente mais saudável e produtivo para as futuras gerações. O crescimento do agronegócio ameaça cada vez mais essa conexão com a terra.

Além dos órgãos de manejo hídrico, o manejo de rios na Austrália também é orientado por iniciativas federais e intergovernamentais, particularmente em sistemas que atravessam jurisdições e fronteiras estaduais (por exemplo, a bacia Murray-Darling). Essas iniciativas incluem o planejamento do órgão da bacia Murray-Darling, a Iniciativa Hídrica Nacional e o Fundo de Patrimônio Natural (Australian Government, 2006; Australian National Audit Office, 2001). Esses programas são formatados para promover o uso mais eficiente da água, incluindo: a cobrança integral pela água; o comércio de água para romper o vínculo entre propriedade da terra e direito sobre a água; a alocação formal de água para o meio ambiente; e modelos de comprador-fornecedor para separar os responsáveis por regulamentos dos responsáveis pelo fornecimento (Hillman et al., 2003). Em 2010, o Plano de Ação da Comissão da Bacia Murray-Darling gastou $8 bilhões[16] para recomprar licenças hídricas; esse é simplesmente o ponto de partida para campanhas de limpeza ambiental de longo prazo.

---

[14] Decade of Landcare, em português, década de cuidar da terra (NT).

[15] *Bottom-up*, termo usado com frequência no Brasil, significa processos originados em níveis hierárquicos inferiores que se expandem verticalmente em sentido ascendente; é equivalente à expressão "de baixo para cima". Neste caso, se refere a processos que partem da comunidade e chegam às instâncias governamentais. *Top-down* é o processo no sentido vertical oposto (NT).

[16] Valor em dólar australiano.

Ambiente biofísico neozelandês

Em contraste com a estabilidade tectônica da massa territorial australiana, a Nova Zelândia é geologicamente muito jovem e altamente dinâmica, uma vez que está assentada à margem de uma placa tectônica; é chamada com frequência de Shaky Isles[17]. Sua posição na beira da placa influencia drasticamente os processos de formação de diferentes relevos e cenários nas Ilhas Norte e Sul. A posição latitudinal, a localização marítima e o perfil topográfico favorecem um alto volume de chuvas durante o ano por quase todo o país, com precipitação total anual de cerca de 10.000 mm em parte do litoral oeste da Ilha Sul. O aspecto estreito e montanhoso do território resulta em rios curtos e íngremes. Os Alpes ao sul, compostos principalmente por xisto e grauvaca, têm altos índices de erodibilidade e erosividade, pois as taxas de abatimento se aproximam das taxas de soerguimento. Significativas atividades glaciais escavaram vales profundos e rearranjaram grandes volumes de material, criando muitos rios entrelaçados, com capacidade limitada para transporte. Por outro lado, as paisagens vulcânicas que compõem a maior parte da Ilha Norte têm extensas áreas cobertas por ignimbrito e material expelido por vulcões durante erupções. Os rios respondem rapidamente a eventos vulcânicos, criando leitos rochosos em desfiladeiros completamente encaixados nos flancos dos vulcões (Manville et al., 2009). Outras rochas relacionadas geram grandes volumes de grãos finos, criando rios barrentos (de fundo macio) muito turvos. A região do Cabo Nordeste está se soerguendo rapidamente, com argilitos e siltitos (localmente chamados de rocha do Papa) pouco consolidados, que literalmente se desintegram assim que são expostos na superfície da Terra. Paisagens altamente conectadas induzem a transferência rápida e eficiente de sedimentos de morros instáveis em erosão para o fundo de vales e, portanto, das montanhas para o mar (Fryirs et al., 2007a).

O longo período de isolamento das ilhas que formam a Nova Zelândia permitiu o surgimento de uma gama diferenciada de espécies endêmicas (Gibbs, 2006). Sistemas fluviais são o hábitat de diversos peixes e aves (mais de 160 aves aquáticas). Antes dos impactos associados ao uso do fogo pelo povo Maori, que teve início cerca de 700 anos atrás, a vasta maioria do país era coberta por floresta (Anderson, 2002). Desde então, predominam vegetação rasteira, folhagens do tipo samambaia e pastos nas áreas sotavento

[17] *Shaky Isles*, em português, ilhas trêmulas (NT).

(leste), em particular nas planícies bastante secas de Canterbury e na região de Otago.

Ações antropogênicas e os sistemas fluviais na Nova Zelândia

Ao contrário da Austrália, a água não tem sido um importante fator limitador na história da colonização e no consequente uso do solo na Nova Zelândia.

Relações indígenas com o ambiente

Os Maoris, povo nativo da Nova Zelândia, têm uma forte relação espiritual e de proteção com os sistemas fluviais. Os rios de água doce continuam a ser um recurso fundamental para a cultura Maori, sendo uma fonte de sustento, *mahinga kai* (recursos e alimentos típicos), irrigação, alimentação (em sistemas geotermais), navegação e limpeza (Parliamentary Commissioner for the Environment, 2000). Cada corpo d'água tem seu próprio *mauri* (ou força vital), de forma que a conservação de um *mauri* saudável mantém ecossistemas saudáveis e, por extensão, comunidades saudáveis (Tipa e Tierney, 2003; Šunde, 2008). O manejo maori tradicional dos sistemas fluviais se fundamenta em dois princípios-chave. O primeiro é *ki uta ki tai*, que reconhece que as bacias precisam ser administradas em sua totalidade. O segundo é *kaitiakitanga*, que reflete a responsabilidade de proteger e ser guardião dos interesses, recursos e *taonga* ('tesouros') maori, além da proteção de *mauri*. Tais visões não somente protegem as gerações futuras, como também enfatizam a importância da identidade ancestral (Tipa e Tierney, 2003).

Embora a Nova Zelândia tenha sido o último grande território a ser colonizado antes da era moderna e tenha sofrido modificações causadas por humanos somente a partir da chegada de polinésios do leste há cerca de 800 anos, as paisagens e os ecossistemas foram significativamente alterados na época da colonização europeia no início do século XIX. O ambiente é particularmente sensível a incêndios, tendo evoluído com baixas taxas de queimadas, e o uso inicial do fogo pelos Maoris alterou muito a região leste da Ilha Sul e regiões leste e central da Ilha Norte, que tiveram sua vegetação alterada de arbustos para folhagens, touceiras e gramíneas. Essa perda de vegetação levou ao aumento de transferência de sedimentos para leitos (por exemplo, três quartos dos depósitos transportados que estão enterrados no solo são de 500 a 1.000 anos atrás, datados por carbono). Todavia, a movimentação de depósitos aluviais foi muito benéfica para a população Maori, pois melhorou as condições de horticultura em áreas de terras baixas (Anderson, 2002).

Fases iniciais após a colonização europeia

A colonização europeia na Nova Zelândia começou na década de 1810. Os desenvolvimentos iniciais enfocavam as indústrias baleeira e madeireira, porém rapidamente se expandiram para mineração (em especial a corrida do ouro de Otago, no meio do século XIX). Ao contrário da colônia penal na Austrália, as primeiras etapas de colonização foram relativamente planejadas por meio de um conjunto orquestrado de desenvolvimentos agrícolas para 'abrir o país', oferecendo uma saída para as condições predominantes na Inglaterra na época (ver Belich, 2001). O acesso à água não foi um problema para a expansão agrícola e ocorreram rápidas mudanças no uso do solo. A floresta nativa foi transformada muito rapidamente em pasto e muitas das áreas baixas alagadiças foram drenadas para a agricultura (Pawson et al., 2010). As visões dos povos indígenas foram questionadas pelas 'sociedades aclimatadas', que se estabeleceram na Nova Zelândia a partir de 1861 com o objetivo de introduzir espécies (contanto que fossem 'inofensivas') que trariam um senso de nostalgia ligada à 'pátria' para os colonizadores (Walrond, 2010).

Os impactos de desmatamento, alterações no uso do solo e introdução de espécies exóticas foram profundos. Por exemplo, a notável instabilidade dos morros provocou o rápido acúmulo de sedimentos na base de vales e o aumento exponencial nas taxas de sedimentação em estuários (ver Glade, 2003; Kasai et al., 2005; Page et al., 2004). Esses acontecimentos foram logo identificados; por exemplo, Grossman (1909) se refere aos 'males do desmatamento'. O ritmo acelerado e a extensão das mudanças são retratados em diversas histórias ambientais importantes. Guthrie-Smith (1921) documentou impactos das alterações no uso do solo e a introdução de espécies exóticas em sua propriedade, Tutira, onde criava ovelhas. Pawson et al. (2010) analisaram, no livro *Seeds of Empire*, a introdução e a transformação de pastos na Nova Zelândia.

A extensão profunda das modificações causadas por humanos na paisagem da Nova Zelândia é refletida na falta notável de paisagem "intacta" remanescente, das quais muitas se encontram em áreas montanhosas, isoladas e com limitado potencial agrícola. Muitos desses remanescentes são protegidos como parques nacionais.

Era de perspectivas de 'comando e controle' com base na engenharia

O manejo fluvial na Nova Zelândia durante a maior parte do século XX foi dominado por iniciativas orientadas pela engenharia, voltadas para o desenvolvimento hidrelétrico e de irrigação, além de preocupações com proteção contra enchentes. O potencial hidrelétrico de muitos rios foi identificado no início no século XX. Inicialmente foram desenvolvidos pequenos projetos por iniciativa privada. A demanda crescente por eletricidade levou ao primeiro plano energético governamental, em 1941. Atualmente, as hidrelétricas fornecem 57% do total da eletricidade gerada na Nova Zelândia (Ministry for the Environment, 2007), com grandes e complexos projetos nos rios Waitaki e Clutha, na Ilha Sul, e no Rio Waikato, na Ilha Norte. Esses projetos alteraram significativamente os regimes dos rios.

O governo também desenvolveu e financiou grandes programas de irrigação em áreas propensas à seca, como Central Otago e Canterbury, no início do século XX. Ainda há uma pressão expressiva para ampliar os programas de irrigação a fim de converter fazendas de gado leiteiro na região de Canterbury, que já representa 70% das terras irrigadas da Nova Zelândia. Essas questões são muito polêmicas e o governo recentemente substituiu o corpo diretivo regional que administra os processos de licenças hídricas (Weber et al., 2011). Pressões ambientais estão crescendo e os cursos d'água das planícies já apresentam fluxos muito baixos ou ausentes em grande parte do ano.

Inicialmente, o desenvolvimento de represas era bem recebido pela sociedade. Contudo, as atitudes começaram a mudar na década de 1960. Por exemplo, houve um clamor público contra o plano de elevar os níveis dos lagos Manapouri e Te Anau, adjacentes a Fiordland, na parte inferior da Ilha Sul. A campanha Save Manapouri[18] surgiu e uma abordagem mais conservadora em relação ao desenvolvimento de recursos hídricos foi adotada no final (Peat, 1994).

---

[18] *Save Manapouri*, em português, Salve o Manapouri (NT).

Princípios de manejo total das bacias logo ganharam força na Nova Zelândia. De fato, eles podem ser encontrados desde as leis de Conselho Fluvial e de Drenagem do Solo (1908), que instituíram 'conselhos fluviais', reconhecendo a necessidade de gerenciar os rios dentro de suas bacias, em um cenário mais amplo. Apesar desse panorama, uma visão de 'controle' predominava, já que os rios eram utilizados com propósitos antropogênicos, incluindo irrigação para a agricultura, fornecimento de água para áreas urbanas e redução dos riscos de enchentes. Isso foi reforçado depois pela Lei de Conservação do Solo e Controle dos Rios (1941), concebida para "tomar providências a respeito da proteção patrimonial contra danos de enchentes". Dessa legislação surgiram inúmeros projetos de 'controle fluvial', financiados por um misto de recursos do governo central, local e contribuições da comunidade. Embora tenha havido massiva redução de construções de barragens por todo o país, em particular nas extensas áreas de planície, os riscos de enchente, ironicamente, aumentaram com o passar do tempo, à medida que os leitos artificialmente confinados perdiam sua capacidade de transporte e ocasionavam assoreamento dos leitos, o que, por sua vez, passou a requerer pesada manutenção para evitar transbordamentos (Davies e McSaveney, 2006).

Ações rumo a uma era de reparação fluvial

Uma reconfiguração completa da política ambiental ocorreu durante a década de 1980 na Nova Zelândia. Nesse período de reformas neoliberais (Memon e Perkins, 2000), havia uma pressão internacional crescente para que assuntos ambientais globais fossem tratados localmente, além do aumento da conscientização da sociedade em geral sobre temas ambientais (Rainbow, 1993). A nova legislação incluía a Lei Ambiental (1986), a Lei de Conservação (1987) e a Lei de Gestão de Recursos (RMA, do inglês Resource Management Act) (1991). Essa última é especialmente importante para o manejo fluvial, pois trata da gestão de todos os ecossistemas, incluindo rios. A Lei de Gestão de Recursos foi pioneira no mundo ao reconhecer formalmente princípios de desenvolvimento sustentável, incluindo preocupações com o uso e proteção do ar, solo e água (Van Roon e Knight, 2004). Ela trouxe mudanças substanciais para a filosofia e os objetivos de gestão hídrica. O papel central do governo foi reconfigurado, passando de único tomador de decisão para uma estrutura descentralizada. Isso aumentou a responsabilidade dos governos em níveis regionais – delineados, especialmente, de acordo com os limites das bacias (Memon, 1997). A RMA promoveu o manejo sustentável, por meio de regulamentações baseadas na gestão dos efeitos do desenvolvimento dos recursos, a fim de garantir que os recursos físicos e naturais suprissem as necessidades previstas das gerações futuras e salvaguardassem a capacidade de sustentação da vida nos ecossistemas.

Desde o início da vigência da RMA, surgiram diversas críticas questionando o quanto de sustentabilidade do manejo fluvial estava sendo alcançado. A crítica principal envolvia a definição de 'sustentabilidade', em particular sobre o posicionamento dos recursos biofísicos nos processos de mercado (Grundy e Gleeson, 1996). A orientação reativa da RMA e dos planos regionais de apoio é outro fator que impede seu enfoque completo na sustentabilidade. Em vez de prever a deterioração ambiental, tratando dos efeitos antes que eles se manifestem e tendo a perspectiva do 'ecossistema como um todo', os planos tendem a ser baseados em impactos e mitigação (Memon et al., 2010). Havia-se considerado que a transferência do plano de desenvolvimento para o nível regional permitiria que variações no contexto biofísico e social fossem identificadas nos planos; entretanto, variações mais sutis dos componentes bióticos e abióticos específicos aos sistemas fluviais são ignoradas, já que são desenvolvidas abordagens superficiais para regiões inteiras (Snelder e Hughey, 2005). Há também a preocupação de que planos regionais são destituídos do detalhamento necessário para suprir os objetivos de alto nível abordados pela própria RMA (Snelder e Hughey, 2005; Memon et al., 2010). Além disso, surgiram preocupações de que os procedimentos indicados pelo Departamento de Estado Ambiental não são fundamentados (McFarlane et al., 2011).

A natureza altamente descentralizada e não prescritiva da Lei de Gestão de Recursos permitiu várias iniciativas na escala das bacias surgidas de 'janelas de oportunidade' locais, lideradas pelo governo local, organizações não governamentais, indústria e desejos da comunidade local. Essas iniciativas representam uma abertura para abordagens intermediárias de manejo fluvial (Gregory et al., 2011b). Tais empenhos normalmente incluem ações iniciadas pelo governo local, que variam de projetos essenciais elaborados por conselhos até programas de voluntários em propriedades públicas e/ou privadas administradas pelos conselhos (Campbell et al., 2010). Em outros casos, grupos ou indivíduos da comunidade local estão se responsabilizando pela restauração em propriedades privadas independentemente dos governos locais, utilizando tanto recursos próprios quanto subsídios oferecidos por alguns conselhos locais ou regionais (por exemplo, Auckland Regional Council Environmental Initiative Fund[19], conforme Campbell et al., 2010). Ao contrário de abordagens corporativas, com fortes elos comerciais, normalmente observadas em outras regiões do mundo, essas iniciativas dependem, em geral, de 'heróis' locais para que as ações comecem (Gregory et al., 2011a).

Os Maoris têm papel fundamental no manejo fluvial na Nova Zelândia. A partir da década de 1980, o Tribunal Waitangi (uma corte para processos ligados a terras indígenas) julgou muitos casos envolvendo interesses culturais no rio, na água e na qualidade da água. Um marco nos processos ocorreu no final de 2009, quando a Coroa e o grupo tribal Waikato-Tainui Iwi assinaram uma revisão de um pacto histórico sobre o rio Waikato. Esse documento serviu de base para um acordo de cogestão entre Environment Waikato (o Conselho Regional do local onde o rio Waikato passa) e a tribo Waikato--Tainui Iwi. Entre muitas atividades, o grupo tribal está trabalhando junto ao Conselho Regional no desenvolvimento e implementação de um grande plano de restauração do rio Waikato (Environment Waikato, 2010).

Preocupações legais com a conservação de rios foram tratadas pela Emenda Rio Selvagem e Cênico da Lei de Conservação Hídrica e do Solo, em 1981. Essa emenda protege 15 rios com o *status* de 'categoria de conservação nacional de água', reconhecendo valores intrínsecos ou características excepcionais. Diversos grupos de zonas rurais apoiaram as ações para proteção ou restauração dos rios. A Living Rivers Coalition,[20] por exemplo, abrange interesses não governamentais de conservação e recreação. Grupos interessados na proteção da terra adotaram uma abordagem de manejo integrado de bacias, reunindo proprietários de terras, grupos comunitários, agências de gestão e grupos de ciências e educação.

Muitas iniciativas de restauração fluvial enfocam o manejo da mata ciliar, em um esforço para melhorar a qualidade da água e da ecologia aquática (Parkyn et al., 2003). O plantio de vegetação ripária tem sido pro-

---

[19] Auckland Regional Council Environmental Initiative Fund, em português, Fundo do Conselho Regional de Auckland para Iniciativa Ambiental (NT).

[20] *Living Rivers Coalition*, em português, Coalisão pelos Rios Vivos. É formada por *Fish and Game New Zealand* (Pesca e Jogo da Nova Zelândia), *Forest and Bird* (Florestas e Pássaros), *New Zealand Recreational Canoeing Association* (Associação de Canoagem Recreacional da Nova Zelândia) e *Federated Mountain Clubs of New Zealand* (Federação dos Clubes de Montanha da Nova Zelândia) (NT).

movido por meio do Dairying and Clean Streams Accord[21]. Outras iniciativas implantadas pelo Departamento de Conservação, como o projeto River Recovery[22], buscam proteger os rios entrelaçados, hábitat de várias espécies nativas em risco de extinção – como o himantopus negro, cujos hábitats foram ameaçados pelo desenvolvimento hidrelétrico no rio Waitaki (Caruso, 2006). Embora consultas com *stakeholders* tenham sido conduzidas, a proteção dos rios entrelaçados só começou, na prática, muito após o início das obras para a hidrelétrica. Em outros lugares, o programa de Manejo Integrado de Bacias (www.icm.landcareresearch.co.nz), que esteve ativo entre 2000 e 2010, foi criado para oferecer maior interação entre cientistas, agências públicas e comunidades locais.

Até agora, contudo, fracassaram muitas iniciativas locais construídas a partir da integração com conhecimentos científicos da escala de bacia. De fato, modelos conceituais de funcionalidade de ecossistemas são marcados pela ausência em publicações importantes, como Freshwaters of New Zealand[23] e em diretrizes de restauração publicadas recentemente (Parkyn et al., 2010). Por outro lado, o foco tem sido colocado em ferramentas de sistemas de informação geográfica (SIG), com as quais se classificam rios e ambientes mais amplos (por exemplo, o River Environments Classification[24] - REC); Snelder e Hughey, 2005 apud Inglis et al., 2008). Apesar dessas ferramentas serem relativamente fáceis de usar, acessíveis e terem cobertura nacional, não levam em conta processos e valores biofísicos específicos do local, nem oferecem indicação de mudanças de sistema ou possibilidades de restauração.

Nos últimos anos, surgiram preocupações sobre a situação e a trajetória das alterações fluviais na Nova Zelândia. Muitas das percepções manifestadas são estereótipos do rio kiwi – por exemplo, imagens do 'homem do sul' neozelandês (usadas para divulgar produtos de lã e cerveja), imagens da trilogia *O Senhor dos Anéis* de Peter Jackson, ou campanhas nacionais de turismo como '100% Puro' ou 'Limpo e Verde' –, oferecendo uma visão distorcida da condição biofísica de muitos rios da Nova Zelândia associada a uma erosão de valores culturais e sociais. De certa forma, a Lei de Gestão

---

[21] *Dairying and Clean Streams Accord*, em português, Acordo das Indústrias de Laticínios e Limpeza dos Cursos d'Água (NT).

[22] *River Recovery*, em português, recuperação fluvial (NT).

[23] *Freshwaters of New Zealand*, em português, Águas doces da Nova Zelândia (NT).

[24] *River Environments Classification*, em português, Classificação de ambientes fluviais (NT).

de Recursos resultou em um processo contínuo de 'morte lenta', já que os limites da noção de desenvolvimento continuam a ser ampliados pela estrutura jurídica permissiva. Cada vez mais, a eficácia do manejo é avaliada do ponto de vista da conformidade com a lei, em vez de pelos resultados ambientais em si. Práticas participativas, comprometidas e bem informadas parecem oferecer a melhor opção de esforços para promover futuros rios mais saudáveis na Nova Zelândia.

ESTUDOS DE CASO: EXEMPLOS DE ABORDAGENS DE RESTAURAÇÃO FLUVIAL NA AUSTRALÁSIA

Esta seção traz um breve resumo de três casos em que se aplica a metodologia de estilos fluviais (Brierley e Fryirs, 2005) como ferramenta norteadora para práticas de restauração fluvial na Australásia (e em qualquer outro local). Esse arcabouço geomórfico oferece um modelo físico de integração para atividades de manejo fluvial. Trabalhando no âmbito de bacias, três princípios-chave são seguidos:

- Respeitar a diversidade dos rios.
- Trabalhar com a dinâmica e as alterações fluviais (trajetória evolucionária).
- Trabalhar com relações entre os processos biofísicos.

O primeiro estágio do modelo de estilos fluviais implica identificar, interpretar e mapear os rios em toda a bacia hidrográfica (ver www.riverstyles.com). O segundo estágio envolve a avaliação das condições geomórficas de cada trecho de cada estilo de rio na bacia, estruturada de acordo com uma análise da evolução de rios. Ao colocar cada um desses trechos de rio em seu contexto na bacia com uma interpretação de fatores limitadores, determina-se o potencial de restauração geomórfica de cada trecho de cada estilo de rio. A partir daí, são estabelecidas previsões das condições futuras prováveis. Com essa informação, é possível identificar metas realistas para os programas de restauração fluvial para cada segmento fluvial, em um quadro que considera a bacia hidrográfica. Trabalhando em conjunto com gestores locais/regionais das bacias, um cenário fisicamente significativo das prioridades estratégicas de manejo para restauração e conservação fluvial é formado.

O primeiro estudo de caso traz um resumo de prioridades e iniciativas de restauração na bacia Bega, em Nova Gales do Sul. O segundo estudo registra como um projeto de pesquisa e restauração multidisciplinar, elaborado por diversas agências, conduzido na parte superior da bacia Hunter, em Nova Gales do Sul. Por fim, o terceiro estudo mostra como processos de planejamento e de priorização têm sido desenvolvidos por acordos institucionais e arranjos de governança na bacia Twin Streams, na Nova Zelândia.

Caso 1: aplicação do modelo de estilos fluviais na bacia Bega, Austrália

Houve um amplo uso de princípios científicos (geomórficos) para orientar práticas de manejo fluvial e atividades de restauração na bacia Bega, no litoral sul de Nova Gales do Sul (Brierley et al., 1999, 2002; Brierley e Fryirs, 2000, 2005; Brooks e Brierley, 1997, 2000; Fryirs, 2002; 2003; Fryirs e Brierley, 1998, 2001, 2005). Análises de estilos de rios – incluindo características, comportamento, condições e potencial de restauração –, com controles de sedimento e análises ecológicas, fornecem uma plataforma de informações fundamentadas, o que permite definir metas realistas para restauração fluvial e tomar decisões sobre prioridades e manejo/restauração (Fryirs e Brierley, 2005). Informações sobre estilos fluviais na escala de bacias, seus padrões de fluxo e análises evolucionárias sustentam essa avaliação. As informações de linha de base a partir das quais essas decisões foram tomadas são, agora, parâmetros para programas de monitoramento em andamento, que utilizam princípios de gestão adaptativa (*adaptive management*). Informações mais detalhadas desse estudo de caso podem ser acessadas no site River Styles (www.riverstyles.com).

A priorização de iniciativas de manejo/restauração fluvial na bacia Bega foi feita a partir de aplicações do diagrama de restauração fluvial (Brierley e Fryirs, 2005; Figuras 14.3 e 14.4). Esse arcabouço conceitual oferece uma estrutura para avaliar as respostas do rio à perturbação e seu potencial de restauração. O eixo vertical à esquerda mostra uma trajetória de *degradação*, começando de um estado intacto no topo para condições progressivamente mais degradadas na parte inferior do eixo. Os eixos à direita representam as trajetórias de potencial de restauração de um trecho de rio. O *ponto de inflexão* representa o momento em que os primeiros sinais de restauração são notados. A trajetória de *restauração* reflete um sistema que mostra sinais de retorno ao estado intacto: os trechos fluviais passaram por mudanças reversíveis de seu estado intacto (ou seja, ajustes ocorridos foram parte do regime comportamental para aquele tipo de rio; Brierley e Fryirs, 2005). A trajetória de *criação* reflete uma restauração para um estado novo, alternativo, que não existia anteriormente no local (ou seja, um ecossistema novo/recente): esses segmentos de rio passaram por mudanças irreversíveis, de forma que não é mais realista ou mesmo esperado que o rio degradado retorne às condições de antes das perturbações em prazos gerenciáveis. A trajetória de ajuste dependerá das perturbações ocorridas e das estratégias de manejo utilizadas para fomentar a restauração.

A reconstrução da evolução fluvial permite diferenciar 'fatias de tempo evolutivas' para serem retratadas no diagrama de restauração, representando diversas etapas de ajustes de trechos fluviais de mesmo tipo (Brierley e Fryirs, 2005; Fryirs e Brierley, 2000). O potencial de restauração do rio pode ser restringido por fatores limitadores e pressões sobre o sistema. Portanto, embora a trajetória de mudança possa ser identificada, o potencial para aquele trecho de rio evoluir pela trajetória esperada será ditado por esses fatores. Para analisar essas relações, cada trecho fluvial deve ser inserido no contexto de sua bacia, identificando impactos defasados e exteriores ao local nas reações de transmissão/propagação da perturbação. O gradiente de reação que norteia a trajetória evolucionária do rio é estabelecido pela sensibilidade de cada segmento de rio à perturbação causada por humanos e pelas relações de conectividade que determinam quão rápido os impactos de um trecho são transferidos para outros locais da bacia – e é esse gradiente que orienta quais ações de manejo podem trabalhar com os processos naturais para melhorar os mecanismos de restauração (Brierley e Fryirs, 2009; Fryirs et al., 2009).

Desde a colonização europeia na década de 1860, importantes mudanças na estrutura e função geomórficas alteraram a condição ecológica dos rios da bacia Bega (Chessman et al., 2006; Fryirs e Brierley, 2005). Isso é especialmente evidente na base da escarpa e ao longo das planícies baixas (Figuras 14.4a, 14.4b): restam poucos pântanos intactos na base da escarpa, embora fossem comuns na época da colonização europeia. Os segmentos fluviais nas áreas de pântano remanescentes estão no topo da trajetória de degradação, pois seu estado não foi deteriorado por ações humanas (Figura

Figura 14.3 – Abordagem estratégica de recuperação fluvial considerando a condição geomórfica e o potencial de recuperação.

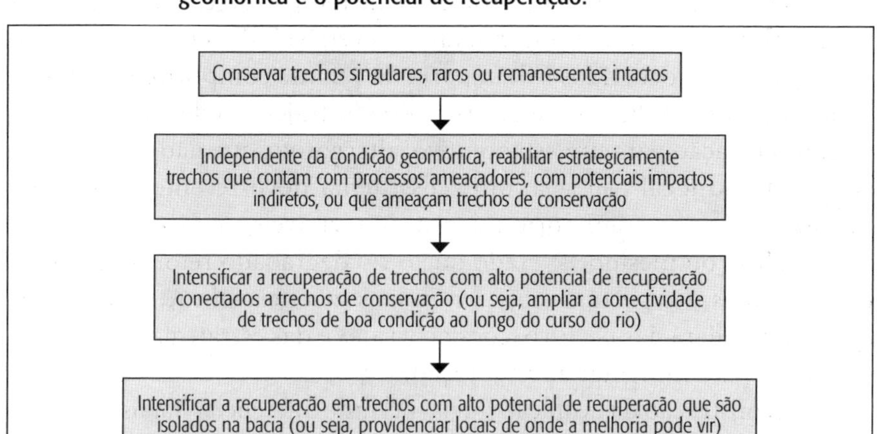

Fonte: Brierley e Fryirs (2005).

14.4c). O rio está se ajustando dentro de sua capacidade natural, mantendo uma condição ecológica saudável. Os ajustes refletem o regime comportamental do rio, e não mudanças no seu estado (ou seja, alteração fluvial; ver Brierley e Fryirs, 2005). Sob essas condições, é necessário o mínimo de intervenção para restauração, sendo estabelecida uma alta prioridade para a conservação desses trechos.

Nos locais onde as perturbações causadas por humanos dispararam a deterioração, perturbando as condições intactas, ocorreu a progressiva homogeneização de estruturas geomórficas e, portanto, a perda de hábitat, a deterioração da qualidade da água e/ou a extinção da flora e fauna aquática. Contudo, nos locais onde o rio continua a operar como o mesmo tipo que existia antes da perturbação, não havendo ocorrência de mudança irreversível na característica ou no comportamento fluvial, o estado de deterioração do rio se moveu para baixo na trajetória de degradação. Na bacia Bega, apenas curtos segmentos de rio na planície e alguns pântanos na base da escar-

Figura 14.4 – Diagrama da restauração para trechos do rio Bega.

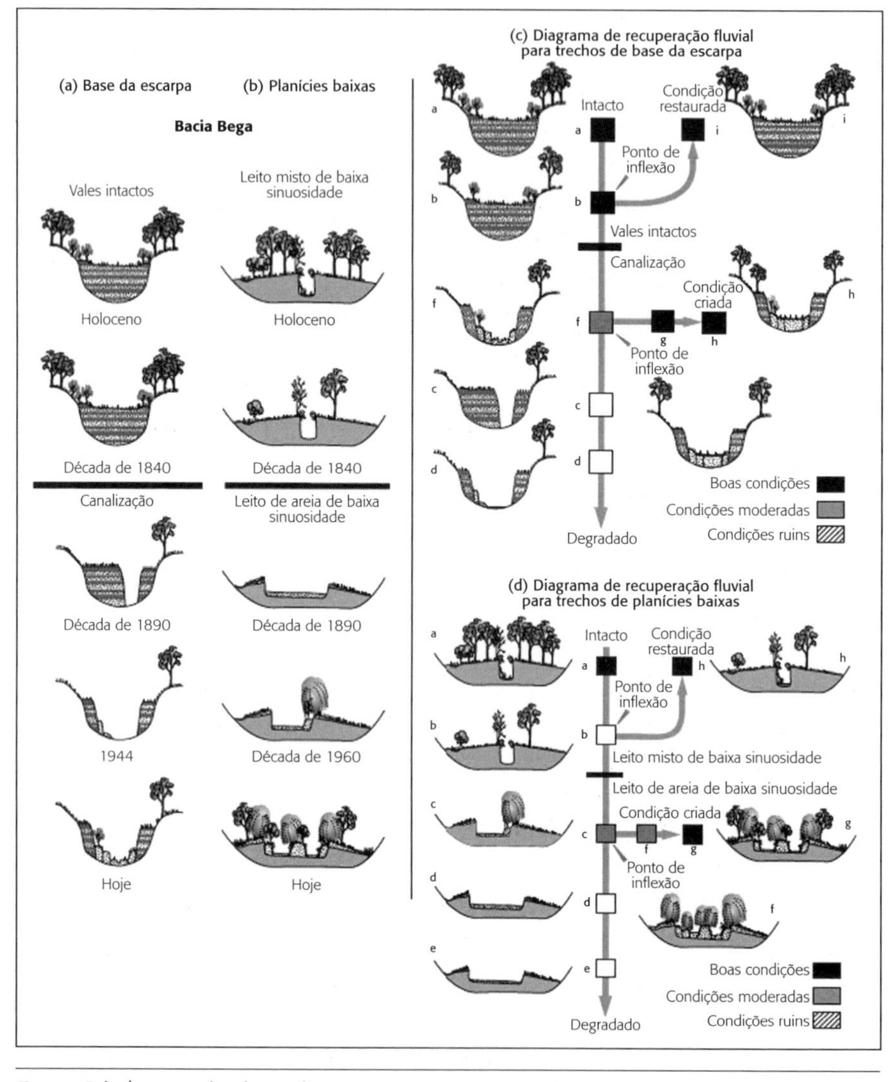

Fonte: Brierley e Fryirs (2005).

pa estão nessa condição. Em termos de restauração, esses exemplos precisam de estratégias de intervenção minimalistas, que melhorem a restauração via processos naturais, a partir de trechos fluviais remanescentes que estão em bom estado. Rios que apresentam essa forma de ajuste progressivo são considerados prioridades importantes nos planos de manejo fluvial.

Rios que iniciaram ajustes induzidos no limite de suas características e comportamento como resposta às perturbações antropogênicas operam agora como um tipo de rio diferente (ou seja, mudanças irreversíveis ocorreram). Esses segmentos fluviais ocupam uma posição baixa na trajetória de degradação (Figuras 14.4c, 14.4d). Possibilidades limitadas de restauração fluvial restringem o que é possível alcançar em termos de manejo fluvial (Rutherfurd et al., 2001; Brierley e Fryirs, 2005). Na bacia Bega, muitos trechos de antigos pântanos foram cortados e agora acomodam grandes leitos, dos quais muitos milhões de metros cúbicos de sedimentos foram removidos (ver Fryirs e Brierley, 2001). Ao longo das planícies, o rio foi transformado pela remoção de madeira e mata ciliar local e pela afluência de sedimentos e salgueiros (Brooks e Brierley, 1997, 2000). De acordo com estratégias de manejo fluvial sob a perspectiva de bacias, esses rios requerem altos níveis de intervenção e recebem baixa prioridade, uma vez que intervenções de manejo tendem a ser mais eficientes e com melhor custo-benefício se aplicadas em outros locais da bacia.

Alguns rios já mostram sinais de restauração. Por exemplo, alguns pântanos entalhados na base de escarpas estão rearmazenando sedimentos nos seus leitos. A redistribuição de sedimentos entre os leitos ao longo da planície está aumentando a heterogeneidade do trecho fluvial, retendo material que seria levado para o estuário. Esses trechos têm limitadas chances de restauração pois passaram por mudanças irreversíveis e ocupam uma posição baixa na trajetória de degradação; ficam ao largo da trajetória de criação, na qual as características biofísicas do rio diferem daquelas encontradas na evolução recente (10.000 anos) dos segmentos fluviais (isto é, a mudança no tipo de rio é irreversível em prazos gerenciáveis). Apesar disso, o regime comportamental do rio está melhorando e o sistema está se ajustando na direção da melhor estrutura e função possíveis para esse novo tipo de rio. Isso, no entanto, será provavelmente um longo processo (décadas, no mínimo). O objetivo final para esse tipo de trecho fluvial é reinstaurar as funções geomórficas e ecológicas 'naturais', melhorando seu estado. São necessárias estratégias de restauração fluvial custosas, com grandes intervenções e perspectivas baixas-moderadas em termos de condições de ecossistema. Dessa forma, é recomendável que essas medidas sejam aplicadas quando outras partes da bacia estejam menos propensas a reações específicas mediante perturbações (ou seja, aumentar a restauração de trechos a montante do rio irá aumentar sensivelmente as chances de sucesso de restauração de áreas a jusante).

Rios que mostram sinais de restauração, mas que não mudaram seu estilo ou foram apenas minimamente perturbados (seja pela natureza, seja por intervenção humana) podem ter algum potencial para recuperar algumas de suas funções e estruturas biofísicas anteriores. Assim, eles se posicionam na trajetória de restauração. Tendências de autorrestauração que aprimorem o regime comportamental desses segmentos de rio podem ser reforçadas com ações de manejo. Por exemplo, o replantio estratégico de mata ciliar criou hábitat e melhorou as condições ecológicas ao longo de alguns trechos fluviais controlados de leitos rochosos na bacia Bega (Figura 14.5; Brierley et al., 2002; Fryirs e Brierley, 2005). Esse é um bom exemplo de manejo que trabalha com as características e o comportamento fluvial natural em uma abordagem de melhoria da restauração. Para essa estratégia ser bem-sucedida, o trecho fluvial inicial deve estar em condições relativamente boas (ou seja, o trecho deve se posicionar no alto da trajetória de degradação) e ainda ser o mesmo tipo de rio que era antes da perturbação. Dessa forma, os processos naturais podem ser auxiliados, em vez de substituídos. Com estratégias de manejo fluvial na escala de bacias, esses rios precisam de intervenção mínima e pontual, pois representam prioridades estratégicas e/ou alto potencial de restauração.

Figura 14.5 - Vegetação ripária na Bacia Bega.

Base da escarpa – Wolumia Creek – erosão e deposição

Pântano intacto (representa o assentamento pré-europeu)

Canalização

Deposição e armazenamento de sedimentos (preenchimento)

Médio Wolumla – confinamento parcial

Condição degradada (expandida) pós-europeia

Instalação de estruturas de estabilização e reflorestamento para conter sedimentos

Recuperação pós-reabilitação

Fonte: Kirstie Fryirs, apud Fryirs e Brierley (1998, 2001, 2005).

Aplicações do modelo de estilos de rios foram posteriormente incorporadas pelas políticas estaduais de Nova Gales do Sul, fornecendo orientações fundamentadas em evidências para temas como iniciativas de conservação/restauração e prioridades em nível de ecorregião e de bacias, e uso do tipo, da condição e da fragilidade de rios como plataforma para programas de manejo de fluxo d'água e vegetação como parte integrante de planos de manejo hídrico e planos de ação em bacias (Brierley et al., 2011).

Caso 2: aplicação de ciências fluviais integrativas na estruturação de experimento de restauração ao longo da região superior do rio Hunter, Austrália

A Upper Hunter River Rehabilitation Initiative[25] foi uma pesquisa colaborativa e um projeto de restauração em um segmento degradado de rio de 10 km na região superior do rio Hunter, em Muswellbrook, Nova Gales do Sul. Esse projeto, elaborado por variadas instituições e ligado à indústria, foi realizado ao longo de um trecho do rio de propriedade e administrado por duas grandes empresas mineradoras, permitindo o acesso a recursos e equipamentos para testes experimentais de manejo fluvial. O trabalho foi financiado como um projeto do Australian Research Council Linkage[26], com apoio financeiro e logístico de parceiros industriais (BHP e Rio Tinto), de órgãos públicos estaduais (Recursos Hídricos e Pesca) e da agência local de manejo da bacia. Um gestor do projeto coordenou as atividades entre essas instituições e pesquisadores de três universidades (Macquarie, New England e Griffith), cinco estudantes de PhD, além de diversos outros pesquisadores pós-graduandos e pós-doutorandos. É importante ressaltar que essa iniciativa partiu de uma longa história de trabalho nos rios dessa área, na qual grupos de pessoas, durante várias décadas, utilizaram estruturas de engenharia para 'estabilizar' o rio por quase toda a área da bacia (Spink et al., 2009, 2010).

A ideia para esse projeto experimental de restauração de grande porte era produzir tanto um recurso valioso para a comunidade quanto um modelo para futuros esforços de restauração ao criar uma comunidade de vegetação ripária ecologicamente sustentável, dominada por espécies endêmicas, e rein-

---

[25] *Upper Hunter River Rehabilitation Initiative*, em português, iniciativa de reabilitação da regiões altas do Rio Hunter (NT).

[26] *Australian Research Council*, em português, Conselho Australiano de Pesquisa (NT).

troduzir madeira nos cursos d'água para oferecer hábitat à biota aquática nativa e melhorar a saúde do rio (Keating et al., 2008). O objetivo era demonstrar a importância da restauração como um processo experimental de grande porte. A pesquisa multidisciplinar analisou interações entre o cenário físico, os causadores de comportamento e ajustes (na escala de bacia e de segmento fluvial) e a história de colonização da bacia, empenhando-se para identificar perturbações-chave e mecanismos de resposta e para estabelecer prioridades de restauração. O modelo conceitual que resume essas interações foi construído a partir de uma perspectiva geomórfica e é apresentado na Figura 14.6 (Brierley et al., 2008; Mika et al., 2010). A avaliação das mudanças geomórficas, na escala de segmentos fluviais e da bacia, foi usada para estruturar um quadro dos componentes aquáticos e ciliares contemporâneos em termos de mecanismos biofísicos e para determinar a direção das mudanças a partir das condições de pré-colonização europeia. Os resultados iniciais verificaram que cerca de 53.000 árvores nativas e 33 estruturas de engenharia construídas com troncos foram introduzidas no leito (Figura 14.7; Keating et al., 2008). Barreiras feitas de troncos foram projetadas e instaladas para se adequarem às condições australianas (Brooks, 2006). As reações ao tratamento foram estimadas por meio de avaliações dos impactos nas interações entre fluxo d'água e sedimentos, abundância e distribuição de peixes, ecologia das ervas daninhas, o ciclo de nutrientes e de carbono e processos da zona hiporreica.

Foram determinados diferentes gradientes de resposta de ajustes geomórficos após a colonização europeia para tipos fluviais distintos na parte superior da bacia Hunter (Figura 14.7; Fryirs et al., 2009). A maioria dos rios passa por vales parcialmente confinados e tem sido relativamente resistente a mudanças, uma vez que eles têm capacidade limitada para ajustes geomórficos. Esses trechos fluviais se encontram em uma trajetória de restauração no diagrama da Figura 14.4. À medida que continuam a ter o mesmo estilo de rio, a condição de antes da perturbação proporciona um objetivo razoável e realista para os planejadores de restauração. Dadas as variáveis combinação e proporção de estilos de rios por toda a bacia, fica claro que ocorreram diferenças marcantes no padrão e na extensão das mudanças de conectividade da paisagem desde a colonização europeia (Fryirs et al., 2007 a, b). Embora a bacia tenha sido objeto de desmatamentos sistemáticos nas colinas e nas zonas ripárias e sofrido a retirada da madeira dos canais (entre outros impactos), as alterações geomórficas têm sido localizadas, com impactos indiretos desprezíveis (Brierley e Fryirs, 2009; Fryirs et al., 2009). Embora a construção da represa Glenbawn tenha induzido a desconectividade longitudinal, o fato

Figura 14.6 – Modelo conceitual interdisciplinar do ponto de partida contemporâneo (2003) para restauração da vazão e da estrutura e função ripária no Upper Hunter River Rehabilitation Initiative (UHRRI). O modelo enfatiza (i) os principais direcionadores (drivers) de perturbação do sistema que podem ser controlados por gestores de rios (retângulos em negrito); (ii) os mecanismos específicos pelos quais esses direcionadores pressionam o sistema (círculos); (iii) as interações diretas e indiretas dos fatores de pressão, entre eles e com outros componentes do sistema (retângulos); e (iv) os atributos ecológicos afetados pelos fatores de pressão (hexágonos em negrito).

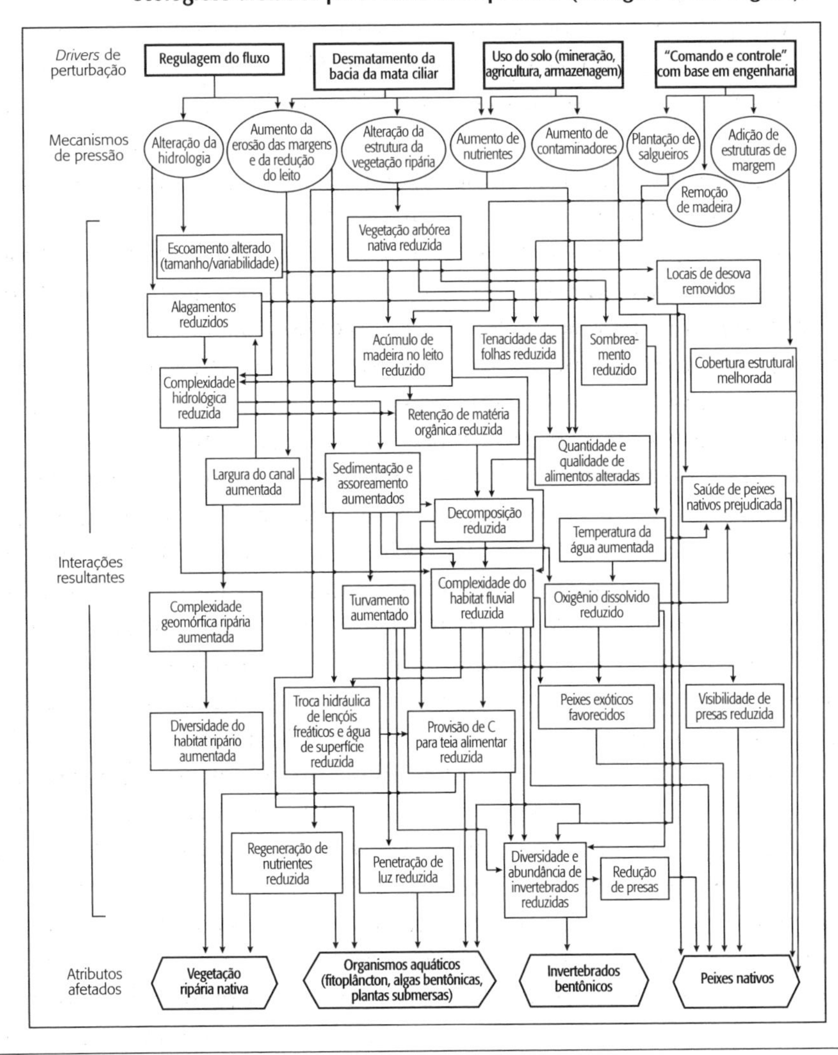

Fonte: Mika et al. (2010).

de a natureza e extensão dos ajustes geomórficos serem limitadas na parte superior da bacia desde os tempos de colonização europeia resultou em possibilidades relativamente altas de restauração geomórfica (Figura 14.7).

Apesar das poucas alterações geomórficas nesse sistema, mais de 500 projetos fluviais foram realizados no Hunter desde a década de 1950 (Spink et al., 2009). A maior parte das estruturas foi projetada para 'estabilizar' as margens e impedir movimentos dos canais. Infelizmente, essas estruturas não trataram da instabilidade dos leitos, que era a causa dos ajustes dos canais. Portanto, as causas das mudanças não foram identificadas com sucesso. Além disso, o tipo de estrutura não era adequado ao tipo de rio ou ao problema relatado. Estacas e grades entrelaçadas, quebra-mares de madeira e muros de pedra foram construídos inadvertidamente em todos os lugares, até em rios com leitos rochosos controlados (Figura 14.7; Spink et al., 2009). Desde a década de 1980, o reflorestamento e a instalação de barreiras feitas de troncos têm ocorrido como parte de métodos de restauração fluvial fundamentados em ecossistemas (Figura 14.8). Infelizmente, contudo, no decorrer desse processo não houve o envolvimento da comunidade no que diz respeito à reparação fluvial, não sendo alcançada responsabilidade participativa, o que resulta na impressão de que a restauração fluvial ainda não começou de fato (Spink et al., 2010).

Reações às mudanças geomórficas a montante, somadas à limpeza da vegetação e à remoção de madeira na escala de trecho de rio, aumentaram a capacidade de ajuste de trechos sinuosos e com fundo do leito de cascalho na parte alta do rio Hunter, em Muswellbrook, onde os empenhos de restauração foram concentrados (Figura 14.7; Hoyle et al., 2008a). Depois da colonização europeia, os ajustes geomórficos foram acentuados em curvas sujeitas à expansão do canal e formação de *cut-offs*. Em contraste, áreas relativamente retas entre curvas passaram por ajustes geomórficos mínimos, uma vez que seu comportamento é limitado por afloramentos localizados nos leitos rochosos e materiais enterrados em terraços fluviais. Embora as características e comportamentos de leitos de cascalho sinuosos tenham se mantido desde a colonização europeia, a força do fluxo d'água inicialmente aumentou como resposta à expansão do canal e à redução da rugosidade depois da limpeza da vegetação (Hoyle et al., 2010). O desenvolvimento subsequente com a inserção de bancos reduziu a capacidade do canal e a rugosidade das zonas ripárias foi aumentada pela invasão de vegetação exótica (Hoyle et al., 2008a); isso voltou a reduzir a potência do

Figura 14.7 – Ajuste geomórfico na Bacia Hunter após a colonização europeia.

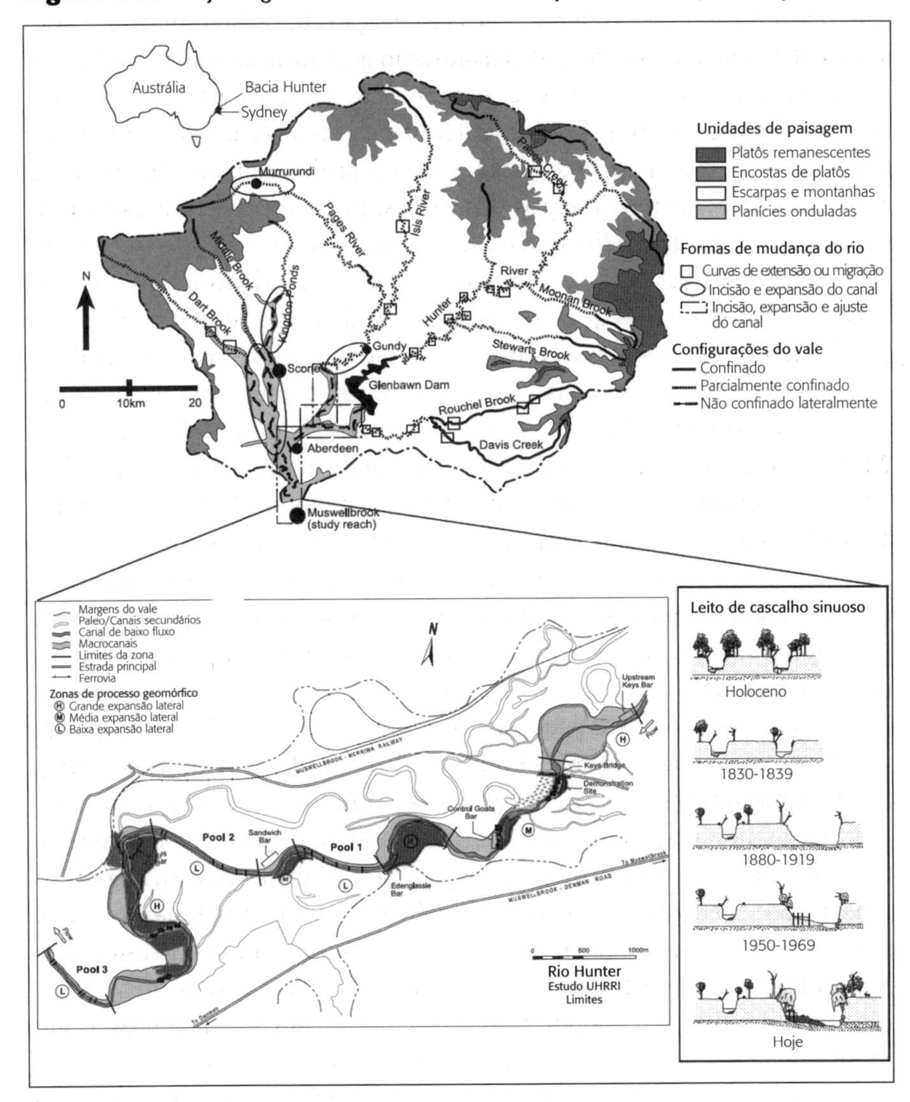

escoamento. Esses ajustes alteraram os padrões espaciais e temporais de organização de material no fundo do rio, impactando associações ecológicas ao longo do trecho (Hoyle et al., 2008b). O desenvolvimento de estratégias para aumentar a disponibilidade e a viabilidade de hábitats por meio de vegetação diferenciada (nativa, não exótica) e a colocação de armações de madeira ao longo do trecho do rio foram algumas das implicações para a restauração, aumentando assim a estrutura física e a função fluvial. Pesquisas subsequentes analisaram as respostas bioquímicas a essas estratégias de restauração.

O sucesso da Upper Hunter River Rehabilitation Initiative pode ser claramente medido em termos da direção da mudança nos atributos e funções dos ecossistemas a partir de condições anteriores à restauração. Isso demonstra que é necessária uma avaliação profunda e específica das perturbações e reações fluviais em escala de bacia, para situar o sistema fluvial atual em relação às trajetórias de degradação e restauração. Medidas resultantes, em qualquer local, precisam ser vistas em relação a suas possíveis reações indiretas. Portanto, as estratégias de restauração devem enfocar os fatores, pressões e ameaças limitadores que podem ser manipulados e mirar em um subconjunto tratável de variáveis de reações prováveis para monitorar o sucesso da restauração (Figura 14.8; Mika et al., 2010). Nesse caso, a reintrodução de madeira nas estruturas de engenharia para barragens foi uma alternativa às técnicas tradicionais que usam aço e concreto para estabilização de vertentes (Brooks, 2006; Keating et al., 2008; Spink et al., 2009, 2010). A introdução de madeira ofereceu um hábitat estrutural para peixes e invertebrados aquáticos e induziu correntezas e sedimentação localizadas, que funcionaram como micro-hábitats adicionais para organismos aquáticos. As relações entre lençóis freáticos e água de superfície foram aprimoradas, aumentando a troca hidráulica entre a zona hiporreica e os fluxos de superfície, na qual os troncos ocupam, parcial ou totalmente, a largura do leito. Essa prática transfere nutrientes adicionais para o fluxo de superfície, dando suporte ao crescimento de macrófitas e algas bentônicas. O uso da madeira também aumentou a quantidade retida de palha e outras matérias orgânicas, melhorando a fonte de alimentos para macroinvertebrados e até mesmo para peixes (Mika et al., 2010; Howell, 2008).

Apesar da significativa mortalidade de árvores, atribuída às condições de seca durante o período de realização do experimento de restauração, o plantio de vegetação nativa ao longo das margens ripárias aumentou a biodiversidade nativa ao promover uma mudança estrutural de vegetação baixa e herbácea para vegetação alta e lenhosa, e uma mudança de folhas macias e de grande superfície para folhas duras e de pequena superfície (Kyle

Figura 14.8 – Trabalhos na região superior da Bacia Hunter, nas décadas de 1950 e 1960; reflorestamento e instalação de barreiras de troncos; trabalhos da recente UHRRI.

(continua)

Figura 14.8 – Trabalhos na região superior da Bacia Hunter, nas décadas de 1950 e 1960; reflorestamento e instalação de barreiras de troncos; trabalhos da recente UHRRI. *(continuação)*

Fonte: Mika et al. (2010).

e Leishman, 2009). Isso melhorará o reforço de madeira nos leitos em um prazo de décadas. As propriedades alteradas da vegetação afetarão a qualidade das folhagens ao aumentar as razões carbono:nitrogênio e lignina:celulose. Isso, por sua vez, modificará as taxas de decomposição e a palatabilidade para os invertebrados, tanto no curso d'água (Wolfenden, 2009) quanto na zona ripária. Como consequência, o material orgânico persistirá por mais tempo no sistema, potencialmente dando apoio a uma maior diversidade e abundância de macroinvertebrados aquáticos, ampliando, assim, a disponibilidade de alimento para espécies de peixes e insetívoros. A ciência fluvial integrada é necessária para sustentar práticas coerentes de restauração fluvial.

Caso 3: práticas participativas em restauração fluvial no Projeto Twin Streams, Nova Zelândia

O Projeto Twin Streams[27] se localiza na cidade de Waitakere, Auckland. Essa iniciativa abrange duas bacias principais no município, rio Swanson e enseada Henderson (que recebe o fluxo dos rios Oratia, Opanuku, Pixie e Waikumete) (Figura 14.9). Essas bacias são características de um ambiente periurbano, com arbustos nativos regenerados nos trechos fluviais na parte alta; agricultura mista, horticultura e viticultura nos segmentos fluviais medianos; e predominantemente subúrbios nos trechos fluviais inferiores (Gregory et al., 2008). Apesar de muitos cursos d'água não terem sido impactados diretamente pelo desenvolvimento urbano por meio de canalizações ou irrigação, pressões contínuas de desenvolvimento e o aumento na frequência de enchentes trazem preocupações sobre a saúde dos rios (Trotman, 2007). Tais preocupações estavam no topo da agenda do Conselho Municipal de Waitakere, por meio de seu comprometimento com a Agenda 21 e de se tornar uma "Eco City" (Trotman, 2007).

O município tem sido um promotor firme do desenvolvimento social e de iniciativas comunitárias rurais desde o final da década de 1980. Isso se reflete no manejo fluvial municipal. Os rios se tornaram um ponto focal da agenda Eco City do conselho por causa de sua importância ecológica, ao ligar a Cordilheira Waitakere, a oeste do município, com o Porto Waitemata, a leste. Também há pressão no Conselho Municipal de Waitakere para melhorar a qualidade da água pluvial em razão de futuros desenvolvimentos urbanos. Líderes do Conselho Municipal se tornaram "heróis" por promover formas de mitigação de inundações, o que poderia melhorar a possibilidade de aprimorar a saúde fluvial a longo prazo. O modelo era formado por duas abordagens possíveis, dando preferência para projetos de dispositivos de baixo impacto para tratamento de água pluvial e plantio de mata ciliar, mas, talvez ainda mais importante, era o estímulo ao envolvimento das comunidades locais por meio de atividades de plantio de árvores e de educação para reduzir a quantidade de águas pluviais. Essas abordagens foram sintetizadas pela iniciativa do Projeto Twin Stream, uma parceria entre o conselho e a comunidade, lançado em 2003 (Trotman, 2007).

---

[27] *Twin Streams*, em português, rios gêmeos (NT).

Desde que a iniciativa começou, foi desenvolvido um conjunto de entendimentos científicos sobre os atributos e processos biofísicos nessas bacias. O Conselho Municipal de Waitakere e a University of Auckland, em colaboração, viram na abordagem de estilos de rios a forma de compreender os processos e controles subjacentes à diversidade e aos padrões fluviais nessas bacias (Figura 14.9). Esses rios apresentam uma notável diversidade, em especial para uma bacia periurbana pequena (aproximadamente 10.000 hectares).

Apesar do histórico de transições rápidas no uso do solo após a colonização europeia – que, perto da bacia, foi do desmatamento para a agricultura e, mais recentemente, para a urbanização –, muitas cabeceiras de rios mantêm boa condição geomórfica, enquanto a maioria dos trechos fluviais de planície se tornou degradada (Reid et al., 2008). Um padrão espacial similar foi observado no potencial de restauração geomórfica: muitos trechos a montante permaneceram intactos (ou têm um alto potencial de restauração), enquanto os trechos a jusante continuam se degradando ou estão se tornando outro estilo de rio (em relação ao estilo que tinham antes da perturbação) (Gregory et al., 2008). A conservação e/ou restauração de vales intactos em regiões de planalto é uma prioridade de manejo, pois esses segmentos fluviais têm funções biofísicas importantes.

Uma avaliação do funcionamento ecológico fluvial examinou a relação entre heterogeneidade física e colônias de macroinvertebrados (Reid et al., 2010). Tanto áreas heterogêneas como homogêneas comportam diversas espécies. Algumas áreas homogêneas suportam espécies que não são encontradas em áreas heterogêneas. Esses rios periurbanos continuam a conter uma gama variada de espécies, incluindo espécies nativas ameaçadas (por exemplo, o peixe da espécie *Galaxias fasciatus*) (Enviroventures & Associates Ltd. e Kingett Mitchell Ltd., 2006).

O Projeto Twin Streams tem se empenhado para melhorar a saúde fluvial desde seu lançamento, em 2003. O financiamento do projeto foi oferecido pelo Auckland Regional Holdings[28]. Embora os recursos fossem, em grande parte, dedicados ao plantio de mata ciliar e trabalhos de infraestrutura (açudes para água pluvial e uma ciclovia que contorna os rios para conectar a população local a eles), o projeto buscou oferecer uma abordagem de 'resultados quádruplos' para a restauração, abrangendo objetivos sociais, culturais, econômicos e físicos. Apesar da abordagem estratégica de

[28] *Auckland Regional Holdings*, em português, Banco de Investimentos Regional de Auckland (NT).

priorização das atividades de restauração ter sido reconhecida, os financiamentos para o projeto têm, até agora, limitado as atividades a trechos fluviais inferiores da bacia. Felizmente, a maior parte dos segmentos superiores que deve ser protegida está dentro de uma área regional de proteção. Os segmentos inferiores, para onde muito dos esforços de restauração ativa estão voltados, estão em piores condições, com menor potencial de restauração, embora sejam os mais próximos da maioria da população – dessa forma, é mais provável que o programa ganhe maior apoio da sociedade local, causando ainda o grande benefício da mudança de comportamento e de conscientização local para os problemas da bacia.

Um componente-chave do projeto tem sido o desenvolvimento de métodos participativos apropriados e relevantes para a bacia. Os primeiros líderes no comando do projeto inovaram, desenvolvendo uma abordagem de 'contrato comunitário' para gerar a participação da comunidade. Isso envolveu repassar tarefas de plantio de árvores para grupos existentes da comunidade (por exemplo, escolas, centros de artes etc.) para proporcionar a apropriação local e gerar responsabilidade pelas atividades do projeto. Dias de plantio organizados por esses grupos comunitários têm sido abertos ao público local e, frequentemente, envolvem componentes de educação ambiental (Trotman, 2007). A tribo local Iwi também foi envolvida com o Projeto Twin Streams, sendo um exemplo de sua participação as técnicas tradicionais Maori usadas para o manejo de um dos afluentes (Trotman, 2007).

Compreender a diversidade de grupos comunitários na área da bacia tem sido um componente importante do projeto, porém é preciso reconhecer que as capacidades das comunidades locais de agir ao longo de toda a bacia seria altamente variável (Gregory et al., 2011b; Winz et al., 2011).

DISCUSSÃO

Inevitavelmente, qualquer contextualização de abordagens de restauração fluvial precisa considerar uma miríade de fatores que interagem: geográficos, históricos, econômicos e políticos. Isso inclui considerar a condição atual dos sistemas fluviais e o que a sociedade e o poder público acreditam que seja apropriado gastar nas iniciativas de restauração (ou seja, o que é possível despender e qual é a prioridade dada ao reparo ambiental). No contexto da Australásia, a curta e recente história colonial (menos de

250 anos), as baixas densidades populacionais e a relativa abundância de recursos (em termos minerais e agrícolas) permitiram que fosse dada significativa importância à proteção de valores ambientais. O forte crescimento econômico e a estabilidade política forneceram apoio financeiro considerável para proteger e melhorar o ambiente.

Embora muitos sistemas fluviais na Australásia tenham sido fundamentalmente transformados, a ponto de os objetivos de manejo enfatizarem a preocupação com novos ou recentes ecossistemas em vez de valores verdadeiramente indígenas (nativos), muitas partes do continente mantêm sólidos atributos fluviais nas mesmas condições anteriores às perturbações. Em comparação aos cenários do 'Velho Mundo', a colonização recente nessa parte do globo representa uma oportunidade significativa de conhecer o conceito de rios 'imaculados'. Possibilidades de restauração e iniciativas relacionadas à restauração variam de maneira notável pelo continente. Embora as mudanças no uso do solo tenham ocorrido em quase todos os lugares, os impactos humanos diretos sobre os sistemas fluviais, como canalizações, foram limitados, se comparados a outras partes do mundo. Todavia, exceto pela área tropical no norte da Austrália, onde os rios estão sob crescente pressão por conta do 'desenvolvimento', praticamente todas as grandes oportunidades de construção de represas já foram executadas.

É interessante notar que foram as preocupações com os impactos da regulagem de fluxos d'água e de transferências hídricas interbacia que motivaram o surgimento de movimentos ambientais importantes e de ativismo nas décadas de 1970 e 1980, inaugurando as 'políticas verdes' na Austrália e Nova Zelândia. O ativismo ambiental não estava tão preocupado com os impactos ambientais que já haviam ocorrido, mas sim com possíveis impactos do desenvolvimento de represas em ambientes quase intocados (a campanha da represa Franklin, no sudoeste da Tasmânia, na Austrália; e o projeto do lago Manapouri, em Fiordland, no sudoeste da Nova Zelândia, que levou ao surgimento dos Guardiões do Lago). Em ambos os casos, as campanhas ambientais trouxeram transições importantes na sociedade e no governo no que se refere a abordagens de manejo ambiental.

Também é interessante refletir sobre as semelhanças entre as origens históricas e culturais das comunidades colonizadoras da Austrália e Nova Zelândia e sobre como essas sociedades se adaptaram a condições ambientais completamente diferentes. Os dois países são agraciados com importantes registros da história ambiental que destacam o ritmo acelerado e a extensão das mudanças no uso do solo. Os princípios e valores das sociedades aclimatadas se sobressaíram de forma muito mais firme em relação ao ambiente da Nova Zelândia, onde uma preocupação bem maior tem sido demonstrada por aves endêmicas do que pela fauna de peixes bastante distinta (infelizmente, trutas são uma parte muito mais importante da psique nacional). Por outro lado, os pensamentos sobre os rios australianos logo se voltam para o espantoso e enigmático ornitorrinco e o imperativo de proteger a fauna nativa de água doce. Apesar da longa apreciação pelo caráter distintivo da fauna e flora australiana, mais de dois séculos de colonização europeia se passaram antes que fossem desenvolvidas estratégias de manejo do solo e da água que realmente buscassem a proteção dos valores indígenas dos rios australianos.

Iniciativas importantes relacionadas à legislação e a políticas públicas têm procurado proteger e melhorar os valores ambientais na Austrália e Nova Zelândia. Os primeiros compromissos com o manejo completo das bacias exigiam, a princípio, o uso de métodos de engenharia para controlar/regular os fluxos d'água e evitar enchentes. Uma variedade de ações locais e regionais que se voltou à melhoria da condição fluvial tem progressivamente complementado tais práticas.

Arranjos de governança e a postura da sociedade perante o meio ambiente são determinantes essenciais para a abordagem da Australásia de restauração fluvial. Se as comunidades locais não apoiarem e participarem dos esforços de restauração, os benefícios não se sustentarão no futuro. Isso é especialmente evidente nas populações dispersas em áreas rurais de baixa densidade demográfica da Austrália e Nova Zelândia, onde os profissionais locais se envolvem diretamente no processo de restauração fluvial por meio de práticas participativas. Tais abordagens contrastam de modo chocante com as perspectivas *top-down*, guiadas pela legislação, usadas em outras partes do mundo (por exemplo, European Water Framework Directive[29]; Gregory et al., 2011b).

A gestão adaptativa incorpora uma série de valores da sociedade e de *stakeholders* na concepção de processos e práticas relacionadas ao manejo. Em essência, cada vez mais se reconhece que a gestão de pessoas é a chave para o manejo fluvial efetivo, sendo o sucesso conquistado e mantido somente ao se trabalhar com grupos locais para estabelecer comunidades fle-

[29] *European Water Framework Directive*, em português, Diretrizes Europeias de Estruturação Hídrica (NT).

xíveis que respeitam os valores inerentes de seus próprios rios e utilizam medidas para proteger e manter esses valores. Um *ethos* vivo e operante em relação aos rios, harmonizado com a paisagem produtiva, empenha-se para suprir as necessidades humanas ao mesmo tempo em que protege os valores ambientais e as funções dos ecossistemas. As experiências pós-coloniais da Austrália e Nova Zelândia demonstram como tais valores são, constantemente, renegociados ao longo do tempo, conforme mudam o entendimento das pressões sobre as bacias, a produção econômica e os valores da sociedade. O comprometimento com um processo que aprende com a própria experiência promove abordagens responsáveis e sensíveis dos resultados dos 'experimentos' ambientais. Tal pensamento sustenta muitas iniciativas de restauração na Australásia. A restauração fluvial eficaz é um produto da importante integração e coordenação de questões biofísicas, socioeconômicas, culturais, institucionais e governamentais.

CONSIDERAÇÕES FINAIS

As paisagens e cenários ambientais distintos da Austrália e Nova Zelândia representam problemas bem diferentes no manejo e restauração fluvial. As paisagens fluviais antigas e de baixo relevo australianas têm uma flora e fauna únicas. Essa paisagem tem sido flexível a mudanças, adaptando-se vagarosamente às alterações em condições limites ao longo de milhões de anos. Perturbações causadas por humanos transformaram, de maneira abrupta, esses ajustes evolucionários, a princípio em resposta aos impactos aborígenes, porém de modo mais profundo desde a colonização europeia. O acesso à água impôs severas limitações às possibilidades de sobrevivência humana, sem contar ao crescimento e desenvolvimento econômico. Práticas de uso do solo trouxeram alterações significativas para os sistemas fluviais e para os ecossistemas associados e sensíveis à água. Práticas de manejo de comando e controle causaram grandes danos aos valores ambientais. O reconhecimento desses impactos e as preocupações da sociedade com a proteção de valores ambientais são um fenômeno relativamente recente. Mudanças políticas e institucionais recentes se empenham cada vez mais para melhorar a restauração de sistemas fluviais.

Embora a Nova Zelândia tenha vivenciado uma história de colonização europeia similar à da Austrália, as demandas dos rios têm sido bastante diferentes. Com exceção das contestações Maori em relação à água, a disponibilidade e qualidade hídrica não limitaram, em tese, o desenvolvimento e/ou crescimento econômico até recentemente, quando pressões adicionais para a irrigação enfocaram as regiões mais secas (e ensolaradas) do país. Embora as paisagens tenham respondido de forma drástica ao desmatamento e às subsequentes mudanças no uso do solo, os sistemas fluviais se recuperaram relativamente rápido. Isso parece refletir a natureza dinâmica e autoajustável de muitos rios da Nova Zelândia. Além de alguns poucos exemplos locais onde recortes drásticos ou assoreamento ocorreram – como as reações ao desmatamento na região do Cabo Nordeste ou à mineração aluvial em partes de Central Otago –, a integridade física dos rios não foi muito alterada, mantendo níveis significativos de funcionalidade. Talvez isso explique, em parte, as preocupações constantes com a qualidade da água em comparação ao relativo descaso com a fauna e flora nativas ou com a proteção da geodiversidade inerente aos rios da Nova Zelândia. Poder-se-ia afirmar que as sociedades aclimatadas tiveram um profundo impacto na psique nacional da Nova Zelândia, promovendo associações com veados e trutas, ou salgueiros e tojos. Certamente, são necessários debates adicionais sobre as prioridades dadas à proteção de espécies exóticas em contraposição às espécies nativas, endêmicas. A estrutura legal da Nova Zelândia também permitiu um aumento intensificado das indústrias de laticínios com consequentes impactos nos sistemas fluviais, desafiando ideias neozelandesas como '100% Puro' ou 'Limpo e Verde'.

As práticas de manejo fluvial contemporâneas na Austrália e na Nova Zelândia enfatizam preocupações com 'paisagens habitáveis', equilibrando valores científicos (biofísicos), sociais, econômicos e culturais em uma abordagem quádrupla. Adaptação aos extremos (condições de secas severas e enchentes) é também um aspecto distinto e fundamental das práticas modernas. Abordagens emergentes da sustentabilidade são, cada vez mais, aplicadas por estruturas de governança que integram práticas participativas, adotando iniciativas focadas na comunidade (ou seja, *bottom-up*, os programas apoiados pela sociedade), dentro de diretrizes legislativas e políticas cada vez mais visionárias. Dados a pequena população e o grande território, a participação e a ação da comunidade em atividades locais são críticas para manter ou melhorar as condições ambientais. Esse atributo distinto de abordagens de manejo fluvial que surgem em toda Australásia é bastante diferente das atividades de restauração em muitas outras partes do mundo.

REFERÊNCIAS

ALLAN, J.; LOVETT, S. *Managing water for the environment: impediments and challenges.* Australian Journal of Environmental Management, v. 4, p. 200-210, 1997.

ANDERSON, A. A fragile plenty: Pre-European Maori and the New Zealand environment. In: PAWSON, E., BROOKING, T. (eds.). *Environmental histories of New Zealand.* Oxford: Oxford University Press, 2002.

AUSTRALIAN GOVERNMENT. *National water initiative implementation plan.* Canberra: Australian Government, 2006.

AUSTRALIAN NATIONAL AUDIT OFFICE. Performance information for Commonwealth financial assistance under the Natural Heritage Trust. Audit Report 43. Canberra: Commonwealth of Australia, 2001.

BANDLER, H. Water resources exploitation in Australian prehistory environment. *Environmentalist,* v. 15, p. 97-107, 1995.

BELICH, J. *Making peoples: A history of the New Zealanders, from Polynesian settlement to the end of the 19th century.* Auckland: Penguin Books, 2001.

BOWLING, L.C.; BAKER, P. D. Major cyanobacterial bloom in the Barwon-Darling River, Australia, in 1991, and underlying limnological conditions. *Mar. Freshwater Res.,* v. 47, p. 643-657, 1996.

BRIERLEY G. J.; FRYIRS, K. A. River styles in Bega Catchment, NSW, Australia: implications for river rehabilitation. *Environ. Manage,* v. 25, p. 661-679, 2000.

______. *Geomorphology and river management: applications of the river styles framework.* Oxford: Blackwell Publications, 2005.

______. Don't fight the site: geomorphic considerations in catchment-scale river rehabilitation planning. *Environ. Manage,* v. 43, p. 1201-1218, 2009.

BRIERLEY, G. J.; BROOKS, A. P.; FRYIRS, K. et al. Did humid-temperate rivers in the Old and New Worlds respond differently to clearance of riparian vegetation and removal of woody debris. *Prog. Phys. Geog.,* v. 29, p. 27-49, 2005.

BRIERLEY, G. J.; COHEN, T.; FRYIRS, K. et al. Post-European changes to the fluvial geomorphology of Bega Catchment, Australia: implications for river ecology. *Freshwater Biol.,* v. 41, p. 839-848, 1999.

BRIERLEY, G.; FRYIRS, K.; BOULTON, A. et al. Working with change: the importance of evolutionary perspectives in framing the trajectory of river adjustment. In: BRIERLEY, G.; FRYIRS, K. (eds). *River futures: an integrative scientific approach to river repair.* Washington: Island Press, 2008.

BRIERLEY, G. J.; FRYIRS, K.; COOK, N. et al. Geomorphology in action: linking policy with on-the-ground actions through applications of the River Styles framework. *Appl. Geogr.*, v. 31, p. 1132-1143, 2011

BRIERLEY, G.; FRYIRS, K.; OUTHET, D. et al. Application of the River Styles framework as a basis for river management in New South Wales, Australia. *Appl. Geogr.*, v. 22, p. 91-122, 2002.

BRIERLEY, G. J.; HILLMAN, M.; FRYIRS, K. Knowing your place: an Australasian perspective on catchment-framed approaches to river repair. *Aust. Geogr.*, v. 37, p. 131-145, 2006.

BRIERLEY, G. J.; REID, H.; FRYIRS, K. et al. What are we monitoring and why? Using geomorphic principles to frame eco-hydrological assessments of river condition. *Sci. Total Environ*, v. 408, p. 2025-2033, 2010.

BROOKS, A. P. Design guidelines for the reintroduction of wood into Australian streams. *Land and Water.* Canberra: Australia, 2006.

BROOKS, A. P.; BRIERLEY, G. J. Geomorphic responses of lower Bega River to catchment disturbance, 1851-1926. *Geomorphology*, v. 18, p. 291-304, 1997.

______. The role of European disturbance in the metamorphosis of lower Bega River. In: FINLAYSON, B. L., BRIZGA, S.A. (eds.). *River Management: The Australasian Experience.* Wiley: Chichester, 2000.

______. Framing realistic river rehabilitation programs in light of altered sediment transfer relationships: lessons from East Gippsland, Australia. *Geomorphology*, v. 58, p. 107-123, 2004.

BROOKS, A. P.; BRIERLEY, G. J.; MILLAR, R.G. The long-term control of vegetation and woody debris on channel and floodplain evolution: insights from a paired catchment study in southeastern Australia. *Geomorphology*, v. 51, p. 7-29, 2003.

CAMPBELL, J.; HEIJS, J.; WILSON, D. et al. Urban stream restoration and community engagement: examples from New Zealand. Water New Zealand Stormwater Conference Proceedings, Rotorua, 13-14 maio, 2010, p. 1-25.

CARR, A. Grass roots and green tape. *Principles and practices of environmental stewardship.* Leichardt, Austrália: The Federation Press, 2002.

CARUSO, B.S. Project river recovery: restoration of braided gravel-bed river habitat in New Zealand's high country. *Environ. Manage*, v. 37, p. 840-861, 2006.

CATHCART, M. *Manning Clark's history of Australia: abridged from the six volume classic.* Victoria, Austrália: Penguin Books, 1993.

______. *The water dreamers: the remarkable history of our dry continent.* Melbourne, Austrália: Text Publishing, 2009.

CHESSMAN, B.C.; FRYIRS, K. A.; BRIERLEY, G. J. Linking geomorphic character, behaviour and condition to fluvial biodiversity: implications for river rehabilitation. *Aquatic Conserv.*, v. 16, p. 267-288, 2006.

COTTINGHAM, P.; BOND, N.; LAKE, P. S. et al. Recent lessons on river rehabilitation in eastern Australia. Technical Report CRC for Freshwater Ecology, Canberra, 2005.

CRASE, L. R.; O'KEEFE, S. M.; DOLLERY, B. E. The fluctuating political appeal of water engineering in Australia. *Water Alternatives*, v. 2, n. 3, p. 441-447, 2009.

CRISP, M.D.; LAFFAN, S.; LINDER, H. P. et al. Endemism in the Australian flora, *J. Biogeogr.*, v. 28, p. 183-198, 2001.

CURTIS, A.; DE LACY, T. Evaluating landcare groups in Australia: how they facilitate partnerships between agencies, community groups, and researchers. *J. Soil Water Conserv.*, v. 50, p. 15-20, 1995.

______. Landcare in Australia: does it make a difference? *J. Environ. Manage*, v. 46, p. 119-137, 1996.

DAVIDSON, B. R. Australia, wet or dry? *The physical and economic limits to the expansion of irrigation*. Clayton, Austrália: Melbourne University Press, 1969.

DAVIES, P. E. Development of a national river bioassessment system (Ausrivas) in Australia. In: WRIGHT, J. F.; SUTCLIFFE, D. W.; FURSE, M. T. (eds.). *Assessing the biological quality of fresh waters: RIVPACS and other techniques.* Ambleside: Freshwater Biological Association, p. 113–124, 2000.

DAVIES, T. R.; MCSAVENEY, M. J. Geomorphic constraints on the management of bedload-dominated rivers, *J. Hydrol.* (New Zealand), v. 45, p. 111-130, 2006.

DEPARTMENT OF THE ENVIRONMENT AND HERITAGE. *Identified natural rivers lists,* 2006. Disponível em: http://www.heritage.gov.au/anlr/code/idlists.html. Acessado em: 08/01/06.

ENVIROVENTURES & ASSOCIATES LTD.; KINGETT MITCHELL LTD. *Project Twin Streams Catchment Monitoring: pressures and state of the environment: synthesis.* Preparado para EcoWater Ltd. por EnviroVentures & Associates Ltd. and Kingett Mitchell Ltd., 2006.

ENVIRONMENT WAIKATO. *Waikato river co-management*, 2010. Disponível em: http://www.waikatoregion.govt.nz/Tangata-Whenua/Waikato-River-co-management/. Acessado em: 27/5/11.

ERSKINE, W. D. Channel response to large-scale river training works: Hunter River, Australia. *Regul. River*, v. 7, p. 261-278, 1992.

ERSKINE, W. D.; WEBB, A. A. Desnagging to resnagging: new directions in river rehabilitation in southeastern Australia. *River Res. Appl.*, v. 19, p. 233-249, 2003.

FARRELLY, M. Regionalisation of environmental management: a case study of the Natural Heritage Trust, South Australia. *Geogr. Res.*, v. 43, p. 393-405, 2005.

FINLAYSON, B. L.; MCMAHON, T. A. Australia *v* the world: a comparative analysis of streamflow characteristics. In: WARNER, R. F. (ed.) *Fluvial Geomorphology of Australia*. Sydney, Austrália: Academic Press, p. 17-40, 1988.

FLANNERY, T. *The Future Eaters*. Sydney, Austrália: Reed New Holland, 1994.

FRYIRS, K. Antecedent landscape controls on river character, behaviour and evolution at the base of the escarpment in Bega catchment, South Coast, New South Wales, Australia. *Zeitshrift fur Geomorphologie*, v. 46, p. 475-504, 2002.

______. Guiding principles for assessing geomorphic river condition: application of a framework in the Bega catchment, South Coast, New South Wales, Australia. *Catena*, v. 53, p. 17-52, 2003.

FRYIRS, K.; BRIERLEY, G. J. The character and age structure of valley fills in upper Wolumla Creek catchment, South Coast, New South Wales, Australia. *Earth Surf. Proc. Land.*, v. 23, p. 271-287, 1998.

______. A geomorphic approach for the identification of river recovery potential. *Phys. Geogr.*, v. 21, p. 244-277, 2000.

______. Variability in sediment delivery and storage along river courses in Bega catchment, NSW, Australia: implications for geomorphic river recovery. *Geomorphology*, v. 38, p. 237-265, 2001.

______. *Practical applications of the River Styles framework as a tool for catchment-wide river management: a case study from Bega Catchment, NSW, Australia.* 2005. Disponível em: www.riverstyles.com.

FRYIRS, K.; ARTHINGTON, A.; GROVE, J. Principles of river condition assessment. In: BRIERLEY, G. J.; FRYIRS, K. A. (eds.). *River Futures: an integrative scientific approach to river repair.* Washington, EUA: Island Press, 2008a.

FRYIRS, K.; CHESSMAN, B.; HILLMAN, M. et al. The Australian river management experience. In: BRIERLEY, G. J.; FRYIRS, K. A. (eds.). *River futures: an integrative scientific approach to river repair.* Washington, EUA: Island Press, 2008b.

FRYIRS, K.; BRIERLEY, G. J.; PRESTON, N.J. et al. Buffers, barriers and blankets: the (dis)connectivity of catchment-scale sediment cascades. *Catena*, v. 70, p. 49-67, 2007a.

FRYIRS, K.; BRIERLEY, G. J.; PRESTON, N.J. et al. Catchment-scale (dis)connectivity in sediment flux in the upper Hunter catchment, New South Wales, Australia. *Geomorphology*, v. 84, p. 297-316, 2007b.

FRYIRS, K.; SPINK, A.; BRIERLEY, G. Post-European settlement response gradients of river sensitivity and recovery across the upper Hunter catchment, Australia. *Earth Surf. Proc. Land.*, v. 34, p. 897-918, 2009.

GIBBS, G. *Ghosts of Gondwana: the history of life in New Zealand.* Nelson, Nova Zelândia: Craig Potton Publishing, 2006.

GIPPEL, C. J.; FINLAYSON, B. L.; O'NEILL, I. C. Distribution and hydraulic significance of large woody debris in a lowland Australian river. *Hydrobiologia*, v. 318, p. 179-194, 1994.

GLADE, T. Landslide occurrence as a response to land use change: a review of evidence from New Zealand. *Catena*, v. 51, p. 297-314, 2003.

GREGORY, C.; BRIERLEY, G.; LE HERON, R. Governance spaces for sustainable river management. *Geography Compass*, v. 5, p. 182-199, 2011a.

GREGORY, C.; FISHER, K.; BRIERLEY, G. et al. Approaches to participation in sustainable river management. *The International Journal of Environmental, Cultural, Economic and Social Sustainability*, v. 7, p. 85-107, 2011b.

GREGORY, C.; REID, H.; BRIERLEY, G. River recovery in an urban catchment: Twin Streams catchment, Auckland, New Zealand. *Phys. Geogr.*, v. 29, p. 222-246, 2008.

GROSSMAN, J. The evils of deforestation. *Appendices to the Journals of the House of Representatives*, C4, p. 93-96, 1909.

GRUNDY, K. J.; GLEESON, B. J. Sustainable management and the market: the politics of planning reform in New Zealand. *Land Use Policy*, v. 13, p. 197-211, 1996.

GUTHRIE-SMITH, W. H. *Tutira: the story of a New Zealand sheep station.* 1.ed. Edimburgo, Escócia: Blackwood, 1921.

HILLMAN, M.; BRIERLEY, G. J. A critical review of catchment-scale stream rehabilitation programmes. *Prog. Phys. Geog.*, v. 29, p. 50-70, 2005.

HILLMAN, M.; APLIN, G.; BRIERLEY, G. J. The importance of process in ecosystem management: lessons from the Lachlan Catchment, New South Wales, Australia. *J. Environ. Plann. Man.*, v. 46, p. 219-237, 2003.

HOWELL, T. *Fish responses to the introduction of structural woody habitat in two coastal rivers in New South Wales, Australia.* Tese de PhD não publicada, Griffith University, Nathan, 2008.

HOYLE, J.; BROOKS, A. P.; BRIERLEY, G. J. et al. Variability in the nature and timing of channel response to typical human disturbance along the Upper Hunter River, New South Wales, Australia. *Earth Surf. Proc. Land.*, v. 33, p. 868-889, 2008a.

HOYLE, J.; BRIERLEY, G. J.; BROOKS, A. et al. Gravel organisation along the Upper Hunter River, NSW. In: HABERSACK, H.; PIÉGAY, H.; RINALDI, M. (eds.).

Gravel bed rivers 6: from process understanding to river restoration. Amsterdã, Holanda: Elsevier, 2008b.

INGLIS, L.; BOOTHROYD, I.; BRIERLEY, G. J. Effectiveness of the river environment classification in the Auckland region, *New Zeal. Geogr.*, v. 64, p. 181-193, 2008.

JENNINGS, J. N.; MABBUTT, J. A. *Landform studies from Australia and New Guinea.* Canberra, Austrália: Australian National University Press, 1967.

JENNINGS, S.; MOORE, S. The rhetoric behind regionalization in Australian natural resource management: myth, reality and moving forward. *Journal of Environmental Policy & Planning*, v. 2, p. 177-191, 2000.

KASAI, M.; BRIERLEY, G. J.; PAGE, M. J. et al. Impacts of land use change on patterns of sediment flux in Weraamaia catchment, New Zealand. *Catena*, v. 64, p. 27-60, 2005.

KEATING, D.; SPINK, A.; BROOKS, A. et al. *The UHRRI Rehabilitation and Research Project 2003-2007.* Sydney, Austrália: Macquarie University, 2008.

KENEALLY, T. *Australians: origins to eureka.* Sydney, Austrália: Allen and Unwin, 2009.

KINGSFORD, R. T.; NEVILL, J. Scientists urge expansion of freshwater protected areas. *Ecological Management and Restoration*, v. 6, p. 161-162, 2005.

KOEHN, J.D.; BRIERLEY, G. J.; CANT, B. L. et al. River restoration framework, land and water. *Australia Occasional Paper* 01/01, Canberra, Austrália, 2001.

KYLE, G.; LEISHMAN, M.R. Functional trait differences between extant exotic, native and extinct native plants in the Hunter River, NSW: a potential tool in riparian rehabilitation. *River Res. Appl.*, v. 25, p. 892-903, 2009.

LAKE, P.S. Of floods and droughts: river and stream ecosystems of Australia. In: CUSHING, C.E.; CUMMINS, K. W.; MINSHALL, G. W. (eds.). *River and Stream Ecosystems. Ecosystems of the World*, v. 22, Amsterdã, Holanda: Elsevier, 1995.

MANVILLE, V.; SEGSCHNEIDER, B.; NEWTON, E. et al. Environmental impact of the 1.8 ka Taupo eruption, New Zealand: landscape responses to a large-scale explosive rhyolite eruption. *Sediment. Geol.*, v. 220, p. 318-336, 2009.

MCFARLANE, K.; BRIERLEY, G. J.; COLEMAN, S. The use of geomorphology to assess river condition in New Zealand. *Journal of Hydrology* (NZ), v. 50, p. 257-272, 2011.

MCMAHON, T. A.; FINLAYSON, B. L.; HAINES, A. T. et al. *Global runoff – continental comparisons of annual flows and peak discharges.* Cremlingen, Alemanha: Catena Paperback, 1991.

MEMON, P.A. Freshwater management policies in New Zealand, *Aquat. Conserv*, v. 7, p. 305-322, 1997.

MEMON P.A.; PERKINS, H. (eds.). *Environmental planning and management in New Zealand*. Palmerston North, Nova Zelândia: Dunmore Press, 2000.

MEMON, A.; PAINTER, B.; WEBER, E. Enhancing potential for integrated catchment management in New Zealand: a multi-scalar, strategic perspective. *Australasian Journal of Environmental Management*, v. 17, p. 35-44, 2010.

MIKA, S.; HOYLE, J.; KYLE, G. et al. Inside the 'black box' of river restoration: using catchment history to identify disturbance and response mechanisms to set targets for process-based restoration. *Ecol. Soc.*, v. 15, n. 8, 2010. Disponível em: http://www.ecologyandsociety.org/vol15/iss4/art8/.

MINISTRY FOR THE ENVIRONMENT. *Environment New Zealand*. Wellington, Nova Zelândia: Ministry for the Environment, 2007.

NIELSEN, D.L.; BROCK, M.A.; REES, G. N. et al. Effects of increasing salinity on freshwater ecosystems in Australia. *Aust. J. Bot.*, v. 51, p. 655-665, 2003.

OLIVE, L. J.; RIEGER, W. A. Low Australian sediment yields - a question of inefficient sediment delivery. In: HADLEY, R. F. (ed.). *Drainage basin sediment delivery*. Wallingford, Alemanha: IAHS Publication n. 159, 1986.

PAGE, K. J.; CARDEN, Y. R. Channel adjustment following the crossing of a threshold: Tarcutta Creek, Southeastern Australia. *Australian Geographical Studies*, v. 36, p. 289-311, 2002.

PAGE, M.; TRUSTRUM, N.; BRACKLEY, H. et al. Erosion related soil carbon fluxes in a pastoral steepland catchment, New Zealand. *Agr. Ecosyst. Environ*, v. 103, p. 561--579, 2004.

PANNELL, D. J.; RIDLEY, A.; SEYMOUR, E. et al. Regional natural resource management arrangements for Australian states: structures, legislation and relationships to government agencies (abr. 2007). *SIF3 Working Paper 0701, CRC for Plant-Based Management of Dryland Salinity, Perth*, 2007. Disponível em: http://cyllene.uwa.edu.au/~dpannell/cmbs3.pdf. Acessado em: 20/3/07.

PARKYN, S. M.; DAVIES-COLLEY, R.J.; HALLIDAY, N. J. et al. Planted riparian buffer zones in New Zealand: do they live up to expectations? *Restor. Ecol.*, v. 11, p. 436-447, 2003.

PARKYN, S.; MCOLLIER, K.; CLAPCOTT, J. et al. *The restoration indicator toolkit: Indicators for monitoring the ecological success of stream restoration*. Hamilton, Nova Zelândia: National Institute of Water and Atmospheric Research Ltd., 2010.

PARLIAMENTARY COMMISSIONER FOR THE ENVIRONMENT. *Ageing pipes and murky waters – urban water system issues for the 21st Century*. Office of the Parliamentary Commissioner for the Environment, Wellington, 2000.

PAWSON, E.; BROOKING, T.; STAR, P. *Seeds of empire: the environmental transformation of New Zealand*. Londres, Inglaterra: I.B. Tauris, 2010.

PEAT, N. *Manapouri saved! New Zealand's first great conservation success story: integrating nature conservation with hydro-electric development of Lakes Manapouri and Te Anau.* Fiordland National Park, Dunedin, Nova Zelândia: Longacre Press, 1994.

PILLANS, B. Pre-Quaternary landscape inheritance in Australia. *Journal of Quaternary Science*, v. 22, p. 439-447, 2007.

PONDER, W.F. Conservation status, threats and habitat requirements of Australian terrestrial and freshwater. Mollusca, *Memoirs of the Museum of Victoria*, v. 56, p. 421-430, 1997.

POFF, N. L.; OLDEN, J.; PEPIN, D. et al. Placing stream flow variability in geographic and geomorphic contexts. *River Res. Appl.*, v. 22, p. 149-166, 2006.

RAINBOW, S. *Green politics.* Auckland, Nova Zelândia: Oxford University Press, 1993.

REID, H. E.; BRIERLEY, G. J.; BOOTHROYD, I. K. G. Influence of bed heterogeneity and habitat type on macroinvertebrate uptake in peri-urban streams. *Int. J. Sed. Res.*, v. 25, p. 203-220, 2010.

REID, H.; GREGORY, C.; BRIERLEY, G. Measures of physical heterogeneity in appraisal of geomorphic river condition for urban streams: Twin Streams Catchment, Auckland, New Zealand. *Phys. Geogr.*, v. 29, p. 247-274, 2008.

RUTHERFURD, I.D. Some human impacts on Australian stream channel morphology. In: BRIZGA, S.; FINLAYSON, B. (eds.). *River management: the Australasian experience.* Chichester, Inglaterra: John Wiley & Sons, 2000.

RUTHERFURD, I.D.; GIPPEL, C. Australia versus the world: do we face special opportunities and challenges in restoring Australian streams? *Water Sci. Technol*, v. 43, p. 165-174, 2001.

RUTHERFURD, I.D.; JERIE, K.; MARSH, N. A rehabilitation manual for Australian streams. Volumes 1 e 2. *Cooperative Research Centre for Catchment Hydrology; Land and Water Resources Research and Development Corporation*, Canberra. 2000.

SNELDER, T.; HUGHEY, K. The use of an ecologic classification to improve water resource planning in New Zealand. *Environ. Manage*, v. 36, p. 741-756, 2005.

SPINK, A.; FRYIRS, K.; BRIERLEY, G. J. The relationship between geomorphic river adjustment and management actions over the last 50 years in the upper Hunter catchment, NSW, Australia. *River Res. Appl.*, v. 25, p. 904-928, 2009.

SPINK, A.; HILLMAN, M.; FRYIRS, K. et al. Has river rehabilitation begun? Social perspectives on river management in the upper Hunter catchment. *Geoforum*, v. 41, p. 399-409, 2010.

ŠUNDE, C. The water or the wave. Towards an ecosystem approach for cross-cultural dialogue on the Whanganui River, New Zealand. In: WALTNER-TOEWS, D.; KAY, J. J.; LISTER, N.E. (eds.). *The ecosystem approach: complexity, uncertainty, and managing for sustainability.* New York, EUA: Columbia University Press, 2008.

TIPA, G.; TIERNEY, L. A cultural health index for streams and waterways – indicators for recognizing and expressing Maori values. *Ministry for the Environment*, Wellington, 2003.

TOOTH, S.; NANSON, G. C. The geomorphology of Australia's fluvial systems: retrospect, perspect and prospect. *Progress in Physical Geography*, v. 19, p. 35-60, 1995.

TROTMAN, R. Project Twin Streams: the story so far. *Waitakere City Council*, Waitakere City, 2007.

UNMACK, P. J. Biogeography of Australian freshwater fishes. *J. Biogeogr.*, v. 28, p. 1053--1089, 2001.

VAN ROON, M. R.; KNIGHT, S. J. *The ecological context of development: New Zealand perspectives.* Melbourne, Austrália: Oxford University Press, 2004.

WALROND, C. Acclimatisation - early acclimatisation societies. *Te Ara - the Encyclopedia of New Zealand*, 2010. Disponível em: http://www.TeAra.govt.nz/en/acclimatisation/2. Acessado em: 26/5/2011.

WARNER, R. F. (ed.). *Fluvial geomorphology of Australia.* Sydney, Austrália: Academic Press, 1988.

WASSON, R.J. Annual and decadal variation in sediment yield in Australia, and some global comparisons. In: OLIVE, L. J.; LOUGHRAN, R.J.; KESBY, J. A. (eds.). *Variability in stream erosion and sediment transport.* Wallingford, Alemanha: IAHS Publ. n. 224, 1994.

WASSON, R.J.; OLIVE, L. J.; ROSWELL, C. J. Rates of erosion and sediment transport in Australia. In: WALLING, D. E.; WEBB, B. W. (eds.). *Erosion and sediment yield: global and regional perception.* Wallingford, Alemanha: IAHS Publ. n. 236, 1996.

WEBER, E.; MEMON, A.; PAINTER, B. Science, society, and water resources in New Zealand: recognizing and overcoming a societal impasse. *Journal of Environmental Policy and Planning*, v. 13, p. 49-69, 2011.

WINZ, I.; BRIERLEY, G.; TROWSDALE, S. Dominant perspectives and the shape of urban stormwater futures. *Urban Water Journal.* 2011, 1-13. DOI:10.1080/1573062X.2011.617828, 2011.

WOLFENDEN, B. J. *Leaf litter dynamics and the rehabilitation of degraded coastal river in NSW, Australia.* Tese de PhD não publicada. University of New England, Armidale, 2009.

Índice Remissivo

A

Ábaco de Shields 97
Agregação 322
Agregação dos indicadores 307
Amplitude 85
Análise multicriterial 306
Aplicabilidade das técnicas 279
Aquífero 80
Área molhada 119
Áreas verdes adjacentes 318
Arraste 79
Auxílio à decisão 306

B

Bacia hidrográfica 72
Biomanta 278
Biorretentores 279

C

Canal 76
Canalização 80
Carga de sólidos 88
Celeridade 132
Ciclo hidrológico 72
Coeficiente de Boussinesq 128
Coeficiente de Coriolis 128
Coeficiente de rugosidade 138
Comprimento de onda 85
Condição de referência ideal 309
Controle artificial 136
Controle crítico 135
Controle de canal 136
Controle hidráulico 134
Cribwalls 282
Custos de implantação 290
Custos de manutenção 291

D

Delta 112
Desenvolvimento longitudinal 311
Dinâmica fluvial 73
Distância ao ideal 307
Distância de Minkovski 307
Distribuição das velocidades 123
Distribuição hidrostática de pressões 127
Diversidade de hábitats 318
Divisor de águas 72

E

Ecossistema 300
Ecossistema fluvial 81
Energia crítica 130
Enrocamento de pedras argamassadas 268
Enrocamentos 268
Enrocamentos de pedras arrumadas 269
Enrocamentos de pedras lançadas 269

Equação da continuidade 128
Equação de Bernoulli 128
Equilíbrio geomorfológico 311
Erosão 260
Escoamento 131
Escoamento uniforme 117
Escoamento variado 118
Espigões 283
Estabilidade das margens 311
Estabilidade do canal 261
Estacas 274
Estacas vivas 274
Estado de equilíbrio 300
Estuário 112

F

Fator de condução 153
Fauna 78
Flora 78
Fluvial 131
Formas fluviais 85
Fórmula de Manning 85, 138

G

Gabiões 268
Gabiões caixa 267
Gabiões manta 267
Geometria hidráulica 84
Gráfico de Pareto 326
Graus de liberdade 77
Graus de liberdade de um rio 76

H

Hábitats 260
Hidrodinâmica 71
Hidrologia 73
Hidromorfologia 71
Hierarquia topológica 72

I

Indicador 306
Indicador de custos de implantação 324
Indicador de custos de manutenção 325
Indicador seção transversal 313
Indicadores de custos 324
Indicadores de desempenho e impacto 308
Índice de desempenho 308
Integração paisagística 321
Integridade morfológica 314
Intervenções longitudinais 280

L

Largura 78
Largura superficial 119
Leques aluviais 112
Litologia 72

M

Meandros 83
Medidas de proteção 300
Modelos reduzidos 86
Morfodinâmica 71
Morfometria 72

N

Nível freático 80
Número de Froude 132

P

Perímetro molhado 119
Peso dos indicadores 323
Potencial de restauração 309, 314
Princípio de continuidade 85
Profundidade 78, 119
Profundidade crítica 130
Profundidade hidráulica 119
Programação de compromisso 307
Proteção das margens com galhos 277

Q

Qualidade da água 80, 319
Quantidade de movimento 128

R

Raio hidráulico 119
Recarga de aquíferos 80
Regime hidrológico 311, 315
Regime permanente 117
Resiliência 79, 300
Restauração 300
Revestimento em concreto 266
Revestimentos em gabiões 267
Revestimento vegetal 271
RFBS 378
Rio meandriforme 83
Rio trançado 82
Rios aluviais 73
Rios anastomosados 84
Rip-raps 268
Rootwads 281

S

Saco 268
Seção 77
Seção transversal 311
Sedimento 74
Semelhança geométrica 86
Soleiras 288

T

Talvegue 76
Tensões de arraste 263
Teoria do regime 84
Torrencial 131
Transporte segundo a capacidade 75
Transporte segundo a disponibilidade 75

U

Usos do solo 72

V

Valor presente líquido 325
Vegetação 78
Velocidade permissível 262
Vida útil 325
Vida útil das técnicas 291

Z

Zona ripária 260, 296

ANEXO

Dos Editores e Autores

Dos Editores

Márcio Baptista – Engenheiro civil pela Universidade Federal de Minas Gerais, doutor em Recursos Hídricos pela École Nationale des Ponts et Chaussées. Professor titular do Departamento de Engenharia Hidráulica e Recursos Hídricos da UFMG.

Valter Lúcio de Pádua – Engenheiro civil, mestre e doutor em Hidráulica e Saneamento. Vinculado ao Departamento de Engenharia Sanitária e Ambiental da Universidade Federal de Minas Gerais.

Dos Autores

Dos Autores

Adriana Sales Cardoso – Arquiteta e urbanista, mestre e doutora em Saneamento, Meio Ambiente e Recursos Hídricos pela Universidade Federal de Minas Gerais (UFMG). Pesquisadora da UFMG.

Alexandra Fátima Saraiva Soares – Graduada em Direito e em Engenharia Civil, especialista em Direito Ambiental e em Gestão e Manejo Ambiental em Sistemas Agrícolas, mestre e doutora em Saneamento, Meio Ambiente e Recursos Hídricos, pós-doutora em Direito Público. Perita do Ministério Público de Minas Gerais; professora universitária do Centro Universitário Metodista Izabela Hendrix e Escola Superior Dom Helder Câmara.

Antoni Ginebreda – Engenheiro químico com licenciatura em Ciências Químicas, doutor em Engenharia Química. Atualmente vinculado ao Instituto de Diagnóstico Ambiental y Estudios del Agua, Consejo Superior de Investigaciones Científicas, Barcelona, Espanha.

Arturo Elosegi – Doutor em Biologia. Vinculado à Universidad del País Vasco, Bilbao, Espanha.

Carla Maria Vasconcellos Couto Miranda – Engenheira química e mestre em Saneamento, Meio Ambiente e Recursos Hídricos pela Universidade Federal de Minas Gerais, especialista em Engenharia Econômica pela Fundação Dom Cabral. Consultora socioambiental do Programa Drenurbs da Prefeitura Municipal de Belo Horizonte.

Claire Gregory – Bacharel e mestre em Geografia pela University of Auckland. Pesquisadora associada na School of Environment, The University of Auckland, Nova Zelândia.

Damià Barceló – Licenciado e doutor em Ciências Químicas. Vinculado ao Instituto de Diagnóstico Ambiental y Estudios del Agua, Consejo Superior de Investigaciones Científicas, Barcelona e Institut Català de Recerca de l'Aigua, Girona, Espanha.

Erika Schneider – Bióloga, Doutora em Ciências Naturais. Professora na Lucian Blaga University of Sibiu, Romênia, e na Karlsruhe Institut für Technologie, University of Baden-Württemberg, Domain WWF-Auen-Institut, Rastatt, Alemanha.

Fernanda Fonseca Pessoa Rossoni – Bacharel em Comunicação Social, mestre em Ciência Florestal. Assessora de comunicação do campus florestal da Universidade Federal de Viçosa.

Gary Brierley – Bacharel em Geografia pela Durham University, mestre e PhD pela Simon Fraser University. Professor titular da School of Environment, The University of Auckland, Nova Zelândia.

Hygor Aristides Victor Rossoni – Engenheiro ambiental, mestre em Ciência Florestal, doutor em Hidráulica, Saneamento e Recursos Hídricos. Vinculado ao campus florestal da Universidade Federal de Viçosa.

Janaina de Andrade Evangelista – Engenheira civil e mestre em Saneamento, Meio Ambiente e Recursos Hídricos pela Universidade Federal de Minas Gerais. Analista de controle externo do Tribunal de Contas do Estado de Minas Gerais.

Juan P. Martin Vide – Engenheiro civil, doutor de Estradas, Canais e Portos. Vinculado ao Departamento de Ingeniería Civil y Ambiental, Universidad Politécnica de Cataluña, Barcelona, Espanha.

Jürg Bloesch – Doutor em Ciências Naturais (Limnologia). Vinculado ao International Association for Danube Research (IAD), Áustria/Mandatary in Zürich, Suíça.

Kirstie Fryirs – Bacharel em Geografia Física e PhD em Geomorfologia Fluvial pela Macquarie University. Professora associada do Department of Environmental Sciences, Faculty of Science and Engineering Macquarie University, Austrália.

Klaus Arzet – Mestre em Geografia (Hidrologia/Limnologia), doutor em Ciências Naturais. Vinculado ao Bavarian Ministry of Environment and Consumer Protection, Department of Water Management and Soil Protection, Section National und international River Basin Management Munich, Alemanha.

Lenora Nunes Ludolf Gomes – Bióloga, mestre em Ciências Biológicas (Microbiologia), doutora em Saneamento, Meio Ambiente e Recursos Hídricos. Vinculada ao Departamento de Engenharia Civil e Ambiental, Universidade de Brasília.

Márcia Maria Lara Pinto Coelho – Engenheira civil pela Universidade Federal de Minas Gerais (UFMG), doutora em Engenharia Civil/Hidráulica pela Escola Politécnica da Universidade de São Paulo. Professora titular do Departamento de Engenharia Hidráulica e Recursos Hídricos da UFMG.

Maria Rita Scotti Muzzi – Bióloga pela Universidade Federal de Minas Gerais, doutora em Ciências Biológicas pela Universidade Federal do Rio de Janeiro. Professora associada do Departamento de Botânica da Universidade Federal de Minas Gerais.

Mauro Naghettini – Engenheiro civil pela Universidade Federal de Minas Gerais (UFMG), PhD em Recursos Hídricos pela University of Colorado at Boulder. Professor aposentado do Departamento de Engenharia Hidráulica e Recursos Hídricos da UFMG.

Miren López de Alda – Licenciada e doutora em Farmácia. Vinculada ao Instituto de Diagnóstico Ambiental y Estudios del Agua, Consejo Superior de Investigaciones Científicas, Barcelona, Espanha.

Priscilla Macedo Moura – Engenheira civil pela Universidade Federal de Minas Gerais, doutora em Engenharia Civil pelo Institut National des

Sciences Appliquées de Lyon. Professora adjunta do Departamento de Engenharia Hidráulica e Recursos Hídricos da UFMG.

Ricardo de Miranda Aroeira – Engenheiro civil e especialista em Engenharia Sanitária pela Universidade Federal de Minas Gerais. Coordenador executivo do Programa Drenurbs e gerente de Gestão de Águas Urbanas da Secretaria Municipal de Obras e Infraestrutura da Prefeitura Municipal de Belo Horizonte. Secretário executivo do Conselho Municipal de Saneamento de Belo Horizonte.

Sergi Sabater – Doutor em Biologia. Vinculado ao Institut d'Ecologia Aquàtica, Universitat de Girona, Espanha.

Sérgio F. de Aquino – Químico, mestre em Hidráulica e Saneamento, doutor em Engenharia Química. Vinculado ao Instituto de Ciências Exatas e Biológicas, Departamento de Química da Universidade Federal de Ouro Preto.

Thomas Hein – Vinculado a University for Natural Resources and Life Sciences, Vienna Institute of Hydrobiology and Aquatic Ecosystem Management, Vienna, Austria e WasserCluster Lunz, Lunz/See, Áustria.

Uwe Kleber-Lerchbaumer – Mestre em Engenharia Civil. Vinculado ao State Office of Water Management Deggendorf, Alemanha.

Walter Binder – Mestre em Engenharia de Paisagem. Vinculado ao Bavarian Agency of Environment, Augsburg, Alemanha.

Títulos Coleção Ambiental

Restauração de sistemas fluviais
Márcio Baptista e Valter Lúcio de Pádua

Direito Ambiental e Sustentabilidade
Vladimir Passos de Freitas, Ana Luiza Silva Spínola e Arlindo Philippi Jr

Energia Elétrica e Sustentabilidade: Aspectos Tecnológicos, Socioambientais e Legais (2.ed. revisada e atualizada)
Lineu Belico dos Reis e Eldis Camargo Santos

Educação Ambiental e Sustentabilidade (2.ed. revisada e atualizada)
Arlindo Philippi Jr e Maria Cecília Focesi Pelicioni

Curso de Gestão Ambiental (2.ed. atualizada e ampliada)
Arlindo Philippi Jr, Marcelo de Andrade Roméro e Gilda Collet Bruna

Indicadores de Sustentabilidade e Gestão Ambiental
Arlindo Philippi Jr e Tadeu Fabrício Malheiros

Gestão de Natureza Pública e Sustentabilidade
Arlindo Philippi Jr, Carlos Alberto Cioce Sampaio e Valdir Fernandes

Política Nacional, Gestão e Gerenciamento de Resíduos Sólidos
Arnaldo Jardim, Consuelo Yoshida, José Valverde Machado Filho

Gestão do Saneamento Básico: Abastecimento de Água e Esgotamento Sanitário
Arlindo Philippi Jr, Alceu de Castro Galvão Jr

Energia, Recursos Naturais e a Prática do Desenvolvimento Sustentável (2.ed. revisada e atualizada)
Lineu Belico dos Reis, Eliane A. F. Amaral Fadigas, Cláudio Elias Carvalho

Curso Interdisciplinar de Direito Ambiental
Arlindo Philippi Jr e Alaôr Caffé Alves

Saneamento, Saúde e Ambiente: Fundamentos para um Desenvolvimento Sustentável
Arlindo Philippi Jr

Reúso de Água
Pedro Caetando Sanches Mancuso e Hilton Felício dos Santos

Empresa, Desenvolvimento e Ambiente: Diagnóstico e Diretrizes de Sustentabilidade
Gilberto Montibeller F.

Gestão Ambiental e Sustentabilidade no Turismo
Arlindo Philippi Jr e Doris van de Meene Ruschmann